LES ANIMAUX

DE

LA FRANCE

OUVRAGES DU MÊME AUTEUR :

Agriculture du département du Nord. In-8°.

Agriculture du département du Tarn. In-8°.

Culture des plantes de l'Alsace. Traduction in-8°.

Agriculture du royaume Lombardo-Vénitien. Traduction in-8°.

De la Maladie de la Vigne. In-8°.

Ampélographie française. In-folio avec planches.

Zoologie descriptive. 2 vol. in-12.

Le Christ dans ses souffrances. In-12.

Psaumes de David. Traduction nouvelle in-18.

L'Intelligence des bêtes. In-12.

Mœurs pittoresques des insectes. In-12, 2 fr. 25.

Petit traité de culture maraîchère. In-32, 50 cent.

La Basse-cour. In-32, 50 cent.

Les Abeilles. In-32, 50 cent.

Notions élémentaires d'agriculture. In-18, 75 cent.

Sous presse :

Essai d'entomologie appliquée à l'agriculture.

Typographie Lahure, rue de Fleurus, 9, à Paris.

LES ANIMAUX

DE

LA FRANCE

PAR

VICTOR RENDU

INSPECTEUR GÉNÉRAL HONORAIRE DE L'AGRICULTURE
OFFICIER DE LA LÉGION D'HONNEUR

« Interrogez les animaux, et ils vous enseigneront;
« Consultez les oiseaux du ciel, et ils seront vos maîtres;
« Parlez à la terre, et elle vous répondra, et les poissons
« de la mer vous instruiront; car qui ignore que c'est
« Dieu qui a fait toutes ces choses? »

(JOB, chap. XII, versets 7, 8 et 9.)

OUVRAGE CONTENANT 258 GRAVURES

PARIS
LIBRAIRIE HACHETTE ET Cie
79, BOULEVARD SAINT-GERMAIN, 79

1875

A MES ENFANTS

∴

Lorsqu'un nouvel esquif va braver la tempête,
On place ses destins sous un nom protecteur;
Au front de ce livret, né dans mes jours de fête,
J'attache vos trois noms en signe de bonheur.

∴

Soyez son bon génie! aidez à son voyage!
Le ciel est nébuleux et le vent incertain;
Je ne demande pas qu'il vive d'âge en âge,
Mais qu'il plaise à vos cœurs comme un chant du lointain.

∴

Il est écrit pour vous; c'est ma dernière flamme,
C'est mon adieu suprême au bord de l'avenir;
A travers ces récits ne voyez que mon âme,
Et gardez-moi toujours fidèle souvenir.

Vor RENDU.

Aux Berruères, 1875.

PRÉFACE.

Cette revue générale des animaux de la France n'a pas la prétention de comprendre toutes les espèces de notre pays ; il ne s'agit point ici d'une œuvre encyclopédique. Dans un cadre restreint, et sous la forme de simples croquis, nous avons fait figurer ceux de nos animaux qui offrent le plus d'intérêt par leurs mœurs, ou qui, occupant une place importante parmi nos hôtes *domestiques*, ne pouvaient être passés sous silence.

On ne s'étonnera pas de ne point trouver dans ce travail les détails d'anatomie et de physiologie dont la plupart des traités d'histoire naturelle sont accompagnés ; les notions de ce genre, indispensables pour des études spéciales, n'entraient pas dans le plan de ce livre destiné particulièrement aux familles, et, par suite, obligé à plus d'une réserve : nous nous en sommes dédommagé en insistant davantage sur l'instinct et l'intelligence des bêtes, mine féconde et nullement épuisée, où se révèle, à chaque pas, l'action merveilleuse d'une Providence toujours attentive à la conservation de son œuvre.

A part quelques modifications de peu d'importance, la

classification de Georges Cuvier nous a servi de guide. Chemin faisant, lorsqu'il s'est présenté de ces tableaux où Buffon excelle, nous les avons saisis avec empressement : le brillant écrivain est aussi un grand naturaliste. Quel que soit cependant son génie, il n'a pas été notre unique modèle; nous ne nous sommes fait aucun scrupule de glaner là où la moisson se montrait opulente ; mais, avant tout, nous avons cherché à nous inspirer de l'étude directe de la Nature, ce grand maître qu'on ne saurait trop interroger : qu'il nous soit permis d'y renvoyer le lecteur, comme à la source du vrai et du beau.

VERTÉBRÉS

VERTÉBRÉS.

Tous les animaux de la France peuvent être répartis en quatre grandes divisions, correspondant aux quatre embranchements qui partagent le règne animal de G. Cuvier : les Vertébrés, les Mollusques, les Articulés et les Rayonnés ou Zoophytes.

Pour la plupart des naturalistes, la série zoologique s'ouvre par les vertébrés, animaux dont la structure se rapproche le plus de celle de l'homme; *ils présentent tous* une charpente osseuse ou squelette, une tête, un tronc et des membres.

La tête se compose du crâne renfermant le cerveau, et de la face formée de deux mâchoires placées l'une au-dessus de l'autre.

Le tronc est soutenu par l'épine dorsale et les côtes. La première résulte d'une série de vertèbres mobiles dont l'ensemble constitue un canal destiné à loger la moelle épinière qui se rattache au cerveau; chez la plupart des vertébrés, elle se prolonge en queue au delà des membres postérieurs; les côtes existent presque toujours; leur fonction principale est de protéger les organes les plus essentiels de l'animal.

Les membres, dans les vertébrés, ne dépassent jamais le nombre de quatre, mais ils varient suivant les rôles divers qu'ils ont à remplir; ainsi, chez un certain nombre de vertébrés, les membres antérieurs sont façonnés en pieds, en ailes, en nageoires; quelquefois les membres n'existent pas.

Le sang est toujours rouge chez les vertébrés.

Les organes de la vue, de l'ouïe, de l'odorat et du goût sont logés dans les cavités de la face.

Les sexes sont séparés; les petits, tantôt naissent vivants, tantôt, avant d'éclore, ils sortent du corps de la mère sous la forme d'œufs.

Les vertébrés constituent quatre classes : les Mammifères, les Oiseaux, les Reptiles et les Poissons.

PREMIÈRE CLASSE.

LES MAMMIFÈRES.

Ainsi que leur nom l'indique, les animaux de cette classe sont caractérisés par la présence de glandes spéciales ou mamelles qui, chez les femelles, sécrètent le lait destiné à servir de nourriture première aux petits. La plupart ont le corps revêtu de poils de consistance variable, appelés, tour à tour, d'après leur structure, duvet, laine, crins, soies, piquants, tombant, en général, au printemps ou à l'automne, et remplacés par d'autres poils : c'est ce qu'on désigne sous le nom de *mue*.

Tous les mammifères ont la mâchoire supérieure fixée au crâne; la mâchoire inférieure s'articule par un condyle au temporal; l'une et l'autre sont, le plus souvent, armées de dents dont le nombre et la forme varient selon le régime de l'animal. Les *incisives*, placées en avant et taillées en biseau, sont propres à saisir et à couper; les *canines*, rangées sur les côtés, ordinairement plus longues et plus pointues, servent à déchirer; les dents qui viennent ensuite sont appelées *molaires;* elles sont comprimées et tranchantes dans les animaux qui vivent de chair, hérissées de pointes chez ceux qui se nourrissent d'insectes, garnies de tubercules mousses ou couronnées par une surface aplatie lorsqu'elles doivent broyer, comme une meule, les substances plus ou moins résistantes dont l'animal s'alimente.

Le cou des mammifères, excepté dans une seule espèce, est formé de sept vertèbres.

La plupart sont munis de quatre membres.

Le sens du toucher offre de nombreuses modifications. Dans les mammifères pourvus de mains, le tact s'exerce avec une grande facilité; il est nul, ou du moins fort imparfait, dans les espèces où l'ongle enveloppe le doigt en totalité; cet organe, en outre, est d'autant plus émoussé, que l'animal est plus couvert de poils.

Le sens du goût existe toujours, mais plus ou moins intense.

Le sens de l'odorat est très-développé chez les mammifères carnassiers; il est moindre dans les espèces qui se nourrissent d'insectes, de fruits, de grains et autres matières végétales.

Le sens de la vue diffère selon que l'animal est nocturne, qu'il vit à la lumière du jour, sous terre ou dans l'eau. Les mammifères nocturnes ont les yeux proportionnellement plus gros que ceux des mammifères diurnes, et leur pupille, au lieu de rester circulaire sous l'influence du jour, se contracte en fente. Les mammifères qui passent la plus grande partie de leur vie sous terre, ont les yeux très-petits, quelquefois même réduits à de simples vestiges : l'odorat est alors leur principal guide. Chez les mammifères aquatiques, le cristallin est plus sphérique que dans les autres mammifères, conformation qu'on retrouve dans l'œil des poissons, et qui s'explique par la densité du milieu où vivent ces animaux.

Le sens de l'ouïe varie également d'après la différence des mœurs. Les espèces aquatiques ou souterraines ont la conque auditive à peine saillante; cette partie de l'oreille est, en général, bien prononcée chez les autres mammifères; dans quelques genres, elle prend un développement considérable et présente la forme d'un cornet mobile.

Tous les mammifères respirent à l'aide de deux poumons renfermés dans la cavité que forme la poitrine, et séparés de l'abdomen par le diaphragme, muscle particulier à cette classe d'animaux.

Leur sang est chaud. Leur cœur offre deux ventricules et deux oreillettes. La circulation est double, c'est-à-dire que le sang qui arrive des extrémités par les veines, se rend dans les poumons avant que les artères le reportent à ces mêmes extrémités.

Tous, enfin, naissent vivants.

D'après la considération des organes du toucher et de la manducation, G. Cuvier a partagé la classe des mammifères en neuf ordres, représentés en France, en dehors de l'homme, par les Carnassiers, les Rongeurs, les Pachydermes, les Ruminants et les Cétacés.

ORDRE DES CARNASSIERS.

CARNASSIERS CHÉIROPTÈRES.

LES CHAUVES-SOURIS.

Les Chauves-Souris, malgré leurs mœurs innocentes, ont le privilége de causer des terreurs aux personnes qu'une impression un peu vive jette habituellement hors d'elles-mêmes : cette panique rentre dans la catégorie des vapeurs dont on ne se rend pas bien compte. Si les grosses espèces exotiques, telles que les Roussettes, les Vampires, par leurs énormes dimensions, peuvent étonner qui les voit pour la première fois, les Chauves-Souris d'Europe, toutes de minime taille, n'ont jamais songé à mal vis-à-vis de nous et ne méritent pas la répugnance irréfléchie dont elles sont l'objet. Absolument inoffensives à l'égard de l'homme, elles font pour lui un service de nuit des plus actifs, et le débarrassent d'une foule d'insectes importuns ou nuisibles : Cousins, Moucherons, Phalènes, etc. Leur conformation, il est vrai, est étrange et s'écarte du plan général des mammifères auxquels elles appartiennent. Leur forme singulière, celle de quadrupèdes volants; leurs membres disproportionnés, profondément modifiés pour un but spécial; leur face, souvent couverte d'appendices bizarres; leur gueule fendue de l'une à l'autre oreille; leur ensemble en quelque sorte fantastique, tout à fait différent des types accoutumés; leurs apparitions nocturnes, enfin, expliquent, sans le justifier, l'effet qu'elles produisent sur certaines imaginations nerveuses : l'histoire de ces pacifiques animaux ne révèle cependant rien de malfaisant en eux.

Les Chauves-Souris ont été créées pour se soutenir en l'air, mais avec un appareil tout autre que celui de l'aile empennée, si bien appropriée à ses fonctions. Tandis que la main de l'oiseau est réduite à un simple moignon, elle prend, chez les Chauves-Souris, un développement extraordinaire. A l'exception du pouce qui reste court, mais libre de toute entrave, et peut exécuter des mouvements variés, tous les doigts antérieurs ont perdu leur dernière phalange onguéale; ils s'allongent en baguettes, s'épanouissent en rayons, et, au lieu de servir d'organes de préhension, sont convertis en supports destinés, comme les branches d'un parapluie, à tendre et à plisser un tissu; ils donnent appui, en effet, au prolongement de la peau des flancs, du dos et du ventre qui s'y engage et en remplit les intervalles d'une membrane mince et transparente, composée d'un double feuillet, quoique son extrême délicatesse n'en montre qu'un seul.

Cette extension des téguments et leur transformation en membranes alaires constituent le caractère principal des Chauves-Souris, et les séparent des Quadrumanes, dont elles sont d'ailleurs très-voisines par leurs mamelles pectorales, leurs abajoues situées aux deux côtés de la bouche, et leurs trois sortes de dents, incisives, canines et molaires. La peau, ainsi modifiée, s'étend entre les quatre membres et jusque sur la queue, et forme un parachute qui aide à l'action du vol. Dans certaines espèces, chez l'Oreillard (fig. 1) par exemple, le système cutané est si développé, que les oreilles égalent presque en longueur le corps entier de l'animal; la plupart ont la conque extérieure doublée d'un oreillon; un grand nombre ont le nez bordé de crêtes et de lamelles affectant diverses formes, notamment celle d'entonnoirs au fond desquels s'ouvrent les fosses nasales; le Grand et le Petit Fer à cheval offrent un exemple remarquable de ces curieuses fioritures destinées à exalter le sens de l'odorat. Toutes proviennent des replis de la peau, et concourent à donner plus d'activité aux organes des sens; leur extension et leur multiplicité leur communiquent une sensibilité exquise, et en font autant d'instruments perfectionnés qui permettent aux Chauves-Souris de percevoir les plus petites particules du son, ainsi que la plus faible émanation des odeurs; grâce à elles, ces animaux n'ont pas besoin du contact immédiat des corpuscules nageant dans l'air pour être avertis de leur présence, il leur suffit de palper l'atmosphère : la membrane de leurs ailes fait office de pierre de touche; elle leur indique, à distance, les objets qu'ils veulent saisir.

Les expériences de Spallanzani ont mis, depuis longtemps, cette vérité hors de doute. Des Chauves-Souris auxquelles il avait enlevé les yeux, ne s'en dirigèrent pas avec moins de sûreté; elles continuèrent à voler dans son appartement, sans se heurter au plafond. Pour rendre l'épreuve encore plus décisive, ce savant multiplia les obstacles autour d'elles et tendit des fils à l'intérieur de la pièce qu'elles avaient à traverser : les Chauves-Souris surent toujours les éviter, bien que quelques-uns fussent assez rapprochés; elles passèrent même, sans hésiter, à travers les rameaux épineux dont il avait obstrué leur parcours. De ces faits, faciles à répéter, que faut-il conclure? sinon que la perfection du toucher est si grande chez les Chauves-Souris, que rien de ce

Fig. 1. Oreillard.

qui se passe dans l'air ne leur échappe; elles le tamisent en quelque sorte, et en perçoivent les plus faibles mouvements, alors que nos sens plus grossiers n'en ont pas même conscience : on comprend dès lors qu'enveloppées de leurs téguments comme d'un vaste manteau, elles puissent cheminer, en toute assurance, à travers les ténèbres, y poursuivre, y atteindre leur proie, et s'enfoncer dans les cavernes les plus sombres, leur domicile habituel, sans jamais se compromettre par le moindre choc.

L'aptitude des Chauves-Souris pour le vol réagit sur tout leur organisme. Et d'abord, l'omoplate s'accroît en longueur et en largeur; la clavicule, plus développée, décrit une courbe, afin de ménager plus de place à la poitrine; les muscles pectoraux, chargés de ramener l'aile vers le tronc, acquièrent une véritable importance; ils sont volumineux et prennent leurs points d'attache sur un sternum puissant, complétement ossifié et fortifié, vers son milieu, d'un bréchet analogue à celui des oiseaux; l'un des deux os de l'avant-bras, le cubitus, s'efface aux deux tiers, et ce qui en reste se soude au radius, qui de cette manière devient et plus fort et plus solide. Il n'est pas jusqu'aux membres postérieurs qui ne soient influencés par le moule général. Quoiqu'ils ne soient emprisonnés que partiellement dans la peau des flancs, et que le pied demeure tout à fait libre, un des osselets du tarse fait saillie au dehors sous forme d'épine, sert de point d'attache et maintient, pendant son développement, la membrane qui se prolonge entre les jambes. Les doigts postérieurs ne disparaissent plus comme ceux des extrémités antérieures; tous conservent leur indépendance; ils sont au grand complet, au nombre de cinq, comprimés et égaux entre eux : le pouce n'en diffère pas; les ongles, ou plutôt les griffes dont ils sont armés, s'infléchissent en demi-cercles et s'aiguisent en pointes. Si l'on en excepte le vol, tous les moyens de locomotion semblent concentrés sur ce pied; mais il est de faible secours quand la Chauve-Souris s'apprête à changer de place, à la façon des autres quadrupèdes.

Daubenton et Geoffroy Saint-Hilaire ont très-bien décrit le mode de progression des Chauves-Souris à terre. Lorsqu'elles y posent sur leurs quatre membres, les ailes reployées deviennent des jambes de devant, la poitrine et le ventre touchent le sol (fig. 2). L'animal veut-il s'avancer comme la plupart des mammifères, il porte, d'abord en avant et un peu de côté, son bout d'aile en moignon, et se cramponne au sol en y enfonçant l'ongle de son pouce. Fort de ce point d'appui, il rassemble ses jambes postérieures sous l'abdomen; elles poussent le ventre pendant que les autres le traînent; toute la masse alors fait une culbute qui achève de projeter le corps en avant; mais comme il ne se fixe au sol qu'à l'aide du pouce d'une des ailes, le saut qu'il exécute en diagonale le rejette d'abord du côté où il s'était accroché; pour le pas suivant, la Chauve-Souris met en jeu le pouce de l'aile opposée et, culbutant en sens contraire, finit par cheminer en ligne droite. A l'aide de ces évolutions maintes fois répétées, les Chauves-Souris marchent dans tous les sens; elles avancent, reculent, tournent à droite, à gauche, mais non sans de laborieux efforts qui se traduisent par une série de soubresauts péniblement exécutés;

c'est pourquoi ces animaux ne les entreprennent jamais volontiers, ils ne s'y résignent qu'autant qu'ils y sont absolument forcés. Toute Chauve-Souris qu'un accident a jetée sur un plan horizontal, n'a rien de plus pressé que de s'y soustraire sans relâche, car, dans cette malencontreuse position, elle est livrée sans défense à ses ennemis; à grand'peine, dans son contact avec la terre, peut-elle reprendre son vol, l'ampleur de ses ailes y met obstacle, elles ne font que battre le sol et multiplier les chutes : ce n'est donc qu'à son corps défendant que la Chauve-

Fig. 2. Pipistrelle.

Souris se décide à marcher; la plus grande partie de son existence se passe dans le vol ou dans le repos absolu.

Le vol des Chauves-Souris est doux et silencieux, ce qui s'explique très-bien par leur pelage duveteux et leurs membranes souples et minces qui, s'étendant moelleusement sur les couches de l'air, les déplacent sans bruit et pour ainsi dire sans résistance. Une fois lancées dans l'air, les Chauves-Souris se trouvent dans leur élément naturel; elles le parcourent dans tous les sens et s'y maintiennent pendant des heures entières sans prendre pied, mais sans suivre longtemps une ligne droite; elles semblent plutôt affectionner les voies circulaires, obliques ou tortueuses; rarement elles s'élèvent à de grandes hauteurs, elles se cantonnent volontiers à peu de distance de terre, dans la région habituelle des insectes nocturnes. Leur voltigement consiste en une suite de vibrations brusques, de mouvements tremblotés, saccadés, incertains, n'ayant d'autre direction apparente que celle d'une proie offerte par le hasard, toujours fuyante et à plus ou moins brève portée. Chasseresses effrénées, elles n'ont aucun souci du danger pendant ce violent exercice; elles poursuivent les insectes jusque dans les appartements habités et même éclairés d'une vive lumière, se jettent, tête baissée, sur tout appât, tombent, malgré leur vue perçante, dans les filets qu'on agite sur leur passage, et se prennent même à la ligne qu'un hanneton ou tout autre fin voilier emporte dans l'espace : leur appétit glouton est tel, qu'après avoir happé, d'un seul bond, tout ce qui voltige autour d'elles, et s'en être gorgées à satiété, elles en remplissent encore leurs abajoues, pour exploiter ensuite, à loisir, ce gibier de réserve.

On les voit paraître ordinairement avec le crépuscule, et elles semblent se relayer dans leurs sorties; quelques-unes se montrent vers le coucher du soleil; d'autres n'apparaissent que vers le milieu de la nuit; plusieurs ne quittent leur cachette qu'un peu avant l'aube; leurs chasses commencent aussitôt qu'elles se mettent à voltiger. Comme tous les animaux nocturnes, les Chauves-Souris fuient la lumière; en général, tant que luit le soleil, elles demeurent tapies dans le creux des arbres, dans les greniers, dans les trous des murailles, ou bien dans les cavernes profondes; elles s'y suspendent aux voûtes et y restent dans une immobilité absolue, la tête en bas, enveloppées de leurs ailes (fig. 3) et prêtes à déguerpir à la moindre alerte : simplement accrochées par leurs ongles de derrière, elles n'ont qu'à se laisser choir pour prendre leur essor.

En général, les Chauves-Souris qui choisissent les caves ou les cavernes pour retraites, s'y rassemblent en grand nombre et s'y tiennent côte à côte les unes des autres. Quand le travail de la digestion tire à sa fin, celle qui éprouve le besoin de se soulager use d'un singulier stratagème; le moindre inconvénient de sa situation renversée serait de l'arroser de ses propres déjections : elle n'a garde d'en subir l'outrage; voici comment elle y pare. Elle commence par mettre une de ses pattes en liberté et elle en profite pour heurter la voûte de chocs légers, plusieurs fois répétés. Pendant ce temps, son corps, agité de mouvements oscillatoires, se balance sur les cinq ongles qui la retiennent amarrée; à peine est-elle parvenue au point maximum de la courbe qu'elle décrit dans ses oscillations, comme si elle voulait prendre son élan, elle étend le bras et cherche un point d'appui pour y accrocher l'ongle qui le termine; le plus souvent, elle rencontre le corps d'une de ses voisines de chambrée; son but atteint, elle se place dans une situation horizontale, le ventre en bas, dans la direction précise qui lui permet d'épargner toute souillure à sa robe; elle reprend ensuite sa première attitude, la tête tournée vers le sol, et les pieds fixés au plafond.

Dès que les Chauves-Souris ont fait choix de leur chambre de repos, elles n'en changent guère : c'est ainsi qu'on les trouve

Fig. 3. Fer à cheval.

réunies en grandes masses dans les salles de certaines cavernes; elles en tapissent littéralement les voûtes; stalactites vivantes, souvent accrochées les unes aux autres, elles laissent au-dessous d'elles, de génération en génération, une couche épaisse d'une matière brunâtre qui rappelle les dépôts de guano du Pérou : dans ces derniers temps, l'horticulture en a tiré parti comme engrais.

Les Chauves-Souris de nos climats multiplient vers la fin du printemps; leurs portées ne comprennent ordinairement qu'un ou deux petits; les mères les allaitent et les transportent avec elles en volant. Ils se tiennent accrochés à leur corps, ventre contre ventre, la tête en bas et les pattes postérieures engagées sous les aisselles maternelles, les mouvements les plus brusques ne les en détachent pas; dans le repos, ils se redressent pour saisir les mamelles.

Dès que la froidure se fait sentir, les Chauves-Souris se cachent dans leurs retraites, tombent dans l'engourdissement, et ne se réveillent qu'avec le retour du printemps; parfois cependant, dans les tièdes journées de l'hiver, lorsque la température s'élève accidentellement à dix ou douze degrés au-dessus de zéro, on voit certaines espèces, moins frileuses que leurs compagnes, sortir prématurément de leurs antres pour se livrer à des évolutions aériennes; rare, bien rare est à cette époque le gibier ailé, mais quelques Moucherons suffisent sans doute à un appétit que n'a point encore aiguisé un exercice fréquent; à la réapparition du froid, les Chauves-Souris disparaissent subitement et reprennent leur sommeil hivernal : sa durée est de quatre à cinq mois, presque sans interruption.

De toutes les Chauves-Souris d'Europe, la *Noctule* (*Vespertilio noctula*) est celle qui se montre la première, le soir, avant même que le soleil soit sous l'horizon; elle vole par petites troupes et chasse surtout à la surface des eaux.

Plus dormeuse, la *Sérotine* (*Vespertilio serotinus*) ne paraît que tard au printemps; elle vit isolée ou par paires; elle habite généralement le creux des arbres; en ville, on la trouve dans les piles de bois des chantiers.

La *Pipistrelle* (*Vespertilio pipistrellus*), très-répandue en France, se loge sous les combles des bâtiments ruraux; elle y dépose ses petits au nombre de trois ou quatre par portée. A l'époque de la mise bas, les femelles se réunissent pour allaiter et soigner en commun leurs petits.

Le *Grand et le Petit Fer à cheval* (*Rhinolophus*), deux de nos plus grandes espèces avec l'*Oreillard* (*Plecotus auritus*), habitent de préférence les carrières.

CARNASSIERS INSECTIVORES.

LES MUSARAIGNES.

Ce genre renferme les animaux les plus petits de toute la classe des mammifères, y compris même la Souris, confondue quelquefois avec les Musaraignes, quoique son organisation et sa physionomie soient tout à fait différentes.

Les Musaraignes, examinées avec un peu d'attention, se laissent aisément reconnaître à certains caractères spéciaux. Leurs incisives se terminent en pointe; les supérieures sont crochues et dentées postérieurement à la base; les inférieures, de même forme, également fortifiées, sont couchées et se prolongent en avant. Leurs pieds, nus en dessous, sont garnis de tubercules, et chacun des doigts est armé d'un ongle crochu. Comme chez la Taupe, les narines s'étendent bien au delà des mâchoires; le mufle est divisé, dans sa partie médiane, par un sillon profond; les yeux, d'une extrême petitesse et perdus au milieu du poil, montrent à peine leurs pupilles. Le pelage, généralement doux et épais, excepté sur le museau, les pattes et la queue où il est très-court, se compose de deux sortes de poils, les uns soyeux et les autres laineux : ces derniers dominent. Les moustaches sont longues, mais faibles ; enfin, trait caractéristique, la région des flancs recèle, sous une petite bande de poils raides et serrés, une glande particulière, d'où suinte, à une certaine époque, une humeur odorante qui rappelle le parfum du musc; elle répugne sans doute fortement aux Chats, aux Renards, aux Belettes, car ils chassent et tuent les Musaraignes, mais ne les mangent jamais.

Les Musaraignes, sans être nocturnes, sortent peu le jour, et jamais pendant la grande chaleur; elles vivent solitaires et se tiennent presque continuellement renfermées dans les fentes des vieilles murailles, dans des trous de Taupe ou de Mulot restés libres, ou dans les petits terriers qu'elles se creusent elles-mêmes en fouillant et déchirant le sol avec leur museau et leurs ongles. L'été, on les rencontre, tantôt près des ruisseaux ou des sources, tantôt dans les bois, cachées sous les feuilles, sous la mousse ou dans le creux des arbres. L'hiver, certaines espèces se rapprochent de nos habitations; on les trouve alors dans les granges, les greniers, les écuries et aussi parmi les fumiers; elles se nourrissent de Vers, d'insectes, de matières animales en décomposition, et mangent aussi du grain.

Malgré leur apparence souriquoise, elles sont loin d'avoir la prestesse et l'agilité de la Souris; leurs mouvements sont lents et embarrassés, à cause de la brièveté de leurs pattes qui les soulèvent à peine au-dessus du sol. Elles sortent principalement le matin et le soir pour aller à la pâture. Leur cri ressemble à un petit sifflement aigu. Les femelles font leur nid avec de la mousse, des feuilles, de l'herbe, et le placent dans un trou de

Fig. 4. Musaraigne des sables.

mur ou sous des racines; elles mettent bas au printemps un nombre variable de petits, qui viennent au jour nus, les yeux et les oreilles fermés; mais les plus fortes portées ne dépassent pas neuf petits, et ne se renouvellent pas plus de deux fois par an.

La couleur générale des Musaraignes est brun-noir, relevé de roussâtre en dessus, et blanc grisâtre en dessous. Tous leurs poils ont une teinte ardoisée à la base, et deviennent plus ou moins bruns vers la pointe : le pelage, du reste, change avec l'âge, la saison et les sexes. Les sens de l'ouïe et de l'odorat sont très-développés chez ces animaux, et leur servent de guide principal; ils ont pour habitude d'appliquer leur long museau, très-mobile, sur tous les corps qu'ils explorent, comme s'ils voulaient non-seulement les flairer, mais aussi les palper tour à tour.

Toutes les espèces ont un air de famille si prononcé, qu'il est difficile de les bien distinguer, les nuances qui les séparent étant extrêmement légères. Nous en avons deux en France dont les caractères ne sont pas douteux; ce sont: la *Musaraigne des sables* ou *Musette*, et la *Musaraigne d'eau.*

La première (*Sorex araneus*), grise en dessus, cendrée en dessous, à queue carrée et d'un tiers moins longue que le corps, a les

Fig. 5. Musaraigne d'eau.

dents blanches, l'oreille nue et découverte (fig. 4). C'est la plus commune; on l'accuse, bien à tort, dans les campagnes, d'avoir la morsure venimeuse et d'occasionner des maladies aux Chevaux; elle ne leur cause aucun mal, et est parfaitement inoffensive, en dehors des insectes et des Vers de terre dont elle se nourrit.

La seconde (*Sorex fodiens*), découverte par Daubenton, plus grande que la Musette, est brun-noir en dessus et brun-gris roussâtre en dessous. Sa queue, d'un quart moindre que le corps, porte une ligne blanche à la face inférieure; ses dents sont rousses à leurs extrémités (fig. 5). Ses oreilles, en partie cachées dans le poil, se ferment presque hermétiquement par des opercules quand elle plonge; les cils raides qui bordent ses doigts en font des espèces de rames et lui rendent la natation facile; ils peuvent s'écarter à volonté, et se rabattre ensuite les uns sur les autres, de manière à s'effacer presque entièrement; dans la marche à terre, ils se relèvent et sont préservés ainsi de toute usure. La Musaraigne d'eau fréquente les ruisseaux et les eaux de source à fond sableux; elle se nourrit de Grenouilles et d'insectes aquatiques auxquels elle donne habilement la chasse. Elle fréquente aussi le voisinage des moulins; il n'est pas rare de la voir courir sur la rive; elle plonge avec dextérité, mais ne reste pas longtemps submergée; elle reparaît bientôt à la surface, d'où elle s'élance pour attraper les insectes qui voltigent à fleur d'eau. Ces deux espèces se rencontrent aux environs de Paris.

LE HÉRISSON.

Le Hérisson (*Erinaceus Europæus*, fig. 6) est un petit mammifère absolument innocent, qu'il faudrait plutôt ménager que détruire, car, non-seulement il ne nous cause aucun dommage, mais il nous rend service en nous débarrassant d'insectes et de mollusques nuisibles. Incapable d'attaquer, ni même d'opposer la moindre résistance, l'espèce n'aurait pas tardé à devenir la proie des Belettes, des Fouines, Putois, Renards et autres carnassiers bien endentés, si la Providence ne l'avait pourvue d'une cotte de mailles à toute épreuve, contre laquelle viennent échouer les convoitises de ses ennemis; toute la partie supérieure du corps du Hérisson est couverte d'épines acérées, implantées par groupes dans la peau, et qui se redressent en rayonnant à la volonté de l'animal. C'est sa seule défense, mais elle lui forme un rempart inexpugnable: il ne s'endort jamais que dans cette attitude de sage précaution. Des muscles spéciaux mettent en jeu sa cuirasse; ils ont la faculté de s'étendre au delà de la tête et des pattes; dès qu'ils les recouvrent complétement, ils enferment le Hérisson dans une sorte de bourse: l'animal ne présente plus au dehors qu'un sphéroïde dardant, de toutes parts, une forêt de piquants qui se resserrent d'autant plus, que la bête se croit plus menacée. Elle sait, d'instinct, qu'elle est vulnérable à la tête, au ventre et aux pattes, sur toutes les parties poilues que ne protégent pas des épines : voilà pourquoi elle se roule en boule ; au moment où elle se pelotonne, la tête s'infléchit sur la poitrine, les yeux se ferment, la queue se couche sur le ventre, les pattes s'y appliquent, tous sont enveloppés, comme d'un manteau protecteur, par les muscles peaussiers.

La façon dont le Hérisson se déroule et se remet en mouvement ne laisse pas d'être curieuse ; un léger frôlement du pelage prélude à son évolution ; il écarte les deux extrémités de sa cuirasse, pose avec circonspection ses pattes à terre et sort son museau ; on

Fig. 6. Hérisson.

n'aperçoit encore qu'un front plissé, et les yeux restent cachés sous les sourcils ; mais, peu à peu, la face se déride, le nez s'allonge, les piquants s'aplatissent, le visage prend une expression de confiance, l'animal recommence à marcher comme s'il n'avait couru aucun danger ; la peur le saisit-elle de nouveau, il s'enroule derechef, et garde, cette fois plus longtemps, son attitude défensive.

Le Hérisson n'a pas l'allure dégagée ; ses membres courts, ses formes épaisses le portent près de terre ; il marche sur la plante entière des pieds, manque de célérité, sans néanmoins que ses mouvements soient gênés. Il habite indifféremment la plaine et la montagne, les bois, les champs et les jardins. Son terrier, qui ne s'étend pas au delà de trente centimètres sous terre, présente deux ouvertures, l'une au nord, l'autre au midi; le vent souffle-t-il avec force, il bouche celle qui s'y trouve exposée. Pendant le jour, il se tient d'ordinaire, comme un reclus, dans une retraite obscure, dans le creux d'un arbre, sous un monceau de pierres, ou bien caché sous la mousse ou dans les haies; il n'en bouge jusqu'à l'arrivée de la nuit. Le crépuscule venu, il sort de sa somnolence, se montre assez actif, et vague de tous côtés en quête de sa subsistance. En marchant, il porte le nez à terre et flaire, comme un Chien, chaque objet qu'il rencontre. Au moindre bruit, il s'arrête, écoute et s'adresse à son odorat pour savoir d'où vient le danger, car ce sens lui sert mieux de guide que la vue, qu'il n'a pas très-perçante. Sa nourriture principale consiste en insectes, en Limaçons, en Vers et en racines qu'il déterre en fouillant le sol superficiellement avec son groin ; il donne la chasse aux reptiles, aux petits mammifères tels que Mulots et Souris, et mange aussi les fruits tombés, mais il ne les emporte pas avec ses piquants, comme on le croit vulgairement dans les campagnes; d'ailleurs il ne fait pas de provisions; à quoi lui serviraient-elles? il vit au jour le jour pendant la belle saison, et l'hiver, il tombe dans l'engourdissement : ses économies seraient donc hors de propos.

Les petits, au nombre de trois à cinq, viennent au jour dans le courant de mai, les yeux et les oreilles fermés. Dès leur naissance, leur peau est couverte d'épines entièrement blanches; elles se colorent à mesure qu'ils grandissent, et finissent par devenir grisâtres à la racine, brun-noir dans la partie médiane, blanches à leur extrémité pointue.

Très-sensible au froid, le Hérisson est un des premiers à s'endormir de son sommeil hibernant; à sept degrés au-dessus de zéro, il tombe en léthargie; aussi, dès le mois de septembre, est-il déjà chargé de graisse : c'est sur ce fonds qu'il doit vivre pendant ses six mois d'engourdissement. On a beaucoup de peine à l'en tirer; à peine l'a-t-on réveillé, qu'il retombe aussitôt dans son profond sommeil : le retour du printemps y met fin naturellement. Sa chair n'a aucune valeur comestible; sa peau était employée autrefois à sérancer le chanvre.

Les jeunes Chiens inexpérimentés sont les seuls qui pillent franchement le Hérisson; leur gueule et leur museau ensanglantés leur apprennent bien vite à ne pas approcher de trop près de cette forêt de piquants; c'est pourquoi ils abandonnent promptement la boule immobile et menaçante; les vieux Chiens, plus avisés, se contentent de l'aboyer; tout au plus y risquent-ils une de leurs pattes.

On sait que le Hérisson pelotonné résiste à tous les efforts qu'on fait pour l'étendre; quand on veut l'obliger à se développer, il faut le jeter à l'eau; à peine en sent-il le contact, qu'il se met à fuir au plus vite; il nage très-bien et peut rester près d'un quart d'heure sous l'eau sans être asphyxié.

LA TAUPE. (*Talpa Europæa.*)

La Taupe n'est pas rare dans les contrées tempérées de l'Europe; elle suit, en quelque sorte, l'agriculteur dans ses travaux. Si elle le débarrasse de Lombrics assez inoffensifs, de Vers blancs et autres larves d'insectes réellement malfaisants, elle lui fait payer cher ce service en culbutant ses semis, bouleversant ses pépinières, coupant et soulevant les racines des plantes et couvrant les prairies de buttes nombreuses qui étouffent l'herbe et contrarient le jeu de la faux : la Taupe est donc nuisible, quoi qu'en disent certains auteurs plus citadins que campagnards; ses mœurs, curieuses à étudier, sont bonnes à connaître, ne serait-ce que pour aider à sa destruction.

La Taupe a le pelage d'un noir presque uniforme, doux et soyeux comme le velours. Son corps trapu, cylindrique, est ramassé près de terre et fortement musclé. Sans être aveugle, ses yeux microscopiques ont à peine la grosseur d'une tête d'épingle : aussi leur existence a-t-elle été longtemps mise en doute; ils sont enfouis dans un fourré de poils qui s'écartent, à la volonté de l'animal, pour lui laisser apercevoir les objets, et qui, en même temps qu'ils ombragent l'organe de la vue exposé à la lumière, le préservent de tout choc sous terre. Pour se guider dans ses routes ténébreuses, la Taupe possède un odorat très-subtil; elle a aussi le sens de l'ouïe bien développé, quoique la conque auditive lui fasse complétement défaut.

Chez la Taupe, tête, bras et museau sont façonnés pour fouir (fig. 7). Sa force principale réside dans ses muscles cervicaux qui font l'office d'un levier puissant. Le museau, mobile, s'allonge en pointe, et est muni d'un osselet destiné à soulever la terre, à la percer comme une tarière, et à ouvrir le passage par lequel le corps doit s'avancer, à mesure que le sol est déchiré par les pattes antérieures. Celles-ci sont merveilleusement appropriées à leur destination. Très-rapprochées de la tête, très-courtes, très-larges et très-vigoureuses, elles ont la paume tournée en dehors et se terminent par cinq doigts réunis en bloc jusqu'à la racine des ongles dont l'extrémité est tranchante; chacune de ces pattes figure une pelle robuste, qui creuse et déblaye le terrain avec énergie et rapidité.

Tourmentée d'un appétit formidable qui jamais ne dit : assez, la Taupe n'éprouve pas seulement le sentiment de la faim, comme

Fig. 7. Taupe.

les autres insectivores, ce besoin, chez elle, s'exalte jusqu'à la frénésie; aussi rien ne lui coûte-t-il pour l'assouvir. Sans cesse à la poursuite de sa proie, elle l'a à peine éventée, qu'elle se précipite sur elle avec furie, l'attaque par le ventre, plonge, tête baissée, dans le corps de la victime, lui déchire les entrailles et l'engloutit en un clin d'œil; cependant Vers de terre, larves d'insectes, bulbes de colchique et racines, constituent sa nourriture habituelle.

Ses mœurs sont celles d'un anachorète voué à une solitude absolue. Malheur au téméraire qui tente de la violer! elle lui livre aussitôt un combat à outrance. Dans ce duel à mort, l'un des deux champions doit nécessairement périr : la Taupe est sans peur comme sans pitié. Elle ne vit point en ménage; son mariage même n'est qu'un accident, et, passé le temps des nichées, on la trouve toujours seule dans son gîte; le mâle n'y séjourne jamais. Si la température est douce, il n'est pas rare de lui voir des petits dès la fin de février ou le commencement de mars; mais si le froid se prolonge, ils ne viennent que plus tard; elle a deux portées par an, l'une au printemps, l'autre à la fin de juillet, toutes deux de quatre ou cinq petits. La première mise bas a lieu communément dans les dix premiers jours d'avril; les petits naissent tout nus. Leur éducation n'est pas longue. La mère, vivant au jour le jour, sans provision aucune, et n'ayant d'autres repas que ceux qu'elle conquiert par un rude travail, s'acquitte des devoirs de la maternité comme s'ils ne lui apportaient aucune jouissance; dès que les petits sont en état de se suffire à eux-mêmes, elle les délaisse. Quelques semaines après sa naissance, toute la nichée décampe à la fois par des tuyaux perpendiculaires correspondant aux routes souterraines que la mère Taupe a creusées. Les jeunes ne s'éloignent pas de la surface du sol : d'une part, ils y trouvent leur provende; de l'autre, ils y font, sans trop de difficulté, l'apprentissage de leur métier de mineurs. Quand la terre est meuble et fraîche, ils s'ouvrent sans peine des routes superficielles dont l'irrégularité est un des caractères distinctifs; au moindre bruit, l'animal plonge dans le premier tuyau qu'il rencontre; mais si le sol est durci, et si la jeune Taupe ne se trouve pas à portée d'une cavité de refuge, elle se met à fouir avec une activité extraordinaire; à bout de forces, elle se couvre de terre et se tient blottie jusqu'à ce que tout danger soit passé.

Avant de se lancer en rase campagne, la Taupe adolescente s'essaye le long des murs qui regardent le soleil levant et le midi; elle sait profiter des fondations et des grosses racines pour s'y préparer une retraite; plus tard, lorsqu'elle a atteint sa croissance définitive, toute espèce de terrain lui convient, pourvu qu'il ne soit pas mouilleux; on la rencontre dans les sables les plus légers aussi bien que dans les terres compactes; plaines, vallées, coteaux et montagnes forment indistinctement son domaine : tout lui est bon; cependant elle se plaît de préférence dans les terres fertiles, meubles et fraîches, où abondent les Vers de terre, dont elle est très-friande; c'est pour cette raison qu'elle hante le voisinage des eaux : elle y trouve toutes les conditions d'une vie facile et plantureuse; mais, quoiqu'elle nage avec facilité, elle ne s'aventure en pleine eau que dans les cas d'extrême nécessité, tels qu'une crue subite ou une malencontreuse inondation.

La Taupe passe sa vie sous terre; son royaume est une prison dont elle ferme avec soin toutes les issues, et dont elle ne sort jamais qu'à son corps défendant; car, indépendamment de l'instinct qui la porte à se cacher pour échapper à ses ennemis, Renards, Blaireaux, oiseaux de proie diurnes et nocturnes, elle fuit le grand jour comme le grand air : l'un et l'autre lui sont contraires. Suivant les variations de l'atmosphère, elle déplace son habitation, sans changer pour cela de cantonnement. Pendant la saison rigoureuse, elle ne s'engourdit pas comme le Lérot, la Marmotte, elle s'enfonce profondément en terre pour y chercher sa nourriture et une température plus douce; dans les temps de pluie, elle gagne les lieux élevés; en été, elle descend dans les vallons; et si la sécheresse se fait longtemps sentir, elle se réfugie dans un endroit frais, le long des berges, des ruisseaux, des fossés, parfois aussi sous le plafond des canaux et sous la vase durcie des étangs desséchés.

A juger de l'artisan par ses œuvres, la Taupe, dans sa vie laborieuse, ne le cède à aucun animal. Ce n'est qu'au sein de la terre qu'elle doit trouver sa subsistance, l'intérieur du sol devient nécessairement le théâtre de ses chasses; c'est là qu'elle a ses ateliers de travail et qu'elle établit son gîte et le nid de ses petits. Qui ne connaît les routes, les méandres infinis dont elle sillonne la surface des champs, et les monticules qu'elle y élève de place en place? Ces ouvrages extérieurs, tout considérables qu'ils paraissent, ne sont qu'un jeu auprès de ceux bien plus compliqués auxquels elle se livre à l'intérieur du sol : passages pour se rendre d'un point à un autre, galeries couvertes, boyaux, trous de retraite, place d'armes assise au milieu de fortifications multipliées, sont autant de travaux d'art où la Taupe déploie toute l'habileté du mineur, toute la science d'un ingénieur consommé.

Son cantonnement une fois choisi, elle n'en sort guère que lorsque l'eau l'a envahi ou qu'il se trouve frappé de stérilité; elle dit alors adieu à ses pénates et déménage sans bruit; mais, en dehors de cette dure extrémité, elle reste fidèle à son héritage natal, elle y campe pendant toute la belle saison, et ne s'y fait d'établissement sérieux que lorsque l'automne est venu : ce sont ses quartiers d'hiver.

Tant qu'elle est errante et vagabonde, ses travaux sont presque tous superficiels; en terre légère, elle trace prodigieusement. C'est toujours en avant qu'elle travaille. Son museau perce et fouille le sol; de ses pattes antérieures elle déchire la terre, la rejette en arrière avec ses pattes postérieures, et, quand elle a ainsi miné une certaine étendue de terrain, elle se retourne pour expulser à la surface les déblais; ceux-ci, en s'accumulant, forment des buttes ou monticules dont toute trace est plus ou moins jalonnée : les taupinières n'ont pas d'autre origine.

Dans les terres sablonneuses non susceptibles de tassement, les taupinières sont extrêmement multipliées; une seule Taupe en élève parfois plus de trente dans un cantonnement; leur volume diffère, mais leur aspect n'offre de variante qu'autant que la contexture du sol en présente; elles ne sont jamais échelonnées sur des lignes droites, elles décrivent des zigzags; celles des mâles sont plus fortes et plus saillantes. Tout le temps que la Taupe est sans gîte, elle se retire, la nuit, dans une taupinière oblongue; le jour, chaque fois qu'elle suspend son travail, elle se repose dans une taupinière construite exprès au point où elle a cessé de fouiller. Ces taupinières de repos n'existent qu'en été; dès que le gîte est formé, la Taupe ne couche plus dans les cheminements, elle revient sans cesse à son domicile, quoiqu'il soit souvent éloigné de plus de cent mètres de son atelier de travail. Les traces des mâles et des femelles ne peuvent être confondues; les premières s'étendent en lignes droites sur plus de quatre-vingts mètres; les secondes ne courent, sans dévier, que sur un espace de huit ou dix mètres : les unes et les autres sont pratiquées surtout en vue de la chasse aux Lombrics et aux Vers blancs logés à fleur de sol; l'animal s'y coule aussi, entre deux terres, pour échapper au danger qui le menace, et pour gagner ses routes plus souterraines : toujours un passage y conduit.

De tous ces chemins occultes, le passage est le plus fréquenté; la Taupe le traverse plusieurs fois par jour; aussi, à un moment donné, est-on sûr de l'y trouver. Il n'est pas toujours unique, mais jamais il n'y a plus de trois passages. Ils peuvent être communs à plusieurs Taupes, non toutefois sans contestation : chaque rencontre provoque une lutte, à moins qu'un des deux pèlerins ne cède le pas à l'autre en se retirant dans quelque gorge; pour peu qu'il y ait hésitation, la bataille s'engage :

dames Taupes, chez elles, ne sont pas endurantes, encore moins hospitalières.

La profondeur du passage varie. Là où la Taupe se croit en sûreté, où elle n'a point à redouter l'affaissement du sol, elle établit son passage à dix ou douze centimètres de la surface; mais s'il doit traverser un endroit fréquenté par les bêtes de trait ou les voitures, l'animal lui donne quarante centimètres de profondeur, afin d'assurer la voûte. Le passage se dirige toujours en ligne droite et ne porte jamais de taupinière; en cela il diffère nettement des routes de communication et des galeries, toujours plus ou moins divergentes et chargées de monticules.

Le gîte de la Taupe est son chef-d'œuvre; elle le place à l'endroit le plus favorable de son cantonnement, et de préférence sous les fondations d'un mur, au pied d'une haie, entre les racines principales d'un arbre; elle le garnit d'un matelas herbacé ou de feuilles sèches. Cette habitation souterraine est le point central où la Taupe fait converger toutes ses opérations. Le cours de sa vie errante terminé, elle fait élection de domicile, visite son gîte plusieurs fois par jour et s'y repose. Elle s'y rend par des voies horizontales et verticales, et y défie toutes les ruses du taupier le plus habile. Jamais on ne l'y surprend; à la première alerte, elle disparaît dans ses antres les plus secrets. Toute Taupe, mâle ou femelle, a son gîte et le renouvelle chaque année; il mesure jusqu'à cinquante centimètres de hauteur et son diamètre atteint près d'un mètre. La Taupe n'en fait pas mystère; mais pour mieux dérouter les curieux, elle en rapproche quelquefois plusieurs les uns des autres. Sa construction exige science et patience. La Taupe commence par soulever la terre, puis elle la presse, la pétrit et la moule en voûte convexe, solide et impénétrable à la pluie. Le plafond de l'édifice offre une grande résistance; il repose ordinairement sur quatre cloisons, espèce de piliers creux distribués de distance en distance. Sous le dôme se trouve la couchette moelleuse, de forme convexe; sa base porte sur une galerie circulaire dans laquelle débouche un seul des piliers; l'ouverture des autres est fermée. Cette galerie magistrale est coupée transversalement par cinq chemins creux conduisant à la seconde galerie dite d'enveloppe; celle-ci aboutit, en général, à neuf chemins dont l'issue est totalement distincte de celle des chemins précédents : règle et compas en main, un ingénieur ne tracerait pas un travail plus parfait. Des neuf chemins de la galerie d'enveloppe partent autant de galeries qui s'étendent en demi-cercles irréguliers, aboutissant tous au passage; elles ont plus ou moins de profondeur, selon la consistance du terrain. Le tout constitue un ensemble imposant de fortifications savamment combinées; la Taupe néanmoins perce encore, pour plus de sûreté, un trou de retraite perpendiculaire à sa couche, de quarante centimètres de profondeur, relié à une route ascendante qui, passant au-dessous de la galerie magistrale et de la galerie d'enveloppe, lui ménage un asile suprême dans le cas où la place viendrait à être forcée : le Castor, dans ses constructions hydrauliques, agit autrement; mais fait-il mieux? Il est permis d'en douter.

Le nid diffère entièrement du gîte. Dans les endroits solitaires où nul danger ne semble à craindre, il est quelquefois apparent; dans les lieux fréquentés, il n'est jamais visible; il occupe le centre du cantonnement à quelques mètres du dernier gîte et à seize centimètres environ de profondeur. La Taupe, pour l'établir, choisit un terrain meuble, plus sec qu'humide, et dont la pente puisse favoriser l'écoulement des eaux; dans les vignes, elle l'assoit sur un ados; dans un chemin, sur la berge; dans les champs, sur le point le plus élevé. La couchette en est plus moelleuse que celle du gîte; aux feuilles sèches, la bonne mère ajoute les poils de son ventre, en guise de lit de plumes. Le nid n'est pas, comme le gîte, entouré de galeries circulaires; deux ou trois chemins seulement y aboutissent et entretiennent des communications avec le domicile proprement dit et les passages; la Taupe ne l'habite que temporairement; dès que ses petits ont pris la clef des champs, elle retourne à la vie nomade jusqu'à l'arrivée de l'automne, époque à laquelle commence son casernement hivernal.

Le nid n'est pas à l'abri de toute attaque; c'est pourquoi la Taupe y pratique, au-dessous, un trou de retraite qui s'enfonce à soixante centimètres du niveau du sol; du fond de cette coulée part une route ascendante, inclinée à quarante-cinq degrés, qui ramène l'animal dans une des galeries de son cantonnement : cette ingénieuse disposition le rend imprenable. En effet, surprise dans son nid, la mère Taupe plonge dans le trou de retraite, gagne la route ascendante, et s'échappe dans une galerie qu'elle pousse avec activité en avant, à moins qu'elle ne préfère se blottir dans une terre meuble, ou se creuser, pour la circonstance, un trou de quarante à cinquante centimètres de profondeur où elle attendra, pendant des heures entières, que tout danger soit dissipé.

Lorsque la Taupe veut dérober son nid aux regards, le dôme effleure à peine la surface du sol; quand il est apparent, on le reconnaît sans peine : la taupinière, quatre ou cinq fois plus volumineuse que les buttes ordinaires, a la forme d'une coupole où se dessinent de petites côtes qui ne sont autres que des tubes creux, fermés à leurs extrémités; la Taupe, en déblayant, rejette la terre, mais ne la pousse pas au dehors, ce qui trahirait son asile : elle la tasse et la bat si fortement, que cette partie du nid résiste au fer même de la bêche.

Malgré tout son art cependant, la Taupe se laisse prendre aux piéges, heureusement pour l'agriculteur dont elle déshonore les cultures. Les taupinières, soigneusement examinées, fournissent les renseignements les plus utiles aux artistes qui se livrent à la chasse de la Taupe. Les plus capables, à la seule inspection des buttes, en voyant leur nombre et leur groupement autour des taupinières principales, savent discerner parmi tant de galeries celle qui forme l'artère principale entre deux centres importants; la Taupe, habitante de ces parages, n'échappera pas aux piéges qu'ils lui tendent sur le chemin qu'elle parcourt plusieurs fois par jour.

Le plus usité de ces piéges est celui inventé par Lecourt; il consiste en deux branches en fer, carrées et croisées, réunies par une tête à ressort; leur extrémité est garnie de deux crochets placés en contre-bas et à angle droit : au passage de l'animal, la détente tombe, l'élasticité de la tête du piége fait ressort.

La théorie de l'art du taupier est fort simple. Avant tout, il faut s'attacher à reconnaître le passage, ainsi que l'origine des galeries en avant desquelles deux piéges doivent être placés en sens opposé, l'un pour saisir la Taupe quand, de son gîte, elle gagnera le passage; l'autre pour l'appréhender lorsque, absente de son domicile, elle reviendra du travail et regagnera son passage qu'on a eu soin de découvrir; on assujettit le piége par la base, et on le recouvre d'une motte inclinée, disposée de manière à intercepter tout accès à la lumière dans l'intérieur du conduit souterrain.

Soit en allant, soit en revenant, la Taupe a un piége en perspective; le premier qu'elle rencontre lui donne la mort. Arrivée à l'endroit fatal, elle s'aperçoit qu'une portion de son passage est éboulée; pour le tasser de côté, elle se met à fouiller, la détente part, elle est prise. Le passage est donc ce qu'il faut reconnaître tout d'abord; rien de plus facile, puisqu'on sait qu'il est toujours en ligne droite. Mais il peut en exister plusieurs ; autant alors de piéges à dresser. Deux taupinières à quinze ou vingt mètres d'intervalle, et d'une forme particulière, indiquent la direction de chaque passage; les piéges seront placés là où les galeries aboutissent, un peu au delà du point où elles débouchent dans le passage ; elles sont aisées à distinguer à leurs sinuosités et au nombre des petites taupinières dont elles sont surmontées ; pour peu qu'on ait d'expérience pratique, il est impossible de se méprendre sur ces voies souterraines.

Toute saison est bonne pour prendre les Taupes, mais leur capture est plus facile et plus abondante au printemps et à la fin de l'été ; ce sont donc ces deux époques qu'il faut choisir pour faire une chasse utile. D'habitude, la Taupe sort le matin, rentre vers midi à son gîte ou à sa taupinière de repos ; elle sort derechef, et repart encore une troisième fois dans les longs jours. Son repos n'excède jamais quatre heures consécutives; elle traverse son passage quatre et cinq fois par jour : elle ne peut donc éviter le sort qui l'attend, si les piéges sont convenablement placés ; tout l'art du taupier se résume, en définitive, dans cette formule : *savoir découvrir le passage et y bien placer deux piéges opposés.* Mais, quelque simple que soit cette théorie, il n'y a qu'un homme spécial, exercé de longue main, qui puisse purger de Taupes les domaines où elles se sont établies; de simples ouvriers ne sauraient conduire l'opération avec l'ordre et l'intelligence qui en assurent le succès. Un des taupiers les plus habiles dont les populations rurales aient gardé le souvenir fut, sans contredit, Henri Lecourt, originaire de Pontoise. Il prenait jusqu'à quatre-vingts Taupes dans sa journée; en trois ans, il détruisit dix mille de ces animaux sur six cents hectares. Il n'était pas né taupier, loin de là; il occupait une charge lucrative à la cour de Louis XVI, mais la Révolution l'avait ruiné de fond en comble ; la nécessité le rendit observateur et en fit un artiste hors ligne. Sa meilleure campagne fut un véritable exploit : en trois mois et soixante-quinze séances, il prit plusieurs milliers de Taupes : on lui doit d'excellentes observations sur ces animaux.

CARNASSIERS PLANTIGRADES.

L'OURS.

Du temps que notre vieille Gaule n'était qu'une immense forêt, le gros gibier, Cerfs, Daims, Chevreuils, Sangliers y vivaient comme sur leur propre domaine; à leur suite, Loups, Renards et Lynx ne manquaient pas, assurés qu'ils étaient de ne pas mourir de faim; l'Ours lui-même, si sauvage, n'était pas alors exilé dans les hautes solitudes, il descendait et séjournait dans le bas pays et s'y multipliait sans obstacle. Mais, à mesure que la civilisation s'est fait jour, que les forêts ont été envahies par la charrue et qu'elles ont été, sinon tout à fait détruites, du moins considérablement limitées, l'Ours, refoulé de la plaine à la montagne, est allé demander, d'abord, un abri aux Cévennes, au Cantal, aux Vosges et au Jura; puis, lorsque ces contrées, jadis si richement boisées, ont, à leur tour, perdu leurs couverts épais et qu'elles n'ont plus offert qu'une retraite équivoque, il s'est réfugié dans les Alpes et les Pyrénées, son dernier asile : ce n'est que dans leurs gorges profondes et désertes qu'on le rencontre aujourd'hui, encore y devient-il chaque jour plus rare; le moment n'est peut-être pas éloigné où l'Ours disparaîtra complétement de la région moyenne de l'Europe, et ne se retrouvera plus en nombre que dans les forêts glacées du Nord : elles en ont toujours été abondamment peuplées.

L'aspect de l'Ours n'est pas flatteur. Comment découvrir et démêler une forme animale à travers cette fourrure épaisse et grossière qui ne laisse apercevoir distinctement que le museau et les pieds? Son corps, gros et lourd, se meut tout d'une pièce; la queue lui fait presque entièrement défaut; la brièveté de ses jambes imprime à sa marche une sorte de nonchalance et de gaucherie; ses yeux, placés obliquement comme ceux du Loup, mais plus petits, lui donnent je ne sais quoi de sournois et de dissimulé; ses pieds antérieurs inclinent en dedans, ce qui ne rend pas son allure plus dégagée; bref, il ressemble à un bloc mal ébauché, plutôt qu'à un quadrupède jouissant de toute la perfection de ses organes

Sous cette apparence disgracieuse, il s'en faut cependant que l'Ours soit stupide ou inerte ; c'est, au contraire, une bête fine, cauteleuse et circonspecte, qui ne s'engage jamais avant d'avoir tâté le terrain. On le prend rarement au piége. Lorsqu'un objet nouveau se présente à ses regards, il passe sous le vent pour s'en approcher, s'avance avec précaution, le flaire, le tourne, le retourne, et s'éloigne s'il ne lui convient pas. Il ne manque pas d'une certaine agilité, mais, pour la déployer, il faut qu'il soit stimulé par la nécessité, autrement il reste dans ses

Fig. 8. Ours.

habitudes de philosophique indifférence. Éminemment solitaire, il fuit toute espèce de société, même celle de ses semblables, s'éloigne de l'homme par instinct et ne se complaît que dans la nature sauvage et primitive ; par prudence, il demeure confiné dans son désert, n'en sort que fort rarement, lorsque la faim l'en chasse, y revient dès qu'il le peut, et ne se trouve à son aise qu'au fond des cavernes ou dans l'épaisseur des plus vieilles futaies. La vie de famille lui est absolument étrangère ; le mâle n'habite pas avec la femelle, il se tient à l'écart, tout seul, sans autre gîte que le creux d'un rocher ou l'intérieur d'un arbre miné par le temps. Certains auteurs lui ont prêté un talent qu'il n'a pas : il ne se bâtit point de hutte avec des branches d'arbre ; il se contente de la première tanière qu'il trouve toute faite, n'est nullement architecte, comme on le supposait gratuitement, et n'a jamais songé à le devenir. Il passe les journées à dormir dans son trou, y séjourne longuement en hiver, temps pendant lequel son appétit est moins actif et où son corps est doublé d'une épaisse couche de graisse, mais il ne s'engourdit pas par le froid comme les animaux hibernants.

L'Ours brun d'Europe (*Ursus arctos*, fig. 8) est omnivore; ses dents molaires, plates et chargées de tubercules mousses, n'en font pas un animal aussi carnassier que les bêtes du même ordre à dents aiguës ou tranchantes; en effet, à l'état de nature, il se nourrit principalement de matières végétales, de racines, de jeunes pousses, de faînes, de châtaignes, de fraises et de sorbes dont il est très-friand; il recherche avec passion le miel et sait fort bien dépouiller les ruches d'abeilles. Lorsque ces ressources lui manquent, il attaque les animaux, mais seulement à la dernière extrémité, opprimé par la faim; évidemment, s'il mange, par-ci par-là, quelques moutons, ce n'est que comme hors-d'œuvre exceptionnel : il ne touche jamais aux cadavres.

Disons-le à sa louange, ce n'est pas le défaut de vigueur qui l'empêche d'être carnassier dans toute l'énergie du mot; sa force musculaire est considérable; d'un seul coup de patte il peut abattre un cheval, et ses redoutables mâchoires sont puissamment armées; en captivité, il s'habitue à tout, à la chair, au pain, à toutes sortes de légumes.

Malgré la petitesse de ses yeux, sa vue est bonne; son ouïe est fine ; toutefois elles le cèdent au sens de l'odorat, qu'il possède à un haut degré ; on s'en rend facilement compte en voyant son museau allongé et ses larges narines qu'entoure un mufle dont le cartilage est extrêmement mobile.

L'Ours, ainsi que tous ceux de sa tribu, marche sur la plante des pieds : aussi est-il moins rapide que les animaux coureurs qui, dans la progression, s'appuient sur le bout des doigts; en revanche, il se tient aisément debout, grimpe lestement aux arbres et nage avec facilité.

Toutes ses actions sont marquées au coin de la prudence. Veut-il aller chercher des fruits au haut d'un arbre, il commence par embrasser le tronc avec ses bras et ses cuisses, s'avance ensuite à travers les branches, exactement comme nous, c'est-à-dire qu'il ne quitte son point d'appui qu'après s'être bien assuré d'un autre; ses jambes antérieures lui tiennent lieu de bras et il s'en sert avec beaucoup d'adresse; ce sont aussi ses principaux moyens de défense quand il a quelque ennemi à combattre; il cherche toujours à l'étreindre, à l'étouffer, ou bien à le déchirer de ses ongles, avant de lui briser le crâne avec ses redoutables mâchoires.

La femelle met bas en hiver de un à trois petits, après leur avoir préparé elle-même un lit de feuilles et de mousse; elle les cache avec le plus grand soin, de crainte que le mâle ne dévore ses oursons. Du reste, la mère ne les quitte que momentanément pour aller chercher sa nourriture; elle leur témoigne beaucoup de tendresse, les allaite pendant longtemps, s'en fait suivre dès l'âge de trois mois, les porte dans ses bras quand ils sont fatigués, les lèche, leur apporte des fruits et les garde avec elle jusqu'à ce qu'ils soient en état de repousser toute agression; lorsqu'un danger les menace, elle est d'une intrépidité extrême, s'expose à tout pour les défendre, et se fait bravement tuer sur place, plutôt que de les abandonner.

Pris jeune, l'Ourson s'apprivoise facilement; on lui apprend sans peine à se tenir debout, à danser au son du fifre ou du tambourin, à gesticuler et à faire la culbute, mais sa docilité est loin d'être instinctive; il grogne chaque fois qu'on l'oblige à faire parade de ses talents et s'emporte souvent jusqu'à la colère, par pur caprice : aussi est-il toujours prudent de le museler quand on le promène dans les foires ou les villages. Les vieux Ours ne sont susceptibles d'aucune éducation : ils n'obéissent pas, même par la contrainte, n'ont d'autre voix qu'un grondement sourd, et restent concentrés dans leur misanthropie. A l'état de nature, ils n'attaquent l'homme qu'autant qu'ils en sont provoqués; leur fureur alors ne connaît plus de bornes. Pénétré du sentiment de sa force, l'Ours s'affranchit de toute crainte; s'il rencontre un chasseur, il ne prend pas la fuite, ne se détourne même pas de son chemin et s'enfonce dans la forêt sans hâter le pas, se bornant à lancer un regard de travers à l'importun visiteur. Malheur à lui si sa balle ne va pas à son adresse, ou ne tue pas raide! l'Ours, simplement blessé, se retourne avec furie, court droit à l'agresseur, se dresse sur ses pattes de derrière et engage avec lui une lutte à mort; tous les deux quelquefois y périssent. Lorsque les Chiens le cernent et lui coupent la retraite, il leur fait face, s'adosse contre un arbre ou un rocher, et, avant de succomber, vend chèrement sa vie : quiconque l'approche, est renversé de sa terrible patte ou broyé entre ses dents.

En général, la chasse à l'Ours, en France, s'effectue sans grand danger. Lorsque les pâtres de la montagne ont aperçu un Ours, ils préviennent les tireurs des environs; à jour fixe, on se réunit en nombre, la forêt est cernée; traqueurs et chasseurs forment un cercle qui se rétrécit de plus en plus, et finit par enfermer la bête dans un défilé étroit où de nombreuses décharges la mettent bientôt par terre. Cette manière de se défaire d'un ennemi ressemble plus à un assassinat qu'à un duel, mais le chasseur ne se croit-il pas tout permis vis-à-vis d'une bête de proie?

Au Kamtchatka, d'après le voyageur Lesseps, la chasse à l'Ours est plus émouvante et exige autant de sang-froid que de courage. L'habitant de ces âpres contrées part pour aller à la découverte; il n'a d'autres armes qu'une carabine, une lance ou un épieu et son couteau; toutes ses provisions consistent en un petit paquet de poissons séchés. Ainsi muni et équipé, il pénètre dans l'épaisseur des bois et dans tous les endroits qui peuvent servir de repaire à l'animal. C'est, pour l'ordinaire, à travers les broussailles ou parmi les joncs, au bord des lacs et des rivières, qu'il se poste et attend son ennemi avec constance et intrépidité. S'il le faut, il restera en embuscade une semaine entière, jusqu'à ce que l'Ours vienne à paraître. Dès qu'il le voit à portée, il pose en terre une fourche de bois qui tient à son fusil. A l'aide de cette fourche, le coup d'œil a plus de justesse et la main plus d'assurance; il est rare qu'avec une balle, même assez petite, l'animal ne soit pas atteint à la tête ou dans la région de l'épaule, son endroit le plus vulnérable. Mais si l'Ours n'est pas renversé du premier coup, il devient furieux et accourt aussitôt se jeter sur le chasseur, qui n'a pas toujours le temps de lui envoyer une seconde décharge. Dans ce cas, le Kamtchadale a recours à sa lance, il s'arme à la hâte pour sa propre défense; sa vie, en effet, est en danger, s'il ne porte à l'animal un coup mortel. Dans ces combats corps à corps, l'homme n'est pas toujours vainqueur; quelle que soit l'issue de la lutte, un des deux adversaires doit infailliblement périr.

LE BLAIREAU.

Le Blaireau (*Meles vulgaris*, fig. 9), très-voisin de l'Ours, appuie, comme lui, la plante des pieds en marchant; son allure est lourde; son corps, épais et trapu, se meut lentement; ses habitudes sont taciturnes et solitaires. Indépendamment de la dentition qui lui est propre, le Blaireau se distingue par ses jambes

Fig. 9. Blaireau.

extrêmement courtes, son ventre porté presque à terre et ses doigts fortement engagés dans la peau; les ongles crochus et robustes qui terminent ses membres antérieurs en font de puissants instruments pour fouir; son pelage, du reste, ne permet de le confondre avec aucun autre mammifère. Par une disposition tout exceptionnelle, ses parties inférieures sont plus colorées que les supérieures; le dos et les flancs tirent sur le blanc sale, tandis que la gorge, la poitrine, le ventre, les jambes et les pieds sont d'un brun-noir foncé; partout où la coloration se montre uniforme, les poils, dans toute leur longueur, n'offrent qu'une seule teinte; dans les parties grisâtres, au contraire, les poils blancs sont annelés de noir sur le milieu; une bande noire longitudinale, partant de chaque côté de la tête en passant par les yeux pour arriver à l'oreille, lui donne une physionomie spéciale; sa poche anale, d'où suinte continuellement une humeur grasse et fétide, achève de le caractériser.

Le Blaireau s'enfonce rarement bien avant dans les forêts, on le rencontre plutôt à la lisière des bois où les roches abondent. Il passe la plus grande partie de sa vie au fond de son terrier, placé, en général, à l'exposition du soleil, au pied d'une colline boisée. Ses ongles lui rendent l'excavation facile. Il commence par remuer le sol avec son nez, comme le Porc le fouille avec son groin; il le déchire ensuite avec ses pieds de devant et en rejette les déblais entre ses membres postérieurs : si la terre extraite du trou s'amoncelle de manière à le gêner, il l'attaque directement, l'expulse plus loin en opérant à reculons et en s'aidant de ses quatre pattes; dès que l'emplacement est dégagé, il reprend son travail de mineur et le continue sans relâche : il l'a souvent achevé dans l'espace d'une seule nuit.

Ce n'est d'abord qu'un boyau étroit, creusé en ligne droite; mais bientôt il devient tortueux et se complique de chambres latérales, indépendantes du gîte ou donjon principal, et qui ont aussi leurs issues au dehors. Le Blaireau n'en jouit pas toujours sans trouble; il arrive, plus d'une fois, que le Renard le lui dispute, non pas à force ouverte, il y aurait trop de coups à gagner, mais par une ruse de guerre assez étrange : à force de rôder autour du domicile du Blaireau et d'en souiller les abords de ses ordures, il finit par l'inquiéter et l'obliger à lui céder la place. Le véritable propriétaire, ainsi congédié, ne quitte pas pour cela le pays : il va travailler sur de nouveaux frais, aux environs, dans un endroit bien tranquille, en terrain sec, non loin des broussis fréquentés par les lapins. Leur voisinage ne lui déplaît nullement; également nocturnes, ils font en même temps leurs écoles buissonnières, et pendant que les Rongeurs broutent le thym et le serpolet, le Carnassier se glisse sournoisement dans les rabouillères, et y massacre plus d'une famille de Lapereaux. En effet, quoique le Blaireau mange des baies et d'autres fruits sauvages, il vit surtout de menu gibier, de Reptiles, de Mulots; quand il ne trouve pas mieux, Hannetons et Sauterelles l'aident à patienter. L'obligation de chercher une proie est la principale raison qui le fait sortir de son terrier. Sa vie est des plus tristes et des plus monotones, à notre point de vue du moins; rarement on rencontre deux Blaireaux ensemble; même au temps des ménages, chacun vit de son côté. Au moindre danger, ces animaux se réfugient dans leur retraite; ils s'en éloignent peu, et pour cause : la brièveté de leurs jambes leur interdit toute fuite précipitée; les Chiens sont promptement sur leur piste aussi odorante que celle du Renard, et les ont vite atteints, pour peu que les Plantigrades s'attardent. Mais, s'ils les joignent aisément à la course, ils n'en viennent pas aussi facilement à bout quand la lutte est engagée; le Blaireau, réduit à se défendre, se sert énergiquement de ses ongles et de ses mâchoires; couché sur le dos, la gueule béante, les crocs et les griffes dressés, i tient longtemps en respect ses adversaires, repousse leurs assauts par de profondes morsures, et combat courageusement jusqu'à la dernière extrémité.

Quoique bêtes puantes, les Blaireaux tiennent leur logis avec une grande propreté; la femelle, sur le point de mettre bas, y charrie de l'herbe et dépose sur un nid assez grossier trois ou quatre petits dont elle prend beaucoup de soin. Elle les allaite souvent au bord de son terrier, leur fait prendre l'air et les expose à l'influence du soleil; à mesure qu'ils se développent, elle s'éloigne davantage pour chasser. Les jeunes Blaireaux s'apprivoisent sans peine, ils jouent avec les Chiens, accourent à la voix et suivent la personne qui a l'habitude de les soigner; il n'en est pas de même des vieux dont on s'est emparé : ils conservent toujours leur caractère sauvage, bien qu'ils s'accommodent de toute espèce de nourriture, de pain, de chair, de poisson, de fruits et de racines. Extrêmement sensibles au froid, les Blaireaux, en hiver, restent plusieurs jours de suite sans sortir de leurs terriers; en aucun temps, ils ne le quittent volontiers, ils s'y renferment obstinément quand ils s'aperçoivent qu'on leur a tendu des piéges au dehors, et y supportent une diète rigoureuse, grâce à leur embonpoint qu'entretient chez eux un sommeil prolongé. Il n'est pas facile de les faire tomber dans des embuscades. Lorsqu'ils sont bloqués dans leurs trous et que la faim se fait par trop vivement sentir, ils s'efforcent de percer de nouvelles issues; s'ils ne peuvent y réussir, ils prennent, à la dernière extrémité, une résolution désespérée, s'élancent hors du terrier en se pelotonnant en boule et en faisant plusieurs culbutes sur eux-mêmes; ils échappent ainsi aux nœuds coulants qui n'ont aucune prise sur une sphère roulante.

Le Blaireau se chasse de la même manière que le Renard; on le tire à l'affût, à la nuit tombante, au moment où il sort de sa retraite. S'il est confiné dans le terrier, on met un Basset à ses trousses; le Blaireau se défend contre le Chien en battant en retraite et en éboulant de la terre pour l'arrêter, mais il n'en est pas moins bientôt acculé au fond de son gîte; on le découvre alors à coups de pioche et l'on s'en empare avec précaution, car il mord avec fureur et ne lâche prise que lorsqu'il est assommé.

CARNASSIERS DIGITIGRADES.

LES MARTES.

La tribu des Martes n'est que trop bien représentée en France. Sans compter le Furet, importé d'Afrique et d'Espagne, la Marte proprement dite, la Fouine, le Putois, la Belette et l'Hermine sont indigènes chez nous, et nous révèlent leur présence par de nombreux méfaits. Ce sont les plus sanguinaires de tous les carnassiers; ils s'enivrent de meurtres; ils tuent pour tuer, et bien au delà de leurs besoins; ils surpassent en cruauté jusqu'aux animaux les plus féroces de la race féline, car si le Tigre et la Panthère se signalent par leur violent appétit pour la chair, ils font du moins trêve à leur voracité dès qu'ils sont repus; les autres, au contraire, bien que rassasiés, égorgent sans relâche, et ne cessent leurs assassinats que lorsque l'ivresse du sang, qu'ils boivent à longs traits, les a plongés dans un ignoble sommeil.

D'après ce genre de vie, on comprend sans peine qu'ils soient puissamment armés en guerre. Chacune de leurs mâchoires porte six incisives, deux fortes canines et des molaires tranchantes; ils n'ont guère qu'une seule tuberculeuse en arrière de la carnassière supérieure. Leur tête est petite, leurs oreilles sont courtes et arrondies, leurs moustaches bien développées. La brièveté de leurs pieds et la longueur de leur corps leur permettent de passer par les plus petites ouvertures, ce qui leur a valu le surnom de *vermiformes* que leur donnent les naturalistes. Leurs habitudes sont généralement silencieuses, plus nocturnes que diurnes; ils marchent sans faire de bruit, avancent par petits sauts vivement répétés, et tiennent ordinairement leur dos relevé en arc. Leurs petits naissent les yeux fermés et se développent promptement. La plupart exhalent une odeur fétide, due à la présence de deux petites glandes situées au pourtour de l'anus. C'est parmi ces animaux qu'on trouve les fourrures les plus fines et les plus précieuses; leur pelage, presque toujours fort doux au toucher, se compose de deux sortes de poils, d'un duvet qui tapisse la peau, et de soies brillantes, très-déliées à leur base, et susceptibles de se diriger en divers sens.

Linné ne faisait qu'un seul genre des Martes; G. Cuvier les distingue en Putois et en Martes proprement dites. Les premiers ont pour caractère générique deux fausses molaires à la mâchoire supérieure et trois à l'inférieure; leur carnassière d'en bas manque de tubercule intérieur; on les reconnaît extérieurement à leur museau court et gros. Ce groupe comprend le Putois, la Belette et l'Hermine.

Le Putois. — Le Putois (*Mustela putorius*, fig. 10) tire son nom de son odeur infecte; elle se fait plus sentir en été qu'en hiver, et surtout quand l'animal se trouve sous l'influence de la crainte ou de la colère. Sa teinte générale est noire-brunâtre, passant au jaunâtre sur le ventre et les flancs; la pointe de ses oreilles est blanche, et le contour de sa bouche, bordé de blanc, contraste avec le masque brun de son visage.

Son allure est à la fois légère et sautillante; leste et rapide, il se coule, rampe, saute par bonds précipités et n'en fait pas moins face au danger en opposant à ses adversaires toute la fureur d'un courage irrité. Plongé pendant tout le jour dans le sommeil, il passe la nuit à rôder.

La volaille et les Lapins n'ont pas d'ennemi plus redoutable que ce Carnassier. Il se tient d'ordinaire au voisinage des fermes, en approche avec précaution, grimpe sur les toits, se glisse en tapinois dans les buissons et de là s'insinue, à la tombée de la nuit, dans les basses-cours, où il commet d'affreux ravages. Lorsqu'il a pénétré dans un poulailler ou dans un colombier, il met tout à mort, coupe ou écrase la tête de ses victimes, assouvit d'abord sur place sa faim, et emporte ensuite chaque pièce, une à une, pour en faire des réserves. Quand il ne peut les faire passer par le trou qui lui a servi d'entrée, il se contente de leur manger la cervelle. L'hiver, il s'établit souvent dans les greniers, sous les meules des granges, ou sous les toits. Dans la belle saison, il gîte volontiers à la lisière des bois, se loge dans un trou d'arbre, ravage les terriers de Lapins, qu'il dévaste d'autant plus facilement qu'il les visite plus à son aise et qu'il y fait parfois élection de domicile. Fin, défiant et rusé, il ne se laisse guère prendre aux piéges; lorsqu'il s'aperçoit qu'on le traque de près, il déloge et va camper dans un lieu où il ne risque pas d'être troublé ou inquiété.

Cet animal ne vit que de proie vivante. Dans l'intérieur des fermes, il se nourrit aux dépens des volailles ordinairement bas perchées, et les surprend presque toujours pendant leur sommeil. Dans les champs, la chasse fournit à ses besoins; il recherche les nids de Perdrix, de Cailles, d'Alouettes, et détruit aussi ceux des autres petits oiseaux; faute de gibier, il fait la

Fig. 10. Putois.

guerre aux Taupes, aux Rats, aux Mulots ; c'est la seule obligation que lui ait l'agriculture ; ce minime service est loin de compenser la multiplicité de ses dégâts.

Les couples se forment au printemps et sont bientôt séparés ; les mâles s'en vont passer l'été dans les bois, les femelles restent dans leurs greniers jusqu'à ce que les jeunes Putois soient assez forts pour se suffire à eux-mêmes. La femelle n'a, chaque année, qu'une seule portée de quatre ou cinq petits ; elle les allaite peu de temps, les habitue de bonne heure à manger de la chair et les emmène, vers le milieu de l'été, dans les bois, où ils ne tardent pas à se disperser : cette brusque séparation les affranchit à jamais de leurs premiers liens de famille.

La Belette. — La Belette (*Mustela vulgaris*, fig. 11) craint, encore moins que le Putois, le voisinage de l'homme; on la trouve le plus souvent aux alentours des habitations. Elle a généralement deux domiciles : l'un d'hiver, dans les greniers et les granges, où elle reste jusqu'au printemps, pour nicher dans le foin ou dans la paille; l'autre d'été, dans les haies, les tas de pierres, le creux des rochers, entre les racines des arbres ou dans des trous de Mulots. Son exiguïté la sert merveilleusement pour se faufiler à travers les moindres fissures; il suffit que sa tête y trouve accès, pour que tout son corps y passe. Son courage n'est pas moindre que son audace. Attaquée sans pouvoir fuir, elle se défend vigoureusement; elle ne craint pas de

Fig. 11. Belette.

se mesurer avec des animaux beaucoup plus gros qu'elle; elle combat avec résolution le Surmulot et en vient souvent à bout : son échine flexible l'étreint et l'enlace, ses ongles le déchirent et ses dents lui font de profondes blessures; il n'est pas rare qu'elle le tue. Bien moins nocturne que ses congénères, elle rôde dans les champs, en pleine lumière du jour, se jette sur les Levrauts, fait la chasse aux Mulots et aux Campagnols, et s'embusque derrière les haies pour saisir, par surprise, les oisillons. Ses perfidies sont bien connues de la gent ailée; aussi, à peine les petits oiseaux l'aperçoivent-ils, qu'un cri d'appel les réunit autour de l'ennemi public; ils le harcèlent de leurs clameurs, le poursuivent de leurs malédictions, mais la bête scélérate ne s'en émeut guère; au lieu de fuir comme la Marte et la Fouine que ces cris incessants importunent, elle leur tient tête, guette les plus téméraires et les accroche de sa griffe, dès qu'ils sont à portée. La Belette en veut surtout aux poussins et aux poulets; malheur à ceux qui s'écartent un peu trop de leur mère! en quelques bonds elle est sur eux, les saigne d'un seul coup de dent, à la tête, et les emporte dans son terrier. Sa passion pour les œufs est fatale à une foule de nids; elle va à leur découverte dans les sillons et dans les récoltes, détruit ainsi force Cailles et Perdrix, casse les œufs de Poule qu'elle déniche dans les fagotées ou les broussailles, et les vide fort adroitement.

Grâce à la flexibilité de son corps, elle se ramasse à volonté sur elle-même, se contourne en spirale, s'aplatit contre terre et se redresse soudain avec souplesse. Son agilité est extrême; elle monte lestement aux arbres, s'élance à plus d'un mètre du premier saut, et grimpe, de branche en branche, avec la légèreté de l'Écureuil; les nids des pauvres petits oiseaux en savent quelque chose. Sa nourriture d'hiver consiste principalement en Rats et en Souris que les granges lui fournissent à foison; la destruction qu'elle fait de ces malfaiteurs ne laisse pas que d'être considérable, car elle les relance jusqu'au fond de leurs retraites; le Chat lui-même ne travaille pas mieux dans notre intérêt.

La Belette met bas au printemps; ses petits, dont le nombre ne dépasse jamais quatre ou cinq, font promptement, dans les champs, leur apprentissage de la chasse à courre à l'école de leur mère; aux approches de la mauvaise saison, toute la famille, après s'être fortifiée au grand air, se répand dans les greniers; passe encore si elle y restait cloîtrée; mais le voisinage de la volaille est une source de tentations continuelles auxquelles elle ne sait pas résister; les maudits garnements profitent du jour et de la nuit pour se livrer à leurs rapines; c'est dommage : l'air vif de la Belette, sa mine fûtée et presque effrontée, sa jolie robe brun-marron clair, que relève coquettement la blancheur du cou, de la poitrine et du ventre, en feraient un charmant petit animal, n'étaient ses mœurs sauvages et sanguinaires.

L'Hermine. — L'Hermine (*Mustela erminea*, fig. 12), sous son pelage d'été, brun-marron, teinté de jaune en dessous, porte dans nos campagnes le nom de *Roselet*. Elle offre, au premier abord, une telle ressemblance avec la Belette, que beaucoup de personnes les confondent ; ce sont cependant deux espèces distinctes et faciles à reconnaître : la première a le bout de la queue noir en tout temps, alors même que toute sa robe blanchit en hiver ; le bord de ses oreilles et l'extrémité de ses pieds sont d'un blanc pur ; sa taille est aussi plus grande que celle de la Belette ; cette dernière a la queue beaucoup plus courte et terminée par un bouquet de poils roux.

Dans les climats tempérés, comme le nôtre, l'Hermine, sans être rare, n'est pas très-commune ; elle est, au contraire, extrêmement répandue dans le nord de l'Europe, en Russie notamment, ainsi qu'en Norvége et en Laponie ; sa fourrure, en Sibérie, est particulièrement estimée pour sa blancheur mate ; chez nous,

Fig. 12. Hermine.

elle est rarement d'un blanc pur, et présente toujours une teinte plus ou moins jaunâtre.

L'Hermine se montre plus sauvage que la Belette ; elle habite les bois et n'en sort guère ; elle fait ses chasses au crépuscule et les continue encore quelquefois pendant le jour ; elle se nourrit de petits mammifères et des œufs des petits oiseaux ; ses mœurs ont les plus grands rapports avec celles de la Belette ; elle furète partout, se glisse entre les pierres et les tas de bois, court et bondit avec une extrême agilité, interroge du nez les terriers des petits Rongeurs, est sans cesse en mouvement, promène partout ses regards et s'élance avec rapidité sur sa proie, qu'elle attaque plutôt de vive force qu'elle ne cherche à la surprendre.

La femelle met bas de cinq à huit petits; elle les soigne avec tendresse, leur apprend à chasser et reste avec eux jusqu'en automne; la famille se sépare au commencement de l'hiver : les soins de la mère, à cette époque, ne sont plus nécessaires.

Les Martes proprement dites se distinguent des Putois par une fausse molaire de plus à la mâchoire supérieure et par la carnassière d'en bas qui porte un petit tubercule intérieur : double caractère qui rend ces animaux un peu moins cruels que ceux du groupe précédent.

La Marte.— La Marte (*Mustela martes*, fig. 13), désignée par les naturalistes sous le nom de *Marte commune*, est devenue très-rare en France depuis la disparition de nos grandes forêts; en revanche, elle abonde dans les climats froids, et n'est pas moins répandue dans le nord de l'Amérique qu'en Sibérie; elle s'avance jusqu'au Labrador et à la baie d'Hudson, mais on ne la rencontre plus dans les pays chauds.

Les bois les plus épais et les plus déserts sont les seuls qu'elle fréquente; son naturel farouche l'éloigne de nos habitations; en cela, elle diffère complètement de la Fouine, qui lui est si voisine, et avec laquelle elle a plus d'un point de rapprochement. Elle vit constamment à la belle étoile, ne se creuse pas de terrier, et ne se recèle pas dans les rochers; elle parcourt les forêts et choisit pour son domicile ordinaire les branches des arbres; c'est là qu'elle passe une partie de son existence et qu'elle niche. Sans être précisément nocturne, ses habitudes sont toutes de nuit; pendant le jour, elle se tient cachée, dort d'un sommeil presque continuel et entre en chasse à la tombée de l'obscurité. Ses courses sont très-meurtrières; elle tâche de surprendre les oiseaux dans leurs nids ou anuités dans les branchages; elle fait la guerre au gibier et n'épargne ni Écureuils, ni Loirs, ni Mulots; elle se nourrit aussi de reptiles, tels que Lézards et Couleuvres, mais surtout elle fait une grande consommation d'œufs qu'elle suce avec avidité. Comme elle est la terreur des petits oiseaux, les Mésanges et les Rouges-gorges la dénoncent aussitôt qu'ils l'aperçoivent; Geais, Merles et Pies d'accourir à la cloche d'alarme, de mêler leurs criailleries à celles des Becs-fins, et de poursuivre la Marte d'un concert de vociférations jusqu'à plus d'un kilomètre de distance : la bête carnassière résiste rarement à cette bruyante expression de la haine générale ; le plus souvent elle rebrousse chemin et fait retraite.

La Marte n'a que des portées de deux ou trois petits au plus. Elle ne se donne pas la peine de leur préparer un berceau ; elle grimpe sans façon au nid de l'Écureuil, croque ou expulse le propriétaire, s'installe en son lieu et place, et dépose sa progéniture sur un simple lit de mousse. Les jeunes sont d'abord élevés exclusivement par leur mère ; tant qu'elle les allaite, le mâle se tient à l'écart, non loin de là, sans jamais entrer dans le gynécée ; mais à peine sont-ils sevrés et au régime de la chair, qu'il se rapproche de la femelle, et tous deux leur apportent du menu gibier, en *attendant* qu'ils leur apprennent leur prochain métier de chasseurs en les emmenant avec eux ; une fois sortie du nid, la famille n'y rentre plus ; tous se blottissent pêle-mêle dans le tronc caverneux d'un vieux arbre, ou bien ils vont dormir sur un lit improvisé de feuilles sèches, *sub jove frigido*, la tente des vrais chasseurs.

Les Chiens courants donnent avec autant d'entrain sur la Marte que sur le Renard, mais il ne leur arrive pas souvent de la forcer ; la fine moustache ne craint pas de se faire battre et rebattre, et lorsque la meute est lancée à fond de train, elle la dépiste en sautant sur un arbre. Ne croyez pas qu'elle cherche à gagner la cime pour mieux échapper au danger ; le danger, elle s'en rit ; elle s'arrête à l'enfourchure des premières branches, s'y assoit tranquillement sur son derrière, et, de là, regarde passer Chiens et chasseurs ; c'est le même procédé employé par le Chat sauvage qui se voit poursuivi de près ; seulement, ce dernier monte beaucoup plus haut, et se masque prudemment derrière une grosse branche.

La Marte commune porte, comme signe spécifique, une cravate jaune au devant de la gorge ; son pelage brun lustré fournit une belle fourrure soyeuse, moins précieuse toutefois que celle de la Marte-Zibeline (*Mustela zibellina*), la plus recherchée de toutes par le commerce. Cette dernière espèce, particulière à la Sibérie et au Kamtchatka, est l'objet de grandes chasses organisées sous la direction de chefs ayant fait leurs preuves Un quartier spécial est assigné à chaque escouade, et l'on convient d'un rendez-vous général pour la fin de l'expédition. Toutes les troupes marchent devant elles en embrassant un certain espace ; chemin faisant, les trappeurs écartent, de distance en distance, la neige dont ces rudes contrées sont complétement enveloppées pendant une grande partie de l'année, et tendent des piéges qu'ils amorcent avec de la viande ou du poisson. On les visite au bout d'un certain temps, quand on suppose que les Zibelines ont pu s'y prendre, et on dresse de nouveaux engins dès que les captures ont été relevées. Chaque portion de terrain est ainsi battue et explorée. La chasse terminée, toutes les brigades se dirigent vers le lieu du rendez-vous final, et, en attendant l'époque où les fleuves dégelés donneront le signal du retour, on prépare les peaux. La caravane, une fois rentrée chez elle, commence par faire la part du bon Dieu; on offre à l'Église un certain nombre de fourrures; on acquitte les contributions

Fig. 13. Marte.

avec une partie des autres; le reste est vendu, et l'on s'en partage amiablement le prix.

Les Zibelines mettent bas au commencement d'avril; leurs plus fortes portées n'excèdent pas cinq petits; la chasse active qu'on fait depuis longtemps à ces animaux en a bien diminué le nombre : aussi leur fourrure est-elle toujours d'un prix fort élevé.

La Fouine. — La Fouine (*Mustela fuina*, fig. 14) vient clore cette série d'égorgeurs et de buveurs de sang.

Son pelage, de couleur bistre, ressemble assez à celui de la Marte, mais elle a le dessus du cou et le devant de la poitrine blancs; ses jambes et sa queue tirent sur le marron foncé; ses poils sont longs, soyeux et lustrés; elle répand une odeur musquée analogue à celle de la Marte commune, et plus ou moins désagréable.

Bien qu'elle n'ait aucune disposition pour la domestication, elle est infiniment moins sauvage que l'espèce précédente; tandis que celle-ci, fuyant les lieux découverts, habite les forêts profondes, la Fouine s'approche des maisons, hante les villages, prend possession des vieilles masures, fréquente les greniers, et, tout compte fait, préfère visiblement, malgré les dangers qu'elle y court, le voisinage de l'homme à la résidence des

Fig. 14. Fouine.

bois, où souvent l'on fait maigre chère : quelquefois pourtant on l'y rencontre.

La Fouine est parfaitement organisée pour ne pas faire de longs jeûnes. Légère, agile, l'échine flexible comme tous ceux de sa race, elle s'avance rapidement par sauts et par bonds, profite des moindres aspérités pour s'accrocher aux murs et les escalader; son œil est vif et perçant; elle a l'odorat sûr et l'ouïe d'une finesse extraordinaire : aussi est-il bien difficile de la surprendre, même en se mettant à l'affût; elle semble éventer le chasseur; elle le découvre de loin, à travers les ténèbres, et, au moindre bruit, disparaît comme l'éclair. Elle n'est pas moins redoutable pour la ferme que le Putois et la Belette. Solitaire de sa nature, elle passe toute la journée dans son repaire, y dort, mais d'un sommeil léger, en attendant l'arrivée du crépuscule, pour s'introduire dans les basses-cours et y faire ses coups. Quand elle a pu forcer la consigne, elle laisse plus d'une trace de son passage dans la demeure rustique, surtout si elle a des petits. Quoiqu'elle puisse attaquer par la force, la ruse est sa grande machine de guerre; elle se glisse sans bruit auprès des volailles, les égorge sans donner l'éveil, et dépeuple, en un clin d'œil, tout un poulailler : Canards, Poules, Dindons, Pigeons, tout y passe; elle *emporte tout ce qu'elle peut, et laisse étendu le reste*, comme parle la Fontaine.

Les visites multipliées qu'elle fait dans les granges et dans les greniers ne sont pas sans utilité; elle immole chaque fois une foule de Rongeurs, et tue Rats et Souris en tombant à l'improviste sur leur dos. Dans les champs, son rôle est plus équivoque; si elle mange quelques Mulots, quelques Campagnols, elle braconne aussi, et, pour le moins, autant que Belettes et Putois; elle épie les Lièvres à leur passage, saisit la Perdrix sur son nid, détruit les nichées de Cailles, et, tapie dans les buissons, elle attrape les petits oiseaux avec la même adresse que le Chat; ses déprédations durent toute la nuit et ne cessent que lorsque l'aube vient l'avertir qu'il n'y a plus sûreté pour elle à s'aventurer au dehors; elle regagne alors sa cachette.

La Fouine a deux portées par an, chacune de trois, quatre et même de sept petits : les vieilles mères sont plus fécondes que les jeunes. Tout leur est bon pour mettre bas : greniers à foin, trous de muraille, creux d'arbres et de rochers. Craignent-elles pour leurs petits, elles déménagent et les transportent ailleurs dans leur gueule. Ils tètent pendant peu de semaines, se nourrissent de la proie que leur apporte la mère, grandissent vite et sont promptement en état de vivre de leurs propres ressources, c'est-à-dire de rapines et de meurtres.

A la différence de la Marte commune et de la Zibeline, la Fouine est plus répandue dans les pays tempérés que dans les pays froids; elle ne redoute nullement les climats chauds, puisqu'on la trouve jusqu'à Madagascar et aux îles Maldives : espèce partout nuisible, bonne à fusiller partout où elle se montre.

LA LOUTRE.

La Loutre (*Lutra vulgaris*, fig. 15) est regardée, à bon droit, comme le fléau des étangs empoissonnés ; quelque riches qu'ils soient, elle les a promptement dépeuplés. Ses membres courts, son corps écrasé, ses pieds palmés, sa tête et sa queue aplaties la signalent tout d'abord comme un animal qui fréquente les eaux, quoique la terre fasse sa demeure ordinaire. Elle nage

Fig. 15. Loutre.

avec une grande facilité, remonte et descend les rivières à de longues distances, peut se tenir, pendant cinq à six minutes, entre deux eaux, mais elle est obligée, à la fin, de venir respirer à la surface, sous peine d'être asphyxiée ; elle se noie également lorsque, lancée à la poursuite d'un poisson, elle s'engage dans une nasse et ne parvient pas à s'en dépêtrer : elle n'est donc pas amphibie dans le sens rigoureux de ce mot.

Tout habile qu'elle soit à parcourir les eaux, la Loutre n'en marche pas moins bien à terre, seulement sa course n'y est pas très-rapide, et les Chiens en ont bientôt raison quand ils la surprennent loin de son repaire. On la trouve le plus souvent au voisinage des rivières, des lacs, des étangs; elle ne s'écarte guère de leurs bords. Elle se blottit dans le premier trou qu'elle rencontre, sous les grosses racines des arbres aquatiques, sans se creuser elle-même de terrier; quelquefois aussi, son gîte est en terre ferme, sous les roches de la rive, mais l'ouverture en est toujours masquée par une forte touffe d'herbes retombant sur l'eau, de manière à dissimuler l'entrée et la sortie de l'animal. Pendant la plus grande partie du jour, la Loutre se tient dans sa retraite, couchée sur un lit d'herbes sèches, ou gîtée au milieu des roseaux. Ses excursions aquatiques commencent avec la nuit. Tout poisson qu'elle aperçoit reçoit, à l'instant, une déclaration de guerre; elle lui fait une chasse furieuse, le relance dans chacun de ses détours, et le manque rarement, en dépit d'une fuite irrégulière et précipitée : Carpes, Brochets, Tanches, Barbeaux deviennent journellement sa proie; il n'est pas jusqu'aux Anguilles qu'elle ne saisisse dans la vase où elles cherchent à se réfugier. C'est par le ventre qu'elle attaque les poissons; c'est aussi de la sorte qu'elle se jette sur les Canards et les autres oiseaux qui s'abattent, la nuit, sur les étangs. Quoique le poisson compose son alimentation ordinaire, la Loutre ne se borne pas à cette nourriture, elle vit aussi d'Écrevisses, de Grenouilles et de Rats d'eau; quand la faim la presse, elle se rabat sur l'herbe et les écorces d'aunes et de saules : mais ce n'est là pour elle qu'un régime de nécessité absolue, car elle est essentiellement carnassière. Ainsi que certains animaux de sa tribu, Fouines et Putois, elle tue et ravage bien au delà de ses besoins. A-t-elle pénétré dans un vivier, elle met à mort tout ce qu'il renferme, et emporte ensuite quelques poissons, un à un, dans sa gueule, ayant bien soin de choisir les plus belles pièces pour les manger dans son trou : leurs débris et les poissons qu'elle y laisse pourrir en font un véritable charnier, d'une odeur infecte.

La Loutre résiste aux plus grands froids : aussi n'est-elle pas rare dans le nord de l'Europe; elle est plus commune dans nos départements septentrionaux que dans nos contrées méridionales; pendant les fortes gelées, elle fréquente surtout les eaux vives : on a grande chance alors de la rencontrer sous les ponts, les ponceaux et les cheneaux où l'eau reste courante. L'affût est le plus sûr moyen de la tuer; sa fourrure vaut le coup de fusil; elle se compose de deux sortes de poils, d'un duvet court et soyeux, d'un brun clair ou marron, et d'un poil plus long et plus fourni, terne dans son milieu et luisant à ses extrémités : la chapellerie en tire un bon parti.

Les Loutres mettent bas deux fois par an, en automne et au printemps ; on compte rarement plus de trois petits dans chaque portée. La femelle les dépose sur une litière sèche, parmi les roseaux; au bout de deux mois, ils sont en état de pourvoir à leurs besoins, vont à l'eau et s'essayent à poursuivre le poisson; ils sont adultes dès la seconde année; leur cri *rlu*, *rlu* est un sifflement plaintif qui rappelle celui de la Sarcelle.

Malgré l'assertion de Buffon, qui déclare n'avoir jamais pu accoutumer aucune Loutre à la vie domestique, cet animal, pris jeune, se laisse aisément apprivoiser. Au rapport de M. Léon de Guizelin, on a vu, dans ces derniers temps, aux environs d'Ardres (Pas-de-Calais), plusieurs jeunes Loutres habituées à suivre leurs maîtres comme le fait un Chien; elles les accompagnaient partout, à la ville, aux marchés, aux champs, et savaient même retrouver leur trace en se guidant par l'odorat. On leur avait appris à pêcher; elles se livraient avec beaucoup d'entrain à cet exercice, toujours suivi d'une récompense immédiate en nature, fort de leur goût. Elles se laissaient enlever, sans mot dire, le morceau de la gueule, jouaient avec le Chat de la maison, partageaient sa couche et sa gamelle sans la moindre dispute, grattaient à la porte pour se la faire ouvrir, et n'allaient jamais au vivier sans déposer aux pieds de leurs maîtres ce qu'elles avaient capturé. La Loutre est donc susceptible d'une certaine éducation; pourquoi, dès lors, ne pas développer et diriger sa vocation pour la pêche, comme on le fait en Chine? Le Chien, tout aussi vorace qu'elle, et certainement plus féroce d'instinct, est bien devenu, entre nos mains, un serviteur fidèle et notre meilleur compagnon de chasse.

LE CHIEN.

D'illustres naturalistes, Buffon et G. Cuvier à leur tête, considèrent le Chien comme la plus heureuse conquête que nous ayons faite, et, partant de ce point de vue, ils doutent que, sans cet auxiliaire, nous eussions jamais pu nous rendre maîtres des autres animaux, les réduire en servitude, et même nous établir en société. Mais, précisément parce que le Chien nous était indispensable pour assurer notre domination sur la plupart des êtres créés, ne semblerait-il pas plus logique et plus équitable de faire remonter un don aussi précieux jusqu'à la Providence? Dès les temps les plus reculés, on a toujours vu le Chien aux côtés de l'homme; pourquoi, dès lors, n'en serait-il pas à son égard comme de nos principaux animaux domestiques, le Bœuf, le Cheval, compagnons inséparables de l'humanité déchue, et qu'un Dieu de bonté nous a donnés pour nous aider dans notre existence laborieuse et pénible? Cette supposition n'a rien que de naturel, ce qui se passe sous nos yeux paraît devoir la justifier.

Sur tous les points du globe, du pôle nord à l'Équateur, sous tous les climats intermédiaires, partout, les Chiens sont assujettis à l'homme, sans qu'on puisse découvrir une époque où ils aient été originellement libres; ceux qu'on rencontre à l'état de nature dans les solitudes de l'Amérique du Sud n'y existent que depuis l'arrivée des Espagnols; auparavant, on ne les y avait jamais observés; ils proviennent tous d'individus domestiques abandonnés dans ces parages au temps de l'invasion étrangère; ailleurs, on n'en connaît pas de sauvages qui n'aient une origine analogue. Leur type se rapporte à notre Chien de berger; comme lui, ils ont le museau effilé, les oreilles droites, le poil rude et long. Ils forment des troupes nombreuses, se creusent des terriers, chassent en commun, à la manière de nos Chiens, dans les immenses plaines ou *pampas* de ces contrées, et, malgré leurs habitudes devenues farouches, ils semblent n'avoir pas entièrement oublié leur ancienne domesticité, car lorsqu'on en prend aux piéges, ils s'attachent promptement aux personnes qui les soignent, et suivent, au bout de peu de jours, leurs nouveaux maîtres, comme s'ils leur avaient toujours appartenu : les petits dont on s'empare à la naissance sont, à l'instant même, privés; en se développant, ils montrent le même instinct et les mêmes mœurs que les Chiens qui ne nous ont jamais quittés; la domesticité paraît, en quelque sorte, innée chez eux : il est donc permis d'y voir une disposition toute providentielle.

Le Chien, doué de qualités éminentes, l'un de nos hôtes les plus familiers, serviteur fidèle et ami dévoué, a trouvé plus d'un peintre pour faire son portrait; anciens et modernes se sont plu, à l'envi, à lui prodiguer les plus riches couleurs de leur palette; Linné, dans son style pittoresque et concis, a résumé son histoire en quelques lignes d'un excellent latin. « Le Chien, dit-il, est un carnassier qui se nourrit volontiers de cadavres, dédaigne les légumes, digère les os, se purge par vomissement avec des graminées, boit en lappant, dépose ses ordures sur les pierres, et flaire ses semblables sous la queue. Son odorat, quand il a le nez humide, est excellent; il court en ligne oblique, marche sur les doigts, sue à peine, tire la langue lorsqu'il a chaud, tourne autour de l'endroit où il va se coucher, dort l'oreille aux écoutes, et se prend à rêver. La Chienne assiste indifférente aux rixes de ses prétendants, mord tantôt l'un, tantôt l'autre, porte pendant soixante-trois jours et produit ordinairement de quatre à huit petits : les mâles ressemblent au père, les femelles à la mère. Fidèle entre tous, le Chien partage l'habitation de l'homme, accable son maître de caresses à son arrivée, le précède en éclaireur dans ses voyages, revient sur ses pas à la bifurcation de deux chemins, cherche avec patience les objets perdus, veille la nuit, signale les étrangers et fait sentinelle auprès des marchandises. Il éloigne les troupeaux des récoltes, les maintient dans le lieu qui leur est assigné, garde les Bœufs et les Brebis contre les bêtes sauvages, donne la chasse aux animaux nuisibles, arrête le gibier, le pille pour le faire tomber dans le filet, et rapporte au chasseur la pièce tuée, sans commettre de larcin. En France, il tourne la broche; en Sibérie, on l'attelle aux traîneaux. A table, il sollicite humblement sa part; a-t-il dérobé, il exprime sa crainte en serrant la queue, gronde en jaloux auprès de son écuelle, veut être le maître, chez lui, avec les autres Chiens, est l'ennemi des mendiants, aboie après les étrangers, sans leur faire de mal, pousse des hurlements au bruit de la musique, souffre et sent fort à l'approche de l'orage, mord la pierre qu'on lui jette, est sujet à la rage, la communique, et périt souvent victime des expériences que font sur lui les médecins et les anatomistes. »

Buffon, à son tour, a retracé de main de maître les mérites du Chien; le tableau qu'il en a fait n'a point été surpassé. « Le Chien, dit cet admirable écrivain, indépendamment de la beauté de sa forme, de la vivacité, de la force, de la légèreté, a, par excellence, toutes les qualités intérieures qui peuvent lui attirer les regards de l'homme. Un naturel ardent, colère, même féroce et sanguinaire, rend le Chien sauvage redoutable à tous les animaux, et cède, dans le Chien domestique, aux sentiments les plus doux, au plaisir de s'attacher et au désir de plaire. Il vient, en rampant, mettre aux pieds de son maître son courage, sa force, ses talents; il attend ses ordres pour en faire usage; il le consulte, il le supplie; un coup d'œil suffit, il entend les signes de sa volonté; sans avoir, comme l'homme, la lumière de la pensée, il a toute la chaleur du sentiment; il a, de plus que lui, la fidélité, la constance dans ses affections; nulle ambition, nul intérêt, nul désir de vengeance, nulle crainte que celle de déplaire; il est tout zèle, toute ardeur, toute obéissance; plus sensible au souvenir des bienfaits qu'à celui des outrages, il ne se rebute pas par les mauvais traitements, il les subit, les oublie, ou ne s'en souvient que pour s'attacher davantage; loin de s'irriter ou de fuir, il s'expose à de nouvelles épreuves, il lèche cette main, instrument de douleur, qui vient de le frapper, il ne lui oppose que la plainte, et la désarme, enfin, par la patience et la soumission.

« Plus docile que l'homme, plus souple qu'aucun des animaux, non-seulement le Chien s'instruit en peu de temps, mais même il se conforme aux mouvements, aux manières, à toutes les habitudes de ceux qui lui commandent; il prend le ton de la maison qu'il habite; comme les autres domestiques, il est dédaigneux chez les grands et rustre à la campagne; toujours empressé pour son maître et prévenant pour ses seuls amis, il ne fait aucune attention aux gens indifférents et se déclare contre ceux qui, par état, ne sont faits que pour importuner; il les connaît aux vêtements, à la voix, à leurs gestes, et les empêche d'approcher. Lorsqu'on lui a confié, pendant la nuit, la maison, il devient plus fier, et quelquefois féroce; il veille, il fait la ronde, il sent de loin les étrangers, et, pour peu qu'ils s'arrêtent ou tentent de franchir les barrières, il s'élance, s'oppose, et par des aboiements réitérés, des efforts et des cris de colère, il donne l'alarme, avertit et combat; aussi furieux contre les hommes de proie que contre les animaux carnassiers, il se précipite sur eux, les blesse, les déchire, leur ôte ce qu'ils s'efforçaient d'enlever; mais, content d'avoir vaincu, il se repose sur les dépouilles, n'y touche pas, même pour satisfaire son appétit, et donne, en même temps, des exemples de courage, de tempérance et de fidélité. »

On compte ordinairement deux portées par an dans l'espèce canine. Le Chien qui vient de naître est à peine ébauché; ses yeux sont fermés, et il ne les ouvre que vers le dixième ou le douzième jour; son museau est bouffi, et son corps empâté dessine imparfaitement ses formes; mais, dans l'espace d'un mois, il jouit de tous ses sens, s'affine, et se développe ensuite rapidement.

Pendant le premier âge, la mère témoigne la plus vive affection à ses petits; elle les allaite avec une sollicitude et une abnégation admirables; sans cesse occupée à les lécher, elle ne les quitte que pour vaquer à ses besoins les plus impérieux, et revient aussitôt rassembler auprès d'elle sa lignée et la réchauffer de sa propre chaleur. Durant cette période pénible, elle ne souffre aucun étranger dans son voisinage; les intimes de la maison et les gens qui lui apportent habituellement à manger ont seuls le privilége d'approcher, tous les autres sont accueillis par la menace d'une double rangée de dents et par des aboiements de fureur. Sa constance et son dévouement ne se démentent pas à mesure que ses petits prennent de la force; elle se prête avec complaisance à tous leurs jeux, à tous leurs caprices; les jeunes drôles ont beau la harceler, la mordiller, monter, de toutes parts, à l'assaut sur son ventre et sur son dos, ne lui laisser aucun instant de répit, elle supporte leur pétulance avec une patience imperturbable; tout au plus, lorsqu'elle est épuisée de lassitude, arrête-t-elle leurs importunités par un brusque éclat de voix : l'avertissement ne va jamais au delà de la simple menace. A la fin de la première année, les jeunes Chiens sont adultes; leur vie la plus longue ne s'étend pas au delà de vingt ans; pour le plus grand nombre, elle s'arrête à quinze, encore la vieillesse se fait-elle sentir avant ce terme : leurs dents s'usent et noircissent; leur poil blanchit au front, autour des yeux et sur le museau; l'âge leur apporte presque toujours son contingent inévitable de maladies et de douleurs; il est peu de Chiens qui, près de leur fin, ne languissent paralysés ou bien perclus de rhumatismes; beaucoup meurent sourds ou aveugles, affligés quelquefois de cette double calamité.

Le Chien, vorace par nature, se jette avidement, même en domesticité, sur sa nourriture; il s'accommode de presque toute espèce d'aliments, mais préfère cependant la chair corrompue à la viande fraîche; son goût, à cet égard, est si dépravé, qu'il recherche les charognes en putréfaction, et, lorsqu'elles sont trop desséchées pour lui servir de pâture, il se roule dessus avec délices, comme s'il voulait s'imprégner de leur odeur infecte.

Entre des mains habiles, son éducation n'est ni difficile, ni longue ; il comprend, d'instinct, la nécessité de la discipline, se corrige rapidement de son ardeur emportée, apprend avec docilité à ralentir et calculer ses mouvements, met à profit son heureuse mémoire pour éviter de retomber dans les fautes passées, et s'identifie si parfaitement avec celui qui l'instruit, qu'il finit

Fig. 16. Chiens de berger.

par ne plus avoir besoin d'être commandé, et qu'il exécute, de lui-même, ce qu'il a deviné dans la pensée de son maître.

Grâce à son merveilleux instinct et à son extrême obéissance, le Chien est apte à plus d'une fonction ; on en fait, à volonté, un commissionnaire sagace et incorruptible, un voiturier adroit, un moteur économique et un gardien à toute épreuve : dans ces divers emplois, il n'a point son égal parmi les bêtes.

Voyez à l'œuvre le Chien de berger (fig. 16) : avec quelle intelligence, quelle fermeté tempérée de douceur, il dirige ce troupeau le long d'une luzerne à laquelle les moutons ne doivent pas toucher! Quel habile et actif manœuvrier! il va, il vient, il monte, il descend à pas précipités aux abords de la pièce commise à sa vigilance; au moindre écart, il est sur les talons du délinquant, et le ramène, par la peur, dans les rangs; que si, tentés par l'herbe tendre, les Moutons profitent d'un instant où l'on n'a pas l'œil sur eux pour enfreindre la consigne, il court

Fig. 17. Mâtin.

de l'un à l'autre, les brusque, les effraye de sa plus grosse voix et, sans les mordre, les refoule au quartier général : le berger n'a pas même à s'en mêler. Buffon a raison : « C'est un peuple qui lui est soumis, qu'il conduit, qu'il protége, et contre lequel il n'emploie jamais la force que pour y maintenir la paix. » Sa tâche finie, tous les sujets à leur poste, occupés paisiblement à brouter le chaume qui leur a été dévolu, le prudent animal ne s'épuise pas en marches et en courses inutiles, il se couche, repose tranquillement et semble dormir de plein somme; mais, au moindre appel du berger, il est debout, ne s'appartient plus, et dit : « me voici ! »

Tout autre est le Chien de garde chargé, comme sentinelle, de défendre les abords du logis : il porte à son cou la marque de son emploi (fig. 17).

Le professeur Fée en a fait un portrait fidèle. « Constamment enchaîné pendant la journée, son humeur change et s'aigrit ; gare à qui l'approche ! il ne tolère que les caresses de son maître, à tout autre il montre les dents. Si momentanément il recouvre sa liberté, il bondit ivre de joie, se lance en avant, sans but, tourne en rond et se dédommage de son long repos en courant à travers l'espace jusqu'à en perdre haleine. Quand il est à l'attache, il semble toujours qu'il va dévorer tout ce qui l'approche. Les pauvres et les gens mal vêtus sont principalement l'objet de son aversion. Entend-il quelque bruit la nuit, il aboie avec d'autant plus de véhémence, que le bruit est plus fort et provient d'une source plus prochaine. Dormant presque tout le jour et ne veillant que la nuit, il prend rang parmi les animaux nocturnes, en dépit de l'espèce à laquelle il appartient. »

La passion dominante du Chien, c'est, sans contredit, la chasse : il en oublie le boire et le manger ; les meilleures races rêvent gibier pendant leur sommeil. Que de fois n'est-il pas arrivé à plus d'une meute n'ayant pu, dans la même journée, forcer le Cerf ou le Sanglier, après un courre effréné de plusieurs heures, de passer la nuit au bois, de relancer la bête le lendemain à la pointe du jour, pour ne la prendre qu'au milieu de la seconde journée ! Ces braves Limiers étaient ainsi restés vingt-quatre heures sans manger, et, dans leur fougue enthousiaste, avaient surmonté d'héroïques fatigues.

A la vue du fusil, l'œil du Chien s'illumine d'un éclair ; sa queue s'agite de tressaillements non équivoques ; il saute, il bondit, s'anime de la joie et de l'entrain des chasseurs, fait chorus avec le tapage général, presse le départ, éclate, et par ses transports bruyants témoigne de sa bonne volonté et de sa suprême jouissance. C'est surtout à la chasse que ses qualités innées ou acquises se déploient dans toute leur richesse. Avec quelle finesse et quelle sûreté d'odorat il perçoit et suit la trace du Renard ! Avec quelle sagacité il démêle ses fuites, ses retours, ses fausses voies, déjoue ses ruses et s'attache obstinément à ses pas ! Sur le champ de bataille, c'est à qui se montrera le plus habile, le plus audacieux ou le plus fort ; le Chien n'abandonne son ennemi que lorsqu'il l'a terrassé et mis à mort,

Fig. 16. Chien braque en arrêt.

ou que la bête maudite s'est dérobée à sa poursuite, favorisée par une avance considérable.

Sa stratégie n'est pas moins curieuse, quand, au lieu d'une bête fauve, il a affaire au menu gibier. A-t-il éventé une Perdrix, il indique, tout d'abord, qu'il rencontre par le ralentissement prudent de sa quête. Ses allures sont pleines de circonspection et d'astuce; il cherche à se rendre compte de la distance qui le sépare de son objectif, fait quelques pas en avant, s'arrête, interroge de nouveau la voie; mieux renseigné, il reprend sa marche

Fig. 19. Épagneul.

avec encore plus de prudence, s'allonge en rampant, puis, tout à coup, tombe en arrêt sur le point d'où le fumet lui arrive plus chaud (fig. 19); dans cette bonne fortune, immobile, le corps penché en avant, une patte levée et la queue raide, s'il n'aperçoit pas encore distinctement ce qu'il sent, il sonde du regard la remise sans cligner les yeux; à peine a-t-il le gibier en vue, d'un œil flamboyant il le fixe, le fascine, le glace d'effroi, jusqu'à ce qu'enfin la pauvre Perdrix, pour échapper à ses mortelles angoisses, s'envole et tombe foudroyée sous le plomb du chasseur; en trois bonds le Chien est sur elle, il la saisit d'une dent délicate et la rapporte triomphant à son maître, ne lui demandant, pour toute récompense, qu'une caresse de sa main.

Le Chien est éminemment désintéressé, l'affection est un de ses besoins journaliers et peut-être son mobile le plus puissant : il lui sacrifie tout, jusqu'à son existence. Fatigues, privations, dangers, il brave tout pour le maître qu'il aime et dont il est aimé. Que de fois n'a-t-il pas fait preuve de dévouement sublime pour le défendre, le sauver ou le venger! Le Chien est le meilleur ami du malheureux, trop souvent sa seule consolation; sa tendresse pour lui semble redoubler avec l'excès de sa misère; vient-il, par hasard, à le perdre dans la foule, il remplit l'air de ses gémissements jusqu'à ce qu'il l'ait retrouvé; si le pauvre Lazare est aveugle ou blessé, il le guide avec précaution, lèche ses plaies, se couche à ses pieds, sollicite pour lui la pitié des passants et s'expose, pour l'assister, aux plus rudes intempéries, sans jamais se rebuter ni se plaindre, heureux du rare et furtif sourire qu'il peut surprendre sur les lèvres de son ami. Son maître, c'est son unique bien, il lui tient lieu de tout; il partage son pain, sa peine, son toit et lui en garde un souvenir reconnaissant; si la maladie le cloue sur son grabat, il ne le quitte pas un seul instant; lorsque la mort le lui enlève, après l'avoir veillé durant sa cruelle agonie, il est souvent seul à l'accompagner à sa dernière demeure : on l'a même vu, plus d'une fois, expirer sur sa tombe, accablé par une douleur inconsolable.

L'attachement du Chien pour l'homme ne se borne pas à des affections isolées; bien des faits prouvent que c'est notre race même qu'il aime et pour laquelle il éprouve le besoin de se dévouer; l'éducation, il est vrai, n'est pas étrangère à ce sentiment généreux, mais, selon toute probabilité, elle ne le fait pas naître, elle ne fait que le développer. Qui n'a entendu parler des Chiens du mont Saint-Bernard, dont le principal office est d'exploiter la tourmente, et d'aller, sous la conduite d'intrépides religieux, à la recherche du voyageur surpris par la neige, égaré au milieu des brouillards et transi de froid? Leur admirable instinct les guide sur sa trace; ils affrontent les fondrières, les précipices, les avalanches, pour l'arracher à une mort imminente, le réchauffent de leur haleine et de leurs caresses, et l'amènent sauvé au couvent hospitalier.

Et le Chien de Terre-Neuve n'a-t-il pas droit aussi à notre reconnaissance? Combien de personnes lui ont dû la vie!

Presque aquatique par ses pattes demi-palmées, il ne peut voir un homme en danger de se noyer sans s'élancer aussitôt à son secours ; ce sauvetage instinctif est presque toujours heureux.

Le Chien des Esquimaux ne rend pas de moindres services à ces peuplades voisines de la vie primitive. Sans le Chien, les âpres régions du Kamtchatka, du Labrador ne seraient pas habitables ; le sol y est presque toujours couvert d'une neige épaisse, et le ciel, sombre et morne, l'enveloppe d'un funèbre linceul. Qui oserait s'aventurer dans ces affreux déserts dénués de tout abri et de toutes ressources, si le Chien n'était là pour servir à la fois de coursier et de pionnier ? Sans autre boussole que son odorat, il fait voler le traîneau d'un pied sûr, avec un courage que rien n'abat ; l'excellent animal proportionne la rapidité de sa course à la distance qu'il s'agit de franchir, comme s'il savait que dans ces steppes glacés tout retard comme toute erreur de route expose à périr de froid ou de faim ; grâce à lui, il est bien rare que le traîneau chavire ou n'arrive pas, à heure fixe, à la misérable hutte où le voyageur nomade doit se réconforter.

Ainsi que tous les animaux soumis à l'homme et qui l'ont suivi partout où il s'est porté, les Chiens ressentent, à un haut degré, l'influence des divers climats sous lesquels ils vivent ; la domesticité, la nourriture et le croisement des races entre elles ont, à leur tour, produit de nombreuses variétés dans l'espèce canine, depuis le molosse aux formes puissantes jusqu'à ces roquets abâtardis, gâtés par de ridicules caprices, voués à la paresse, à l'embonpoint, à la difformité, et incapables du moindre service : heureux encore quand ils ne couronnent pas ces défauts par un caractère hargneux, acariâtre et méchant !

D'après Buffon, le Chien de berger serait la souche de l'espèce primitive ; on le retrouve dans toutes les latitudes. Les plus beaux types se rencontrent dans les contrées septentrionales, mais là seulement où le froid n'est pas excessif. Au premier rang figurent le Danois, le Lévrier et le Mâtin ; le premier est originaire de la Finlande, le second de Constantinople, le troisième nous appartient. L'Angleterre, la France et l'Allemagne paraissent avoir produit le Chien courant, le Chien braque et le Chien basset (fig. 20), triple variante d'un même type, car ils sont à peu près semblables d'instinct et de formes, et ne diffèrent entre eux que par la hauteur des jambes et par l'ampleur des oreilles qu'ils portent longues, molles et pendantes. L'Épagneul, le

Barbet, le Caniche et le Griffon (fig. 21 et 22) constituent une autre catégorie, caractérisée par la longueur du poil, plus ou moins épais, laineux, soyeux ou rude, et par les oreilles très-développées et retombantes; tous ont de grandes dispositions pour la chasse.

La manière dont les Chiens sont *coiffés* les rapproche ou les éloigne du type originel; plus l'oreille est fine, rabattue et tombante, plus l'animal accuse son ancienne déviation du point de

Fig. 20. Bassets.

départ; plus l'oreille est droite, moins l'animal s'éloigne du sang primitif.

Tous les Chiens, quelle que soit leur race, naissent plus ou moins chasseurs; tous, sans être dressés, emploient le même procédé contre les bêtes rapides; ils s'appellent et se réunissent pour attaquer de concert; les uns se posent en embuscade, pendant que les autres mènent à voix et indiquent la direction de l'animal poursuivi; le Renard et le Loup, de même race que le Chien, usent du même stratagème; seulement le Loup chasse à la muette.

S'il fallait classer les Chiens d'après leur aptitude instinctive pour la chasse, la priorité appartiendrait de droit au Chien courant qui, fidèle aux us et coutumes de ses ancêtres, poursuit, aboie et force; chez les autres Chiens, le talent de spécialité est le fruit de l'éducation; comme ces animaux étaient bons à tout faire, la méthode et le fouet les ont promptement transformés; ils ont appris, en peu de leçons, à chasser la bête fauve, le gibier d'eau et de terre, le poil et la plume, le gros et le menu gibier.

A en croire les amateurs de profession, l'acquisition du Chien couchant aurait une date fort ancienne : elle remonterait à l'é-

Fig. 21. Barbet.

poque des croisades, au temps où florissait la fauconnerie. Du jour où l'on s'est avisé d'habituer l'oiseau de proie à chasser pour le compte de l'homme, on a été amené, comme conséquence obligée, à dresser le Chien pour faire lever le gibier; le docile animal s'est prêté à tout ce qu'on a voulu. D'abord il s'est mis à *pointer*, afin de signaler la *rencontre;* il s'est ensuite couché pour se laisser envelopper par le filet qui s'abattait sur la proie : de là le Chien *couchant*. Lorsque l'arme à feu a fait disparaître le filet, le Chien couchant a modifié ses allures : il a tenu le gibier immobile sous ses yeux étincelants; nous avons eu alors le

Chien d'*arrêt*. A partir de ce moment, la chasse devait, tôt ou tard, cesser d'être le privilége exclusif de l'aristocratie et réjouir les loisirs de la petite et de la moyenne propriété : le Chien, à coup sûr, n'a pas moins contribué à cette révolution que la

Fig. 22. Caniche.

fameuse déclaration du 4 août 1789 ; malheureusement, les braconniers de toute espèce en ont bien souvent abusé.

LE LOUP.

Le Loup (*Canis lupus*, fig. 23) est l'effroi des campagnes, et le cri général dont on le poursuit est un cri de malédiction justement méritée, car, à son violent appétit pour la chair, cet animal réunit tout ce qu'il faut pour le satisfaire : vigueur, agilité, prudence et courage poussé, à l'occasion, jusqu'à l'intrépidité ; il est odieux à l'agriculture dont il ravage les troupeaux, et quand la faim le presse, il devient dangereux même pour l'homme ; aussi sa tête a-t-elle été souvent mise à prix.

Son extérieur rappelle celui du Chien, au point de les confondre, tout d'abord, l'un avec l'autre. Son pelage est gris-fauve, avec la tête, les épaules, le dos et la croupe noirâtres. Sa taille égale celle de nos plus forts Mâtins, mais il s'en distingue par son museau plus effilé, sa queue droite, garnie de longs poils touffus, et surtout par son naturel farouche.

Quoique le Loup et le Chien appartiennent à la même race, il existe entre ces deux espèces une antipathie profonde, une inimitié d'instinct. A l'aspect du Loup, avant même de l'avoir

Fig. 23. Loup.

aperçu, à son odeur seule, le jeune Chien se prend de frayeur et vient se réfugier tout frissonnant entre les jambes de son maître; les Chiens faits, qui ont de l'expérience et le sentiment de leur force, ne tremblent pas ; mais, dès qu'ils sentent le Loup, ils se mettent sourdement à gronder, leur poil se hérisse, et bientôt ils se jettent à la poursuite de la bête carnassière en aboyant avec fureur : s'ils parviennent à la joindre, une lutte à mort s'engage aussitôt. Du côté du Loup, la haine et l'aversion ne sont pas moindres ; tout Chien, faible ou blessé, court grand risque d'être dévoré si la nuit le surprend isolé dans les bois ou dans la plaine; contre les Mâtins vigoureux, le Loup emploie la ruse; s'il en trouve un en défaut de vigilance, il saute dessus et l'étrangle; ils l'attaquent à plusieurs quand le fidèle gardien est jugé trop redoutable.

Le Loup est un des animaux les mieux favorisés sous le rapport des sens; sa vue est perçante, son ouïe des plus fines; son odorat l'avertit, à de grandes distances, des ressources qui l'attendent ou des dangers qui le menacent. Sa voix se traîne en longs hurlements, qu'il fait entendre surtout pendant les sombres nuits d'hiver; toujours inquiet, il ne dort que d'un sommeil léger; il supporte aisément la diète, quoique très-vorace, et peut rester plusieurs jours sans manger, quand l'eau ne lui manque pas; il suit sa proie à la piste, d'un pas mesuré sur la distance qui l'en sépare, et sans l'effrayer par aucun cri. Sa force principale est dans le cou et la mâchoire; il emporte un mouton dans sa gueule sans le laisser toucher à terre, et sans que sa course en soit le moins du monde ralentie; infatigable à la marche, il rôde de jour comme de nuit, franchit d'énormes distances sans avoir besoin de s'arrêter, lorsqu'il s'agit d'échapper au péril; en un mot, son robuste tempérament est approprié à sa vie de hasards, de privations, de meurtres et de brigandages.

Les fourrés les plus épais lui servent habituellement de retraite. Quand les forêts sont giboyeuses, il s'y confine et vit aux dépens des Cerfs, des Daims, des Chevreuils, et des jeunes Sangliers trop écartés de leurs mères pour pouvoir être secourus à temps. Quoiqu'il chasse le plus souvent pour son compte exclusif, dans certaines expéditions il s'associe à un autre Loup; les rôles alors sont partagés : l'un d'eux lève le gibier et le suit dans sa fuite précipitée; l'autre, caché en embuscade, le saisit au passage et l'étrangle; la curée se fait en commun, lestement.

Mais lorsque le gibier est peu abondant, et si le Loup n'a que des bois peu profonds pour s'abriter, il change de système, la nécessité le rend industrieux. Il passe la plus grande partie du jour à dormir dans son repaire et attend que la nuit soit venue pour se livrer à la maraude. Naturellement hardi, et non point poltron, comme le prétend Buffon, il ne s'expose pas à l'aventure dans les pays découverts et cultivés où sa témérité lui coûterait la vie; il s'entoure de précautions avant de sortir de la lisière du bois, met le nez au vent, interroge toutes les émanations qui lui arrivent, et lorsqu'il s'est bien assuré qu'il n'y a pour lui aucun danger immédiat, il entre en campagne, parcourt les champs, se dirige vers les parcs à moutons et s'en approche, mais à pas comptés. En général, il ne fait irruption dans l'enclos qu'après avoir choisi sa victime; pour peu que les Chiens ne soient pas sur le qui-vive, d'un bond il s'élance sur sa proie, l'emporte d'une seule traite et d'une telle vitesse, qu'il laisse, en un clin d'œil, Chiens et berger bien loin derrière lui.

Lorsque ses premiers essais de rapine lui ont réussi, il revient à la charge et se familiarise promptement avec la vie de forban. A mesure qu'il s'y perfectionne, il semble redoubler de prudence et de circonspection, n'attaque que sous le vent, afin que ses émanations et le bruit de ses pas n'arrivent pas à la proie, et ne donne l'assaut qu'avec la certitude du succès. Rarement il se laisse prendre aux piéges; quand, par aventure, le traquenard l'a saisi par une patte, il n'hésite pas : d'un coup de dent, il coupe le membre prisonnier et reprend énergiquement sa liberté; la douleur ne lui fait pas même pousser un gémissement. Il n'est pas facile de l'empoisonner; tout ce qui a passé par la main de l'homme lui est suspect; plutôt que de toucher à un cadavre dans lequel il flaire quelque perfidie, il endure stoïquement les angoisses de la faim; mais quand il peut l'assouvir, il oublie toute modération; on l'a vu maintes fois dévorer en sécurité la moitié d'un cheval dans un seul repas; il est vrai, la faculté qu'il possède de se débarrasser promptement de ce qu'il a digéré et de rejeter encore, par vomissement, ce qui surcharge son estomac, le maintient en appétit perpétuel. Bête de carnage, les champs de bataille l'attirent, et il s'y rue avec orgie, déterre les corps mal enfouis, et prend tant de goût à cette nourriture affreuse, qu'une fois qu'il s'en est repu, il ne quitte plus la suite des armées et devient alors extrêmement dangereux pour les traînards et les blessés. A la chair fraîche cependant il préfère la chair corrompue, comme le Chien; aussi se nourrit-il de toutes les charognes qu'il peut trouver.

Le Loup, par instinct, fuit la société de l'homme; mais, avec l'âge, et instruit par l'expérience, il devient de plus en plus audacieux, s'approche des habitations, et si les Chiens ne donnent pas l'éveil, il entre dans les fermes, pénètre dans les bergeries et y commet d'épouvantables massacres : il y étrangle tout, et après avoir mis tout à mort, il emporte un mouton et le mange, revient ensuite en chercher d'autres qu'il cache dans le voisinage en les recouvrant de feuilles sèches ou de broussailles; mais, chose bizarre, il est bien rare qu'il profite de ces réserves :

échappent-elles à sa mémoire ou craint-il, par réflexion, qu'elles ne lui attirent quelques coups de fusil? on l'ignore; toujours est-il que ces provisions, qui semblaient faites pour la mauvaise fortune, restent presque toujours inutilisées.

Le Loup pirate surtout la nuit. Quand il n'a pu, avant l'arrivée du jour, se retirer dans son fort accoutumé, il use de précautions pour déguiser sa présence. Sa marche, ordinairement libre et ferme, devient insidieuse, furtive; il se glisse derrière les haies, se coule dans les fossés, se tapit dans les creux, et se sert habilement des moindres mouvements de terrain pour aller se gîter incognito dans un buisson isolé où il se tient aux aguets, jusqu'à ce qu'il puisse gagner une retraite plus sûre. Est-il surpris dans cet asile improvisé? il demande son salut à la vitesse de ses jambes; si les Chiens lui coupent le passage et parviennent à le cerner, il fait bien voir qu'il n'est ni lâche ni poltron, il se bat résolûment, et lorsque le nombre l'accable, il meurt bravement, sans jeter un cri.

Dans les pays dégarnis de bois, les Loups qu'on voit en été ne sont que des Loups de passage; ils vivent alors comme ils peuvent, de Mulots, de Grenouilles, de Levrauts, de charognes et aussi de nids de Cailles et de Perdrix; le jour, ils se tiennent dans les blés, et, de là, font main basse, comme le Renard, sur toute volaille et sur tout jeune Chien qui s'approche trop près d'eux.

Dans les pays très-peuplés, les Loups ne sont jamais réunis en grand nombre; on ne rencontre le plus souvent que des individus isolés, la crainte de l'homme les oblige à se diviser. Mais ils ne sont pas naturellement solitaires, comme le croyait Buffon, ils vivent presque toujours en famille. Les grandes troupes de Loups ne sont fréquentes que dans les déserts du nord de l'Europe; elles existent aussi dans nos pays de montagnes, tels que les Cévennes, l'Aubrac, le Jura, les Vosges, etc., lorsque la neige couvre la terre et que la faim chasse les Loups hors des forêts. Traqués par cette terrible nécessité, toute prudence, toute crainte les abandonne : ils se répandent dans les plaines, pénètrent jusque dans les villages, étranglent les premiers animaux qui se montrent, et se jettent sur les femmes et les enfants; ils sont d'autant plus dangereux, qu'ils sont plus affamés et, par suite, plus sujets à la rage. On en a vu, par des brouillards épais et des neiges abondantes, s'attacher aux pas des voyageurs, épier l'instant favorable pour les assaillir et les suivre jusqu'aux portes de leurs habitations; en temps ordinaire cependant, quand ils trouvent de quoi vivre, loin d'attaquer l'homme, ils s'enfuient à son aspect.

La Louve devient mère en hiver : elle porte pendant soixante-trois jours, prépare son nid dans l'endroit le plus secret, le garnit de mousse, s'arrache les poils du ventre pour rendre la couchette plus douce, et met bas, en mars ou en avril, trois ou quatre petits, si elle est jeune, et de cinq à neuf, si elle est âgée; jamais, dit-on, il n'y en a moins de trois dans une portée; ils naissent les yeux fermés. Dans les premiers temps, la Louve ne les quitte pas, le mâle lui apporte sa nourriture. L'allaitement dure environ deux mois, mais déjà à quatre ou cinq semaines les Louveteaux commencent à se nourrir de chair fraîche; les père et mère la leur dégorgent à demi mâchée, et tandis que l'un d'eux s'acquitte de cette fonction, l'autre veille à la sûreté de la progéniture en faisant sentinelle aux environs. A mesure que les petits se fortifient, des animaux vivants, tels que Mulots, Volailles, Perdrix, Levrauts, remplacent la viande morte; leur instinct sanguinaire se dénote dès le jeune âge : ils jouent d'abord avec leur gibier, puis l'étranglent, la mère le dépèce en morceaux qu'elle distribue à chacun d'eux. Jusqu'à deux mois, ils ne sortent pas du nid; au bout de ce temps, la Louve leur apprend à la suivre, les mène boire, leur enseigne à se cacher en cas d'alerte et les ramène au gîte. Cette éducation, pleine de sollicitude, se continue tant qu'ils ne sont pas en état de pourvoir eux-mêmes à leurs besoins. Pendant ce temps, rien n'égale l'ardeur de la mère à les défendre, elle brave tout pour les sauver du danger; les lui a-t-on enlevés, elle risque sa vie pour les reprendre, poursuit le ravisseur, et lui sauterait, furieuse, à la gorge, s'il ne se hâtait d'en abandonner quelques-uns sur sa route : elle les emporte l'un après l'autre dans sa gueule et court les cacher dans les bois. Grâce à la nourriture abondante qu'ils reçoivent, leur développement est prompt. C'est aussi le temps où les Loups causent le plus de ravages; les couples chassent alors de concert; la Louve attaque avec audace; elle se présente la première aux Chiens, les éloigne en se faisant donner la chasse; pendant qu'ils sont ainsi occupés, le mâle, aux aguets, escalade le parc que le berger seul est impuissant à défendre, étrangle une brebis et se sauve avec son butin : cette ruse de guerre se répète plus d'une fois. Vient enfin le moment où toute la lignée est assez forte pour exploiter elle-même le pays; vers neuf mois, les père et mère les chassent de leur domicile; ils s'éloignent de leurs parents, pour lesquels ils ne sont plus que des étrangers incommodes, qui leur rendraient les vivres plus rares et plus difficiles; mais les Louvards expulsés restent encore unis entre eux pendant six ou huit mois; ce n'est qu'au moment de fonder, à leur tour, de nouvelles familles, qu'ils se séparent définitivement les uns des autres.

Le Loup vit une vingtaine d'années. Pris jeune, il est susceptible d'une sorte d'éducation; jusqu'à dix-huit ou vingt mois, il fait bon ménage avec ses compagnons de captivité, se montre assez docile et même caressant vis-à-vis de ceux qui le soignent; mais à peine a-t-il complété sa deuxième année, que son naturel sauvage se réveille et que ses instincts sanguinaires reprennent tout à coup le dessus : on le voit se jeter, sans provocation, sur les bêtes qui l'approchent, les attaquer sournoisement, les mettre à mort sans y être excité par la faim, et, finalement, chercher à recouvrer sa liberté; aussi est-il nécessaire de l'enchaîner étroitement pour l'empêcher de s'enfuir et d'être nuisible ou dangereux.

La présence d'une famille de Loups dans un canton est toujours plus ou moins fatale aux troupeaux, car ces Carnassiers ont assez d'intelligence pour calculer leurs expéditions d'après les habitudes du bétail. Au printemps, ils rôdent, de grand matin, à travers champs pour tâcher de surprendre quelque bête isolée; en été, ils méditent leurs coups de main, cachés dans les hautes moissons; l'hiver, leur tactique est différente. A cette époque, les guérets, à peu près nus, ne leur offrant plus d'abris, et les troupeaux restant presque constamment à l'étable, les Loups se répandent, la nuit, autour des villages, dans l'espoir de trouver quelque bête morte, et sont prêts à faire irruption dans les métairies mal fermées. A mesure que la saison se fait plus rigoureuse, ils deviennent plus entreprenants; lorsque la terre est couverte de neige, la faim les réunit en troupes, ils errent à l'aventure, sèment partout la terreur et se jettent sur tout ce qu'ils rencontrent; c'est alors surtout qu'on s'organise pour les détruire; les moyens les plus usités consistent à leur faire la chasse avec des chiens courants, et à les tirer à l'affût ou en battue.

On quête les Loups depuis l'automne jusqu'à la fin de l'hiver. D'octobre à décembre, ils habitent les grands fonds et se rencontrent également dans les buissons; comme ils ne sont pas encore très-affamés, ils sont faciles à détourner; il n'en va pas de même en janvier, époque à laquelle ils commencent à ligner: ils sont constamment sur pied, et se montrent souvent plusieurs ensemble; les Chiens donnent alors à tort et à travers et sont sujets à les manquer pour vouloir les courre tous à la fois.

La chasse avec les Chiens courants exige un équipage spécial, composé de Limiers vigoureux, hardis et alertes; le Loup, en effet, ne manque jamais d'haleine, et ses jambes infatigables peuvent le porter pendant la même journée à plus de soixante kilomètres du point d'attaque, lorsqu'il trouve, chemin faisant, de quoi étancher sa soif. Dès qu'il se sent poursuivi sérieusement, il se lance à fond de train, pique droit devant lui, ce qui ne l'empêche pas quelquefois de mettre encore par ses refuites la meute en défaut; en général cependant le Loup ne fait de retour que lorsqu'il commence à faiblir après avoir été blessé : c'est, du reste, un des fauves les plus difficiles à forcer, même avec d'excellents Limiers, parce que peu de Chiens sont capables de tenir contre ses courses effrénées.

L'affût demande beaucoup de patience, et ne réussit pas toujours, quelques précautions que l'on prenne, car les Loups, extrêmement méfiants, sentent le chasseur de fort loin, et son ombre seule les fait fuir. Toutefois, quand ils ont donné sur une charogne et qu'ils ne l'ont pas entièrement dévorée dans un seul repas, ils ont coutume de revenir, la nuit suivante, achever le reste : on profite du moment où ils sont le plus acharnés à la curée pour les tirer à bonne distance.

A défaut de charogne, on peut se servir, en guise d'appât, d'une bête morte récemment qu'on fait traîner autour des lieux fréquentés par ces animaux. On sait qu'ils attendent d'ordinaire la nuit pour se mettre en quête de vivres. Le vieux Loup arrive rarement le premier à l'appât; presque toujours il y est devancé par des Louvards sans expérience, et partant moins défiants; mais à peine la bête d'âge se montre-t-elle, que les autres lui cèdent la place et ne reviennent qu'après son départ. Trop prudent pour approcher de prime-saut de la proie, le vieux Loup se met d'abord aux écoutes, il regarde de tous côtés, avance, recule, revient ensuite sur ses pas, donne, en courant, deux ou trois coups de dents, et recommence à diverses reprises ce manége, arrachant, chaque fois à reculons, des lambeaux de chair : le chasseur embusqué choisit ce moment pour lui loger une balle dans la tête ou dans les flancs.

Mais, de tous les moyens employés pour se défaire des Loups, la battue est celui qui donne les meilleurs résultats. Dans ce but, on réunit le plus de monde possible, on cerne l'enceinte où les

Loups sont rembuchés; les tireurs se postent, à bon vent, le long des chemins et dans les sentiers qui bordent la forêt, et lorsque chacun est en place, les traqueurs, armés de bâtons, d'épieux, de fourches, entrent sous bois avec les Chiens qu'on découple : ils se mettent sur une même ligne, à une certaine distance les uns des autres, et, à un signal donné, tous s'ébranlent et marchent devant eux en poussant de grands cris. Effrayés de ces clameurs qui ne cessent pas, les Loups prennent la fuite en se dirigeant vers la lisière des bois pour gagner la campagne; aussitôt qu'ils y paraissent, chaque tireur, à portée, les salue de ses deux coups de fusil : pour peu que les chasseurs soient habitués à ces battues, qu'ils gardent leur sang-froid et visent juste, toujours un certain nombre de Loups tombent sous leurs balles : le pays, pendant un certain temps, se trouve débarrassé de ces dangereux animaux.

LE RENARD.

Le Renard (*Canis vulpes*) est un des animaux les plus fins et les plus rusés contre lesquels nous ayons à défendre notre gibier et nos volailles. S'il n'a pas la violence hardie du Loup, s'il n'attaque pas, comme lui, à force ouverte, il déploie plus d'adresse dans ses rapines et se montre plus ingénieux et plus varié dans ses ressources; il prend habilement son temps, prépare ses expéditions, dissimule sa marche, rampe, se glisse, se faufile, s'arme d'une patience à toute épreuve, et, à force de prudence, arrive presque toujours à son but; aussi son existence est-elle moins précaire que celle du Loup et fait-il moins souvent diète. Avec plus de légèreté et de souplesse, quoique aussi dur à la fatigue, il veille mieux à sa conservation; il ne se fie pas exclusivement à la rapidité de ses jambes pour échapper au danger, il va chercher encore sa sécurité au fond d'une retraite d'où il n'est pas facile de le déloger. Le soin qu'il apporte dans le choix de son domicile et l'art avec lequel il en dérobe l'entrée, le rendent, sous le rapport de l'intelligence, très-supérieur au Loup, vagabond à qui il faut toujours le grand air et que son indépendance sauvage livre à tous les hasards de la vie errante.

Avant de s'établir à poste fixe, le Renard commence par explorer la contrée et prendre connaissance de tout ce qui l'environne. Il affectionne particulièrement les bois à proximité des villages dont on entend les coqs chanter ; mais cette agréable musique ne suffit pas pour le décider ; sa prudence méticuleuse veut être renseignée à fond ; il a besoin de savoir où sont les hameaux du voisinage, quelles maisons sont isolées, de quelles fermes partent les aboiements des Chiens, le mouvement ou le repos qui règne autour de lui, quels sont enfin les taillis, les haies, les cavités propres à favoriser son évasion en cas de péril : cette revue topographique terminée, son plan arrêté, il se met à l'œuvre. Le plus souvent il creuse son terrier dans un endroit

Fig. 24. Renard en embuscade.

isolé et d'un abord difficile, par exemple entre les racines d'un gros arbre ou dans les fentes d'un rocher ; une seule galerie le compose, mais c'est un étroit défilé, et plusieurs issues y aboutissent. Quelquefois, pour s'éviter un pénible travail, il s'empare d'un trou de Lapin ou de Blaireau, le nettoie, l'agrandit et s'y loge ; il met aussi à profit les vieux terriers abandonnés de Renards. Timide, défiant, et partant très-soupçonneux, tout objet qu'il aperçoit pour la première fois le trouble ; il n'a plus de tranquillité qu'il ne sache à quoi s'en tenir sur son compte ; il en fait le tour par de longs circuits, s'en approche peu à peu, à pas lents, l'examine sous toutes les faces, et ne s'en fie qu'à sa propre expérience pour se rassurer; pour peu que ses craintes subsistent, il va demander son repos à une autre retraite, qu'il étudie et visite scrupuleusement, comme la précédente, avant de s'y fixer.

Le Renard ne sort guère de son terrier pendant le jour, il y dort et d'un sommeil profond tant que le soleil est à l'horizon; le crépuscule lui rend le mouvement, il va et vient, circule et

Fig. 25. Renard au gîte.

rôde toute la nuit : c'est le temps ordinaire de sa maraude. Ses yeux, comme ceux du Chat, sont organisés pour voir au milieu des ténèbres ; dans l'obscurité, sa pupille se dilate considérablement et devient circulaire, tandis qu'à la lumière du jour elle se rétrécit et ne présente plus qu'une fente étroite.

Peu d'animaux sont aussi déprédateurs que le Renard ; en peu de temps il dévaste une garenne, éclaircit les Levrauts d'un pays, détruit une foule de Cailles, de Perdrix, et, si les Chiens ne font bonne garde, dépeuple les poulaillers : c'est un braconnier de la pire espèce, contre lequel tous les moyens de répression ne sauraient être trop prodigués. Conduit par son odorat plus encore que par sa vue, il chasse à la façon qui lui est propre, s'approche cauteleusement, sans bruit, du gibier, ou bien l'attend en embuscade, tapi derrière une touffe d'herbe ou un arbrisseau (fig. 24). Rarement il se laisse emporter à suivre une bête fuyante, il préfère arriver près d'elle en tapinois, la surprendre au milieu de son sommeil, au gîte ou sur son nid, et la faire passer en silence de vie à trépas : le meurtre, de la sorte, est plus sûr, plus multiplié, plus profitable ; du reste, il a plus d'un tour au fond de son sac, et sa tactique savante révèle le flibustier consommé.

Pour chaque espèce de gibier il emploie un stratagème spécial. Habitant des bois, ainsi que le Lapin, il connaît tous les us et coutumes de son voisin, observe ses passages, épie son retour et le happe au moment où, venant de faire sa cour à l'aurore, Jean Lapin rentre à son logis. Au temps des nids, il parcourt la plaine, le nez au vent, et détruit une quantité de Cailles, d'Alouettes, de Perdrix, en surprenant les mères sur leurs œufs. Quand il jouit d'une sécurité complète, il chasse à courre les Levrauts et donne alors de la voix comme les Chiens ; son glapissement ordinaire consiste en une série de petits aboiements précipités qui se terminent par un éclat analogue au cri du Paon. Un Lièvre est-il lancé par des chasseurs, il se met de la partie, attend le fuyard au passage, et, dès qu'il le sent à portée, lui saute lestement dessus et l'emporte à son terrier ; toute pièce blessée que le Chien n'a pas sentie et rapportée à son maître, est à peu près sûre de tomber sous sa dent. Lorsqu'il a éventé des Perdrix, il rampe le long des sillons, se dissimule derrière les moindres abris, et glisse d'une marche si légère, qu'à peine les herbes sont-elles courbées ; le plus souvent il est sur le gibier avant d'avoir été aperçu. Si la compagnie s'envole avant qu'il l'ait jointe, il remarque attentivement sa direction, prend sa course, arrive à la remise presque aussitôt qu'elle et se met à louvoyer : comme il lui a déjà donné l'éveil, celle-ci ne se laisse pas aussi facilement surprendre et se tient aux écoutes ; le Renard alors se démasque et la fait partir de nouveau. Son jeu est facile à deviner, il veut la fatiguer par des volées successives, certain qu'à la longue la compagnie se divisera. Ce qu'il avait espéré se réalise ; les Perdrix se séparent ; il laisse le gros de la troupe aller où bon lui semble, s'attache exclusivement à une Perdrix isolée de la bande et la relance jusqu'à ce que la malheureuse, épuisée de fatigue, tombe dans quelque regain pour s'abriter et réparer ses forces ; en deux temps, le bandit est à ses trousses et l'a bientôt achevée.

C'est par une autre stratégie qu'il fait la guerre à la volaille. Le fort et le faible de chaque exploitation lui étant connus, il sait par quelle brèche on peut avoir accès dans la ferme où dorment les Poules. Par une nuit obscure, il franchit la muraille ou l'enclos, pénètre dans le poulailler, y met tout à sac, sans perdre un instant, emporte chaque pièce, les cache sous la mousse, parmi des broussailles, dans les haies, et recommence ses voyages meurtriers, jusqu'à ce que l'arrivée du jour lui dise qu'il est temps de décamper : c'est à peu près la même manière de pirater que le Loup, mais avec cette différence capitale, que le Renard ne renonce nullement à ses réserves ; il sait parfaitement les retrouver et ne manque jamais d'en faire son profit.

Les amateurs de pipée ne sont pas heureux avec lui. Debout bien avant l'aube, comme tout chasseur qui sait son métier, il a bien soin de visiter les collets avant leurs légitimes propriétaires, décroche les Grives, les Merles et les autres écervelés qui se sont laissé prendre à l'appât, et regagne son manoir chargé de ces dépouilles opimes qu'il échelonne, de distance en distance, pour les utiliser au besoin : le rusé compère montre ainsi qu'il n'est pas seulement bon chasseur, mais encore ménager prudent. Il aime à épier les oiseaux à la lisière des bois, couché à plat ventre, l'oreille tendue et les yeux braqués sur tout ce qui fait mine d'approcher ; mais la gent emplumée est sur ses gardes, elle sait à qui elle a affaire ; les Geais, les Merles, les Mésanges signalent le larron aussitôt qu'ils le découvrent, et le poursuivent, du haut des arbres, de leurs cris d'avertissement. Dans les temps de disette, le Renard fait de nécessité vertu, il se contente de Taupes, de Mulots, de Grenouilles et même de Sauterelles et de Hannetons : c'est le seul service qu'il nous rende ; il ne touche pas aux bêtes mortes.

Son goût bien prononcé pour le gibier lui joue parfois de mauvais tours ; il donne aisément dans les piéges quand il est jeune ; mais lorsqu'il en a fait l'expérience, qu'il y a laissé du poil ou quelque autre chose de plus précieux, il en garde une impression qui ne s'efface plus de sa mémoire, il résiste aux plus fortes tentations plutôt que d'affronter derechef les engins ; c'est par d'autres moyens qu'il faut l'attaquer, car son horreur pour les piéges est désormais si profonde, que, lorsqu'il s'en voit environné, il prend son canton en dégoût, et va chercher fortune dans un pays moins insidieux.

La femelle porte pendant deux mois ; près de mettre bas, elle prépare son nid avec des feuilles et du foin, produit de cinq à huit petits qui viennent au jour couverts de poils et les yeux fermés. Le père et la mère veillent avec beaucoup de sollicitude à leur entretien ; ils les approvisionnent largement de volaille et de gibier (fig. 25), et, pendant tout le temps de leur éducation, s'oublient au point de se départir de leur prudence accoutumée ; ils chassent souvent alors ensemble, même de jour, et poussent l'audace jusqu'à entrer en plein midi dans les fermes mal gardées, pour y dérober quelques Poules ou Canards, à la barbe des gens. Les Renardeaux quittent le terrier natal entre trois et quatre mois, abandonnés de leurs père et mère.

La chasse du Renard est fort amusante et se termine presque toujours par un dénoûment heureux, la mort de la bête. Les vieux Renards ont bien soin de se tenir prudemment hors de la portée du fusil, et l'on ne peut guère espérer les tirer qu'à l'affût ou en battue ; quand ils sont poursuivis avec ardeur par les Chiens, ils passent par les fourrés les plus épais et les plus inextricables ; si la meute s'y engage avec résolution, ils gagnent, à toutes jambes, la plaine après maintes randonnées et pointent longtemps sans reprendre haleine. Un des moyens les plus commodes pour les détruire, est de boucher, de grand matin, les terriers ; après s'être posté, on découple les chiens ; ils sont bientôt sur la voie. Le Renard lancé n'a rien de plus pressé que de regagner son repaire ; au moment où il s'y présente, il essuie un premier coup de feu ; s'il a été manqué, il fuit de toute sa vitesse, décrit un grand détour et vient se faire tirer une seconde fois près de son terrier ; après cette double épreuve, il ne se soucie pas d'en tenter une troisième, il se sauve pour ne plus revenir ; de bons Lévriers parviennent facilement à le forcer, malgré les ressources de sa fuite, aussi habile que diversifiée. On peut encore s'en défaire, à coup sûr, en le traquant dans son propre terrier. Lorsqu'on est certain qu'il y est renfermé, on fait entrer un Basset rompu à cet exercice. Pour peu que celui-ci soit de bonne race, il attaque hardiment l'animal ; la lutte devient bientôt extrême entre les deux combattants ; on profite de leur acharnement pour défoncer le terrier dont toutes les gueules, bien entendu, ont été préalablement fermées ; arrivé à un certain point de la galerie, la pioche découvre le Renard aux abois, acculé dans un coin : prenez bien garde à ses morsures, elles sont dangereuses et cruelles ; on s'en préserve en lui serrant le cou avec une fourche et en le muselant si on veut le prendre vivant, ou bien on le fusille à bout portant, comme un criminel.

LE CHAT.

Buffon a dressé un piédestal au Chien, et il a eu raison; on ne saurait trop louer ce bon et fidèle animal qui nous rend tant de services et nous aime si franchement; mais, pour l'exalter davantage, n'a-t-il pas, par un piquant contraste, trop déprécié le Chat? On serait tenté de le croire.

« Le Chat, dit-il dans son incomparable style, est un domestique infidèle, qu'on ne garde que par nécessité, pour l'opposer à un autre ennemi encore plus incommode et qu'on ne peut chasser. Quoique les Chats, quand ils sont jeunes, aient de la gentillesse, ils ont en même temps une malice innée, un caractère faux, un naturel pervers que l'âge augmente encore, et que l'éducation ne fait que masquer. De voleurs déterminés, ils deviennent seulement, quand ils sont bien élevés, souples et flatteurs comme les fripons; ils ont la même adresse, la même subtilité, le même goût pour faire le mal, le même penchant à la petite rapine; comme eux, ils savent couvrir leur marche, dissimuler leur dessein, épier les occasions, attendre, choisir l'instant de faire leur coup, se dérober ensuite au châtiment, fuir et demeurer éloignés jusqu'à ce qu'on les rappelle. Ils prennent aisément des habitudes de société, mais jamais des mœurs. Ils n'ont que l'apparence de l'attachement; on le voit à leurs mouvements obliques, à leurs yeux équivoques; ils ne regardent jamais en face la personne aimée; soit défiance ou fausseté, ils prennent des détours pour en approcher, pour chercher des caresses auxquelles ils ne sont sensibles que pour le plaisir qu'elles leur font. Bien différent de cet animal fidèle dont tous les sentiments se rapportent à la personne de son maître, le Chat paraît ne sentir que pour soi, n'aimer que sous condition, et ne se prêter au commerce que pour en abuser. »

Certes, l'indignité du personnage est nettement formulée. Mais dans ce portrait où l'on sent un peu la fantaisie, Buffon semble n'avoir pas bien saisi le véritable caractère du Chat; il n'a voulu voir en lui qu'un domestique ou un vassal insoumis, et il l'a traité comme un malfaiteur de profession, sans lui tenir compte de ses qualités naturelles : cette appréciation erronée l'a rendu injuste.

Il ne faut pas l'oublier, le Chat se prête, mais ne se donne pas complétement à l'homme ; en se faisant volontairement son hôte, en acceptant le vivre et le couvert, il n'a nullement entendu renoncer à son indépendance ; pour remplir sa mission et pour être équitablement jugé, il faut qu'il conserve sa liberté et même qu'il garde quelque chose de sa sauvagerie primitive : à cette condition seulement, il développera toute la puissance de son instinct. Le Chat qui dans les villes s'est accoutumé aux priviléges du comptoir et aux honneurs du salon, n'est plus que l'ombre de lui-même, un animal dégénéré, abâtardi par la civilisation ; à son nez, à sa barbe, tout le peuple souriquois peut impunément prendre ses ébats ; le sire est devenu trop fier pour abaisser sa dignité jusqu'à d'infimes Rongeurs. Parlez-moi plutôt du Chat de ferme, demi-rustre, demi-policé ; toujours prêt à reprendre sa vie de nature, passant avec la même philosophie de la cuisine à la grange, et du grenier sur les toits ; ni gras, ni efflanqué, plus près cependant de la maigreur qui tient sans cesse l'appétit en éveil, le jarret dispos, rend souple, leste, alerte, et maintient un sage équilibre entre toutes les facultés vitales et intellectuelles : ce Chat est le vrai type en qui se reflète le génie de la race.

Comme la nature l'a richement doté ! Quels crocs et quelles griffes ! Ses *molaires* comprimées et tranchantes déchirent la chair presque aussi bien que ses longues canines (fig. 26). Ses ongles, rétractiles, ne risquent pas d'user leur pointe acérée ; un ingénieux mécanisme les tient élevés au-dessus de terre pendant la marche, et les conserve dans une espèce de gaîne qui les préserve de tout choc extérieur : au moment d'agir, ils se redressent soudain, et s'enfoncent profondément dans la proie pour la saisir et l'arrêter. Ses membres, doués d'une extrême flexibilité, ont la faculté de se débander comme un ressort et de se projeter avec vigueur en avant. Ses pieds et ses mains, matelassés de pelotes élastiques et aréolaires, lui permettent de marcher sans faire le moindre bruit, et de se précipiter d'une grande hauteur sans se faire le plus petit mal ; il n'en est pas de même lorsqu'on le jette d'un endroit élevé : le plus souvent il se blesse ou même il se tue dans sa chute.

Si l'odorat et le toucher n'ont rien chez lui d'extraordinaire, atténués qu'ils sont, l'un par la brièveté du nez et la faible ouverture des narines, l'autre par l'épaisse fourrure destinée à le défendre du froid, il s'en dédommage par l'excellence de l'ouïe et la perfection de la vue : son tympan, très-développé, à parois très-minces, saisit la moindre particule des sons que recueille la conque extérieure de l'oreille ; par la disposition spéciale de ses yeux rapprochés l'un de l'autre, le Chat est à la fois diurne et nocturne; sous l'influence d'une vive lumière, sa pupille, il est vrai, se contracte en fente linéaire, mais dans l'obscurité elle se dilate considérablement, devient large et ronde; aussi la nuit n'a-t-elle, pour ainsi dire, pas de ténèbres pour les Chats, leurs yeux, jaunes ou verts, y brillent comme deux escarboucles

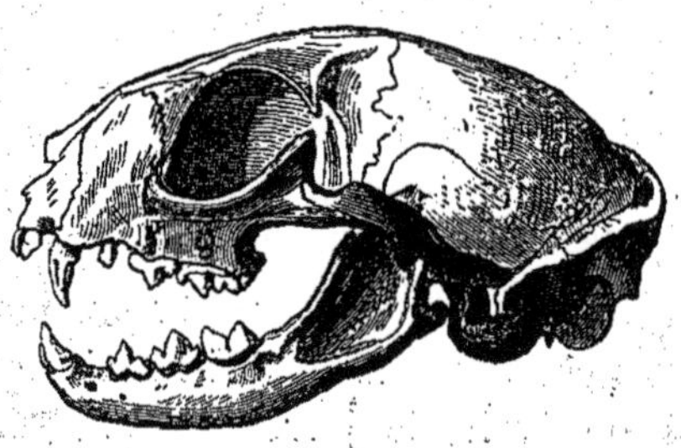

Fig. 26. Tête du Chat.

étincelantes : ils en profitent pour faire la guerre aux autres animaux.

Les mœurs du Chat, à tous les points de vue, méritent d'être étudiées.

Nul animal ne porte aussi loin le respect de sa personne et ne se montre plus difficile sur les soins de propreté. Il n'a pas moins horreur de la boue que de l'eau. Sa robe l'occupe sans cesse, il n'y souffre aucune souillure; à chaque instant, il passe sa langue raboteuse sur toutes les parties de son corps, arrange, lustre et polit son poil, essuie avec soin ses moustaches chaque fois qu'il vient de manger, et se sert de la paume de sa main humectée de salive pour faire la toilette de son cou et de sa tête ; on sait avec quelle pudique circonspection il se met à l'écart pour faire ses ordures, et quelle précaution il prend pour en cacher la trace en les recouvrant de cendre ou de terre.

Tout coureur de gouttières qu'il soit, la vie sédentaire auprès du foyer domestique a ses affections quand il se livre au *far niente;* il reste volontiers des heures entières blotti dans l'âtre et si près du feu, qu'il y roussit souvent ses poils; les jeunes Chats surtout ne le quittent guère en hiver; on les y voit en famille, dormant côte à côte des père et mère, entrelacés les uns dans les autres et occupant toujours la place d'honneur, c'est-à-dire la plus chaude. La domesticité les rend frileux; peut-être aussi aiment-ils naturellement la chaleur, car ils s'étendent voluptueusement au soleil, même en plein été, et s'en imbibent avec délices; à l'état sauvage, au contraire, ils résistent parfaitement au froid, sans doute parce que, étant forcés de gagner leur vie à la pointe de l'épée, il leur faut, ainsi que les pauvres gens, s'échauffer par l'exercice et se faire un tempérament à tout braver.

C'est bien à tort qu'on a accusé le Chat d'indifférence pour le

Fig. 27. Chat domestique.

lieu où il a pris naissance : des faits nombreux prouvent le contraire. Quand le logis lui offre le couvert régulièrement mis, et qu'il y a été traité en ami de la maison, il n'est pas aussi ingrat qu'on veut bien le dire, et n'est point insensible aux peines de l'exil ou de l'émigration; on en a vu déserter de confortables demeures pour revenir à leur humble gîte natal : n'est-ce pas là un certificat de bon goût, sinon de bon cœur? D'autres, enfermés dans un sac, au fond d'une voiture, et lâchés, à plusieurs kilomètres du point de départ, sur une route qu'ils n'avaient jamais parcourue, n'ont pas hésité à franchir haies, champs et fossés pour surprendre, par leur retour inattendu, ceux qui avaient voulu traîtreusement les perdre : par quel talisman retrouvent-ils leur chemin? Nul n'a su encore le découvrir ; à cet égard, leur flair ou leur instinct égale celui du Chien lui-même.

Et ce n'est pas la seule bonne note à enregistrer à leur profit. Ils ont généralement bon caractère, ne se jalousent pas entre eux et mangent fraternellement à la même gamelle, sans disputes, ni coups de griffes; demandez donc la même tolérance au Chien! A peine celui-ci souffre-t-il son propre maître quand il est à table; qu'un autre Chien fasse mine d'approcher lorsqu'il prend sa lippée, un sourd grondement, avant-coureur de l'orage, témoigne d'abord de son mécontentement; puis un murmure plus accentué se fait entendre; bientôt la bataille éclate furieuse, et tout cela pour un os à demi rongé! *Chacun chez soi, chacun pour soi*, telle est la devise du Chien en train de manger; le Chat se montre plus désintéressé et plus libéral.

La réputation qu'on lui a faite d'être hargneux, traître et méchant, n'est pas fondée. Il ne faut rien moins que la famine et une longue série de mauvais traitements pour le faire sortir de ses habitudes pacifiques; dans ce cas, à bout de misères, il se fait bandit pour ne pas mourir de faim et ne point périr sous les coups. Lorsque le malheur ne l'a point aigri, il est plein de mansuétude. Que n'endure-t-il pas avec stoïcisme des caprices de l'enfance! Il se laisse tirer la moustache et porter sens dessus dessous, la tête en bas; le moindre bambin de la maison le tourne et le retourne dans tous les sens, lui arrache des poignées de poils et lui tire la queue sans qu'il cesse, pour cela, de faire patte de velours. Si par hasard il égratigne, c'est que, serré à outrance, il est près de suffoquer, ou que des caresses trop multipliées ont surexcité son système nerveux si irritable: l'excuse d'un mouvement irréfléchi, et non perfide, est tout entière dans l'extrême douleur qu'il éprouve et dont il n'est pas le maître; la griffe sort alors de son étui; la plupart du temps elle s'arrête à l'épiderme et les dents restent inoffensives: n'est-il pas d'ailleurs dans le cas de légitime défense?

Soit appréhension ou répulsion instinctive, le Chat est respecté de presque tous les animaux; le Chien seul en veut à sa peau, mais il est bien rare qu'il puisse l'entamer. Quand le félin voit venir son ennemi, prudemment il décampe; assailli à l'improviste, il crache d'affreux jurons à la face de son adversaire et s'apprête à lui sauter aux yeux s'il essaye d'avancer; pendant ce temps, la fuite est toujours au bout de sa pensée; s'il ne peut l'effectuer, il fait bravement volte-face et défend ses approches avec l'énergie du désespoir. Dans cette extrémité, sa colère est vraiment belle à voir : le dos fortement courbé, hissé sur ses jambes, l'oreille couchée à plat, le poil hérissé et les yeux pleins de fureur, il attend de pied ferme l'assaut. Gare au téméraire qui s'y risque ! son nez griffé et ensanglanté le dégoûte promptement d'une seconde attaque ; l'ennemi ainsi repoussé, le Chat, en habile stratégiste, court se jeter, à corps perdu, dans le soupirail d'une cave, ou saute sur un mur : sa bravoure et son agilité cette fois l'ont sauvé du danger.

Au contact de l'engeance humaine, les Chats ont pris certaines habitudes qu'on ne retrouve pas dans l'espèce sauvage : ils sont curieux, sensuels et gourmands. Tout d'abord, ils veulent tout voir et se rendre compte de tout. La sonnette se fait-elle entendre, ils accourent, examinent entrants et sortants, et souvent leur font un bout de conduite. Une porte est-elle entre-bâillée, ils y allongent leur museau, flairent la pièce, l'inspectent du regard sur toutes ses faces et ne se retirent qu'après avoir complété leurs observations. Même manége s'il y a du bruit dans la rue ; les voilà aussitôt à la fenêtre, ils passent en revue chaque promeneur et profitent de l'occasion pour jeter un coup d'œil sur la maison du voisin ; en deux temps, ils sautent chez lui : hors la saison fiévreuse du printemps, leurs courses effrénées à travers les gouttières ont pour cause principale le démon de la curiosité.

Sensibles comme les femmes à l'attrait des odeurs, les parfums les plongent dans une véritable ivresse ; quelques plantes à odeur forte, telles que le *nepeta cataria*, le *teucrium marum* et certaines *valérianes* ont le privilége de les attirer ; ils les sentent de loin, passent et repassent à côté d'elles, les frôlent avec délices, et finissent par se rouler dessus avec frénésie.

Le plaisir qu'ils éprouvent sur les lits élastiques, sur les coussins, les tapis épais et les meubles finement capitonnés, n'est pas douteux ; ils le témoignent en y faisant leurs griffes, en d'autres termes, en écartant largement leurs doigts, en posant et en relevant tour à tour leurs pattes de devant, comme s'ils voulaient piétiner les tissus et en savourer le moelleux.

Rien qu'à voir le Chat déguster une liqueur sucrée, on devine les jouissances intimes qu'il y puise. « Tout son organisme, comme le dit si bien Gratiolet, est pénétré de plaisir ; il se ramasse sur lui-même, il fait le gros dos, il frémit voluptueusement ; sa tête se retire doucement entre ses deux épaules ; on dirait qu'il cherche à oublier le monde, désormais indifférent pour lui : il s'est fait odeur, il s'est fait saveur, et il se renferme en lui-même avec une componction toute significative. » Les petits Chats, particulièrement, sont sujets à ce péché mignon.

Lorsqu'ils songent à prendre épouse, messieurs les Chats publient leurs bans à son de trompe, par d'effroyables clameurs; tous les matous du voisinage de se mettre aussitôt en campagne; pendant dix ou douze jours, l'air est rempli de leurs affreux miaulements ; ils arpentent, au pas de course, les toits les plus escarpés, se battent sans trêve ni merci, et, par leur sabbat infernal, empêchent tout un quartier de fermer l'œil.

La Chatte porte de cinquante-cinq à cinquante-six jours; elle fait son nid au fond des greniers, dans l'endroit le plus obscur et le plus secret, de peur du mâle, assez sujet à dévorer sa progéniture. Chaque portée est ordinairement de quatre à six petits; ils viennent au monde les yeux fermés, montrant à peine d'oreilles; mais, vers le neuvième jour, leurs yeux s'ouvrent et la conque externe de l'oreille perce et se redresse. Nulle mère n'est plus remplie de tendresse et de soins que la Chatte pour ses petits. Après les avoir nourris de son lait pendant quelques semaines, elle se met à chasser pour eux avec une activité étonnante ; plusieurs fois par jour elle leur apporte des Souris, des Mulots, des petits oiseaux, et les habitue, de bonne heure, à manger de la chair; à ce régime, ils se fortifient rapidement. Sa sollicitude semble augmenter à mesure qu'ils croissent. Dès qu'ils commencent à marcher, elle les accompagne partout, les rallie autour d'elle par de doux petits cris, et ne cesse de les appeler ainsi jusqu'à ce qu'elle en soit entourée. Quand on lui enlève un de ses nourrissons, inquiète, éperdue, elle furète partout, le réclame pendant plusieurs jours par des miaulements de désespoir et ne se console de sa perte qu'en redoublant de tendresse vis-à-vis de ceux qu'on lui a laissés. La maternité la rend courageuse au delà de toute expression. Non-seulement elle ne craint plus le Chien qui menace sa lignée, mais elle va au-devant de lui, lui montre ses griffes et ses dents, et s'il fait un pas, lui saute, furieuse, au visage; ce n'est pas tout : elle le harcèle jusqu'à ce qu'il ait déguerpi. Revenant ensuite auprès de ses petits que la peur a dispersés deci, delà, elle les rassemble autour d'elle, et, heureuse de les retrouver sains et saufs, elle leur prodigue mille caresses, les lèche, les serre entre ses pattes, et, finalement, les invite à téter (fig. 27).

Les Chattes ne sont pas seulement dévouées à leur propre lignée, il en est qui nourrissent de leur lait de petits Chiens, des Lapereaux, des Écureuils, etc.; on en a vu adopter quelquefois les enfants d'autres Chattes qu'elles croyaient orphelins; Dupont de Nemours raconte, à ce sujet, une anecdote touchante dont tout cœur de mère serait ému. « J'avais deux Chattes, dit ce philanthrope un peu rêveur, l'une mère de l'autre. La mère avait mis bas le jour précédent; on ne lui avait ôté aucun de ses petits. La jeune étant à sa première portée, eut un accouchement très-pénible; elle perdit la connaissance et le mouvement à son dernier petit; la mère tournait et retournait autour d'elle, essayant de la soulever, lui prodiguant tous les mots de tendresse, qui chez elles sont *très-multipliés*, des mères aux enfants. Voyant, à la fin, que les soins qu'elle prenait pour sa fille étaient superflus, elle s'occupa, en digne grand'mère, des petits, qui rampaient sur le parquet, comme de pauvres orphelins; elle les lécha et les porta, l'un après l'autre, au lit de ses propres enfants pour leur partager son lait.

« Une bonne heure après, la jeune Chatte reprit ses sens, chercha ses petits, les trouva tétant sa mère. La joie fut extrême des deux parts, les expressions d'amitié et de reconnaissance sans nombre et singulièrement touchantes. Les deux mères s'établirent dans le même panier : tant que dura l'éducation, elles ne le quittèrent jamais que l'une après l'autre, nourrirent, caressèrent, gardèrent ensuite *indistinctement* les sept petits Chats, dont trois étaient à la fille et quatre à la grand'mère : notre espèce eût-elle fait mieux? »

Fêtés et choyés pendant leur première enfance, les jeunes Chats ne sont pas pressés de quitter leur bonne mère; dès qu'ils sont un peu forts, le mâle, à son tour, vient prendre part à leur éducation, il leur apporte de la chair fraîche, et se montre aussi bon père que ses intentions étaient féroces au moment de leur naissance. Pendant toute cette période, l'union de la famille est exemplaire. Tandis que le père et la mère, gravement accroupis dans un coin de la cheminée, sommeillent ou font semblant de dormir, les jeunes espiègles ont bien soin de ne pas les laisser rêver tout à leur aise; leur séve surabondante a besoin de s'épancher; ils sautent, ils gambadent, se poursuivent entre eux, et, au plus fort de leur entrain, ils convient les grands parents à s'associer à leurs jeux; afin de les y décider plus vite, ils les lèchent à outrance, grimpent sur leur corps, mordillent leur longue queue frétillante, et, de guerre lasse, les tirent de leur somnolence paresseuse en les entraînant dans leurs parties enfantines.

A cet âge, le jeune Chat est la grâce même ; rien de plus gai, de plus vif, de plus joli ; le spirituel historiographe des Chats, Champfleury, en a tracé, d'après nature, un charmant portrait. « C'est, dit-il, la joie de la maison ; la comédie s'y donne par un acteur incomparable. Son théâtre toujours prêt, l'appartement, n'a besoin que de peu d'accessoires : un chiffon de papier, un bout de fil, une pelote, une plume, c'en est assez pour accomplir des prodiges de clownerie. Tout ce qui s'agite devient pour lui un sujet de badinage ; il s'amuse du premier objet venu, et faute de jouets, il trouve en lui-même le moyen d'épanouir sa folle gaieté ; la vie déborde en lui ; il lui faut le mouvement, l'activité sans but. Même au repos, rien de plus amusant. Tout est malice et sainte nitouche dans le petit Chat accroupi, et fermant les yeux ; la tête penchée, comme accablée de sommeil, les yeux mourants, les pattes allongées, jusqu'au museau lui-même, semblent dire : ne me réveillez pas, je suis si heureux ! Mais le voilà sur pied ; il faut le voir grimper le long d'un arbre ; il monte de branche en branche, toujours plus haut, comme s'il voulait se donner le spectacle d'un beau panorama. Où va-t-il? il n'en sait rien. Il grimpe avec ardeur, ne s'inquiétant pas si les branches s'amincissent : ce n'est que quand il pose la patte sur de frêles branches, qu'il commence à comprendre le danger d'aller toujours devant soi. Alors, plein d'angoisses, ne pouvant continuer sa route, n'osant reculer, le petit Chat pousse des miaulements à fendre l'âme, et si l'arbre sur lequel il est perché consterné, empêche, par son élévation, d'y appliquer une échelle pour tenter le sauvetage, ce sera avec d'infinies précautions et le cœur battant à rompre la poitrine, que le petit Chat se laissera couler le long des branches, en y enfonçant des griffes. »

Sous l'habile direction de père et mère vieillis dans le métier, les jeunes Chats ont bien vite appris tout ce qu'ils doivent savoir pour se lancer dans la vie. Intrépides explorateurs, ils se jettent, à l'aventure, tantôt dans la cave, tantôt dans le grenier, grimpent sur les toits, et, guidés par leur instinct, se mettent bientôt à l'affût, épiant Rats, Souris et petits oiseaux : en fort peu de temps, ils deviennent d'adroits chasseurs, aussi experts, dans cette guerre de patience et de ruse, que le Chien le mieux dressé. La chasse, en effet, est une des facultés dominantes du Chat, il s'y livre avec passion et toujours avec profit; c'est dans cet exercice qu'il montre réellement tout ce qu'il est. Voyez-le guettant une Souris. Le bruit d'un imperceptible grignotement est arrivé à son oreille; le Rongeur n'est pas loin, se dit-il, ayons-en raison. Après avoir bien examiné tous les coins et recoins, et s'être bien assuré que le trou n'a qu'une seule issue, il se poste auprès, en silence. Immobile, les yeux presque fermés, n'ayant l'air de songer à rien, anéanti en quelque sorte, tant il est replié sur lui-même, il attend le souriceau avec une patience qui tient du prodige. Il l'attendra, s'il le faut, des heures entières, sans bouger; mais à peine l'imprudent allonge-t-il le bout de son museau, d'un coup de griffe le Chat le saisit, l'étourdit ou l'assomme. Lorsque la victime tombe vivante entre ses pattes, le Chat se montre vraiment cruel et le digne émule du Tigre et de la Panthère, auxquels il tient de fort près. Il se fait un jouet de la Souris, la prend entre ses pattes, lui rend un instant de liberté, et au moment où la malheureuse tente de fuir, il la reprend de plus belle, lui fait sentir la pointe de ses griffes et l'abreuve d'angoisses avant de lui donner le coup de grâce. Les Chats de bonne maison, bien nourris, fleuris et gras, tuent, mais ne mangent pas les petits Rongeurs; fi donc! Les Chats de ferme, eux, habitués à la dure, et n'ayant pour toute nourriture que des mets rustiques, sont moins difficiles: ils vivent de leur butin. En tout temps, mais surtout lorsqu'ils ont des petits, ils font une chasse active aux Rats et aux Souris; sous ce rapport, ils nous rendent de véritables services en protégeant nos grains; on sait qu'il suffit de la présence d'un seul Chat dans une maison pour en éloigner les Rongeurs; malheureusement, leur instinct carnassier les envoie aussi à la poursuite du gibier, sans même en excepter les oiseaux chanteurs; adieu alors les musiciens de la feuillée, Rossignols, Pinsons, Fauvettes, Chardonnerets et autres dilettanti : leurs nids sont ravagés juste au moment où les petits commençaient à prendre plume : les bosquets attristés n'ont plus dès-lors d'autre poésie que le silence. Bien pis encore font les Chats quand la misère les chasse du logis: ils deviennent rôdeurs et braconniers effrénés, s'embusquent dans les buissons, se blottissent dans les blés, happent au passage les Levrauts, égorgent les Lapins et détruisent à la sourdine une quantité de nids de Perdrix, de Cailles, et les mères souvent avec. Ce sont alors d'insignes malfaiteurs, d'autant plus dangereux, qu'ils excitent moins de soupçons, et qu'on les croit honnêtes ; leur crime est irrémissible, point de pitié pour eux ! Tirez-leur, sans scrupule, deux coups de fusil plutôt qu'un ! Lorsque la faim les a rendus chasseurs *extra-muros*, ils ne tardent pas à devenir misanthropes, et leurs mœurs bientôt ne diffèrent plus de celles du Chat sauvage proprement dit.

Ce dernier (*Felis cătus*, fig. 28) a longtemps passé pour la souche de toutes nos variétés domestiques ; il n'y aurait aucun doute à cet égard, tant leur ressemblance est grande, si l'espèce sauvage n'avait les pelotes charnues de la plante des pieds, les lèvres et le nez noirs, tandis que chez le Chat domestique ils sont habituellement roses : c'est pourquoi on a cherché à ce dernier une autre origine dans le Chat ganté d'Abyssinie. Quoi qu'il en

Fig. 28. Chat sauvage.

soit, le Chat sauvage, de taille plus forte, est gris jaunâtre avec de larges raies noires transversales sur le dos et les flancs ; la queue est aussi annelée de noir. Il vit solitaire dans les bois, se nourrit de tous les animaux incapables de se défendre, grimpe avec agilité sur les arbres, et niche dans les troncs creux. Lorsque les Chiens courants lui donnent la chasse, le Chat sauvage se fait battre et rebattre dans les fourrés, exactement comme le Renard ; quand cet exercice forcé commence à le fatiguer, il s'élance sur un arbre et se tapit contre une maîtresse branche ; du haut de cet asile, il regarde passer la troupe aboyante, et se rit de sa déconvenue ainsi que de tous les nez en l'air interrogeant le vent.

Le Chat sauvage était autrefois très-commun en France, mais heureusement il y est devenu fort rare; on ne le trouve plus que dans les grandes forêts; sa disparition totale ne serait pas une perte : demandez plutôt aux chasseurs!

ORDRE DES RONGEURS.

L'ÉCUREUIL.

Buffon, séduit sans doute par la gentillesse et l'élégance de l'Écureuil (*Sciurus vulgaris*), s'est empressé de lui délivrer un certificat d'innocence et de plaider sa cause auprès des chasseurs. Les forestiers et les propriétaires de bois, moins épris de la forme, ne sont pas aussi indulgents à son égard; ils voient en lui un hôte incommode, difficile à saisir, qui ne se borne pas à faire provision de glands, de faînes, de châtaignes pour la morte saison, mais qui coupe les bourgeons des arbres verts, et compromet les jeunes pousses, sans autre but que de satisfaire de purs caprices; ses dégâts, dans les cantonnements où il abonde, sont assez considérables pour qu'on l'ait plusieurs fois décrété de prise de corps; dans la forêt de Compiègne, entre autres, on a dû recourir, en certaines années, à cette mesure suprême pour arrêter le cours de ses dévastations.

A part son crime de lèse-végétation, l'Écureuil est un charmant petit animal. Le roux ardent de son pelage, sur toutes les parties supérieures de son corps, forme un piquant contraste avec le blanc pur de la région abdominale. Tout en lui est gracieux. Son corps, svelte et nerveux, se pare d'une queue bien fournie qu'il relève en panache, au-dessus de sa tête; ses oreilles, bien plantées, se terminent par un pinceau de poils; ses yeux, très-ouverts, sont pleins de vivacité; toute sa physionomie, en un mot, respire la gaieté, la pétulance et la malice.

Aucun Rongeur ne l'égale en souplesse et en agilité. Ses membres postérieurs, plus longs que ceux de devant, et les ongles crochus dont ils sont armés, le rendent merveilleusement propre aux escalades. Il grimpe aux arbres avec une adresse et une légèreté surprenantes ; d'un bond, il s'accroche au tronc, gagne, en un clin d'œil, les premières branches, et vole, plutôt qu'il ne saute, de rameaux en rameaux ; à peine l'aperçoit-on, qu'il a déjà atteint la cime ; il s'échappe comme un trait : on dirait une apparition.

Sa vie est beaucoup plus aérienne que terrestre, il la passe presque entièrement sur les arbres ; parmi les plus élevés, il en choisit un dont il fait son principal domicile ; c'est son domaine princier, il n'y souffre pas d'empiétement, en chasse tout com-

Fig. 29. Ecureuils des Pyrénées.

pétiteur, y construit son nid, y élève sa famille, et n'en descend que pour se jouer sur les pelouses et ramasser les noisettes et les graines dont se compose sa nourriture.

Sans être sauvage ni farouche, il fuit le voisinage de l'homme, se montre rarement dans les plaines ou autres lieux découverts, se tient habituellement dans les bois, affectionne de préférence la haute futaie et ne fait que traverser les taillis, sans y séjourner jamais. Sa demeure n'est pas une simple tente de voyage ; il s'y établit solidement et pour un long bail ; il la place toujours à la rencontre de plusieurs branches, et la bâtit avec des bûchettes et de la mousse, si artistement entrelacés, qu'elles semblent faire corps avec l'arbre lui-même. Cette bauge présente la figure d'une sphère; une seule ouverture, vers le haut, donne tout juste passage à l'animal; il se renferme dans cette espèce de fort, abrité contre la pluie par un toit conique : le père, la mère et toute la nichée s'y logent à l'aise dans l'intérieur : ils y trouvent un asile contre les Chats sauvages, les Martes et les oiseaux de proie, les seuls ennemis, avec l'homme, qu'ils aient à redouter.

Pendant la plus grande partie du jour, les Écureuils se tiennent tapis dans leur gîte, occupés à dormir; mais lorsque la plus forte chaleur est passée, que le soir est venu, ils sortent de leur repos, voltigent de branche en branche, sautent d'un arbre à l'autre par des bonds prodigieux, en poussant de petits cris aigus; leur station à terre n'est, pour ainsi dire, qu'un accident : ils y marchent mal, s'avancent uniquement par sauts et par bonds, toujours en défiance et l'œil sans cesse au guet, tout prêts, à la moindre alerte, à s'élancer vers leur résidence aérienne.

Leur vue est excellente et ils aperçoivent de loin le danger; quand, par hasard, ils se sont laissé surprendre, ils usent d'un curieux stratagème pour échapper au coup de fusil : ils se dérobent derrière une branche, et, tout en s'élevant, ils tournent sans cesse en sens opposé à celui du chasseur; une fois parvenus à leur dôme feuillu, si le péril menace encore, ils s'appliquent contre une forte branche et s'y tiennent blottis jusqu'à ce que le chasseur se soit éloigné : on n'a chance de les tirer que lorsqu'on est deux pour épier tous leurs mouvements.

La mue de l'Écureuil commence au sortir de l'hiver; le nouveau poil, toujours plus foncé que celui qui tombe, n'est complet que dans le courant de l'été. Dès que les couples sont formés, ils ne se quittent plus; la mise bas a lieu en juin; on compte ordinairement quatre ou cinq petits dans chaque nid. Les père et mère en prennent le plus grand soin; leur sollicitude les rend rusés; ils ne se contentent pas d'un seul nid, ils en construisent plusieurs, de distance en distance, afin de dépister les maraudeurs; ils font plus : la femelle change souvent ses petits de domicile en les transportant dans sa gueule. Quand un beau soleil illumine la forêt, que tout y repose dans un profond silence, elle les descend, un à un, de leur donjon, les fait jouer sur la mousse et les reporte ensuite dans le nid. L'éducation dure longtemps. Bien que les jeunes soient tout à fait élevés et parfaitement en état de pourvoir à leur subsistance, ils restent avec leurs parents pendant toute la morte saison qui suit leur naissance; ce n'est qu'au printemps de la seconde année qu'ils les quittent pour devenir eux-mêmes chefs de famille. Vers la fin de l'été, les père et mère, tout en veillant sur les petits qui se développent, travaillent aux provisions; ils ramassent les fruits et les graines dont ils auront besoin pour passer l'hiver, les serrent dans le creux des arbres, au voisinage de leur bauge, et n'y touchent que lorsque les vivres frais font défaut. Ils savent fort bien retrouver leurs magasins, même sous la neige, et déterrent adroitement les réserves avec leurs pattes antérieures dont ils se servent en guise de mains, soit pour gratter le sol et la mousse, soit pour porter les aliments à leur bouche; lorsqu'ils les nettoient, l'une d'elles sert de support à l'autre et *vice versa :* ce manége s'exécute avec une telle vitesse, qu'on croirait qu'ils se frottent les mains.

Quoique leur régime soit essentiellement frugivore, ils font, à l'occasion, acte de Carnassiers, visitent les nids d'oiseaux pour en vider les œufs, et cèdent aussi quelquefois à la tentation de croquer les petits et même la mère, quand ils peuvent la surprendre sur sa couvée.

L'hiver, quelque rigoureux qu'il soit, ne les plonge jamais dans l'engourdissement; au dehors, ils se montrent toujours aussi vifs et aussi éveillés; à l'intérieur du nid, ils trouvent une chaude couchette où ils bravent impunément le vent, le froid et la pluie. Leur propreté est extrême; jamais ils ne souillent leur demeure; dans la belle saison, ils sont sans cesse à leur toilette, se peignent, se lustrent, se polissent, assis sur leurs talons et la queue coquettement relevée. Cette queue, si l'on en croyait Klein, ne serait pas seulement un ornement de luxe, l'Écureuil s'en servirait encore pour traverser les rivières. Gesner et Olaüs le Grand affirment que lorsqu'il veut s'embarquer, il fait choix d'une écorce et s'abandonne au fil de l'eau en s'aidant de sa queue comme d'une voile et d'un gouvernail. Buffon semble ajouter foi à cette assertion, mais les faits journellement observés ne la justifient guère : l'Écureuil a horreur de l'eau; en supposant qu'il fût obligé d'y chercher son salut, il aurait tout simplement recours à la nage, comme la plupart des animaux peu aquatiques, que l'instinct de conservation pousse à cette résolution extrême.

La chair de l'Écureuil n'est nullement désagréable à manger; elle a une saveur *sui generis,* quelque peu résineuse, quand l'animal s'est nourri surtout de semences de pin : on en fait à Compiègne des pâtés renommés.

LA MARMOTTE.

La Marmotte (*Arctomys alpinus*, fig. 30), humble gagne-pain du petit Savoyard nouvellement débarqué dans nos villes, rappelle le spectacle touchant de deux misères mises en commun pour tâcher d'émouvoir la charité publique. A les voir grelotter l'un et l'autre par une froide matinée d'hiver, qui leur refuserait sa commisération? *Ils ont laissé si loin leur chaumine et leur famille, les pauvres émigrés !*

La Marmotte n'habite que les montagnes très-élevées; au printemps, elle descend dans la région subalpine; mais aux approches de l'été elle regagne les hautes solitudes. On la trouve dans les Alpes françaises, non loin de la région des neiges, au-dessus de la zone des sapins et des mélèzes, entre quinze cents et deux mille mètres d'altitude; elle se rencontre aussi, mais plus rarement, dans les Pyrénées. Son port n'a rien d'élégant : tête large et aplatie, museau gros et court, oreilles tronquées, moustaches de Chat, corps épais, dos écrasé, queue courte, semblent l'opposé de l'Écureuil, animal du même ordre des Rongeurs, si bien pris dans sa taille, si vif, si leste, à la mine si éveillée et si futée. Le pelage de la Marmotte, d'un gris tiqueté, est bien fourni, surtout sur le dos, les flancs et le ventre; il se compose de deux sortes de poils, les uns laineux, un peu frisés, les autres soyeux. Plus développée dans son train de devant que dans son arrière-train, la Marmotte se tient souvent assise, marche facilement sur ses pieds de derrière, mais se soulève avec effort pour courir; sa course cependant est rapide, plus accélérée en montant qu'en descendant; elle grimpe avec adresse entre les fentes des rochers, en s'aidant de son dos et de ses jambes, à la manière des ramoneurs, qui sans doute profitent de son brevet d'invention.

Née pour fouir, la Marmotte est pourvue de tous les instruments de sa profession; de vigoureuses incisives défendent ses mâchoires; ses membres antérieurs sont soutenus par de fortes clavicules et armés d'ongles pointus et robustes. Son terrier, ordinairement placé dans les moraines, à l'exposition du sud, du sud-est, ou du sud-ouest, est son principal moyen de salut contre l'Aigle, le Loup et le Renard, ses ennemis naturels; elle le creuse avec rapidité et en rejette les déblais au dehors, derrière elle. C'est un boyau tantôt droit, tantôt tortueux, se terminant par un cul-de-sac ovale, de deux mètres environ de profondeur, où le domicile est établi; la galerie qui y mène est presque toujours droite; quand un obstacle l'empêche de suivre cette direction, l'animal, au lieu de le surmonter, le tourne et creuse dans un autre sens : la galerie dès lors devient sinueuse.

Le terrier n'est pas toujours simple; quelquefois il a deux conduits qui débouchent l'un et l'autre dans la bauge; dans ce cas, ils forment un angle plus ou moins aigu, qu'on a comparé

Fig. 30. Marmotte.

à un Y; les deux branches sont percées chacune d'une ouverture. Par suite de l'inclinaison du sol le cul-de-sac seul se trouve de niveau; la branche inférieure de l'Y, en pente au-dessous de la bauge, sert de fosse d'aisance aux Marmottes, car leur propreté est extrême, jamais elles ne souillent leur appartement; la partie liquide des excréments s'échappe au dehors; la branche supérieure, elle aussi, s'allonge en pente, elle domine l'ensemble du terrier et représente la porte d'entrée et de sortie.

Le terrier n'est pas facile à découvrir; les Marmottes le cachent soigneusement sous un gros rocher ou le dissimulent sous quelque bloc; elles s'en éloignent rarement, y vivent en famille, y passent la plus grande partie de leur existence, s'y retirent régulièrement chaque nuit, et vont s'y mettre à l'abri chaque fois qu'il pleut, qu'il brouillasse ou qu'il fait de l'orage : elles n'en sortent que par les plus beaux jours.

Les Marmottes entrent en ménage au sortir même de leur sommeil hivernal; elles n'ont chaque année qu'une seule portée de trois à six petits; leur développement est rapide, mais la durée de leur vie ne dépasse pas dix ans. Les jeunes s'éloignent peu du terrier avant le mois de juillet; ils accompagnent leurs père et mère sur les moraines et se livrent, sous leurs yeux, à des jeux variés, gambadant, culbutant, se poursuivant les uns les autres; lorsque la fatigue les prend après ces exercices, ils s'assoient gravement sur leur train de derrière, la face tournée vers le soleil et les pattes antérieures appliquées sur leur poitrine; pendant ce temps, les chefs de famille broutent ou coupent l'herbe qui doit être convertie en foin. Extrêmement craintives et défiantes, les Marmottes ne s'aventurent jamais hors de leur terrier, sans que plusieurs d'entre elles se placent en sentinelles sur une roche élevée; elles paissent tranquillement non loin des Chamois, habitants des mêmes solitudes; mais une bête malfaisante, un rapace ou un homme paraît-il, à l'instant part un coup de sifflet des plus aigus; il est répété aussitôt sur divers points; chacun de rentrer dans son trou ou de se blottir sous la roche la plus voisine, si le gîte n'est pas a proximité.

A l'état de nature, les Marmottes se nourrissent d'herbes; mais en domesticité, elles mangent à peu près de tout ce qu'on leur offre, des légumes, des racines, du pain, des fruits, à l'exception du raisin et des noix, auxquels elles ne touchent pas. Elles boivent à la manière des Poules, relevant la tête à chaque gorgée d'eau qu'elles avalent. Dans le cours de l'été, les vieilles Marmottes quittent leur demeure dès l'apparition du jour et vont brouter le plantain, l'alchémille et le trèfle des Alpes, dont elles font leur principale nourriture; ce premier repas achevé, elles font sortir les jeunes, qui se livrent à leurs ébats accoutumés, se mettent à pâturer et recherchent avidement la chaleur du soleil; toutes ensuite vont récolter, en troupes, le foin destiné à servir de couchette pour l'hiver. D'après Buffon, ce travail de fenaison s'effectuerait d'une façon très-pittoresque. Tandis que les unes coupent les herbes les plus fines, et que d'autres les ramassent, elles font, tour à tour, office de voiture pour les transporter au gîte; une Marmotte se couche sur le dos, se laisse charger de foin, étend ses pattes en haut pour servir de ridelles, et se fait ensuite traîner par les autres, qui la tirent par la queu et prennent garde, en même temps, que le chariot ne verse. Cette organisation, à coup sûr, ferait honneur à un esprit inventif; malheureusement, elle a tout l'air d'une fable : Gesner et Mouton-Fontenille, qui ont écrit *de visu* sur la Marmotte et l'ont très-bien étudiée, ne disent mot de cette ingénieuse manœuvre; ils n'auraient pas manqué d'en parler si ces animaux la pratiquaient réellement; selon toute probabilité, les Marmottes se contentent de charrier avec leur bouche l'herbe que leurs incisives ont coupée, et quoique travaillant à frais communs, chacun se suffit à soi-même et est à la fois faucheur et voiturier.

Les Marmottes, si elles font des provisions de bouche, ne les font que pour subvenir à de bien faibles besoins, dans les rares journées où la température adoucie les tire momentanément de leur léthargie. Que feraient-elles de réserves abondantes, puisqu'elles passent les six mois de la mauvaise saison dans un engourdissement complet? Plongées, à cette époque, dans une torpeur absolue, le sang, chez elles, circule alors si faiblement, que toute nourriture devient inutile; l'herbe qu'elles ont amassée ne peut leur venir en aide qu'au début du printemps, quand, sous l'influence d'une température moins sévère, le gazon commence à peine à poindre et à verdir; jusque-là, leurs provisions de foin restent intactes; elles ont une tout autre destination que celle de servir de vivres pour la morte saison, elles leur tiennent lieu de couchette et de matelas.

Les Marmottes se confinent dans leur bauge de la mi-septembre au 15 octobre, suivant que les froids sont précoces ou tardifs dans la montagne. A cette époque, elles sont ordinairement chargées d'embonpoint; elles ont le dos et les reins doublés d'une épaisse couche de graisse, blanche et ferme, analogue au lard du Porc. Cette graisse leur est fort utile; elles en consomment une partie pendant leur engourdissement, et ce qui en reste, sert encore à les sustenter dans les éclaircies de temps doux pendant lesquels elles sortent momentanément de leur torpeur pour s'y replonger de nouveau jusqu'à la cessation complète du froid.

Le moment de la retraite arrivé, les nouvelles familles se hâtent de creuser leur terrier et d'y charrier du foin; les anciennes gardent fidèlement leurs pénates. Toutes, en se retirant dans leur souterrain pour y prendre leurs quartiers d'hiver, entrent à reculons, une poignée de foin à la bouche. Elles ont grand soin de fermer les ouvertures de leur repaire, tantôt avec un mélange de terre et de foin, tantôt avec de la terre gâchée; cette espèce de mortier bouche le terrier si hermétiquement, et avec tant de solidité, qu'il est plus facile d'entamer le sol partout ailleurs qu'aux endroits murés; la terre extraite pour ce travail est prise dans un des conduits: aussi y trouve-t-on toujours une excavation.

La clôture n'est pas plutôt terminée, que les Marmottes gagnent le foin qui tapisse et remplit leur bauge; elles le tassent fortement, en forment des couchettes arrondies et s'y enfoncent au centre; pêle-mêle, et la tête ramenée entre les jambes. L'engourdissement ne tarde pas à se produire; il est d'autant plus complet, que le froid est plus intense; elles passent ainsi la moitié de l'année à dormir d'un sommeil devenu proverbial; elles n'en sortent qu'au mois d'avril, aussi maigres que grasses elles étaient entrées. Cette longue abstinence rend leur chair coriace; au début de l'engourdissement, elle est, dit-on, assez agréable.

Les montagnards qui font la chasse aux Marmottes se gardent bien de les troubler dans les premiers moments où elles viennent de s'enfermer, de peur qu'une température douce, survenant tout à coup, ne les ranime et ne les fasse fouir plus avant. Après avoir reconnu les terriers, ils attendent qu'un froid vif ait complétement jeté les Marmottes dans l'engourdissement. Ils pratiquent alors une ouverture à deux mètres environ de la petite galerie, et lorsqu'ils l'ont découverte, ils s'acheminent vers la bauge en déblayant; là ils trouvent nos dormeuses roulées en boule, côte à côte les unes des autres, chacune cependant séparée de sa voisine par une légère couche de foin : d'un seul coup ils s'emparent de toute la famille et l'emportent engourdie. Les vieilles Marmottes sont tuées sans même s'être éveillées; elles quittent du moins la vie sans sentir la souffrance; les jeunes sont tirées de leur léthargie à l'aide d'une chaleur douce; elles deviennent le plus souvent l'apanage des pauvres petits Savoyards sur le point de s'expatrier pour aller gagner leur vie dans les villes; la Marmotte est ordinairement toute leur fortune, ils se mettent aussitôt à l'apprivoiser.

Cet animal, capturé jeune, devient promptement privé; il accourt, à la voix, manger ce qu'on lui présente dans la main; si le morceau est volumineux, il le prend avec les pattes de devant, s'assied sur son derrière et se met à grignoter. Il apprend sans peine à saisir un bâton et à danser une sorte de sarabande plus ou moins cadencée; il suit son maître comme le Chien, gratte à la porte pour se la faire ouvrir, reconnaît parfaitement les êtres de la maison, mais se cache dans sa niche dès qu'arrive un étranger. La Marmotte n'est point insensible aux caresses qu'on lui fait; elle aime à être chatouillée au-dessous de la nuque, et à se réchauffer contre la poitrine des personnes avec lesquelles elle vit familièrement. Ainsi que les Chats, elle voit bien dans l'obscurité; son antipathie pour les Chiens est très-prononcée; en général, elle ne peut souffrir aucun animal, quelque innocent et chétif qu'il soit. La domesticité ne lui fait rien perdre de ses habitudes d'exquise propreté; à l'exemple du Chat, elle se met à l'écart pour faire ses ordures. Dans les maisons, elle résiste parfaitement à des froids de douze et quatorze degrés, sans tomber dans l'inertie, et se tient aussi éveillée en janvier qu'au cœur de l'été. Un feu modéré et gradué la tire de sa torpeur lorsqu'elle vient d'être prise; mais si on l'expose tout engourdie à une forte chaleur, elle ne résiste pas à cette brusque transition : sa mort est presque instantanée.

LES LOIRS.

Il existe plusieurs espèces de Loirs en France; deux d'entre elles sont confondues vulgairement sous la même dénomination, quoique bien distinctes l'une de l'autre : ce sont le Loir proprement dit et le Lérot; la troisième, le Muscardin, de dimensions plus petites, n'est guère connue que des naturalistes et des forestiers. Toutes ont pour habitude de s'engourdir pendant l'hiver et de se réveiller aussitôt que la température se radoucit; il suffit de dix degrés de chaleur pour les tirer de leur léthargie. Aux approches de la mauvaise saison, les Loirs se réunissent plusieurs ensemble, et se confinent dans des trous de muraille ou dans le tronc des arbres creux; on les y trouve serrés les uns contre les autres et pelotonnés en boule : ils passent ainsi cinq mois sans prendre de nourriture et sans mouvement, couchés sur un lit de mousse ou de feuilles. Comme les Marmottes, ils meurent au bout de quelques minutes, lorsque, étant engourdis, on les expose brusquement à une température élevée; mais lorsqu'on les soumet graduellement à une chaleur douce, ils ne tardent pas à se ranimer : le froid est si bien la véritable cause de leur engourdissement, que si on les tient pendant l'hiver dans un endroit chaud, ils gardent l'usage de leurs facultés et ne s'endorment que d'un sommeil ordinaire. Ils se préparent à l'hibernation en prenant, au commencement de l'automne, un embonpoint remarquable, destiné à réparer les pertes que la respiration leur fait subir à l'état d'inertie. La plupart font des provisions de fruits secs, tels que châtaignes, faînes et noisettes; et ils les transportent à leur domicile, car, tout dormeurs qu'ils soient, il leur arrive de s'éveiller, au cœur de l'hiver, pendant des jours entiers, et même pendant une suite de jours, chaque fois que le temps redevient doux; ils trouvent de la sorte des vivres tout prêts, sans sortir de leurs trous; ils ne les épuisent jamais complétement, attendu que leur réveil momentané n'est qu'un cas exceptionnel au milieu de leur longue léthargie. Leur nourriture consiste en fruits de toute nature; pour se les procurer, ils grimpent aux arbres comme l'Écureuil, mais avec bien moins d'agilité que cet animal.

Les trois espèces indigènes sont faciles à distinguer.

Le Loir. — Le Loir proprement dit (*Myoxus glis*, fig. 31) est le plus gros des trois. Il a les yeux entourés de brun; le dessus

Fig. 31. Loir.

de son corps tire sur le gris-brun, son ventre est blanc; il rappelle l'Écureuil par ses yeux saillants, ses longues moustaches et la disposition des poils de sa queue, dont la couleur est uniforme. Ainsi que son confrère aérien, il habite les bois, se tient presque toujours sur les arbres, les parcourt de branche en branche, se nourrit de faînes et de noisettes, et fait aussi la chasse aux petits oiseaux dans leurs nids; mais il ne construit pas de bauge au sommet des arbres : son nid est placé dans les troncs creux ou dans les fentes de rochers, toujours à l'abri de l'humidité, qu'il craint extrêmement.

Chaque portée des Loirs est ordinairement de quatre ou cinq petits. Ils se défendent avec courage contre les Belettes et les petits oiseaux de proie; mais ils ont tout à redouter du Chat sauvage, leur plus cruel ennemi. Les climats tempérés sont les seuls qui leur conviennent; on ne les rencontre plus dans le nord de l'Europe.

Les Romains faisaient grand cas de la chair de ces animaux parvenus à tout leur embonpoint; on les mange encore dans certaines parties de l'Italie.

Le Lérot. — Le Lérot (*Myoxus nitela* fig. 32), plus connu des gens de la campagne sous le nom impropre de Loir, n'est que

Fig. 32. Lérot.

trop répandu dans nos vergers et surtout parmi les espaliers, dont il est le fléau. Plus petit et plus ramassé dans sa taille que le Loir, il s'en distingue par son pelage gris roussâtre en dessus, blanc en dessous, et surtout par la bande noire qui entoure ses yeux et s'étend jusqu'aux oreilles; sa queue se termine par une touffe de poils noirs. Cette espèce habite de préférence les jardins, et s'aventure parfois jusque dans les vieilles masures. C'est principalement le soir et pendant la nuit qu'elle va à la maraude; les pêchers en espalier sont l'objet principal de ses convoitises; elle attaque chaque fruit au moment de sa maturité, et les entame tous successivement. Les autres fruits succulents ne sont pas plus épargnés; le Lérot n'attend pas qu'ils soient tombés pour s'en emparer, il va les chercher sur l'arbre même, et lorsque abricots, poires et prunes sont hors de ses atteintes, il se rejette sur les amandes et sur les noisettes.

La femelle met bas cinq ou six petits. On trouve, l'hiver, les Lérots dans les trous de muraille, engourdis par groupes de huit ou dix individus, au milieu de leurs provisions; ils se laissent prendre assez facilement aux piéges.

Cette espèce pénètre plus avant que le Loir dans le nord; sa chair n'a aucune valeur; son odeur ressemble un peu à celle du Rat.

Le Muscardin. — Le Muscardin (*Myoxus avellanarius*) est un joli petit animal, complétement sylvicole, à peu près de la grosseur d'une Souris, aux yeux vifs et au pelage blond roussâtre; sa queue est garnie de poils disposés sur les côtés comme ceux du Loir, et se termine par un bouquet en pinceau. Il a le dos de couleur fauve clair; le ventre et le dessus de la tête sont jaunâtres; la gorge est blanche.

Le Muscardin fréquente les taillis et se loge au fond des arbres creusés par le temps. Son nid, composé d'herbes entrelacées, s'ouvre par le haut comme celui de l'Écureuil; il est suspendu entre les branches des noisetiers, au milieu des buissons. Les portées sont de trois ou quatre petits.

LES RATS.

Dans une de ses meilleures satires, Horace a mis spirituellement en scène son Rat de ville et son Rat des champs. Les anciens en connaissaient-ils d'autres espèces? On peut en douter; la première se rapporte à notre Souris; la seconde, selon toute probabilité, n'est autre que le Mulot. Le genre Rat, malheureusement, compte encore d'autres représentants, et de la pire espèce; tels sont, notamment : le Rat proprement dit ou Rat noir et le Surmulot; ces deux pestes, originaires de la Perse et de l'Inde, se sont introduites en Europe vers le milieu du dix-huitième siècle, et se sont bien vite acclimatées en France.

Les Rats ont pour caractères distinctifs des molaires à couronne tuberculeuse, quatre doigts et un vestige de pouce aux pattes antérieures, cinq doigts libres aux pattes de derrière, une queue longue, presque nue, garnie de nombreuses écailles, un pelage composé de poils de différentes grandeurs.

Confinés d'abord dans certaines contrées, les Rats, en véritables parasites, n'ont pas tardé à s'attacher à la fortune de l'homme; ils l'ont bientôt suivi dans tous les lieux où il s'est établi, et comme lui, d'humeur voyageuse et changeante, ils sont devenus en peu de temps cosmopolites; l'ancien et le nouveau continent en sont aujourd'hui infestés; la Polynésie, sans aucun doute, les subira un jour.

Ainsi que tous les voleurs de profession, les Rats sont nocturnes, amis de l'obscurité, dormant une partie du jour, et se lançant à la maraude aussitôt que le soleil est couché. Toute la nuit ils font vacarme, et sont continuellement en allées et venues, de la cave au grenier. A l'époque de leur multiplication, leur sabbat devient infernal; ils glapissent et jettent des sifflements aigus. Leur estomac s'arrange de toute espèce de nourriture; grains et racines, fruits et légumes, matières animales fraîches ou en putréfaction, ils font ventre de tout. Leurs fiançailles ont tout le cachet de leur naturel hargneux et sauvage; elles sont l'occasion de combats furieux entre les mâles. L'humeur belliqueuse de la race se manifeste à chaque instant, elle éclate dans toute sa rage quand vient la disette; dans cette extrémité, les Rats s'attaquent avec fureur en poussant des cris, comme les héros d'Homère; les plus forts se jettent sur les plus faibles, leur ouvrent la cervelle et les dévorent à belles dents; la bataille recommence, plusieurs jours de suite, entre les survivants, et continue jusqu'à ce que le plus grand nombre y passent; c'est ainsi que, de temps à autre, ils semblent avoir complétement disparu des localités qu'ils infestaient: les drôles se sont fait justice, et l'on s'en trouve débarrassé momentanément.

Malgré tout l'esprit que leur prête la Fontaine, les Rats sont de vulgaires pillards, capables tout au plus de méditer au fond d'un fromage de Hollande; ils n'ont rien de saillant, si ce n'est une profonde méfiance des piéges auxquels ils ont échappé; ont-ils survécu à cette épreuve, il faut que l'appât soit bien affriolant ou la tentation bien forte, pour qu'ils s'y laissent prendre une seconde fois. Leurs mœurs, communes à toute la famille, offrent certaines variantes. Quelques espèces se creusent des terriers, mais très-peu compliqués, sans étendue ni profondeur; celles qui habitent nos maisons, n'amassent pas de provisions pour la saison rigoureuse; elles vivent au jour le jour, s'aident de leurs pattes de devant pour porter les aliments à la bouche, et boivent fréquemment, en lappant, à la manière des Chiens; le froid ne les engourdit pas.

Les espèces qu'il importe le plus de connaître pour les exterminer, de compte à demi avec leurs ennemis-nés, les Chats, les Belettes et les oiseaux de proie nocturnes, sont: le Rat noir, le Surmulot, le Mulot et la Souris; le moins criminel des quatre n'est bon qu'à pendre.

Le Rat noir. — Le Rat noir (*Mus rattus*, fig. 33) se distingue aisément à son pelage noir en dessus et gris-cendré en dessous;

Fig. 33. Rat noir.

son museau pointu porte une belle paire de moustaches noires; ses oreilles sont nues et couleur de chair; de petits poils blanchâtres couvrent le dessus de ses pieds. Débarqué le premier parmi nous, à la faveur du commerce maritime, il n'a pas tardé à céder le pas au Surmulot, envahisseur farouche, contre lequel il a peine à défendre ses domaines; aussi est-il aujourd'hui moins commun qu'il y a cent ans. Vif d'allure, rapide dans sa course, et très-leste à sauter, il escalade sans difficulté les murs simplement crépis, et échappe souvent à ses ennemis lorsqu'ils l'attaquent à force ouverte. S'est-il laissé surprendre, il tient tête, se défend avec courage et non sans succès; les jeunes Chats inexpérimentés n'en viennent pas facilement à bout; ce n'est guère qu'à coups de griffes qu'ils l'attaquent; il leur oppose ses dents de devant, longues et tranchantes, dont les morsures sont profondes et douloureuses : l'issue du combat reste souvent douteuse. Il n'en est pas de même avec la Belette. Bien que celle-ci soit plus petite, le Rat la redoute davantage; elle le suit dans son trou, l'assaille, avec toute sa mâchoire, de morsures répétées et pleines, tandis que l'autre ne peut riposter que par saccades et par ses seules incisives; de plus, la Belette ne lâche jamais prise, et, loin de démordre, elle suce le sang à l'endroit entamé: dans cette lutte à armes inégales, le Rat succombe toujours. Omnivore comme tous ceux de sa race, le Rat consomme une grande quantité de nourriture et en gaspille bien plus encore; il attaque les jeunes Pigeons dans les colombiers, saisit les poussins dans la basse-cour et ronge indistinctement linge, cuir, étoffes; le lard toutefois est son mets de prédilection. Pendant le jour, il se retire dans les galetas, les granges, les greniers, derrière les boiseries, dans l'épaisseur des planchers et sous les toitures de chaume. Les portées sont de cinq ou six petits; la femelle leur prépare un nid avec des feuilles, de la paille et du foin; elle leur apporte à manger, et, lorsqu'ils commencent à sortir de leur trou, elle veille sur eux, les défend avec courage et se bat même contre les Chats pour les sauver. Dans son attitude ordinaire de repos, le Rat se ramasse sur lui-même, le dos voûté; tout le temps qu'il ne donne pas au manger et au sommeil, il le passe à sa toilette; la propreté semble un de ses besoins de premier ordre; il a grand soin de sa personne et est sans cesse occupé à nettoyer et lustrer son poil, opération qu'il exécute à l'instar des Chats, avec sa langue et ses pattes. L'hiver, il recherche les lieux chauds, et se niche volontiers près des cheminées, dans le foin et dans la paille; les meules de blé et d'avoine n'hébergent que trop souvent ce voleur effronté.

Le Surmulot. — Le Surmulot (*Mus decumanus*, fig. 34), plus gros que le Rat noir, a le pelage gris-roux en dessus, parsemé de poils bruns sur la ligne dorsale; son ventre tire sur le blanc.

Leste à la course, il grimpe et nage avec facilité. Il vit sous terre, dans des terriers qu'il creuse en dépit de tout obstacle. Agissant en nombre et avec persévérance, les Surmulots percent les murs, soulèvent les pavés et se répandent partout; quand ils se jettent en troupes sur une maison, ils attaquent ses fondements et compromettent sa solidité en sillonnant sa base d'une multitude de trous et de petits sentiers.

Le Surmulot n'est pas moins vorace que le Rat noir. A Paris, où il est très-commun, il hante les égouts, les marchés, les triperies et les établissements d'équarrissage. Pendant le jour, il quitte peu sa retraite; mais, le soir venu, il se répand dans les rues obscures et peu fréquentées, se met à rôder, se jette sur les animaux

Fig. 34. Surmulot.

abattus, ne dédaigne aucuns débris, tant sordides soient-ils, fait ripaille toute la nuit et ne regagne son gîte qu'à l'arrivée du jour. C'est le bon moment pour détruire ces animaux; il suffit de fermer les clos d'équarrissage et d'y lâcher de petits Bouledogues qui étranglent les Rats aussitôt qu'ils se montrent; on n'a plus qu'à assommer, à coups de gourdin, la masse des fuyards; ils tombent par centaines: ces pertes, malheureusement, sont vite réparées; les femelles, d'une fécondité désespérante, ont trois portées par an, chacune de dix à douze petits.

Le Surmulot, quoique citoyen des villes, ne hait pas la campagne; on l'y rencontre souvent en été, au voisinage de l'eau. D'après Sonnini, les vieux Rats passent l'hiver dans leur villa en plein air; les femelles et les jeunes se retirent dans les granges et les greniers; là, au cœur des provisions de bouche, ils font main basse sur le blé, le seigle, l'orge et l'avoine; indépendamment de ces déprédations, ces maudits garnements hachent encore la paille et souillent tout de leurs ordures qu'ils sèment partout.

Non content de prélever une forte dîme sur les greniers du cultivateur, le Surmulot en veut encore à sa volaille; ce n'est pas tout: il braconne, fait la chasse aux jeunes Lièvres, aux Perdreaux, et, dans son instinct dépravé, s'attaque à sa propre race. Il a souvent maille à partir avec le Rat noir, le combat à outrance, et ne le laisse en paix qu'autant que les vivres regorgent; pressés par la faim, les Surmulots s'entre-dévorent; lorsqu'on les tourmente sans relâche dans leurs retraites, ils vident les lieux et émigrent parfois très-loin.

Le Mulot. — Le Mulot (*Mus sylvaticus*, fig. 35), de grosseur intermédiaire entre le Rat et la Souris, n'élit domicile ni dans les

Fig. 35. Mulot.

villes, ni dans les maisons; c'est un rustique qui habite exclusivement les champs et les bois. La teinte générale de son pelage est gris roussâtre sur le dos et blanchâtre sur le ventre; ses poils, cendrés à la base et dans la plus grande partie de leur étendue, passent au fauve, puis au cendré et se terminent par du noir; ses yeux sont gros et saillants.

Les terres sèches et élevées sont celles qu'il fréquente de préférence; on le trouve dans les champs et les bois environnants.

Si d'aventure un trou tout fait se présente dans un buisson ou au pied d'un arbre, le Mulot s'y loge, sans plus de cérémonie. Au besoin, il sait se faire un terrier; il l'établit à trente centimètres de profondeur, et le distribue en deux compartiments: l'un, destiné à l'abriter avec ses petits; l'autre, à loger ses provisions. Celles-ci dépassent toujours ses besoins; comme l'avare, il semble qu'il amasse pour le seul plaisir d'amasser. Ses provisions ne sont pas réglées sur son appétit, mais plutôt sur la dimension de ses magasins. On y trouve force glands, force châtaignes et quantité de faînes et de noisettes; un seul dépôt en contient plusieurs litres; aussi le Mulot est-il particulièrement détesté des forestiers. Passe encore si le thésauriseur se contentait d'emmagasiner les graines détachées naturellement des arbres, le mal ne serait pas très-grave; la plupart, en effet, sous la couche épaisse des feuilles tombées, ne se développent pas, et il en reste toujours assez pour repeupler les vides; mais les Mulots s'attaquent aussi aux jeunes semis; ils suivent le sillon tracé par la charrue, déterrent chaque gland l'un après l'autre, et n'en épargnent pas un seul; au lieu de les manger sur place, ils les emportent dans leur trou, les entassent sans discernement et les laissent ainsi sécher ou pourrir. Certains forestiers estiment que les Mulots sont plus funestes aux semis de bois que tous les oiseaux et quadrupèdes déprédateurs: les Pies, les Geais et les Corbeaux n'épargnent pourtant guère les plantations au moment des semailles ou de la levée des graines! Les dégâts causés par ces Rongeurs ont principalement lieu à l'automne et s'arrêtent à l'époque des grandes gelées; le froid rigoureux en délivre la surface du sol, mais ils trouvent dans leurs retraites bon souper et bon gîte; dans les années de disette, ils se détruisent entre eux, et, suivant l'usage de la famille, les petits deviennent la pâture des gros.

La Souris. — La Souris (*Mus musculus*, fig. 36) n'est que trop connue de tout le monde; c'est le Rat en miniature, mais à pelage gris-cendré, à fourrure fine et épaisse, composée de deux sortes de poils, gris d'ardoise dans leur moitié inférieure, et gris jaunâtre dans l'autre moitié. « Elle a, dit Buffon, le même instinct, le même tempérament que le Rat, et n'en diffère que par la faiblesse et les habitudes qui l'accompagnent. Timide par nature, familière par nécessité, la peur ou le besoin fait tous ses mouvements; elle ne sort de son trou que pour chercher de quoi vivre; elle ne s'en écarte guère, y rentre à la première alerte, ne va pas, comme le Rat, de maison en maison, à moins qu'elle n'y soit forcée, fait aussi moins de dégâts, a les mœurs plus douces, et s'apprivoise jusqu'à un certain point, mais sans s'attacher. Plus faible, elle a plus d'ennemis, auxquels elle ne peut échapper, ou plutôt se soustraire, que par son agilité, sa petitesse même. Les Chouettes, tous les oiseaux de nuit, les Chats, les Fouines, les Belettes, les Rats même lui font la guerre; on l'attire et on la leurre aisément par des appâts; on la détruit à milliers : elle ne subsiste enfin que par son immense fécondité. »

La gestation de la Souris dure vingt-cinq jours; les portées se

Fig. 36. Souris.

renouvellent à chaque saison, et varient entre quatre et six petits; la mère les dépose sur un lit moelleux et les allaite pendant une quinzaine; passé ce temps, ils commencent à chercher eux-mêmes leur nourriture.

Les Souris se trouvent partout, dans les champs aussi bien que dans les bois, mais surtout dans les lieux habités. Tout sert de gîte à ces animaux; ils affectionnent cependant d'une manière spéciale les vieilles maisons, les vieux planchers, les vieilles murailles, et s'y creusent des galeries plus ou moins longues et plus ou moins tortueuses. Ils attaquent les boiseries avec ardeur et persévérance; il suffit d'entendre leur grignotement énergique pendant cette besogne, pour être certain de leurs efforts et de leur ténacité. L'abondance les attire et la misère les éloigne; ils ne se réunissent pas en troupes, comme le Surmulot; chaque individu vit à part.

Les Souris mangent de tout et se contentent de peu, sauf à revenir souvent à la charge. Les glands, les faînes, les châtaignes, les noisettes dans les bois; toute espèce de grains dans les meules, les granges, les greniers; toute provision de ménage; le crin, la laine, les étoffes, le linge dans les maisons, payent tribut à leurs dents; les livres aussi sont de leur goût; elles n'épargnent ni prose ni vers, et rongent avec la même indifférence les bons comme les méchants auteurs.

A part son odeur spéciale qui n'a rien d'agréable, et les dégâts multipliés dont elle semble se faire un jeu, la Souris est un joli petit animal, à la mine futée, éveillée, pleine d'espiègleries. L'horreur qu'elle inspire à certaines personnes, en vérité trop nerveuses, est une puérilité qu'un peu de raison devrait combattre. La Souris n'a rien de dangereux; elle mord simplement de son mieux pour se défendre, quand elle ne peut fuir: quoi de plus innocent? Son véritable crime, si crime il y a, n'est-il pas d'être sujette à de malencontreuses surprises, lorsque la peur la trouble de fond en comble? Avouons-le, il n'y a pas là de quoi se pâmer; ne serait-il pas plus juste de réserver ses émotions pour des causes plus légitimes?

LES CAMPAGNOLS.

Les Campagnols, placés par Linné dans le genre Rat, ne doivent pas être confondus avec le Rongeur de ce nom; leurs dents molaires, à couronnes plates, creusées de sillons transversaux, les en séparent nettement; ils ne vivent, en général, que de substances végétales, tandis que l'autre malfaiteur se nourrit de tout ce qu'il peut attraper; ils n'en font pas moins partie d'une bande formidable de vagabonds dont l'agriculture éprouve parfois de grands dommages; signaler leurs espèces les plus nuisibles, c'est appeler sur elles la vigilance publique, afin de se préserver, autant que possible, de leurs déprédations.

Deux Campagnols sont très-répandus en France: le Campagnol Rat d'eau (*Arvicola amphibius*) et le Campagnol vulgaire (*Arvicola vulgaris*). Le premier (fig. 37), plus gros que notre Rat noir, a la tête large, le museau court et épais, le pelage plus ou moins noirâtre en dessus, gris en dessous. Il vit au bord des cours d'eau, dégrade les berges par les trous qu'il y creuse, nage et plonge avec facilité, et peut marcher au fond de l'eau pendant près de trente secondes. Il affectionne les légumes et particulièrement la salade; on le surprend souvent, en plein jour, occupé à en éclaircir les carrés, ce qui ne l'empêche pas de varier ses repas herbacés d'entremets de poissons et d'Écrevisses. Les petits cours d'eau sont fréquemment infestés de cet être à demi amphibie; c'est donc faire acte de bonne administration que de travailler à le détruire à l'aide de piéges ou à coups de fusil.

Le Campagnol vulgaire (fig. 38) est pire encore; ses invasions

Fig. 37. Rat d'eau.

ont pris plus d'une fois les proportions d'un véritable fléau. On le reconnaît à son dos d'un gris-brun roussâtre, et à son ventre ardoisé ou cendré; ses dents incisives sont très-jaunes. Plus rustique que le Rat, il fuit la demeure de l'homme et passe sa vie au milieu des champs; c'est un rural dans toute la force du terme, peu distingué d'allures, bravant le chaud et le froid, et surtout doué d'un fort appétit. Un trou lui suffit comme retraite, mais il ne se contente pas de la première cavité venue; il la creuse lui-même. Le gîte du Campagnol s'étend à peu de profondeur sous terre; il se divise en deux ou trois loges qui lui servent de chambre à coucher et de magasins pour serrer ses provisions. La société ne lui déplaît nullement; il n'est pas rare de trouver plusieurs individus dans le même repaire; ils s'y groupent par familles, et, pour mieux assurer la paix générale, chaque colonie se choisit son clapier spécial dans une galerie voisine du lieu commun d'habitation ; elle s'y retire en cas de danger. Le terrier ne s'enfonce guère au delà de trente centimètres; mais lorsque la progéniture est sur le point d'arriver, la femelle prolonge du double l'excavation par un boyau étroit et sinueux, aboutissant à un cul-de-sac de la largeur du poing; un paquet d'herbes sèches hachées menu constitue la moelleuse couche qui doit recevoir les nouveau-nés. Les portées varient de six à douze petits; il y en a deux tous les ans, au printemps et dans le cours de l'été : aussi cette nuée de bandits devient-elle

Fig. 38. Campagnol.

bien vite effroyable. Ils envahissent quelquefois d'immenses surfaces. Au commencement de ce siècle, dans l'ouest de la France, ils s'étaient répandus, en quelques mois, sur trente lieues carrées de pays; une disette locale s'ensuivit. Leur présence en grand nombre est toujours un présage de ruine certaine, car, non-seulement les Campagnols en veulent aux céréales en herbe, mais ils les attaquent de préférence quand l'épi est sorti de son fourreau. Ils ne bornent pas là leurs dégâts; à peine le grain a-t-il atteint sa maturité, qu'ils accourent au pillage : tout y périt; ils moissonnent sans relâche, coupent les tiges au pied avec leurs incisives, dévorent le grain, et lorsqu'un champ est ainsi dévasté, ils en exécutent un autre : le désastre s'étend à vue d'œil, comme l'incendie.

Le blé est la nourriture favorite du Campagnol vulgaire; quand ce grain lui fait défaut, il se jette sur les prés, les ruine par la racine, et se répand encore dans les jardins et les vergers pour y manger noix et noisettes; ce dessert absent, il tourne sa convoitise ailleurs et se rabat sur les forêts : combien de glands, de faînes, de châtaignes, de semences de toutes sortes périssent alors sous sa dent! On assure qu'en temps de famine les Campagnols se dévorent entre eux; mais la race, par sa fécondité, a bientôt réparé ses pertes. Par bonheur, les Campagnols ne sont pas sans ennemis; Fouines, Renards, Belettes travaillent, à qui mieux mieux, à en diminuer le nombre; mais nos meilleurs auxiliaires dans cette guerre très-légitime sont assurément les Chouettes, les Hiboux, l'Orfraie et tous les autres oiseaux de proie qui chassent la nuit : on devrait donc toujours respecter ces utiles nocturnes; ce sont nos gardes champêtres naturels; ils protégent nos moissons et ne nous causent aucun préjudice : pourquoi, dans notre fièvre de tuerie, l'oublions-nous si souvent?

Indépendamment de nos deux espèces indigènes de Campagnols, il s'en rencontre parfois une troisième en France, fort rare heureusement : c'est le Campagnol économe (*Arvicola œconomus*). On devine, à son nom, le trait caractéristique de ses mœurs; sa prévoyance est sans cesse occupée à thésauriser pendant l'été, en vue de la morte-saison. Ses provisions consistent en racines de toutes sortes; avant de les porter en magasin, il les découpe avec soin et les empile régulièrement lorsqu'elles ont subi un certain degré de dessiccation. L'Économe abonde dans les solitudes de la Sibérie, depuis le fleuve Irtisch jusqu'à l'océan Oriental; il pullule aussi dans les vallées du Kamtchatka. Ses portées ne sont que de deux ou trois petits, mais il les répète plusieurs fois dans l'année. Ses greniers d'abondance, toujours situés à côté de son domicile, mesurent jusqu'à trente-cinq centimètres de diamètre; ils sont voûtés avec de la mousse. On en compte trois ou quatre par couple, communiquant tous, par des boyaux, à une chambre centrale tapissée de mousse, ainsi que le reste de l'édifice. Chaque ménage s'approvisionne de sept à huit kilogrammes de racines pour passer l'hiver, mais les magasins sont souvent visités par les tribus nomades de la Sibérie et du Kamtchatka qui y trouvent un aliment tout préparé. Cet emprunt forcé n'est pas aussi préjudiciable à l'Économe qu'on serait tenté de le croire. D'après le naturaliste Pallas qui a étudié sur les lieux mêmes les habitudes du Rongeur boréal, les Sibériens et les Kamtchadales ne détroussent jamais complétement leur petit pourvoyeur; ils le dépouillent avec discrétion, ayant soin de ne pas mettre entièrement à sec le garde-manger de l'Économe; ils font mieux encore : en échange de la dîme qu'ils prélèvent sur ses provisions de bouche, ils lui abandonnent des morceaux de caviar dont cet animal est très-friand.

Les émigrations des Campagnols de Sibérie sont célèbres entre toutes. Ces animaux voyagent par bataillons innombrables, toujours en ligne droite et sans se laisser détourner par les obstacles. Fleuves, rivières, lacs et montagnes, rien ne les arrête dans leur marche; ils la commencent au coucher du soleil, la suspendent à son lever et se reposent tout le jour. Ce singulier pèlerinage dure trois grands mois; dans cet espace de temps, les Campagnols économes parcourent plus de trois mille kilomètres à travers maints dangers. La faim les éprouve et les décime cruellement; mais c'est surtout de leurs nombreux ennemis qu'ils ont tout à redouter; ils semblent traîner à leur suite toutes les bêtes carnassières des contrées qu'ils traversent : aussi sont-ils ravagés de fond en comble. De cette foule immense qui, au début de la campagne, s'était mise traditionnellement en route, beaucoup passent, chemin faisant, par l'estomac sans pitié des Martes, des Renards, des Rapaces nocturnes et même des poissons; les plus robustes ou les plus fortunés retournent seuls au point de départ, au terrier de leur chère Argos.

LES LIÈVRES ET LES LAPINS.

La similitude d'organisation n'entraîne pas toujours, comme conséquence nécessaire, l'identité d'habitudes, et les animaux de même race, jetés exactement dans le même moule, présentent quelquefois des mœurs si différentes, qu'on serait tenté de les ranger dans des familles distinctes : le Lièvre et le Lapin sont un exemple frappant de ce singulier contraste.

Leurs caractères génériques ne permettent de les confondre avec aucun autre Rongeur. On les reconnaît à leurs incisives doublées, par derrière, de dents plus petites, à leur mâchoire supérieure garnie de six molaires, tandis que l'inférieure n'en porte que cinq, et à leur lèvre supérieure entièrement fendue.

Leurs membres de devant sont très-courts et pourvus de cinq doigts que terminent des ongles robustes; le pouce manque aux membres de derrière, qui sont en revanche beaucoup plus longs; l'intérieur de leur bouche et le dessous de leurs pattes sont revêtus de poils. La queue est courte, bien fournie et ordinairement relevée. Les oreilles sont grandes, disposées en cornet, très-ouvertes, et douées d'une grande mobilité. Le pelage offre le même fond de couleurs : le dessous est d'un blanc uniforme, la tête et le reste du corps, au contraire, sont nuancés de gris-brun ou roussâtre, résultant du mélange de poils soyeux, annelés et variés chacun de ces diverses teintes.

Mais, si ces traits sont communs aux deux espèces, si toutes deux sont nocturnes, et si, comme l'a spirituellement dit la Fontaine,

> Un souffle, une ombre, un rien, tout leur donne la fièvre,

rien de plus disparate que leur manière de vivre. Tandis que le Lièvre est voué à la solitude et loge à la belle étoile, le Lapin montre un instinct très-prononcé de sociabilité, se choisit un domicile et vit en famille; l'un se tient le plus ordinairement en plaine, l'autre se cantonne de préférence dans les bois ou sur les coteaux; la mésintelligence entre eux est si complète, que lorsqu'ils se rencontrent, ils se battent à outrance, jusqu'à la mort, poussés qu'ils sont à se détruire par une antipathie mutuelle; on sait, de plus, que là où les Lièvres abondent, les Lapins ne prospèrent pas; réciproquement, dans les endroits où les Lapins se sont multipliés à l'excès, les Lièvres sont clair-semés; à la longue, ils vident les lieux et vont s'établir ailleurs.

A première vue, on distingue aisément le Lièvre du Lapin à sa taille plus forte, à sa teinte d'un roux plus foncé, à ses oreilles plus longues, noires vers la pointe, et à sa queue marquée, en dessus, d'une ligne noire (fig. 39). Sa vie se passe le plus souvent dans la solitude et le silence; on n'entend sa voix qu'à l'heure de la souffrance, lorsqu'il est blessé ou que le Chien fait craquer ses côtes entre ses rudes mâchoires : il jette alors des cris perçants. Façonné de bonne heure à la dure, il n'a pour couchette que la terre nue, entre deux sillons; l'été, il se cache dans les blés, les vignes, les prairies artificielles et les bruyères; l'hiver, il recherche les lieux découverts, se tient volontiers à mi-côte, à l'exposition du sud et à l'abri du vent; on le trouve aussi dans les bois, mais il ne s'y enfonce jamais bien avant et n'y demeure pas pendant la nuit. Ainsi que la plupart des animaux nocturnes, il passe tout le jour à dormir dans son gîte et n'en sort qu'au coucher du soleil pour aller à la pâture. Dort-il, comme on le prétend, les yeux ouverts? Plusieurs l'affirment, mais ne citent, à l'appui, aucun fait bien précis; ne peut-on pas plutôt supposer que le Lièvre, sans déroger à la loi générale, s'éveille au moindre bruit, parce qu'il est timide et craintif à l'excès, demeure immobile où le sommeil l'a trouvé, et qu'ainsi il est fort rare de le surprendre les yeux fermés? Quoi qu'il en soit, la nuit est le temps de son existence active : il en profite pour manger et circuler; sa nourriture consiste en herbes,

Fig. 39. Lièvre écoutant.

feuilles, racines, fruits et graines; il grignotte aussi les jeunes pousses et ronge les écorces lorsque la mauvaise saison est venue. On l'a accusé d'être triste; par les beaux clairs de lune cependant, il n'est pas rare de voir plusieurs Lièvres se jouer ensemble, sauter, gambader, folâtrer et se poursuivre les uns les autres; seulement, au plus fort de leurs danses, qu'un Lézard, un Mulot, une Musaraigne de passage fasse bruire quelque légère broussaille, qu'une feuille morte tombe ou soit balayée par le vent, tous aussitôt s'enfuient au plus vite, et chacun se disperse de son côté.

Les Lièvres, en général, ne s'éloignent pas pour longtemps de leur gîte. A certaines époques, les Bouquins s'aventurent à de grandes distances, font des marches forcées et rôdent de toutes parts; les femelles sont beaucoup plus sédentaires; lorsqu'une fois elles se sont fixées dans le canton qui doit les faire vivre, elles ne s'en écartent pas. Il est facile, du reste, de reconnaître les Lièvres étrangers ou nomades de ceux qui sont cantonnés : les premiers, lancés par les Chiens, filent tout droit, parcourent de très-grands espaces, retournent à la contrée dont ils sont originaires et ne reparaissent plus; les autres, au contraire, demeurent fidèles à leur pays d'adoption, se font chasser au pourtour de leur gîte et toujours y reviennent.

La gestation dure de trente à quarante jours; la femelle ou Hase met bas en rase campagne, sous la première touffe d'herbe ou dans le premier buisson venu, deux, trois ou quatre petits. L'allaitement ne dépasse pas vingt jours; après ce temps, les mères recommencent à porter, les Levrauts se séparent et s'en vont vivre isolément; quelquefois ils s'éloignent à d'assez grandes distances; le plus souvent néanmoins ils se font un gîte à quatre-vingts ou cent mètres les uns des autres : aussi, quand on en rencontre un dans un endroit, est-on à peu près certain d'en faire lever d'autres aux environs.

Le jeune âge est pour eux un temps critique, car ils y sont exposés à bien des catastrophes; Loups et Renards, Fouines et Putois, oiseaux de proie de toute espèce, Pies et Corbeaux sont autant d'ennemis auxquels ils ont de la peine à échapper, sans compter les Chiens qui ne les épargnent guère, quand ils les rencontrent chemin faisant. Par bonheur, leur croissance est prompte; ils ont dès leur naissance l'ouïe extrêmement fine, et leurs excellentes jambes leur sont bientôt d'un puissant secours : c'est, à vrai dire, tout leur salut, avec les ruses dont ils ne se font pas faute; sans cela, comment ces êtres si pacifiques, si faibles, si dépourvus de tout moyen de défense, résisteraient-ils à la destruction qui les enveloppe de toutes parts?

A la course, le Lièvre n'a à redouter que le Lévrier; les autres Chiens ne sont pour lui qu'un jeu; en deux ou trois temps il les envoie aux calendes grecques. Si la longueur de ses jambes postérieures ne le favorise pas dans la marche ordinaire, par contre, dans le pas accéléré, elles lui donnent un avantage réel, surtout lorsqu'il lui faut courir en montant : c'est pourquoi le Lièvre poursuivi commence toujours par gagner le coteau. Lorsque sa

Fig. 50. Lièvre poursuivi par des chiens.

promenade n'est pas inquiétée, que rien ne le trouble, il procède par petits sauts, s'arrête de distance en distance, met l'oreille au vent, et si elle ne lui signale aucun danger, il s'assied sur ses pattes de derrière et se sert de celles de devant pour faire sa toilette en se frottant lestement les côtés de la tête et le museau. Quand il est poursuivi, sa progression s'exécute par une suite de sauts vifs et très-rapprochés qui s'accélèrent d'autant plus qu'il est plus vigoureusement chassé; mais c'est surtout quand la meute le relance à vue qu'il déploie tous ses moyens: il s'allonge alors de toute l'étendue de son corps, les oreilles appliquées sur la nuque, rase la terre, refoule énergiquement le sol de ses pieds élastiques, s'élance à fond de train, dévore l'espace et se dérobe rapidement à tous les regards (fig. 40). Craint-il d'être gagné de vitesse, il appelle la ruse à son aide, et cherche à mettre les Chiens en défaut. Les tours qu'il leur joue sont depuis longtemps célèbres; du Fouilloux, dans son vieux Traité sur la chasse, en rapporte un certain nombre qui peuvent passer pour les chefs-d'œuvre du genre, et pourtant ils sont très-véridiques. « J'ai vu, dit-il, un Lièvre si malicieux, que, depuis qu'il oyait la trompe, il se levait du gîte, et, eût-il été à un quart de lieue de là, il s'en allait nager dans un étang, se relaissant au milieu d'iceluy, sur des joncs, sans être aucunement chassé des Chiens. J'ai vu courir un Lièvre bien deux heures devant les Chiens, qui, après avoir couru, venait en pousser un autre, et se mettre en son gîte. J'en ai vu d'autres qui, après avoir été bien courus l'espace de deux heures, entraient par-dessous la porte d'un tect à Brebis et se relaissaient parmy le bétail. J'en ai vu, quand les Chiens les couraient, qui s'allaient mettre parmy un troupeau de Brebis qui paissait par les champs, ne les voulant abandonner ni laisser. J'en ai vu d'autres qui, quand ils oyaient les Chiens courants, se cachaient en terre. J'en ai vu d'autres qui allaient par un côté de haie et retournaient par l'autre, en sorte qu'il n'y avait que l'épaisseur de la haie entre les Chiens et le Lièvre. J'en ai vu d'autres qui, quand ils avaient couru une demi-heure, s'en allaient monter sur une vieille muraille de six pieds de haut et s'allaient relaisser en un pertuis de chauffant couvert de lierre. J'en ai vu d'autres qui nageaient une rivière qui pouvait avoir huit pieds de large, et la passaient et repassaient en sa longueur de deux cents pas, plus de vingt fois devant moi. » D'ordinaire cependant le Lièvre ne déploie pas autant d'astuce; toute sa science stratégique se borne à laisser les Chiens bien loin derrière lui par la rapidité de sa course, à présenter le dos au vent, à tourner et retourner sur ses pas, à dépister ses ennemis par de brusques écarts et à les dévoyer de son gîte, tout en y revenant sans cesse lui-même par d'habiles randonnées.

Sa sagacité est assez grande pour lui faire deviner les projets de l'individu qui l'approche. S'il lui soupçonne de mauvaises

Fig. [illegible]. Lapins de clapier.

intentions, il ne l'attend pas, il décampe avant que le perfide soit à portée de lui nuire; d'autres fois, il le laissera passer sans bouger, et ne sortira de son immobilité préméditée qu'au moment où, par son départ inattendu, il lui causera un saisissement assez fort pour le mettre hors d'état de mal faire. Le Lièvre au gîte se comporte tout autrement lorsqu'il pense n'avoir affaire qu'à un promeneur inoffensif; dans ce cas, il ne se dérange pas et continue paisiblement ses méditations. Cette parfaite sécurité toutefois ne lui réussit pas tous les jours ; on l'a vu se tromper dans ses appréciations, ne pas soupçonner, sous une débonnaireté d'emprunt, les perfides desseins et l'arme cachée d'un traître rustique, et recevoir, presque à bout portant, en plein visage, une décharge qui lui apprenait, mais un peu tard, qu'il n'est pas toujours prudent de juger les gens sur la mine. Un des moyens les plus sûrs d'arriver près de son gîte serait, dit-on, de l'aborder sans ambages ni précautions, en se parlant ou en sifflotant : pauvre bête ! trop de circonspection lui est suspect et l'effarouche ; l'allure franche et dégagée, au contraire, le désarme et le compromet.

Le Lièvre passe pour vivre sept à huit ans, mais il est fort rare qu'il présente d'aussi longs états de service ; il meurt de mort violente bien avant ce temps. Dans les pays très-froids, son pelage, y compris les oreilles, devient tout blanc ; il reprend sa livrée ordinaire avec le retour du printemps ; sa taille est sensiblement plus petite dans les pays chauds.

Le Lapin, originaire d'Afrique, nous est venu d'Espagne, et de là s'est répandu dans le reste de l'Europe. Son pelage est gris-cendré, sauf la nuque de couleur rousse, la gorge, le ventre et le dessous de la queue qui sont blancs ; dans le Lapin domestique, la livrée est très-variable : elle est tantôt toute blanche, tantôt entièrement noire ; chez un grand nombre, elle offre un mélange de ces teintes plus ou moins bigarrées de gris, de fauve et de roux (fig. 41).

A la différence du Lièvre, le Lapin fait preuve de discernement en cherchant à se mettre à l'abri des injures de l'air, au moyen d'un terrier ; son emplacement est ordinairement tourné à l'est ou au sud, assez élevé pour n'avoir rien à craindre des inondations et souvent masqué à son entrée. Il ne choisit pas moins bien le sol qui doit lui servir de retraite. Quoique ses ongles vigoureux puissent venir à bout d'un terrain résistant, il donne toujours la préférence, quand il le peut, aux terres sèches et légères, comme plus saines, plus chaudes et plus faciles à creuser ; les dunes, les coteaux crayeux et les bois sablonneux sont ses demeures favorites ; lorsqu'il se loge dans un endroit argileux ou pierreux, c'est qu'il n'a pas trouvé mieux ; il n'y fouille jamais bien avant, et n'y prospère que médiocrement ; dans les lieux, au contraire, où il peut fouir à son aise, il s'établit en maître, les crible bientôt de trous et pullule à outrance.

Il est rare que le terrier consiste en un simple cul-de-sac ; le plus souvent il est formé de boyaux ou galeries s'entrecoupant dans tous les sens, et aboutissant à plusieurs chambres, tantôt isolées, tantôt se communiquant entre elles; la plupart du temps, elles s'ouvrent au dehors par plusieurs issues. Dans les garennes très-peuplées, les terriers sont à peine séparés les uns des autres; ce ne sont que trous sans nombre; les Lapins y vivent sinon en république, du moins en phalanstères ou sociétés fraternelles, chaque famille ayant son domicile particulier. Ces labyrinthes sont parfaitement en rapport avec le caractère inquiet et peureux du Lapin. Cet animal n'est pas moins craintif que le Lièvre; comme lui, il s'effarouche de son ombre, au plus petit bruit il détale ou s'enfonce dans son antre. On ne l'y rencontre guère seul; presque toujours il est habité par un certain nombre de Lapins, issus probablement de la même nichée; ceux qui, poursuivis trop vivement par les Chiens, n'ont pas eu le temps de rentrer dans leur propre maison, y trouvent aussi un refuge momentané; mais le danger passé, il leur faut déguerpir : Jean Lapin aime à rester propriétaire chez lui et ne loge pas volontiers les étrangers.

Les Lapins ne sont pas plutôt installés dans un endroit, qu'on s'aperçoit bien vite de leur présence. Bien plus destructeurs que le Lièvre, ils attaquent toute espèce de végétation; herbes, racines, tiges, écorces, tout y passe; les jeunes pousses de céréales, par-dessus tout, sont leurs mets de prédilection; ils les tondent de si près, qu'elles ont l'air d'avoir été fauchées rez terre. L'insatiable Rongeur ne se contente pas de ravager un sillon, il se porte malicieusement d'un point à un autre, promène sa dent dévastatrice sur tout ce qui le tente, et semble faire le mal plutôt par caprice que par nécessité. Dans certaines années chaudes et sèches où il multiplie davantage, ses dégâts sont si considérables, que la loi a été obligée d'intervenir pour les réprimer; il est considéré comme un animal essentiellement nuisible aux récoltes, et l'on peut le chasser en tout temps, moyennant autorisation préalable.

Encore que la fécondité du Lapin sauvage soit moins grande que celle du Lapin de clapier, elle ne laisse pas d'être redoutable. On compte habituellement six ou sept portées par an, chacune de quatre à huit petits, et ces derniers, à six mois, sont déjà en état de reproduire. La gestation dure trente ou trente et un jours. La femelle, avant de mettre bas, prépare un trou spécial, une rabouillère qui ne fait pas toujours partie du terrier; elle le creuse souvent à une certaine distance, en pleine terre, au milieu des récoltes, au pied d'un arbre ou d'un mur et aussi à travers les pelouses; il s'enfonce quelquefois en droite ligne à un mètre de profondeur; d'autres fois, il décrit un ou plusieurs zigzags, mais toujours il se dirige obliquement dans sa partie inférieure; la Lapine charrie des herbes sèches au fond de cette excavation et la matelasse d'une seconde couche plus moelleuse dont les poils de son ventre font tous les frais.

Les Lapereaux viennent au jour tout habillés, mais les yeux fermés; la mère les allaite pendant trois semaines environ. Les deux premiers jours, elle ne les quitte que pour aller prendre, à la hâte, de courts repas; tant qu'ils ont besoin de ses soins maternels, elle ne s'écarte qu'à peu de distance; à quelles heures revient-elle auprès d'eux? on l'ignore; il est fort difficile, en effet, de le savoir au juste, car la mère ne sort jamais sans fermer exactement l'ouverture du nid; Buffon croit qu'elle en bouche l'entrée avec de la terre détrempée de son urine; le Roy assure qu'elle le clôt avec la terre provenant du terrier même; Gerbe ajoute qu'elle se vautre sur cette terre et qu'elle y accumule un amas de boulettes dont l'usage n'est pas connu; à travers toutes ces divergences, on pense, en général, que c'est le matin que la Lapine se rend auprès de sa nichée.

Cette défiance instinctive de la mère, parfaitement justifiée par les habitudes du mâle toujours porté à sacrifier sa progéniture, cesse dès que les petits sont assez développés pour recevoir impunément l'impression de l'air extérieur. Dès qu'ils voient clair, la Lapine commence à pratiquer au nid une légère ouverture et elle l'agrandit à mesure qu'ils vont se fortifiant; à deux mois, elle les amène au bord du trou. Jusqu'alors le père ne soupçonne même pas leur existence: la rabouillère lui est expressément interdite; et comme elle a été formée à la dérobée, sans sa participation, il ignore où gisent les petits, ce sont pour lui des étrangers; mais, chose étrange! à peine les a-t-il entrevus, la connaissance est faite: il les prend entre ses pattes, leur lustre les poils, leur lèche les yeux et leur prodigue à tous les mêmes caresses; les petits n'y sont nullement insensibles. A partir de ce moment, les liens de famille sont complétement rétablis, ils continuent alors même que les jeunes Lapins ont pris la clef des champs; différents, en cela, de bien des animaux, ils vivent en société après leur émancipation. La sollicitude qui a veillé sur eux pendant leur premier âge ne les abandonne pas, quoiqu'ils puissent se suffire à eux-mêmes. S'ébattent-ils sur le gazon, ou bien parfument-ils de thym leur banquet (fig. 42), les vieux parents sont là qui ne les perdent pas de vue; partagés entre la tentation de l'herbe et leur tendresse pour les petits,

L'œil éveillé,
L'oreille au guet,

ils épient le moindre bruit; s'ils croient entendre l'approche d'un ennemi, de leurs pattes de derrière ils frappent fortement le sol; aussitôt l'alarme est donnée, la bande se précipite tête baissée dans ses trous; que si, par hasard, quelques étourdis, inconscients du danger, font la sourde oreille à ce premier avertissement, le tocsin de nouveau retentit, les grands parents demeurés à leur poste pressent la fuite et ne battent en retraite que les derniers, au risque d'attraper eux-mêmes un coup de fusil.

Mais quelle que soit la rapidité de ces animaux à s'enfuir, quelque profonds et sinueux que soient leurs terriers, le chasseur finit toujours par les atteindre. D'une part, le Lapin ne médite pas éternellement au fond de sa retraite; par les temps calmes, chauds et sereins, il aime à faire un tour au dehors, devance l'heure de sa sortie crépusculaire et s'oublie encore, le matin, sur l'herbette; une fois engagé dans l'école buissonnière, il ne se presse pas de rentrer à son triste logis, il aime mieux aller dormir au fond d'une touffe d'herbe ou au beau milieu d'une cépée que caressent les rayons du soleil. Malheureusement pour lui, ces fantaisies innocentes ne sont pas toujours sans écueil. N'a-t-il affaire qu'aux Bassets à jambes torses, tout va bien; il en prend à son aise avec eux, ne se presse pas, attend le Chien à la distance d'un ou deux mètres, et lorsque celui-ci croit le tenir, il se dérobe par un crochet subit, le déroute et lui échappe jusqu'à nouveau relancé. Avec les autres Chiens courants il use de plus de prudence; il joue d'abord lestement des jambes, tourne et retourne dans le même taillis, se coule sous les ronces et les broussailles, multiplie ses crochets et, après avoir dépisté les Chiens, s'éloigne au petit trot, évitant avec soin les allées d'où peut partir, à l'improviste, un coup meurtrier, et regagne sagement, sans bruit, son terrier.

Cette place de sûreté, toute fortifiée qu'elle soit par ses circonvallations, ne le sauve pas toujours, tant s'en faut; il n'y est pas si bien caché, que le Furet n'aille l'y chercher et ne l'en fasse

Fig. 42. Lapins.

déguerpir au triple galop. Mais par où sortir? toutes les gueules sont garnies de bourses où le malheureux fuyard s'empêtre au premier bond. Trouve-t-il les portes ouvertes, ses chances de salut ne sont guère plus heureuses; à peine a-t-il montré le bout de sa queue, qu'il essuie plusieurs décharges, trop heureux s'il échappe, à peu près intact, à tant de plomb prodigué. Conclusion : l'existence du Lapin, malgré les douceurs de la famille au fond d'une cité souterraine, et les charmes de la vie en société, n'est pas moins tourmentée que celle du Lièvre; on comprend sans peine qu'entouré d'ennemis et sur terre et dans l'air, la peur le mine jusqu'au fond des entrailles, et qu'il ne fournisse pas une longue carrière. On lui prête généralement de sept à huit ans de vie lorsqu'il atteint son extrême vieillesse; mais ces centenaires sont de rares et très-rares exceptions dans la race; longtemps avant cette décrépitude, ils finissent le plus souvent par la casserole ou la broche.

ORDRE DES PACHYDERMES.

LE SANGLIER.

Le Sanglier (*Sus scrofa*, fig. 43) peut se vanter, à bon droit, de l'antiquité de sa race dans notre pays; les forêts de la Gaule en nourrissaient jadis d'immenses quantités; il a toujours abondé en France, jusqu'au moment où la chasse a cessé d'être un privilége, et où le morcellement dépeçant de plus en plus la propriété, l'espèce a singulièrement diminué; aujourd'hui, elle est, pour ainsi dire, cantonnée dans le peu de forêts qui ont échappé au déboisement général.

Le Sanglier est un énergique représentant de la force brutale. Son corps, doublé d'une peau coriace et recouvert de soies rudes qui se hérissent en crinière quand l'animal est irrité, lui donne l'aspect grossier et sauvage. Ses membres trapus sont robustes et doués d'une étonnante agilité; son mufle se prolonge en un groin propre à fouir; ses mâchoires puissantes sont armées de quatre incisives qui se recourbent en dehors et en dessus; celles du bas, aiguisées en pointe par leur frottement contre les canines supérieures, constituent des défenses formidables et décousent, comme le tranchant d'un rasoir, bêtes et gens.

Les forêts les plus profondes sont celles que le Sanglier habite de préférence; il s'y tient d'habitude dans les fourrés les plus épais et n'en sort que pressé par la faim et à l'époque du rut. Pendant le jour, il reste couché dans sa bauge; mais, à la nuit tombante, il quitte son repaire, gagne la lisière des bois, ramasse, chemin faisant, les semences et les fruits tombés, et de là se répand dans les vignobles et les terres cultivées. Partout où il passe, il cause de grands dégâts, bouleverse tout un pré pour y déterrer les larves de Hanneton et les Vers de terre dont il est très-friand, ravage de fond en comble les champs de pommes de terre et laboure profondément le sol, en ligne droite, pour y découvrir des racines. Quoiqu'il se nourrisse principalement de matières végétales, il ne dédaigne pas, à l'occasion, le menu gibier; c'est ainsi qu'il dévore les jeunes Lapins qu'il surprend dans les rabouillères, et qu'il détruit force Levrauts et nids de Perdrix dans ses expéditions nocturnes. On peut donc, à bon droit, le ranger parmi les animaux nuisibles aux récoltes et au gibier; le petit nombre d'insectes dont il nous délivre, les Taupes et Mulots dont il fait aussi sa pâture, sont loin de compenser les torts qu'il nous cause : c'est sans doute pour ces méfaits que sa race a été proscrite en Angleterre, et qu'elle a complétement disparu de ce pays.

Le Sanglier, quoique coutumier du canton qu'il a adopté, n'est pas cependant tellement casanier qu'il ne passe, de temps à autre, dans une autre contrée, soit pour se procurer une nourriture plus facile, soit pour être moins inquiété. Les troupes viennent parfois de fort loin, de quatre-vingts à cent kilomètres; leurs émigrations ont lieu en automne ou pendant l'hiver; dans leurs voyages, fleuves et rivières ne les arrêtent pas, ils les traversent à la nage, quelque larges qu'ils soient, ou les passent à pied quand les eaux se trouvent prises par la glace. Ils changent aussi de demeure suivant les saisons; en été, ils se rapprochent de la lisière des bois pour être plus à portée de fourrager dans la plaine; en automne, ils se retirent dans les futaies où ils trouvent abondance de glands, de faînes et de châtaignes; en hiver, ils s'enfoncent au cœur des forêts et y vivent de Lombrics et de racines.

Les Sangliers se guident surtout par les sens de l'ouïe et de l'odorat qu'ils ont excellents; ils éventent de loin les bêtes carnassières, les Chiens et le chasseur : aussi ne peut-on les surprendre qu'en se plaçant sous le vent.

Fig. 43. Sanglier.

Ils se plaisent dans les endroits humides, parce qu'ils peuvent y fouiller plus aisément, et aussi parce que leur tempérament irritable a un besoin continuel de fraîcheur; c'est pour cette raison qu'ils se vautrent si souvent dans la fange, mais ils n'en gardent pas longtemps les empreintes : à la première mare qu'ils rencontrent, ils se lavent à fond et ne rentrent jamais à leur bauge que dans un état de propreté parfaite.

Les petits naissent au mois de mai ou juin; la gestation dure quatre mois; les femelles qui sont jeunes mettent bas trois ou quatre petits; les vieilles Laies en produisent de huit à dix : la fécondité, chez ces animaux, étant toujours le privilége des bêtes qui comptent un certain nombre d'années.

La maternité développe chez la Laie des qualités que le caractère farouche du mâle ne ferait pas soupçonner dans la race. Non-seulement elle allaite ses petits pendant quatre grands mois, mais elle leur continue sa sollicitude et ses soins longtemps encore après qu'ils sont sevrés. Leur éducation est sa grande affaire; elle leur apprend à chercher leur nourriture, veille sans cesse sur eux et les défend, au péril de sa vie, contre les attaques du Loup, avec une énergie qui tient de la fureur. Tout entière à son dévouement maternel, elle le leur prodigue pendant plusieurs années. Les Marcassins, en effet, restent en famille au moins pendant deux ans, et il n'est pas rare que la mère soit suivie de trois portées : toutes vivent, pêle-mêle, en parfaite intelligence. Chose plus étrange encore, on voit souvent plusieurs femelles se réunir avec leurs lignées respectives, former ainsi une troupe nombreuse, profiter, en commun, des ressources de la forêt et se protéger mutuellement contre l'ennemi. Dans leur admirable instinct d'association, elles savent combiner la défense d'après le péril qui les menace; les plus âgées de la troupe se rangent en cercle, placent les Marcassins au centre et attendent le Loup de pied ferme, prêtes à le recevoir à coups de boutoir. Et ce ne sont pas seulement les mères qui veillent au salut de leur espèce, la Laie a si bien l'intelligence de la défense mutuelle, que, au moindre appel, chacun est assuré du concours d'un voisin. Notre Cochon domestique lui-même, tout dégénéré qu'il soit dans son instinct, par suite de l'abrutissement stomachique auquel nous l'avons réduit, a gardé souvenance de cette fraternité primitive; aussitôt qu'un des siens réclame assistance, il accourt généreusement; les pâtres n'emploient pas d'autre stratagème pour rallier leur troupeau épars dans les bois; ils font crier une de ces bêtes en lui tirant l'oreille : toutes, aussitôt, de venir à la rescousse, quand bien même elles seraient séparées les unes des autres par une grande distance.

Les vieux mâles, en raison de leurs habitudes d'ermites, portent le nom de *solitaires;* on dit qu'ils sont *mirés* lorsque l'âge, recourbant leurs défenses inférieures, en a émoussé le tranchant. Les petits, jusqu'à six mois, s'appellent *Marcassins;* ils sont, d'abord, rayés de bandes jaunâtres sur le corps; entre un et deux ans, on les désigne sous le nom de *bêtes de compagnie;* après deux ans, ils sont *ragots;* à trois ans, ils sont à leur *tiers-an*, et *quartaniers* à la quatrième année.

La chasse du Sanglier est une des plus fécondes en péripéties émouvantes, les chasseurs y courent parfois un véritable danger; quant aux Chiens, il est rare qu'avant de succomber le Sanglier n'en tue plusieurs et n'en blesse un plus grand nombre. Quoique très-pacifique de son naturel, il a toute l'énergie du désespoir quand il y va de sa vie. Les jeunes, peu chargés de graisse, cèdent promptement à la peur que leur causent le son des trompes et l'aboiement des Chiens; ils fuient droit devant eux, et souvent à des distances considérables : aussi les vrais amateurs préfèrent-ils avoir affaire à un vieux Sanglier. Celui-ci, confiant dans sa force et dans son expérience, s'effraye peu du bruit lointain qui parvient jusqu'à lui; quand il entend distinctement le hennissement des chevaux, les cris des piqueurs et les clameurs de la meute, il part, mais sans précipiter le pas; ce n'est que lorsque les Chiens rapprochent et que le bruit du cor retentit d'une manière formidable à ses oreilles, qu'il prend alors son parti, et pique droit devant lui sans se détourner de sa route. Dans sa fuite, reçoit-il le coup de feu d'un chasseur, il court à lui sans s'embarrasser des obstacles, le renverse ou le blesse grièvement, s'il ne s'est pas détourné à temps : la bête n'en poursuit que de plus belle sa course à fond de train. Ses bonnes jambes la servent merveilleusement dans les cas difficiles, elles dévorent l'espace; l'âge cependant lui fait perdre de sa vigueur; quand elle a notablement faibli, la meute est bientôt sur sa trace; au besoin, des relais habilement disposés lancent à sa poursuite des Limiers qui n'ont pas encore donné. Contre tant d'ennemis, comment résister? Le Sanglier, sentant ses forces baisser, gagne son fort et s'y retranche comme dans un dernier asile; la meute ardente s'élance après lui; le drame commence, c'est un assaut en règle. Le Sanglier, acculé contre un arbre, le poil hérissé, l'œil en feu, la gueule écumante, fait tête aux Chiens; tout un cercle d'ennemis acharnés l'enveloppe de cris retentissants; la confusion est à son comble; l'animal, soyez-en sûr, vendra chèrement sa vie. Malheur aux téméraires qui le harcèlent de trop près! un coup de boutoir les éventre et les lance en l'air tout sanglants. Autant d'assaillants, autant de victimes; déjà les meilleurs Chiens gisent à terre en piteux état, les entrailles sorties; les autres, terrifiés mais furieux, osent à peine avancer; toute la meute y passerait, si un Mâtin, plus expérimenté ou plus intrépide, ne saisissait enfin le moment favorable pour bondir sur le Sanglier à demi étourdi et le saisir par l'oreille, son point vulnérable : Tayaut le tient, il ne le lâchera plus. Ce coup d'audace décide du sort du farouche animal. A peine est-il *coiffé*, qu'à l'instant toute sa fureur et sa force tombent comme par enchantement; il n'oppose plus qu'une résistance stérile à la rage de ses ennemis; la meute entière fond sur lui et le déchire à pleines morsures; la lutte désormais est terminée : le couteau du chasseur ou sa balle meurtrière met fin à cette cruelle agonie; les piqueurs n'ont plus qu'à sonner le hallali du vieux solitaire.

Du Sanglier dérivent toutes nos variétés de Cochons domestiques. Certaines races, par suite des transformations succes-

Fig. 44. Porc.

sives dont elles ont été l'objet, laissent à peine deviner aujourd'hui le type primitif; tête, cou et pattes ont été réduits chez elles à leur plus simple expression, et, quand elles ont été bien préparées pour l'abattoir, elles ne présentent plus que l'aspect d'un cylindre de graisse; les fines races anglaises se prêtent par excellence à ces engraissements précoces (fig. 44).

LE CHEVAL.

Il semble que tout ait été dit sur ce fier et valeureux animal. Job, d'un pinceau vigoureux, a peint ses belliqueux emportements : « Ses naseaux, dit-il, soufflent la terreur et son pied creuse la terre. Il s'élance et se précipite avec audace au-devant de l'ennemi; il méprise la crainte et ne recule pas en face de l'épée; sur son dos retentit le carquois; la lance et le bouclier s'agitent. Dans son ardeur frémissante, il déchire le sol; aux accents du clairon, il s'exalte, et dès que la trompette se fait entendre, il dit : Allons! Il s'enivre du bruit lointain de la bataille, de la voix impérieuse des chefs et des clameurs confuses de l'armée. » Homère et Virgile, dans leurs vers immortels, ont aussi chanté le Cheval; à leur tour, Bossuet et Buffon ont célébré son intrépidité, sa force et son ardeur qu'il sait, avec obéissance, plier à la volonté de celui qui lui commande; mais la plupart des écrivains n'ont vu que les qualités du Cheval dompté, discipliné; le noble animal cependant mérite aussi d'être connu dans son état de nature.

Nul ne l'emporte sur le Cheval pour l'élégance et la beauté des formes. Sa tête, quoique longue, lui donne un air de distinction que relève sa magnifique encolure; ses yeux bien ouverts sont tantôt pleins de douceur, tantôt brillent du feu qui l'anime; ses oreilles, bien plantées et très-mobiles, perçoivent facilement les sons, grâce à leur disposition en cornet; une belle crinière ajoute à son maintien gracieux et imposant; toutes ses parties sont d'une harmonie parfaite, et il n'est pas jusqu'à sa longue queue traînante, garnie de crins flexibles, qui ne concoure à l'embellir : dans l'Étalon, les formes sont largement accusées et empreintes de vigueur; chez la Jument, elles s'adoucissent et font deviner plus de souplesse et de moelleux dans le tempérament.

Propre à plus d'un service, le Cheval, entre les mains de l'homme, devient le compagnon de ses travaux et un moyen de communication rapide; il partage avec lui les fatigues de la guerre et le péril des combats; il le sert avec le même zèle dans la bonne comme dans la mauvaise fortune, et se moule, en quelque sorte, sur ses qualités et ses défauts : le traite-t-on avec intelligence et bonté, il garde tous les avantages de sa riche nature, se montre d'une docilité extrême et rend dévouement pour affection; mais s'il tombe sous les coups de gens grossiers et brutaux, il perd peu à peu sa distinction, prend des allures vulgaires, et finit quelquefois par devenir méchant.

Ses mœurs sont généralement pacifiques. Quoique bien doué du côté de la force, il n'attaque jamais les autres animaux, et se montre éminemment enjoué et sociable. Il aime à se trouver avec ceux de son espèce, vit en paix avec eux dans les mêmes pâturages, se mêle à leurs jeux, provoque, excite leurs ébats, lutte avec eux de vitesse dans la course, d'agilité dans le saut, et ne voit dans leurs exercices mutuels qu'un motif d'émulation, sans le moindre accès de jalousie ou d'envie. L'homme a su habilement tirer parti de ces heureuses dispositions pour lui communiquer ses goûts de luxe et de plaisir; il en fait, à volonté, un Cheval carrossier, un Cheval de chasse ou de course (fig. 45), et, chose plus étonnante encore, il lui souffle les passions qui l'agitent, et l'associe à ses luttes d'amour-propre : les lices dans lesquelles le Cheval est engagé, soit libre de toute entrave, comme aux courses du Corso à Rome, soit monté par un cavalier, comme dans nos hippodromes, attestent avec quelle émulation généreuse il dispute à des rivaux les honneurs du triomphe.

C'est qu'en effet le Cheval est admirablement servi par d'excellents organes et par un instinct supérieur qui se rapproche souvent de l'intelligence.

Sa vue est bonne, non-seulement de jour, mais encore pendant la nuit où il distingue les objets bien mieux que nous; il les voit de très-loin, même en pâturant.

Il a l'odorat exquis; il sent l'approche de l'homme à lointaine distance, devine le voisinage de l'eau, et signale sa présence souterraine en grattant le sol de son pied, comme s'il avait le don de découvrir les sources.

La faculté olfactive est plus prononcée chez lui que chez beaucoup d'autres animaux : aussi se montre-t-il délicat sur le choix de sa nourriture et encore plus sur la qualité de l'eau. Il ne se contente pas de la première herbe venue, il la trie avec soin, et n'est nullement insensible à des grains bien épurés; quand il boit, il enfonce profondément sa bouche et ses naseaux dans l'eau, et avale abondamment le liquide par un simple mouvement de déglutition. Ce qu'il prend de solide, il le mange à petites bouchées, avec une espèce de modération, mais en y revenant souvent; il boit, au contraire, avec avidité et d'une seule haleine.

La voix du Cheval, désignée sous le nom de hennissement, consiste en une série de sons saccadés, passant graduellement de l'aigu au grave avec éclat. Ce hennissement, d'après la remarque de Scheitlin, se module sur les sensations de l'animal et ses passions; on y distingue quatre tons bien accusés. Dans l'allégresse, les sons montent à une octave de plus en plus forte et aiguë; le cri de colère est bref, aigu, entrecoupé : le Cheval

Fig. 45. Cheval de course.

montre, en même temps, les dents et cherche à mordre; quand la peur le prend, sa voix est courte et rauque; sous l'impression de la douleur, les sons, graves et sourds, suivent les mouvements de la respiration.

Tout n'est pas absolument matériel dans le Cheval; il a de la mémoire; il a la notion du temps, de l'espace, de la lumière, des couleurs; il a souvenance de son logis, de sa famille, de ses compagnons et des autres animaux, ses voisins; il se souvient de ses amis et n'oublie pas non plus ses ennemis : aussi ses fa cultés intellectuelles, sa douceur, sa bonté et sa docilité le rendent-elles capable d'une certaine éducation.

Sa mémoire est excellente, qui en doute? Il se rappelle parfaitement les endroits par lesquels il a passé; il n'a pas besoin de guide pour reconnaître le chemin qu'il a déjà parcouru, ne fût-ce qu'une seule fois; son cavalier peut dormir en toute sécurité sur son dos et lui laisser le soin de retrouver lui-même sa route, il ne se trompera pas. A-t-il été hébergé quelque part, le toit hospitalier reste gravé dans sa tête; même après plusieurs mois d'absence, il saura le discerner, du premier coup, sans la moindre hésitation; il saluera d'un joyeux hennissement l'auberge où il a reçu, à la passade, un picotin d'avoine, et s'arrêtera instinctivement à sa porte, en signe de gratitude ou dans l'espoir d'une seconde aubaine; si son cavalier passe outre, il comprend qu'on n'a pas l'intention de faire halte; il ne s'arrêtera pas, soyez-en sûr, à moins qu'on ne le lui ordonne, devant l'auberge où il n'est jamais entré.

Rien qu'à l'allure de celui qui l'enfourche, il devine que ce n'est pas son maître accoutumé qui va le monter; il reconnaît son palefrenier à la simple voix, comprend ses paroles et lui obéit; il le suit comme ferait un Chien, sort, à son commandement, de l'écurie, vient au dehors se faire harnacher et atteler, et rentre à son gîte au moindre signe de son gardien.

Son maître, quand il en est bien traité, est de sa part l'objet d'une préférence marquée; il s'attache à lui, s'accommode à ses jeux, à ses caprices, le caresse de sa langue, le reconnaît, même après une longue absence, court à sa rencontre en hennissant, et lui témoigne sa joie par mille tendresses. De combien de dévouements le Cheval de guerre n'a-t-il pas fait preuve pour tirer son cavalier d'embarras? Au fort du combat, il s'enflamme du même feu que lui, devine sa position critique et s'y associe; qu'un accident renverse le soldat à terre, il fait tout pour l'aider à se relever; si le coup lui a été fatal, il s'approche de son cadavre, le cou allongé et l'air morne, et pleure d'un dernier regard l'ami qu'il vient de perdre.

Mais si le Cheval a la mémoire du cœur, il a aussi le ressentiment des injustices qu'on lui a faites : elles éveillent parfois chez lui de terribles accès de vengeance. On a vu des Chevaux, inhumainement traités, attendre longtemps l'occasion de prendre leur revanche, la saisir inopinément, acculer le coupable dans un coin, le déchirer par de cruelles morsures, et chercher à

Fig. 46. Chevaux au pâturage.

le tuer par des ruades multipliées. En général cependant, le Cheval n'est pas vindicatif; un bon traitement, une caresse, une parole d'encouragement suffit pour lui faire bien vite oublier la correction qu'on lui a infligée. C'est aussi cette bonté naturelle et sa douceur accoutumée, jointes à un instinct très-développé, qui le rendent capable d'une certaine éducation intellectuelle : les différents exercices auxquels on le soumet chaque jour dans les cirques le prouvent surabondamment. « Le Cheval, dit Scheitlin, devine des énigmes, répond à des questions par des signes de tête affirmatifs ou négatifs; il indique l'heure en frappant du pied; il bat la mesure, danse en cadence au son de la musique, comprend les diverses significations qu'exprime le jeu du fouet, obéit à la parole, feint la maladie, écarte les jambes, laisse pendre nonchalamment sa tête, se laisse tomber lourdement à terre et fait le mort; dans cet état simulé, il souffre qu'on s'asseie sur son corps, qu'on distende ses membres volontairement contractés, qu'on lui tire la queue, qu'on lui mette les doigts dans les naseaux qu'il a si sensibles; immobile, il gît comme frappé d'inertie; puis, tout à coup, à un nouveau commandement, il se relève, reprend son allure habituelle, marche, trotte, galope, saute et bondit, avec une obéissance presque raisonnée, transformé soudain en un animal plein de vie. »

Malgré son intrépidité au milieu d'un engagement, le Cheval n'a pas, comme certains auteurs le prétendent, l'humeur si naturellement guerrière, qu'il appelle d'instinct le fracas de la bataille; loin de là, le premier coup de canon le fait trembler de tous ses membres; il faut même qu'il soit accoutumé, de longue main, à l'explosion des armes à feu, pour ne pas être bouleversé à ce bruit, pour ne pas s'agiter et se cabrer d'une façon désordonnée; mais une fois qu'il y est habitué, il ne s'en inquiète plus; impassible et discipliné, il garde stoïquement sa place dans les rangs, en attendant l'ordre de charger.

Néanmoins, il faut bien l'avouer, ce brave, en dehors des luttes sanglantes, n'est pas insensible à la peur. A l'aspect d'un objet inconnu, il dresse l'oreille, regarde et s'arrête ; l'orage, les éclairs, le tonnerre, le troublent profondément et le font suer de crainte ; dans les passages dangereux des montagnes, il n'est pas rare de voir le Cheval trembler de frayeur, de manière à perdre la sûreté de son pied qu'il a si bon en plaine.

Les courses, celles surtout à fond de train, semblent lui causer un véritable plaisir; au moindre prétexte, il s'y livre avec passion. Dans les steppes du Nord, les Chevaux courent d'eux-mêmes pendant une journée entière, s'éloignant à de grandes distances de leur point de départ, assurés qu'ils sont de retrouver, au retour, leur chemin; jusque dans nos prairies, si étroites et si bornées, qui ne les a vus souvent folâtrer, caracoler entre eux, engager des joutes de vitesse, s'approcher, se fuir, se croiser et s'élancer d'une même impulsion en cherchant à se dépasser mutuellement (fig. 46). A toute espèce de bien-être, le Cheval préfère l'exercice au grand air : c'est son élément; sa robuste constitution résiste fort bien aux intempéries, au froid, au chaud, au vent, à la pluie; plus il s'y donne de mouvements, plus il semble jouir de son indépendance momentanée.

Cette liberté de nature, l'a-t-il connue primitivement? La question est encore controversée et restera probablement toujours insoluble. Les uns croient que le type primitif existe encore dans les grands déserts de l'intérieur de l'Asie; d'autres ne voient dans les troupes sauvages de ces contrées que les générations successives de Chevaux originairement domestiqués, et qui, abandonnés un jour à eux-mêmes, se sont faits à la vie de nature, de même que les Chevaux libres des Pampas de l'Amérique qui y étaient absolument inconnus avant l'apparition des Espagnols dans le Nouveau-Monde. Quoi qu'il en soit, la race sauvage, si jamais elle s'est produite autrefois sous cet état, remonte à une époque si reculée, qu'on ne peut lui assigner de date précise; rien ne s'oppose à ce qu'on regarde le Cheval comme une espèce de tout temps sujette, ainsi que d'autres animaux dont l'homme ne pouvait presque se passer. Suivant les contrées où on les rencontre de nos jours à l'état sauvage, les Chevaux vivent par petits groupes d'une vingtaine d'individus, comprenant un seul mâle avec ses femelles et leurs poulains; tels sont les Tarpons de la Tartarie, pays où ces animaux n'ont que fort peu d'ennemis à craindre; en Amérique, au contraire, où les grands carnassiers abondent, les agglomérations de Chevaux devaient être nécessairement plus considérables; les Chevaux s'y réunissent par troupes de plusieurs milliers : contre la force et la cruauté des bêtes redoutables, le grand nombre était un des principaux moyens de salut.

La vie des Chevaux sauvages est partout la même : ils errent à l'aventure au milieu d'immenses pâturages; chaque bande occupe un district dont l'étendue est calculée sur ses besoins, et le défend, à titre de premier occupant, contre les empiétements des hordes étrangères; en cas de disette, on se met en route sous la direction de vieux chefs éprouvés que précèdent toujours des éclaireurs; tous, échelonnés par pelotons, marchent en colonnes serrées. L'avant-garde signale-t-elle une autre caravane, les mâles, placés en tête, se détachent du corps d'armée, et s'en vont reconnaître les émigrants de l'œil et de l'odorat; à un signal donné, la colonne entière charge l'ennemi ou bien se détourne prudemment de sa route pour lui laisser le passage libre: chemin faisant, lorsque, par hasard, il se trouve dans le voisinage quelques Chevaux privés, les nomades ne manquent jamais de les convier, par des hennissements répétés, à déserter; cet appel provocateur est bien souvent entendu.

La longue domesticité du Cheval ne permet guère de déterminer le berceau originel de la race. Le Pentateuque fait mention des Chevaux d'Égypte; mais, dans ce temps-là, n'en existait-il pas d'autres ailleurs? Nul ne saurait le dire. Depuis bien des siècles, les Arabes ont tiré leurs Chevaux d'Égypte, de Perse et de la Cappadoce; d'où ces derniers pays les avaient-ils eux-mêmes empruntés? on l'ignore. En Europe, l'origine de la domesticité du Cheval n'est pas plus connue; d'après Homère, Priam possédait un grand nombre de haras; les Scythes, quand ils firent irruption en Thrace, étaient montés sur des Chevaux; partout, incertitude complète sur le point de départ de la race; ce que l'on sait fort bien, c'est que les Espagnols l'ont introduite au Mexique dans le seizième siècle; longtemps auparavant, la France, l'Italie, l'Angleterre et l'Allemagne possédaient des Chevaux, et, bien certainement, avant tous ces pays, les déserts de l'Ukraine en étaient également peuplés: à travers toutes les suppositions, il est hors de doute que c'est de l'époque des Croisades que date, en Europe, l'introduction du Cheval arabe, type parfait, qui a conservé même de nos jours sa supériorité sur toutes nos races, grâce à un climat privilégié et aux soins éclairés qu'il a toujours reçus.

La jument porte un an, et ne met bas qu'un seul poulain à la fois. Celui-ci vient au jour couvert de poils, dont la couleur est extrêmement variable: autant de pays, autant, pour ainsi dire, de robes différentes. Dès sa naissance, le jeune animal se soutient sur ses longues jambes grêles; il tète pendant longtemps, mais peut être sevré sans inconvénient à six mois; de bons pâturages, plutôt secs qu'humides; l'exercice à l'air libre, de jour comme de nuit, pendant la belle saison, avec un simple hangar au milieu des champs pour servir de refuge dans les plus mauvais temps; à l'écurie, un logis bien aéré et tenu avec une grande propreté; de bon foin, de l'avoine presque à discrétion; des pansements réguliers, contribuent singulièrement à donner au poulain un tempérament vigoureux et à hâter sa croissance. Il a acquis tout son développement entre quatre et cinq ans et peut déjà fournir quelque travail avant cet âge. On sait que le Cheval dort fort peu, rarement plus de trois ou quatre heures dans l'espace de vingt-quatre heures, et encore à plusieurs reprises; quelques Chevaux dorment debout, mais le plus grand nombre se couchent aussi pendant quelque temps; après un premier somme, ils se relèvent pour manger; s'ils sont fatigués, ils se couchent une seconde fois.

L'âge, chez le Cheval, se détermine surtout par l'examen des dents. Vers le dixième jour de sa naissance, le poulain montre, sur le milieu de chaque mâchoire, deux dents appelées *pinces;* à trois mois et demi ou quatre mois, deux autres dents apparaissent immédiatement à côté des premières : ce sont les *mitoyennes;* de six à sept mois, quelquefois à huit seulement, les deux dernières, désignées sous le nom de *coins*, viennent prendre place à la suite des autres : toutes ne sont encore que des *dents de lait*. De treize à seize mois, la cavité de la table disparaît sur les pinces, en d'autres termes, ces dents-là *rasent;* de seize à vingt mois, les mitoyennes rasent à leur tour; la même modification se produit sur les coins entre vingt et vingt-quatre mois. De deux ans et demi à trois ans, les pinces de lait disparaissent pour faire place à deux dents d'adulte bien plus larges de trois ans et demi à quatre, les mitoyennes subissent une évolution semblable; de quatre ans et demi enfin à cinq ans, les coins de lait tombent et sont remplacés par des coins d'adulte. A cet âge, les dents de la mâchoire inférieure rasent, c'est-à-dire que leur cavité commence à s'effacer; les pinces sont les premières à subir ce changement vers cinq ou six ans; de six à sept ans, vient le tour des mitoyennes, puis celui des coins entre huit et neuf ans. De huit à neuf ans, la cavité des pinces disparaît complétement; de neuf à dix ans, celle des mitoyennes n'existe plus; de onze à douze ans, la cavité des coins est entièrement détruite; passé douze ans, on n'a plus que des données approximatives que fournit la forme des dents : on dit alors que l'animal est *hors d'âge*, qu'il *ne marque plus*.

La vie du Cheval ne va guère au delà de trente ans de services plus ou moins utiles; après avoir passé de l'extrême opulence à l'extrême humilité, il va souvent finir chez l'équarrisseur, quand ses jours ne sont pas prématurément tranchés par un accident ou par la maladie :

> Sunt lacrimæ rerum et mentem mortalia tangunt.
>
> (VIRGILE.)

L'ANE (*Equus asinus*).

S'il est un animal que la servitude ait dégradé, et qui ait à se plaindre de l'homme, c'est l'Ane assurément. A part deux ou trois peuples chez lesquels il est apprécié comme il le mérite, et qui lui prodiguent des soins intelligents, partout ailleurs, mal nourri, mal logé, écrasé de travail, et trop souvent roué de coups, il n'obtient, en échange de ses nombreux services, qu'ingratitude et que mépris : sans le robuste tempérament et le riche fonds de qualités qu'il possède, le pauvre souffre-douleur aurait depuis longtemps succombé à tant de misères; par bonheur, son énergie et son courage l'ont fait résister à sa mauvaise fortune.

Nul ne peut lui disputer ses quartiers de noblesse; à cet égard, il marche de pair avec le Cheval, si même il n'a sur lui le pas, il servait déjà de monture aux patriarches dans les premiers âges du monde; les anciens rois l'employaient à leur usage personnel, et ils en élevaient des troupeaux considérables dans leurs domaines privés. D'autres titres plus importants le recommandent à notre indifférence. Où trouver un serviteur plus sobre, moins dispendieux, plus tenace au travail, d'un caractère plus patient et plus accommodant? Il coûte peu d'achat et moins encore d'entretien; tandis que le Cheval, le Bœuf, le Mouton, gens de bouche délicate, exigent des fourrages de bonne qualité, foin, trèfle et luzerne, l'Ane se contente de leurs rebuts; les mauvaises herbes des champs, les plantes les plus grossières lui suffisent; il mange avec plaisir la paille, et les chardons, malgré leurs aspérités, sont pour lui un régal dans un jour de festin.

Ses fonctions sont aussi variées que l'industrie des petits cultivateurs, auprès desquels il représente un gros capital. Ici, on l'attelle à la charrue, seul si le terrain est léger; ou bien, s'il est dur, en compagnie d'un cheval ou d'une vache, auxquels il apporte le concours de sa bonne volonté et de sa bonne humeur; là il traîne de modestes véhicules; ailleurs il charrie la vendange, et, pour peu que le quartier de vigne soit éloigné du village, il y porte son maître avec les instruments du travail, et le ramène encore sur son dos, le soir, au logis. Sa vie agricole n'est qu'une longue série d'épreuves et de privations. D'abris en plein air, il n'en connaît guère; ses repas champêtres, il les prend où il peut, tantôt le long des chemins, tantôt sur le bord des fossés, heureux quand, par surcroît, il trouve l'ombre d'un arbre pour le défendre contre un soleil dévorant. Sa résignation, du reste, fait face à toutes les intempéries; si on l'oublie des heures entières, à la bise, au froid, à la pluie, il en prend philosophiquement son parti, attend patiemment qu'on vienne le relever de sa longue faction, ne se dépite pas et ne se plaint jamais.

Comme monture, il n'est pas sans mérite; c'est le coursier favori des jeunes filles, de l'enfance et de la vieillesse; il peut recevoir indifféremment le bât ou la selle; il marche, il trotte, il galope et même d'une certaine vitesse, sans courir cependan à fond de train, ni bien longtemps; même sous une impulsion forcée, il ne fournit qu'une petite carrière, revient bientôt à son allure paisible et à ses mouvements plutôt empreints de molle nonchalance que de résolution et d'activité.

Mais c'est surtout comme bête de somme que l'Ane a son prix, il est né portefaix. De tous les animaux qui nous sont assujettis, c'est celui qui, relativement à son volume, supporte le fardeau le plus lourd lorsqu'on a soin de le charger sur la croupe et non sur le dos. Son pied est très-sûr; dans les pays de montagne, d'un accès difficile, ou dans les sentiers rudes et pierreux, il rend les mêmes services que la Mule et le Mulet, contourne les endroits difficiles par un crochet habilement calculé, ne s'effraye nullement des précipices, et, tôt ou tard, cahin-caha, arrive sain et sauf, et sans se presser, à son but. Longtemps il a eu le privilége presque exclusif de conduire le blé au moulin, de porter au marché le lait, les fruits et les légumes, et d'alimenter les usines de plâtre, de minerai et de combustible.

Cette corvée, grâce aux moyens de transport si perfectionnés qu'on possède aujourd'hui, lui est maintenant à peu près épargnée; les progrès de l'industrie risqueraient même de le destituer de son rôle d'auxiliaire modeste de l'agriculture, si le

Fig. 57. Ânes

morcellement incessant de la propriété ne le rendait presque indispensable pour une foule de petits emplois; du reste, sa frugalité, l'humble couchette qu'il partage, dans un coin de l'étable, avec la vache ou la chèvre du prolétaire, le peu de dépense qu'entraînent sa nourriture et son harnachement, militeront longtemps en sa faveur auprès des petits ménages, accoutumés de longue main à ses excellents services : n'est-il pas souvent toute la richesse du pauvre?

Malgré l'autorité de Buffon, auquel il faut savoir gré d'avoir essayé, tout grand seigneur qu'il était, de réhabiliter cet humble animal, si injustement dénigré, l'Ane ne saurait aspirer au second rang après le Cheval; le Chien, à notre avis, en est plus digne. Maître Aliboron n'a ni la beauté ni la distinction que lui prête le grand naturaliste, loin de là; ses formes sont totalement dépourvues de grâce et d'élégance; sa grosse tête ne gagne rien à être coiffée de si longues oreilles; sa voix n'est pas précisément harmonieuse; sa crinière est raide et étriquée; sa queue, enfin, n'a pour tout ornement qu'un bouquet de poils qui n'en dissimule pas la maigreur. Toutefois c'est bien à tort qu'on regarde l'excellente bête comme un type de balourdise et de stupidité; elle ne manque pas d'une certaine intelligence et on la surprend quelquefois en veine d'espiègleries et même de malices qui, bien entendu, ne vont jamais jusqu'à la méchanceté : elles se bornent tout au plus à verser, de temps à autre, l'apprenti cavalier, et à lui faire continuer à pied la course qu'il se proposait de faire plus commodément.

Dans le premier âge, sa gaieté et sa gentillesse font plaisir à voir; tous ses mouvements sont aisés, et il folâtre agréablement; mais s'il perd si vite son aspect allègre et naïf, à qui la faute? Sans aucun doute, aux rustres qui le malmènent sans raison, et qui finissent par lui donner des défauts qu'il ne tient pas de sa race, et qu'il n'aurait certainement pas avec une meilleure éducation. Quelle bonne nature que la sienne, quand on n'a pas abruti ses instincts! Quelle patience et quelle longanimité dans les mauvais traitements qu'on lui inflige à tort et à travers! Que n'endure-t-il pas avant de se venger, par une ruade ou un coup de dents, du malotru qui l'excède et qui le pousse à bout à force de brutalités! La plupart du temps, son mécontentement se traduit par une simple grimace narquoise; ses ennuis trop prolongés, il les exprime par une série de cris heurtés, passant brusquement du grave à l'aigu et de l'aigu au grave; en d'autres termes, il brait d'une manière formidable, et ne manque jamais de faire résonner sa voix discordante lorsque la faim le presse, que la passion l'agite, et qu'il rencontre un de ses semblables. Sans fiel et sans rancune, il n'en veut pas à ses bourreaux; il baisse humblement la tête et les oreilles sous les coups qui l'assomment; le charge-t-on outre mesure, son bât le blesse-t-il, il se couche et refuse net de marcher : après tout, n'est-ce pas son droit? Nous nous plaignons alors de son entêtement, comme si, nous autres, nous étions parfaits; ne ferions-nous pas pis à sa place? Cette résistance passive et légitime constitue son plus grand tort, si tort il y a, car peut-on sérieusement lui faire un crime du bon tour qu'il joue à ses despotes en se roulant, les quatre fers en l'air, dès qu'il en trouve l'occasion, au risque d'envoyer sa charge à vau-l'eau? Notez, comme circonstance atténuante, que jamais il ne se vautre dans la boue; c'est toujours sur les pelouses, dans la poussière ou sur les chardons qu'il se livre à ces ébats : ne semble-t-il pas, par cet innocent badinage, faire honte de l'incurie à laquelle on l'abandonne? S'il se renverse, sens dessus dessous, avec tant de volupté, n'est-ce pas pour remplacer, à sa façon, l'étrille dont il connaît si peu les frictions bienfaisantes?

L'Âne est la franchise même, son caractère ignore la dissimulation; il exprime sa joie par un rire auquel on ne peut se méprendre, en retirant ses lèvres d'une étrange manière, et en montrant au grand jour toute l'armature de ses larges mâchoires. Il sait parfaitement reconnaître son maître à travers la foule; il le sent de loin, et, quand il le voit venir, il lui souhaite la bienvenue par un regard affectueux, et en lui tendant sa bonne grosse tête, toute pleine de bonhomie. De même que le Cheval, il a la mémoire des lieux par où il a passé, et se trompe rarement sur les chemins qu'il a déjà parcourus. Ses sens sont excellents : il a les yeux bons, l'ouïe fine et l'odorat exquis; sa robuste constitution l'expose à moins de maladies que le Cheval, et son cuir épais le rend bien moins sensible au fouet, aux parasites et à la piqûre des mouches.

L'Ânesse porte pendant onze mois révolus, et met bas au douzième; elle a pour son petit une tendresse vraiment maternelle; elle le lèche dès qu'il a vu le jour, l'allaite fort longtemps, se prête complaisamment à tous ses jeux et les provoque en lui donnant elle-même l'exemple d'une gaieté folâtre. L'Ânon n'atteint son développement complet qu'entre trois et quatre ans; à cet âge, il est susceptible de faire un bon travail; malheureusement on le surcharge bien avant ce temps ; aussi, par suite de ses fatigues prématurées, la race, chez nous, tend-elle de plus en plus à dégénérer. Il n'en est pas ainsi en Perse et en Arabie, où les Anes, élevés et ménagés avec soin, acquièrent presque la taille du Cheval, conservent de belles formes, gardent une allure rapide, et se rapprochent davantage du type primitif, l'Onagre. L'espèce est originaire d'Asie; de l'Arabie, elle est venue en Égypte; d'Égypte, elle a passé en Grèce, et de là s'est répandue en Italie, en France, en Allemagne; l'Angleterre ne la possède que depuis le milieu du dix-septième siècle; les États-Unis la doivent à Washington.

A l'état de nature, l'Ane vit en troupes considérables qui paissent ensemble et émigrent périodiquement chaque année. Ces animaux traversent les déserts de l'intérieur de l'Asie sous la conduite de chefs auxquels ils obéissent instinctivement. Pour se défendre contre les Loups, ils se forment en cercle, placent au centre les jeunes et les vieux de leurs bandes, et repoussent victorieusement l'ennemi à coups de dents et de sabots. Malgré leur sauvagerie, ils tombent facilement dans les piéges qu'on leur tend; pris jeunes, ils s'apprivoisent sans difficulté; les vieux, au contraire, demeurent intraitables et résistent à toute tentative de domestication.

L'Ane privé peut vivre vingt-cinq ans. Il craint plus le froid et l'humidité que la chaleur, et ne réussit jamais mieux que dans les pays secs, à température élevée. Son pelage, gris de souris, se distingue par la croix noire, symbole touchant de souffrance résignée, imprimée sur ses épaules. Utile pendant sa vie, il l'est encore après sa mort; sa peau sert à faire des cribles; on en fabrique aussi des tambours, des timbales et des grosses caisses : c'est le seul côté par lequel l'Ane se rattache à la musique.

ORDRE DES RUMINANTS.

LE CERF ET LE DAIM.

Le Cerf. — Le Cerf (*Cervus elaphus*, fig. 48) est un des animaux les plus élégants de nos forêts. A des formes sveltes et bien prises, à des membres nerveux, pleins de souplesse, il joint une belle ramure qui, sans charger sa tête, ajoute à sa taille et lui sert en même temps d'arme défensive. Son pelage brun-fauve varie avec l'âge et prend des teintes plus ou moins sombres selon les saisons. La femelle se distingue du mâle en ce qu'elle est dépourvue de bois, et que sa mâchoire supérieure est privée de canines.

Le bois du Cerf est un prolongement du frontal il se partage, aux côtés de la tête, en deux tiges qui s'écartent d'abord l'une de l'autre en tournant légèrement en dedans leur concavité; chacune d'elles porte trois *andouillers* dirigés en avant, et se couronne par une *empaumure* formée de deux à cinq *dagues*. Le premier bois consiste en une simple dague; le second n'a, en général, qu'un seul andouiller; le troisième en porte trois ou quatre; leur nombre s'accroît avec une certaine régularité jusqu'à la septième année; mais à partir de cet âge il s'en produit sans règle bien fixe; les plus vieux Cerfs toutefois n'en comptent pas au delà de dix ou douze : la bête alors est dite *dix* et *douze cors*.

Le bois, de nature osseuse, tombe chaque année à l'époque du printemps et se refait au mois d'août; il est tout à fait formé quand arrive le moment de la chute. Les vieux Cerfs le perdent deux mois plus tôt que les jeunes ; la chute avance ou retarde suivant que l'hiver est doux ou qu'il est rude ou de longue durée; rarement les deux tiges tombent en même temps; le plus souvent il y a un ou deux jours d'intervalle entre la chute de chacun des côtés de la tête : une hémorragie, plus ou moins considérable, accompagne toujours cette mue. Le *refait* a pour enveloppe extérieure une peau qui se détache par lambeaux, soit d'elle-même et naturellement, soit par les efforts que fait l'animal pour s'en débarrasser en la frottant contre terre ou contre le tronc des arbres.

La nourriture du Cerf est exclusivement végétale; il vit de

Fig. 48. Cerf.

feuillages, de l'écorce, des bourgeons et des jeunes pousses des arbres, ainsi que d'herbes. Les grandes forêts forment son habitation accoutumée; cependant il n'y est pas constamment sédentaire. Quand il ne trouve plus à *viander*, il sort de son fort, va et vient dans les pays plus découverts, visite les taillis et même les champs ensemencés; lorsque le froid est vif, il se réfugie dans les parties les plus fourrées et recherche les côtes bien abritées; à la fin de l'hiver, il gagne le bord des forêts, et, après avoir perdu son bois, il quitte ses compagnons pour vivre à l'écart : les jeunes demeurent seuls, et vont habiter les taillis clairs, où ils restent toute la belle saison.

Peu de temps après le renouvellement du bois, les vieux Cerfs quittent les buissonnées et reviennent dans leur fort au commencement de septembre ; ils ne cessent alors de *raire*, mangent fort peu, dorment à peine, sont sur pied nuit et jour et parcourent, à l'aventure, de vastes espaces ; on les dirait frappés de folie, car ils traversent les champs à la face du soleil, butent contre les arbres, s'égarent de pays en pays, et sont en proie à des accès de fureur. Deux mâles, à cette époque, dont la durée est de trois semaines, se rencontrent-ils, ils se précipitent l'un sur l'autre, se battent à outrance en cherchant mutuellement à se percer de leurs andouillers; le combat ne finit que par la fuite ou la mort de l'un des deux adversaires; presque toujours le champ de bataille reste au plus vieux, ordinairement le plus hardi et le plus fort. Le temps du rut passé, les Cerfs se retirent à la lisière des forêts, là où la nourriture est la plus abondante ; ils y demeurent jusqu'à ce qu'ils soient entièrement réparés.

La Biche porte huit mois et quelques jours ; elle met bas, à la fin de mai, un Faon unique, dont le pelage fauve est tacheté de blanc. A six mois, la bosse frontale du jeune commence à paraître ; il est alors désigné sous le nom de *Hère* jusqu'à ce que ses éminences allongées en dagues lui fassent prendre la dénomination de *Daguet*. Quoiqu'il se développe assez rapidement, il ne quitte pas sa mère dans les premiers temps et il la suit pendant tout l'été. En hiver, les Biches, les Hères, les Daguets et les jeunes Cerfs se rassemblent en *hardes* et forment des troupes d'autant plus nombreuses, que le froid est plus rigoureux ; le printemps les sépare : les Biches se recèlent pour mettre bas, les Daguets et les jeunes Cerfs sont à peu près les seuls qui aillent ensemble à cette époque.

Les Cerfs ont un instinct bien prononcé de sociabilité. En général, ils sont portés à demeurer les uns avec les autres, à marcher de compagnie; la crainte ou la nécessité seule les sépare. Lorsque rien ne les trouble, ils mangent lentement et choisissent leur nourriture ; après avoir *viandé*, ils cherchent à se reposer pour ruminer à loisir. L'animal vient-il à être inquiété, il lève la tête et dresse les oreilles, regarde de tous côtés et interroge ensuite le vent pour sentir s'il n'y a pas quelque

Fig. [illegible]. Cerf aux abois.

ennemi dans le voisinage; en général, il craint bien moins l'homme que les Chiens.

La chasse du Cerf, comme celle de tous les Cervidés, exige d'habiles piqueurs et des Limiers bien dressés; outre ses excellentes jambes, le Cerf ne manque jamais d'employer la ruse pour déjouer les chasseurs. « Il passe, dit Buffon, et repasse souvent deux et trois fois par sa voie; il cherche à se faire accompagner par d'autres bêtes pour donner le change[1], et alors il perce et s'éloigne tout de suite, ou bien il se jette à l'écart, se cache et reste sur le ventre. » Mais si les Chiens, ainsi dévoyés, viennent à relever le défaut et retrouver la voie, le Cerf, serré de près et ahuri par les clameurs de la meute, fait de nouveau assaut de jambes; il se lance plus que jamais de toute sa vitesse, la poitrine en avant et la tête rejetée en arrière, appelant à son secours ruses sur ruses. Mais ruses et détours sont parfois impuissants à le sauver; vingt Chiens sont à ses trousses, et le serrent de si près, qu'il n'a plus d'autre ressource que de fuir la terre qui le trahit, et de se jeter à l'eau pour dérober sa trace. Ce dernier espoir de salut ne lui réussit pas mieux : les chiens se précipitent à la nage à sa suite (fig. 49); bientôt il est aux abois; arrivé sur la rive, il tâche encore de défendre sa vie; à coups d'andouillers il blesse, il tue plus d'un Chien qui ose l'aborder; un piqueur enfin lui coupe le jarret pour le faire tomber, ou bien quelque chasseur le sert d'un coup de carabine : sa mort est célébrée par de bruyantes fanfares, et la meute se repaît de la vue de son cadavre, en attendant qu'elle en fasse large et prompte curée.

Le Daim. — Le Daim (*Cervus dama*, fig. 50) peut être considéré, pour la taille, comme l'intermédiaire entre le Cerf et le

1. La Fontaine décrit très-bien ces ruses :

Quand au bois
Le bruit des cors, celui des voix,
N'a donné nul relâche à la fuyante proie,
Qu'en vain elle a mis ses efforts
A confondre et brouiller sa voie,
L'animal chargé d'ans, vieux cerf, et de dix cors,
En suppose un plus jeune, et l'oblige, par force,
A présenter aux chiens une nouvelle amorce.
Que de raisonnements pour conserver ses jours !
Le retour sur ses pas, les malices, les tours,
Et le change, et cent stratagèmes
Dignes des plus grands chefs, dignes d'un meilleur sort !
(Livre X, fab. 1.)

Chevreuil; il ressemble beaucoup au premier par l'ensemble de ses formes, mais son bois est plus aplati, plus étendu en largeur, plus garni, à proportion, d'andouillers, et surtout il se termine par une empaumure plus large et plus longue.

Leurs mœurs présentent plus d'une analogie. Le Daim paraît encore plus porté que le Cerf à vivre en société; il reste presque toujours en compagnie avec ceux de son espèce, hormis le temps du rut, qui se manifeste quinze jours plus tard que chez le Cerf. Leur nourriture est exactement la même.

Les bois entrecoupés de plaines et de collines sont la résidence

Fig. 50. Daim.

que le Daim préfère; au lieu de s'éloigner, comme le Cerf, quand on le chasse, il ne fait que tourner et chercher à se dérober au danger par la ruse et le change, qu'il répète en revenant sans cesse sur sa voie. Lorsqu'il est échauffé et épuisé, il se jette aussi à l'eau, mais il ne s'y aventure pas aussi loin; son sort, pour cela, n'en est guère meilleur : la mort l'attend sur la rive opposée.

La Daine porte pendant huit mois et quelques jours, de même que la Biche; elle ne produit ordinairement qu'un seul Faon.

La vie de ces animaux ne s'étend pas au delà de vingt ans; celle du Cerf est bien plus longue.

LE CHEVREUIL.

Le Chevreuil (*Cervus capreolus*, fig. 51) ne le cède au Cerf que pour la taille, car, avec la même élégance de formes, il a plus d'animation dans le regard, plus de gaieté, et quelque chose, en même temps, de plus fin dans toute son allure. L'élasticité de ses mouvements est extraordinaire; sa course est rapide, et l'on dirait que ses jambes sont mues par des ressorts, tant ses bonds sont faciles, légers, vigoureux, et pourtant gracieux! Il franchit les haies et les fossés sans apparence d'efforts, nage bien et jouit, à un haut degré, des sens de l'ouïe, de la vue et de l'odorat.

La plupart de ses habitudes rappellent celles du Cerf, mais cependant avec de notables différences.

Son pelage, épais et lisse, est très-sujet à varier; il est court et roux foncé en été, plus long et d'un gris-brun en hiver; en tout temps, son front est d'un beau noir, et son ventre, ainsi que la face interne de ses membres, présente une teinte plus claire que sur les parties supérieures du corps.

Le Chevreuil se tient d'ordinaire dans les grandes forêts d'essences feuillues, et plus souvent dans les jeunes coupes et les taillis dont il recherche le demi-ombrage, que dans la profondeur du bois; il passe une partie de la journée au repos sur des feuilles sèches; il quitte la montagne pour la plaine dans la mauvaise saison et se retire, l'été, dans les taillis élevés, dont il ne sort guère que pour aller se désaltérer aux sources.

Plus délicat que le Cerf sur la nourriture, il fait choix de l'herbe; mais, comme lui, il vit des bourgeons, de l'écorce et du feuillage des arbres; partant, il ne leur est pas moins nuisible.

Sa voix est bien moins forte que celle du Cerf; au temps du rut, il ne rait ni avec autant de persistance, ni avec autant de retentissement; son cri, *bê*, *bê*, est bas et saccadé; la Chevrette a le timbre plus léger; celui du Faon se traduit par une espèce de piaulement.

Le Chevreuil ne se réunit et ne marche jamais en grandes troupes, il demeure la plus grande partie de l'année en famille composée d'un Broquart, et d'une ou deux Chevrettes avec leurs petits; le mâle est à la fois le chef et le gardien de ce petit groupe : il ne s'en sépare que pour peu de temps et vit alors solitaire;

il n'est par rare, en hiver, de voir plusieurs de ces familles se réunir et vivre ensemble en parfait accord.

Le rut commence à la fin d'octobre et dure un peu plus de quinze jours; à cette époque, le Chevreuil n'est point surchargé de venaison ainsi que le Cerf; mais son naturel paisible se change, pour quelque temps, en une humeur inquiète et troublée; si deux mâles viennent à se rencontrer, les assauts sont fréquents; les deux adversaires prennent tout à coup leur élan, et, dressés sur leurs pattes de derrière, se précipitent l'un sur l'autre en entre-choquant vivement leurs têtes.

La Chevrette porte cinq mois et demi; quelque temps avant que d'être mère, elle s'éloigne du Broquart, mais pour peu d'heures d'abord; son absence se prolonge ensuite davantage chaque jour, et quand son terme est arrivé, elle se recèle au plus épais de la forêt pour mettre bas, en mai, un ou deux Faons, selon qu'elle est jeune ou vieille. Au bout de dix ou douze jours, les petits sont déjà assez forts pour suivre leur mère; celle-ci en a le plus grand soin; au moindre soupçon de danger, elle jette un cri particulier; les Faons aussitôt de se blottir. La petite famille ne tarde pas à rentrer dans l'ancien cantonnement; la Chevrette n'y est pas plutôt installée, qu'elle appelle le Broquart; son retour est fêté par mille caresses, il y répond en prenant la direction de sa lignée. Pendant l'éducation des jeunes, une alerte vient-elle à les mettre en émoi, la mère cache sa progéniture dans quelque fourré, fait bravement face de sa personne, et se laisse chasser pour détourner l'ennemi; lorsqu'on lui enlève un de ses Faons, elle suit pendant longtemps les pas du ravisseur, court de côté et d'autre, en appelant son petit d'un ton plaintif.

Les Faons restent avec leurs père et mère pendant huit mois entiers; lorsqu'ils s'en séparent, à la fin de la première année, deux petites dagues se montrent sur leur tête; ils les dépouillent dans le courant de mars de la peau qui les enveloppe, de la même manière que le Cerf; leur bois tombe en décembre. A la seconde tête, le Chevreuil porte déjà deux ou trois andouillers sur chaque tige; à la troisième, il en a trois ou quatre; sa ramure est complète à la quatrième tête : elle est alors chargée de quatre ou cinq andouillers, nombre que les Chevreuils dépassent bien rarement; le nouveau bois pousse toujours en hiver.

La chasse au Chevreuil se conduit exactement de même que

Fig. 51. Chasse au chevreuil.

celle du Cerf et du Daim. Sa chair est généralement très-estimée pour sa saveur et son fumet particulier.

LE CHAMOIS.

Le Chamois (*Antilope rupicapra*, fig. 52), désigné sous le nom d'Isard dans le midi de la France, appartient à la région la plus élevée des Alpes et des Pyrénées. Il s'y montrait autrefois en grand nombre, mais, à force d'être chassé, il est devenu plus rare d'année en année, et malgré ses retraites presque inaccessibles, nous sommes menacés de le voir disparaître un jour, comme déjà nous avons perdu le Bouquetin, son ancien camarade des hauts lieux : nos glaciers dès lors n'auraient plus aucun Ruminant, et leurs solitudes ne seraient plus visitées que par l'Aigle et le Vautour.

Le Chamois, de même taille que la Chèvre, s'en rapproche par l'élégance de son port et par sa vivacité ; mais il est infiniment plus agile. Destiné à braver les froids les plus rigoureux, son corps est défendu par une épaisse fourrure ; au-dessous de ses poils grossiers et cassants, s'étend une toison assez légère en été, mais très-abondante en hiver. Son pelage varie avec les saisons ; gris-cendré au printemps, il passe au fauve en été, et devient ensuite brun-noirâtre dans le courant de l'automne. Sa tête, en tout temps, d'un jaune pâle, est marquée d'une bande d'un brun-noir, qui part du coin de la bouche et vient aboutir à la base de l'oreille, après avoir enveloppé l'œil. Sa queue est noire; ses cornes, dirigées d'abord verticalement, se recourbent subitement en arrière, en forme de crochets ; elles sont cannelées transversalement et creusées de stries longitudinales ; le mâle porte, en outre, une barbiche noire de cinq à six centimètres de long.

Les mœurs du Chamois offrent la plus grande ressemblance avec celles du Bouquetin et paraissent calquées l'une sur l'autre, sauf de légères variantes. Tous deux se plaisent à la région des neiges éternelles, au milieu des précipices, sur les pics les plus abrupts. D'un pied élastique, et en quelque sorte infaillible, ils se lancent à travers les rochers, bondissent de sauts répétés et d'une telle hardiesse, qu'ils semblent plutôt voler que parcourir l'espace. La souplesse, la dextérité et la précision de leurs mouvements tiennent réellement du prodige; pour échapper à leurs ennemis, ils se précipitent de hauteurs effrayantes, tête baissée et les membres repliés; dans un élan désespéré, leurs dispositions sont si bien prises, qu'au moment de toucher terre, leurs jambes se débandent comme un ressort, et ils retombent les quatre pieds rapprochés les uns des autres sur la pointe de rocher qui peut tout juste les recevoir; la moindre erreur entraînerait fatalement leur perte, mais il est rare qu'ils en commettent quand ils ne sont pas surpris à l'improviste, et

Fig. 52. Chamois.

qu'ils ne sont pas forcés de se jeter en avant sans avoir pu calculer leur élan. Ils ne sont pas moins étonnants lorsqu'il leur faut gravir les rochers les plus escarpés; les moindres saillies leur servent d'appui et ils escaladent, en quelques sauts, des parois presque verticales; sur un plan horizontal, ils franchissent, en se jouant, de larges espaces, et dédaignent les abîmes ouverts au-dessous d'eux.

Les Chamois vivent par petits troupeaux de quatre, cinq et dix bêtes, et se réunissent souvent en plus grand nombre dans les mêmes parages; les vieux mâles seuls se tiennent à l'écart. A entrée de l'automne, ils errent de montagne en montagne, poussent sans cesse des bêlements plaintifs, se rapprochent des groupes, et en chassent les jeunes mâles. Ils se sont à peine accouplés en octobre, qu'ils retournent à leur vie solitaire; les jeunes se montrent de nouveau, et les troupeaux se reforment : les femelles se séparent pour mettre bas. Leur gestation dure six mois; il n'y a ordinairement qu'un seul petit par portée, quelquefois deux. Le jeune Chamois vient au monde couvert de poils et les yeux ouverts; aussitôt sa naissance, il est en état de marcher; à deux mois, il prend la livrée maternelle; à un an, sa taille a presque atteint celle des adultes. Ordinairement il accompagne longtemps sa mère; dès son plus jeune âge, il saute, caracole et bondit comme nos jeunes Chevreaux, avec non moins de grâce et de prestesse, et s'habitue ainsi, par ces exercices fréquents, à la gymnastique de haute école qui complète son éducation. La mère n'abandonne jamais son Faon, excepté quand elle est poursuivie à outrance; dans cet isolement momentané, le jeune Chamois va, d'instinct, se cacher dans un trou de rocher; le danger une fois passé, la mère revient appeler son petit par des bêlements sourds; si elle se fait par trop attendre, c'est lui qui va à sa recherche; il la réclame en bêlant, se cache de nouveau, et ne met fin à ses plaintes que lorsqu'il l'a retrouvée.

L'été, les Chamois vivent sur les pâturages alpestres; ils se montrent délicats sur le choix des herbes, broutent les bourgeons, l'extrémité tendre des ramilles et le feuillage; l'hiver, ils sont réduits à se nourrir d'écorces, de lichens et aussi des graminées qu'ils savent fort bien déterrer sous la neige.

Rien n'égale la perfection des sens dont le Chamois est doué. Sa vue est extrêmement perçante; lorsqu'il découvre un homme et qu'il l'aperçoit distinctement, il le fixe un instant et s'enfuit, s'il en est près. Les moindres bruits ne lui échappent pas et il est toujours aux écoutes; son odorat est si subtil, qu'il sent un ennemi à plus de deux kilomètres. A-t-il le sentiment de quelque chose qu'il ne puisse découvrir avec ses yeux, il jette un sifflement aigu de ses narines, puis s'arrête un instant; son agitation alors est extraordinaire; il regarde de tous côtés, recommence à siffler par intervalles, frappe la terre de son pied, grimpe sur les pierres ou sur la roche qui peuvent lui servir d'observatoire, et ne cesse de sonner l'alarme qu'après avoir reconnu l'objet qui l'a troublé.

Les Chamois redoutent extrêmement la chaleur; c'est pourquoi ils s'abritent des rayons du soleil en se mettant à l'ombre des rochers ou parmi des amas de neige. Ils ne vont guère à la pâture que le matin et le soir, rarement au milieu du jour; tandis que la troupe est occupée à brouter, plusieurs d'entre eux, la tête levée, font sentinelle; à la moindre apparence de danger, un coup de sifflet donne le signal de la fuite, tous de disparaître à l'instant. Au cœur de l'hiver, ils descendent et vont chercher un abri dans les forêts de hêtres et de sapins; mais, dans la belle saison, c'est parmi les rochers et les précipices qu'ils se tiennent de préférence; aussi est-il très-difficile de les y poursuivre. Les Chiens eux-mêmes sont à peu près inutiles dans cette chasse, qui veut être conduite avec habileté, prudence et un silence profond. Elle exige de la part des chasseurs un grand sang-froid, un pied sûr et un tempérament vigoureux, car il y a plus d'un danger à courir et plus d'une fatigue à endurer: ne serait-ce que celle d'un climat glacé et le péril des tourmentes auxquelles on est fréquemment exposé à de si grandes hauteurs, il est bon de réfléchir avant de s'y engager; cette chasse ne convient généralement qu'à des montagnards expérimentés. En effet, il ne faut pas songer à forcer le Chamois dans les pentes escarpées, ni à travers les précipices auxquels il demande son salut; à la moindre alerte, l'animal gagne la crête des rochers et surveille attentivement l'horizon; on ne peut espérer le joindre à portée de carabine qu'en se mettant à l'affût, au-dessous du vent, derrière quelque roc, pour le tirer au passage : métier d'héroïque patience et de chances plus ou moins heureuses; quand le Chamois se voit acculé, d'un bond terrible il s'élance sur le chasseur pour s'ouvrir une issue ou pour l'entraîner avec lui dans l'abîme, si tout est désespéré.

LA CHÈVRE.

La Chèvre (*Capra*, fig. 53) est généralement regardée comme un animal nuisible, qu'il faudrait absolument proscrire. Sans nul doute, lorsqu'elle est abandonnée à ses instincts vagabonds, elle n'épargne guère la végétation; sa dent vorace broute les jeunes pousses des arbres, attaque les écorces tendres, détruit les bourgeons et ruine en peu de temps les taillis; mais si, au lieu de l'introduire dans les bois ou dans les lieux cultivés, on lui abandonne, comme pâturages, les terrains de landes ou de bruyères; si on la cantonne dans les sites escarpés et rocheux, rebelles à toute culture et où elle se plaît si bien, loin de causer du dégât, elle utilise avec profit des pacages dédaignés des autres troupeaux et où nul d'entre eux ne pourrait vivre d'une manière permanente. Que de pays arides seraient frappés d'improduction, si la Chèvre n'était là pour en tirer parti! Ce n'est donc pas l'animal qu'il faut proscrire, mais ses abus qu'il convient de prévenir : rien de plus facile. La Chèvre, quoique fort indépendante de sa nature, et malgré son goût prononcé pour la vie sauvage, se prête très-bien à la stabulation continue. L'épreuve en a été faite depuis longtemps aux environs de Lyon; là les Chèvres des Monts-d'Or, non-seulement ne causent aucun préjudice à l'agriculture, mais elles lui apportent le renfort d'une industrie lucrative, celle de la fabrication de fromages, devenus l'objet d'un commerce important; elles lui fournissent, en outre, un supplément de fumier, toujours rare dans les contrées viticoles. Pour le pauvre, la Chèvre est une ressource des plus précieuses; sa nourriture ne lui coûte, pour ainsi dire, rien; il suffit de la conduire le long des routes et des chemins herbus, pour qu'elle y trouve de quoi subsister; les ronces, les broussailles sont pour elle une provende toujours prête, fort appétée et qui la tient en santé; elle remplit, sans dépense, ses puissantes mamelles d'un lait abondant et salutaire. La Chèvre n'est donc nuisible qu'autant qu'on la gouverne mal; entre des mains intelligentes, elle rentre dans la catégorie des animaux utiles, et souvent constitue l'unique ressource de contrées rocheuses, très-accidentées, naturellement fort pauvres.

A l'exception d'un petit nombre de localités où les Chèvres reçoivent les soins qu'elles méritent, leur élevage en France laisse beaucoup à désirer; logement, nourriture, précautions hygiéniques sont tellement négligés à l'égard de ces animaux, que les maladies les déciment fréquemment, quoique la race soit très-rustique.

Dans le nord, le centre et l'est de la France, les Chèvres n'existent pas à l'état de troupeaux; les cultivateurs en ont à peine quelques têtes dans leurs exploitations; les Chevreaux sont vendus ou sevrés; les mères partagent le logis et la nourriture des Moutons, elles les accompagnent au pâturage et forment le maigre appoint d'un nombre très-limité de bêtes à laine. Ailleurs, comme dans l'Auvergne, métayers et propriétaires se croient obligés d'avoir un Bouc au milieu de leurs bêtes à cornes, pour conjurer, disent-ils, le mauvais air; que ce Bouc émissaire détourne les épidémies, la chose est plus que douteuse; mais, à coup sûr, il répand dans l'étable une odeur *sui generis* qui ne contribue guère à l'assainir. Les véritables troupeaux de Chèvres se rencontrent surtout dans le département des Landes, dans les Pyrénées et les contrées sèches et montagneuses de la Corse et de la Provence : ils sont là à leur place normale.

« La Chèvre, dit Buffon, a, de sa nature, plus de sentiment et

Fig. 53. Chèvre.

de ressource que la Brebis; elle vient à l'homme volontiers, elle se familiarise aisément, elle est sensible aux caresses et capable d'attachement; elle est aussi plus forte, plus légère, plus agile et moins timide que la Brebis; elle est vive, capricieuse, lascive et vagabonde. Ce n'est qu'avec peine qu'on la conduit et qu'on peut la réduire en troupeau; elle aime à s'écarter dans les solitudes, à grimper sur les lieux escarpés, à se placer et même à dormir sur la pointe des rochers et sur le bord des précipices. L'inconstance de son naturel se marque par l'irrégularité de ses actions; elle marche, elle s'arrête, elle court, elle bondit, elle saute, s'approche, s'éloigne, se montre, se cache ou fuit par caprice et sans autre cause déterminante que celle de la vivacité bizarre de son sentiment intérieur, et toute la souplesse des organes, tout le nerf du corps suffisent à peine à la pétulance et à la rapidité de ces mouvements qui lui sont naturels. »

Sa couleur dominante est le noir et le blanc; on en voit souvent de pies ou mélangées de brun et de fauve; les Chèvres blanches passent pour avoir l'humeur plus douce; les noires sont réputées meilleures laitières.

La conformation dans la race caprine n'a pas moins d'importance que chez les autres animaux domestiques. On veut que la tête soit petite, la croupe épaisse, la poitrine développée, la ligne dorsale droite, les reins larges, les cuisses fortes et charnues. Une peau fine, un poil bien fourni, plutôt soyeux que rude, des os fins, sont autant de qualités à rechercher dans les deux sexes. Chez le Bouc, la force est une condition rigoureuse; aussi doit-il être plus ramassé qu'allongé. C'est le contraire chez la Chèvre, à qui on demande surtout un bassin large, un pis volumineux, de la douceur dans le caractère et une allure svelte : plus ces qualités sont anciennes dans la race, plus elles ont chance de passer dans les descendants.

Les Chèvres sont adultes à un an; leur gestation dure cinq mois; la mise bas a presque toujours lieu au commencement du sixième : le gonflement des mamelles et du pis, les bêlements incessants de la Chèvre en sont les indices avant-coureurs. Les Chèvres donnent souvent deux Chevreaux à la fois, mais il arrive aussi qu'elles n'en produisent qu'un seul par portée; quand il y en a trois, ils sont ordinairement chétifs.

Les Chèvres sont excellentes mères et prennent beaucoup de soins de leurs petits. Pendant les premiers jours de la naissance, il est d'usage de laisser les Chevreaux téter à discrétion; mais souvent, à la fin de la première semaine, ils ne prennent plus que la première traite; on tire le lait de la mère et on rationne les petits. Quand on ne veut faire que des Chevreaux de lait pour la boucherie, on a le choix de laisser ceux-ci téter à volonté ou de les faire boire au seau : ils s'y habituent facilement; pour peu qu'ils y répugnent, on leur trempe le mufle dans le lait tiède; dès qu'ils en ont pris quelques gorgées, ils acceptent, sans plus de façon, ce régime; il a cela de commode, qu'il permet de mélanger le lait de plusieurs Chèvres et même d'y ajouter un peu d'eau, si l'on se trouve à court. Les Chevreaux destinés à accroître plus tard le troupeau, ne viennent jamais mieux que lorsqu'on les laisse téter à satiété leurs mères; quand on veut tirer parti du lait pour la fabrication du fromage, ou même pour la vente en nature, on s'arrange de manière que les naissances coïncident avec la pousse nouvelle de l'herbe au printemps; d'une part, avec cette nourriture fraîche, les mères ont plus de lait; de l'autre, on peut rationner les jeunes animaux en ne les faisant téter que deux ou trois fois par jour; lorsqu'ils ont environ trois semaines, on profite du beau temps pour les mener séparément au pâturage, et on les y accoutume ainsi graduellement. L'allaitement régulier dure de un mois à six semaines; rarement on dépasse ce terme; le plus souvent on remplace une partie du lait par des bouillies de farine d'orge ou d'avoine.

Les Chevreaux d'élevage sont ordinairement sevrés vers le cinquième ou le sixième mois; on les amène, petit à petit, à se passer de leurs mères en les réglant d'abord dans l'allaitement, puis en les sevrant de jour, et enfin de nuit comme de jour; sans ces précautions, il sont exposés à maigrir rapidement.

Contrairement à ce qui se pratique, la nourriture, dans le premier âge, doit être l'objet d'une grande attention; de ce point de départ résultent presque toujours la santé et la vigueur de l'animal. Lui marchander, à cette époque, une alimentation choisie, c'est compromettre son avenir et risquer de faire dégénérer la race. Il ne suffit pas que le Chevreau ait eu une bonne mère nourrice, il en perdrait bientôt tout le bénéfice, si, une fois sevré, on ne cherchait à le développer à l'aide de bonnes rations régulièrement distribuées : des breuvages farineux, de la recoupe, le meilleur regain de luzerne, de trèfle, de sainfoin contribuent beaucoup à le fortifier. Vient-il à se déclarer un commencement de diarrhée, maladie à laquelle les Chevreaux sont exposés au moment du sevrage, on a recours aux boissons d'eau d'orge: elles les rafraîchissent, arrêtent peu à peu l'inflammation des intestins et les remettent bientôt en santé.

Les Chevreaux, bien plus encore que les adultes de l'espèce caprine, réclament des pacages très-sains; toute herbe humide ou trop aqueuse leur est nuisible; on les conduira donc dans les endroits rocailleux et secs, de préférence aux pâturages bas où ils sont sujets à contracter la maladie connue sous le nom de *brou*.

Vers sept ou huit mois, le Chevreau est devenu assez robuste pour braver les intempéries; toutefois il reste toujours très-sensible aux pluies froides et aux forts coups de soleil : ces derniers le font souvent périr instantanément, comme frappé d'apoplexie; dans ces deux cas, il convient de rentrer les bêtes à l'étable et de les y tenir jusqu'à ce que le mauvais temps ou la trop grande chaleur ait cessé. La Chèvre, du reste, n'est pas difficile à élever; son tempérament énergique s'arrange de tout. Au dehors, la plupart des herbes lui conviennent; celles des terrains pierreux, fines, courtes et aromatiques, sont particulièrement de son goût; elle recherche avec avidité les végétaux grimpants, les ronces et les bruyères : le tannin que ces dernières plantes renferment sont pour elle un stimulant salutaire. A l'étable, tous les fourrages, pois, vesces, trèfle, lupuline, sainfoin et luzerne entrent très-bien dans son régime avec le foin bien récolté; à l'état frais, il faut les lui donner avec précaution, à cause de l'excès d'eau qu'ils contiennent; l'hiver, les ramées de saule, d'orme, de frêne, de peuplier, sont encore une excellente ressource. Dans les pays vignobles où l'on tient des Chèvres, on fait ordinairement provision de feuilles de vigne pour les mêler à leurs rations; on les recueille peu de temps après avoir vendangé; on les empile en les pressant fortement dans des cuves ou dans des tonneaux et on les recouvre d'eau; elles se conservent de cette manière pendant plusieurs mois, et communiquent au lait une saveur particulière, très-recherchée dans la fabrication des Monts-d'Or. Les pommes de terre, les betteraves, les topinambours, les carottes ajoutés aux fourrages secs, et saupoudrés, quand on le peut, de tourteaux de noix pulvérisés, forment la meilleure nourriture d'hiver pour les Chèvres. Trois repas par jour quand les bêtes sont tenues constamment à l'étable; quelques poignées de foin, le matin, avant d'aller au pâturage, et, le soir, une distribution de nourriture sèche dans les râteliers, suffisent à l'entretien journalier. On fait en sorte que l'ensemble des rations corresponde à 3 1/2 pour 100 du poids vif de l'animal; mais s'il s'agit d'une bête laitière qu'on veut maintenir en bon état de production, la ration doit s'élever à 5 pour 100 de son poids vivant; encore la Chèvre bonne laitière restera-t-elle maigre malgré ce surcroît de nourriture. Deux kilogrammes de foin sec ou sept à huit kilogrammes de fourrages verts représentent la ration ordinaire d'une Chèvre de taille moyenne, du poids de quarante à quarante-cinq kilogrammes.

La viande forme, avec le cuir, le principal produit du Chevreau; chez la Chèvre, c'est le lait qui a le plus de valeur; la peau est estimée, mais la viande, de basse qualité, se vend à vil prix.

A quantité égale de nourriture, aucun animal domestique ne fournit une proportion de lait aussi considérable que la Chèvre; le genre d'alimentation et la nature plus ou moins variée des herbes exercent une grande influence sur cette production; plus les herbes prises sur place sont venues en terrain sec, moins le lait est abondant, mais il est d'autant plus riche en qualité.

La Chèvre donne d'autant plus de lait, que sa délivrance est plus récente; plus on s'éloigne de cette époque, plus il acquiert de prix.

Il est d'usage de traire les Chèvres deux fois par jour; quand la traite n'a lieu qu'une seule fois, le lait est très-épais.

Le lait de Chèvre est peu butyreux.

Une bonne Chèvre laitière bien nourrie donne, en moyenne, deux litres de lait par jour, pendant six mois au moins; elle le gardera d'autant plus longtemps, qu'elle se trouvera dans de meilleures conditions hygiéniques; la température de l'étable ne doit pas dépasser 15 à 16 degrés de chaleur; au-dessous ou au delà de ce terme, il y a diminution sensible dans la production du lait.

On calcule qu'il faut environ deux litres de lait pour produire cent vingt-cinq grammes de fromage de Chèvre.

LE MOUFLON.

Le Mouflon (*Ovis musimon*, fig. 54) appartient aux pays montagneux que baigne la Méditerranée; les anciens le connaissaient; Pline l'a décrit sous le nom de Musmon. Jadis il habitait en nombre l'île de Chypre, plusieurs parties de l'Archipel et d'autres contrées de la Grèce; mais aujourd'hui il y est devenu très-rare, de même qu'en Espagne, où il était autrefois si commun, qu'on le chassait à cor et à cris; en revanche, il s'est toujours multiplié en Sardaigne et en Corse, pays classiques de cet animal, même du temps des Romains; on l'y désigne sous le nom de Muffoli.

Quoique très-voisin des Chèvres, le Mouflon, par son chanfrein arqué, ses oreilles non pendantes, ses cornes vigoureuses et ridées principalement à la base, se rapproche davantage du Bélier que du Bouc. Ses allures sont celles d'un animal trapu, agile, robuste et sauvage. Il est solidement campé sur ses jambes qui manquent de finesse et sont munies d'un sabot court. Son corps épais, bien musclé, est recouvert d'un pelage plus foncé et plus fourni en hiver qu'en été, de couleur fauve et mêlé de poils noirs; le ventre et le bord de la queue sont blancs. La partie antérieure de la face, ainsi que le dessus et le dessous de l'œil, contrastent, par leur teinte blanche, avec la couleur noirâtre de la partie supérieure et des côtés de la face; une bande de même couleur, partant de la commissure des lèvres, descend sous la

Fig. 54. Mouflon.

mâchoire inférieure, y forme un collier et vient se rattacher à la ligne noirâtre qui orne la poitrine et s'étend jusque sur la moitié des jambes de devant: en hiver, les poils noirs du dessous du cou s'allongent en fanon.

Le Mouflon, très-répandu en Corse, habite presque constamment le sommet des plus hautes montagnes de cette île; les neiges seules l'en font descendre; il en est néanmoins qui résident parmi les rochers de la région moyenne. Pendant le jour, cet animal se tient dans les endroits les plus escarpés où croissent le pin maritime et le pin laricio; mais il les quitte la nuit, pour aller chercher ailleurs une nourriture plus abondante;

il vit surtout des jeunes pousses des arbres et des arbustes, et n'est que faiblement herbivore. L'hiver, il recherche l'exposition de l'est, afin de jouir plus tôt des rayons du soleil; à mesure que l'astre s'élève sur l'horizon, il abandonne sa station matinale et rentre sous les maquis. Lorsque la neige surprend les Mouflons dans leurs parages les plus élevés, ils se réunissent en troupes et se frayent un passage en marchant à la file les uns des autres : on les rencontre le plus souvent à une altitude qui varie depuis 1200 jusqu'à 2000 mètres au-dessus du niveau de la mer; dans la mauvaise saison, ils occupent la région moyenne, entre 5 et 600 mètres d'élévation. Toutes les hautes montagnes de la Corse en nourrissent un certain nombre; les monts Rotondo, d'Oro, Cinto et Reynoso sont ceux où ils abondent le plus, avec les montagnes de Bavella, Tova et Bianca dans l'arrondissement de Sartène.

La plus grande partie de l'année, ces animaux vivent par petites troupes de cinq ou six individus où ne se trouvent que des femelles, les mâles se tenant presque toujours à l'écart.

Aux approches de l'hiver, les mâles se livrent à des luttes longues et acharnées; il n'est pas rare d'en voir plusieurs aux prises en même temps, cherchant à se terrasser avec leurs cornes formidables; ainsi que chez les Béliers, ces appendices donnent et reçoivent les coups, et servent à la fois de bouclier et de massue; les deux adversaires, après s'être observés un instant d'un œil plein de colère, reculent d'abord de quelques pas pour prendre leur élan; ils s'avancent ensuite l'un contre l'autre, tête baissée et les cornes dirigées en avant, et s'entre-choquent aussitôt avec une fureur toujours croissante. En général, ils combattent avec beaucoup de courage, et reviennent sans cesse à l'assaut, jusqu'à ce que l'un des deux tombe mort; quelquefois cependant le plus faible n'attend pas le coup fatal; après avoir échangé plusieurs passes, il se dérobe pour prendre la fuite; le vainqueur ne le poursuit jamais.

La femelle porte cinq mois et met bas en avril; rarement elle a plus d'un petit par année; elle le dépose parmi les rochers les plus inaccessibles. Le jeune Mouflon est en état de marcher dès qu'il a vu le jour; il naît les yeux ouverts et le corps couvert de poils, et est en état, au bout de quelques jours, de fournir une course rapide; aussi surveille-t-on l'époque des naissances pour le capturer. D'après M. Poli, de Sari, l'un des plus habiles tireurs de la Corse, rien n'est plus facile les six premiers jours de la naissance du jeune Mouflon. On s'avance en silence, et contre le vent, à l'endroit où la mère a mis bas; on la tire dès qu'on est à bonne portée de balle; si elle tombe, son petit, terrifié au coup de fusil, se blottit et reste immobile; on court aussitôt le prendre et on le porte entre les bras pendant l'espace d'une centaine de mètres; après ce temps, on le met à terre; il suit sans peine le chasseur et, dès cet instant, il est privé : il en va tout autrement lorsque le jeune Mouflon est arrivé à son sixième jour; il se sauve alors à toutes jambes, et on l'a bientôt perdu de vue à travers les rochers. Quand la mère n'a pas été tuée du coup, elle ne tarde pas à revenir chercher son petit; son dévouement maternel est bien souvent payé de la vie; jamais elle ne cherche à défendre sa progéniture, mais elle ne l'abandonne qu'à la dernière extrémité.

Le Mouflon, pris tout jeune, s'apprivoise avec une extrême facilité; il n'en est pas de même de ceux qui sont plus âgés, ils gardent presque toujours leur naturel sauvage. Leur nourriture, en domesticité, ne présente aucun embarras; ils broutent les ronces et les branchages de toute espèce, mangent volontiers de l'orge, du son, et, par-dessus tout, du pain; lorsqu'ils n'ont pas autre chose, ils s'accommodent du foin; on leur en donne un peu plus de deux kilogrammes par jour; on a remarqué qu'ils ne prennent aucun aliment sans l'avoir préalablement flairé; ils boivent en humant. La domesticité paraît exercer peu d'influence sur leur instinct, d'ailleurs assez borné; ils ne se montrent ni bien confiants, ni très-dociles, et tout en s'attachant à leurs maîtres au point de les suivre comme un Chien, d'accourir en bondissant à leur appel, ils s'affectionnent médiocrement; les châtiments les irritent sans les corriger; ils restent à peu près tout entiers dans leur nature brute, et ne se font pas faute de donner des coups de corne quand la fantaisie leur en prend : leur développement complet est atteint vers la cinquième année.

L'espèce sauvage se réunit en grandes troupes quand vient la saison des neiges : c'est l'époque la plus favorable pour faire cette chasse; les tireurs les plus habiles, rompus à la pratique des montagnes, et dont le tempérament robuste est en état de braver des fatigues héroïques et l'inclémence des saisons, peuvent seuls l'entreprendre; elle n'est pas sans analogie avec la chasse du Chamois. Il faut, en effet, aller chercher le Mouflon à de grandes hauteurs, à travers d'affreux précipices, et malgré toutes les chances de mauvais temps, si fréquentes à la région des neiges. Comme le Mouflon a l'odorat très-fin et la vue très-perçante, on a soin de marcher sous le vent, en silence, et en se cachant le mieux possible. Les traces fraîches révèlent le quartier où se trouvent les Mouflons; une fois sur la piste, on cerne une certaine étendue de terrain, et lorsqu'on a pris position aux passages fréquentés par ces animaux, les rabatteurs commencent à battre le terrain en poussant de grands cris. A leurs clameurs, les Mouflons se sauvent dans toutes les directions en bondissant de rocher en rocher, et en cherchant toujours à gagner les cimes les plus élevées : on les tire comme on peut, dans leur fuite rapide comme l'éclair. Le Mouflon, même acculé, ne fait jamais tête au chasseur; il n'y a donc d'autre danger que celui de rouler au fond des précipices, si l'on n'a pas le pied tout à fait montagnard.

D'après Buffon, le Mouflon serait la souche de nos troupeaux de bêtes à laine. D'autres naturalistes, et Pallas entre autres, font remonter l'espèce domestique à l'Argali de Sibérie, animal des montagnes d'Asie, qui a les plus grands rapports avec le Mouflon, et qui n'en diffère, pour ainsi dire, que par sa taille plus forte. Mais la Brebis a-t-elle jamais eu une souche sauvage? *adhuc sub judice lis est.*

LE BÉLIER ET LA BREBIS (*Ovis*).

A n'examiner que leur instinct, le Bélier et la Brebis (fig. 55) devraient être relégués presque aux derniers rangs des animaux. Il en est peu, en effet, d'aussi stupides. La race, absolument sans défense, semble n'obéir qu'à des impulsions machinales; elle craint les intempéries, et cependant elle ne cherche aucun abri pour s'en préserver; à peine sait-elle trouver une nourriture toute préparée; elle ne fait aucune provision pour les temps de disette; elle s'effarouche de l'ombre même d'un danger, et loin de le braver, elle ne connaît d'autre expédient que de se serrer, de s'entasser pêle-mêle et de rester dans une immobilité absolue, ou de se porter confusément, en troupe, sur un point quelconque, comme hébétée et anéantie par une frayeur, la plupart du temps imaginaire. Ces animaux savent si peu se conduire eux-mêmes, qu'ils acceptent pour chef le premier venu qui prend la tête du troupeau, et le suivent dans tous ses mou-

Fig. 55. Bélier et Brebis.

vements. Va-t-il tout droit devant lui, ils l'accompagnent du même pas et dans la même direction; se jette-t-il dans un précipice, tous y tombent, sans que la chute du premier rang détourne les autres d'une perte assurée.

L'espèce, considérée soit dans le mâle, soit dans la femelle, ne se montre pas sous un jour plus favorable. Le Bélier, quoique muni de longues cornes, est sans nul courage; il ne sort de son apathie habituelle que pour lutter, à certaines époques, contre d'autres Béliers; en dehors de cette ardeur momentanée, sa pétulance sans but fait place à une longue indolence, absolument semblable à l'idiotisme du Mouton. La Brebis, généralement dépourvue de toute arme, n'a pour ainsi dire qu'un rôle passif; elle ne s'aide d'aucune ressource et vit grossièrement au jour le jour, calquant exactement sa vie sur celle de ses semblables. Chez elle, aucune lueur d'intelligence; l'instinct maternel même lui fait presque défaut : elle sait, il est vrai, reconnaître son Agneau au milieu d'un troupeau, et répondre à ses cris par un bêlement particulier; mais elle semble n'avoir pour lui qu'un bien faible attachement; elle ne le défend des approches du Chien qu'en frappant le sol du pied, en faisant un pas timide en avant, le front baissé et menaçant, mais sans se risquer davantage; elle se laisse enlever sans résistance son petit, et à peine celui-ci est-il sevré, qu'il lui devient aussi indifférent que s'ils avaient toujours été étrangers l'un à l'autre; toute la race d'ailleurs manque d'affection.

Telle est l'inertie de ces bêtes, et telle leur imbécillité, qu'elles n'usent même pas de la fuite comme moyen de salut; du reste, à quoi bon courir? la moindre traite les essouffle. La grande chaleur les éprouve presque autant que l'humidité; elles sont sujettes à une foule de maladies, dont plusieurs, telles que le claveau, le piétain, la gale, sont contagieuses; le tournis les frappe de vertige, et, dans les contrées basses ou dans les années humides, la cachexie les fait périr rapidement. Même en santé, leur existence est courte, et elles n'ont qu'une fécondité très-bornée pour réparer leurs pertes; enfin, sans la protection de l'homme, à la garde duquel elles semblent avoir été confiées plus que tout autre animal domestique, il leur serait impossible de résister aux carnassiers nombreux qui les attaquent; la race entière ne tarderait pas à disparaître complétement.

Par bonheur, la Brebis, si peu favorisée de dons personnels, rachète l'infériorité de son instinct par les services multipliés qu'elle nous rend: elle nous fournit, à la fois, de quoi nous nourrir, nous vêtir et nous éclairer; elle vit sur les pâturages les plus pauvres, par exemple, dans la Crau, dans la Sologne et sur les terrains arides et crayeux de la Champagne; elle se contente du plus modeste abri, et porte, sans frais, par le parcage, les engrais dont elle enrichit l'agriculture; elle est, par excellence, la ressource providentielle des pays de landes et des steppes désolés.

Certains auteurs se sont efforcés de voir la source originelle des bêtes à laine dans l'Argali de Sibérie et dans le Mouflon; mais si le type sauvage de la Brebis a jamais existé, nulle part il n'a laissé de trace, à la différence du Bœuf, du Cheval, de l'Ane et du Chien qui, rendus accidentellement à la liberté, ont repris l'état de nature dans certaines contrées, et s'y maintiennent encore; la domesticité de la race ovine, au contraire, se perd dans la nuit des temps; ces animaux formaient déjà d'immenses troupeaux sous les patriarches, et, jusque dans les âges les plus reculés, ils ont toujours constitué la principale richesse des peuples pasteurs.

Zoologiquement parlant, il est difficile d'appliquer à la race des caractères bien précis; elle a plus d'un rapport avec les Chèvres; toutefois ses cornes en spirale, dirigées en arrière et revenant plus ou moins en avant, son chanfrein généralement busqué et son menton sans barbe, l'en distinguent suffisamment.

La Brebis porte cinq mois; en général, elle ne met bas qu'un seul Agneau à la fois; quelques races néanmoins, comme la Barbarine, en produisent souvent deux et même jusqu'à trois à la fois. Avant leur troisième mois, dans la belle saison et sous un climat tempéré, les petits sont déjà en état d'accompagner leur mère au pâturage; le sainfoin, la lupuline, les vesces, les regains de luzerne et de trèfle, les prés et les chaumes forment leur dépaissance ordinaire au dehors; les fourrages secs, les tourteaux et les racines composent leur alimentation d'hiver; ces dernières, mêlées à la nourriture sèche, favorisent beaucoup leur développement et les préparent, économiquement, à prendre graisse; elles ne favorisent pas moins la sécrétion du lait chez les mères nourrices et chez celles dont on tire parti, comme dans le Larzac et l'Aveyron, pour la fabrication des fromages de Roquefort. Les jeunes bêtes nourries exclusivement de lait jusqu'à trois mois, portent en Provence le nom d'*Agneaux de lait;* celles qui, tout en tétant leur mère, prennent encore une certaine quantité de nourriture herbacée dans les champs, sont désignées sous le nom d'*Agneaux de champs;* elles n'atteignent jamais le fini ni la délicatesse des premières; la plupart des bêtes qui sont abattues pour la boucherie, ne le sont que beaucoup plus tard, lorsqu'elles sont complétement adultes.

L'âge des bêtes ovines se reconnaît à l'inspection des dents. A un an, la bête est dite *antenaise*, la mâchoire inférieure perd ses deux dents de devant; à dix-huit mois, les deux dents avoisinantes tombent à leur tour; à trois ans, toutes les incisives sont remplacées et présentent une surface égale; mais, à mesure que l'animal vieillit, ses dents renouvelées se déchaussent, s'émoussent et noircissent; quand il commence à les perdre, on le dit *brèche.*

La bonne ou la mauvaise conformation est un des indices les plus sûrs du degré d'aptitude à un engraissement prématuré, but auquel il faut tendre, toutes les fois qu'on désire un profit économique. On regarde comme bien faite la bête qui réunit les conditions suivantes : ossature légère, tête fine, cou réduit, poitrine ouverte et descendant très-bas, ligne dorsale droite, côtes arrondies, hanches rentrées, membres fins et rapprochés de terre, en un mot, corps cylindrique et très-développé à la région de l'épaule et à l'arrière-train. Certaines races, sous ce rapport, ont été amenées, par les soins du cultivateur, à un haut degré de perfectionnement; en Angleterre, les Southdown et les Dishleys; en France, les Solognots, les Berrichons et les croisés anglais, sont les plus remarquables au point de vue de la boucherie; on peut les y conduire de bonne heure et ils donnent de beaux rendements. Pour la production de la laine, on n'a pas été moins heureux : les Mérinos d'Espagne ont été le point de départ des améliorations de la toison; sa finesse est presque toujours en sens inverse de la taille des animaux; les pâturages plus ou moins secs exercent aussi une grande influence sur le vrillé et le tassé de la laine. L'homme, sous le double rapport de la viande et de la laine, a donc pétri, pour ainsi dire, les races à sa volonté, et il les a moulées selon les besoins de son industrie; mais il n'a rien changé à leurs mœurs : on les retrouve aujourd'hui telles qu'on les a toujours observées; la conservation de l'espèce paraît étroitement liée à sa dépendance vis-à-vis de nous; il lui serait absolument impossible de subsister par elle-même, en dehors de notre protection.

Toutes nos races de bêtes à laine peuvent être rapportées à deux grandes catégories : 1° les moyennes et petites races, à laine fine et ondulée, parmi lesquelles figurent les Mérinos, la race de Naz, celle du Larzac, la race Solognote et la race Berrichonne; 2° les grandes races, à laine longue et plus ou moins grossière; telles sont, notamment, la race de Lourdes, celle du Rouergue, la race Gâtine, celle de la Vienne, des Deux-Sèvres, de la Normandie et de la Flandre. L'ensemble de nos troupeaux dépasse trente millions de têtes, mais les besoins de l'agriculture, de la consommation et de l'industrie en réclameraient un bien plus grand nombre.

LE BŒUF (*Bos*).

Encore un bon et vieux serviteur dont le type primitif ne s'est retrouvé nulle part jusqu'à présent: aussi peut-on légitimement le considérer comme le compagnon-né de l'homme.

Le Bœuf est peut-être le plus précieux de tous nos animaux domestiques. D'une santé plus robuste que le Cheval, il nous coûte moins pour sa nourriture et son entretien; par les engrais qu'il laisse à la terre, il lui rend au moins autant que ce qu'il en a tiré; sa chair et sa dépouille fournissent à nos premiers besoins; sans lui, la culture du sol serait plus dispendieuse, parfois même impossible; c'est sur lui enfin que roulent les travaux les plus importants de l'agriculture. Si, par la configuration de son dos et de ses reins, il se montre inférieur au Cheval, au Mulet et à l'Ane pour porter des fardeaux, la grosseur de son cou et la largeur de ses épaules le rendent éminemment propre à tirer et à porter le joug; c'est aussi de cette manière qu'il nous rend le plus de services. « Il semble, dit notre grand naturaliste, avoir été fait exprès pour la charrue (fig. 56); la masse de son corps, la lenteur de ses mouvements, le peu de hauteur de ses jambes, tout, jusqu'à sa tranquillité et sa patience dans le travail, semble concourir à le rendre propre à la culture des champs, et plus capable qu'aucun autre de vaincre la résistance constante et toujours nouvelle que la terre oppose à ses efforts. Le Cheval, quoique peut-être aussi fort que le Bœuf, est moins propre à cet ouvrage; il est trop élevé sur ses jambes; ses mouvements sont trop grands, trop brusques, et d'ailleurs il s'impatiente et se rebute trop aisément; on lui ôte même toute la légèreté, toute la

Fig. 56. Bœufs de labour.

souplesse de ses mouvements, toute la grâce de son attitude et de sa démarche, lorsqu'on le réduit à ce travail pesant, pour lequel il faut plus de constance que d'ardeur, plus de masse que de vitesse, et plus de poids que de ressorts. »

Le Bœuf (fig. 57), étudié au point de vue de ses caractères zoologiques, a sa place nettement marquée parmi les ruminants. Son front vaste, plat ou légèrement concave, à peu près aussi haut que large, est armé de deux cornes lisses, coniques, ordinairement dirigées en haut avec la pointe rejetée en dehors ; ses oreilles offrent la forme de cornets ; son mufle est large et épais ; son cou gros, court et fortement musclé ; un fanon de texture lâche lui pend au bas de la poitrine qui est largement ouverte ; son corps, massif, est revêtu de poils courts, de couleur variable : les treize paires de côtes qui le cuirassent séparent complétement le Bœuf de l'Aurochs et du Yack, animaux pourvus de quatorze paires de côtes, et qu'on a regardés pendant quelque temps comme son type originel.

Le Bœuf est exclusivement herbivore ; il mange vite et prend en peu de temps toute la nourriture dont il a besoin ; dès que sa provision est faite pour un repas, il se couche pour ruminer : ce travail est pour lui d'une nécessité absolue, par suite de sa structure. L'animal, en effet, est muni de quatre estomacs. Le premier, ou *panse*, le plus ample de tous, est tapissé d'une mince membrane ; le second, ou *bonnet*, est formé par des cloisons cannelées qui se croisent en tous sens comme un réseau ; une gouttière, continuant l'œsophage et susceptible de contraction, s'étend sur sa partie interne et supérieure, et vient aboutir à l'origine du troisième estomac, ou *feuillet ;* celui-ci se divise en lames de dimensions variées, analogues aux feuillets d'un livre, d'où son nom ; le quatrième estomac, appelé *caillette*, représente l'estomac proprement dit ; des replis sinueux, de grandeur inégale et moins nombreux que ceux du feuillet, parcourent sa surface intérieure ; il est, de plus, revêtu d'une membrane veloutée, abreuvée, dans toute sa capacité, par une liqueur onctueuse suintant de toutes ses parties.

Le phénomène compliqué de la rumination a été fort bien décrit par Buffon. « Ce n'est qu'un vomissement sans effort, occasionné par la réaction du premier estomac sur les aliments qu'il contient. Le Bœuf remplit, autant que faire se peut, ses deux premiers estomacs, c'est-à-dire la panse et le bonnet ; cette membrane tendue réagit alors avec force sur l'herbe qu'elle renferme, qui n'est que très-peu mâchée, à peine hachée, et dont le volume augmente beaucoup par la fermentation. Si l'aliment était liquide, cette force de contraction le ferait passer par le troisième estomac, qui ne communique avec l'autre que par un conduit étroit, lequel n'admet que la partie coulante de l'aliment sec; ce dernier doit donc remonter dans l'œsophage dont l'orifice est plus large que celui du conduit. Il y remonte, en effet; l'animal en remâche toutes les parties, les macère, les imbibe de nouveau de sa salive et les rend ainsi peu à peu plus coulantes; il les réduit en pâte assez liquide pour qu'elles puissent glisser dans ce conduit qui mène au troisième estomac, où elles se macèrent encore avant de passer dans le quatrième : c'est dans ce dernier estomac que s'achève la décomposition du foin, qui est réduit en parfait mucilage. »

La rumination, chez le Bœuf, se fait toujours lentement; il n'en est pas de même de son repos : il dort peu et d'un sommeil court et léger; le moindre bruit le réveille.

Sa voix, désignée sous le nom de mugissement, est forte et bruyante, plus retentissante dans le Taureau que chez la femelle. La Vache porte neuf mois et ne produit ordinairement qu'un seul Veau à la fois. L'éducation est longue; l'allaitement dure plusieurs mois; quand la mère est bien constituée et abondamment nourrie, la lactation exerce une grande influence sur le développement ultérieur du jeune animal; aussi une alimentation parcimonieuse dans le premier âge est-elle toujours une économie mal entendue. Il est nécessaire de laisser téter le Veau à volonté, et aussi longtemps que la Vache y consent, toutes les fois qu'il s'agit d'élevage; mais si le sujet est simplement destiné à la boucherie, on peut, au lieu de lui donner le pis de sa mère, le faire boire au seau; il s'y accoutume très-bien, et peut recevoir ainsi le lait de plusieurs Vaches, lorsqu'on veut le pousser à un engraissement rapide.

Longtemps avant d'être sevré, le Veau accompagne sa mère aux champs; il s'habitue peu à peu à y prendre une certaine quantité d'herbe, ce qui, joint à l'exercice en plein air, développe singulièrement ses forces. L'âge, chez ces animaux, se reconnaît à l'examen des dents et de la corne. Les premières dents de devant tombent à dix mois et sont remplacées par d'autres plus larges; à seize mois, les dents voisines des mitoyennes tombent à leur tour, et d'autres à surface également plus large leur succèdent; à trois ans, toutes les incisives se trouvent renouvelées et d'une égale longueur; mais, à mesure que le Bœuf avance en âge, elles deviennent inégales et noircissent. Les cornes croissent pendant toute la vie de l'animal; on y distingue facilement les bourrelets ou nœuds annulaires dont elles sont marquées, et qui correspondent chacun à une année du développement du Bœuf; elles peuvent donc servir à déterminer l'âge; seulement, il faut avoir soin de compter, comme équivalent de trois ans, l'espace compris entre la pointe de la corne et le premier nœud; chacun des autres bourrelets représente une année.

Les cornes, chez le Bœuf, ne tombent pas comme chez d'autres ruminants; elles persistent tant que vit l'animal; viennent-elles à se casser par accident ou à tomber à la suite de quelque maladie, elles ne croissent ni ne se renouvellent jamais. Ces appendices sont de puissants moyens de défense. Lorsque les Bœufs veulent en faire usage, ils baissent la tête, présentent la pointe de leurs cornes, percent leur adversaire et le lancent en l'air en relevant brusquement le front; ils se protégent également par des ruades de côté. Toute la force des Bœufs est concentrée dans la tête et les épaules. Très-paisibles de leur nature, ils sont quelquefois sujets à des accès de colère, les Taureaux surtout; certaines couleurs, une antipathie subite contre certaines personnes, les irritent tout à coup, au point de les rendre furieux; ils deviennent alors très-redoutables. Quelques peuples, tels que les Espagnols, profitent de cette disposition farouche pour les donner en spectacle dans les jeux du cirque; leurs *courses de taureaux* font, à coup sûr, briller l'adresse et la témérité des *toréadors*, mais elles ont le grave inconvénient de familiariser les populations avec la vue du sang, de sacrifier en pure perte d'utiles animaux, et d'exposer la vie des hommes, qui mérite certainement plus de respect.

C'est principalement à l'aide de leurs cornes que les Bœufs se défendent contre les carnassiers qui les attaquent. Lorsqu'un Loup ou tout autre animal sauvage vient à rôder autour d'un troupeau de Vaches en train de paître, elles se rangent en cercle, enferment au centre les Veaux et les Génisses incapables de se défendre, et présentent au maraudeur un formidable rempart, tout hérissé de cornes. Si la bête meurtrière, au lieu de s'éloigner devant cet appareil menaçant, tient bon, attendant le moment favorable pour sauter sur quelque victime, un Taureau sort souvent des rangs et court résolûment à sa rencontre, jusqu'à ce qu'il lui ait fait prendre la fuite. L'instinct courageux de ces animaux se montre encore dans d'autres circonstances; dans la Camargue, par exemple, où les Vaches à demi sauvages mettent bas en plein air, tout étranger qui s'approche d'elles leur devient ennemi; elles le poursuivent avec colère et lui feraient un mauvais parti s'il ne se hâtait de s'éloigner; mais à part ces cas tout particuliers, la race est généralement inoffensive; elle se recommande par ses utiles services, quoique ses facultés intellectuelles soient peu développées.

Fig. 57. Bœuf.

La France possède quelques belles variétés de Bœufs; les plus remarquables, parmi les bêtes à lait, sont : les races Flamande, Normande et Bretonne; comme bêtes éminemment propres à la boucherie, les races Garonnaise, Limousine, d'Aubrac, de Salers, Normande, Parthenaise, Choletaise, Mancelle, Charollaise, Nivernaise et Comtoise, occupent les premiers rangs : la plupart, dans beaucoup de départements, sont utilisées pour le labour et les charrois, avant de finir par l'abattoir.

ORDRE DES CÉTACÉS.

LE DAUPHIN, LE MARSOUIN ET LA BALEINE FRANCHE.

Sous la forme extérieure de poissons, les Cétacés sont de véritables mammifères vivipares, habitant les mers et respirant par deux poumons, ce qui les oblige à remonter, de temps en temps, à la surface pour renouveler leur provision d'air atmosphérique. Leur corps, couvert d'un cuir épais et sans poil, est doublé d'une forte couche de lard; il se termine par une nageoire horizontale qui s'infléchit de haut en bas; leurs membres antérieurs, les seuls apparents, sont convertis en rames et exercent en même temps la fonction de bras. Ces animaux forment deux grandes familles. La première, caractérisée par ses dents à couronnes plates, comprend les espèces qui sont herbivores; elles sortent de l'eau pour venir ramper et paître sur le rivage. Leurs deux mamelles, situées sur la poitrine, leur tête arrondie et leurs narines percées au bout du museau dont les côtés sont garnis de moustaches, leur donnent, vus de loin, une espèce d'apparence humaine; de là sans doute l'origine fabuleuse des Tritons et des Sirènes: à cette catégorie appartiennent les Manates, les Dugongs et les Stellères, tous étrangers aux mers d'Europe.

La seconde famille, les Cétacés proprement dits, renferme les espèces qui se nourrissent de poissons, de mollusques, de zoophytes et autres animaux marins; on les distingue à leurs *évents*, appareil destiné à expulser au dehors, sous forme de gerbe ou de colonne liquide, le volume d'eau considérable qui s'engouffre dans leur vaste gueule, chaque fois qu'ils engloutissent leur proie; de là le nom de *Souffleurs* sous lequel on les désigne généralement (fig. 58). Dans l'acte de la déglutition, les évents font l'office d'un tuyau de pompe aspirante et foulante. Percés dans l'épaisseur des os de la tête, ils partent de la voûte palatine, et vont aboutir au sommet du crâne où ils entrent en communication avec l'air extérieur, tandis que le reste du corps est plongé dans l'eau; ils servent, en outre, à rejeter au dehors, à l'aide de la compression exercée par des muscles puissants, la quantité d'eau qui s'est amassée dans un sac placé à l'orifice du nez: chaque évent est muni d'une soupape fermant de haut en bas, et qui a pour but d'empêcher l'eau de pénétrer, par cette issue, dans la gorge lorsque l'animal veut plonger. Leurs mamelles sont reportées à l'arrière du corps.

D'après l'absence ou la présence de dents et la proportion de

Fig. 58. Souffleur.

la tête par rapport au corps, les Cétacés proprement dits forment deux catégories. La première se compose de tous ceux qui n'ont pas de dents, et dont la tête, démesurément grande, fait à elle seule le tiers ou la moitié de la longueur du corps tels sont les Narvals, les Cachalots et les Baleines; aucun d'eux ne séjourne plus dans nos mers; dans de rares circonstances seulement, quelques Baleines s'y montrent ou viennent échouer sur nos côtes. La seconde catégorie renferme les Cétacés dont les mâchoires sont armées de dents; le grand genre Dauphin en fait partie; il se subdivise, à son tour, en deux tribus, savoir: 1° les

Dauphins proprement dits, reconnaissables à leur front bombé et à leur museau allongé en bec; 2° les Marsouins, dont le museau court et uniformément bombé ne finit pas en pointe.

Le Dauphin. — Les Dauphins (*Delphinus*, fig. 59) ne sont pas tels que les représentent les artistes; ils n'ont ni une grosse tête, ni la queue recourbée; leur corps, plus épais dans sa partie moyenne que partout ailleurs, se rapproche singulièrement de la forme ovalaire que présentent un grand nombre de poissons; leurs mâchoires sont armées de dents généralement coniques, s'emboîtant les unes dans les autres. Ce sont les plus voraces, mais aussi les plus intelligents de tous les Cétacés; autant les Baleines, les Cachalots et les Narvals sont lourds, apathiques et

Fig. 59. Dauphin.

vivent, par couples solitaires, confinés près des pôles, autant les Dauphins sont vifs, agiles, d'une humeur gaie, portés à la sociabilité, et répandus dans toutes les mers. Tandis que les premiers, tout à fait débonnaires, ne font que promener majestueusement leur énorme corpulence à travers l'abîme, ne se nourrissent que de mollusques et de petits animaux marins d'un ordre tout à fait inférieur, les seconds, de mœurs turbulentes et belliqueuses, ravagent les bandes de Harengs et de Maquereaux migrateurs, font la guerre à une foule d'autres poissons, et attaquent jusqu'aux Baleines elles-mêmes. Ils s'attroupent par légions, dépassent, dans leurs courses effrénées, les meilleurs bâtiments à voile, et luttent de vitesse avec les vapeurs eux-mêmes. Leurs évolutions sont curieuses à observer. Ils se projettent en avant par élancements rapides comme une flèche, se jouent dans le sillage des navires et caracolent tout autour des bâtiments pendant des semaines entières; dans leurs jeux, ils bondissent souvent à plus de deux mètres au-dessus de l'eau, et retombent en faisant plusieurs culbutes : ces ébats, au dire des marins, sont un indice de gros temps. En général les Dauphins naviguent de conserve, en marchant toujours contre le vent; ils nagent de front, en ordre de bataille, et exécutent mille cabrioles en l'air avec une grande légèreté. Leur voix n'est qu'un mugissement sourd; et s'ils étaient sensibles au charme de la musique du temps d'Arion, ce goût leur a complètement passé, de même qu'ils ont renoncé à faire sur leur dos le sauve-

Fig. 60. Marsouin.

tage des naufragés, bêtes ou gens, dont s'émerveillait l'antiquité.

Les grandes espèces de Dauphins atteignent près de dix mètres de longueur; elles se tiennent presque toujours en haute mer, et ce n'est guère qu'à la suite de vastes tempêtes que quelques-unes s'égarent sur nos côtes.

Le Marsouin. — Il en est à peu près de même des Marsouins; toutefois certains d'entre eux remontent dans les baies et même dans l'embouchure des fleuves. Comme les Dauphins proprement dits, ils ont une nageoire dorsale et la queue bilobée; leurs mœurs sont les mêmes.

L'espèce qui nous visite le plus fréquemment est le Marsouin commun (*Phocœna vulgaris*, fig. 60), noirâtre en dessus, blanc en dessous; ses dents sont comprimées et tranchantes.

La Baleine franche. — De tout l'ordre des Cétacés, le mammifère le plus intéressant à connaître est la Baleine franche (*Balæna mysticetus*), autrefois répandue jusque sur nos côtes, mais exilée aujourd'hui sous le pôle boréal, par suite des guerres acharnées qu'on lui a faites. Tout, dans ce prodigieux animal, excite l'étonnement, tant ses proportions dépassent celles des plus grands animaux connus! Sa forme générale rappelle celle des poissons, avec lesquels on l'a confondue pendant longtemps.

Les os de la face, chez la Baleine franche, acquièrent un tel développement, que sa tête en devient monstrueuse. A la place de dents dont elle est dépourvue, sa mâchoire supérieure est garnie de fanons, espèces de lames cornées de trois à quatre mètres de long, mais diminuant en hauteur et en épaisseur, de la base à l'extrémité; elles sont serrées les unes contre les autres comme des dents de peigne, et disposées transversalement; on en compte jusqu'à trois et quatre cents de chaque côté de la mâchoire supérieure; la mâchoire inférieure les reçoit dans une gouttière.

La langue, quelquefois d'une longueur de neuf mètres sur trois ou quatre de large, est épaisse, molle, spongieuse et grasse: on en extrait jusqu'à six tonneaux d'huile.

Le gosier ne dépasse pas trois mètres, et doit être considéré comme étroit par rapport à la gueule, gouffre immense dans lequel deux hommes peuvent entrer sans se baisser.

Les yeux n'excèdent pas en grosseur ceux du bœuf; ils sont appropriés au milieu où vit l'animal et conformés comme l'œil des poissons.

Les dimensions de la Baleine sont énormes; elle a, en général, de vingt-cinq à trente mètres de long. Au sommet de la tête se trouvent les évents; l'air atmosphérique s'introduit dans la poitrine par cet orifice, et c'est par là que la Baleine rejette la masse d'eau qu'elle a avalée: pour s'en débarrasser, elle n'a qu'à fermer ses mâchoires; l'eau traverse les fosses nasales et s'arrête dans deux grandes poches; une valvule l'empêche de descendre vers l'estomac, et la retient dans les réservoirs d'où elle est expulsée au dehors, sous la forme de jets de dix à quinze mètres de hauteur, par la compression de la langue et des muscles du pharynx.

L'estomac se divise en cinq grandes poches analogues à celles des ruminants.

Deux nageoires pectorales, ovales, aplaties et échancrées, représentent les membres; elles n'offrent pas de rayons comme chez les poissons, mais elles renferment, dans leur intérieur et en raccourci, les os de l'épaule, du bras et de la main recouverts d'une enveloppe tendineuse; à l'extérieur, elles ont la forme d'un sac arrondi dans ses contours et terminé en pointe.

Les muscles, dans la Baleine, sont noyés dans plusieurs couches d'un lard épais, et environnés, en même temps, d'un tissu cellulaire rempli d'une graisse liquide; sous la peau existe, en outre, une couche d'huile renfermée dans une membrane réticulaire : tous ces amas graisseux et huileux forment comme de vastes gourdes qui permettent à la Baleine de surnager sans le moindre effort : il lui suffit de la plus légère impulsion pour glisser rapidement à travers les flots.

La queue, enfin, est formée de deux lobes placés horizontalement, tandis qu'elle est verticale chez les poissons; les muscles vigoureux dont elle est munie lui donnent une force extraordinaire et en font un levier formidable, à l'aide duquel elle soulève des navires, abat et écrase tout ce qui lui oppose de la résistance.

La Baleine est, de sa nature, éminemment pacifique; si rien ne la trouble dans ses habitudes, elle se joue, malgré sa pesante masse, au milieu de la mer : elle bondit sur les vagues, et s'amuse à lutter de vitesse avec les animaux de son espèce; elle n'est terrible que lorsqu'elle vient à être blessée ou qu'on attaque son Baleineau. L'attachement qu'elle lui porte est extrême ; elle le nourrit de son lait en nageant de côté, près de la surface ; elle ne le perd point de vue; avant de songer à sa propre sûreté, elle veille sur lui avec sollicitude, lui fraye la marche, le prend entre ses bras et le place sur son dos lorsqu'il est fatigué; bref, elle ne l'abandonne jamais, et elle risque courageusement sa vie pour le défendre.

La Baleine nage presque toujours en ligne droite; elle évolue souvent autour des navires, souffle avec force et rejette fréquemment, et avec un bruit qui retentit au loin, l'eau qu'elle a engloutie avec ses aliments. Qui le croirait? la nourriture de ce colosse se compose presque exclusivement de petits mollusques, de petits crustacés, de zoophytes et d'animalcules microscopiques. Beaucoup d'animaux d'un ordre inférieur font élection de domicile sur sa peau, s'y tiennent à l'ancre comme sur un rocher, et vivent à ses dépens. La Baleine n'attaque guère les poissons; plusieurs d'entre eux, au contraire, lui font la guerre : tels sont, entre autres, le Squale-Scie et le Dauphin gladiateur. Lorsque le Squale-Scie aperçoit un Baleineau, il cherche à le percer; le Cétacé, pour se défendre, enfonce sa tête dans l'eau et, relevant sa queue, tâche d'en frapper son adversaire : s'il l'atteint, il l'écrase du coup; mais, le plus souvent, ce dernier, doué d'une grande agilité, l'évite par un bond, tourne avec rapidité autour de sa proie, et, saisissant l'instant favorable, lui enfonce son arme redoutable dans le corps : entre les deux combattants, c'est un duel à mort; la Baleine, plus d'une fois, y périt. Les Dauphins gladiateurs s'y prennent autrement pour attaquer la Baleine; ils fondent sur elle en troupes, la harcèlent sans relâche, la mordent cruellement au museau, et si, après l'avoir fatiguée, ils parviennent à lui faire ouvrir la gueule, ils se précipitent sur sa langue, la déchirent en morceaux et s'en repaissent : la Baleine, ainsi meurtrie et mutilée, perd peu à peu son sang, et finit par expirer en poussant d'affreux mugissements; elle n'est pas plutôt morte, que des myriades d'oiseaux de mer s'acharnent sur son cadavre et achèvent de le dépecer; l'Ours blanc en fait aussi sa pâture.

Mais de tous les ennemis qui en veulent à la Baleine, celu qu'elle a le plus à redouter c'est l'homme; il la poursuit sous toutes les latitudes, et, à force de la pourchasser, il l'a exilée sous les glaces du pôle boréal, son dernier refuge aujourd'hui.

La pêche de la Baleine est une des industries les plus importantes; son origine remonte à des temps fort reculés. Déjà sous Alfred le Grand les Norvégiens s'y livraient avec succès le long de leurs côtes; à l'époque de l'invasion des Normands, les Baleines abondaient dans la Manche, et ses hardis riverains ne craignaient pas de les attaquer avec leurs frêles embarcations. Dans des temps plus rapprochés de nous, les Basques firent aussi cette pêche le long des côtes d'Espagne jusqu'au cap Finistère; à mesure que les Baleines devenaient plus rares dans ces parages, ils se lancèrent à leur recherche en pleine mer; de poursuite en poursuite, ils en arrivèrent, au douzième siècle, à relancer les Baleines jusque dans le nord-est. Dès 1372, ils avaient atteint le banc de Terre-Neuve, et, bientôt après, ils poussaient leurs entreprises jusqu'au golfe Saint-Laurent et aux côtes du Labrador. Ces succès leur suscitèrent des imitateurs. Vers le milieu du quatorzième siècle, Bordeaux armait pour la mer Glaciale plusieurs bâtiments baleiniers qui visitèrent le Groenland et le Spitzberg. C'était le beau temps de la pêche; le Béarn et l'Aunis s'y enrichirent; elle fut prospère pour eux jusqu'au commencement du dix-septième siècle; mais, à partir de cette époque, on la voit décliner en France par la faute du gouvernement; comme il négligeait de protéger les Basques, en proie aux vexations de nations rivales, il prépara insensiblement la ruine d'une industrie extrêmement lucrative : les Basques, expulsés des parages qu'ils avaient si légitimement conquis, durent renoncer à soutenir la lutte; par surcroît de malheur, ils furent réduits à servir de guides à leurs persécuteurs, qui se substituèrent partout à ces vaillants champions.

Au début, les Hollandais et les Anglais se partagèrent leur héritage. Les premiers, en 1612, s'adonnèrent à la pêche de la Baleine avec le zèle persévérant que ce peuple tenace apporte à toutes ses entreprises commerciales. De riches compagnies se formèrent chez eux pour exploiter en grand le nouveau trafic devenu, en peu de temps, une richesse nationale et une excellente école d'intrépides marins. Malheureusement leurs démêlés avec les Anglais mirent fin à sa prospérité; la guerre maritime qui éclata entre les deux peuples ruina les entreprises des Hollandais : depuis, ils ne se sont jamais relevés de cet échec. La fortune, une fois passée du côté des Anglais, y est restée. Cette nation éclairée comprit bien vite quel parti elle pouvait tirer de la pêche de la Baleine. Tandis que la plupart des gouvernements d'Europe s'y montraient indifférents, celui d'Angleterre n'hésita pas à faire de grands sacrifices pour s'en assurer la possession à peu près exclusive; il accorda de puissants encouragements aux armateurs : aussi leur industrie se développa-t-elle rapidement; ils en sont maintenant les maîtres, concurremment avec les États-Unis d'Amérique. Leurs baleiniers exploitent à la fois les mers boréales et les mers australes, pénétrant partout, jusqu'aux Marquises, aux îles Sandwich et à la Nouvelle-Zemble : dans toutes ces mers, ce sont principalement les Cachalots qu'ils poursuivent, tandis que dans la pêche du Nord ils n'ont affaire qu'à la Baleine franche.

Dans l'une et l'autre pêche, le procédé est le même; toutes deux exigent des marins vigoureux, aguerris contre toutes sortes de privations, et d'une bravoure à toute épreuve. Les navires qu'on y emploie sont d'un très-fort tonnage et pourvus de plu-

Fig. 61. Pêche de la baleine.

sieurs chaloupes; ils portent une quarantaine d'hommes d'équipage. On part généralement au printemps et le voyage dure plus de six mois; chaque chaloupe est montée par six hommes, quatre rameurs, un harponneur et un patron. Arrivés vers le 66e degré de latitude nord, les bâtiments se préparent à la pêche; on se partage les rôles, et chacun fait à son tour le guet. Milne Edwards, d'après le capitaine Scoresby, a très-bien décrit les péripéties de cette pêche dangereuse. Aussitôt, dit-il, que le matelot, placé en vigie au haut du mât, signale une Baleine, les pêcheurs se jettent dans leurs barques, et font en silence force de rames pour en approcher. L'un d'eux, debout à la proue, tient un harpon, espèce de javelot dont le fer, profondément barbé, est attaché à une corde de cent vingt brasses de long, environ deux cents mètres. Le harponneur de la première chaloupe qui arrive à portée de la Baleine, lance son dard de façon à le faire pénétrer profondément et à le bien fixer dans le corps de l'animal qui, se sentant blessé, se tord avec violence, et agite sa puissante queue avec tant de force que, si elle rencontre l'embarcation, elle la brise ou la lance en l'air. En général cependant, la Baleine plonge immédiatement, entraînant après elle la corde fixée au fer implanté dans ses chairs. Ce moment est critique pour les pêcheurs. Si la ligne ne se déroulait pas assez vite et venait à s'accrocher, la Baleine submergerait la chaloupe et tout son équipage; on a vu quelquefois des matelots, dont le corps se trouvait pris dans une anse de cette corde, presque coupés en deux, et lancés dans la mer pour ne jamais reparaître à sa surface. La rapidité avec laquelle fuit l'animal est telle, que la corde, en frottant sur le bord de la chaloupe, produit une fumée épaisse, et prendrait feu, si l'on n'avait soin de l'arroser sans cesse. Lorsque la première ligne est presque déroulée, les pêcheurs y attachent une seconde ligne, puis une troisième, et ainsi de suite, jusqu'à ce qu'ils aient employé tout ce qu'ils ont à bord et tout ce que les autres chaloupes ont pu leur en fournir. La longueur de la ligne, qu'ils mettent ainsi dehors, dépasse quelquefois dix mille pieds; cependant elle ne suffit pas toujours, et il arrive qu'ils sont obligés de la lâcher et d'abandonner toute cette masse de cordages ainsi que leur harpon, tant la Baleine prolonge sa fuite sans remonter à la surface! Quelquefois l'animal reste sous l'eau pendant plus d'une demi-heure, mais le besoin de respirer le force alors de revenir à la surface, et les pêcheurs qui se sont disposés pour être plus à portée de le frapper, cherchent alors à implanter dans son corps un second harpon, ou à le percer avec des lances. Lorsque la Baleine remonte ainsi, elle est ordinairement dans un état d'épuisement extrême, et, à mesure que son sang s'écoule, elle s'affaiblit davantage; souvent cependant, lorsque la mort approche, elle fait un dernier et terrible effort, élève sa queue au-dessus de l'eau et l'agite d'un mouvement convulsif qui se fait entendre à une distance de plusieurs milles (fig. 61). Enfin, succombant tout à fait, elle se couche sur le flanc et expire. Les pêcheurs se hâtent alors de percer sa queue et d'y attacher des cordes à l'aide desquelles ils fixent au flanc de leur navire cette immense carcasse; puis, armés d'énormes couteaux et d'instruments qui ressemblent à une grande bêche, ils descendent dessus, et enlèvent par tranches le lard, qu'on dépose dans des barils pour être fondu lors du retour. Une seule Baleine fournit jusqu'à trente hectolitres d'huile. Les Anglais, à eux seuls, envoient plus de deux cents navires dans le Nord, à la pêche de la Baleine. Nous sommes bien plus modestes dans nos armements; cette industrie toutefois n'a jamais cessé en France, et chaque année il part du Havre un certain nombre de bâtiments baleiniers; les autres ports de la Manche et de l'Océan participent aussi à cette pêche, mais dans de plus faibles proportions : les États-Unis seuls rivalisent avec l'Angleterre dans ces entreprises toujours plus ou moins hasardeuses, mais qui donnent à leur gouvernement d'excellents matelots.

DEUXIÈME CLASSE.

LES OISEAUX.

Les oiseaux sont des animaux vertébrés ovipares, à circulation et respiration doubles, organisés pour le vol.

La tête des oiseaux est, en général, petite relativement au volume de leur corps; la face est occupée, en grande partie, par le bec, formé de deux *mandibules* dont l'inférieure jouit d'une certaine mobilité.

Le cou, composé d'un grand nombre de vertèbres très-mobiles les unes sur les autres, est d'autant plus long que l'oiseau est plus élevé sur ses pattes; il en est de même chez ceux qui cherchent leur nourriture au sein des eaux.

La plupart ont les vertèbres du dos soudées et complétement immobiles.

Le sternum, destiné à donner attache aux muscles abaisseurs de l'aile, est très-développé, et présente ordinairement à sa partie médiane une lame saillante, en forme de carène, nommée *bréchet*.

Les membres antérieurs, disposés pour le vol, sont munis d'une double clavicule; l'humérus est conformé comme celui de l'homme, mais le radius et le cubitus ne peuvent pas tourner l'un sur l'autre : ces membres sont terminés par trois doigts, dont deux à peine développés.

Les membres postérieurs se composent d'un fémur, d'un tibia, d'un péroné et d'une rotule; le tarse et le métatarse y sont représentés par un seul os, au bout duquel se trouvent les doigts, ordinairement au nombre de quatre : le pouce se dirige en arrière.

En général, tout le corps des oiseaux est couvert de plumes; ces téguments, analogues aux poils, sont formés d'un tube corné ouvert à l'extrémité, et d'une tige garnie, sur les côtés, de barbes, qui elles-mêmes se ramifient en barbules. Les grandes plumes des ailes et de la queue sont désignées sous le nom commun de *pennes;* celles de la queue, assimilées à un gouvernail, portent le nom spécial de *rectrices;* celles des ailes, comparées à des rames, sont désignées sous le nom de *rémiges*, et se subdivisent en *rémiges primaires*, *secondaires* et *bâtardes*, selon qu'elles naissent sur le corps, l'avant-bras ou le pouce; les plumes qui revêtent le bras ont reçu la dénomination de *scapulaires;* celles qui se trouvent à la base des pennes sont appelées *couvertures* ou *tectrices*. Pour voler, l'oiseau frappe l'air de ses ailes; sa résistance lui fournit un point d'appui dont il se sert pour s'élancer. Plus les ailes sont développées, plus la masse d'air qu'elles choquent produit de résistance; l'oiseau s'avance avec d'autant plus de rapidité, que ses ailes, en se ployant, déplacent un plus grand volume d'air à la fois : c'est, en effet, ce qu'on observe chez les oiseaux bons voiliers.

Les plumes tombent deux fois par an, à l'époque de la *mue*. Le plumage des mâles offre ordinairement des couleurs plus vives que celui des femelles; dans quelques espèces, la livrée d'hiver diffère complétement de la robe d'été.

L'organe du toucher est fort peu développé chez les oiseaux; cette particularité s'explique aisément par les plumes qui couvrent leur corps, par leurs pattes garnies d'écailles, et par leurs mandibules cornées.

Le sens du goût est presque nul; la plupart des oiseaux avalent leur nourriture sans la mâcher.

Le sens de l'odorat est très-remarquable chez les espèces carnassières; les Aigles, les Corbeaux, les Vautours éventent de fort loin les cadavres; il s'affaiblit d'autant plus que l'oiseau est plus exclusivement granivore.

L'œil des oiseaux est organisé de manière à distinguer aisément les objets éloignés ou rapprochés; outre les deux paupières ordinaires, il s'en trouve, à l'angle interne de l'œil, une troisième qui peut se placer, comme un rideau, au devant de cet organe.

Le sens de l'ouïe est plus simple que dans la classe des Mammifères; l'oreille ne présente pas de conque externe, excepté toutefois chez les oiseaux de nuit, qui perçoivent les sons dans une espèce de pavillon résultant d'une disposition particulière des plumes autour du conduit auditif.

L'organe respiratoire présente une conformation spéciale. Les poumons, adhérents aux côtes et aux vertèbres dorsales, communiquent avec de grands sacs membraneux qui laissent passer l'air dans plusieurs parties de la poitrine, du bas-ventre, des aisselles et de l'intérieur des os, de sorte que ce fluide entre en contact avec les vaisseaux pulmonaires et les autres vaisseaux du reste du corps.

Parmi les oiseaux, les uns sont granivores, les autres carnassiers; un grand nombre se nourrissent d'insectes. Leur estomac se compose de trois parties : le *jabot*, ou premier renflement de l'œsophage, le *ventricule succenturié*, seconde dilatation de l'œsophage, où les aliments s'imbibent de l'humeur sécrétée par les glandes nombreuses qui le garnissent, et le *gésier*, armé de deux muscles vigoureux destinés à broyer les aliments chez les espèces qui se nourrissent de substances dures et difficiles à digérer : dans les oiseaux qui ne vivent que de chair ou de poisson, les muscles du gésier sont minces et membraneux. Au sortir de l'estomac, les aliments descendent dans les intestins; lorsqu'ils ont achevé de s'y dépouiller de leurs sucs nutritifs, leurs résidus se mêlent aux urines et sont expulsés avec elles par le *cloaque*, espèce de poche commune aux matières fécales et aux organes de la génération.

Le canal aérien des oiseaux, ou la trachée-artère, offre deux larynx : l'un supérieur, aboutissant au pharynx, mais dépourvu d'épiglotte; l'autre inférieur, situé à l'endroit où la trachée se partage en deux conduits; c'est dans ce dernier larynx que se forment les sons : sa structure est d'autant plus compliquée que l'oiseau est meilleur chanteur.

Tous les oiseaux sont ovipares. A une certaine époque, le sac ovarien se déchire, et l'œuf est amené dans un canal nommé *oviducte;* là il ne présente encore que la matière jaune ou *vitellus* enfermée dans une enveloppe membraneuse qui laisse apercevoir sur un de ses points une petite tache blanchâtre nommée *cicatricule* où l'embryon doit se développer. A mesure que l'œuf descend, les parois de l'oviducte sécrètent les substances dont elles le revêtent; parvenu au milieu du canal, l'œuf s'entoure d'une matière glaireuse (*le blanc de l'œuf*); et bientôt après, une nouvelle membrane se forme, qui protége toutes les parties intérieures, et s'encroûte, à sa surface externe, d'une substance calcaire dont la couleur et la consistance varient : c'est la *coquille de l'œuf*. L'œuf paraît au dehors sous la forme ronde ou elliptique; sous l'influence d'une certaine chaleur, l'embryon se développe, et, après un temps déterminé, le jeune animal vient au jour en brisant sa coquille.

La ponte a lieu, en général, une ou deux fois par an chez les oiseaux qui jouissent de leur liberté; à l'état de domesticité, la fécondité est souvent plus grande : on a remarqué que le nombre des œufs pondus est ordinairement d'autant plus considérable que les espèces sont plus petites. La plupart des oiseaux couvent leurs œufs; tantôt la femelle et le mâle se partagent les soins de l'incubation, tantôt la femelle s'en occupe seule; quelques-uns, en petit nombre et dans les climats très-chauds, déposent leurs œufs dans le sable, et les abandonnent à la chaleur atmosphérique. Le temps de l'incubation varie; en général, l'éclosion est d'autant plus tardive que les petits doivent sortir de l'œuf plus développés.

D'après les caractères empruntés principalement à la conformation du bec et des pattes, G. Cuvier divise la classe des Oiseaux en six ordres : les *Oiseaux de proie* ou *Rapaces*, les *Passereaux*, les *Grimpeurs*, les *Gallinacés*, les *Échassiers* et les *Palmipèdes;* quelques naturalistes en ajoutent un septième, celui des *Colombiés*, intermédiaire entre les *Passereaux* et les *Gallinacés*.

ORDRE DES RAPACES.

Les Oiseaux de proie ou Rapaces tirent leur nom de leur instinct carnassier ; ils vivent tous de chair et font la chasse aux autres oiseaux, ainsi qu'aux petits quadrupèdes et aux reptiles. On les reconnaît à leur bec fortement recourbé vers la pointe ou même dès la base chez quelques-uns, et à leurs pieds armés d'ongles crochus. La plupart ont les narines percées dans la partie nue de la peau appelée *cire* qui revêt l'origine du bec ; leurs tarses, en général, sont peu développés ; ils ont tous quatre doigts, trois en avant et le pouce en arrière ; les deux externes, chez un grand nombre, sont réunis à la base par une courte membrane.

Les Rapaces se rapportent à deux grandes familles : les *oiseaux de proie diurnes* et les *oiseaux de proie nocturnes;* les premiers ont les yeux placés sur les côtés, le plumage serré, les pennes fortes et le vol puissant. Les seconds ont les yeux dirigés en avant et toujours entourés d'un cercle de plumes étroites ; leur cou est très-court ; leurs pupilles, sous l'influence de la lumière solaire, se contractent, mais en gardant une forme ronde, tandis que celles des Chats et des Renards deviennent elliptiques. Le grand jour les offusque : c'est pourquoi, tant que le soleil est sur l'horizon, ces oiseaux se tiennent en repos, cachés dans des lieux obscurs, qu'ils n'abandonnent qu'aux approches du crépuscule. Leur vol est faible ; leurs pennes, à barbes molles et peu serrées, font à peine entendre un léger frôlement lorsqu'elles frappent l'air ; leur doigt externe se tourne, à volonté, en avant ou en arrière.

A la première catégorie appartiennent les Vautours, les Faucons, l'Aigle, le Balbuzard, le Pycargue, la Buse, la Bondrée, le Milan, etc. ; la seconde comprend la section des Chouettes.

RAPACES DIURNES.

LE VAUTOUR.

Le Vautour, le plus grand de tous nos oiseaux de proie, est facile à reconnaître. Sa tête est dénuée de plumes; son bec allongé se recourbe seulement vers le bout; ses yeux sont placés à fleur de tête; son cou est long, grêle et revêtu, ainsi que la tête, d'un duvet lanugineux au lieu de plumes; ses grandes ailes, dans la marche, traînent à terre; de ses narines s'échappe sans cesse une humeur visqueuse, et son corps exhale une odeur nauséabonde.

Le courage de cet oiseau est loin de répondre à sa taille. Il vit principalement de proies mortes, alors même qu'elles sont en pleine décomposition; à l'occasion, il ne dédaigne pas les animaux fraîchement tués ou vivants; mais pour peu qu'il craigne de résistance de la part de ces derniers, il ne les attaque pas seul, il se joint à d'autres Vautours de son espèce pour leur donner la chasse et s'en rendre maître plus facilement.

Le Vautour habite indifféremment la plaine et la montagne, sans se cantonner dans une localité déterminée; son domaine est, pour ainsi dire, sans limites, il se porte partout où une proie l'appelle. Son infatigable estomac n'est jamais satisfait : à peine est-il repu, que son appétit se réveille, et il est fort heureux vraiment qu'il ait, au même degré, cette puissance d'absorber et de digérer, car sans lui plus d'une contrée de l'Afrique et de l'Amérique, encombrées de matières animales en fermentation sous un soleil ardent, ne tarderaient pas à être inhabitables; toujours affamé et jamais rassasié, le Vautour se charge volontiers du rôle d'expurgateur public, et s'acquitte consciencieusement de ses salutaires fonctions. Il faut le voir à l'œuvre pour se faire une idée de sa voracité. A peine, de sa vue perçante, a-t-il découvert une proie morte, qu'il décrit de vastes cercles en l'air et est bientôt rejoint par d'autres Vautours; la troupe continue pendant quelque temps ses évolutions aériennes dans le but de s'assurer de l'état des lieux; s'il n'y a pas apparence de danger, elle se rapproche peu à peu de terre; et quand elle n'en est plus qu'à quelques centaines de mètres, elle replie soudain ses ailes et vient s'abattre comme une masse sur le cadavre : le repas funèbre commence aussitôt. De vigoureux coups de bec entr'ouvrent la proie ; le Vautour se débarrasse d'abord des muscles qui gênent le passage, et quand la brèche est suffisamment pratiquée, il y plonge tout son cou, et fait disparaître, en un clin d'œil, cœur, foie, poumons, intestins et les chairs qui les entourent : un gros mammifère, tel qu'un bœuf ou un cheval, ne fournit guère qu'un repas à la troupe vorace ; la peau

Fig. 62. Vautour fauve.

et les os sont les seuls débris qu'elle laisse. Ainsi gorgés, les Rapaces s'éloignent, mais pour se poser à peu de distance ; tant qu'ils sont dans le travail de la digestion, ils se tiennent dans une immobilité complète ; dès que l'estomac est vidé, ils vont s'abreuver à quelque source, et ils s'y lavent, en même temps, de leurs souillures sanglantes ; leur toilette terminée, ils se livrent au repos, en plein soleil, appuyés sur les deux pattes et les ailes à demi étendues ; le soir, ils gagnent un endroit isolé et passent la nuit perchés.

Malgré son vol puissant, le Vautour a quelque peine à s'enlever de terre; il bondit de trois ou quatre sauts avant de prendre son essor; mais, une fois parvenu à une certaine hauteur, il navigue fièrement à travers l'espace et s'y perd à d'incroyables hauteurs; ses ailes alors semblent battre sans effort l'atmosphère; il s'élève et s'abaisse tour à tour, s'aide de la direction du vent, et franchit en très-peu de temps des distances considérables.

Son nid est toujours placé dans les lieux les plus inaccessibles; l'aire est vaste et la charpente grossière; des ramilles tapissées de poils forment le matelas intérieur: il ne reçoit jamais que deux ou trois œufs à chaque ponte annuelle. Les petits naissent protégés par un duvet; ils sont longtemps à se développer et ne peuvent prendre leur essor qu'au bout de plusieurs mois. Au début, les père et mère les nourrissent de viandes à demi digérées; mais, à mesure que leurs organes se fortifient, ils leur apportent des aliments plus solides, des lambeaux de chair saignante ou mortifiée.

On trouve le Vautour presque sur tous les points du globe, cependant il est plus répandu dans les pays chauds que dans les pays froids; nous en avons deux espèces en France: le *Vautour fauve* (*Vultur fulvus*, fig. 62) et le *Néophron percnoptère*. Le premier, caractérisé par les pennes de ses ailes et de sa queue de couleur brune, par le duvet blanc de sa tête et de son cou, ainsi que par son collier blanc, est assez commun dans les Alpes et dans les Pyrénées. Le second habite plus particulièrement les Alpines; il descend de là dans les plaines de la Crau et s'y nourrit, une partie de l'année, des bêtes mortes que les bergers ont abandonnées sur le sol; on le rencontre aussi, de temps à autre, le long du Rhône.

LES FAUCONS.

Si les Vautours et les Aigles ont pour eux le privilége de la force et d'une grande taille, il s'en faut bien qu'ils l'emportent en courage sur les Faucons; ceux-ci, quoique de moindre volume, n'ont point d'égaux pour l'intrépidité: ils vont franchement à l'ennemi, fondent sur lui sans hésitation et avec une telle ardeur, qu'elle leur a valu, dans le langage de la Fauconnerie, la dénomination d'oiseaux *nobles* par excellence. Nul ne les surpasse pour la vigueur et la légèreté du vol; l'empire de l'air leur appartient, ils s'y lancent d'un jet irrésistible, s'élèvent, en un clin d'œil, à perte de vue, et plongent vers la terre d'une immense hauteur avec la rapidité d'une flèche. Dans ces exerices prodigieux, leur légèreté spécifique les sert aussi puissamment que leurs ailes; leur envergure mesure deux fois la longueur de leur corps : aussi ne connaissent-ils pas de distance : en un seul jour ils franchissent plus de deux cents kilomètres.

Comme tous les oiseaux nés pour la guerre, les Faucons repoussent toute association : quel besoin de partager une proie plus ou moins rare, qu'il faut conquérir à la pointe de l'épée? Ils vivent donc solitaires, et si l'on en voit, à certaines époques, qui se réunissent en troupes, ce n'est qu'au temps des émigrations; ils font voile alors de conserve avec les oiseaux que le froid force de s'expatrier, et dont un certain nombre deviennent infailliblement victimes des terribles compagnons de voyage placés à l'arrière-garde.

En tout temps la chasse forme la principale occupation des Faucons : ils s'y livrent à toute heure du jour, poussés qu'ils sont par leur violent appétit; la plupart habitent les forêts et y dorment d'un sommeil lourd et profond, comme plongés dans l'ivresse. Tous saisissent la proie avec leurs serres, mais ils ne l'attaquent pas tous de la même manière. S'il s'agit d'un Lièvre, ils l'arrêtent dans sa fuite en lui enfonçant leurs ongles dans la nuque, et ils lui crèvent les yeux avant de le mettre à mort; l'ont-ils manqué, ils remontent droit en l'air, tombent de nouveau sur lui, et recommencent ce manége jusqu'à ce qu'ils soient devenus maîtres du pauvre animal. Lorsque le Faucon aperçoit une compagnie de Perdrix, il passe et repasse au-dessus d'elle pour tâcher de la faire lever; en général, celle-ci, frappée de terreur, n'a garde de partir; elle se blottit, au contraire, de plus belle, dans les herbes ou les buissons : s'avise-t-elle, par malheur, de s'envoler, le pirate la suit ou la croise et, en la traversant, tâche d'accrocher quelque individu de la troupe ou de le heurter avec tant de violence qu'il tombe mort ou étourdi; s'il y réussit, il revient à l'instant sur sa victime et l'enlève avant même qu'elle ait touché terre. Vis-à-vis des Pigeons, il use d'un stratagème analogue, mais son but n'est pas toujours atteint. Tout d'abord il s'efforce de détacher un de ces oiseaux de la bande; le Biset, excellent voilier, pointe aussitôt; à mesure que son ennemi l'enlace de cercles de plus en plus rapprochés, il gagne les hautes régions; parvient-il à prendre le dessus, il est sauvé : le Rapace, rebuté d'une lutte perpendiculaire à toute vitesse, renonce à sa poursuite; mais telle n'en est pas toujours l'issue : plus d'une fois le Faucon harponne en l'air le fuyard et tombe souvent à terre avec lui, tant le choc est impétueux!

Certaines espèces qui ont coutume de voler bas emploient d'autres procédés. L'*Émérillon* (*Falco œsalon*), par exemple, écume, en rasant les haies et les buissons, les petits oiseaux qu'il y surprend sans défiance. Le *Hobereau* (*Falco subbuteo*, fig. 63) fait autrement : il épie le moment où l'Alouette commence ses ascensions; il monte, après elle, dans les airs, la dépasse, s'il le peut, et l'attrape à la descente : quand la pauvrette s'est réfugiée dans la nue, elle est hors de danger; elle n'a rien alors de plus pressé que de célébrer sa délivrance par un hymne de reconnaissance. La vue du Faucon inspire à tous les oisillons une épouvante qui les paralyse tout à coup; dès qu'ils l'avisent, ils se collent à terre pour tâcher d'échapper à ses regards; sont-ils poursuivis, ils sont tellement pénétrés du sort qui les attend, qu'ils se sauvent partout où ils peuvent, même entre les jambes de l'homme; le brigand, de son côté, est si fortement acharné à sa proie, qu'il n'a plus autre chose en tête et donne éperdument dans tous les piéges. On conçoit sans peine qu'avec leur intrépidité dans l'attaque et leur vol foudroyant, ces Rapaces détruisent une foule de petits oiseaux : Verdiers, Moineaux, Pinsons, Alouettes surtout, sont leurs victimes habituelles; les Hirondelles elles-mêmes, malgré la rapidité et les mille sinuosités de leur vol, ne sont pas à l'abri de ces tyrans, mais elles sa-

Fig. 63. Faucon hobereau.

vent se défendre d'une façon ingénieuse : lorsqu'elles en rencontrent un sur leur route, elles l'entourent de leurs nombreuses phalanges, le harcèlent et l'étourdissent si bien de leurs clameurs, qu'après l'avoir complétement ahuri, elles le contraignent, la plupart du temps, à battre en retraite.

Les Faucons chassent ordinairement seuls ou tout au plus deux ensemble. Ils se nourrissent exclusivement de proie vivante, plument presque entièrement les oiseaux avant de les manger, et les avalent par gros morceaux, en cachette, derrière un buisson. Leur nourriture varie suivant les espèces. Celles de forte taille et qui sont vigoureusement armées vivent aux dépens des Lièvres, des Perdrix, des Pigeons, des oiseaux d'eau; la *Cresserelle* (*Falco tinnunculus*) fait sa pâture des petits Rongeurs, de Campagnols, de Mulots, de Souris et aussi de petits oiseaux, de Lézards et même d'insectes; l'Émerillon et le Hobereau en veulent principalement aux Cailles, aux Perdrix, aux Alouettes. Tous rejettent par le bec, sous forme de pelotes, les plumes des oiseaux ainsi que les parties consistantes qu'ils n'ont pas digérées; ils peuvent rester impunément plusieurs jours sans manger.

Les Faucons ont l'habitude de passer la nuit dans un endroit qu'ils adoptent à cet effet; ils s'y rendent peu de temps après le coucher du soleil et se tiennent blottis, pendant leur sommeil, sur une grosse branche voisine du tronc; leur cri est aigre et strident.

Les couples se forment de bonne heure : en mars, ordinairement, pour la France. Leur nid est grossièrement construit avec des bûchettes ou des brindilles, sans le moindre matelas intérieur. Quelques espèces, telles que le *Faucon pèlerin* (*Falco peregrinus*, fig. 64), le *Faucon lanier* (*Falco lanarius*), nichent dans les rochers et y reviennent fidèlement chaque année; le Hobereau, ainsi que d'autres de mince volume, placent leur aire au haut ou dans le creux des arbres; la Cresserelle le loge dans les vieux édifices abandonnés. En général, les pontes sont peu abondantes : le plus souvent, de trois ou quatre œufs toujours tachetés de brun ou de rouge, sur un fond plus ou moins blanc, quelquefois rougeâtre. L'incubation dure environ trois semaines; la femelle s'y dévoue exclusivement; le mâle, en revanche, veille avec beaucoup de soin à la conservation des petits, et pourvoit assidûment à leur nourriture. Leur éducation se prolonge longtemps, car ils ont à apprendre, outre l'art compliqué du vol des oiseaux de proie, comment il faut attaquer et combattre et devenir habiles chasseurs; lorsqu'ils n'ont plus qu'à se perfectionner par la pratique pour devenir passés maîtres, en d'autres termes, quand ils sont en état de vivre de leur industrie, les père et mère les abandonnent à leurs propres ressources : la famille se disperse, et chacun s'en va habiter solitaire un canton séparé.

Le plumage des Faucons est si variable, que, suivant l'âge, il les rend tout à fait méconnaissables; ils ne prennent leur livrée définitive qu'à trois ans, ce qui ne les dispense pas de subir encore pendant leur vie de nombreux changements de livrée. Le

Fig. 64. Faucon pèlerin.

mâle, toujours plus petit que la femelle, porte le nom de *Tiercelet.*

A l'exception de la Cresserelle qui est sédentaire en France, toutes les espèces qui nous visitent chaque année, le Faucon lanier, le Faucon pèlerin, le Hobereau et l'Émérillon, ne sont que de passage. Plusieurs d'entre elles étaient dressées jadis pour la chasse, ce qui constituait l'art de la fauconnerie ; importé en Europe à la suite des croisades, il devint bientôt un des passe-temps les plus goûtés de la noblesse ; la disparition de la féodalité l'a fait tomber en désuétude. Le *Gerfault de Norvége* ou d'*Islande* était le plus estimé de tous les Faucons soumis au dressage, à cause de son courage et de son caractère éminemment docile, quoique plein de vivacité.

L'AIGLE ROYAL (*Aquila chrysaetos*).

L'Aigle royal (fig. 65), dans son développement complet, me-

Fig. 65. Aigle royal.

sure plus d'un mètre de long; son envergure est encore plus grande.

De tous les oiseaux, c'est celui qui s'élève le plus haut et dont le port est empreint de plus de majesté; tout son être implique le sentiment de la force. Son attitude est droite et imposante; ses grands yeux enfoncés, en apparence, dans une cavité profonde, ajoutent à son air sévère; de son fier regard il fixe intrépidement le soleil, et tout en lui indique la puissance du premier des oiseaux de proie. Son plumage sombre est d'un brun plus ou moins noirâtre, excepté sur la tête et le cou qui sont fauves; son bec se courbe fortement à la pointe; ses pattes, empennées jusqu'aux doigts, sont robustes; ses ongles vigoureux et acérés; ses vastes ailes capables d'un vol rapide, élevé et soutenu; son cri est lamentable et effrayant.

L'Aigle ne souffre ni rival ni oiseau quelconque dans son domaine, dont l'étendue est calculée sur ses besoins. Il vit par couple unique dans la solitude, attaque franchement la proie, soit qu'il se jette à sa rencontre, soit qu'ayant recours à la ruse il se précipite brusquement sur elle du haut d'un rocher où il l'attendait pour l'enserrer au passage. Il ne se nourrit que de proies vivantes auxquelles il donne lui-même préalablement la mort; jamais il ne touche à un cadavre de rencontre, même lorsque la faim le presse. Le mâle et la femelle, une fois appariés, chassent de concert, et se portent mutuellement secours en cas de danger.

Une certaine régularité s'observe dans les mœurs de l'Aigle. Habitant de la montagne, il descend, le matin, de ses sommets élevés afin de pourvoir à sa nourriture; il dévaste toute espèce de gibier sans défense, Faons, Renardeaux, Tétras, Perdrix, et n'épargne même pas les simples Passereaux; les bergers le redoutent, et à bon droit, car il lui arrive plus d'une fois d'enlever, jusque sous leurs yeux, à l'époque des transhumances, de jeunes Agneaux et des Chevreaux. Ce n'est pas qu'il soit vorace comme le Vautour, mais sa forte organisation a besoin de se réparer fréquemment. Il mange, du reste, avec une certaine sobriété, à petites bouchées, ne se rassassie jamais jusqu'à se gorger, et abandonne souvent sur place une partie du gibier, pour peu qu'il soit volumineux. Circonspect et l'oreille toujours au guet, il se montre prudent jusque pendant ses repas; quelque son insolite le frappe-t-il tandis qu'il mange, il s'arrête, regarde longtemps du côté d'où vient le bruit, et ne se remet à sa proie que lorsque tout est redevenu calme autour de lui.

Après la chasse du matin qui inaugure d'ordinaire sa journée, l'Aigle va se percher sur son aire ou sur un rocher et s'y tient immobile, les ailes pendantes ; au sortir de ce repos, il se rend à l'abreuvoir, et si le temps est chaud, il prend un bain ; la chasse ensuite recommence quelques heures après; souvent il monte au haut des airs, décrit de grandes orbes, et, quand il a bien reconnu la direction du gibier, il se rapproche de terre et fond sur lui avec la rapidité de la foudre, le saisit entre ses serres et l'emporte au point d'où il a pris sa volée, afin de le manger plus à son aise : il a soin de le plumer auparavant, mais grossièrement; le soir venu, il se joue dans l'espace et descend avec la nuit pour aller gagner en silence sa retraite nocturne.

L'Aigle construit son nid au printemps; l'aire ne se voit jamais que dans les lieux les plus déserts et les plus escarpés. Elle est bâtie de manière à durer longtemps : aussi croit-on qu'elle sert pendant plusieurs années au même couple. C'est un large et solide plancher, formé de branchages que l'oiseau appuie, par les deux bouts, sur quelque saillie de rocher en surplomb ; il n'a point d'autre calotte, et est garni à l'intérieur de bruyères et d'autres substances sèches. La femelle y dépose deux ou trois œufs qu'elle couve pendant près d'un mois; à la naissance des petits, le père et la mère se livrent tout le jour à une chasse fort active : il leur faut, en effet, pourvoir aux besoins incessants de jeunes affamés ; mais à peine sont-ils en état de se suffire à eux-mêmes, que les parents les expulsent à coups d'aile hors du nid, et les obligent à s'exiler au loin, de peur que leurs propres ressources ne soient diminuées par de trop nombreux chasseurs : cet égoïsme cruel mais nécessaire se retrouve dans la plupart des oiseaux de proie.

L'Aigle royal, sans être bien commun, n'est rare ni dans les Alpes, ni dans les Pyrénées, ni dans quelques autres montagnes du centre et de l'est de la France; en Corse, on le voit assez souvent dans la zone montagneuse la plus élevée, au-dessus de la région du pin laricio.

LE BALBUZARD ET LE PYCARGUE A TÊTE BLANCHE.

Bien que les oiseaux pêcheurs se trouvent surtout chez les Échassiers et les Palmipèdes, on en rencontre aussi quelques-uns dans d'autres ordres, chez les Passereaux, par exemple, et parmi les Rapaces : chez ces derniers, ils sont parfaitement représentés par le Balbuzard et le Pycargue à tête blanche.

L'inspection seule des pattes du Balbuzard (*Pandion haliœtus*, fig. 66) indique sa profession. Ses doigts, armés d'ongles noirs, très-crochus et très-grands, sont garnis, en dessous, de pelotes rugueuses, et les granulations de la plante des pieds forment autant de saillies pointues ou épineuses qui doublent la puissance des serres en leur permettant d'étreindre fortement le poisson, quelque visqueuse que soit sa peau. Indépendamment

Fig. 66. Balbuzard.

de cet arsenal, le Balbuzard a le coup d'œil tellement sûr, que la proie lui échappe rarement; ses longues ailes lui sont aussi d'un puissant secours, elles franchissent rapidement de vastes distances.

Le Balbuzard peut s'élever à une grande hauteur; cependant il ne s'y tient pas d'habitude fort longtemps : on le voit plus souvent raser la surface de l'eau pour se mettre en pêche. Il est à remarquer qu'il ne se livre jamais avec plus d'ardeur à cet exercice que lorsque le ciel est parfaitement clair; lorsque le brouillard règne sur les rivières ou sur les étangs, le Rapace attend, pour entrer en chasse, que les vapeurs du matin soient bien dissipées : sans cette sage précaution, comment pourrait-il découvrir le poisson à travers la brume? Sauvage et de nature très-défiante, comme le sont beaucoup d'oiseaux de son ordre, il commence, avant de se mettre à l'œuvre, par inspecter le pays en décrivant en l'air de vastes cercles; n'aperçoit-il point d'ennemi, sa sécurité est-elle complète, il descend, s'arrête à vingt mètres environ au-dessus de l'eau, et s'y maintient, en planant, dans un état d'immobilité presque absolue, à l'affût du poisson. Dès qu'il l'aperçoit, il fond sur lui, les serres ouvertes, disparaît un instant sous l'eau, se relève d'un vigoureux coup d'aile avec son butin et l'emporte. S'il s'agit d'une grosse capture, il la dépose sur le rivage et fait immédiatement curée des meilleurs morceaux; mais si le poisson n'est que de taille moyenne, il l'emporte au loin, presque toujours dans la forêt la plus voisine, pour le manger à son aise. Sa patience égale son adresse; s'il lui arrive de manquer son coup, il ne se rebute point pour cela : il se remet en observation, et est bientôt plus heureux. C'est toujours d'un élan rapide qu'il se précipite sur sa proie; son attaque, en même temps, est si violente, qu'elle lui coûte parfois la vie lorsqu'il a affaire à un gros poisson : en effet, ses serres aiguës s'enfoncent avec une telle force dans le corps de sa victime, que celle-ci l'entraîne, en fuyant, au fond de l'eau et le noie.

Le Balbuzard, exclusivement voué au régime du poisson, s'établit dans les terres basses et marécageuses, à proximité des cours d'eau et des étangs. Il émigre deux fois chaque année, passe par bandes dans nos contrées et se répand partout, en plaine aussi bien qu'en montagne : il trouve facilement sa vie jusque dans les plus petits marais. Son nid est placé sur les arbres élevés; l'aire se compose de forts branchages sur lesquels la femelle entasse de la mousse et d'autres plantes sèches; elle y pond deux ou trois œufs d'un blanc grisâtre, parsemés de taches de rouille peu foncée; les petits sont exclusivement nourris de poisson.

Cette race est incontestablement malfaisante; elle cause de grands ravages dans les étangs : aussi ne doit-on se faire aucun scrupule de chercher à la détruire. Le plumage du Balbuzard adulte est brun-noirâtre avec le ventre blanc; le bas de ses jambes et ses pieds sont ordinairement de couleur blanche.

Le Pycargue à tête blanche (*Haliætus leucocephalus*) est aussi un piscivore très-nuisible, rôdant sans cesse autour des lacs, des rivières et des étangs. Il pêche à la façon du Balbuzard, choisit surtout le temps du crépuscule pour exercer ses pirateries et les continue même pendant la nuit. L'espèce est lente à se développer. Quand le poisson lui fait défaut, elle se rabat sur

Fig. 67. Pycargue.

les cadavres; elle fait aussi la chasse aux oiseaux d'eau : c'est pourquoi ceux-ci la redoutent, tandis qu'ils vivent en paix avec le Balbuzard, regardé par eux comme un concitoyen de la république aquatique. Le Pycargue fréquente volontiers les pays montueux qui bordent les côtes de la mer; on le rencontre également dans les forêts situées au voisinage des lacs et des rivières.

LE MILAN.

Cette race fait partie du groupe des oiseaux appelés jadis *ignobles*, parce qu'ils ne se prêtaient pas au servage auquel le fauconnier voulait les assujettir; elle partage du reste, avec les Aigles, les Autours, les Buses, cette dénomination outrageante, qui n'atteste au fond qu'un juste sentiment d'indépendance, parfaitement d'accord avec l'état de nature.

Le Milan est un des mieux organisés pour le vol; ses longues ailes et sa grande queue fourchue lui permettent les évolutions aériennes les plus variées. « Il passe sa vie dans l'air, dit Buffon; il ne se repose presque jamais; il parcourt chaque jour des espaces immenses, et ce grand mouvement n'est point un exercice de chasse ni de poursuite de proie, ni même de découverte, car il ne chasse pas, mais il semble que le vol soit son état naturel, sa situation favorite. On ne peut s'empêcher d'admirer la manière dont il l'exécute. Ses ailes, longues et étroites, paraissent immobiles; c'est la queue qui semble diriger toutes ses évolutions, et elle agit sans cesse : il s'élève sans effort, il s'abaisse comme s'il glissait sur un plan incliné; il semble plutôt nager que voler; il précipite sa course, il la ralentit, s'arrête, et reste comme suspendu ou fixé à la même place pendant des heures entières, sans qu'on puisse s'apercevoir d'aucun mouvement dans les ailes. »

La puissance, la souplesse et la légèreté du vol constituent sa véritable supériorité, mais c'est à peu près son unique avantage; ses armes ne sont pas des plus acérées, et son courage médiocre, que ne rachète pas une hardiesse accidentelle, ne le rend redoutable qu'à de faibles animaux : aussi n'attaque-t-il que de petites espèces ou des espèces sans défense, les poussins, le menu gibier, les petits oiseaux, les Couleuvres; il ne dédaigne pas non plus les cadavres ni la tripaille. On lui a reproché de fuir devant les Geais, les Pies et les Corbeaux : mais c'est à tort qu'on lui objecte cette prétendue lâcheté; il est vrai, il ne leur cherche point querelle, parce que les autres seraient très-disposés à rendre coups pour coups, et s'il baisse pavillon devant les Faucons et même devant l'Épervier bien plus petit que lui, il sait très-bien défendre sa part de butin contre les gros Passereaux qui la lui disputent; en un mot, il a la force et le courage que réclame son genre de vie : après tout, n'est-ce pas pour lui le point essentiel?

Sa vue est aussi perçante que son vol est rapide. Il s'élève en décrivant de grands cercles à d'immenses hauteurs, et, inaccessible aux regards, il se laisse tomber de cet observatoire sur tout ce qui peut lui servir de pâture. Ses heures d'exercices aériens sont parfaitement réglées; il se montre deux fois par jour dans les mêmes parages, et disparaît ensuite le reste du temps.

Le Milan niche quelquefois au haut des arbres élevés, mais le plus souvent il place son nid dans le creux des rochers; de petites branches entrelacées et quelques tiges de graminées le composent : la femelle y pond de trois à cinq œufs blanchâtres, tachetés de jaune.

Fig. 68. Milan royal.

Nous en avons une espèce en France, c'est le *Milan royal* (*Milvus communis*, fig. 68), répandu dans toutes les contrées accidentées et fort commun en Corse. Il se tient d'habitude dans les plaines fertiles situées au voisinage des bois ou des montagnes. Son plumage fauve est flammé de noir, avec les pennes des ailes noirâtres et celles de la queue rousses; ces dernières laissent apercevoir quelques traces de bandes brunes peu prononcées.

LA BUSE ET LA BONDRÉE.

Deux espèces très-voisines du Milan. La Buse (*Buteo communis*, fig. 69) a été calomniée : on lui fait un crime de manger, de temps à autre, quelque Caille, quelque Perdrix, des petits oiseaux, et de visiter, en outre, plus d'un nid; mais on ne lui sait aucun gré des services multipliés qu'elle nous rend. Elle est pourtant un de nos auxiliaires précieux contre les Souris, les Mulots, les Campagnols et les autres petits Rongeurs ; au lieu donc de la vouer à l'extermination, comme on le fait trop souvent, il serait plus sage de l'épargner : ses délits de chasse sont couverts, et au delà, par son utile rôle de garde champêtre.

La Buse a l'aspect indolent et les formes trapues ; elle habite les forêts et se rencontre le plus souvent à la lisière des bois entourés de prairies ou des champs cultivés qui lui fournissent

Fig. 69. Buse commune.

un ample butin. En général, l'espèce émigre chaque année, et souvent par bandes nombreuses ; un certain nombre d'individus cependant ne quittent pas notre pays. Cet oiseau, malgré son vol assez lent, se porte à une grande hauteur dans l'air en y décrivant de larges spirales ; il y plane aussi pendant longtemps. Parce qu'il demeure des heures entières à la même place, immobile, le corps ramassé et les ailes rabattues, posant sur une seule patte et repliant l'autre sous ses plumes, on le traite de paresseux et de stupide; son inaction néanmoins n'est qu'apparente : de son poste d'observation la Buse surveille tout ce qui passe à l'entour, et tombe à l'improviste sur sa proie. Le plus ordinairement elle chasse seule, rarement au plein soleil qui paraît l'offusquer ; elle rase alors les taillis, ou bien, perchée sur une motte de terre, elle attend patiemment quelque bonne fortune. Il lui arrive toutefois, en automne, dans les pays peu peuplés, de se réunir, vers le coucher du soleil, à d'autres Buses, pour rabattre le menu gibier et le ramasser sur un point donné de la plaine ; après cette première battue, qui a aussi pour but de fatiguer les petits oiseaux, la troupe chasseresse se place circulairement sur quelques monticules, puis elle rapproche de plus en plus son cercle, et, arrivée à une certaine portée, elle fond de toutes parts sur les Alouettes, les Farlouses et les Pipis terrifiés ; bien peu lui échappent.

La Buse niche tantôt sur les arbres, tantôt parmi les roches ou dans un buisson. Son nid, composé extérieurement de petites branches est garni à l'intérieur de laine, de plumes et autres substances moelleuses ; la femelle y pond deux ou trois œufs blanchâtres, tachetés de jaune. Elle nourrit ses petits bien plus longtemps que les autres oiseaux de proie, qui généralement les chassent hors du nid, alors qu'ils peuvent à peine se suffire ; pendant leur éducation, elle fait une destruction notable de petits Rongeurs dont elle prend elle-même sa part. On a calculé qu'une seule Buse pouvait en avaler chaque jour une vingtaine : ce serait déjà six mille deux cent soixante de moins au bout de l'année ; avec ses petits qui restent à peu près dans les mêmes parages, il faut tripler ce chiffre : on arrive alors à dix-huit mille sept cent quatre-vingts Mulots, détruits par une seule famille dans l'espace d'un an. Les Buses, n'eussent-elles à remplir que cet office, mériteraient, à coup sûr, autre chose que le coup de fusil qu'on est toujours disposé à leur envoyer ; faute de gibier plus relevé, elles se nourrissent d'insectes ; l'ensemble de leur plumage est un mélange de brun plus ou moins clair et de blanc teinté de jaunâtre.

La Bondrée (*Pernis apivora*) a plus d'une ressemblance avec la Buse ; ses couleurs sont également brunes en dessus, ondées de brun et de blanchâtre en dessous ; mais certaines particularités de mœurs l'en séparent nettement. Naumann ne fait pas un portrait flatteur de la Bondrée : il la regarde comme le plus lâche et le plus ignoble de tous les Rapaces ; d'après lui, c'est un oiseau sot et craintif, volant lentement et presque toujours près de terre, mais piétant et courant avec vitesse, sans s'aider de ses ailes.

La Bondrée fait le guet, comme la Buse, pendant de longues heures, sur une pierre ou sur un arbre isolé ; elle fond sur la proie dès qu'elle arrive à portée, et chasse aussi les insectes à la course. Dans la saison des Guêpes, elle visite souvent leurs nids, les déterre avec une sorte de fureur, et se jette avidement sur les nymphes qu'ils renferment; elle vit également de Grenouilles, de Crapauds, de Lézards, ce qui ne l'empêche pas de faire encore une chasse active aux petits oiseaux et de profiter des restes de l'Autour.

Son nid repose sur un fond de bûchettes faiblement entrelacées, avec un matelas de laine au dedans. Quand il est placé sur un chêne, il ne se trouve jamais très-haut; la Bondrée pousse même parfois la confiance ou l'indifférence bien loin: on la voit nicher près des routes fréquentées; souvent aussi elle s'empare d'un nid étranger. Ses œufs, de couleur cendrée, sont marqués de petites taches brunes. Les jeunes sont nourris par les père et mère, d'abord de larves d'insectes qu'ils leur distribuent à demi digérées; ensuite, à mesure qu'ils grossissent, ils leur apportent des Grenouilles, des Lézards, des Mulots, ainsi que des petits oiseaux : les Bondrées nous rendent donc aussi de cette façon quelques services.

RAPACES NOCTURNES.

LES CHOUETTES.

Indépendamment des traits généraux qui les caractérisent comme oiseaux de proie nocturnes, les Chouettes présentent plusieurs signes distinctifs importants : une grosse tête, le sens de l'ouïe très-développé, les deux mandibules mobiles et la base du bec garnie de plumes, au lieu d'être couverte d'une peau lisse et nue comme chez les diurnes. Au sortir du trou qui leur sert de retraite, elles culbutent dans l'espace, et n'effectuent généralement leur vol proprement dit que pendant le crépuscule et le clair de lune, et toujours de travers, parce que, suivant Gerbe, leurs ailes attachées très-haut sur un corps ramassé et l'extrême brièveté de leur queue ne leur permettent pas de concentrer leurs forces motrices sur le centre de gravité; quand elles sont attaquées de jour ou surprises par un objet inaccoutumé, au lieu de s'envoler, elles se redressent, ouvrent de grands yeux, hérissent leurs plumes, prennent des positions bizarres et se livrent à une foule de contorsions grotesques. Dans cette situation, la crainte les paralyse; elles se tiennent dans le même endroit de peur de se heurter; « c'est alors, dit Buffon, que les autres oiseaux, témoins de leurs appréhensions, viennent à l'envi les insulter; les Mésanges, les Pinsons, les Rouges-Gorges, les Merles, les Geais, les Grives arrivent à la file; l'oiseau de nuit, perché sur une branche, immobile, étonné, entend leurs mouvements, leurs cris qui redoublent sans cesse parce qu'il n'y répond que par des gestes bas, en tournant sa tête, ses yeux et son corps d'un air ridicule; il se laisse même assaillir et frapper sans se défendre; les plus petits, les plus faibles de ses ennemis, sont les plus ardents à le tourmenter, les plus opiniâtres à le huer. C'est sur cette espèce de jeu de moquerie ou d'antipathie naturelle qu'est fondé le petit art de la pipée. Il suffit de placer un nocturne ou même d'en contrefaire la voix, pour faire arriver les oiseaux à l'endroit où l'on a tendu les gluaux : il faut s'y prendre une heure avant la fin du jour, pour que cette chasse soit heureuse; car si l'on attend plus tard, ces mêmes petits oiseaux qui viennent pendant le jour provoquer l'oiseau de nuit avec autant d'audace que d'opiniâtreté, le fuient et le redoutent dès que l'obscurité lui permet de se mettre en mouvement et de déployer ses facultés. »

Quatre couleurs principales entrent dans le plumage des Chouettes : le fauve, le brun, le gris et le blanc, plus ou moins variés de mouchetures ou de rayures. Toutes se nourrissent de proie vivante; les unes, immobiles sur une branche ou sur une motte de terre, guettent le gibier au passage, et dès qu'il arrive à portée, se précipitent sur lui avec impétuosité; les autres ne l'attendent pas, et, sans faire de bruit, tombent à l'improviste sur les petits mammifères rôdeurs, et vont surprendre les oiseaux faibles pendant leur sommeil; quelques-unes, comme l'*Effraie* (fig. 70), plus matinales que l'oiseleur, visitent à l'aube du jour les lacets, et s'adjugent effrontément les prises. Leur mode de manducation est tout à fait spécial. La victime est-elle de petite taille, elles l'avalent d'un trait, sans la déchirer, mais en ayant bien soin de lui rompre auparavant les os du crâne à coups de bec. Le *Grand-Duc* (fig. 71) broie les membres des Taupes et des Mulots avant d'en faire pâture; la *Chevêche*, ainsi que d'autres menues espèces, ne mange aucun oiseau qu'elle ne l'ait préalablement dépouillé de ses plumes : les unes et les autres se débarrassent par vomissement des parties qu'elles ne se sont pas assimilées, elles les rejettent sous la forme de pelotes où l'on retrouve les os, la peau et les plumes de l'animal dévoré. Elles peuvent supporter de longs jeûnes. Chassant, pour la plupart, de nuit, elles tuent par surprise, et n'ont pas à soutenir de luttes contre leurs victimes; elles ont donc rarement l'occa-

Fig. 70. Effraie et son nid.

sion de faire usage de leurs armes pour se défendre; mais lorsque, par aventure, elles sont attaquées, elles soutiennent vigoureusement le combat; ont-elles affaire à des forces supérieures, elles tâchent de résister en se renversant sur le dos, en présentant à l'ennemi leur bec et leurs ongles menaçants, et en jetant des cris aigus: entre elles, les pugilats sont toujours acharnés;

elles se précipitent avec fureur l'une contre l'autre, visant principalement la poitrine, et cherchant à s'entre-déchirer.

Le cri des Chouettes est loin d'être uniforme. En général, leur cri d'appel a quelque chose de triste; elles expriment leur crainte par une voix stridente, des soufflements ou des craquements de bec; leur chant d'amour lui-même n'a rien de gai. La *Hulotte* ou *Chat-Huant*, dans les nuits calmes et chaudes, a pour langage ordinaire la syllabe *hou, hou, hou, hou,* répétée à diverses reprises d'une voix tremblotée et sonore, se terminant par une sorte d'éclat; quelquefois elle miaule à la manière des Chats. La *Grande-Chevêche* détonne en longs hurlements; le *Moyen-Duc* ne cesse de faire entendre ses gémissements sur un mode grave; l'*Effraie*, au contraire, se lamente d'une voix aigre : chez toutes les Chouettes l'accent est empreint de mélancolie, à laquelle s'ajoute le silence de la nuit pour en augmenter l'effet : c'est à cela sans doute qu'il faut attribuer le mauvais renom dont on accable ces oiseaux dans les campagnes. De tout temps leur apparition y a été regardée comme un présage de fâcheux événement; de là aussi l'aversion irréfléchie dont ils sont l'objet; ils ne nous rendent pourtant que des services en nous débarrassant d'une foule de Rongeurs nuisibles; ils mangent aussi, il est vrai, de petits oiseaux; mais, parmi ces derniers, ne se trouve-t-il pas plus d'un voleur qui pille nos fruits et nos grains? Au lieu donc de faire la guerre aux Chouettes, de les décréter de mort, de les crucifier sur la porte des granges pour servir d'exemple aux malfaiteurs de tout genre, il serait bien plus sage de les épargner, et même de favoriser leur multiplication en respectant leurs asiles : ce serait travailler dans notre propre intérêt, et augmenter le nombre de nos auxiliaires pour les opposer à la maudite engeance des petits quadrupèdes dévastateurs.

Les grandes espèces de Chouettes habitent les cavernes et les fentes de rochers; les autres se cachent, pendant le jour, au milieu d'épais feuillages, dans le creux des arbres ou dans les trous des vieux édifices. Presque toutes nous restent toute l'année en France; le *Scops* seul est erratique, et, quoique très-brièvement ailé, ne laisse pas que d'entreprendre d'assez longs voyages.

Pas plus que les oiseaux de proie diurnes, les Chouettes ne se mettent en grands frais pour la construction de leurs nids; beaucoup n'en font pas; un grand nombre pondent à cru au fond d'un trou; la Hulotte profite souvent des nids abandonnés de Pies, de Corbeaux, d'Écureuils; les plus industrieuses se contentent d'un simple lit de bûchettes pour y déposer leurs œufs : rude couche, en vérité, et bien différente du matelas mollet et élastique des nids de Pinson et de Chardonneret; mais la race nocturne doit s'accoutumer de bonne heure à la dure pour répondre à ses instincts de chasse.

Le nombre des œufs, dans les espèces les plus fécondes, ne dépasse pas six ou sept. La plupart du temps, la ponte n'est que de deux ou trois œufs : leur forme est arrondie et d'un blanc plus

Fig. 71. Grand-Duc.

ou moins pur. Le mâle partage avec la femelle les fatigues de l'incubation. Excepté le Scops qui vit en ménage toute l'année, les autres Chouettes se séparent aussitôt après que l'éducation des petits est terminée, et ne vivent plus que solitaires. Les jeunes, à leur naissance, sont d'une laideur repoussante, à peine vêtus d'un léger duvet, chargés d'une grosse tête, et tout hérissés de membres grêles; ils n'en sont pas moins l'objet de la plus tendre sollicitude de la part de leurs père et mère, qui ne les quittent que lorsqu'ils sont parfaitement en état de se suffire à eux-mêmes. Pendant leur premier âge, tout nocturnes qu'ils sont, ils aiment et recherchent la chaleur atmosphérique; ils peuvent à peine se mouvoir, qu'on les voit se traîner hors du nid pour jouir de l'influence du soleil; ils s'étendent complaisamment à ses rayons, les yeux fermés et les ailes ouvertes. Après leur première mue, ils ressemblent aux adultes à s'y

Fig. 72. Hibou commun ou Moyen-Duc

méprendre; leur livrée définitive est bien moins sujette à varier que celle des oiseaux de proie diurnes.

D'après la présence ou l'absence d'aigrettes cervicales, et les doigts nus ou emplumés, les Chouettes se partagent en deux tribus :

La première renferme les espèces dont la tête est ornée de deux aigrettes, et dont les doigts sont emplumés; tels sont : le Grand-Duc (*Strix bubo*), le Hibou commun ou Moyen-Duc (*Strix otus*, fig. 72), le Petit-Duc (*Scops Europæus*) : celui-ci n'a qu'une seule aigrette et ses doigts sont nus.

La seconde tribu, composée des espèces sans aigrettes, se subdivise en deux groupes : 1° les Chouettes à pieds emplumés, comprenant la Hulotte ou Chat-Huant (*Strix aluco*) et la Chouette commune (*Strix passerina*) ; 2° les Chouettes à doigts nus, parmi lesquelles se trouve l'Effraie commune (*Strix flammea*), l'une des plus répandues en France ainsi que dans toute l'Europe. Elle se distingue de toutes les autres par la beauté de son plumage gris de lin ; le dessus de son corps est fauve, ondé de gris et de brun, et taché de points blancs ; le dessous, blanc, est marqué de points noirs.

L'Effraie ne craint pas d'habiter au milieu des villes ; elle se retire, pendant le jour, dans les clochers, sous les toits des églises et dans les autres édifices élevés ; son soufflement, très-fréquent, imite le bruit que fait un homme en dormant la bouche ouverte. Le vulgaire la regarde particulièrement comme une messagère de mort, parce que, dit-il, ses cris appellent au cimetière les personnes de la maison où elle s'est posée, et d'où elle jette aux vents du ciel ses clameurs lugubres : les Souris seules (est-il besoin de le dire?) ont à redouter cet oiseau ; elles forment sa principale nourriture et celle de ses petits.

ORDRE DES PASSEREAUX.

LES PIES-GRIÈCHES.

Les Pies-Grièches, placées par G. Cuvier à la tête des Passereaux, immédiatement après les oiseaux de proie, forment la transition naturelle entre ces deux ordres ; Linné les considérait comme de petits Rapaces ; elles ont, en effet, beaucoup d'affinité avec eux par leur bec crochu, fortement échancré vers la pointe, et surtout par leurs habitudes carnassières ; mais elles n'ont pas de cire à la base des mandibules ; leurs pieds, faibles, ainsi que ceux de la plupart des Passereaux, ne sont point armés de serres, et leurs deux doigts externes, au lieu d'être tout à fait séparés, ainsi que dans les Rapaces, se réunissent à leur origine comme chez les Passereaux; elles devaient donc prendre rang parmi ces derniers.

Bien que de petite taille, les Pies-Grièches tiennent tête à des oiseaux beaucoup plus gros qu'elles; elles ne craignent ni Pies, ni Corbeaux, ni Cresserelles; dès qu'ils approchent de leur nid, elles les provoquent, les attaquent du bec et des ongles et les obligent à prendre la fuite : dans ce duel inégal, l'âpreté de leur courage rétablit l'équilibre entre combattants de forces aussi disparates; rarement elles succombent dans la lutte, et lorsqu'elles ont le dessous, elles s'accrochent si étroitement à leur

Fig. 73. Pie-Grièche grise.

adversaire, qu'elles l'entraînent avec elles, et que tous deux périssent ensemble de même chute. Les oiseaux de proie eux-mêmes respectent leur intrépidité; ils les souffrent dans leur cantonnement, tolérance qu'ils n'ont pas, en général, pour leurs semblables; aussi les voit-on quelquefois voler de compagnie : tant il est vrai que l'énergie est la sauvegarde des faibles, et qu'elle en impose souvent à la force brutale.

Les Pies-Grièches vivent surtout d'insectes, mais leur goût pour la chair n'en est pas moins très-prononcé; elles donnent la chasse aux petits oiseaux pour en faire pâture, et souvent aussi par un instinct de destruction stérile, puisqu'elles tuent même après qu'elles viennent d'assouvir leur faim. Plusieurs d'entre elles sont douées d'une prévoyance remarquable; toujours à l'affût du gibier, elles font une guerre incessante aux Mantes, aux Grillons, aux Sauterelles, aux Coléoptères, et elles les enfilent par le dos aux épines des buissons pour les retrouver quand le besoin se fera sentir.

Leur habitat varie. La Pie-Grièche grise (*Lanius excubitor*, fig. 73) reste toute l'année en France; elle fréquente, en été, les bois et les montagnes, et descend dans la plaine en hiver. Deux autres espèces, la Pie-Grièche rousse (*Lanius rufus*) et l'Écorcheur (*Lanius collurio*), ne nous visitent que pendant la belle saison, et repartent à l'automne pour les contrées méridionales; il n'est pas rare de les rencontrer à la lisière des bois ou en pleine campagne, dans les buissons et dans les haies qui bordent les champs. Quelle que soit leur demeure, toutes veulent jouir exclusivement du district qu'elles se sont arrogé; elles n'y supportent pas de rivales de leur espèce, c'est pourquoi l'arrivée d'un intrus est le signal de batailles acharnées : ces prétentions égoïstes concordent du reste parfaitement avec l'humeur acariâtre de la race.

Elles ont pour habitude de se percher sur les branches les plus hautes et les plus isolées des arbres et des buissons; de ce poste, elles surveillent tout ce qui passe près d'elles, et fondent à l'improviste sur leur proie; à défaut d'observatoire élevé, il en est qui se mettent en sentinelle sur une pierre, une taupinière ou une motte de terre, à l'exemple des Traquets, pour surprendre au passage les Mulots, les Musaraignes et autres petits mammifères qui entrent également dans leur régime alimentaire.

Leurs cris, *touic*, *touic*, *touic*, sont brefs et durs; elles les font entendre à satiété au lever du soleil, et quand elles sont haut perchées; elles s'accompagnent souvent de battements d'ailes et de balancements de queue. Malgré leur voix discordante, elles ont cependant une disposition remarquable à imiter le chant de certains oiseaux; d'après Vieillot, l'Écorcheur aurait la faculté de contrefaire, jusqu'à un certain point, leurs cris d'appel et une partie de leur ramage; pour les attirer plus sûrement dans ses embûches, le rusé compère se cache dans l'épaisseur d'un buisson; les innocents, trompés par l'imitation de leur voix, se glissent à travers le feuillage et y trouvent bientôt la mort; les vieux, plus défiants, ne se laissent pas prendre à ces feintes où toujours quelque son rauque trahit la contrefaçon du faussaire.

Le vol des Pies-Grièches, inégal et précipité, ne se fait ni directement ni obliquement à la même hauteur, mais par ondulations, par élancements successifs, de telle sorte que l'impulsion qui les porte en haut par une légère courbe, les ramène près de terre en décrivant un arc de cercle; au temps seul de la passe, leur vol est direct : elles ont, comme le Martin-Pêcheur, l'art de se tenir en l'air dans une sorte d'immobilité, lorsqu'elles veulent épier le gibier qui s'est dérobé dans l'herbe.

Certaines espèces, telles que la Pie-Grièche grise, nichent au haut des arbres; d'autres dans les fourrés et les buissons épineux. En général, leurs nids sont construits avec beaucoup de soin; elles les fabriquent avec de la mousse, de petites racines, de longues herbes et des ramilles artistement entrelacées; au dedans, la laine et le crin forment le matelas; elles assoient solidement ces berceaux sur des branches à double et triple enfourchure; les pontes varient de cinq à huit œufs.

Pendant l'incubation et tant que dure l'éducation des petits, les père et mère déploient une vigilance extrême; ils ne laissent approcher aucun oiseau de leur nid; dès qu'il en paraît un, le couple vole à sa rencontre, l'assaille avec des cris de colère, et ne cesse de le poursuivre jusqu'à ce qu'il se soit éloigné de sa nichée. Les liens de famille se prolongent chez ces oiseaux bien au delà du temps où les jeunes ont besoin qu'on pourvoie à leur nourriture; malgré leur penchant pour la chair, alors même qu'ils volent comme les adultes, leurs parents restent avec eux; ils vivent ensemble l'automne et l'hiver qui suivent leur naissance, par petits groupes séparés, et ne se mêlent jamais à d'autres familles; la séparation n'a lieu qu'au printemps, lorsque la nouvelle génération se prépare, à son tour, à construire de nouveaux nids.

LES CORBEAUX.

S'il est des oiseaux auxquels s'applique légitimement l'épithète d'omnivores, ce sont, à coup sûr, les Corbeaux. Tout leur est pâture; ils se nourrissent de toute espèce d'insectes, de Vers, de Limaçons, de Mulots et aussi de poissons morts et de toutes matières animales en décomposition; dans leur travail de salubrité générale, ils remplissent, en Europe, les mêmes fonctions que les Urubus et les Vautours en Amérique, et nous rendent, sous ce rapport, un service réel; d'un autre côté, leurs troupes nombreuses causent d'incontestables dégâts dans les champs nouvellement ensemencés, et ne respectent pas toujours non plus les petits oiseaux ni le menu gibier; en fin de compte, leur utilité balance-t-elle leurs méfaits? la question demeure encore indécise, quoiqu'elle ait été tranchée plus d'une fois en leur faveur par des ordonnances de police.

La tribu des Corbeaux, répandue dans presque toutes les contrées du globe, se distingue par un bec robuste, à bords tranchants, plus ou moins comprimé sur les côtés, garni à sa base de plumes raides et piliformes où se cachent les narines; les ailes sont longues et pointues; la queue est égale et arrondie; les

Fig. 74. Corbeau.

pieds, très-forts, se terminent par des doigts presque entièrement séparés dans toute leur longueur.

Ce groupe, l'un des plus naturels, comprend les Corbeaux proprement dits et les Corneilles; les Pies et les Geais s'y rattachent par certains caractères généraux, mais leurs mœurs présentent des particularités qui justifient leur séparation du type générique.

Le Corbeau, étudié d'après nature et non travesti par l'imagination des poëtes, n'est pas le ridicule et sot personnage dont la Fontaine s'est plus d'une fois moqué; c'est, au contraire, un oiseau circonspect, prudent jusqu'à la ruse, devinant fort bien les piéges, ne se laissant aborder qu'à bon escient, et qui, à l'état de liberté comme en servitude, n'est jamais embarrassé pour se tirer d'affaire.

La grande espèce (*Corvus corax*, fig. 74) habite, chez nous, la montagne ; elle reste fidèle au canton où elle a pris naissance, et ne s'en écarte que pour aller chercher sa vie dans la plaine : encore y descend-elle plus souvent l'hiver que l'été, parce que, dans cette dernière saison, les vivres ne lui manquent pas, et que, redoutant les grandes chaleurs, elle trouve en hauts lieux la température fraîche qui lui convient. Quoique son habit soit entièrement noir, la couleur n'en est ni triste ni monotone ; il se glace, en dessus, de reflets cuivreux bleuâtres, et se nuance, en dessous, de vert chatoyant ; chez la femelle, le fond du plumage est moins intense : c'est la seule marque extérieure avec une taille plus faible qui la différencie du mâle ; la livrée des petits est simplement noirâtre, sans aucun reflet.

Plusieurs de nos espèces émigrent, d'autres demeurent avec nous toute l'année ; quelques-unes, sans sortir de France, passent d'une contrée dans une autre : simples voyages d'été. Les unes, telles que le Corbeau de montagne, nichent ordinairement au milieu des rochers et s'y abritent pendant la nuit par petites escouades composées d'une vingtaine d'individus ; les autres, comme les Corneilles, se rassemblent en grandes troupes ; elles se rapprochent des lieux habités quand vient la morte saison, se tiennent volontiers au milieu des terres labourées, se rassemblent chaque soir de tous côtés, se retirent dans les forêts pour y passer la nuit, perchées sur certains arbres qu'elles adoptent, et se dispersent, le matin, à travers champs dans un rayon de dix à douze kilomètres ; vers la fin de février ou le commencement de mars, elles se confinent davantage dans les bois ; toute société est alors rompue entre elles : elles se séparent deux à deux, chaque paire s'adjuge un canton d'un kilomètre environ d'étendue, et ne le quitte plus que pour aller à la pâture ; à part ces différences, leurs habitudes sont absolument calquées sur celles des Corbeaux.

Tous ces oiseaux ont l'odorat encore plus subtil que celui des Vautours ; il les sert merveilleusement pour éventer, à de grandes distances, les proies mortes dont plusieurs se repaissent avec délices ; dans ce cas, une forte odeur s'attache à leur corps. A la différence des Geais et des Pies qui s'avancent par sauts répétés, les Corbeaux marchent posément, à pas comptés et d'un air magistral ; mais si leur allure à terre est quelque peu lourde et sentant l'obésité, elle est tout autre en l'air : ils s'y jouent avec grâce et légèreté, planent avec aisance, ont le vol soutenu et très-élevé, résistent aux vents les plus impétueux, tantôt s'abandonnant à la tourmente, tantôt luttant contre ses courants, et toujours se balançant capricieusement dans l'espace. L'antiquité païenne avait fait une étude spéciale des diverses circonstances de leur vol; elle regardait les Corbeaux comme des oiseaux de sinistre augure et les consultait jusque dans leurs croassements pour tâcher de découvrir l'avenir; à défaut de renseignements précis sur les événements futurs, les aruspices pouvaient du moins pronostiquer, d'après leurs évolutions, les variations du temps : les Corbeaux, en effet, pressentent, comme beaucoup d'autres espèces, les changements atmosphériques. On a remarqué que dans les jours sombres où la pluie menace, ils volent près de terre et croassent fréquemment; lorsque l'air est calme et serein, ils se tiennent dans les sphères élevées et jettent un cri particulier qui ressemble à un cri d'appel; quand la gelée est instante, ils passent et repassent par nombreux escadrons, principalement vers le soir, en répétant, de temps à autre, leur mot de ralliement : *coâk, coâk.*

Leur voix, bien que très-rude, est susceptible d'inflexions variées. Indépendamment du cri rauque et lugubre qui forme leur langage ordinaire, ils savent rendre leurs sensations par des intonations expressives; dans leur contact familier avec l'homme, ils imitent sans peine l'aboiement du Chien, les miaulements du Chat, et contrefont, d'un air narquois, notre propre voix, quoiqu'ils n'aient pas la langue charnue, épaisse et arrondie des Perroquets. Soupçonneux et défiants par tempérament, s'ils veillent avec soin à leur propre sûreté, ils ne s'alarment pas à tout propos comme tant d'autres espèces timides, ils poussent même le sang-froid jusqu'à l'audace; ils calculent, pour ainsi dire, la portée du danger, sa gravité, son imminence, laissent passer, sans se distraire de leurs occupations gastronomiques, les femmes, les enfants, tandis qu'ils ont bien soin de se tenir à une distance respectable de quiconque est armé d'un fusil. Sentent-ils la poudre, comme on le croit vulgairement? La chose n'est pas impossible : ils flairent si bien des émanations imperceptibles qui nous échappent; peut-être, dans ce cas, se tiennent-ils sur leurs gardes parce qu'ils ont déjà fait l'épreuve de l'arme dangereuse; ils s'en souviennent, et dès lors, à l'aspect du fusil, ils lèvent le pied.

Les rassemblements, si fréquents chez la plupart des Corbeaux, attestent plutôt l'habitude qu'ils ont de fourrager ensemble, que l'aménité de leurs mœurs; s'ils ne se chamaillent pas lorsqu'ils sont attablés à la même curée, c'est que, mangeant de tout, ils trouvent toujours abondamment de quoi faire ripaille; dès lors nul motif pour eux de se disputer ou de se fuir les uns les autres; l'humeur atrabilaire et jalouse, si souvent compagne de la misère, ne les atteint pas, puisqu'ils ne connaissent pas les privations. Ils n'en sont pas pour cela d'un caractère plus endurant : les Corbeaux appariés ne souffrent point d'oiseaux de proie au voisinage de leur nid; quand le Milan fait mine d'en approcher, le mâle prend aussitôt son essor, s'efforce d'avoir le dessus sur le Rapace, se rabat sur lui et l'assaille à coups de bec. Loin de perdre son audace en captivité, il s'y montre souvent hargneux, malicieux et despote. Il en veut surtout aux jambes des étrangers, témoin ce Corbeau de Compiègne à qui ne manquaient ni bon souper ni bon gîte, et qui trouvait plaisant de reconduire à coups d'épée les clients de son maître, dans la pensée sans doute qu'on n'avait pas besoin de médecin pour se bien porter. On sait l'antipathie des Corbeaux pour les Chiens et les Chats; non-seulement ils leur disputent leur pitance jusque dans leur propre gamelle, mais il n'est sorte de misères qu'ils ne leur fassent : quand ils en surprennent un dans son sommeil, ils le tirent brusquement de ses rêves en lui appliquant un fort coup de bec sur la queue; c'est ce qui fait sans doute que tous les animaux les redoutent, et que nul d'entre eux ne s'avise de leur chercher querelle, pas même les Rapaces.

Leurs dispositions batailleuses ne sont pas leur seul défaut; ils ont la manie de cacher tous les petits objets brillants qu'ils rencontrent, pièces de monnaie, morceaux de métal, ustensiles de ménage. Leur instinct de prévoyance les rend thésauriseurs et presque avares; ils enfouissent les restes de leur repas dans le premier trou qui se présente, se servent adroitement de leur bec pour recouvrir le garde-manger occulte de pierres, de terre, de brindilles, et font encore usage de leurs mandibules pour charrier, sans les casser, les œufs de poule qu'ils ont volés. Quelques bonnes qualités pourtant compensent leurs torts. Pris jeunes, ils s'apprivoisent facilement et ne sont pas insensibles aux soins qu'on leur a donnés pendant le premier âge; ils pous sent même la délicatesse jusqu'à ne point se servir de leurs ailes pour recouvrer leur liberté; une fois privés, ils sont comme prisonniers sur parole, se contentent de l'indépendance qu'on leur accorde, se bornent à voler autour de leur échoppe adoptive, se perchent sur les toits environnants, reviennent fidèlement au logis, et se posent familièrement sur l'épaule ou sur le chef de leur père nourricier, qu'ils savent du reste fort bien distinguer des autres personnes.

Les Corbeaux se réunissent par paires de très-bonne heure, en mars ordinairement. L'espèce montagnarde fait son nid tantôt dans les crevasses des rochers, tantôt au milieu des vieilles tours abandonnées, et quelquefois aussi au sommet des grands arbres. La femelle pond cinq ou six œufs d'un vert bleuâtre, marquetés de taches et de traits obscurs. L'incubation dure trois semaines; le mâle en partage les fatigues alternativement avec sa compagne, et, tandis que celle-ci reste, la nuit, sur les œufs, il dort perché tout près du nid et prend soin de la couveuse pendant le jour. Peu d'oiseaux prolongent autant que les Corbeaux l'éducation de leurs petits; ils leur dégorgent la nourriture longtemps après leur sortie du nid, et les gardent en tutelle alors qu'ils pourraient se passer tout à fait de leurs soins; le Corbeau de montagne, quinze jours après que les petits ont quitté leur berceau, les emmène chaque matin en excursion avec lui, et les ramène chaque soir sur leur rocher : la famille entière ne se sépare pas de tout l'été.

Les Corneilles ont un autre mode de nidification. Elles placent le plus souvent leur nid à la cime des arbres ou à une moyenne hauteur. Son enveloppe se compose de petites branches entrelacées grossièrement de brindilles épineuses et mastiquées de ciment terreux ; le sommier intérieur est fabriqué avec de petites racines, sans plumes ni crins, tout à fait en harmonie avec le tempérament de ces robustes natures. Toutes, ainsi que l'espèce de la montagne, déploient un grand courage pour défendre leurs nichées menacées par les Buses, les Cresserelles; elles fondent sur elles avec impétuosité, les attaquent corps à corps, et presque toujours les repoussent victorieusement.

Sauf la Corneille mantelée (*Corvus cornix*), de passage seulement en France l'hiver, et qui retourne en mars dans le nord de l'Europe, les autres Corbeaux indigènes nous restent toute l'année. Le Corbeau de montagne, la Corbine et la Crave sont sédentaires; les Freux (*C. frugilegus*) et les Choucas (*C. monedula*), sans émigrer hors du pays, disparaissent pour plusieurs mois, après leurs couvées terminées. De toutes nos espèces, la Corbine est celle qui se rapproche le plus du grand Corbeau de montagne par sa taille, son plumage et son mode de vivre; mais certaines habitudes l'en distinguent. Excepté l'époque des nichées, elle vit toujours par grandes troupes, passe l'été dans les forêts, fait une grande consommation d'œufs de perdrix, se mêle, l'hiver, avec la Corneille mantelée et les Freux dans les champs cultivés, où on la trouve presque toujours à terre pendant le jour, errant parfois avec les troupeaux, et suivant assidûment les laboureurs pour ramasser les larves découvertes par la charrue : elle niche toujours sur les arbres.

La Corneille mantelée (fig. 75) tire son nom de son manteau de couleur cendrée; sa tête, ses ailes et sa queue sont noires avec des reflets bleuâtres. A peu près de même taille que la Corbine, elle a le même vol et le même son de voix; elle se rassemble en troupes nombreuses, fréquente les bords de la mer, s'y nourrit de poissons morts et en pêche de vivants à la surface des flots, comme les Goëlands. La Corneille mantelée s'avance aussi dans l'intérieur des terres, s'y mêle aux Freux et à la Corbine, et craint si peu la présence de l'homme, qu'elle s'approche de ses habitations et vient chercher pâture sur ses fumiers et parmi les immondices; elle nous quitte aux premiers beaux jours du printemps pour aller nicher dans les contrées septentrionales.

Fig. 75. Corneille mantelée.

Les Choucas ne dépassent guère la grosseur du Pigeon biset;

leur plumage, d'un noir peu foncé, tire sur le cendré autour du cou et sur le ventre. Leur nourriture consiste surtout en insectes, en petits mollusques, en vers de terre et en graines de toute espèce. Une fois appariés, ils ne se quittent plus; ils ne s'isolent pas ainsi que les espèces précédentes, ils placent, au contraire, leurs nids à proximité les uns des autres, à la cime des arbres les plus élevés ou dans les trous les plus rapprochés d'un même édifice, clochers, tours, ou vieux châteaux en ruine. Pendant l'été, ils couchent dans les bois, reviennent à l'automne, principalement vers le milieu du jour, visiter leur domicile accoutumé, et se répandent ensuite dans les terres fraîchement labourées qu'ils purgent des larves du Hanneton.

Les Freux, un peu plus grands que les Choucas, sont reconnaissables à leur plumage entièrement noir, enrichi de reflets pourprés sur les ailes et le corps, moins vifs sur les parties inférieures, et tournant au vert métallique sur la queue. Ils vivent toute l'année en troupes plus ou moins nombreuses, et se nourrissent surtout de grains, de lombrics, de larves d'insectes, comme les Choucas, dont ils ont à peu près les mœurs. Ils commencent à bâtir leurs nids en mars, les placent à côté les uns des autres au sommet des grands arbres. Pendant que le ménage y travaille, et que le mâle ou la femelle est à la recherche des matériaux de construction, l'autre fait sentinelle pour le garder; sans cette précaution, les couples du voisinage n'auraient rien de plus pressé que de le piller à leur profit. La ponte est de quatre ou cinq œufs d'un vert clair, taché et rayé de brun. A l'époque de leurs couvées, ces oiseaux ne cessent de jaser à leur façon, d'une voix rauque et criarde, encore plus discordante que celle des Corbeaux.

Une dernière espèce enfin se distingue de toutes les précédentes par son bec grêle, arqué, un peu plus long que la tête, de couleur rouge ainsi que les pieds : c'est la Crave. Elle habite nos Alpes françaises et surtout les Pyrénées, vit d'insectes et de graines, vole avec une extrême légèreté, en se livrant à une foule d'évolutions charmantes que le savant Ramond a poétiquement célébrées dans son *Voyage au Mont-Perdu;* son vol est presque toujours accompagné de cris aigus et perçants, qui n'en égayent pas moins la solitude des hautes montagnes. G. Cuvier, d'après la structure du bec, a rangé la Crave parmi les Huppes; Vieillot en a fait son genre Coracias : ne convenait-il pas mieux d'attribuer une plus large part aux mœurs de cet oiseau et, partant, de le mettre à la suite des Corbeaux, si l'on ne voulait pas le comprendre dans leur groupe?

LA PIE (*Pica garrula*).

On ne saurait le nier, la Pie (fig. 76) n'occupe pas le dernier rang parmi les espèces nuisibles. Elle nous débarrasse, il est vrai, d'un certain nombre de larves de Hannetons, de Mulots et de Campagnols maudits, mais il s'en faut bien qu'elle borne là sa nourriture. Ainsi que les Corbeaux, elle est omnivore;

Fig. 76. Pie.

comme eux, elle va à la charogne; mais, de plus que ces oiseaux voraces, elle a l'instinct du pillage et de la déprédation. Elle chasse au menu gibier, détruit, dans leurs œufs, une quantité d'Alouettes et de Perdrix, attaque Levrauts et Lapereaux, poursuit une foule de petits oiseaux incapables de se défendre, et ne manque jamais de profiter du lacet pour déchiqueter les Grives et les Merles qui s'y sont laissé prendre. Ses dégâts dans les jardins et les vergers ne sont ignorés de personne; elle n'attend pas la maturité des poires et des pommes pour les déguster: elle les entame encore vertes, les creuse et les vide avec une adresse surprenante, en ne leur laissant que la peau. Dans les champs cultivés, elle déterre les vesces, les pois et les féveroles déjà germés, dévaste les semis dans les forêts, et enlève effrontément les poussins, en pleine basse-cour, malgré la vigilance de leur mère; tous ces griefs méritent un châtiment exemplaire: c'est pourquoi les gardes-chasse les tuent à coups de fusil et les accrochent ensuite au gibet des malfaiteurs.

A part ses crimes tout à fait pendables, la Pie est un bel oiseau, à la taille svelte et dégagée, leste dans ses allures, paré d'une jolie robe où ne se montrent pas seulement le blanc et le noir qui forment le fond de son plumage, mais où brillent encore le vert doré, le pourpre et le violet, lorsqu'on l'observe sous une certaine lumière; ces reflets métalliques s'étalent jusque sur la queue; la Pie la porte longue et étagée, et la met gaillardement en branle, à la façon des Lavandières.

Ses mœurs ont plus d'une analogie avec celles des Corbeaux. Le printemps est à peine arrivé, que la Pie prépare déjà le berceau de sa prochaine lignée. Son nid est construit avec art; elle ne néglige rien pour le placer en lieu sûr et lui donner de la solidité. Le plus souvent, elle le loge au haut d'un grand arbre, isolé autant que possible, afin de mieux voir venir l'ennemi. Le mâle et la femelle s'y emploient avec zèle; ils l'appuient sur une fourche qu'entourent d'autres branches et que dissimulera plus tard un feuillage épais. Sa muraille est fortifiée de bûchettes flexibles reliées entre elles par un mortier de terre gâchée; le matelas, de forme orbiculaire, se compose de racines et de quelques autres substances souples et molles, et pour le défendre contre les envahisseurs, le couple l'enveloppe en entier d'une chemise à claire-voie, consistant en rameaux épineux habilement entrelacés, qui ne laissent d'ouverture que du côté le mieux protégé, et juste assez grande pour permettre aux père et mère d'entrer et de sortir (fig. 77). La ponte est de six ou sept œufs vert-bleu, tachetés de brun, principalement au gros bout. En général, il n'y a qu'une ponte chaque année; mais si elle vient à être troublée ou détruite, une seconde et une troisième se succèdent, coup sur coup, toujours de moins en moins abondantes. Le mâle et la femelle couvent alternativement. Les petits naissent aveugles et sont l'objet d'une vive sollicitude de la part de leurs parents, sans cesse aux aguets pour surveiller les alentours du nid ; tout oiseau de proie, toute

Corneille qui rôde dans les environs est à l'instant pourchassée à grands cris, quelles que soient sa taille et sa force; ce dévouement, payé plus d'une fois de la vie, ne se dément pas jusqu'à

Fig. 77. Nid de la Pie.

la fin de l'éducation, qui est fort longue, car les petits sont très tardifs à se suffire à eux-mêmes.

Ces derniers, pris au nid, s'apprivoisent sans peine et se familiarisent au point de devenir de véritables tyrans domestiques pour les animaux qui les entourent. Ils leur jouent toute espèce de mauvais tours, les harcèlent, les empêchent de dormir, les troublent dans leurs jeux quand ils ne font pas pis encore en cherchant à leur sauter au nez ou à se percher sur leur dos, sous prétexte de leur éplucher l'échine. Ils ont aussi cependant leurs moments de bonne humeur; il n'est pas rare de les voir en parfaite harmonie avec leurs compagnons de servage, doucement accroupis entre Chien et Chat, réalisant, en trio, la trêve pacifique d'un heureux phalanstère.

La Pie assujettie à une demi-captivité n'est ni moins voleuse ni moins cachotière que les Corbeaux; elle accapare tout objet minime qui brille; elle entasse aussi en magasin ce qui peut lui servir plus tard de pâture, obéissant ainsi à son penchant instinctif pour l'épargne. A l'état de nature, en effet, quand l'automne est venu, cet oiseau fait provision de glands, de noisettes et de différentes graines; il les dépose au bord d'un trou et les y fait entrer à coups de bec, jusqu'à ce qu'il n'en paraisse plus rien au dehors. D'après Sonnini, ses silos sont quelquefois bien remplis; et lorsque à l'approche de l'hiver on voit, en pleine campagne, des couples de Pies faire vacarme et se battre, on peut être certain que les approvisionnements en sont cause, et que la cachette n'est pas très-loin du champ de bataille.

Il va sans dire que, dans leurs disputes, les Pies ne s'épargnent pas les gros mots; elles sont naturellement très-babillardes, jabotent et ramagent souvent toutes seules, uniquement pour se tenir en haleine et passer le temps : aussi leur loquacité est-elle devenue proverbiale. Chaque soir, au moment où le soleil est sur le point de disparaître à l'horizon, elles se rappellent amicalement par de petits cris de ralliement; c'est leur manière de s'inviter à venir passer la nuit ensemble sous le même taillis : on sait qu'elles y dorment d'habitude, plutôt qu'à la cime des grands arbres; ceux-ci, en revanche, leur servent de station de jour. A certaines heures de la journée, quand il fait beau, elles aiment à échanger, d'un arbre à l'autre, leurs conversations; mais, quoique tout entières en apparence à leurs longues causeries, elles ne se relâchent pas de leur défiance et ont toujours un œil furtif sur tout ce qui se trame autour d'elles; que, sur ces entrefaites, vienne à passer un homme, elles jettent aussitôt le cri d'alarme; toutes les commères du voisinage de leur répondre sur le même diapason : c'est le signal d'une fuite générale. En captivité, la Pie ne renonce pas à son talent de parole; sans qu'on le lui enseigne, elle apprend bien vite à contrefaire la voix des bêtes ses compagnes et celle même de l'homme; après un court exercice, elle prononce, sans trop d'accent patois, certains mots de notre vocabulaire, et répète avec emphase son surnom plébéien de Margot.

Une fois appariées, les Pies vivent la plus grande partie de l'année dans les bois; l'hiver, elles se réunissent en petites troupes, mais qui n'ont qu'une durée temporaire; elles se rapprochent alors des habitations et ne s'écartent guère des vergers et des jardins, par suite sans doute des ressources qu'elles y trouvent, et non par attraction pour notre espèce. Leur vol, bien moins élevé et bien moins soutenu que celui des Corbeaux, s'explique très-bien par la brièveté de leurs ailes; elles ne se portent jamais qu'à de faibles distances, sous bois comme en plaine; mais lorsqu'elles mettent pied à terre, elles ne font que sauter, gambader; dans la belle saison, quand le temps des couvées est passé, il n'est pas rare de voir leurs familles s'ébattre joyeusement sur la pelouse, en s'agaçant mutuellement par des cris significatifs et des danses bizarres : on leur passerait volontiers ces jeux folâtres, s'ils n'étaient promptement suivis d'actes plus coupables sur les fruits du propriétaire qui, dans ses rêves opulents, n'a oublié qu'une seule chose, la visite des rusées friponnes.

LE GEAI (*Graculus glandarius*).

Le Geai (figure 78), très-proche voisin de la Pie dont il rappelle certaines habitudes, s'en distingue par plusieurs particularités et par des caractères spéciaux. Son bec épais, robuste, à bords tranchants, s'incline brusquement à la pointe de la mandibule supérieure; le sommet de sa tête est garni de petites plumes mobiles qui se redressent sous l'influence de la passion; on le reconnaît du reste facilement au bel écusson émaillé de bleu clair, de bleu foncé et de noir qui décore ses ailes.

L'espèce répandue dans toute l'Europe et jusque sur les montagnes de la Sibérie appelle l'attention par la variété et l'élégance de ses couleurs. Son front est orné d'un toupet de plumes noires, bleues et blanches; ses joues sont peintes de gris-cendré vineux; son dos, son cou, les couvertures de ses ailes, sa poitrine et le haut de son ventre sont parés des mêmes teintes, tandis que la gorge et le bas du ventre présentent une couleur blanchâtre; ses ailes, bien que plus longues, à proportion, que celles de la Pie, ne lui donnent un vol ni plus rapide, ni de plus longue portée.

Le Geai, d'humeur pétulante et irascible, prend feu au moindre prétexte; dans ses accès de colère, il oublie jusqu'au soin de sa propre conservation; dans ses batailles printanières avec ceux de sa propre espèce, la fureur le rend aveugle : il se jette, à tort et à travers, au milieu des taillis épais, donne tête baissée entre deux branches, et y reste parfois étranglé et pendu; à l'état de

Fig. 78. Geai.

nature comme en captivité, il se tourmente d'une agitation continuelle, et trahit son tempérament inquiet et susceptible par la brusquerie de ses mouvements.

A l'exemple de la Pie, il vit, en hiver, de glands, de faînes, de noix; en été, son régime est moins exclusivement frugivore; aux pois, aux sorbes, aux groseilles et aux cerises dont il est très-friand, il mêle les insectes et les vers, et, pour justifier son titre d'omnivore, propre à tout le genre Corbeau, il mange aussi les œufs des petits oiseaux et n'épargne même pas ces derniers quand la faim ou la tentation le presse; il leur crève d'abord les yeux, leur mange ensuite la cervelle et dédaigne le reste. Thésauriseur comme tous ceux de sa race, il n'a pas, aussi bien que les Pies et les Corbeaux, la mémoire des trous où il a enfoui ses provisions; il en résulte qu'il travaille souvent pour les autres : ses magasins se reconnaissent, au printemps, aux essences forestières qui lèvent extrêmement drues sur un même point et dénotent, par là, la cachette de son infructueuse économie.

La voix des Geais n'a rien d'harmonieux, ce qui ne les empêche pas de prodiguer leurs cris rauques et discordants; malgré leur infériorité musicale, ils ont cependant une faculté remarquable d'imitation, ils contrefont assez habilement les cris des autres oiseaux; au printemps, ils font entendre, à travers leurs volées buissonnières, une sorte de bêlement plaintif qui ne manque pas d'une certaine douceur, et diffère complétement de leur accent ordinaire : ils annoncent, de cette manière, leur prochaine entrée en ménage.

Le Geai, éminemment sylvicole, se tient plus fréquemment à la lisière des bois que dans la profondeur des forêts; il ne s'aventure en plaine que pour se transporter d'un point à un autre, il n'y séjourne jamais. En revanche, il fait volontiers une halte dans les remises boisées; il visite aussi les vergers, mais à la condition de n'être pas très-éloignés de son domicile habituel; il n'a jamais l'audace effrontée de la Pie, qui vient jusque dans les cours de ferme exercer ses pirateries; à la moindre alerte, à l'aspect du premier passant, il sonne l'alarme, et tous les Geais du voisinage répètent aussitôt le cri de sauve-qui-peut. Généralement sociables entre eux, ils ont l'instinct de s'avertir quand ils aperçoivent une bête de rapine; à peine l'un d'eux a-t-il signalé Putois ou Renard, de tous côtés les Geais se réunissent en troupes, comme pour en imposer à l'ennemi par le nombre. C'est à qui vociférera avec le plus de fureur contre le bandit; ils lui font ainsi la conduite par leurs cris furieux, jusqu'à ce qu'ils l'aient assourdi, ahuri, et qu'ils l'aient forcé, par ce vacarme mutuel, de quitter le canton. La Chouette ne les met pas moins en branle; dès qu'ils l'entendent, ils se précipitent sur elle et sont toujours des premiers à venir à la pipée.

Sous le climat de Paris, les Geais commencent à s'apparier vers la fin d'avril ou le commencement de mai. Leur nid n'est pas une œuvre d'art ni de longue haleine; quelques bûchettes, plus ou moins grossièrement entrelacées, servent de point d'appui à un simple assemblage de racines et d'herbes filamen teuses, sans crins, ni mousse, ni plumes, pour doubler la rude couchette ; il est généralement placé dans la bifurcation des premiers branchages, à une médiocre élévation.

La femelle y pond quatre ou cinq œufs, un peu plus petits que des œufs de Pigeon ; ils sont mouchetés de taches peu apparentes ; leur couleur tire sur le cendré-verdâtre. Il n'est pas rare de voir deux pontes par an ; les petits ne se séparent pas aussitôt qu'ils sont en état de se suffire à eux-mêmes ; ils restent en famille, avec père et mère, jusqu'au printemps suivant, époque à laquelle les jeunes couples se forment et vont fabriquer, à leur tour, de nouveaux berceaux.

Quoique un nombre assez considérable de Geais passent l'hiver chez nous, l'espèce émigre, chaque année, à l'entrée de l'automne ; une partie se dirige vers les pays chauds, pour retourner ensuite au printemps au point de départ. D'après Sonnini, les Geais ne feraient qu'une courte apparition dans les îles de la Méditerranée, et d'Égypte ils passeraient jusqu'en Syrie : ce naturaliste les a vus paraître en septembre sur les côtes de la basse Égypte, aux environs d'Alexandrie et de Rosette ; les émigrants ne quittent pas le voisinage de la mer et ne remontent pas très-haut dans les plaines du Delta.

LE MERLE (*Turdus merula*).

Le Merle (fig. 79) n'est pas généralement apprécié comme il le mériterait ; on ne voit dans cet oiseau qu'un plumage sombre, une humeur farouche et une vulgarité qui n'appelle pas l'attention ; c'est cependant un de nos plus habiles chanteurs, un de ces virtuoses qu'on n'entend jamais sans plaisir, et qui, dans le grand concert bocager, remplit sa partie avec une verve pleine de lyrisme. L'hiver n'est pas encore passé, qu'un des premiers, avec la Grive chanteuse et l'Alouette, il salue le retour du soleil par ses notes limpides et sonores ; son coup d'archet part avec les premiers beaux jours de février : le printemps venu, il le célèbre de son ramage, qu'il prolonge encore fort avant dans la belle saison, alors que beaucoup d'autres se taisent ; c'est un dilettante dont le gosier est toujours prêt, mais, ainsi que tous les vrais musiciens, il a ses heures d'harmonie : ses plus riches accords, il les réserve pour le matin et pour le soir, et aussi pour sa couveuse et ses petits : il les enchante pendant des heures entières, sans interruption; dans la morte-saison seulement il garde le silence, ou, pour parler plus exactement, il n'a plus que son cri d'appel et son accent d'émotion craintive.

Le Merle se plaît dans les lieux retirés, et vit à peu près seul la plus grande partie de l'année. Il fréquente de préférence les taillis, les bois frais et les terrains gras, riches en Lombrics et en petits Escargots; à l'entrée de l'hiver, quand il n'émigre pas, il se rapproche, malgré sa sauvagerie, des lieux habités, et se

Fig. 79. Merle.

tient alors dans les haies, dans les jardins et à la lisière des bois. Circonspect et défiant, il est constamment sur le qui-vive; l'inquiétude le gagne à tout propos; sans cesse il examine ce qui l'entoure; entend-il le plus petit bruit, les pas d'un promeneur inoffensif, il manifeste d'abord son appréhension par un petit cri sec et saccadé, auquel succède un éclat de voix prolongé quand la peur le domine et lui conseille de s'envoler. Son émotion est si forte, qu'elle le poursuit jusque dans sa fuite; il a beau s'être porté ailleurs, il piète, il agite sa queue et ne cesse de faire entendre ses *bic, bic* redoublés que lorsque toute cause d'alerte lui semble avoir entièrement disparu. En cage toutefois, le farouche solitaire s'humanise; il s'habitue promptement à sa prison, et, grâce à son excellente oreille musicale, il se montre aussi docile qu'ingénieux à répéter les airs qu'on lui apprend; son chant naturel néanmoins vaut mieux que la science de ses professeurs artificiels.

A l'état de liberté, comme à l'état sauvage, le Merle s'accommode de toute espèce de nourriture; son long bec effilé ne dédaigne ni les Vers ni les Limaçons; il sait parfaitement les découvrir sous les feuilles mortes où ils se cachent, et s'inquiète peu des coquilles dont il extrait habilement son gibier. Quoiqu'il recherche les mollusques cloisonnés, ses prédilections sont pour les fruits succulents : groseilles, figues, prunes, mûres, cerises et baies de sorbier, sont pour lui des tentations auxquelles il succombe chaque fois que l'occasion s'en présente, au risque d'attraper un coup de fusil ou de laisser tête ou pattes dans un lacet. Dans les pays méridionaux, il se jette avec avidité sur les baies de myrte, sur le raisin, sur les olives, et il s'en gorge au point de passer presque sans transition de la maigreur à l'état dodu : les gourmets ne lui en font pas un crime, sa chair doublée de graisse vaut le meilleur gibier.

Le Merle est toujours debout dès l'aube du jour. Avant même la fin de l'hiver, les alliances sont déjà nouées, et il n'est pas rare de voir des petits de la première nichée vers le 20 avril. Son nid ressemble beaucoup à celui de la *Grive*, extérieurement du moins. Il est fabriqué avec de la mousse, des petites tiges de graminées, des herbes sèches cimentées de limon; des substances plus fines, plus moelleuses et plus chaudes le garnissent à l'intérieur. Le mâle et la femelle y travaillent ensemble aussi : est-il promptement achevé. Ils le placent ordinairement assez près de terre, tantôt dans un buisson, tantôt au fond d'une cépée, quelquefois au ras du sol, mais le plus souvent à la bifurcation des premières branches, ou sur la coupole d'un arbre étêté; on y trouve quatre ou cinq œufs d'un vert bleuâtre, marquetés de nombreuses taches de rouille. Le mâle couve ainsi que la femelle, et partage avec elle tous les soins de l'éducation. Le naturel méfiant de ces oiseaux semble augmenter encore à l'époque de la ponte; pour peu qu'on touche à leurs œufs, ils les abandonnent; les petits sont également délaissés lorsqu'une main indiscrète s'est glissée dans le nid; mais si on ne les visite que lorsqu'ils sont déjà forts, le père et la mère continuent de les abecquer. Ils s'en occupent du reste avec une grande sollicitude; à tout moment ils leur apportent des Vers, des Chenilles, des larves de toute espèce, régime du premier âge; plus tard, quand les jeunes sont emplumés et presque en état de se suffire, les fruits rouges, les cerises particulièrement, composent une bonne partie de leur nourriture; à peine sont-ils en état de voler, qu'ils vont vivre chacun de leur côté; les père et mère se livrent alors à une nouvelle couvée.

La mue a lieu à la fin de l'été; elle précède de peu de temps l'émigration générale. Gueneau de Montbeillard affirme que les Merles ne changent pas de contrée, et qu'ils se bornent à choisir, dans celle qu'ils habitent, l'asile qui leur convient le mieux pour passer la saison rigoureuse; cet excellent observateur s'est mépris sur ce point. Il est bien vrai que toujours, parmi les Merles, il en est de sédentaires, mais l'espèce, en général, émigre dans le courant de l'automne; la pénurie des vivres, plus que le froid, les chasse des cantons où ils sont nés. Les vieux partent les premiers, sans se mêler aux jeunes, même de leur famille; une fois séparés, ils demeurent étrangers les uns aux autres, et, fidèles à leurs habitudes solitaires, ils suivent des routes différentes, cheminant tout au plus par petits groupes de trois ou quatre individus qui ne se convoient même pas, puisqu'ils laissent une certaine distance entre eux. Leurs trajets sont plus ou moins rapides, selon que le temps les favorise ou les contrarie; lorsque l'air est calme, ils se tiennent dans la région moyenne de l'air; le vent souffle-t-il avec force, ils côtoient le plus possible la terre et ne font que de petites journées; à la fin, tous, sauf la part plus ou moins légitime de l'oiseau de proie, arrivent à leur destination. Pour les uns, c'est l'Espagne ou l'Italie qui est le point de débarquement; d'autres poussent plus loin, jusqu'en Afrique; beaucoup s'arrêtent en Sardaigne et en Corse; dans cette dernière station d'hiver, ils trouvent un vrai pays de cocagne : maquis de myrtes, de lentisques, d'arbousiers et d'oliviers chargés de fruits, en d'autres termes, toute une existence plantureuse, sous un climat de serre tempérée.

Suivant le dicton gastronomique, les Merles ne viendraient qu'au second rang, après les Grives; mais tout palais délicat proteste contre cette hérésie. Sans contester le mérite de la Grive provençale parfumée de genièvre, ni celle des pays vignobles où la gourmande s'oublie parfois jusqu'à l'ivresse, comme plus d'un musicien, on peut affirmer que la meilleure Grive est loin de valoir le Merle dont le myrte a moulé la corpulence; deux mois de ce régime sur la côte orientale de la Corse font du sybarite ailé un gibier à mettre en regard de la Caille pour l'obésité et la finesse, avec un fumet bien plus exalté. La Sardaigne, dans des conditions analogues de climat et de produits similaires spontanés, offre sans doute à ses Merles voyageurs une terre aussi hospitalière que celle de Corse, mais, à coup sûr, elle ne l'emporte pas pour la qualité de ses hôtes emplumés. Le Merle de Corse est le roi du menu gibier, et il ne manque à sa gloire que d'avoir été prôné par Brillat-Savarin; malheureusement pour ce palais délicat, le Merle de Corse, faute de bateaux à vapeur, n'arrivait pas en ce temps jusqu'à Paris; depuis, il y fait chaque année de nombreuses apparitions, à la satisfaction complète des fins gourmets.

LES GRIVES.

Les Grives, du même genre *Turdus* que les Merles, présentent les mêmes caractères zoologiques : bec comprimé et arqué, sans crochet à la pointe; mais elles forment une section distincte des Merles par les grivelures de leur plumage, moucheté sur la poitrine de taches brunes semées régulièrement; elles vivent de baies, de Vers de terre, de petits mollusques; elles fréquentent les bois, les haies, les vergers et les jardins, cultivent avec succès la musique, et, comme le dit spirituellement Toussenel, « elles chantent au même pupitre que le Merle, et rôtissent à la même broche. »

Nous possédons quatre espèces de Grives en France : la Grive de vigne, la Draine, la Litorne et le Mauvis; les deux premières passent toute l'année chez nous et y bâtissent leur nid; les deux autres n'y sont que de passage; elles arrivent à l'automne en bandes nombreuses, pour nous demander un asile contre les froids du Nord, et repartent, en troupes, au printemps, pour aller nicher dans les contrées septentrionales de l'Europe. Pendant leur séjour temporaire dans nos climats, elles ne font que gazouiller et ne ramagent pas, réservant sans doute leur chant d'amour pour les pays où naissent leurs petits.

Chacune de ces espèces a sa biographie particulière où se reflètent les habitudes générales de la race.

PREMIÈRE ESPÈCE. — La Grive de vigne ou Grive chanteuse (*Turdus musicus*, fig. 80) est une des premières à annoncer le printemps; les arbres n'ont pas encore débourré, qu'elle profite d'un beau soleil de février pour proclamer à haute voix le prochain réveil de la nature. Perchée à la cime des arbres les plus élevés, elle jette du haut de cette tribune ses notes harmonieuses et sonores. Dans les beaux jours, elle les redit, du matin au soir, pendant des heures entières, et elle les fait entendre jusque dans le mois d'août; passé ce temps, elle n'a plus qu'un cri précipité, *zip, zip*, qui s'échappe rapidement de son gosier quand elle s'envole effrayée.

Cette espèce, caractérisée par sa couleur générale gris-brun, sa poitrine blanchâtre avec des taches plus petites que sur le fond blanc du ventre, habite de préférence les bois; mais à l'époque des vendanges elle se rapproche des vignobles et y passe la plus

Fig. 80. Grive chanteuse.

grande partie du jour. Son goût ou plutôt sa passion pour le raisin est extrême; une fois attablée, elle s'en donne à cœur joie et s'y oublie à en perdre le sentiment; en cage, elle pousse plus loin encore l'amour du vin, témoin cette Grive de Linné qui se grisait régulièrement une fois par jour et qui finit par en devenir chauve : il ne fallut rien moins qu'une saison entière d'eau pure pour que son chef retrouvât son ornement naturel.

Grâce à cette affection désordonnée pour le jus de la grappe, d'immenses légions de Grives de la même espèce s'abattent chaque année sur la France. Elles se jettent à corps perdu dans nos vignes, laissant alors de côté toute prudence, et ne sortant, en général, de leurs banquets prolongés que les jambes alourdies, la vue nébuleuse et le cerveau passablement troublé. Mais si bien qu'elles s'y trouvent, elles ne couchent jamais dans les vignes: elles se retirent, pour dormir, dans les bois et les taillis environnants, non toutefois sans avoir fait plus d'une pause sur les arbres les plus proches avant de gagner leur gite. On sait que plus le raisin est mûr, plus ces oiseaux avinés éprouvent le besoin de multiplier leurs stations momentanées; aussi, à l'époque des vendanges, les piéges sont-ils dressés de toutes parts pour les prendre; les Grives donnent dans tous : raquettes, gluaux, collets de crin et filets; c'est par centaines que les tendeurs habiles en font un butin journalier. Malgré ces hécatombes plus multipliées dans l'est de la France que partout ailleurs, le nombre des Grives ne paraît pas diminuer; le Nord, chaque année, nous envoie ses légions pour combler les vides. Dans la saison chère à Bacchus et aux chasseurs, on rencontre des Grives partout; il en jaillit, à chaque instant, de la lisière des bois, des haies, des buissons et des arbres isolés; à voir cette abondance reparaître tous les ans, on dirait une nouvelle manne tombant, à époque fixe, comme une rente bénie du ciel.

Indépendamment des Grives chanteuses indigènes qui s'invitent à nos vendanges, il nous en arrive du dehors des quantités prodigieuses pour prendre part au festin. D'après Toussenel, « la masse descendrait en ligne droite des Alpes Norvégiennes et s'ébranlerait vers le commencement de l'équinoxe d'automne. Les premières Grives de saison apparaissent le 10 octobre dans la zone de Paris; le passage dure trois semaines au plus, et se termine généralement le 28. Le gros de l'armée émigrante suit les vallées du Rhin, de la Meuse, de la Saône; mais de nombreuses divisions s'en détachent pour gagner l'Espagne par les vignobles du Poitou, de la Saintonge et de la Guienne, et prendre leurs quartiers d'hiver sur les rives du Tage, du Guadiana et du Guadalquivir; le reste se dissémine dans les autres péninsules de l'Europe méridionale et aussi dans les archipels. Quelques faibles partis se hasardent à franchir la mer, mais le chiffre de ces voyageurs aventureux est toujours fort restreint. Après avoir payé un large tribut de chair à toutes les contrées où elles ont fait séjour, les Grives de vigne reprennent le chemin du Nord aux environs de l'équinoxe de mars. » Lorsque les raisins ont disparu, la Grive chanteuse se nourrit des fruits du genévrier, du myrte, du lentisque, de l'olivier, du lierre. Les Vers et les mollusques terrestres sont encore une précieuse ressource pour elle dans la mauvaise saison; elle avale d'un trait les petits Escargots; quant aux gros Limaçons, elle casse habilement leur coquille en la frappant contre les pierres avant d'en faire curée. Au retour du beau temps, elle reprend son régime végétal, mais avec des variantes : dès que les cerises paraissent, elle leur rend visite, et, à l'exemple des Sansonnets, des Merles et des Loriots, elle n'épargne ni merises, ni groseilles, ni les autres fruits succulents.

La Grive chanteuse est l'espèce qui prend le plus facilement de l'embonpoint : les anciens ne l'ignoraient pas; chez les Romains, on en engraissait des milliers en les tenant à l'étroit, dans des chambres presque totalement obscures, loin de tout bruit et de tout ce qui pouvait les distraire de leurs graves occupations : manger et dormir; les baies de myrte et le grain de millet leur étaient prodigués sans mesure, et l'on y ajoutait, comme couronnement, une pâtée composée de farine et de figues sèches broyées; elles s'abreuvaient, enfin, à un filet d'eau courante qui traversait la grivière. Au bout de très-peu de temps, les heureuses captives devenaient assez grasses pour être portées au marché; au dire des historiens, elles étaient d'un fort bon rapport, puisque chacune d'elles, hors des temps de passage, se vendait jusqu'à trois deniers, c'est-à-dire 1 fr. 50 de notre monnaie.

La Grive chanteuse place son nid dans les buissons épineux, ainsi que dans les pommiers et les poiriers, et toujours à une faible hauteur. Sa construction est remarquable : elle le bâtit extérieurement avec de la bouse de vache, et elle l'enduit, à l'intérieur, d'une sorte de mastic fabriqué avec des débris de bois vermoulu qu'elle relie les uns aux autres en y versant de son suc gastrique; cinq ou six œufs d'un bleu pâle, glacé de vert, avec des taches rougeâtres et noires y sont déposés à cru. Le mâle prend sa part des fatigues de l'incubation. Il y a toujours deux couvées par an, et souvent encore une troisième lorsque les deux premières ne sont pas venues à bien; les petits se dispersent aussitôt qu'ils sont en état de vivre de leurs propres ressources.

Les Grives chanteuses, quand elles se déplacent pour aller gagner d'autres contrées, voyagent seules et de nuit, comme le Merle; toutefois on les trouve souvent par petits groupes ou du moins à peu de distance les unes des autres.

Deuxième espèce. — La Draine (*Turdus viscivorus*, fig. 81) est la plus grosse de toutes nos Grives indigènes, sa taille égale presque celle de la Tourterelle. Elle est facile à reconnaître : le dessus de sa tête, de son cou et tout son manteau sont bruns, avec un mélange de roux près de la queue; sa gorge, d'un blanc jaunâtre, est semée de quelques taches brunes; le dessous du corps, de même teinte, est émaillé de mouchetures noires triangulaires; les pennes des ailes et de la queue sont brunes, plus claires vers leur bord extérieur; chez la femelle, toutes les teintes sont moins foncées.

Les Draines n'ont pas toutes les mêmes habitudes. Tandis que les unes s'éloignent des contrées froides à l'approche de l'hiver, les autres bravent la rigueur de cette saison et ne se déplacent qu'à de faibles distances; toutes se réunissent par petites familles;

Fig. 81. La Draine.

elles s'apparient de bonne heure, en janvier, et, une fois accouplées, chaque paire fait ménage à part. Leur voix est forte, mélodieuse, variée, et s'entend de très-loin; leur chant, à cet égard, rivalise avec celui de la Grive de vigne : il commence souvent avant l'aube du jour, pour ne finir qu'avec le coucher du soleil.

Le mâle et la femelle travaillent ensemble à la construction du nid; ils le placent ordinairement à l'enfourchure des premières grosses branches des poiriers ou des pommiers, à une petite élévation au-dessus de terre. Sa contexture leur fait honneur. Au dehors, ils emploient des herbes, des feuilles, liées ensemble par un mortier terreux; le matelas se compose de brindilles, de racines et de tiges flexibles enchevêtrées les unes dans les autres; des plaques de mousse et de lichen de même couleur que celle des végétaux parasites qui s'attachent à l'arbre auquel le berceau est suspendu, revêtent la muraille la plus extérieure; c'est le procédé du Chardonneret et du Pinson pour cacher leurs nids. Cette ingénieuse précaution semblerait donc indiquer un oiseau défiant, jaloux de soustraire ses petits à tous les regards; mais il n'en est rien, la Draine ne les craint pas : aussi est-elle souvent victime de son excès de confiance. L'homme, et plus encore les Pies et les Geais, en abusent souvent, et lui dérobent maintes fois ses œufs et jusqu'à ses petits éclos; les maudites bêtes, cachées dans un fourré voisin, épient le moment où père et mère sont absents pour mettre le nid au pillage. Lorsque les voleurs sont surpris en flagrant délit, le couple leur tient courageusement tête, il appelle à son secours les Draines des environs; toutes, à leur tocsin, fondent sur les ravisseurs, mais ceux-ci, comme des lâches, refusent le combat et décampent.... pour recommencer leur brigandage à la première occasion.

L'énergie que montrent les Draines pour repousser les maraudeurs n'entre pas dans leurs habitudes journalières; loin de là, elles sont éminemment pacifiques; elles donnent, il est vrai, à la pipée, mais mollement, avec infiniment moins d'entrain que la Grive de vigne, le Merle, et surtout que le Pinson et les Mésanges, si valeureuses à se jeter sur la Chouette. Leur ponte ne dépasse pas quatre œufs; le fond en est blanchâtre, tacheté de brun; le mâle couve alternativement avec la femelle. La première nourriture des petits consiste en Chenilles, en Vermisseaux, en Limaçons. Quand ils commencent à se fortifier, les père et mère leur apportent des cerises et d'autres fruits de facile digestion; une fois adultes, ils vivent de baies de genièvre, de nerprun, de lierre et de gui. Leur prédilection pour cette dernière plante parasite leur a valu l'épithète de viscivores; nul oiseau, en effet, ne contribue davantage à la répandre; sa graine, enveloppée d'une pulpe épaisse et visqueuse, passe par le corps de la Draine sans être digérée, et s'implante sur tous les arbres où s'arrêtent fréquemment les Grives, peupliers, pommiers et poiriers; elle y croît dans toutes les positions.

La Draine, d'une nature très-défiante, ne se laisse pas plus approcher que le Merle, excepté à l'époque de la ponte où il est facile de la prendre sur son nid; en dehors de ce temps, elle part comme une flèche au moindre bruit qui l'inquiète, en jetant son cri d'alarme *tré, tré, tré, tré;* l'éveil ainsi donné, toutes les Draines des environs se tiennent sur le qui-vive et s'envolent à la moindre apparence de danger : on prend difficilement cette espèce aux piéges; sa chair n'est qu'un médiocre manger, bien inférieur à celui de la Grive de vigne et du Mauvis.

Cet oiseau, pris jeune, s'apprivoise aisément; on l'élève avec de la mie de pain, du chènevis broyé et du jaune d'œuf délayes dans l'eau ou dans du lait; il est susceptible d'une certaine éducation musicale.

Troisième espèce. — La Litorne (*Turdus pilaris*). Cette espèce, originaire du Nord, se distingue sans peine des autres par sa gorge blanche, son manteau cendré et ses ailes bordées de brun foncé; son plastron jaune-orange est marqué de grivelures noirâtres, étroites et verticales. Elle nous arrive en novembre et décembre, se répand dans les friches peuplées de genévriers, fréquente les prairies humides, et ne se tient dans les bois que pour y passer la nuit. Pendant toute la saison d'hiver, les Litornes vivent en société; elles perchent par grandes volées sur certains arbres, cherchent leur vie parmi les laissées du bétail, sont très-friandes d'alizes et font la chasse aux Limaces après la pluie, dans les terres labourées. La plupart nous quittent au printemps; on en trouve quelques-unes à la lisière des bois, loin de toute habitation, à la fin d'avril : elles sont alors accouplées; mais on n'en rencontre plus une seule dans le courant de mai : les retardataires sont allés rejoindre leurs compagnes dans le Nord où nichent ces oiseaux.

Quatrième espèce. — Le Mauvis. Après la Grive chanteuse, le Mauvis (*Turdus iliacus*) est la plus délicate de toutes nos Grives; son plastron ne porte qu'un petit nombre de grivelures, et le dessous de ses ailes est orné d'une belle teinte orangée. Il voyage par grandes troupes et de jour; nous visite à deux époques, à l'automne et au printemps; perche par grandes volées, et, à certaines heures de la journée, toute la bande se met à gazouiller à la fois; le chant du Mauvis n'est pas sans analogie avec celui de la Linotte. Cet oiseau nous arrive avec les Bécasses et disparaît un peu avant Noël, pour se montrer de nouveau en mars : vers la fin d'avril, on n'en voit plus un seul. Joli petit gibier, fort apprécié des gourmets; d'aucuns le préfèrent à la Caille elle-même, si fine, si dodue et si onctueuse; malheureusement il niche trop loin de nous, dans le nord de l'Europe.

LE LORIOT (*Oriolus galbula*).

C'est un des priviléges de notre beau pays d'attirer une foule d'oiseaux voyageurs qui, séduits par la douceur de notre climat, l'abondance et la variété de ses ressources, viennent y passer la belle saison et y bâtir leurs nids : le Loriot (fig. 82) est de ce nombre. Il arrive en France vers le milieu du printemps, demeure avec nous tout l'été, et repart vers les contrées équato-

Fig. 82. Loriot.

riales au commencement de septembre, souvent aussi dès la fin du mois d'août. De même qu'un grand nombre de péripatéticiens emplumés, il se rend, chaque année, du nord au midi, fait escale à Malte deux fois par an, au printemps et aux approches de l'automne, et s'en va faire campagne d'hiver en Afrique, où abondent alors provisions de toute espèce.

Sa livrée, quoique décorée seulement de deux teintes, est splendide; l'or ruisselle sur presque toutes ses plumes, et, afin d'en relever l'éclat, ses ailes sont presque entièrement noires; sa queue est un mélange de ces deux couleurs, jaune brillant et noir profond, tranchant vigoureusement l'une sur l'autre, et néanmoins du meilleur effet. La femelle est moins bien partagée sous le rapport du costume : tout ce qui dans le mâle est d'un noir foncé, prend chez elle une coloration brune, mêlée de verdâtre; elle n'a de jaune éclatant qu'à l'extrémité de la queue et sur les couvertures inférieures; tout le reste de son plumage se dégrade en teinte olivâtre et en blanc sale, plus ou moins nuancés de brun.

Le régime alimentaire des Loriots varie suivant les circonstances. Au début de leur arrivée dans nos bois, les insectes, les vermisseaux de toute espèce composent exclusivement leur nourriture; mais dès que les fruits sont mûrs, ils deviennent, avant tout, frugivores : cerises et figues reçoivent leurs visites assidues. Ils travaillent de bonne heure à l'installation de la famille et préparent artistement leur nid; peu d'oiseaux le fabriquent avec autant d'élégance et de solidité. De longs filaments de chanvre ou de paille le fixent à la bifurcation d'une branche horizontale et viennent en outre s'entrelacer, en divers sens, dans sa charpente extérieure. Sur cette première assise, le berceau proprement dit est construit; tout ce qu'il y a de plus fin, de plus délicat, de plus moelleux, laine, plume, duvet, entre dans sa confection, et, pour mieux le dérober aux regards, le Loriot enveloppe son matelas élastique de fragments de graminées, de mousses, de lichens dont les nuances se confondent avec la verdure environnante. L'œil le plus exercé a de la peine à le découvrir : ses bords, en effet, ne dépassent jamais les branches auxquelles il est amarré; le plus souvent, il est étroitement accolé aux rameaux qui le supportent (*fig.* 83); quelquefois cependant il demeure suspendu dans le vide comme un hamac, lorsque les brins qui le retiennent sont très-allongés; il suit alors tous les balancements que lui imprime la branche flexible agitée par le vent.

La ponte commence aussitôt que le nid est terminé; l'incubation dure environ trois semaines; le mâle et la femelle y prennent part, mais dans des proportions fort inégales : la tâche la plus pénible incombe, comme d'habitude, à la courageuse mère. L'un et l'autre du reste sont très-attachés à leur couvée; ils la défendent avec intrépidité contre tout agresseur; d'après Buffon, on a vu la mère prise avec le nid continuer de couver en cage et mourir sur ses œufs : dévouement vraiment extraordinaire, car les Loriots sont passionnés pour leur liberté et ne se font pas à la servitude.

Les jeunes, quel que soit leur sexe, ont tous la livrée de la mère et la gardent longtemps; ce n'est que dans le courant de la troisième année qu'ils échangent leur habit verdâtre contre la robe jonquille que portent si bien les adultes en pleine possession de leur plumage définitif.

Les Loriots sont d'un naturel très-farouche, et leur vigilance ne se laisse pas facilement surprendre; toujours en allées et venues, ils passent, d'un vol rapide, d'une circonscription à une autre et parcourent ainsi un certain rayon; d'ordinaire, à chaque déplacement, ils lancent un cri d'appel qui a toutes les allures d'une provocation narquoise; on dirait qu'ils veulent malicieusement se faire poursuivre, sûrs du résultat de la lutte : en effet, au moment où le chasseur arrive à l'endroit d'où le cri est parti, l'oiseau est déjà délogé; il en donne la preuve en se faisant entendre quelques secondes après dans une direction tout opposée.

Fig. 83. Nid du Loriot.

Le chant, ou, pour parler plus exactement, le coup de sifflet du Loriot se compose de trois phrases pleines et sonores : *o*, *io*, *io;* il les jette de suite et les reprend sur un ton un peu plus appuyé après une certaine pause; de temps à autre, il y entremêle une sorte de ricanement qu'on a comparé au miaulement d'un

Chat, et qu'on attribue plus particulièrement à la femelle; s'il lui appartient réellement, elle ne saurait prétendre au titre de virtuose : rien de plus discordant.

Tels sont les traits les plus saillants des mœurs du Loriot; après avoir prélevé une forte dîme sur nos cerises et avoir mis ses petits en état de voyager, sa saison d'été en France est achevée; il part comme il était venu, par petits groupes, en famille et à petites journées; son retour est toujours salué avec plaisir : de même que le Coucou, il fait cortége au printemps.

LE ROUGE-GORGE (*Ficedula rubecula*).

Type de la section des Rubiettes, et, en sa qualité de bec-fin, très-proche voisin des Fauvettes, dont il diffère par ses allures et ses mœurs.

Le Rouge-Gorge (fig. 84) est très-répandu dans nos bois, mais il ne les habite pas toute l'année; si quelques individus restent parmi nous jusque dans le fort de l'hiver, le gros de l'armée s'éloigne à l'automne, et ne nous revient qu'au printemps : tous alors se dispersent dans les forêts, où ils mènent une vie solitaire.

A part la belle couleur roux-orangé qui encadre le bec, descend sur la gorge et s'étale sur la poitrine, le plumage de cet oiseau n'a rien que de modeste; le gris-brun y domine; les flancs sont grisâtres et le ventre est blanc; ses grands yeux noirs, pleins de douceur, lui donnent une physionomie particulière et laissent deviner une pointe de curiosité et d'étonnement.

Le vol du Rouge-Gorge, comme celui de toutes les Rubiettes, est bas, irrégulier, peu soutenu et s'effectue par de brusques battements; il ne change pas, même au temps des migrations; l'oiseau chemine à travers les buissons en sautillant de branche en branche, à peu de distance de terre ; chaque fois qu'il se pose ou qu'il fait un pas, il agite sa queue d'un mouvement vertical, de haut en bas, et il le répète encore au moment de prendre son essor.

Plus vermivore que chasseur d'insectes, il recherche les lieux ombragés et frais où son gibier favori abonde d'ordinaire, c'est sa station accoutumée au printemps; dans les autres saisons, il est moins exclusif pour sa nourriture; il explore les feuilles au vol et y récolte avec dextérité les Diptères qui les fréquentent; quand sa proie est à terre, il bondit par petits sauts et fond sur elle en battant des ailes; à l'automne, les alizes, les mûres sauvages et le raisin forment son principal régime et ne contribuent pas peu à son remarquable embonpoint.

A la différence des Fauvettes, toujours de belle humeur et disposées à vivre en société, le Rouge-Gorge se cantonne dans un isolement absolu de ses semblables; il n'en admet aucun dans la circonscription qu'il s'est donnée, et repousse opiniâtrément, à coups de bec, quiconque d'entre eux veut s'y introduire : aussi

Fig. 84. Rouge-Gorge.

ne voit-on jamais deux paires de Rouges-Gorges dans le même buisson. Cette antipathie *sui generis* est d'autant plus surprenante que cet oiseau n'est point d'un naturel farouche, il aurait plutôt les qualités contraires. Nul n'est moins défiant et ne se laisse approcher de plus près par l'homme; sa curiosité, d'un autre côté, est si grande, qu'elle le pousse vers tout objet qui frappe pour la première fois sa vue; il n'entend pas un bruit dans la forêt qu'il ne veuille aussitôt s'en rendre compte; dans son émoi, rien ne l'arrête; il lui faut, à tout prix, calmer l'inquiétude qui l'agite : elle lui coûte souvent la vie.

Son intrépidité l'expose aussi à bien des dangers. Il est toujours prêt à se sacrifier pour le salut général; au cri de la Chouette, il accourt plein de colère, sans nul souci du sort qui l'attend; le moindre oisillon réclame-t-il assistance, à l'instant tous les Rouges-Gorges du quartier sont sur pied; à la vue du Renard, ils s'égosillent à en perdre haleine, le relancent, d'étape en étape, avec leurs cloches d'alarme, et ne cessent leurs *tiritis* furieux que lorsque la bête scélérate a déguerpi : tant de dévouement mériterait qu'on les épargnât; malheureusement, le pipeur au cœur dur se rit de leurs instincts généreux, et s'il y applaudit, c'est parce qu'ils font tomber dans ses piéges les valeureux champions qui ne lui apparaissent jamais que sous la forme de succulents rôtis.

Le Rouge-Gorge est l'emblème de la diligence matinale; le premier de toute la gent ailée il donne la bienvenue à l'aube du jour, même avant le Merle, éveillé pourtant de si bonne heure; le soir, c'est encore lui qui se fait entendre le dernier, alors que la nuit est déjà descendue et que tous les autres petits oiseaux dorment sous la feuillée.

Son chant varie; le plus souvent il ne jette que de simples notes, *tirit, tiritit, tirititit*, qui résonnent comme le timbre d'une clochette argentine à chaque émotion qu'il éprouve; mais, au temps des nichées, le mâle tire de son gosier d'harmonieuses cantilènes; son ramage suave et délié s'enrichit de phrases éclatantes que tempèrent de gracieuses modulations. Au coucher du soleil et dans la saison d'automne, son chant s'imprègne de mélancolie : c'est un adieu touchant au jour qui s'enfuit et à la feuille qui tombe; en hiver, l'oiseau gazouille encore, mais à demi-voix et lentement, pendant les plus belles matinées de froidure.

Le Rouge-Gorge niche ordinairement dans les bois, parfois aussi au voisinage des lieux habités, dans les jardins ou les vergers. Il place son nid près de terre, entre les racines des arbres, dans une touffe d'herbes ou au milieu d'un buisson épais; la mousse, entrelacée de crins et de feuilles, en compose la charpente; la bourre et les plumes le garnissent à l'intérieur : chaque ponte comprend de cinq à sept œufs blanchâtres, tachetés de brun-rouge. Les jeunes ne prennent la couleur roux-orangé qu'après leur première mue; dès le mois d'août, ils en laissent entrevoir quelques plumes; à la fin de septembre, tous portent la même livrée, et il est impossible de les distinguer. C'est vers cette époque qu'ils commencent à se mettre en mouvement pour leur départ; il se fait sans attroupement; ils passent seul à seul, l'un après l'autre, conservant la nature solitaire de la race, alors même que tous les autres oiseaux se rassemblent et s'accompagnent. L'émigration a lieu principalement le matin; elle s'effectue quelques heures avant et après le lever du soleil; les Rouges-Gorges suivent le long des vallées en volant de buisson en buisson. « Le départ, dit Buffon, n'étant pas indiqué et, pour ainsi dire, proclamé parmi les Rouges-Gorges comme parmi les autres oiseaux alors attroupés, il en reste plusieurs en arrière, soit des jeunes que l'expérience n'a pas encore instruits du besoin de changer de climat, soit de ceux à qui suffisent les petites ressources qu'ils ont su trouver au milieu de nos hivers. C'est alors qu'on les voit s'approcher des habitations et chercher les expositions les plus chaudes; s'il en est quelqu'un qui soit resté au bois dans cette rude saison, il y devient le compagnon du bûcheron; il s'approche pour se chauffer à son feu, il becquète dans son pain et voltige toute la journée autour de lui en faisant entendre son petit cri; mais lorsque le froid augmente et qu'une neige épaisse couvre la terre, il vient jusque dans nos maisons, frappe du bec aux vitres comme pour demander un asile qu'on lui donne volontiers, et qu'il paye par la plus aimable familiarité, venant ramasser les miettes de la table, paraissant reconnaître et affectionner les personnes de la maison, et prenant un ramage moins éclatant, mais encore plus délicat que celui du printemps et qu'il soutient pendant tous les frimas, comme pour saluer, chaque jour, la bienvenue de ses hôtes et la douceur de sa retraite. Il y reste avec tranquillité jusqu'à ce que le printemps, de retour, lui annonçant de nouveaux besoins et de nouveaux plaisirs, l'agite et lui fasse demander sa liberté[1]. »

1. Mme Michelet s'est heureusement inspirée de ce passage de Buffon dans la complainte touchante qu'elle prête au Rouge-Gorge :

Je suis le compagnon
Du pauvre bûcheron.

Je le suis en automne,
Au vent des premiers froids,
Et c'est moi qui lui donne
Le dernier chant des bois.

Il est triste, et je chante
Dans mon deuil mêlé d'or ;

LE ROSSIGNOL (*Curruca luscinia*).

Le printemps ne donne pas seulement l'essor à la végétation captive, il nous ramène encore les jolis chanteurs que l'hiver avait forcés de s'éloigner. A peine les vergers commencent-ils à se parer de fleurs, l'avant-garde de la musique ailée, les Fauvettes, les Mésanges, les Rouges-Gorges font leur apparition et se dispersent aussitôt de tous côtés pour animer les haies, les bois et les jardins de leurs gaies chansonnettes. En sa qualité de prince de l'harmonie, le Rossignol (fig. 85) ne presse pas autant son retour; il attend, pour faire sa rentrée, que les caprices d'une saison douteuse soient passés; le midi de la France le voit rarement avant la fin de mars; aux environs de Paris et dans le centre, son arrivée plus tardive n'a souvent lieu qu'à la fin d'avril, lorsque la saison est froide ou pluvieuse.

Tous les peuples ont célébré à l'envi le Rossignol; les poëtes, et surtout les poëtes orientaux, n'ont pas assez d'expressions pour glorifier Bulbul; mais de tous ceux qui ont écrit son histoire, aucun n'en a parlé avec plus de sentiment que Gueneau de Montbeillard : laissons la parole au savant collaborateur de Buffon. « Il n'est point d'homme bien organisé, dit-il, à qui le

Dans la brume pesante
Je vois l'azur encor.

Que ce chant te relève
Et te garde l'espoir!
Qu'il te berce d'un rêve
Et te ramène au soir!

Mais quand vient la gelée,
Je frappe à ton carreau :
Il n'est plus de feuillée,
Prends pitié de l'oiseau!

C'est ton ami d'automne
Qui revient près de toi;
Le ciel, tout m'abandonne :
Bûcheron, sauve-moi!

Qu'en ce temps de disette,
Le petit voyageur,
Régalé d'une miette,
S'endorme à ta chaleur!

Je suis le compagnon
Du pauvre bûcheron.

Rossignol ne rappelle quelqu'une de ces belles nuits de printemps, où le ciel étant serein, l'air calme, toute la nature en silence et, pour ainsi dire, attentive, il a écouté avec ravissement le ramage de ce chantre des forêts. On pourrait citer quelques autres oiseaux chanteurs dont la voix le dispute, à certains égards, à celle du Rossignol. Les Alouettes, le Serin, le Pinson, les Fauvettes, la Linotte, le Chardonneret se font écouter avec plaisir lorsque le Rossignol se tait; les uns ont d'aussi beaux sons, les autres ont le timbre aussi pur et plus doux; d'autres ont des tours de gosier aussi flatteurs, mais il n'en est pas un seul que le Rossignol n'efface par la réunion complète de ses talents et par la prodi-

Fig. 85. Rossignol.

gieuse variété de son ramage; en sorte que la chanson de chacun de ces oiseaux, prise dans toute son étendue, n'est qu'un couplet de celle du Rossignol. Le Rossignol charme toujours et ne se répète jamais, du moins jamais servilement; s'il redit quelque passage, ce passage est animé d'un accent nouveau, embelli par de nombreux agréments; il réussit dans tous les genres, il rend toutes les expressions, il saisit tous les caractères, et, de plus, il sait en augmenter l'effet par les contrastes. Ce coryphée du printemps se prépare-t-il à chanter l'hymne de la nature, il commence par un prélude timide, par des tons faibles, presque indécis, comme s'il voulait essayer son instrument et intéresser ceux qui l'écoutent; mais ensuite, prenant de l'assurance, il s'anime par degrés, il s'échauffe et bientôt il déploie dans leur plénitude toutes les ressources de son incomparable organe : coups de gosier éclatants, batteries vives et légères, fusées de chant où la netteté est égale à la volubilité, murmure intérieur et sourd, qui n'est point appréciable à l'oreille, mais très-propre à augmenter l'éclat des tons appréciables, roulades précipitées, brillantes et rapides, articulées avec force et même avec une dureté de bon goût, accents plaintifs, cadencés avec mollesse, sons filés sans art, mais enflés avec âme, sons enchanteurs et pénétrants qui semblent sortir du cœur et font palpiter tous les cœurs, qui causent à tout ce qui est sensible une émotion si douce, une langueur si touchante.

« Ses différentes phrases sont entremêlées de silences, de ces silences qui, dans tout genre de mélodie, concourent si puissamment aux grands effets : on jouit des beaux sons qu'on vient d'entendre et qui retentissent encore dans l'oreille, on en jouit mieux parce que la jouissance est plus intime, plus recueillie et n'est point troublée par des sensations nouvelles. Bientôt on attend, on désire une autre reprise, on espère que ce sera celle qui plaît; si l'on est trompé, la beauté du morceau que l'on entend ne permet pas de regretter celui qui n'est que différé, et l'on conserve l'intérêt de l'espérance pour les reprises qui suivront. Au reste, une des raisons pour lesquelles le chant du Rossignol est plus remarqué, c'est parce que, chantant la nuit qui est le temps le plus favorable, et chantant seul, sa voix a tout son éclat et n'est offusquée par aucune autre voix; il efface tous les autres oiseaux par ses tons moelleux et flûtés et par la durée de son ramage qu'il soutient quelquefois pendant vingt secondes : la portée de sa voix égale au moins celle de la voix humaine. »

Cet admirable chanteur, ainsi que plus d'un artiste célèbre, ne brille pas par le luxe de son habit; sa couleur générale tire sur le brun-roux; sa gorge, le devant de son cou, sa poitrine et son ventre sont d'un gris-blanc, et telle est la ressemblance du plumage chez le mâle et la femelle, qu'on aurait beaucoup de peine à les distinguer l'un de l'autre, si le jeune mâle ne se révélait par des essais de gazouillement dès qu'il mange seul.

Le Rossignol habite l'Europe, depuis l'Italie et l'Espagne jusqu'en Suède; on le trouve aussi en Afrique et en Asie. Il n'est que de passage en France et se retire dans les contrées méridionales pour échapper aux rigueurs de la mauvaise saison, mais il nous revient à chaque printemps. Comme le Rouge-Gorge dont il rappelle les habitudes, il tient ordinairement la queue relevée et il l'agite, même au repos, d'un mouvement de haut en bas ; à terre, sa marche est régulière, entrecoupée de temps d'arrêt pendant lesquels il secoue ses ailes, incline sa tête à plusieurs reprises et étale légèrement sa queue ; ce petit manége effectué, il se remet à piéter, non sans regarder plus d'une fois autour de lui, car il est timide, craintif et circonspect, ce qui ne l'empêche pas de donner dans tous les piéges où sa curiosité le conduit. Il recherche les endroits frais et les plus ombreux ; le voisinage de l'eau l'attire, et il revient chaque année dans les parages où il a pris naissance.

Sa nourriture varie avec les saisons, ou, pour mieux dire, il profite de toutes les ressources qu'elles lui présentent, car il n'est pas difficile : il vit d'insectes, de vers, de fruits ; de même que la plupart des vermivores, il se jette avidement sur sa proie, la conserve pendant quelque temps dans son bec avant de la manger, et l'avale gloutonnement après l'avoir meurtrie contre une branche ou tout autre corps résistant. Au temps où le gibier pullule, il attrape les mouches au vol, déterre avec son bec les vermisseaux cachés sous la mousse et fait une chasse active aux Chenilles et aux autres petites larves. Vers la fin de l'été, son régime alimentaire se modifie, il se rabat sur les groseilles, les figues, les mûres et sur les baies de sureau dont il est très-friand.

Les mâles précèdent d'une dizaine de jours l'arrivée des femelles. Lorsqu'ils ont choisi leur cantonnement, ils n'y souffrent pas de rival ; est-ce jalousie instinctive? Les grands artistes n'en sont pas toujours exempts, et il se pourrait que ce sentiment entrât pour quelque chose dans les duels que se livrent les chanteurs pendant la quinzaine qui suit leur débarquement ; mais deux causes expliquent plus naturellement leurs batailles furieuses : d'une part, la nécessité de s'assurer un terrain assez étendu pour les faire subsister ; de l'autre, la crainte d'être troublés dans leurs projets de ménage ; quoi qu'il en soit de ces conjectures, les luttes ont presque toujours lieu entre les pères et leur descendance mâle ; les vaincus vident les lieux et vont cacher au loin leur défaite et leurs blessures quelquefois mortelles.

Le Rossignol n'a pas plutôt pris pied chez nous, qu'il annonce son arrivée par de brillants concerts ; c'est le héraut du printemps, il fête l'hyménée de la jeune saison par les accords les plus harmonieux. Dès la fin d'avril, il commence son nid, le couple y travaille avec ardeur. Il n'a ni l'élégance ni la perfection des nids de Pinson et de Chardonneret; il se compose d'un paquet d'herbes et de feuilles sèches que revêtent, à l'intérieur, de petites racines faiblement liées entre elles et sur lesquelles repose un matelas de bourre et de crin. Ce berceau est ordinairement placé près de terre, parmi les broussailles, au pied d'une haie, d'une charmille ou bien au milieu de quelque buisson touffu. La ponte est de quatre ou cinq œufs brun-verdâtre; la femelle les couve presque sans relâche et descend à peine de son nid pour songer à sa nourriture. Aussitôt que les petits sont éclos, les père et mère se mettent en quête du fretin qui doit servir à leur subsistance; ils se gorgent de Vers, de Chenilles, d'œufs de Fourmis ou autres larves d'insectes et les portent à leur progéniture au bout du bec. Celle-ci croît vite; en moins de quinze jours les jeunes Rossignols sont déjà couverts de plumes; ils quittent le nid avant même de pouvoir se servir de leurs ailes; on les rencontre alors sautillant à travers la ramée où leurs parents continuent de les nourrir. Le Rossignol n'est pas plutôt père, qu'il cesse à peu près de chanter; tout entier à son rôle de pourvoyeur, c'est à peine s'il se fait entendre, de loin en loin, pendant que les petits ont besoin de son aide. Tant que la femelle est sur ses œufs, il se tient aux aguets, à peu de distance; approche-t-on trop près de la couvée, il manifeste son inquiétude par un cri rauque, répété plusieurs fois de suite et assez semblable à un croassement; tout en jetant ce cri d'alarme, il s'éloigne peu de son poste; si les petits ont déjà pris la clef des champs, ce mot d'ordre leur sert d'avertissement: ils le comprennent d'instinct; à l'instant même, toute la petite famille reste immobile sous la feuillée ou se blottit dans les broussailles, sans dire mot, bien entendu.

L'éducation des petits du Rossignol ne se borne pas à de simples distributions de vivres, le père remplit encore auprès d'eux les fonctions de maître de chant; lui seul est leur professeur de musique, professeur sérieux vraiment, car il donne gravement ses leçons, et ses élèves l'écoutent avec attention[1]; se trompent-

1. « Meditantur aliæ juveniores versusque quos imitantur accipiunt. Audit discipula intentione magna, et reddit vicibusque reticens. Intelligitur emendata correptio et in docente quædam reprehensio. » (Pline, *Hist. nat.*, lib. X.)

ils, il les reprend et le disciple recommence sa phrase, il la répète jusqu'à ce qu'il la sache par cœur et sans faute. Ainsi se passe l'enfance des Rossignols jusqu'à ce qu'ils aient acquis assez de science musicale pour faire d'eux-mêmes leurs vives roulades, jeter leurs brillantes fusées et révéler tous les secrets de leur admirable gosier.

Malgré ces exercices sous la direction paternelle, ils n'atteignent pas les sommets de leur art dans la première année; il leur faut une plus longue pratique, encore tous n'arrivent-ils pas à la perfection; chez eux, ainsi que chez nous, les grands maîtres sont presque aussi rares que les Dupré à l'opéra.... Il y a déjà longtemps, on a cherché à noter l'inimitable chant du Rossignol; Bechstein, entre autres, s'est efforcé de le traduire d'une manière à peu près exacte, mais il y a perdu son latin : sa version n'est qu'un rude assemblage de mots germaniques; il faudrait plus que de la bonne volonté pour y reconnaître la mélodie du premier chantre des bois.

Chez le Rossignol, la musique n'est pas simplement un art, elle fait en quelque sorte partie de son être; elle le charme, elle le ravit, elle l'enivre à ce point qu'il semble en jouir autant lui-même qu'il en fait jouir les autres. Pour mieux se recueillir, il s'entoure de solitude et attend, pour se faire entendre, que les autres oiseaux aient cessé leurs jaseries. Il est à remarquer, en effet, que le matin, le soir et la nuit sont les heures où il déploie le plus de verve. Entend-il un autre artiste de son espèce, il l'écoute d'abord en silence, il s'approche ensuite peu à peu, puis tout à coup, éclatant par une note vibrante, il entonne un duo incomparable. Les deux rivaux alors de chercher à se surpasser: leur voix prend d'étranges intonations, les sons partent de leur gosier plus purs, plus cadencés; c'est une cascade toute ruisselante d'improvisations, de passion et d'enthousiasme lyrique qui jaillit en gerbes splendides d'un effet pittoresque et inespéré: on y sent toute l'âme des grands artistes.

Lorsque le temps des nichées est passé, que l'été s'avance, et que le petit gibier devient de plus en plus rare avec la chaleur qui diminue, les Rossignols font leurs apprêts de départ; ils quittent peu à peu les bois, se rapprochent des haies vives et des jardins; bientôt ils se mettent en marche; ils passent comme ils sont arrivés, de nuit et solitaires, voyageant par petites étapes, de feuillée en feuillée, en silence. L'émigration commence vers le quinze août dans nos climats; à la fin de ce mois, presque tous nous ont quittés; on n'en rencontre plus un seul après la première quinzaine de septembre.

Quoique le Rossignol ait besoin des pays chauds pour passer la morte-saison, on peut cependant le conserver en cage; il y vit comme tant d'autres petits prisonniers, et c'est une manière de jouir plus longtemps de son chant. Le meilleur moyen de s'en procurer est de tâcher de découvrir un nid; rien de plus facile. Il s'agit, dit Vieillot, d'aller dans les bois le matin au lever du soleil ou le soir au soleil couchant; à l'endroit où l'on entend chanter un Rossignol, le nid n'est pas loin; on se tient caché du mieux possible, les allées et venues du père et de la mère, les cris des petits ne tardent pas à révéler sa place. Il ne faut pas en tirer les jeunes avant qu'ils soient bien emplumés. Ceux de la première couvée sont toujours les plus vigoureux; ils chanteront plus tôt et la mue qui en fait périr un si grand nombre, les prenant pendant les chaleurs de l'été, ils seront plus en état de supporter cette épreuve. On les met avec le nid dans une cage qu'on a bien soin de couvrir d'une étoffe chaude à l'entrée de la nuit et on les préserve, autant que faire se peut, des changements brusques de température. Pendant leur premier âge, ils sont très-délicats et demandent beaucoup de soins. On les nourrit avec parties égales de chènevis pilé, de mie de pain et de cœur de bœuf haché très-menu, le tout mêlé ensemble et formant pâtée. Cette nourriture doit leur être distribuée régulièrement, mais non à tout propos, le moindre excès risquant de les étouffer. Ils réclament, il est vrai, à chaque instant, à manger et ils ont toujours le bec ouvert; n'y faites pas attention, et si vous voulez réussir, ne vous écartez pas du régime suivant : il faut leur donner la première becquée une demi-heure après le soleil levé, la seconde une heure après, et ainsi, d'heure en heure, jusqu'à la dernière qu'on administre lorsque le soleil est près de se coucher; elle doit être plus forte que les autres pour aider les nourrissons à bien passer la nuit. Avec beaucoup de patience, des soins minutieux, une grande ponctualité dans les repas et une bonne température, on a quelque chance de les mener à bien. Si l'on a pu s'emparer du père et de la mère en même temps que du nid, l'éducation se trouve bien simplifiée; ces oiseaux sont tellement affectionnés à leur progéniture, qu'auprès d'elle ils oublient promptement leur liberté; ils prodiguent en cage, à leurs petits, la même tendresse et les mêmes soins que s'ils jouissaient encore de leur indépendance; seulement, il faut les approvisionner chaque jour de Vers de farine, d'œufs de Fourmis et de la pâtée ordinaire.

A mesure que les jeunes mâles grandissent, leur voix se forme par degrés ; leurs dispositions musicales se développent vite quand ils peuvent entendre quelque vieux Rossignol dans leur voisinage. Avant tout, laissez-les à leur chant naturel et ne le profanez pas par des airs de serinette ; le jeune élève, à cette musique bâtarde, ne tarderait pas à oublier son talent de famille : l'art ici ne vaut pas l'école de la nature.

Les Rossignols qu'on tient en cage ont pour habitude de se baigner chaque fois qu'ils viennent de chanter ; ils ne doivent donc jamais manquer d'eau. Il est bon aussi, pendant la saison du chant, de leur donner des Vers de farine pour les fortifier. Dans leur captivité, les Rossignols ont le don de chanter toute l'année, excepté pendant le temps de la mue ; mais, pour leur assurer cette précieuse faculté, il est indispensable de les bien traiter, de les nourrir largement, de les garantir du froid, en un mot de leur faire illusion sur leur prison et de la leur rendre aussi douce que possible : il ne faut pas l'oublier, les souffrances, la misère et le chagrin tuent souvent les natures d'élite.

LES FAUVETTES.

Dans la série des becs-fins, les Fauvettes forment une tribu nombreuse, remarquable par ses mouvements vifs et légers et son intarissable gaieté. Quoiqu'elles soient toujours en action, se portant à chaque instant d'un point à un autre, elles n'ont pas la pétulance et encore moins le caractère irascible et féroce des Mésanges ; leurs petites colères et leurs frayeurs se trahissent par le renflement de la gorge dont les plumes, ainsi que celles de la tête, se hérissent à la moindre émotion. En général, elles ne fuient pas la société de leurs semblables, et elles gardent leurs habitudes de famille, même après la sortie du nid ; il n'est pas rare, à l'arrière-saison, de voir les individus d'une même nichée réunis ensemble, se suivre d'arbre en arbre, de buisson en buisson et se rappeler mutuellement lorsqu'ils se trouvent trop éloignés les uns des autres. Cependant, à part les circonstances fortuites qui les groupent, les Fauvettes vivent isolément et ne forment de société ni pour émigrer, ni pour chercher leur nourriture. Timides et craintives de leur nature, mais non sauvages, elles se tiennent ordinairement cachées au fond des buissons ou des massifs, ne se montrent à découvert que par moments, et, pour peu qu'il y ait apparence de danger, elles cherchent aussitôt un refuge dans l'épaisseur du feuillage. On les entend, en général, plus qu'on ne les voit. Leur station habituelle est sur les arbres et les arbustes; à la différence du Rossignol elles descendent rarement à terre, tandis que celui-ci s'y tient presque toujours. Leur marche sur le sol est aussi empruntée que leur contenance est aisée et gracieuse quand elles sautillent de branche en branche. Quelque faible que soit la distance à parcourir, elles se servent de leurs ailes pour la franchir, mais ne fournissent jamais de bien longues traites; leur vol est bas, irrégulier, saccadé et marqué par de fréquents battements d'ailes. Comme beaucoup de becs-fins, elles sont à la fois insectivores et frugivores et savent modifier leur genre de nourriture suivant les saisons. Au premier printemps, peu après leur arrivée, si les Mouches ne donnent pas encore, elles vivent des baies et des autres petits fruits restés suspendus aux buissons; mais, à mesure que la chaleur multiplie les insectes, elles reprennent leur goût accoutumé, elles font la chasse aux Diptères. En plein été, lorsque les fruits abondent, elles vivent presque exclusivement de mûres, de groseilles, de figues, de baies de sureau : à ce régime délicat, elles prennent un embonpoint qui leur devient fatal, il provoque les chasses actives qu'on leur fait alors, en vue des brochettes délicates de ce petit gibier.

Sans être des musiciennes de première force, les Fauvettes ont la voix agréable; dans plusieurs espèces, le chant se compose de phrases courtes, mais bien filées, pleines de douceur et d'une pureté de sons remarquable; d'autres ont plus d'éclat, mais avec moins de suavité; leurs reprises toutefois sont plus variées : aucune d'elles ne donne le ton dans le grand concert printanier, mais toutes remplissent leur partie; leurs solos ne manquent pas de charme; elles brillent surtout par la souplesse et la flexibilité de leur gosier : leur chant, d'après la remarque de Gerbe, part plutôt de la gorge que du bec.

La plupart des Fauvettes ne se distinguent pas par la beauté du plumage; leurs couleurs sont ordinairement uniformes, ou distribuées par grandes masses, ternes le plus souvent; leurs allures néanmoins sont si gracieuses, leurs mœurs si paisibles, et leurs jeux respirent une si franche gaieté, qu'on les revoit toujours avec plaisir. « Ces jolis oiseaux, dit Buffon, arrivent au moment où les arbres développent leurs feuilles et commencent à laisser épanouir leurs fleurs. Ils se dispersent dans toutes nos campagnes ; les uns viennent habiter nos jardins, d'autres préfèrent les avenues et les bosquets, plusieurs espèces s'enfoncent dans les grands bois et quelques-unes se cachent au milieu des roseaux. » D'après leurs habitudes, les naturalistes les ont classés en Fauvettes sylvaines, comprenant à la fois les Fauvettes des jardins, les Fauvettes des bois et celles qui fréquentent les coteaux et les lieux secs ; toutes celles qui vivent au voisinage des eaux forment le groupe des riveraines : les unes et les autres ont pour caractères génériques un bec droit et grêle, légèrement comprimé en avant, avec l'arête supérieure un peu courbée vers la pointe.

Les Fauvettes nichent ordinairement là où elles ont leur séjour accoutumé. Leur nid n'est point un chef-d'œuvre d'architecture, il est bâti extérieurement avec des tiges de graminées plus ou moins lâchement assemblées; à l'intérieur, il est garni d'une petite couche de crins ou de laine. Toujours ouvert par le haut, il ne repose point sur le sol, une certaine distance l'en sépare, alors même qu'il se cache dans les herbes ou qu'il est fixé à quelques branches basses d'arbuste ; jamais cependant on ne le rencontre à une grande élévation; on le trouve le plus souvent à un ou deux mètres du sol. A part la Fauvette Orphée, espèce plus méridionale que du Nord, qui a la singulière habitude de placer son nid sur les branches basses de l'olivier, au voisinage de celui de la Pie-Grièche rousse, son ennemie, la plupart des Fauvettes confient leur berceau aux buissons d'aubépine, d'églantiers, d'épine noire, de ronces, aux charmilles et aux jeunes taillis. Plusieurs couvent deux fois par an ; chaque couvée se compose de quatre ou cinq œufs, de couleurs variables. Le mâle partage avec sa femelle les fatigues de l'incubation. Les petits naissent presque nus ; c'est à peine si, au sortir de l'œuf, ils ont quelques petits paquets de duvet sur la tête et sur les épaules. Les père et mère les nourrissent de vermisseaux qu'ils leur portent dans le bec. Tous quittent le nid de bonne heure, avant même d'être en état de voler ; mais ils n'en sont pas moins élevés avec beaucoup de tendresse et de sollicitude, jusqu'à ce qu'ils puissent se suffire à eux-mêmes. Sauf une seule espèce, les Fauvettes nous quittent vers la fin de l'été, plusieurs même ne font chez nous qu'un simple séjour de deux mois. Lorsque l'époque de l'émigration est arrivée, elles partent sans bruit, voyagent isolément, ainsi que le Rouge-Gorge, le Rossignol, et s'éloignent, peu à peu, par petites étapes, voltigeant de bosquet en bosquet, en suivant les vallées. On a remarqué qu'elles ne se mettaient en route que quelques heures avant et après le coucher du soleil et durant les nuits éclairées par la lune. Toutes se rendent dans les contrées méridionales pour y passer la mauvaise saison. Elles nous reviennent dans les premiers jours d'avril; le Traîne-Buisson seul fait exception à cette règle : on le

Fig. 86. Fauvette à tête noire.

voit apparaître chez nous au moment où toutes les autres Fauvettes nous disent adieu, et il part pour le Nord lorsque les autres débarquent en France avec le retour du printemps.

Nous possédons un certain nombre de Fauvettes; les plus répandues chez nous sont : la Fauvette proprement dite, la Fauvette à tête noire, la Fauvette cendrée, confondue par Buffon avec la Fauvette babillarde, la Fauvette des roseaux et la Fauvette traîne-buisson.

La *Fauvette proprement dite* (*Motacilla orphea*) a la taille du Rossignol; son manteau est gris-brun, et la frange des couvertures des ailes est légèrement teintée de gris-roussâtre, tandis que les grandes pennes sont d'un cendré noirâtre; la gorge est blanche, roussâtre sur les côtés : cette couleur domine sur le ventre. L'espèce ne quitte guère les bosquets et les jardins; elle se tient volontiers dans les ramées de pois, y place son nid, sort fréquemment de sa retraite pour y rentrer quelques instants après; elle ne l'abandonne définitivement qu'à la récolte de cette légumineuse. La Fauvette proprement dite passe une partie du temps à s'ébattre avec ses compagnes; ce ne sont, entre elles, que poursuites, agaceries de toutes sortes, et luttes innocentes dont l'issue est toujours égayée d'une chansonnette à deux voix.

La *Fauvette à tête noire* (*Motacilla atricapilla*, fig. 86) se distingue sans peine de toutes nos autres Fauvettes; elle est brune en dessus, blanchâtre en dessous et porte sur la tête une calotte, noire dans le mâle, et de couleur rousse chez la femelle; le dessous et les côtés du cou sont gris d'ardoise, plus clair à la gorge, et s'éteignant dans du blanc ombré de noirâtre vers les flancs.

De toutes nos espèces c'est celle dont le chant est le plus agréable et le plus continu; on en jouit encore six semaines après que le Rossignol a fait silence. Sa voix est facile, pure et légère; son chant consiste en modulations de peu d'étendue, mais gracieusement nuancées et d'une douceur extrême; selon l'expression quelque peu mignarde de Buffon, « il semble tenir de la fraîcheur des lieux où il se fait entendre, il en peint la tranquillité et en exprime le bonheur. »

La Fauvette à tête noire s'apprivoise aisément; de la mie de pain trempée dans du lait, à défaut d'insectes, et des fruits, poires ou pommes, composent sa nourriture en cage; les petits, à portée d'entendre le Rossignol, profitent très-bien des leçons du maestro pour perfectionner leurs cantilènes; à l'époque des départs, ils ressentent une grande agitation, surtout pendant la nuit et le clair de lune; le besoin d'émigrer est si profond et si vif chez eux, qu'il se fait sentir jusque dans la captivité, alors même qu'ils n'ont jamais goûté l'indépendance : il leur coûte quelquefois la vie, lorsqu'ils ne peuvent le satisfaire.

La *Fauvette cendrée* ou *grisette* (*Motacilla cinerea*, fig. 87) se reconnaît aux signes suivants : la tête, le dessus du cou et le dos cendrés; la gorge blanche; la poitrine roussâtre. Son naturel est des plus craintifs; elle fuit devant les oisillons les plus faibles; mais sa frayeur est à peine passée, qu'elle reprend, de plus belle, sa gaieté et son babil. C'est en volant que le mâle lance ses ariettes. L'espèce se tient ordinairement en tapinois dans le plus épais du feuillage; s'est-elle aventurée un instant hors de cet asile, elle y rentre aussitôt, surtout pendant la forte chaleur. Le matin, dit Buffon, on la voit boire la rosée, et, après les petites pluies d'été, elle ne manque jamais de courir sur les feuilles mouillées, et de se baigner dans les gouttes d'eau qu'elle secoue du feuillage. Ses ébats aériens sont d'une coquetterie charmante, elle s'élève fréquemment d'un petit vol perpendiculaire au-dessus des haies ou des charmilles, exécute deux ou trois pirouettes en l'air, et retombe dans sa retraite, en chantant une petite reprise de ramage fort vif, fort gai, toujours le même, et qu'elle

Fig. 87. Fauvette cendrée.

redit à tout moment, sans qu'il paraisse monotone. Outre ce refrain, elle a une sorte de sifflement grave qu'elle fait entendre dans l'épaisseur des buissons, et qu'on ne croirait pas provenir d'un si petit gosier. Ses mouvements sont aussi vifs et répétés que son babil; c'est la plus remuante et la plus leste des Fauvettes; on la voit sans cesse s'agiter, voler, sortir, rentrer, parcourir les buissons, comme si elle n'avait jamais besoin de repos.

La *Fauvette des roseaux* (*Motacilla salicaria*, fig. 88) appartient à la catégorie des riveraines. Son gosier est infatigable, et, sous ce rapport, elle le dispute presque à la *Babillarde*; elle se fait entendre surtout dans les belles nuits chaudes du printemps. Plus sauvage que ses congénères, elle ne souffre pas de voisines de son espèce autour d'elle, de peur sans doute que son gibier n'aille à d'autres chasseurs; elle relance, en effet, avec beaucoup d'ardeur tout insecte volant à la surface des eaux, petites Libellules, petits Diptères, Donacies, etc.; dès qu'elle les aperçoit, elle s'élance du milieu des roseaux et les saisit au vol du même bond. Sa grosseur est à peu près celle de la Fauvette à tête noire; elle est gris-olivâtre en dessus, jaune pâle en dessous; un trait jaunâtre sillonne l'espace compris entre l'œil et le bec.

Son nid, placé au milieu de l'eau et fixé à quelque plante aquatique, telle que jonc, salicaire ou roseau, est fabriqué, au dehors, de paille et autres débris d'herbes sèches; à l'intérieur, il est garni de crins; on y trouve ordinairement cinq œufs d'un blanc sale, marbré de brun, plus foncé vers le gros bout. Les petits, tout dénués de plumes, s'échappent du nid pour peu qu'on y touche et même quand on s'en approche de trop près.

La livrée du *Traîne-Buisson* (*Motacilla medularis*) est plus foncée que celle de toutes nos autres Fauvettes; sur un fond noirâtre, toutes ses pennes sont bordées de brun-roux; les joues, la gorge, le devant du cou et de la poitrine sont d'un cendré bleuâtre, avec le ventre blanc et la tempe écussonnée d'une tache roussâtre.

Par exception à la troupe des Fauvettes, les Traîne-Buissons voyagent de compagnie; ils arrivent dans nos climats vers la fin d'octobre ou le commencement de novembre, s'abattent sur les haies et vont, de buisson en buisson, toujours près de terre; de là leur nom. Peu défiants, ils sont bien loin d'avoir la vivacité des autres Fauvettes. Leur voix est tremblotante et s'exprime par un petit frémissement doux, *titit, tititit*, qu'ils répètent souvent; ils ont, en outre, un petit ramage mélancolique qu'on entend avec plaisir dans la rude saison; il est plus fréquent et plus soutenu le soir que dans le courant du jour. Quand le froid se fait sentir, les Traîne-Buissons se rapprochent de nos habitations; ils entrent à la dérobée dans les granges pour y glaner, faute de mieux, quelques grenailles; elles leur suffisent pour se défendre contre la faim : au cœur de l'hiver, les pauvrets n'en demandent pas davantage.

Fig. 83. — Fauvette des roseaux et son nid.

LE ROITELET ORDINAIRE (*Regulus*).

Voici le plus petit de nos oiseaux d'Europe, véritable pygmée, qu'on pourrait presque comparer à l'Oiseau-Mouche pour sa taille microscopique; il est si fluet, qu'à peine se laisse-t-il deviner : une simple feuille suffit pour le cacher entièrement. Sa livrée, des plus modestes, jaune-olivâtre en dessus, roux-cendré-olivâtre en dessous, n'attire pas le regard comme le plumage étincelant des colibris; mais il porte sur sa tête les insignes de la royauté, une belle couronne aurore, bordée de noir de chaque côté, qu'il peut à volonté relever ou dissimuler : d'où son joli nom de Roitelet.

Originaire du Nord, il est répandu dans toute l'Europe, depuis la Suède jusqu'en Sicile; on le retrouve encore en Asie et même en Amérique, bien que son vol soit très-court; peut-être, à l'exemple de la Caille, ses ailes acquièrent-elles plus de puissance à l'époque des migrations. Le Roitelet est plus abondant dans les contrées septentrionales, telles que la Suède et le nord de l'Allemagne, que chez nous; ce n'est guère qu'à l'entrée de l'hiver que nous le voyons en France, soit qu'il nous arrive en certain nombre à cette époque, ou que ceux qui ont passé l'été dans nos climats se montrent plus facilement à la chute des feuilles.

Ses mœurs se rapprochent beaucoup de celles des Mésanges; comme ces oiseaux, il est vif, actif, toujours sur pied, voltigeant de branche en branche, épluchant les écorces, fouillant toutes les gerçures des arbres, se tenant dans toutes les positions, pendu par les pattes, poursuivant le gibier dans toutes ses cachettes, et faisant son profit de tous les vermisseaux et de tous les petits débris animaux que ses habitudes de furet lui font rencontrer. Sa nourriture principale consiste en petits insectes; quelquefois il les saisit au vol; d'autres fois il va les puiser au fond des fleurs, et même jusque dans le terreau des saules creux qu'il fouille avec beaucoup d'adresse.

D'ordinaire les Roitelets se réunissent par petites troupes, ou tout au moins par paires, pour tenter fortune. Ils fréquentent de préférence la cime des grands arbres à écorces rugueuses, chênes, ormes, épicéas et sapins surtout; sans être précisément en associations permanentes, ils ont l'instinct de la sociabilité, et ne manquent jamais de se rallier par de petits cris d'appel quand quelques-uns de leurs compagnons s'écartent.

Leur naturel n'est nullement farouche; ils ne semblent pas redouter la vue de l'homme et n'en continuent pas moins de vaquer à leurs affaires en sa présence; il est vrai, s'ils nous voient, nous ne les apercevons guère : leur extrême petitesse établit sans doute leur sécurité.

Leur chant répond à l'exiguïté de leur corps; il ne se traduit pas en notes bruyantes, il s'échappe en douce mélodie, récitée presque à voix basse, et non dénuée de charme.

S'ils sont petits de taille, en revanche ils sont grands par le cœur; jamais ils n'entendent le cri de la Chouette sans qu'à l'instant leurs plumes se gonflent de colère et qu'ils se précipitent, tête baissée, à l'endroit où ils supposent la présence de l'ennemi, malgré leur prodigieuse infériorité. Ce tempérament valeureux leur cause plus d'une disgrâce; les pipeurs en abusent pour les attirer dans leurs piéges; des premiers, ils y donnent avec leurs confrères en courage, le Rouge-Gorge, les Mésanges, les Fauvettes, etc. Chose monstrueuse! on les prend par spéculation en Allemagne; à une certaine époque de l'année, les marchés de Nuremberg sont approvisionnés du pauvre avorton; il a beau s'y présenter dans toute son opulence, quelle minuscule bouchée pour des estomacs germaniques!

Fig. 89. Roitelet.

Le Roitelet niche quelquefois en France, mais le plus souvent dans le Nord. Son nid n'est rien moins qu'une petite merveille; il retrace, en raccourci, le chef-d'œuvre du Chardonneret. Les matériaux les plus délicats entrent dans sa construction : mousse fine, aigrettes de chardons, cocons soyeux de chenilles artistement entrelacés, forment à l'intérieur la ouate la plus mollette. En général, il est placé très-haut, à une branche bifur quée d'arbre vert; la femelle y pond de six à huit œufs; le mâle partage avec elle les fatigues de l'incubation.

Aux approches de l'hiver, un grand nombre de Roitelets quittent les contrées septentrionales pour venir passer la mauvaise saison dans des climats moins froids, en France, en Espagne, en Italie; ils nous arrivent à la chute des feuilles, et nous restent jusqu'au printemps; c'est alors que nous voyons dans nos bois les deux espèces d'Europe : le *Roitelet ordinaire* ou *huppé* (*Regulus cristatus*, fig. 89), et le *Roitelet triple bandeau* ou *à moustaches* (*Regulus mystaces*), caractérisé par sa crête d'un rouge vif, encadrée de noir, et par sa moustache également noire; deux bandes blanches entourent ses yeux. Ce dernier nous visite un peu plus tôt que l'autre, à l'automne, et émigre plus tard, au printemps.

LE TROGLODYTE (*Troglodytes*).

Ce nom, quelque peu savant pour si mince oisillon (fig. 90), traduit, il est vrai, une des habitudes favorites du Troglodyte, de hanter toutes sortes de cavités, antres, trous ou fourrés; mais la vieille appellation vulgaire de *Mussot*, de *Ratereau*, de *Ratillon*, exprimait d'une façon plus pittoresque l'instinct qui le porte à se couler, comme une Souris, par les *musses* ou petits défilés étroits. Buffon lui a rendu le nom grec sous lequel les anciens le désignaient; il a fait mieux, il a séparé le Troglodyte du Roitelet, que l'on confondait souvent ensemble; mœurs et plumage font de ces deux miniatures des espèces bien distinctes.

Celle dont il est question ici a la taille majestueuse d'un peu plus de huit centimètres; son bec ne mesure pas moins de quinze millimètres de long, et ses pieds atteignent vraiment vingt millimètres de hauteur; pour compléter le portrait, son plumage rappelle celui de la Bécasse : fond brun-marron, coupé d'ondes noirâtres, avec le dessous du corps teinté de blanchâtre et de gris.

Le Troglodyte, indigène en France, ne nous quitte jamais;

l'hiver aussi bien que l'été, il est notre hôte familier, se laisse aisément approcher, regarde en face le promeneur et se plaît à le précéder de quelques pas, en voletant de branche en branche dans les buissons. Curieux et fureteur, il se montre, disparaît pour revenir l'instant d'après et s'éclipser aussitôt. Il n'est pile de bois ou fagotée qu'il n'inspecte en conscience dans tous ses carrefours; c'est à la fois son parc à gibier et son labyrinthe; il en connaît tous les mystères, s'y glisse à tout propos, bien sûr d'y trouver pâture, et, en cas d'assaut, un fort imprenable, avec mille issues secrètes pour s'échapper.

« Il aime à se tenir seulet, » comme dit Belon, et cependant il

Fig. 90. Troglodyte.

n'est pas mélancolique; toujours il sautille, babille, frétille, sa petite queue constamment troussée, et prêt à réciter sa chansonnette. Elle se compose de quatre notes brèves, *sidiriti*, lancées avec une volubilité extrême, d'un timbre métallique, et reprises avec une énergie croissante après une pause de quelques secondes. Plus il fait froid et sec, plus son ramage est joyeux; on dirait qu'il veut encourager, par son exemple, les cœurs disposés à faiblir dans la mauvaise fortune; il n'est jamais plus sonore qu'aux approches de la nuit, quand la gelée doit redoubler d'intensité. Ses passions sont vives; la crainte ou la colère l'agite-t-elle, il change de gamme : *tri-tri* est son cri de guerre ou d'inquiétude. C'est un des derniers oiseaux, avec le Merle et le

Rouge-Gorge, qui se fassent entendre après le soleil couché; il est aussi un des premiers à s'éveiller en chantant.

Ainsi que beaucoup d'oiseaux qui ne craignent pas le voisinage de l'homme, le Troglodyte, quand vient la mauvaise saison, se rapproche des lieux habités; il s'installe dans les jardins, dans les cours de ferme, dans les chantiers, et paye cette tacite hospitalité par la destruction de tous les insectes qu'il rencontre. Grand éplucheur d'écorces de son métier, il ne se borne pas à passer en revue les bois morts, les gerçures des arbres vifs : les plus petites crevasses ont sa visite; il sonde les poutres et les toitures, fouille les vieilles murailles et descend même dans les puits pour chercher pâture à travers leurs parois descellées : c'est le temps où il récolte le plus de chrysalides. Au printemps, il revoit ses bois, reprend son poste au milieu des haies et des charmilles et se livre, de plus belle, à la chasse des insectes, n'épargnant ni Chenilles ni Araignées, malgré les toiles dont elles s'enveloppent : on est à peu près certain, dans cette saison, de le rencontrer près de terre, car il buissonne plus qu'il ne branche.

Le nid du Troglodyte est curieux à voir. Au dehors, il présente l'aspect d'un gros paquet sphérique de mousse dont les brins sont peu liés entre eux; mais à l'intérieur sa contexture, très-soignée, est garnie d'une moelleuse couche de plumes. Son volume est si considérable, par rapport à la taille de l'architecte, qu'on ne soupçonnerait jamais qu'il pût être l'œuvre d'une si minime créature; son extérieur débraillé n'est pas de la négligence, il révèle bien plutôt l'intention toute maternelle de donner le change aux dénicheurs; on le prendrait, en effet, plutôt pour un amas informe de mousse que pour un véritable berceau. L'ouverture donne tout juste entrée à l'oiseau et se trouve dirigée de côté. Presque toujours le nid est placé près de terre, soit contre une roche, soit adossé à un mur tapissé de lierre; souvent le Troglodyte le loge dans le trou d'une solive, dans une toiture de chaume, et parfois au beau milieu d'un tas de fagots. La femelle pond une dizaine d'œufs de la grosseur d'un pois, d'un blanc terne et pointillés de rougeâtre au gros bout. Les petits quittent le nid avant d'être en état de voler; ils trottinent dans les buissons en attendant que leurs ailes leur permettent de prendre l'essor. Leurs dispositions musicales se manifestent de bonne heure. Ils ont à peine quatre mois, que déjà ils essayent leur ramage traditionnel en battant des ailes et en agitant leur queue de droite à gauche; quand l'hiver est tout à fait venu, ils déchiffrent nettement leur *sidiriti*, presque aussi bien que les vieux virtuoses, et, de même trempe que leurs père et mère, ils ne s'attristent ni du froid ni de la neige, et ne perdent rien de leur bonne humeur dans la morte-saison : oiseaux à respecter, car ils nous distribuent gratuitement leurs joyeuses notes, et leurs recherches entomologiques défendent nos grains et nos fruits contre d'obscurs voleurs.

LAVANDIÈRES ET BERGERONNETTES.

De la tribu des becs-fins on a détaché, pour en faire un groupe particulier, sous le nom de Hoche-Queue, de charmantes petites espèces au port élégant, svelte et gracieux : ce sont les Lavandières et les Bergeronnettes, amies de la ferme, du moulin, des eaux et des champs. Loin de fuir le voisinage de l'homme, elles semblent le rechercher, s'approchent familièrement de sa demeure, suivent le laboureur derrière sa charrue, vivent en société intime avec les troupeaux et les protégent contre les insectes qui en veulent à leur sang. Toutes se font remarquer par la finesse de leur bec, encore plus effilé que celui des Fauvettes, et par la hauteur de leurs jambes appropriées à leurs habitudes riveraines. Leurs mœurs présentent de grandes similitudes; cependant certains traits spéciaux justifient la séparation établie entre elles d'après leur structure : les Lavandières proprement dites fréquentent plus les eaux que les Bergeronnettes; on les reconnaît surtout à leur pouce dont l'ongle est courbé, tandis que chez ces dernières il est allongé et à peine arqué, caractère qui les rapproche davantage des Alouettes.

Le plumage de la Lavandière (*Motacilla cinerea*, fig. 91) se dessine par grandes zones; le blanc, le gris d'ardoise et le noir, livrée de deuil, en composent l'ensemble, mais sans déteindre sur l'humeur enjouée de l'oiseau. Rien de joli et de coquet comme les mouvements variés auxquels il se livre. A terre, il court le long des grèves à petits pas précipités, d'une légèreté ravissante, imprimant en même temps à sa queue des secousses répétées qui la balancent de haut en bas à chaque pas qu'il fait; l'extrémité des pieds dans l'eau, il lutte de vitesse avec les dernières vagues de la rive, comme s'il voulait se jouer avec les festons d'écume qui viennent se dérouler sur ses bords. Son vol n'est qu'une série continuelle de délicieux caprices; il plonge, il bondit, il caracole, il poursuit les Moucherons à travers leurs danses fantastiques, déploie sa queue en éventail et s'appuie sur cette longue et large rame pour pirouetter, s'élancer et folâtrer dans les vagues de l'air; les lavoirs l'attirent d'une façon surprenante; il tourne tout autour, y fait de longues stations, ne s'étonne ni du bruit des battoirs ni du caquet des laveuses, vole et circule sans peur auprès d'elles, comme leur bon génie; de là son nom de Lavandière.

Son régime insectivore en fait nécessairement un oiseau de passage pour la France; il nous arrive avec le printemps et

Fig. 91. Lavandières.

commence à se faire entendre vers la fin de mars ou dans les premiers jours d'avril. Son chant se compose d'un petit nombre de notes, *gui guit, gui gui guit*, mais le timbre en est net et clair et d'une douceur sympathique; la Lavandière a, de plus, un cri d'alarme qu'elle jette du haut de son belvédère, chaque fois que l'ennemi menace, car elle est préposée à la sûreté générale; les hôtes de la basse-cour ne s'y méprennent pas : lorsque la présence du brigand a été signalée, Autour ou Épervier n'est pas loin. Elle ne se borne pas au rôle de sentinelle avancée; ainsi que l'Hirondelle, elle va bravement au-devant du Rapace en appelant au secours tous les cœurs de bonne volonté; les plus petits, presque toujours les plus valeureux, accourent à son appel; leurs forces réunies forment bientôt autour de la bête scélérate un cercle magique qui grossit de plus en plus le nombre des auxiliaires; à force de huées et de clameurs étourdissantes, ils viennent à bout de l'oiseau de proie et le forcent à prendre la fuite; plus d'une fois cependant quelque pauvre victime tombe sous la serre cruelle; plus que d'autres, les Lavandières ont chance d'y échapper, grâce à leur vol saccadé et ondoyant.

Elles font assez souvent leur nid à terre, dans les friches, sous une motte ou au fond d'une touffe de gazon, mais le plus ordinairement près des eaux, au milieu des berges ou dans les piles de bois dressées sur leurs bords. A l'extérieur, il se compose d'herbes sèches et de petites racines entrelacées; le dedans est garni d'un bon matelas de crins et de plumes. La femelle y pond quatre ou cinq œufs d'un blanc bleuâtre tacheté de brun; le mâle prend part comme elle à l'incubation. Tous deux s'occupent des petits avec une extrême sollicitude; ils veillent continuellement à la garde du nid et le défendent courageusement contre toute attaque. Aperçoivent-ils un maraudeur, ils vont au-devant de lui, et, par leurs allures voltigeantes et plongeantes, cherchent à l'éloigner; quand on emporte leur couvée, ils suivent le ravisseur en volant au-dessus de sa tête, tournant sans cesse et appelant leurs petits avec des accents douloureux. Tout est propret chez ces oiseaux; le berceau lui-même, quoique longtemps habité, est tenu avec une exquise recherche; il ne contient aucune ordure; le père et la mère, guidés par leur instinct, vont porter plus loin toute trace de digestion, afin de faire disparaître jusqu'aux moindres vestiges de malpropreté qui pourraient amener la découverte de la nichée. Leurs soins ne s'arrêtent pas, comme chez beaucoup d'autres oiseaux, à la première éducation; ils les continuent même lorsque leurs petits sont en état de voler, et ils les nourrissent encore pendant trois ou quatre semaines. C'est alors que leurs chasses sont les plus actives; lorsqu'ils ont fait ample provision de nymphes de Fourmis, de Tipules, de vermisseaux de toutes sortes, ils viennent les distribuer à leur progéniture; quand ils mangent pour leur propre compte, c'est toujours à la hâte, avec une prodigieuse vitesse, comme si tous leurs repas devaient se prendre à la hussarde, sans avoir le temps d'avaler.

Au commencement de l'automne, les Lavandières se répandent en plus grande quantité dans les champs; elles se montrent aussi plus gaies et plus jaseuses en cette saison qu'en tout autre temps de l'année. D'après Buffon, on les voit alors multiplier leurs jeux, se balancer en l'air, s'abattre dans les guérets, se poursuivre, s'entr'appeler et se promener en nombre sur les toits des moulins et des villages voisins des eaux, où elles semblent dialoguer entre elles par petits cris coupés et réitérés : on croirait, à les entendre, que toutes et chacune s'interrogent, se répondent tour à tour pendant un certain temps, jusqu'à ce qu'une acclamation générale de l'assemblée donne le signal ou le consentement de se transporter ailleurs. C'est dans ce temps encore qu'elles font entendre ce petit ramage doux et léger, à

Fig. 92. Bergeronnettes.

demi-voix, qui n'est presque qu'un murmure, et qui leur est inspiré par l'agrément de la saison et par le plaisir de la société auquel ces oiseaux semblent être très-sensibles.

Leurs rassemblements, aux approches du départ, ont beaucoup de rapport avec ceux des Sansonnets et des Hirondelles. A mesure que les beaux jours déclinent, leurs troupes augmentent; elles se rassemblent à la cime des toits, s'enlèvent toutes à la fois par grosses volées, et vont s'abattre, le soir, dans les aulnées, les oseraies, parmi les roseaux, en plein marais, pour y passer la nuit; un peu avant la fin du jour, toutes ensemble se livrent à de bruyants chamaillis. Lorsque enfin le moment de l'émigration est arrivé, les Lavandières partent en grandes troupes, de bon matin, réclamant sans cesse, et se tenant à une certaine hauteur dans l'espace; elles se dirigent vers les climats chauds et passent l'hiver en Afrique : l'Égypte et le Sénégal les voient affluer à cette époque en quantités considérables; le printemps revenu, elles retournent sur leurs pas, se répandent dans toute l'Europe et poussent leurs pérégrinations jusqu'en Sibérie et en Islande.

Les Bergeronnettes, bien plus pastorales que les Lavandières, empruntent leur nom de leur affection pour les troupeaux qu'elles accompagnent au milieu des champs et dont elles font leur société habituelle; elles vivent en si grande familiarité avec

Fig. 93. Bergeronnette grise.

les moutons et les vaches, qu'on les voit souvent posées sur le dos de ces animaux, travaillant avec zèle à les débarrasser de leurs parasites. Du reste, nullement craintives, les détonations d'armes à feu les effrayent à peine; elles s'envolent, il est vrai, au coup de fusil, mais pour revenir, l'instant d'après, se placer à portée du chasseur; elles se laissent approcher de très-près par les pâtres et ne paraissent pas plus émues de leur présence que de celle de leurs chiens : on dirait qu'il y a entre eux un traité d'alliance et de paix, fidèlement gardé de part et d'autre.

Les Bergeronnettes, de même que les Lavandières, passent la plus grande partie de la belle saison à chasser aux Moucherons et aux vermisseaux; leurs mœurs et leurs allures ne diffèrent que par de simples nuances. Au fur et à mesure que les Diptères, leur principal gibier, deviennent plus rares, elles se rapprochent des ruisseaux; ceux-ci leur ménagent leurs dernières ressources lorsque le froid a tué la plupart des insectes, et que les troupeaux ne sortent plus que de loin en loin.

L'une des premières à nous faire visite et aussi la dernière à nous quitter, la Bergeronnette jaune (*Motacilla flava*, fig. 94) laisse souvent une partie de ses compagnes de voyage dans le midi de la France. L'automne la voit affluer en bandes nombreuses qui vont chercher pâture, de préférence, dans les terres

Fig. 94. Bergeronnette jaune.

élevées, remuées par la charrue; elles y glanent toutes les bestioles ramenées à la surface du sol. L'espèce niche d'ordinaire dans les prés et quelquefois aussi au bord de l'eau, sous une racine d'arbre; son nid est un assemblage d'herbes et de mousse, doublé à l'intérieur de laine, de crin, et d'un grand luxe de plumes. Les pontes sont de cinq à huit œufs d'un blanc sale, nuancé de vert, de brun et de couleur de chair. Dans la belle saison, la Bergeronnette jaune se tient volontiers au voisinage des digues de moulins et se promène fréquemment sur les plantes fluviatiles qu'elle fait à peine plier sous ses pieds légers. Le mâle, dans son habit de noce, a la poitrine, le ventre et une partie de la queue d'un beau jaune; la gorge est ornée d'une plaque noire, et le dos est cendré; après la mue d'automne, le brillant de ses couleurs s'éteint, et le noir de sa gorge disparaît complétement.

LES HIRONDELLES.

Le nom d'Hirondelles n'éveille que de riantes et douces idées. Leur arrivée coïncide avec les débuts du printemps; leur affection pour les lieux qui les ont vues naître est le symbole des amitiés fidèles; leur prédilection pour la société de l'homme en fait nos hôtes naturels; elles logent sous nos toits, sous nos fenêtres, dans nos cheminées, et mettent en général leur nid à notre portée; leur vie de famille, leur talent d'architecte, leur amour de la progéniture, leurs chasses si actives, leur vol prodigieux, tout en elles, jusqu'à leur départ, intéresse : quand elles nous quittent, on leur dit : au revoir! comme on salue de ses vœux des êtres auxquels on s'est tendrement attaché.

Ce n'est pas sans motifs qu'elles ont été de tout temps regardées comme les amies de l'homme. Que de services ne nous rendent-elles pas en faisant une guerre incessante aux Mouches, aux Tipules, aux Cousins, et à toute cette myriade d'insectes importuns ou nuisibles qui exercent notre patience et visent nos récoltes! Et cependant le chasseur les prend pour but de son adresse meurtrière; l'enfance impitoyable détruit à plaisir leurs couvées, comme si notre intérêt bien entendu ne recommandait pas les Hirondelles à une protection spéciale. Les anciens, moins ingrats, les plaçaient sous la tutelle de leurs dieux pénates; ils avaient raison : de tous les oiseaux insectivores, ce sont les plus méritants; loin de nous causer le moindre préjudice, ils sont la joie de nos foyers et nous délivrent de milliers de parasites; paix donc et longue vie aux Hirondelles!

Les Hirondelles (fig. 95) sont citoyennes du monde entier. Dans les contrées froides et les climats tempérés, on ne les voit que dans la belle saison; elles arrivent en Europe un peu après l'équinoxe du printemps et disparaissent quelques jours après l'équinoxe d'automne; sous la zone torride, de quelque côté qu'elles viennent, elles restent entre les deux tropiques pour y passer l'hiver. Nos espèces d'Europe traversent régulièrement les îles de l'Archipel et se rendent alternativement d'Europe en Afrique et d'Afrique en Europe; dans les pays tels que l'Égypte, l'Éthiopie, où la température reste à peu près la même, les Hirondelles séjournent en toute saison; presque partout néanmoins il y a des émigrations. Aux environs de Paris, les Hirondelles arrivent dans les premiers jours d'avril, un peu plus tôt dans le midi de la France; l'*Hirondelle de cheminée* (*Hirundo rustica*) s'annonce la première; l'*Hirondelle des fenêtres* (*Hirundo urbica*) la suit huit ou dix jours plus tard; l'*Hirondelle de rivage* (*Hirundo riparia*) se montre sur la fin d'avril; le *Martinet* (*Cypselus apus*) paraît le

Fig. 95. Hirondelles.

dernier de tous. Ces époques régulières sont indépendantes de la température; en effet, quelque douce que soit celle du commencement de mars, ou quelque rigoureuse qu'elle se montre dans le courant d'avril, l'Hirondelle n'en obéit pas moins aux lois de son retour; on l'a vue, il y a quelques années, voler en mai, aux environs de Digne, à travers une neige épaisse qui ne fut heureusement qu'un accident passager; la persistance de cette bourrasque l'eût exposée à périr de faim, mais non de froid, car elle résiste à cinq et six degrés au-dessous de zéro.

Très-attachées aux lieux de leur naissance, les Hirondelles y reviennent tous les ans; pour qu'elles les abandonnent, il ne faut rien moins que la destruction répétée de leurs nichées ou qu'on les pourchasse à outrance; encore, dans ce cas, ne s'éloignent-elles pas de l'homme, elles se complaisent dans son voisinage, et, bien qu'elles y courent plus d'un danger, elles s'établissent dans sa propre demeure, et mettent toujours, avec la même confiance, leurs nids sous sa protection.

Le choix du domicile ne se fait pas à la légère. Qu'elles habi-

Fig. 96. Martinet.

tent les villes ou qu'elles vivent solitaires, elles se déterminent toujours pour les endroits bien exposés, bien abrités, situés à proximité de l'eau. L'eau, en effet, leur est indispensable, non-seulement pour se désaltérer, pour se baigner, ce qu'elles font avec plaisir et très-souvent, mais encore parce que, dans les jours de froidure où le gibier est rare, elles le rencontrent plus facilement à la surface des ruisseaux ou des rivières, et qu'elles ont besoin d'eau pour leur métier de maçonnes; dès leur arrivée, elles vont à sa recherche; dans les premiers et les derniers temps de leur séjour parmi nous, elles se rassemblent en grand nombre sur les plantes des étangs.

Les Hirondelles sont éminemment sociables; elles se réunissent en troupes, soit pour chasser, soit pour s'ébattre à travers les airs; la plupart vivent en familles, s'établissent aux mêmes endroits par bourgades, et, dans certaines circonstances, se prêtent un mutuel appui. « Dans le péril, dit Michelet, toute Hirondelle est sœur; qu'une crie, toutes accourent; qu'une soit prise, toutes se lamentent, se tourmentent pour la délivrer. » Dupont de Nemours fut un jour témoin de leur dévouement fraternel. Une d'elles s'était prise par la patte dans le nœud coulant d'une ficelle dont l'autre bout tenait à une gouttière du palais de l'Institut. A ses cris, toutes les Hirondelles des environs s'attroupèrent; il y eut conseil, discussion, délibération; une des mieux inspirées s'en vint attaquer le malencontreux engin; chacune de l'imiter; à force de coups de bec au même endroit, la ficelle fut enfin coupée et la captive mise en liberté. Ce trait n'est pas unique dans les mœurs sociales des Hirondelles. Un Moineau s'était emparé du nid d'un de ces oiseaux; sommé de le rendre, il n'en fit rien, se croyant sûr de l'impunité dans son fort; mal lui en prit : une troupe d'Hirondelles eut bientôt fait provision de mortier, l'entrée du nid fut murée; l'usurpateur, soumis à un assaut impétueux, fut à tout jamais emprisonné. C'est encore par leur instinct d'association que les Hirondelles se défendent contre l'oiseau de proie; trop faibles pour repousser la force par la force, elles s'organisent à l'instant en bataillons innombrables, enveloppent l'ennemi, le harcèlent de leurs clameurs et l'enlacent dans une infinité de cercles concentriques; le Rapace, perdu au milieu de cette nuée volante, criante, se brouille, se lasse, et se voit enfin forcé de renoncer à ses projets d'assassinat.

L'aile joue un grand rôle dans la vie de l'Hirondelle; cou et pattes lui ont été sacrifiés; elle dépasse la longueur du corps, se découpe en faux, afin de mieux fendre l'air et d'assurer au vol toute sa puissance. « Aussi le vol, dit Buffon, est-il son état naturel et nécessaire; elle mange en volant, boit en volant, se baigne en volant, et quelquefois donne à manger à ses petits en volant. Elle sent que l'air est son domaine, elle le parcourt dans toutes les dimensions et dans tous les sens, comme pour en jouir dans tous les détails, et le plaisir de cette jouissance se marque par de petits cris de gaieté. Toujours maîtresse de son vol dans sa plus grande vitesse, elle en change à chaque instant la direction; elle semble décrire, au milieu des airs, un dédale mobile et fugitif dont les routes se croisent, s'entrelacent, se fuient, se rapprochent, se heurtent, se roulent, montent, descendent, se perdent et reparaissent, pour se croiser, se rebrouiller encore en mille manières. » A l'élégance, à la flexibilité, à la souplesse, le vol de l'Hirondelle réunit les qualités les plus précieuses; elle se soutient fort longtemps en l'air et sans prendre, pour ainsi dire, de repos; sa rapidité est telle, que les meilleurs voiliers la dépassent à peine. Spallanzani a calculé que l'Hirondelle des fenêtres parcourt vingt milles en treize minutes; d'après Defrance, l'Hirondelle de cheminée mettrait une heure à peine pour franchir une distance bien plus grande; mais aucune espèce d'Hirondelle ne possède la facilité du vol à un si haut degré que le Martinet (fig. 96). S'il fallait en croire l'imagination poétique de Michelet, cet oiseau dépasserait l'ouragan, et n'aurait d'autre rival que l'éclair : les faits répondent presque à ce prodige hyperbolique. A part le peu de temps que le Martinet passe blotti dans son trou, moins pour se reposer que pour se soustraire à la forte chaleur, il flotte de jour et de nuit au milieu des airs, après avoir tourbillonné toute la journée autour d'un clocher ou de tout autre édifice élevé, en poussant mille cris aigus; le soleil est à peine couché, qu'il s'élève bruyamment, à perte de vue, dans l'atmosphère, par petites bandes, et ne reparaît à l'horizon qu'au moment où le soleil va se lever de nouveau : mais alors leurs troupes sont dispersées de tous côtés. Ces courses nocturnes effrénées recommencent chaque soir; mâles et femelles y prennent part avant la ponte; à l'époque de l'incubation, les mâles seuls continuent de s'y livrer; les femelles restent au logis, dans leurs fonctions de couveuses.

Autant les Hirondelles sont agiles à travers l'espace, autant elles se meuvent difficilement sur le sol; leurs membres grêles et courts ne se prêtent pas à la marche, c'est pourquoi elles ne posent à terre que lorsqu'elles y sont forcées; leurs ailes elles-mêmes, si bien façonnées pour fendre l'air, deviennent un embarras sur une surface plane quand elles cherchent à s'en détacher; elles ne font que battre péniblement le sol et compliquent ainsi les efforts nécessaires pour prendre l'essor.

Le sens de la vue, en revanche, est très-développé chez les Hirondelles; elles aperçoivent un Moucheron à cent mètres de distance; les oiseaux de proie seuls sont aussi bien partagés à cet égard.

Les Hirondelles se nourrissent exclusivement d'insectes ; elles les happent au vol, sans s'arrêter. Lorsque le temps est sec et chaud, elles les relancent au haut des airs ; mais lorsque la pluie ou le froid les rabat près de terre, elles effleurent le sol, rasent les prairies ou la surface de l'eau, poursuivent le gibier dans tous ses gîtes et dans tous ses détours ; s'il est posé, elles le forcent, d'un coup d'aile, à prendre sa volée, afin de pouvoir le saisir au passage ; l'Araignée elle-même, si bien cachée qu'elle soit en embuscade, ne leur échappe pas ; elles

Emportent toile et tout,
Et l'animal pendant au bout.
(La Fontaine.)

A peine débarquées dans nos pays, les Hirondelles commencent presque aussitôt la construction de leur nid : travail de longue haleine où elles sont parfois aidées de leurs voisines et dans lequel elles déploient autant de patience que d'habileté. Les espèces qui maçonnent le berceau de leurs petits ramassent, avec le bec et les pattes, la boue destinée à sa confection ; elles la gâchent et l'appliquent avec le bec seul. Suivant les espèces, le nid est suspendu au sommet des cheminées, aux angles des fenêtres, aux corniches, aux entablements, etc. ; l'Hirondelle de rivage, elle, creuse avec ses ongles, sur la berge des rivières, une *galerie souterraine très-peu profonde et y cache son nid* ; le Martinet se contente d'un *trou de muraille*. L'enveloppe extérieure du nid chez les deux premières espèces a la consistance d'un véritable mortier ; l'intérieur est garni de paille et matelassé d'une couche épaisse de plumes ramassées avec dextérité pendant le vol. L'Hirondelle de cheminée donne à son nid la forme d'un demi-cylindre creux ; celui de l'Hirondelle des fenêtres (fig. 97) est le quart d'un demi-sphéroïde ; dans les deux espèces, le mâle et la femelle, unis par un mariage indissoluble, travaillent de concert à la nidification : elle leur prend souvent un grand mois.

Le nid n'est pas seulement le berceau des petits, c'est encore le foyer auquel les Hirondelles reviennent chaque année, soit pour l'occuper de nouveau, après l'avoir réparé, soit pour en bâtir à côté un autre qui deviendra, à son tour, le théâtre de l'éducation des petits, de la sollicitude et du dévouement des parents. Dès que la construction est achevée, la ponte commence ; elle se répète une seconde fois dans la même année pour l'Hirondelle de cheminée et pour celle des fenêtres; le nombre des œufs varie de quatre à six; leur couleur est généralement toute blanche. L'incubation dure environ quinze jours. Pendant ce temps, le mâle redouble d'attention pour sa compagne; il lui chante ses plus doux chants d'amour, prend souvent sa place sur les œufs, passe la nuit près d'elle, sur le bord du nid, veille à sa sûreté, babille et gazouille aussitôt qu'il s'éveille au point du jour, et ne cesse ses chansonnettes qu'avec le coucher du soleil; la femelle lui répond sur un mode légèrement plaintif.

Fig. 97. Nid d'Hirondelle des fenêtres.

Les petits éclos, les Hirondelles ne vivent plus que pour eux; la chasse est de tous les instants, ardente, infatigable; les père et mère, sans cesse en allées et venues, leur portent incessamment la nourriture; notons, en passant, que les nichées arrivent juste à l'époque où pullulent le plus d'insectes de toutes sortes; c'est par milliers que les Hirondelles en gavent leurs petits, au profit de notre repos et de nos récoltes : merveilleuse harmonie providentielle qui veille sur tout, et conduit toute chose vers la fin qui lui a été assignée.

Lorsque les jeunes sont devenus plus forts, les père et mère se dévouent à leur éducation. Rien de plus touchant que leur ingénieuse sollicitude dans les premières leçons de voler; ils excitent les petits à se servir de leurs ailes, les encouragent par des cris d'appel, leur présentent la nourriture, d'abord d'assez près, en volant, puis d'un peu plus loin, s'éloignant toujours davantage, à mesure que les petits s'approchent pour prendre la becquée; ils la leur donnent enfin comme récompense de leurs efforts. L'éducation dans le nid se prolonge longtemps, elle ne cesse que lorsque la couvée est apte à prendre son essor; toute la famille alors s'élance joyeuse et pêle-mêle hors du nid; le père et la mère volent en tête de leur progéniture et se jouent avec elle à travers l'espace, tout prêts à lui offrir leur secours en cas de défaillance : le soir, tous rentrent au gîte natal. Arrivée à ce point, la tâche des Hirondelles est bien avancée, l'émancipation ne tardera guère; la vie en commun se continue quelques jours encore; mais, un beau matin, quand les petits sont tout à fait en état de pourvoir eux-mêmes à leurs besoins, la nichée dit adieu à son berceau, s'envole et disparaît; les père et mère demeurent seuls au foyer, et disposent tout pour une nouvelle ponte.

La mue des Hirondelles, toujours simple, n'amène aucun changement de couleurs dans le plumage; on sait que ces couleurs sont distribuées par masses, qu'elles tranchent fortement l'une sur l'autre, et brillent de reflets changeants dans l'Hirondelle des fenêtres et dans l'Hirondelle de cheminée.

Au déclin de l'été, toute ponte, toute éducation terminées, les Hirondelles abandonnent leurs nids et se réunissent par petites troupes, pour chercher loin des maisons une nourriture plus abondante; elles passent alors les nuits au bord des eaux, perchées sur les aulnes, sur les branches les plus basses, à l'abri du vent; on les rencontre aussi fréquemment, à cette époque, sur les roseaux, au milieu des marécages, en communauté de retraite avec les Bergeronnettes et les Étourneaux.

Vers la fin de septembre, leurs attroupements grossissent de plus en plus; elles se rassemblent, le matin, sur le cordon des édifices, sur les arêtes des toits, pour jouir des premiers rayons du soleil levant. Frileuses de leur nature, elles s'y tiennent pelotonnées les unes contre les autres, chaque fois que le temps est froid ou pluvieux. L'approche de l'automne rend de jour en jour les insectes plus rares, la froidure devient plus piquante, tous les petits sont élevés; les assemblées prennent un caractère plus général; les vols par troupes ont plus d'ensemble, plus de fréquence et une plus longue portée; les Hirondelles semblent avoir le pressentiment du grand événement qui va s'accomplir, jeunes et vieux s'y préparent.

> Ceux qui de nos hivers redoutant le courroux,
> Vont se réfugier dans des climats plus doux,
> Ne laisseront jamais la saison rigoureuse
> Surprendre parmi nous leur troupe paresseuse.
> Dans un sage conseil par les chefs assemblé,
> Du départ général le grand jour est réglé;
> Il arrive, tout part. Le plus jeune, peut-être,
> Demande, en regardant les lieux qui l'ont vu naître,
> Quand viendra ce printemps par qui tant d'exilés
> Dans les champs paternels se verront rappelés.
>
> (L. RACINE.)

Les migrations des Hirondelles sont célèbres depuis longtemps. Quelle en est la cause précise? On l'ignore. A coup sûr, elles sont provoquées, en partie, par la faim et le froid. Ne trouvant plus dans nos climats les insectes dont elles se nourrissent, ni la température qu'il leur faut, les Hirondelles passent dans des contrées plus chaudes qui leur offrent la proie sans laquelle elles ne peuvent subsister; mais, à leur départ, tous les Diptères n'ont pas disparu; la saison est encore très-belle quand elles nous quittent : elles pourraient donc prolonger leur séjour parmi nous; si elles s'éloignent, c'est qu'indépendamment des vivres et des rigueurs du temps il y a quelque autre raison secrète qui les oblige à s'en aller. L'instinct voyageur, si développé chez elles, ne les pousserait-il pas aussi à changer de pays? Ne cèdent-elles pas encore au besoin impérieux d'une lumière plus vive que celle qui nous éclaire en octobre? Leurs sens enfin, si subtils dans la classe des oiseaux, ne sont-ils pas sous l'influence de commotions particulières dont notre organisme n'a pas conscience? Nul jusqu'ici n'a pu le dire; on sait seulement qu'à une époque donnée, quelques jours plus tôt ou plus tard, l'oiseau migrateur est emporté par son instinct de déplacement; rien ne l'en détourne, il y obéit fatalement.

En France, le départ des Hirondelles a lieu ordinairement dans la première semaine d'octobre. Les jours qui précèdent ce grand acte, elles sont en proie à une agitation extraordinaire; les cris d'appel et de ralliement sont plus multipliés, les rassemblements ont lieu plusieurs fois dans la même journée; des groupes se forment, par centaines d'individus, à la cime des arbres, sur les branches desséchées, tandis que, sous la conduite de vieux chefs expérimentés, les jeunes suivent un cours de volée transcendante; la leçon apprise, répétée et sue à fond, à un instant donné, toute la multitude pousse une immense clameur, s'élève perpendiculairement comme pour s'orienter, et va prendre son point au haut des airs, avant de se lancer dans la route définitive.

Il n'y a pas d'heure fixe pour le départ général; les migrations s'effectuent à toute heure de la journée, lorsque le temps et le vent sont favorables; toutefois on voit souvent les Hirondelles partir au coucher du soleil : c'est le moment où d'ordinaire le vent tombe et où l'air devient plus calme; il y a plus de chances, en outre, aux approches de la nuit, d'échapper à l'oiseau vorace, toujours au guet, toujours perfide, toujours à redouter.

Ces voyages, véritable navigation au long cours, ne s'exécutent pas d'une seule traite, ils s'effectuent par grandes étapes; chemin faisant, les Hirondelles ne se tiennent pas toujours dans les hautes régions, elles en descendent comme tous les oiseaux qui entreprennent de lointains voyages. D'après Gerbe, le matin, au lever du soleil, leur vol est toujours bas, rapide, ondoyant et flexueux; il l'est de même dans le jour, lorsque la faim les ramène vers la terre; mais alors elles semblent voler sans direction, se dispersent en tous sens, s'écartent de la route officielle suivie, mais pour la reprendre et se rassembler de nouveau dans les airs, quand elles ont pourvu à leur nourriture. Dans leur traversée en mer, celles qui sont fatiguées se détachent de la troupe et vont se reposer sur les navires; elles y passent souvent la nuit, et le lendemain, dès l'aube du jour, sans autre boussole que le sillage du bâtiment sur lequel elles ont pris accidentellement passage, elles s'orientent sans peine et se dirigent, par la voie la plus directe, vers le point où elles veulent se rendre. Quelques jours leur suffisent pour gagner l'Afrique. Adanson, pendant son séjour au Sénégal, les a vues arriver régulièrement à Saint-Louis dans la première huitaine d'octobre; elles y passent l'hiver et nous reviennent au printemps, non plus en grandes troupes, comme à l'époque des migrations d'automne, mais seulement par couples isolés; le nombre des débarqués s'accroît chaque jour; bientôt tous les exilés sont rendus à leur patrie : leurs escadrons volants saluent leur retour de mille cris d'allégresse.

L'ENGOULEVENT.

De la famille des Fissirostres, l'Engoulevent en réunit les caractères principaux dans son bec court, large, déprimé, crochu à son extrémité et fendu très-profondément. Ses pattes singulièrement réduites, sa tête aplatie, son cou très-court et ses ailes longues, le rapprochent du Martinet et des Hirondelles dont il a le port; il leur ressemble encore par son régime insectivore et ses voyages périodiques; mais il s'en détache par ses habitudes crépusculaires et sa vie d'isolement : aussi constitue-t-il le groupe des Fissirostres nocturnes, tandis que les deux autres genres appartiennent aux Fissirostres diurnes.

Il est facile de le reconnaître à première vue : sa grosse tête, ses grands yeux arrondis, son vaste bec garni de fortes moustaches, ses tarses courts et emplumés, ses trois doigts antérieurs réunis, à la base, par une légère membrane, son pouce grêle et versatile, ne permettent de le confondre avec aucun autre oiseau de sa catégorie. Son plumage rappelle celui de la Bécasse par ses couleurs sombres; le gris, le brun et le rougeâtre y dominent, mais variés de petites lignes transversales et en zigzag; ses teintes sont si multipliées et si embrouillées dans leurs détails, qu'elles se refusent à toute description : prises dans leur ensemble, elles se montrent plus foncées sur la tête, la gorge, la poitrine, ainsi que sur la partie antérieure des ailes et leur extrémité. Le mâle est décoré d'une tache blanche ovalaire sur les trois premières pennes alaires, et les deux pennes extérieures de sa queue sont relevées de blanc : dans les deux sexes, une bande blanche part de chaque côté de la tête et s'étend jusqu'à l'occiput.

L'Engoulevent est loin d'avoir les mœurs sociables du Martinet et des Hirondelles : il vit toujours seul; et lorsque, par hasard, il s'en trouve deux dans le même endroit, on ne les rencontre jamais qu'à une certaine distance l'un de l'autre. Ainsi que la plupart des oiseaux nocturnes, l'Engoulevent ne s'expose pas à l'éclat du grand jour, il lui faut une demi-obscurité pour que ses yeux aient toute leur puissance; tant que le soleil est sur l'horizon, il se tient tapi à terre, parmi les herbes ou caché dans les jeunes taillis; ce n'est que dans les jours sombres, mais surtout à partir du crépuscule, qu'il s'aventure hors de sa retraite et se met en chasse; dans les nuits calmes et éclairées par la lune, il prolonge assez tard ses courses aériennes. Lorsqu'il est surpris, de jour, dans son gîte, il part à l'improviste d'un vol bas, incertain et silencieux; après le coucher du soleil, au contraire, son vol est vif, soutenu et brisé comme la fuite irrégu-

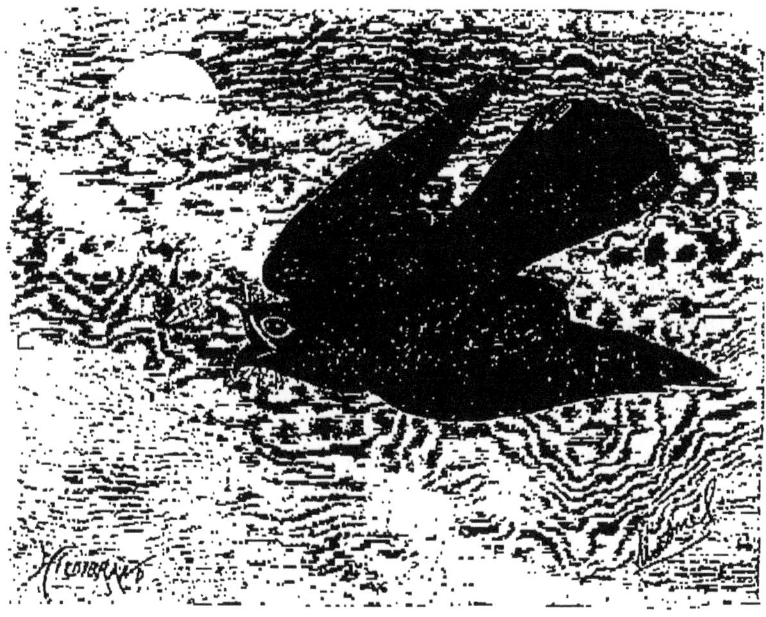

Fig. 98. — Engoulevent.

lière de son menu gibier; en même temps, il fait entendre un bourdonnement qui ne provient pas du battement des ailes, mais de l'air qui, tour à tour, s'engouffre dans son bec toujours ouvert pendant l'action du vol, frappe les parois de son gosier et s'en échappe avec force.

C'est en volant que l'Engoulevent se porte au-devant des insectes qu'il poursuit le bec tout à fait béant. Hannetons, Bousiers, Phalènes, Tinéites, Cousins et autres bestioles nocturnes deviennent ainsi sa pâture; il les *engoule* au passage et les retient emprisonnés sans avoir besoin de fermer le bec, grâce à l'humeur visqueuse qui l'enduit à l'intérieur. Il rôde volontiers, à la tombée du jour, aux endroits où le bétail est parqué et où abondent les insectes coprophages; on le voit aussi quelquefois tourner sans relâche autour des arbres dénudés et se livrer, par allées et venues incessantes, à une chasse active près de leurs troncs perforés, d'où s'échappent des myriades de coléoptères; il vole alors rapidement, s'abat tout à coup, et se relève de même, dès qu'il a happé sa proie.

Son chant a quelque chose de plaintif et n'est pas sans analogie avec celui du Crapaud; de là sans doute le surnom de Crapaud volant que lui donnent les chasseurs; peut-être aussi lui vient-il de sa grosse tête engoncée et de sa large ouverture buccale, qui lui sont communes avec le Batracien.

Par suite de sa nourriture exclusivement insectivore, l'Engoulevent fait partie des oiseaux migrateurs. Il nous arrive au milieu du printemps et nous quitte dans le courant de l'automne, trois semaines environ après le départ des Hirondelles, mais sans se réunir, comme elles, en grandes troupes. On en rencontre parfois quelques-uns en novembre et même en décembre; mais, en général, presque tous sont partis quand les premières froidures ont fait disparaître les insectes. L'Engoulevent habite la plaine et la montagne; il se tient aussi sur les coteaux et, de préférence, dans les terrains secs et pierreux, ainsi que parmi les bruyères. La femelle ne construit pas de nid; elle pond à nu, dans un trou, sur le sol, deux ou trois œufs blanchâtres, marbrés et pointillés de brun.

L'espèce d'Europe (*Caprimulgus Europæus*, fig. 98), la seule qui existe en France, n'a aucun des caractères malfaisants que lui prêtent les préjugés et la crédulité populaires; elle n'aveugle ni bêtes ni gens; ne tête pas les chèvres, comme l'ont dit les anciens et le répètent, de confiance, les modernes; elle ne jette ni sort ni présage fâcheux, et, loin de nuire, elle nous débarrasse d'insectes nocturnes ravageurs; dans l'intérêt de nos jardins, de nos vergers et de nos bois, sinon par reconnaissance, il serait bon de la respecter. Sa chair est un pauvre gibier. Les services que nous rend l'Engoulevent le font presque aussi méritant que le Martinet et les Hirondelles, ses proches voisins, grands destructeurs d'insectes.

L'ALOUETTE DES CHAMPS (*Alauda arvensis*).

Nos grandes plaines de la Beauce, de la Champagne, de la Brie, tous les terrains pierreux ou calcaires, pour peu qu'ils soient secs et élevés, sont le séjour favori de l'Alouette des champs (fig. 99). Les Gaulois, nos ancêtres, en avaient fait leur oiseau national, sans doute parce que, vive et légère, elle était l'emblème de leur caractère insouciant du danger, prompt à l'espérance et plus prompt encore à la gaieté, qualités ou défauts qui tiennent à la race, et dont nous avons gardé quelque chose.

L'Alouette, la joie des champs, n'a qu'une pauvre livrée; mais sa couleur terreuse, parsemée de taches brunes, se confond si bien avec la teinte du sol, que, par les temps grisâtres, on l'en distingue à peine, même de très-près. Son pouce, extrêmement développé, s'étend en ligne droite et se termine par un ongle également rectiligne et fort allongé; cette conformation ne lui permet guère de prendre appui sur les arbres : aussi ne perche-t-elle pas; en revanche, elle lui donne plus de facilité pour courir à terre. Ses longues ailes, mues par des muscles robustes, la servent puissamment dans le vol. Messagère de l'aurore, elle s'élance du sillon aux premières lueurs de l'aube, appelle, en chantant, le laboureur à ses travaux, et le réjouit encore de ses joyeuses ariettes quand le soleil baisse à l'horizon. Il lui suffit d'une éclaircie dans le ciel pour se mettre en belle humeur; son allégresse devance même le printemps; qu'une belle journée se lève en février, l'Alouette la fête aussitôt avec entrain; elle chante tout le jour pendant la belle saison, fait à peine relâche en plein midi, et ne se tait que lorsque le jour est sombre ou qu'il pleut. « Nul gosier, dit Toussenel, ne peut lutter avec celui de l'Alouette pour la richesse et la variété du chant, l'ampleur et le velouté du timbre, la teneur et la portée du son, la souplesse et l'infatigabilité des cordes de la voix. Elle chante une heure d'affilée sans s'interrompre presque d'une demi-seconde, s'élevant verticalement jusqu'à des hauteurs de mille mètres, en courant des bordées dans la région des nues pour gagner plus haut, et sans qu'aucune de ses notes se perde dans ce trajet immense. » Plus elle monte, plus elle éclate en mélodies suaves et vibrantes, et on l'entend encore distinctement, que l'œil depuis longtemps la cherche en vain au plus haut des airs; pour redescendre, au lieu de s'avancer par jets successifs comme dans ses ascensions, et de décrire de nombreuses spirales, elle file obliquement, sans trop se presser, ralentit sa voix à mesure qu'elle se rapproche de terre, y prend pied brusquement et cesse de chanter dès qu'elle s'est posée; mais si l'oiseau de proie la poursuit, elle change aussitôt d'allure, elle se ramasse, franchit l'espace d'un trait, se précipite comme une masse, et demeure immobile à terre, jusqu'à ce que le ravisseur ait disparu.

Sa démarche, quand elle court le long des sillons, est des plus gracieuses; son joli corsage ressemble à celui de la Perdrix grise, d'une simplicité si charmante; elle porte sa tête en avant, fait jouer son aigrette, et allonge son petit cou pendant que ses pieds délicats manœuvrent avec une agilité extraordinaire; à l'instar des Gallinacés, elle aime à poudrer au soleil et à se reposer voluptueusement, au plus fort de la chaleur, dans son bain de poussière.

La Fontaine l'a dit : tout se fait à la hâte chez les Alouettes. Promptement elles bâtissent un nid sans consistance, presque plat, fagoté d'un peu d'herbe sèche, de quelques racines et de crins, et si bien caché à terre, entre deux mottes, qu'on a de la peine à le découvrir; il renferme quatre ou cinq œufs grisâtres, tachetés de brun. Au bout de quinze jours l'incubation est finie et la nichée éclose; en moins de temps encore, l'éducation est faite; les petits délogent tous sans trompette avant de pouvoir voler, et la seconde ponte ne se fait pas attendre. Tout en restant ensemble, les jeunes vivent assez indépendants les uns des autres, maîtres de leurs allées et venues, chacun volant, se culbutant, tirant de son côté, sans que la mère les réchauffe jamais sous ses ailes; mais elle suit au vol tous leurs mouvements, dirige leurs excursions et leur apprend à trouver leur nourriture. Celle-ci consiste d'abord en petits insectes, en nymphes de Fourmis, en œufs de Sauterelles, en vermisseaux de toute espèce; plus tard il s'y mêle des petites graines; une fois adultes, leur régime devient essentiellement granivore; néanmoins, au printemps et à l'automne, on leur trouve le gésier rempli de pointes d'herbes, faute sans doute d'aliments plus substantiels.

La saison des pontes n'est pas plutôt passée, que les Alouettes cessent d'escalader le ciel, elles se tiennent plus habituellement à terre et n'ont plus d'autre occupation que de se refaire de leur maigreur printanière et estivale; à l'époque des brumes, tout est réparé : elles sont mieux qu'en chair, et très-propres à figurer dans un pâté de Chartres ou de Pithiviers. Vers le milieu d'octobre, elles commencent à se rassembler; jusque-là elles avaient vécu éparses dans les champs, presque toujours deux à deux; aux premières gelées blanches apparaissent leurs premières troupes; de jour en jour elles deviennent plus considé-

Fig. 99. Alouette.

rables et finissent, à force de recrutements successifs, par former d'immenses armées : leur départ alors est prochain. Cette époque est ordinairement le signal de la chasse au miroir. On sait qu'un instinct de curiosité attire les Alouettes vers l'instrument qui vire et brille au soleil. Elles ne viennent pas s'y mirer coquettement comme quelques-uns le croient naïvement; mais, amoureuses de lumière, elles passent et repassent par petits groupes ou bien, une à une, dans la sphère scintillante, se rapprochant chaque fois davantage de la glace perfide, jusqu'à ce que, fascinées par ses feux mobiles, elles viennent s'arrêter au-dessus, les ailes étendues et les pattes pendantes : dans cette attitude extatique, on les dirait posées sur l'atmosphère; les apprentis chasseurs n'en brûlent pas moins beaucoup de poudre en leur honneur.

Aux approches de la mauvaise saison, un grand nombre d'Alouettes s'éloignent de notre pays; toutes cependant n'émigrent pas. Celles qui nous quittent, traversent la Méditerranée et vont débarquer sur les côtes d'Égypte et de Syrie, d'où elles se répandent jusqu'en Nubie et sur les bords de la mer Rouge; pendant ce temps, les Alouettes sédentaires mènent une vie erratique; chaque fois que le froid augmente, elles passent d'une contrée dans une autre, cherchant à s'abriter de leur mieux : c'est leur temps de misère. Dans les hivers très-rigoureux, elles se mêlent à d'autres troupes d'oiseaux, aux Pinsons, aux Verdiers, aux Moineaux; elles s'abattent alors partout, quêtant, le long des routes, une nourriture de hasard, et cherchant jusque dans le crottin des chevaux de quoi soutenir leur vie : les bourrasques de neige, mais surtout les neiges qui couvrent longtemps la terre, leur sont funestes; le froid et la faim en emportent de grandes quantités.

LES MÉSANGES.

La famille des Mésanges se compose d'espèces généralement petites, mais qui rachètent l'exiguïté de leur taille par un courage et une hardiesse extraordinaires. L'activité de ces oiseaux est extrême; ils sont toujours en mouvement, passent, en voltigeant, d'un arbre à l'autre, et explorent chaque branche dans ses plus petits détails et dans ses recoins les plus secrets. Toutes les positions leur sont familières; ils s'accrochent aux écorces, grimpent le long des murailles, se suspendent en tous sens aux rameaux les plus déliés, la tête souvent en bas, et, dans ces diverses attitudes, prennent les allures les plus gracieuses. Leurs investigations ne sont pas de simples jeux, elles ont pour but la recherche des œufs d'insectes, des larves, des chrysalides et de tous les parasites dont elles débarrassent la végétation; sous ce rapport, nous leur devons de la reconnaissance; il est vrai, elles se jettent aussi sur les abeilles, et ne laissent pas d'en détruire un certain nombre; mais, dans ce monde de luttes, quelques espèces débiles ne sont-elles pas destinées à servir de pâture aux plus fortes, sans que l'harmonie générale en soit troublée? La nourriture des Mésanges varie selon les saisons. Tant qu'elles trouvent à se repaître de substances animales, elles négligent les graines et les réservent comme ressource pour l'arrière-saison; à cette époque, elles trouvent amplement à vivre aux dépens des semences du tilleul, du charme, du sycomore, de l'érable; elles savent mettre encore à profit les fruits à noyau, quelque durs qu'ils soient : après les avoir assujettis sous leurs pattes, qui dans ce cas font l'office de petites serres, elles attaquent à coups de bec l'enveloppe extérieure et en tirent habilement l'amande qui s'y trouve renfermée : cette manière de saisir et de déchiqueter leur nourriture n'est pas sans quelque analogie avec le procédé des Pies et des Corbeaux. Comme ces oiseaux, les Mésanges sont omnivores; elles ne dédaignent pas la chair, et n'hésitent pas à attaquer, pour leur manger la cervelle, les petits oiseaux, et à achever ceux qui sont blessés ou qui se sont laissé prendre aux piéges; elles ont aussi l'habitude de faire des provisions.

Malgré leurs penchants sanguinaires, les Mésanges ont des goûts de famille très-prononcés; elles recherchent la société de leurs semblables, vivent par petites troupes, furètent en commun, et se transportent ensemble d'un point à un autre. Elles ont un tel besoin de se réunir, qu'elles ne se perdent jamais de vue; si l'une d'elles s'écarte momentanément de la bande, elles se rappellent aussitôt mutuellement par de petits cris multipliés, comme si leur existence était mise en péril par la moindre séparation. C'est ainsi qu'elles parcourent les bois à l'aventure, se ralliant à la première voix qui signale le danger ou qui, simplement, invite à se transporter ailleurs; toutefois il est à remarquer qu'elles ne s'approchent que médiocrement les unes des autres, sans doute parce qu'étant naturellement pillardes et querelleuses par caractère, la guerre civile, par un contact plus immédiat, ne tarderait pas à éclater entre elles.

De même que tous les faibles, elles ont de nombreux ennemis; les Pies-Grièches, l'Émerillon, le Hobereau, la Chouette en immolent plus d'une à leur appétit; cette dernière, particulièrement, a le don d'exciter toute la colère des Mésanges. Nul oiseau ne l'attaque avec plus de résolution; dès qu'elles l'entendent, elles fondent sur elle les plumes ébouriffées, en jetant mille cris furieux et en appelant à leur aide les autres oiseaux de leur espèce : les généreuses créatures ne manquent jamais d'accourir à l'assaut de l'ennemi commun : aussi tombent-elles en foule dans les piéges que leur a tendus le pipeur; toutes, du reste, sont peu défiantes.

Les Mésanges n'émigrent pas; on en voit pendant toute l'année en France : telle est notamment la Mésange charbonnière (*Parus major*, fig. 100); elles se montrent tantôt plus rares, tantôt en grand nombre, selon la pénurie ou l'abondance des vivres; à l'entrée de l'automne cependant, quand ces oiseaux voyagent

Fig. 100. Mésange charbonnière.

en familles, leurs troupes, grossies par les nichées, égayent davantage les bois.

Leur fécondité est en raison inverse de leur petite taille; les moindres pontes sont de six ou sept œufs et il en est qui vont jusqu'à dix-huit et vingt. Le nid est diversement placé : les unes le cachent dans des trous d'arbres qu'elles façonnent avec leur bec; les autres le logent à la bifurcation de branches peu élevées : certaines espèces l'appuient contre le tronc d'un peuplier ou d'un saule, ou bien le suspendent, par de longs câbles, aux ramifications d'une plante. Le chef-d'œuvre du genre est, sans contredit, le nid de la *Mésange à longue queue* (*Parus caudatus*, fig. 101) et de la *Mésange rémiz*. Non-seulement elles le construisent avec les substances les plus souples, les plus fines et les plus moelleuses, laine, plumes, crins, ouate de saule, de tamarin, de peupliers, mais elles tissent avec art tous ces matériaux, et en composent une sorte de feutrage imperméable au vent et à la pluie; l'une et l'autre le recouvrent d'une calotte et n'y laissent que l'ouverture nécessaire pour le passage de l'oiseau.

Toutes les espèces déploient la plus grande activité et une prodigieuse adresse pour élever leurs nombreuses nichées :

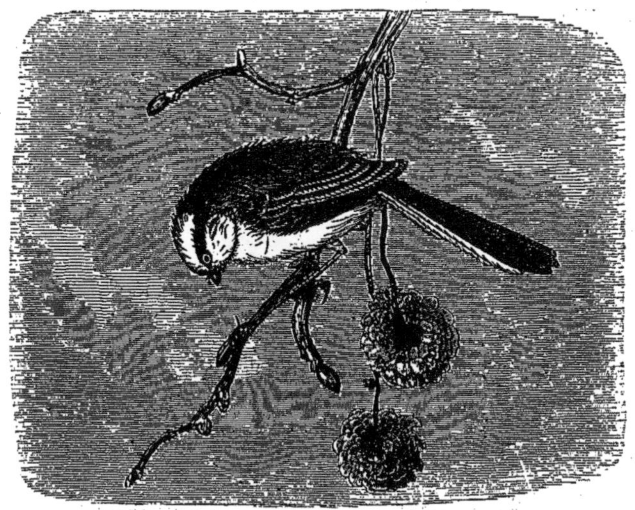

Fig. 101. Mésange à longue queue.

tâche vraiment héroïque pour de si petits oiseaux; mais que ne peut l'amour de la famille, chez les minimes surtout!

L'ORTOLAN (*Emberiza hortulana*).

L'Ortolan (fig. 102) ne brille ni par son port, ni par son plumage; c'est un oiseau sans élégance, dont le chant monotone manque de mélodie et dont l'instinct ne dépasse guère celui des Passereaux les plus vulgaires; cependant il n'est pas sans mérite; il a par excellence le don de s'engraisser rapidement et de prendre un embonpoint délicat et hors ligne qui le rend digne de figurer sur les tables les plus recherchées : les gourmets ne lui en demandent pas davantage.

L'Ortolan, considéré zoologiquement, fait partie du genre Bruant, caractérisé par son bec robuste et conique, garni d'un tubercule osseux à la mandibule supérieure. Ainsi que tous ceux de sa race, il est essentiellement granivore : il n'en fait pas moins, de temps en temps, la chasse aux insectes, et, comme le Rossignol, le Rouge-Gorge, le Martin-Pêcheur, avant de les avaler, il les tue à coups de bec ou les frappe contre un corps dur ; les graines dont il se nourrit habituellement ne passent dans son estomac qu'après avoir séjourné dans le jabot pour s'y ramollir.

Ses couleurs sont généralement ternes ; le roux domine sur la

Fig. 102. Ortolan.

poitrine, le ventre et les flancs qui sont marqués de mouchetures foncées ; la tête et le cou présentent une teinte olivâtre ; le manteau est varié de brun-marron et de noirâtre ; les pennes de la queue, encadrées de roux, tirent sur le noirâtre ; les deux plus extérieures sont marquées de blanc et servent à distinguer l'espèce.

L'Ortolan semble avoir pour patrie l'Italie ; les Apicius romains le connaissaient et savaient l'apprécier. En France, cet oiseau n'est que de passage ; il vient faire villégiature dans nos contrées méridionales, dans tout le bassin Pyrénéen et jusqu'aux rives de la Durance ; un certain nombre descendent en

Bourgogne; mais à partir de cette limite, ils deviennent de plus en plus rares dans nos contrées du Nord.

L'Ortolan arrive en France vers le même temps que les Hirondelles, à la mi-avril, précédant de peu le débarquement des Cailles. Il se tient principalement dans les pays de vignes, sans causer toutefois de dégâts parmi les raisins. La femelle établit son nid à terre, ainsi que l'Alouette, et, comme elle, assez négligemment : elle creuse une petite cuvette dans le sol en s'y trémoussant; cette ébauche achevée, elle garnit la fossette d'herbes sèches et de crins, et y dépose cinq œufs fort gros pour sa taille. La ponte se renouvelle deux fois chaque année. Pendant tout le temps de l'incubation, le mâle se tient dans le voisinage, perché sur une branche morte, et répète à sa compagne, sans désemparer, tout son répertoire de musique. Il fait mieux lorque les petits sont éclos, il butine de concert avec la femelle, chasse assidûment aux Sauterelles et débarrasse les vignobles d'une foule de larves nuisibles. Pour sauver sa nichée menacée, la mère ne déploie pas moins de sollicitude et de ruse que la Perdrix; à peine a-t-elle aperçu un maraudeur, elle détale sans bruit, va droit à l'ennemi et lui part tout à coup dans les jambes, en donnant tous les signes d'une extrême frayeur; tandis que celui-ci cherche l'endroit d'où elle s'est échappée, l'heureuse mère rejoint son nid par des chemins détournés.

L'éducation des petits se prolonge longtemps; les nouveau-nés sont d'abord nourris avec des Chenilles, des Sauterelles, des Grillons; mais dès qu'ils ont pris assez de force, les père et mère ne leur donnent plus que des graines à demi digérées. Ils ne s'éloignent guère du lieu où ils ont vu le jour qu'au moment de l'émigration; leurs parents partent un mois après pour aller passer l'hiver en Espagne et en Italie. Chaque famille voyage par petits groupes, sans se mêler à d'autres bandes; on profite de leur passage pour leur faire une chasse active. Comme ils sont très-avides de grains, il suffit d'un bon appelant et d'un bouquet d'avoine pour les faire tomber dans les nappes qu'on leur tend. Leurs émigrations suivent une marche régulière. Les Ortolans qui, de la Bourgogne, se dirigent vers le Midi, longent le Forez, et, tout en s'avançant à petites étapes, ne manquent pas de rendre visite aux champs d'avoine; quand ils arrivent en Provence, ils sont en chair, mais nullement gras; leur embonpoint si remarquable ne leur est point naturel, il est tout artificiel. Rien de plus simple que de les amener à cet état : on les place dans une chambre qui laisse passer tout juste assez de lumière pour qu'ils distinguent leur boire et leur manger. On ne leur épargne pas les vivres; faute d'autres distractions, ils se gorgent du matin au soir; aussi dans l'espace de douze à quinze jours ne sont-ils plus reconnaissables : leur chair s'enveloppe d'une forte couche de graisse, toutes les parties saillantes de leur corps y disparaissent, l'oiseau se moule en une pelote onctueuse qui peu à peu envahit tout et ne laisse plus dans l'état primitif que la tête et les pattes. Arrivée à ce point, l'obésité est à son apogée; elle entraînerait infailliblement la mort de l'Ortolan, si l'on n'avait soin de prévenir l'issue funeste du gras fondu; dès que les pattes ont peine à porter l'Ortolan et qu'un sommeil continuel menace d'absorber toutes ses facultés, on le fait passer doucettement de vie à trépas. C'est alors que, cuit à point au bain-marie ou dans une coquille d'œuf, comme le pratiquaient les Romains, nos maîtres en gastronomie, il n'attend plus qu'une bouche délicate pour être pressé savamment entre la langue et le palais, sans la moindre fracture du squelette, et pour disparaître dans un onctueux enfouissement.

L'Ortolan fin-gras se conserve parfaitement stratifié, couches par couches, dans une boîte remplie de petit millet bien sec.

LE MOINEAU (*Fringilla domestica*).

Le Moineau est répandu à profusion dans tous les pays à froment; partout où l'on cultive des céréales, on est certain de le rencontrer à la suite de l'agriculteur comme son parasite inévitable, envahissant sa demeure, dîmant ses récoltes, et prélevant effrontément la primeur de ses fruits. Thermomètre vivant de la fertilité des contrées qu'il fréquente, il ne se fixe jamais que là où il y a abondance de grains. Il dédaigne les lieux déserts et s'impose aux villes, comme s'il y avait droit de bourgeoisie. Loin d'y fuir la présence de l'homme, il le brave jusqu'à l'impudence, s'approche familièrement de lui, fait élection de domicile sous son propre toit, s'établit sans façon sur la voie publique, et, quand il est en train d'y picorer, se pose en maître et se dérange à peine pour faire place aux passants; partout il se regarde comme chez lui, prend ses aises en parfaite sécurité, dispose du bien d'autrui comme de son bien personnel, et croit tout permis à son insolente hardiesse.

Cependant le milieu où il vit modifie ses habitudes. S'il emprunte de la société un instinct plus développé et des allures variées, il se montre presque sauvage à la campagne, plus défiant, plus pillard et plus vorace, sans doute parce qu'il lui faut plus d'efforts pour trouver une nourriture moins facile et moins assurée. Ses luttes avec la fortune le rendent rusé et lui communiquent, au besoin, l'esprit d'association. Les coups de feu ne le détournent que momentanément de son but. Hors des lieux très-fréquentés, il se tient prudemment sur le qui-vive, et ne se risque à portée de l'homme qu'à bon escient; il sait, d'instinct et d'expérience, *qu'il* ne doit en attendre que force mésaventures. Aux grandes époques de la moisson et de la vendange, les Moineaux ne vont plus isolément à la maraude : ils se réunissent pour faire ensemble irruption dans les vergers, les champs de blé et les vignes; attroupés dans les haies, ils épient le moment propice, s'abattent alors par volées, et font main basse sur tout ce qu'ils peuvent dévaster, gaspiller. Vient-on à les troubler dans leurs saturnales, ils jettent le cri de sauve qui peut! s'envolent, pêle-mêle, d'une même impulsion, et vont s'embusquer à peu de distance, pour se remettre bientôt à pirater.

Ces mœurs de soudards et de compagnies franches les ont fait décréter plus d'une fois de prise de corps. En Angleterre et en Allemagne, leur tête a été mise à prix; ils menaçaient, disait-on, d'affamer le pays; de graves économistes les ont accusés d'absorber chaque année des milliers d'hectolitres de blé et d'appauvrir ainsi la richesse publique; leur destruction totale pouvait seule expier un tel forfait. Dans certains contrées, on y travailla tant et si bien, qu'on ne tarda pas à s'apercevoir que si les Moineaux se nourrissaient de grains, ils mangeaient aussi des insectes, et qu'à ce titre ils étaient conservateurs des récoltes. Force donc fut de rapporter les décrets de mort lancés contre eux, et de les rendre au pays; c'était sagesse : pour sauver le genre humain de la famine, il n'est pas nécessaire d'abolir la race du Moineau, il suffit de la contenir dans de justes limites, chose facile à l'époque des nichées, quand on connaît les mœurs de ce bipède à demi domestique, quoique toujours indépendant.

Suivant Belon, le Moineau serait ainsi appelé « parce qu'il

semble porter un froc de couleur enfumée »; d'autres naturalistes veulent que son nom, tiré du grec *monos*, réponde à ses habitudes solitaires, auxquelles il ne déroge qu'en certains temps de l'année.

Son bec robuste est court, comprimé et courbé seulement vers la pointe. Sa livrée générale est plutôt sombre que réjouissante; à part deux lignes blanches transversales qui égayent le dessus des ailes, le brun et le gris dominent dans son plumage; le mâle se distingue par une taille plus forte, par le bleu cendré de sa tête, sa gorge et sa poitrine d'un noir profond, et surtout par ses allures de sacripant (fig. 103).

Les formes du Moineau n'ont rien d'élégant. Une grosse tête

Fig. 103. Moineau.

où petillent des yeux effrontés, un cou très-court, se rattachant à un corps assez épais et ramassé, des mouvements brusques, saccadés, dépourvus de grâce et n'exprimant que la pétulance; un cri monotone, sans cesse répété et se traduisant par d'insupportables piailleries, telle est la silhouette du Moineau. Buffon ne l'a pas flatté dans le portrait qu'il en a tracé. « Les Moineaux, dit-il, sont, comme les Rats, attachés à nos habitations; ils ne se plaisent ni dans les bois ni dans les vastes campagnes; on a même remarqué qu'il y en a plus dans les villes que dans les villages; on n'en voit pas dans les hameaux et dans les fermes qui sont au milieu des forêts; ils suivent la société pour vivre à ses dépens; c'est sur des provisions toutes faites qu'ils pren-

Documents manquants (pages, cahiers...)

NF Z 43-120-13

de ces derniers qu'avec circonspection, et pour cause. Peu d'instants avant que la cloche ou le tambour les ramène à leurs travaux forcés, il prend position sur les arbres environnants, en descend par degrés, au fur et à mesure que les drôles défilent, et attend patiemment que la maudite engeance ait tout à fait disparu, pour mettre pied à terre et ramasser les miettes du frugal festin. L'horloge la mieux réglée n'est pas plus ponctuelle que le Moineau à ces rendez-vous de tacite convention. C'est que l'exactitude constitue une de ses vertus capitales, il est facile d'en faire l'essai. Ouvrez, après dîner, votre fenêtre, et placez sur votre balcon quelques miettes de pain; cette délicate attention n'échappera pas au Moineau, né observateur. Dans son instinct de défiance, il n'accepte d'abord votre invitation qu'avec réserve; il enlève chaque morceau à la pointe de l'épée, et s'enfuit au plus vite, à tire-d'ailes. Même manége les jours suivants, si vous continuez à lui dresser table d'hôte; il en profitera, à coup sûr, mais sa méfiance, tout en se relâchant par degrés, ne tombera que lorsqu'il sera certain que vous ne pensez pas à mal sous cette largesse charitable, et que vous ne lui voulez que du bien. Dûment édifié, il change alors d'allure. L'heure de la desserte bénévole s'est gravée dans sa mémoire; au bout de peu de temps, il arrive à point nommé pour la réclamer. Lui manque-t-on de parole, il s'en étonne, mais ne s'en formalise pas; il sait que les vrais amis ne doivent jamais être susceptibles; il revient le lendemain, le surlendemain, puis le jour d'après, à heure fixe, et n'abandonne la partie que lorsqu'il lui est bien démontré qu'il est éconduit et qu'on lui a signifié son congé.

A la mémoire de l'estomac, le Moineau joint aussi celle du cœur. Il est capable d'affection et même d'attachement passionné. Qui ne connaît l'histoire du soldat condamné à mort? Le malheureux avait apprivoisé un Moineau; l'ami emplumé suivit son maître jusqu'au lieu de l'exécution, se tint perché sur son épaule et ne le quitta que lorsque le feu de peloton eut couché à terre le pauvre infortuné.

Le Moineau, réduit en captivité, paye de roulades bien accentuées les soins dont il est l'objet. On en a vu qui, reconnaissants de la nourriture qu'on leur distribuait régulièrement et de l'abri qu'on leur avait offert pendant les plus mauvais jours de l'hiver, venaient, quoique libres, passer toutes les nuits près du lit de leur hôte; à son réveil, ils le remerciaient à leur façon et reprenaient la clef des champs pour toute la journée; lorsque arriva la saison printanière, une des femelles de ce groupe devint mère; ses œufs éclos, non-seulement elle continua de venir chercher pâture pour sa nichée là où elle avait été si bien accueillie, mais dès que ses petits purent voler, elle les amena à son bienfaiteur, comme pour lui présenter toute sa famille : les bêtes parfois auraient-elles donc, autant et plus que nous autres, le souvenir des bienfaits reçus?

Malheureusement, ces affections édifiantes ont souvent une fin tragique; elles tombent d'ordinaire sous la griffe d'un matou ou sous le projectile meurtrier de l'enfant. Quand il n'y a pas dol ou surprise, la mort n'arrive pas sans combat; le Moineau ne craint pas de se colleter avec plus fort que lui, il se défend hardiment contre Chien et Chat: « Bravement il meurt, dit Toussenel, il ne se rend pas. »

A juger du Moineau par les pugilats acharnés des mâles au printemps, à voir ces luttes furieuses dans lesquelles ils se prennent corps à corps et tourbillonnent jusqu'à terre en piaillant à outrance, on les croirait d'une humeur farouche et acariâtre; il n'en est rien. Cris sauvages, ailes frémissantes, coups de bec drus et acérés, sont purement de circonstance passagère; hors le temps de la pariade, les Moineaux vivent en paix avec tout le monde ailé, même avec ceux de leur propre espèce, et se prêtent volontiers entre eux aide et assistance. Le sinistre oiseau de proie paraît-il, comme un point noir, au haut des airs, les Moineaux s'avertissent du brigand par un cri spécial; tous font subitement silence, chacun se tapit de son mieux dans un trou ou sous la feuillée, et, l'effroi passé, le babil recommence sur un ton encore plus aigu. Le même sentiment de fraternité éclate quand l'un d'eux est pris au piége; tous arrivent à la rescousse, c'est à qui travaillera du bec et des pattes pour le tirer d'embarras. Cette assurance mutuelle existe surtout dans les villes, probablement parce que les dangers y sont plus multipliés : aussi s'y tiennent-ils en grand nombre. Presque tous les jours, dans la belle saison, les Moineaux, vers les cinq heures du soir, s'y réunissent en conciliabules; tous les orateurs y jasent à la fois sur le même mode et de toute la puissance de leurs poumons; c'est, dit-on, signe de beau temps pour le lendemain. L'harmonie n'a rien à voir dans ces étranges concerts ; les Pierrots s'y livrent surtout à la tombée du jour, lorsqu'ils sont près de se coucher; ils piaillent aussi, sans trêve ni fin, vers le milieu du jour, quand la chaleur est très-forte, et se réunissent alors dans une haie ; l'été, ils se rassemblent sur les arbres pour exécuter leur charivari, et y passer la nuit. Moins matineux que les Merles, ils ne devancent jamais l'aurore, mais ils sont toujours debout au lever du soleil, qu'ils saluent à leur façon d'un chant dur et criard ; cet acte accompli, ils vont en quête de leur nourriture ; leur vol est court, mais rapide, et défie l'adresse des bons tireurs.

Dès que chaque couple s'est formé, il travaille à l'envi au berceau de sa progéniture. En vingt-quatre heures ou deux jours au plus, le nid est construit; il se ressent de la précipitation avec laquelle la besogne a été expédiée. Son extérieur est grossier; la plupart des matériaux sont communs, à peine assemblés, et d'une dimension fabuleuse; luxe et goût sont absolument étrangers à ces dehors d'un édifice improvisé, mais l'intérieur rachète ce laisser-aller; c'est une moelleuse couchette sphérique, tapissée de plumes et de duvet où les petits trouveront une douce chaleur. Quand le nid est perché au haut d'un arbre, le Moineau a bien soin de le garnir d'une espèce de calotte qui le met à l'abri de la pluie; mais lorsqu'il le loge sous des tuiles, il se dispense d'y mettre un couvercle : à quoi bon ? la toiture en tient lieu.

Positifs en ménage, les Moineaux s'arrangent de tout ; ils nichent indifféremment sous les toits, dans des trous de murailles, derrière les persiennes à claire-voie, plus rarement sur les arbres, très-souvent dans les pots qu'on leur offre le long des murs ou des bâtiments ; la femelle y pond sans se faire prier, et l'incubation s'y passe à souhait. Dans ce domicile artificiel, rien de plus aisé que de borner la race féconde du Moineau ; on peut, à volonté et en fort peu de temps, détruire des couvées entières; on laisse tranquillement les père et mère nourrir leurs petits ; lorsque ceux-ci commencent à grossir, on leur rogne les ailes, et un beau matin, quand ils sont à point, tout à fait grassouillets, on les fait passer du nid à la broche; leur rôti ne vaut pas, tant s'en faut, celui de la Mauviette, mais il se laisse manger à l'ordinaire.

La ponte se compose de cinq ou six œufs blanchâtres, tachetés de brun ; elle se renouvelle au moins deux fois et, plus souvent encore, trois fois chaque année. A peine les petits sont-ils éclos, les parents commencent leurs courses incessantes; dans le premier âge, ils les nourrissent abondamment de larves d'insectes ; ce gibier succulent favorise l'éruption des plumes. La sollicitude qu'ils leur témoignent à cette époque critique n'est pas moindre à la sortie du nid et même longtemps après ; c'est une éducation en règle ; les père et mère présentent au jeune oiseau sa nourriture, mais, en précepteurs intelligents, ils l'obligent à faire quelques pas pour la recevoir ; à mesure que ses forces se développent, on exige de lui un peu plus d'efforts ; ces exercices répétés le mettent bientôt à même d'accompagner partout ses parents et de pourvoir peu à peu lui-même à ses propres besoins. L'amour de la famille est une des qualités distinctives de la race. Ce ne sont pas seulement les père et mère qui se chargent de donner la becquée aux jeunes Moineaux d'une dernière nichée ; ceux de la portée précédente, à peine émancipés, remplissent souvent le rôle de nourriciers vis-à-vis des nouveau-nés ; il suffit qu'un petit demande sa nourriture pour qu'aussitôt les Pierrots du voisinage s'empressent de lui porter la becquée ; ils l'adoptent souvent lorsqu'il est devenu orphelin : on en a vu pousser le dévouement jusqu'à risquer leur liberté pour venir alimenter, à travers les barreaux d'une cage, le jeune Moineau qu'on y retenait prisonnier.

Ces traits et bien d'autres qu'il serait facile de multiplier attestent que le Moineau, à côté de ses défauts trop réels, présente aussi quelques bonnes qualités : il n'est donc pas tout à fait pendable ; il a sa place et son rôle tracés dans ce monde ; à nous de le surveiller pour l'empêcher de pulluler outre mesure ; mais gardons-nous de le proscrire sans pitié : Chenilles et larves de toutes espèces s'en donneraient bientôt à cœur joie à nos dépens, et nous feraient promptement regretter sa complète disparition.

LE PINSON.

Le Pinson (fig. 104) est un des oiseaux qu'on n'entend jamais avec indifférence. Ce n'est pas que son ramage soit très-varié ni très-mélodieux, mais il a l'éclat d'une fanfare retentissante ; ses roulades ont tant d'entrain et de gaieté, qu'on ne pense pas à ce qu'elles peuvent avoir d'excessif ; on n'y voit que la proclamation à pleins poumons de l'approche du printemps : à la fin de février d'ailleurs, époque à laquelle le Pinson commence à chanter, on est encore si près des mauvais jours, et les fins musiciens sont encore si loin, qu'on lui sait bon gré de prendre sa part du réveil de la nature.

Ce coryphée de la musique à grand orchestre n'a point d'égal pour la vigueur des poumons : aussi dans certains pays de Flandre et de Belgique le donne-t-on en spectacle dans les combats du chant. On y met souvent deux mâles en présence l'un de l'autre. À peine l'un des rivaux a-t-il jeté son cri de défi, l'autre riposte par une roulade bien accentuée ; le combat une fois engagé devient un duel de gosier à gosier, c'est à qui éteindra le feu de son adversaire en s'égosillant le plus longtemps possible. La lutte dure ainsi des heures entières ; la dernière roulade décide de la victoire ; et tel est l'acharnement de ces luttes musicales, qu'il n'est pas rare de voir le vainqueur tomber raide

Fig. 104. Pinson.

mort après un suprême effort pour soutenir l'honneur de sa réputation. Ces rudes jouteurs ne ramagent jamais avec plus de force que lorsque rien ne les distrait : aussi, pour exalter leur verve, les prive-t-on souvent de la vue : on les aveugle avec un fil métallique rougi au feu ; par ce procédé cruel, ces nouveaux Homères deviennent bientôt d'infatigables chanteurs : ce sont les meilleurs *appelants* pour faire tomber dans les piéges les autres Pinsons sauvages.

La livrée du Pinson n'est jamais plus belle que lorsqu'il a pris, au printemps, son habit de noce. Sa teinte générale est alors soyeuse, plus foncée dessus que dessous ; sa tête brille comme une armure d'acier bruni ; un bandeau de velours noir orne son front ; sa gorge et sa poitrine sont empourprées d'une belle couleur vineuse ; ses ailes sont parsemées de blanc, et le vert domine au voisinage de sa queue : le plumage de la femelle est moins richement bigarré ; du reste, chez l'un et l'autre il est très-sujet à varier.

Soit amour-propre de métier, soit jalousie profonde, le Pinson ne souffre aucun mâle de son espèce dans son voisinage ; l'œil enflammé, les plumes gonflées, il attaque l'intrus à coups de bec, et, s'il est le plus fort, il le chasse de ses domaines et l'oblige à aller porter ailleurs ses prétentions.

L'allure de cet oiseau à terre ne manque pas d'élégance ; il s'avance par petites coulées, comme s'il glissait sur le sol, occupé sans cesse à butiner ; son vol saccadé et bien moins rapide que celui du Moineau n'a pas une grande portée.

Dès les premiers beaux jours, les Pinsons s'isolent et font choix d'un domicile dans les bois, les vergers, les jardins, et s'y tiennent jusqu'à l'arrière-saison. Les couples se forment de bonne heure ; leur nid est un chef-d'œuvre : nul oiseau ne met plus d'adresse à le composer. Au dehors, il est fabriqué de mousse et de petites racines ; à l'intérieur, la coupe, d'une régularité parfaite, est garnie de laine, de crins et de plumes artistement liés ensemble, d'une souplesse et d'un moelleux admirables ; et pour que le berceau échappe encore mieux aux regards, le Pinson l'enveloppe de plaques de lichens semblables à celles qui décorent le tronc de l'arbre où il l'a placé : il n'est jamais logé qu'à une faible hauteur. Chaque ponte comprend cinq ou six œufs blanc-verdâtre, parsemés de points brun-rougeâtre. L'incubation dure treize jours ; pendant ce temps, le mâle se tient près de sa compagne et ne s'en éloigne que momentanément pour aller aux provisions ; dès que les petits ont vu le jour, il rivalise de dévouement avec la mère. La première nourriture qu'ils leur donnent est tout animale ; elle se compose de Chenilles, de vermisseaux et de larves de même nature molle ; leurs chasses sont incessantes depuis le lever jusqu'au coucher du soleil : aussi nous rendent-ils service en protégeant nos vergers et nos jardins contre les insectes destructeurs. Quand les petits sont plus développés, la navette, la graine de pavots, les petites semences farineuses deviennent leur principal aliment ; les père et mère se servent adroitement de leur bec pour les leur décortiquer. Leur dévouement pour la progéniture est vraiment touchant ; attaque-t-on le nid, ils volent éperdus tout autour en poussant des cris plaintifs, au risque de se faire prendre eux-mêmes, tant ils pour suivent agresseur de près! Leur vigilance, sans cesse en éveil, devient ingénieuse pour écarter tout danger de leurs petits; ils ne reviennent jamais en ligne droite au nid, mais seulement après maints et maints détours; le mâle s'observe jusque dans ses chants; il se garde bien de ramager sur l'arbre qui porte le berceau de sa jeune famille, il s'en tient plus ou moins éloigné et change chaque jour de poste.

A partir du solstice d'été, le Pinson ne se fait plus entendre qu'à de rares intervalles, il n'a plus que des cris d'appel ou d'émoi; l'hiver le rend pareillement muet, et ne lui laisse qu'un simple monosyllabe, *pick, pick*, qu'il répète plusieurs fois de suite, d'un ton leste et animé : on assure que lorsqu'il doit pleuvoir, ses appels prennent une teinte de mélancolie, et ses plumes cervicales se hérissent, en signe de protestation contre la tristesse du temps.

Excepté l'époque des nichées, les Pinsons vivent solitaires pendant toute la belle saison; mais aux approches de l'hiver ils se réunissent en bandes, se mêlent aux Verdiers, aux Bruants, aux Friquets, leurs compagnons de misère, et s'abattent le long des haies, sur les routes et jusque dans l'intérieur des fermes pour y chercher de quoi vivre. Ce ne sont pas cependant des mendiants de profession; tant qu'ils trouvent pâture dans les vergers et les jardins, ils restent fidèles à leurs habitudes honnêtes; ce n'est qu'à la dernière extrémité, lorsqu'ils ne rencontrent plus rien pour subsister, qu'ils ont recours à la charité publique. On les reconnaît facilement, alors même qu'ils sont confondus parmi d'autres troupes d'oiseaux, à leur habitude particulière de ne s'envoler jamais d'une même volée, comme font les Moineaux inquiétés; ils partent un à un, et cherchent leur vie à terre pour leur compte exclusif, sans mettre leurs trouvailles en commun.

Le Pinson (*fringilla cœlebs*) est répandu dans toute l'Europe, depuis la Suède jusqu'à la pointe sud de l'Espagne; on le trouve aussi en Algérie; il nous quitte en partie à l'automne pour se rendre dans le Midi, un peu avant l'arrivée hivernale du *Pinson des Ardennes*, espèce du Nord, qui ne passe que peu de temps dans nos climats; le plumage du mâle est varié, en dessus, de noir et de roux clair; ses parties intérieures sont blanches et ses ailes sont bordées de vert.

LE CHARDONNERET (*Fringilla carduelis*).

Certains oiseaux ont le privilége du chant; d'autres ont reçu en partage l'éclat de la parure; tous ont leur mérite propre; mais il n'en est aucun que le Chardonneret ne surpasse par la réunion de tous ces avantages : élégance de formes, beauté et variété de plumage, cordes de la voix pleines de souplesse, de vigueur et de netteté, instinct très-développé, mœurs délicates et charmantes, se rencontrent à la fois dans ce joli petit oiseau; nul n'a été plus richement doté, et Buffon a raison de dire qu'il ne lui manque que le brevet d'étranger pour être apprécié à sa valeur (fig. 105).

Les couleurs les plus vives, mariées aux nuances les plus heureuses, semblent avoir été mises à contribution pour l'habiller coquettement; quatre teintes principales dominent dans sa robe : le rouge cramoisi, le noir velouté, le blanc et le jaune doré; malgré leurs tons heurtés, elles s'encadrent les unes dans les autres par d'agréables transitions, leurs oppositions venant se fondre en teintes molles et soyeuses auxquelles tout l'ensemble emprunte un cachet remarquable d'originalité.

La livrée de la femelle est plus terne; le masque écarlate, d'un si piquant effet dans le mâle, est presque éteint chez elle; on ne voit point de noir dans son plumage; ses ailes toutefois diffèrent peu : elles sont également décorées de belles plaques jaunes, et présentent une série de points blancs quand elles sont au repos; chez tous deux la poitrine s'écussonne de deux taches roux cendré sur fond blanc.

Le caractère du Chardonneret se lit sur sa physionomie fine, pétulante et lutine. Il tient à peine en place; quand il a cessé de s'admirer, de peigner et de lustrer son joli costume, il se livre à de folles volées, sans autre but que le mouvement. Le même arbre ne le garde pas longtemps; il voltige d'une cime à l'autre, et passe bientôt à une troisième, où il ne fait encore que poser. Chacun de ses déplacements est accompagné de petits cris joyeux, et, pour que nul ne doute de son bonheur de vivre, il chante du matin au soir, à toute heure du jour et à tout rayon de soleil, avec une verve infatigable. Ses préludes, quand il s'est fixé, ressemblent à un défi musical qu'il s'adresse à lui-même; il débute par de simples notes, comme s'il n'osait d'abord se lancer ; dès qu'il a commencé, il s'enhardit peu à peu, allonge ses phrases, les balance du même mouvement qui porte alternativement son corps à droite et à gauche, se renvoie lestement la réplique, et déborde finalement en enthousiasme lyrique ; sa volubilité tient alors du délire ; coup sur coup, il jette ses rapides fusées, petille dans ses reprises, varie son thème de caprices infinis, et se montre si véritablement artiste inspiré, qu'après le

Fig. 105. Chardonneret.

Rossignol il faut lui décerner la palme parmi nos oiseaux chanteurs.

Tout aussi habiles que le Pinson dans la construction du nid, les Chardonnerets lui donnent plus de fini, et surtout ils craignent moins de le laisser apercevoir ; ils le placent souvent à l'extrémité d'une branche flexible que berce le vent, l'entourent de mousse, de petites feuilles sèches, entremêlées de racines, et le matelassent à l'intérieur avec du crin, du duvet et de la laine ; cette dernière, toujours prodiguée, fait corps souvent avec la muraille externe. Les œufs sont tachetés de brun rougeâtre et ordinairement au nombre de cinq. L'incubation ne s'étend pas au delà du treizième jour ; le mâle s'en dispense et ne travaille guère au nid que pour en ramasser les matériaux. Tandis que la femelle couve, il se tient dans son voisinage, l'accompagne lorsqu'elle descend pour manger, et ramage tant et plus pour l'aider à tromper les heures; mais aussitôt que l'éclosion a eu lieu, il prend au sérieux son rôle de père; le couple butine de concert au profit des petits, leur apporte des graines de seneçon, de mouron, de laitue, de chicorée, et les fait ramollir dans son jabot avant de les dégorger. Ces soins se continuent sans relâche jusqu'à ce que la nichée soit à même de pourvoir à sa subsistance: aussi son éducation dure-t-elle longtemps encore après que le nid a été abandonné. L'attachement des père et mère ne se borne pas au service des vivres, leur sollicitude ne leur laisse aucun repos tant que les maraudeurs sont à craindre; ils surveillent toutes leurs démarches, et lorsque le danger devient imminent, ils le signalent par un cri particulier: à l'instant, tout fait silence dans le berceau; s'empare-t-on de la nichée, ils ne l'abandonnent pas pour cela, ils vont l'abecquer jusque dans la cage où on l'a mise, au risque de perdre eux-mêmes leur liberté.

Le Chardonneret n'a pas pour la servitude la répulsion qu'éprouvent beaucoup d'autres oiseaux; il s'y fait promptement, et à l'y voir si gai et si remuant, on dirait qu'elle ne lui pèse guère. Elle ne change rien à ses habitudes; au bout de peu de jours, il reprend ses concerts, et s'ingénie pour satisfaire son besoin d'activité: sans qu'on l'y contraigne, il va prendre son millet grain à grain dans l'augette, pour l'aller manger devant son miroir; il se regarde avec complaisance dans la glace, voit dans son image un compagnon de chambrée, et en prend prétexte pour donner libre carrière à ses chants. Pendant sa captivité, c'est lui rendre service que de le soumettre à divers exercices tels que d'éplucher des têtes de pavot ou de chardon, et de monter de petits seaux où sont renfermés son boire et son manger; il déploie beaucoup de patience et d'adresse à ce jeu, et se prend parfois d'un vif attachement pour la personne qui le soigne et lui enseigne la manœuvre. A l'exception des Mésanges dont il redoute la méchanceté, il vit fraternellement avec tous les autres oiseaux qui partagent sa reclusion, et n'a jamais d'autres disputes avec eux que celles que lui suscitent ses prétentions de coucher chaque soir sur le bâton le plus élevé de la cage; sur ce chapitre, il n'entend pas raillerie; il défend à outrance son droit de préséance, et quiconque le lui conteste est assailli d'une grêle de roulades stridentes, plus bruyantes du reste que dangereuses : sa pétulance ne se calme qu'autant que ses compétiteurs ont consenti à descendre d'un degré sur le perchoir disputé.

A l'automne, les Chardonnerets commencent à se rassembler; à mesure que l'hiver s'approche. leurs troupes grossissent et finissent par former des bataillons compactes; ils se rapprochent alors des chemins, se réfugient dans les haies, et s'abattent par nombreuses volées dans les friches où trônent les chardons: ainsi que plus d'un musicien d'une autre espèce, ils n'ont souvent que leurs chansons pour faire face à la rude saison, mais la Providence est là, qui voit leur détresse et leur donne à temps la pâture inespérée.

LE BOUVREUIL (*Loxia pirrhula*).

Le Bouvreuil (fig. 106), malgré ses formes trapues, sa carrure un peu lourde, et sa tête quelque peu enfoncée dans les épaules, n'en est pas moins un de nos plus jolis oiseaux; ce qui manque à l'élégance de sa taille, il le rachète par la beauté et l'éclat de son plumage; sous ce rapport, il est peu de Passereaux de France qui soient aussi bien habillés. Le mâle se distingue par sa calotte d'un noir lustré, à reflets violets, qui enveloppe le bec et s'étend sur le haut de la gorge, les ailes et la queue; le devant du cou, la poitrine et la partie supérieure du ventre sont parés d'un beau rouge-ponceau; le manteau est cendré; l'abdomen et le croupion contrastent, par leur blanc pur, avec les pennes des ailes de couleur cendrée-bleuâtre, et celles de la queue d'un noir glacé de violet. Chez la femelle, les teintes empourprées du mâle sont remplacées par un cendré vineux; celles qui sont noires n'offrent pas de reflets: chez l'un et l'autre, la queue est bifurquée, le bec court, arrondi et bombé. Leur langue épaisse leur donne de la facilité pour répéter quelques mots comme les Perroquets. Les jeunes ont la tête et le manteau cendrés, la gorge et la poitrine d'un gris rousseâtre, et le ventre fauve.

Le Bouvreuil réside habituellement dans les bois des montagnes, il y passe tout l'été; mais, aux approches de l'hiver, il descend dans la plaine, se tient au voisinage des habitations, dans les vergers, les bosquets et le long des haies. En général, il se réunit par petites bandes que forme toujours une seule famille, sans qu'il s'y mêle d'autres nichées; chacune d'elles vit à part; et lorsque à la fin de l'été on ne voit que deux Bouvreuils ensemble, presque toujours ce sont le mâle et la femelle qui ont survécu à leurs nichées détruites : l'automne ne sépare pas, ainsi que chez la plupart des autres oiseaux, les unions du printemps; les ménages restent en société toute l'année; même en voyage, ils sont constamment deux à deux, et reviennent encore par paires, au printemps, dans leurs parages accoutumés.

Aucun oiseau n'est plus granivore que les Bouvreuils; tandis

Fig. 106. Bouvreuil.

que les autres Passereaux mêlent plus ou moins d'insectes à leur nourriture végétale, ils vivent, eux, exclusivement de graines, des baies de l'aubépine, du prunellier, et surtout des bourgeons de l'aulne, du bouleau, du tremble, et des arbres fruitiers tels que pruniers, poiriers et pommiers : aussi ne laissent-ils pas, à cet égard, de causer beaucoup de dégâts dans les vergers; ce goût tout particulier leur a valu le surnom d'*ébourgeonneurs* par lequel on les désigne dans certains pays, notamment dans le Perche. Le plus ordinairement, ils se tiennent à la cime des aulnes et des bouleaux; ils y sifflent et jasent, et se répondent sans cesse.

On les approche facilement quand ils sont en train de picorer; mais si quelque chose vient à les inquiéter, ils jettent tous à la fois le cri d'alarme, plongent d'une même volée dans les buissons environnants, et s'y tiennent tapis, en gardant pendant quelque temps le plus profond silence : le danger passé, ils reprennent leur poste en haut lieu et recommencent leurs chansonnettes.

Le Bouvreuil a de grandes dispositions musicales. Ce n'est pas qu'à l'état de nature son ramage soit brillant; d'après Gueneau de Montbeillard, son chant ne se compose que de trois cris peu agréables: il débute par un coup de sifflet; il en jette ensuite deux coup sur coup, et bientôt il en fait entendre un plus grand nombre. Le son en est pur; à mesure que l'oiseau s'anime, ses *tui, tui* sont plus accentués; ils se terminent par une sorte de ramage que des amateurs ont ainsi noté : *si, ut, ut, ut, ut, si, ré, ut, ut, ut, ut, ut, ut, si, ré, ut;* il le débite d'un ton de plus en plus grave, presque étouffé et dégénérant en fausset: dans les pauses ou intervalles, il a un petit cri intérieur, sec et coupé, fort aigu, et pourtant très-doux, si doux même, qu'à peine se laisse-t-il ouïr ; le bec et le gosier semblent étrangers à cette exécution, les muscles de l'abdomen en font les principaux frais, en d'autres termes, le Bouvreuil joue le ventriloque. Par une singularité fort étrange dans la gent ailée, son chant acquis artificiellement surpasse le chant naturel; entre les mains d'un maître habile, le Bouvreuil devient réellement harmonieux; lorsque la serinette ou bouvrette lui fait entendre avec méthode des sons plus moelleux, plus beaux et mieux filés, non-seulement l'oiseau, docile à ces leçons de goût, les imite avec justesse, mais quelquefois il donne un cachet de perfection aux airs qu'on lui siffle, sans renoncer pour cela à son ramage inné; par contre, s'il a affaire à un méchant professeur, il redit sa leçon avec une exactitude déplorable; chez lui la mémoire joue un grand rôle, et le don d'imitation semblerait l'emporter sur le goût musical proprement dit. La femelle, chose non moins extraordinaire, partage avec le mâle le privilége du chant, et ne se montre pas moins que lui susceptible de ce genre d'éducation; elle apprend sans peine à siffler et à parler, et sa voix, dit-on, se fait remarquer par plus de douceur : on sait que dans la classe des oiseaux, mais là presque uniquement et chez les insectes, la plupart des femelles sont vouées au silence.

L'arrivée du printemps met fin aux sociétés de Bouvreuils;

les familles alors se dispersent, les jeunes mâles choisissent leurs compagnes, et chaque couple s'en va faire bande à part, jusqu'à ce que les familles se reforment avec de nouvelles générations. Ainsi que le fait observer Vieillot, ce n'est plus au haut des arbres qu'il faut chercher les Bouvreuils dans cette saison ; ils sont retirés au plus épais des buissons, et il serait impossible d'y soupçonner leur présence, s'ils ne la révélaient par leurs cris continuels de ralliement. Quelques-uns restent dans les vergers et les charmilles où ils font leurs nids, mais c'est le petit nombre ; la plupart gagnent les montagnes et passent tout l'été dans les hautes forêts; ceux qui demeurent en plaine, nichent, vers la fin d'avril, dans les buissons isolés de prunelliers, lorsque ces arbrisseaux se sont couverts de feuilles. Au premier abord, leur entrée en ménage paraît bien tardive pour des oiseaux qui n'ont pas émigré, mais ce retard est tout instinctif; les Bouvreuils ne construisent leur nid qu'à l'époque où les graines qui doivent nourrir leur progéniture ont acquis leur maturité ; beaucoup d'autres Passereaux nichent de meilleure heure, parce que les insectes dont ils alimentent leurs petits font plus tôt leur apparition : par une disposition toute providentielle, l'époque de la nidification des Bouvreuils se règle sur les vivres destinés aux nichées : on sait déjà que ces oiseaux ne sont pas insectivores.

Les Bouvreuils se servent adroitement de leur bec robuste pour décortiquer et briser les graines les plus dures; ils dégorgent la nourriture à leurs petits, à l'instar des Serins, des Chardonnerets, des Linotes; le mâle en fait autant à la femelle pendant tout le temps qu'elle reste sur ses œufs; chaque couple est étroitement uni d'affection; le petit manége du mâle qui aspire au titre d'époux ne laisse pas d'être curieux. Il se tient d'abord à une distance respectueuse de la femelle ; bientôt les plumes de sa tête se relèvent en forme de huppe, sa queue s'épanouit, et s'agite de mouvements de haut en bas; à mesure qu'il s'approche de sa future, il la salue profondément, à la manière des Pigeons, et se relève tour à tour en chantant; arrivé auprès d'elle, il lui dégorge les grains dont son jabot est rempli à cette intention : ils sont reçus avec un battement d'ailes, exactement comme chez la Serine. Ces avances une fois agréées, le nid ne tarde pas à se construire ; il est souvent placé dans l'enfourchure d'une branche, et se compose, à l'intérieur, de petites racines entremêlées de crins ; au dehors, il est revêtu d'herbes sèches, négligemment liées. La ponte varie entre quatre ou six œufs, d'un blanc-bleuâtre, tiquetés de rouge, et marqués de taches plus foncées et plus nombreuses vers le gros bout. L'éducation des petits se prolonge pendant longtemps, après même qu'ils sont en état de se suffire à eux-mêmes; la vie de famille paraît un besoin pour eux, puisqu'ils restent groupés autour des père et mère jusqu'à la fin de l'hiver qui suit leur naissance.

Les Bouvreuils ne sont pas défiants : aussi se prennent-ils facilement à tous les piéges; on ne leur fait pas la chasse pour leur chair qui n'a rien de bien délicat, et qui contracte souvent un goût d'amertume à la suite de leurs repas de bourgeons; mais ces oiseaux, pris jeunes, s'apprivoisent aisément, et les adultes eux-mêmes s'accoutument sans trop de difficultés à leur prison qu'ils savent égayer de leur bonne humeur : leur jolie robe leur est également fatale. On les prend de diverses manières, au trébuchet, avec les pinsonnières tendues le long des haies, et aussi au rets saillant, avec des appelants : cette chasse peut avoir lieu en tout temps, cependant elle se fait surtout au printemps et à l'automne. Tout doit être préparé avant le soleil levé. Pour placer les engins, on choisit une clairière, un passage communiquant d'un verger ou d'un bois à un autre, ou bien encore un sentier entre deux chènevières : le rets saillant est ce qui réussit le mieux. Dans les premiers temps de leur captivité, on ne doit pas épargner la nourriture aux Bouvreuils, il faut qu'ils en trouvent partout : aux barreaux, sur les perchoirs, dans les augettes, et que le plancher de la cage en soit en quelque sorte inondé ; noyés dans cette abondance, ils perdent peu à peu le souvenir de leurs forêts, et les jouissances stomachiques finissent à la longue par triompher du regret de leur liberté perdue.

En cage, les Bouvreuils se prennent souvent d'un véritable attachement pour les personnes qui les soignent. Si l'on en croit Gueneau de Montbeillard, « on en a vu d'apprivoisés s'échapper de la volière, vivre en liberté dans les bois pendant une année entière, et, au bout de ce temps, reconnaître la voix de la personne qui les avait élevés, et revenir à elle pour ne la plus abandonner; d'autres, ayant été forcés de quitter leur premier maître, se sont laissés mourir de faim. » Chez eux, comme chez nous, il y a sans doute des natures d'élite, plus susceptibles que d'autres d'une affection durable, et chez lesquelles le sentiment de la gratitude est plus ou moins exalté. Les Bouvreuils mis en expérience par Vieillot n'ont pas porté la reconnaissance jusqu'à en perdre la vie, mais ils en ont montré plus que tous les autres oiseaux. Ils savent très-bien distinguer l'étranger de celui qui a soin d'eux. « Depuis la mue jusqu'au printemps suivant, dit cet habile observateur, mes nourrissons ne quittaient pas les vergers et habitaient les bosquets les plus proches de ma demeure; familiarisés avec ma voix, ils venaient à moi dès que je les appelais, et très-souvent, lorsqu'ils ne trouvaient pas d'aliments, ou plutôt lorsqu'ils négligeaient d'en chercher, ils ne manquaient pas de se poser sur moi aussitôt qu'ils me voyaient, et par leur familiarité et leurs cris, quoique d'âge à se suffire à eux-mêmes, ils ne cessaient de me demander pâture. D'autres fois, la reconnaissance seule paraissait les guider, car ils ne venaient que pour me caresser. Il est certain que peu d'oiseaux montrent un aussi grand attachement pour ceux qui les ont élevés, et je n'ai pas de peine à croire qu'il en soit mort pour avoir changé de maître, car il arrive souvent que ceux qu'on a soignés pendant un certain temps, et surtout ceux qu'on a élevés pris dans le nid, prouvent leur chagrin par l'inquiétude, le silence et même par une certaine abstinence, lorsqu'ils passent en d'autres mains. »

La prédilection de certains amateurs pour le Bouvreuil se trouve donc pleinement justifiée; c'est un des oiseaux de France ou, pour parler plus exactement, un des oiseaux d'Europe les mieux doués : joli plumage, belle voix, gosier flexible, mémoire heureuse, docilité à s'instruire, et, par-dessus tous ces avantages, les qualités du cœur, une familiarité charmante, et un attachement aussi vif que constant : on aimerait à moins de titres, alors même qu'il ne s'agirait pas de bêtes.

L'ÉTOURNEAU (*Sturnus vulgaris*).

Nos oiseaux les plus vulgaires ne sont pas ceux qui présentent le moins d'intérêt; pour peu qu'on étudie leurs mœurs, on y découvre plus d'un trait curieux qui les élève au-dessus des espèces dont tout le mérite consiste dans un brillant plumage : l'histoire de l'Étourneau vient à l'appui de cette vérité. Bien que virtuose distingué, il n'est guère prisé que dans l'échoppe de l'artisan. Sterne, dans son *Voyage sentimental*, n'a vu en lui qu'un pauvre prisonnier, répétant sans trêve ni fin : « Je ne puis sortir, je ne puis sortir ; » et cependant l'instinct de sociabilité de cet oiseau, ses goûts de famille, son attachement pour le berceau qui l'a vu naître, ses habitudes erratiques, et, par-dessus tout, ses dispositions musicales, lui mériteraient une place d'honneur dans la série des Passereaux conirostres où Georges Cuvier l'a classé.

L'Étourneau (fig. 107) rappelle le Merle par la forme et la couleur du bec, par sa taille et ses allures dégagées. Son manteau, à fond sombre, est coquettement chamarré de reflets verts, pourpres et violets ; chacune des plumes de la partie supérieure de son corps porte, ainsi que les couvertures des ailes et de la queue, un

Fig. 107. Étourneau.

stigmate roussâtre. La livrée métallique, particulière au mâle, brille de tout son éclat au printemps, c'est une des parures de son habit de noce ; après la mue, son plumage se confond avec celui de la femelle, d'un aspect terne, quoique marqué de mouchetures plus nombreuses, plus larges et plus longues dans le premier âge ; les jeunes sont brun-noirâtre, sans taches ni reflets : les mouchetures ne commencent à paraître qu'à la première mue. A cette période, mâles et femelles diffèrent si peu dans leur robe, qu'aucun signe extérieur ne les distingue ; les oiseleurs consommés néanmoins ne s'y trompent pas ; ils savent fort bien reconnaître, à un imperceptible petit point noir sous la langue, les mâles, seuls sujets de l'espèce susceptibles d'une éducation transcendante : avis aux enfants de saint Crépin, traditionnels admirateurs du Sansonnet, et professeurs ès arts et belles-lettres de cet oiseau siffleur, jaseur et parleur.

L'Étourneau est répandu dans toutes les contrées de l'Ancien-Monde; il y perche volontiers, tandis que les espèces d'Amérique se tiennent habituellement à terre. A l'instar des Moineaux, ils cherchent un abri dans les trous de murailles, s'y réfugient par troupes, chacun, en vertu de sa pétulance native, s'y chamaillant de son mieux avec ses voisins, pour occuper la meilleure place qui le mette plus complétement à couvert de la pluie, du froid ou du vent.

La pariade a lieu au printemps, des combats très-vifs en sont les préludes; dès que les couples sont formés, ils s'isolent et s'occupent, sans désemparer, du berceau de leur progéniture. Comme *nidifiants*, les Étourneaux sont loin de valoir les Pinsons, les Chardonnerets et les autres maîtres en l'art de bâtir; ils se contentent du strict nécessaire. Souvent ils placent leur nid dans le creux d'un arbre ou d'un mur ; l'emplacement a-t-il été occupé autrefois par un Pic vert, ils s'y installent; si c'est un Moineau qui en jouit, ils l'en délogent sans autre explication qu'un échange de coups de bec; d'autres fois les Étourneaux établissent leur nid sous les toits, dans les clochers et jusque dans les colombiers. Ils ne se montrent pas plus difficiles sur le choix des matériaux; quelques brins de paille grossièrement ajustés forment l'enveloppe extérieure du nid; du foin, des herbes, de la mousse, des feuilles et des plumes composent le matelas sur lequel la femelle dépose quatre œufs d'un bleu verdâtre; le mâle partage avec elle l'incubation, qui dure de dix-huit à vingt jours.

Après l'éclosion, le père et la mère rivalisent encore de soins pour entretenir la propreté du nid et pourvoir à la nourriture de leur lignée. La chasse devient leur occupation principale; insectes de toute espèce, Chenilles surtout et vermisseaux tombent sous leurs coups; le gibier capturé est aussitôt distribué à la nichée, dont l'appétit va toujours grandissant. Elle ne quitte le berceau que lorsqu'elle est bien pourvue de plumes; tant qu'elle y est retenue, les père et mère veillent sur elle avec sollicitude; au moindre danger, ils se portent au-devant de l'ennemi et volent éperdus autour du nid en jetant des cris plaintifs : leur anxiété, hélas ! ne trahit que trop souvent le cher trésor qu'ils voudraient sauver.

Dès le mois de juin, les premières couvées prennent la clef des champs; leurs troupes bruyantes, affamées de pillage, tombent alors sur les vergers et font rapidemement table rase des cerises qu'elles y rencontrent; pour peu que Merles et Loriots se mêlent aussi au banquet, la razzia est complète.

L'instinct de famille, chez les Étourneaux, prend naissance dans le nid même et ne les quitte plus. A travers les volées innombrables de même espèce qui parcourent les campagnes, les jeunes de l'année ne perdent jamais de vue leurs parents, ils les suivent dans toutes leurs expéditions, s'abattent avec eux sur les mêmes arbres et dans les mêmes taillis et reviennent, chaque soir, avec eux au nid, dans les premiers temps de leur émancipation; ils ne l'abandonnent définitivement que lorsque les père et mère s'isolent pour en prendre possession exclusive, à l'époque de leur seconde couvée.

L'Étourneau adulte se nourrit d'insectes, de petits mollusques, de vermisseaux, de baies de sureau, de cerises, d'olives et de raisins; comme il est doué d'un puissant estomac, on comprend que, dans certaines contrées méridionales, on l'ait traité en pillard, et que sa tête ait été mise à prix; mais dans les climats du Nord le Sansonnet est moins déprédateur; son goût effréné pour les cerises constitue son plus grand crime: il le rachète amplement par les services incontestables qu'il rend à l'agriculture en la purgeant d'une foule d'animalcules nuisibles.

Pendant toute la belle saison, les Étourneaux se cantonnent par familles, et forment rarement, à cette époque, de grandes troupes comparables aux immenses légions qui les réunissent en automne. Leur sociabilité ne se manifeste pas seulement entre eux, elle se déclare jusque parmi les races étrangères; on les voit fréquemment se mêler, par petites troupes, au gros bétail dans les prairies; on les trouve aussi en compagnie des Freux, des Corneilles, des Choucas et des Corbeaux avec lesquels ils vivent en parfaite harmonie; mais leur station de prédilection est sans contredit parmi les troupeaux de Moutons. Ils perchent familièrement sur leur dos, sans que la progression du porte-laine leur fasse quitter ce trône improvisé; par un traité tacite, quadrupède et bipède ne font plus qu'un et se rendent mutuellement service: le premier en se prêtant complaisamment aux caprices de l'oiseau; le second en épluchant la toison de son automédon, et en le débarrassant de ses parasites.

La fin des couvées est le signal du rassemblement général des

Étourneaux. A la tombée du jour, ils ont coutume de se réunir en grand nombre, par appréhension des dangers de la nuit ; ils la passent au voisinage des marais, dans les roseaux et les buissons où ils se jettent avec fracas. Ils préludent au sommeil par une immense jaserie, et la recommencent de plus belle au lever de l'aurore, avant de se répandre dans les campagnes ; au milieu du jour, leur babil n'est que modéré.

Les Étourneaux n'émigrent pas ; ils n'entreprennent pas, comme les Hirondelles, les Loriots, les Cailles, de lointains voyages pour échapper au froid et à la famine ; ils sont simplement erratiques, c'est-à-dire qu'à mesure que les vivres diminuent sur un point, ils se transportent dans les lieux où la nourriture est plus abondante ; Gueneau de Montbeillard cependant et quelques autres naturalistes affirment que les Étourneaux restent constamment, pendant l'hiver, dans les contrées où ils ont pris naissance ; il se peut, en effet, que plusieurs de ces oiseaux ne quittent pas les localités privilégiées où les vivres ne font jamais défaut, mais, à coup sûr, le plus grand nombre vont chercher fortune ailleurs, quand la bise est venue.

Dans nos climats, c'est en octobre que les grandes troupes d'Étourneaux s'agglomèrent et se concentrent. Quand l'armée entière s'ébranle, elle couvre le ciel d'un nuage épais et se livre à des évolutions très-curieuses. Tantôt on la voit se déployer en triangle ; tantôt elle s'avance en bataillon carré ; d'autres fois elle décrit une sphère ou un ovale immense : on dirait qu'elle est soumise à une tactique régulière et qu'elle obéit avec précision à la voix d'un seul chef. Ce chef n'est autre que l'instinct ; il porte les troupes d'Étourneaux à se rapprocher toujours du centre, malgré la rapidité de leur vol qui les entraîne au delà, « en sorte, dit Buffon, que cette multitude d'oiseaux ainsi réunis, par une tendance commune, vers le même point, allant et venant sans cesse, circulant et se croisant en tous sens, forme une espèce de tourbillon fort agité dont la masse entière, sans suivre de direction bien certaine, paraît avoir un mouvement général de révolution sur elle-même, résultant des mouvements particuliers de circulation propre à chacune de ses parties, et dans lequel le centre, tendant perpétuellement à se développer, mais sans cesse pressé, repoussé par l'effort contraire des lignes environnantes qui pèsent sur lui, est constamment plus serré qu'aucune de ces lignes, d'autant plus refoulées elles-mêmes qu'elles sont plus voisines du centre. Cette manière de voler a ses avantages contre les entreprises de l'oiseau de proie qui, se trouvant embarrassé par le nombre de ces faibles adversaires, inquiété par leur battement d'ailes, étourdi par leurs cris, déconcerté par leur ordre de bataille, enfin ne se jugeant pas assez fort pour enfoncer des lignes si serrées que la peur concentre encore de plus en plus, se voit contraint fort souvent d'abandonner une si riche proie, et de se rabattre sur quelques misérables traînards écartés de la bande, à qui il coupe la retraite du côté de la terre, et qu'il ne tarde pas à étreindre dans ses serres impitoyables. »

Les Étourneaux se prennent aisément au piége et au filet : de là sans doute le sobriquet innocent infligé aux jeunes têtes sans cervelle. Au fusil, on peut en tuer un grand nombre sans être un habile tireur ; il suffit, pour cela, d'en démonter un seul ; l'habitude qu'ont ces oiseaux de voler en cercle en poussant des cris, les ramène bientôt autour de leur compagnon blessé ; les chasseurs les plus novices peuvent alors en abattre des douzaines en visant dans le tas ; pauvre gibier, du reste, que l'Étourneau ! Sa chair, sèche et dure, est souvent amère ; mieux vaudrait assurément laisser vivre ce Passereau inoffensif, grand destructeur d'insectes, l'ami et le gardien fidèle de nos troupeaux.

L'Étourneau, si dédaigné aux étages aristocratiques, prend largement sa revanche au rez-de-chaussée ; la loge du concierge et l'échoppe du gagne-petit sont le théâtre habituel de ses triomphes plébéiens. On se l'explique sans peine. Pris jeune dans le nid, il s'apprivoise rapidement ; sa docilité à s'instruire en toutes choses est extrême ; sa mémoire retient tout ce qu'on lui enseigne ; il prononce facilement les mots, et beaucoup mieux que les Perroquets ; il articule les *r* de manière à faire pâlir le tonnerre même de Jupiter ; des phrases entières lui coûtent peu à retenir ; toutes les langues lui sont bonnes, témoin le Sansonnet de Saint-Gall qui, d'une traite et sans broncher, récitait tout le *Pater* en langue germanique, à la grande édification des passants. Mais c'est surtout dans ses aptitudes musicales que l'Étourneau se montre réellement supérieur. Air de fifre, air de clarinette, ne sont qu'un jeu pour ce dilettante de faubourg ; comme vérité d'imitation, il obtient de la souplesse de son gosier des résultats prodigieux. C'est qu'aussi il ne s'épargne guère quand il répète sa leçon de musique ou qu'il exécute un grand morceau ! Toute l'âme de l'artiste passe alors dans son bec.

Pendant qu'il chante, dit Muller, on peut suivre la trace de la volonté énergique qui fait participer à cette opération son être tout entier. La prunelle de l'œil varie à chaque instant; la paupière, tour à tour, s'abaisse et se relève; le gosier et les poumons gonflent à se rompre; le battement incessant des ailes aide à l'émission du son; il n'est pas jusqu'à la queue elle-même qui, dans cette lutte généreuse, ne s'agite et n'apporte son renfort dans les passages difficiles: fait-on mieux à l'Opéra? Grâce à ces efforts héroïques, le Sansonnet, aidé d'une heureuse mémoire, imite à s'y méprendre le chant du Merle, les notes d'appel de la Grive, le sifflet du Loriot et diverses strophes d'oiseaux fins chanteurs. Les sons les plus aigus semblent ses notes favorites; il s'y complaît, y revient sans cesse et les prolonge par une forte dilatation du bec. A l'état de nature, son chant originel consiste surtout en une série de *gazouillements*, de *bourdonnements caverneux, compliqués d'une sorte de clapotement*, qui tous semblent partir des profondeurs du ventre et produisent un étrange contraste avec les sons aigus que donne le gosier: l'alternative brusque et continuelle de ces sons de nature si diverse, dans le débit du Sansonnet, fait tellement *illusion*, qu'on est tenté de croire que deux oiseaux chantent à la fois.

Par une exception bien rare dans la série ornithologique, le ramage artificiel de l'Étourneau l'emporte de beaucoup sur son ramage natif. Le charme et la douceur de son gazouillement lui avaient valu dans l'ancienne langue française le nom de *Chansonnet*: on aurait bien fait de le lui conserver, il ne manquait pas d'une certaine grâce expressive.

LA HUPPE.

La Huppe (*Upupa epops*, fig. 108) est un oiseau élégant, au port svelte, et bien proportionné dans sa taille. Son plumage roux-cannelle est agréablement rayé de noir et de blanc; son long bec arqué lui donne une physionomie particulièrement distinguée, et sa tête couronnée d'un joli diadème de plumes rousses terminées de noir achève de le noter d'aristocratie princière.

De passage seulement en France, la Huppe arrive au commencement d'avril dans les environs de Paris, un peu plus tôt dans le Midi. Ses habitudes sont solitaires; elle se tient ordinairement à la lisière des bois, près des pâtis et des terrains frais, et se nourrit surtout d'insectes tels que nymphes de Fourmis, petits Coléoptères, et aussi de Vers de terre et de mollusques. Au lieu de les saisir du bout du bec, comme la plupart des oiseaux, pour les faire passer de suite dans son gosier, elle fait sauter son gibier en l'air afin de le recevoir par un mouvement brusque dans le sens de sa plus grande longueur; le gibier retombe-t-il en travers, elle recommence son manége jusqu'à ce qu'il s'enfile tout droit dans le bec; dans cette position, il est vite avalé. Sa manière de boire est également singulière : elle plonge brusquement son bec dans l'eau, aspire tout d'un coup le liquide dont elle a besoin, sans le faire entrer goutte à goutte, selon l'usage d'un grand nombre de volatiles, ni sans relever le bec, comme font les Poules.

Fig. 108. Huppe.

Sa démarche à terre est très-gracieuse; elle s'avance d'un pas léger, tranquille et mesuré, presque digne, et pendant ce temps elle redresse de fois à autre son aigrette, en mettant aussi en mouvement ses ailes et sa queue.

Son vol ordinaire n'est ni haut ni précipité, mais simplement sinueux ; en partant, elle bat des ailes comme le Vanneau.

Les Huppes ne donnent pas bruyamment de la voix ; la femelle est presque toujours silencieuse ; quant au mâle, son chant, triste et monotone, n'est autre, même à l'époque du printemps, que la syllabe *houp, houp, houp* répétée trois fois de suite d'un ton sourd, presque étouffé ; néanmoins il se fait entendre d'assez loin, quand l'air est calme.

La Huppe s'abrite dans les trous de murailles et les cavités des arbres, elle y place aussi son nid ; il n'est guère qu'à cinq ou six mètres au-dessus du sol ; en revanche, il est très-profond. La femelle tantôt le tapisse de mousse, tantôt pond à nu, si le plancher de cette caverne est formé de sciure de bois ou de terreau ; elle n'y mêle pas d'excréments, comme on le croit vulgairement ; la fétidité du berceau provient uniquement des déjections des petits, déjections qu'ils ne peuvent expulser au dehors, et qui, en s'accumulant, se fixent à l'entrée. Leur premier âge se passe dans cette espèce de bouge, d'autant plus étrange, que les Huppes adultes sont d'une propreté remarquable ; quand ils sortent de ce trou profond, leur plumage ressemble à celui de leurs parents, leur bec seul et leur aigrette n'ont pas encore toutes leurs dimensions.

La Huppe, chez nous, redoute le froid, et non sans raison, puisqu'il fait disparaître la plupart des insectes dont elle se nourrit ; septembre venu, elle émigre et va hiverner en Afrique. D'après Sonnini, l'Égypte serait son principal gîte dans la mauvaise saison ; ses mœurs s'y modifient sensiblement. Dans ce pays, elle ne vit plus solitaire, mais par petites troupes, toujours prêtes à rallier les absents par leur cri d'appel *zi zi*. Loin de fuir la société de l'homme, comme en Europe, on voit fréquemment les Huppes dans les villes même très-peuplées ; elles y sont si familières, qu'elles nichent sur les terrasses des maisons. L'étiage du Nil règle leur marche ; à mesure que le fleuve rentre dans son lit, les Huppes le suivent dans ses relais limoneux, elles y plongent leur long bec et y puisent d'amples provisions de bouche.

Un certain nombre d'entre elles demeurent sédentaires en Orient, mais la plupart quittent l'Afrique à la fin de l'hiver pour se répandre dans toute l'Europe ; sans être bien communes en France, elles n'y sont pas rares, et s'éparpillent, presque seule à seule, dans chaque canton; on les voit jusqu'en Suède et en Laponie : partout elles sont plus de la plaine que de la montagne.

LA SITTELLE ET LE GRIMPEREAU.

De même que les Pies-Grièches et les Corbeaux continuent le genre de vie des Rapaces, les Sittelles et les Grimpereaux se rapprochent, par leurs habitudes, de l'ordre des Grimpeurs.

La Sittelle (*Sitta Europœa*, fig. 108) est à peu près de la grosseur du Rouge-Gorge. On la reconnaît à son bec droit, comprimé sur les côtés et terminé en forme de coin. Son plumage est cendré-bleuâtre en dessus, roussâtre en dessous; une bande noirâtre lui descend derrière l'œil.

Fig. 109. Sittelle.

Ainsi que les Mésanges, elle se tient sur les arbres et sur les branches dans toutes les directions, grimpe avec facilité soit en montant, soit en descendant, à la manière des Pics, frappe comme eux, avec son bec, le tronc des arbres, mais ne se sert pas de sa queue en guise d'arc-boutant, comme le font ces oiseaux : elle lui imprime seulement un mouvement alternatif de haut en bas, à la façon des Bergeronnettes et des Lavandières.

Non-seulement la Sittelle n'émigre pas, mais elle s'éloigne peu de la contrée où elle a pris naissance; l'hiver, elle se rapproche des lieux habités, et se montre alors assez familière pour faire dans les jardins la chasse aux insectes, sous les yeux mêmes de l'homme. Elle niche dans les trous des arbres; lorsqu'elle n'en trouve pas de tout faits, elle met à profit les branches cariées, y creuse son berceau, et ne lui donne qu'une ouverture extrêmement étroite; rencontre-t-elle une cavité à souhait, elle l'approprie à sa destination; et si l'entrée est trop grande, elle la rétrécit avec une sorte de mortier fabriqué de terre grasse et de petites pierres, le tout si bien dissimulé, qu'on a peine à le découvrir. La femelle pond six ou sept œufs blanchâtres, pointillés de roux; ils sont à nu sur une simple couchette de sciure de bois : le mâle nourrit, dit-on, la couveuse pendant tout le temps de l'incubation.

Outre les insectes qui forment le fond de leur subsistance, les Sittelles vivent encore de noisettes, de chènevis, et elles en font provision pour la mauvaise saison. Les petits éclosent dans le courant de mai; aussitôt qu'ils peuvent se passer des soins de leurs père et mère, ils se séparent, et chacun se retire dans les bois, où il reste solitaire jusqu'au printemps. Leur cri ordinaire

Fig. 110. Grimpereau.

est un *ti*, *ti*, *ti* répété à plusieurs reprises et avec vivacité pendant qu'ils grimpent sur les arbres; ils marchent en sautillant. L'espèce d'Europe s'avance jusqu'en Sibérie et même jusqu'au Kamtschatka.

Le Grimpereau tire son nom de ses habitudes d'escalade. Sa vie est très-laborieuse; il ne cesse de grimper le long des arbres, y prend toutes les positions, voltige à chaque instant de branche en branche, et se tient ordinairement à la suite des Mésanges et de la Sittelle pour récolter les larves et les petits insectes qu'elles ont oubliés; il ne frappe pas les écorces avec son bec pour en faire sortir le gibier, mais il saisit avec beaucoup d'adresse celui que ses compagnons de chasse ont fait lever. Les pennes de sa queue sont pointues et usées à l'extrémité, comme celles des Pics.

Ce petit oiseau fait sa demeure dans les bois; pendant la nuit, il se loge dans les trous des arbres; c'est là aussi que la femelle place son nid. Il se compose d'herbes et de mousse; la ponte est de six ou sept œufs d'un blanc grisâtre, parsemés de points et de traits plus foncés.

Notre espèce de France, le Grimpereau d'Europe (*Certhia familiaris*, fig. 110), a le plumage blanchâtre, tacheté de brun en dessus, teint de roux sur la queue et au croupion; son bec est grêle et arqué.

LE MARTIN-PÊCHEUR (*Alcedo ispida*).

C'est l'Alcyon des anciens, qui semblent avoir peu connu cet oiseau dont ils faisaient un être privilégié, presque fatidique, conjurant la foudre, rendant le calme à la mer, posant son nid sur les flots, apportant la paix à la maison, et communiquant le don des grâces et de la beauté. Malheureusement, de toutes ces vertus merveilleuses le Martin-Pêcheur de nos jours n'a rien gardé, pas même son premier nom, bien plus poétique, et qu'il eût été bon de lui conserver.

Cet oiseau, qu'on trouve un peu partout et qui n'est commun nulle part, a le corps épais, la tête grosse, coiffée vers l'occiput d'une espèce de chignon immobile, le bec gros et long, les jambes courtes, les ailes sans ampleur, et la queue d'une brièveté ridicule (fig. 111); mais s'il n'a pas pour lui l'élégance des formes, son plumage rachète largement sa structure quelque peu grotesque. « C'est, dit Buffon, le plus bel oiseau de nos climats, et il n'y en a aucun en Europe qu'on puisse comparer au Martin-Pêcheur pour la netteté, la richesse et l'éclat des couleurs; elles ont les nuances de l'arc-en-ciel, le brillant de l'émail, le lustre de la soie : tout le milieu du dos avec le dessus de la queue est d'un bleu clair métallique, qui, aux rayons du soleil, a le jeu du saphir et l'œil de la turquoise; le vert se mêle, sur les ailes, au bleu, et la plupart des plumes y sont terminées et ponctuées par une teinte d'aigue-marine; la tête et le dessus du cou sont pointillés, de même, de taches plus claires sur un fond d'azur....; il semble, enfin, que le Martin-Pêcheur se soit échappé de ces climats où le soleil verse avec les flots d'une lumière plus pure tous les trésors des plus riches couleurs. »

L'espèce est indigène en France, et on la retrouve en Asie ainsi qu'en Afrique avec les mêmes mœurs que nous lui connaissons ici, toujours solitaire, excepté pendant la pariade qui dure peu; d'une défiance extrême; fuyant la société de ses semblables, à plus forte raison celle de l'homme : aussi ne peut-on approcher le Martin-Pêcheur que par surprise, lorsqu'il se tient au-dessous d'une berge ou d'une roche qui surplombe, ou lorsque, guettant sa proie, il est absorbé par une idée fixe de convoitise.

Il vit habituellement au bord des rivières et le long des petits

Fig. 111. Martin-Pêcheur.

cours d'eau ombragés. Sa nourriture consiste en insectes aquatiques et surtout en poissons qu'il saisit avec beaucoup de prestesse. Comme tous ses confrères les pêcheurs, il est doué d'une patience à toute épreuve dont la nécessité fait toute la vertu. Perché sur une branche avancée au-dessus de l'eau, il se tient immobile à la même place pendant des heures entières, à l'affût du moindre petit poisson qui passe; à peine l'a-t-il aperçu, il fond sur lui tête baissée; rarement il manque son coup; d'ordinaire, on le voit sortir de l'eau son butin au bec. S'il n'a attrapé qu'un menu fretin, il n'en fait qu'une bouchée; mais s'il s'agit d'une grosse capture, il procède autrement : il porte son poisson à terre, le bat contre un corps dur, et après l'avoir tué, le tourne et le retourne dans son bec pour lui faire subir une sorte de ramollissement; cette préparation culinaire achevée, il l'avale la tête la première. Lorsque le morceau est trop gros pour être englouti tout d'un coup, il le débite en détail. A défaut de branche au-dessus de l'eau, il prend position sur une pierre ou même sur le gravier, et de là surveille le gibier d'un œil encore plus attentif : dès qu'il se montre, il s'élance d'un bond prodigieux, quelquefois à quatre ou cinq mètres de hauteur, et tombe d'aplomb sur lui, rapide comme la foudre. En hiver, sa tactique est toute différente, preuve nouvelle que l'instinct chez les animaux est quelquefois réfléchi. Lorsque les rivières sont prises par la glace, le Martin-Pêcheur se rabat sur *les petits ruisseaux d'eau vive, et chasse en volant. Au milieu de sa course aérienne la plus emportée, il stoppe subitement en l'air en planant, et, de cet observatoire improvisé, surveille tout ce qui passe devant lui. Si rien* ne se présente après une pause de quelques minutes, il poursuit sa route en s'abaissant d'abord près de la surface de l'eau; il se relève ensuite à six ou sept mètres de hauteur, se met derechef à l'ancre sur ses ailes et plonge aussitôt que la proie se découvre : ce singulier manége, répété presque à chaque instant, compose dans la morte-saison toute sa vie active; le gibier donnant, les courses sont restreintes; en cas de malechance, il suit, plus ou moins à jeun, tous les contours du ruisseau, et s'aventure ainsi à d'assez grandes distances de son point de départ.

Le vol du Martin-Pêcheur est toujours bas et de courte portée, mais vif, accéléré et en ligne droite; en partant, il jette un cri aigu et ne fait entendre nul autre chant, si ce n'est à l'époque du printemps. Il pose rarement à terre; « jamais il ne se sied, non plus que le Pic vert, dit Belon, car il a les jambes si courtes, qu'on dirait quasi qu'il n'en a point : aussi a-t-il les pieds d'une autre sorte que les autres oiseaux; il n'a qu'un doigt derrière; mais, des trois de devant, il en a un de la partie du dedans moult court, les deux autres sont conjoints ensemble, » conformation qu'on retrouve chez le Guêpier, d'où résulte une semelle large et aplatie, en harmonie parfaite avec les habitudes stationnaires du Martin-Pêcheur.

Les poëtes, toujours un peu en dehors de la réalité (sans cela seraient-ils poëtes ?), n'ont trouvé rien de mieux, pour célébrer l'Alcyon, que de faire flotter son nid sur la mer; on l'y chercherait en vain, il n'en construit pas. L'oiseau, d'une part, est plus riverain que maritime, et puis il place sa progéniture dans un port plus sûr que les flots mouvants. Le berceau de ses petits ne lui coûte pas grands frais; il profite ordinairement de trous creusés dans la berge ou au bord d'un ruisseau par quelque Rat d'eau ou quelque Écrevisse, ne charrie ni crins, ni laine, ni plumes, et pond à cru de six à neuf œufs d'un blanc d'ivoire : ce trou mesure souvent plus de soixante centimètres de profondeur. Ses abords ressemblent à un charnier; on y voit entassées force arêtes et force écailles de poisson, tout ce que le Martin-Pêcheur n'a pas digéré et qu'il rejette sous forme de pelotes, par le bec, de même que les Rapaces nocturnes vomissent les peaux et les os de Mulots et de Grenouilles qu'ils ne se sont pas assimilés.

Les nichées, on ne sait trop pourquoi, ne font pas la race nombreuse, bien qu'elles soient suffisamment fortes, elles la maintiennent tout juste dans une proportion restreinte. Les nids sont-ils souvent noyés par les débordements du printemps? l'accident est possible puisqu'ils sont placés presque à fleur d'eau; les jeunes de l'année sont-ils décimés par les froids très-rigoureux qui leur suppriment les vivres en fermant rivières et ruisseaux? il est permis de le supposer : quoi qu'il en soit, l'espèce nulle part ne fourmille; sa chair exhale une odeur musquée des moins agréables, et, circonstance précieuse pour la longévité du Martin-Pêcheur, elle n'est point bonne à manger; son tir est des plus faciles, pourvu qu'on ne se presse pas.... et qu'on vise juste : c'est le tir de la Caille en son vol filé droit. L'oiseau mort, tout l'éclat de ses couleurs ne tarde pas à disparaître.

ORDRE DES GRIMPEURS

LE PIC VERT (*Picus viridis*).

Tandis qu'un certain nombre d'oiseaux trouvent l'abondance dans le splendide banquet que leur a préparé la Providence, il en est d'autres pour lesquels la vie n'est pas aussi facile, et qui doivent demander leur nourriture à un travail opiniâtre auquel leur existence est étroitement liée. Dans cette répartition inégale des richesses de la nature, faut-il voir une faveur de privilége pour les uns, une disgrâce imméritée pour les autres? Nullement; l'inégalité des conditions se retrouve partout, dans le monde moral aussi bien que dans le monde physique, sans doute parce qu'il entrait dans le plan général de la création que tous les êtres eussent des attributions et des fortunes diverses, se reflétant les unes sur les autres, et concourant ainsi à l'harmonie générale.

De tous les oiseaux assujettis à une vie laborieuse, il n'en est pas de plus méritants que les Pics; leur nombreuse famille, dispersée dans les deux hémisphères, est le type de ces corporations valeureuses d'ouvriers que rien ne dérange de leur besogne, aimant leur état, s'y adonnant tout entier, et y faisant honorablement leurs affaires. Si leur livrée, à part quelques ornements d'éclat, est généralement modeste, telle qu'il convient à de braves artisans, s'ils ne sont taillés ni pour le vol, ni pour la course, ils sont largement pourvus de tous les outils nécessaires à leur profession complexe de charpentiers, menuisiers, ébénistes, sculpteurs. Ne l'exerçant pas à terre, leurs quatre doigts nerveux ont une conformation appropriée aux fonctions semi-aériennes qu'ils doivent remplir : deux se tournent en avant et deux en arrière; tous sont armés d'ongles robustes, recourbés et aigus, implantés sur un pied très-court, scutellé et fortement musclé; ils leur servent à s'attacher au tronc des arbres pour les escalader et les parcourir dans tous les sens, quelquefois de haut en bas, d'autres fois horizontalement, mais le plus ordinairement de bas en haut. L'armature du bec n'est pas moins puissante. Long, droit, carré, muni de côtes, et façonné en coin, il fait tour à tour office de pioche, d'alêne, de ciseau, de rabot; et ce n'est pas trop vraiment pour la rude tâche que ce seul instrument doit accomplir : il lui faut sonder le tronc des arbres, percer leur écorce, fouiller l'aubier et perforer profondément le bois, si dur qu'il soit. Le cou est agencé à l'unisson; il est court et fortifié de muscles épais, propres à seconder l'action incessante d'une pioche frappant énergiquement pour arriver jusqu'au cœur de l'arbre où se recèle la proie. La langue, de son côté, complète ce précieux outillage, et, grâce à un admirable mécanisme qui la met en jeu, elle devient en même temps un organe du goût et un organe de préhension; l'os hyoïde, par un appareil spécial, rend la langue susceptible d'extension et de rétraction; les filets élastiques qui le prolongent en arrière peuvent lancer la langue hors des mandibules, de manière à atteindre un objet éloigné à plus de cinq centimètres du bec, comme aussi ils peuvent la replier sur elle-même et la refouler dans le gosier; une double glande située sur chaque partie latérale de la tête l'enduit d'une humeur visqueuse destinée à retenir les insectes, qui y sont, en outre, arrêtés par les petits crochets dirigés en arrière, dont cette espèce d'aiguillon est munie; la queue enfin chez les Pics vient aussi leur prêter son concours pour les aider à grimper sur les arbres; elle se compose d'une douzaine de pennes rigides : pendant que l'oiseau s'accroche avec ses ongles aux aspérités de l'écorce, elle lui sert d'arc-boutant, et contribue à le soutenir dans son mouvement ascensionnel; sa courbure, ainsi que Gerbe le fait judicieusement remarquer, et l'espèce d'usure qui se produit à son extrémité, ne sont pas le résultat du frottement continuel qu'elle subit au contact des arbres, elles ont cette disposition dès qu'elles commencent à se montrer, et elles la gardent toujours, avant comme après la mue; l'intensité seule du coloris distingue la nouvelle plume de l'ancienne.

Notre Pic vert (*Picus viridis*, fig. 112) donne parfaitement l'idée des caractères et des mœurs de toute la race; c'est le plus commun en France; il tire son nom spécifique de son plumage, où le vert domine. « Il ne laisse pas que d'être d'une exquise couleur diverse, » comme parle Belon. Le mâle se reconnaît à sa calotte écarlate qui descend jusque sur l'occiput; les côtés de sa tête sont noirâtres et se smoustaches rouges. Le dessus du cou, le dos et les couvertures supérieures de la queue tirent sur le vert-olive qui passe au jaune sur le croupion; la même couleur verte, mais plus pâle, règne au devant du cou et de la poitrine; un peu de jaune s'y mêle sur le ventre; les couvertures inférieures de la queue sont rayées de brun; les pennes intermédiaires sont marquées de noir à leur extrémité; celles des ailes se marbrent de brun et de taches olivâtres. La femelle a les couleurs moins vives, et les moustaches noires. Chez les jeunes, le plumage est agréablement bigarré; le rouge de la tête est tacheté de noir et de gris; toute la partie dorsale est mouchetée de jaune; le dessous du corps est blanc, relevé de raies brunes longitudinales.

Fig. 112. Pic vert.

Le Pic vert, comme tous les êtres absorbés par une occupation de première nécessité, mène une vie austère; il ne se mêle point aux autres oiseaux, pas même à ceux de sa propre espèce, si ce n'est pour la propagation de la race et pendant l'éducation des petits; le reste du temps, il vit solitaire dans les bois. Il ne se livre point à de joyeux ébats, excepté à l'époque de la pariade où ses allures sont vraiment grotesques; il pioche du matin au soir sans prendre de repos : le moindre chômage, en effet, dans son travail sans relâche, aurait pour conséquence immédiate de lui couper les vivres. Son naturel est triste et craintif; son vol s'exécute par saccades et toujours assez bas; il plonge, se relève, pour plonger derechef et se relever encore, décrivant des courbes successives et se transportant ainsi d'un point à un autre, toujours à d'assez courtes distances, excepté lorsqu'il traverse des plaines pour passer à une autre forêt, et à l'époque des migrations où il franchit d'assez grands intervalles.

En général, le Pic vert, après avoir tracé en l'air ses arcs ondulés, et au moment où il se pose, jette le cri aigre et dur de *tiacacan, tiacacan*, plusieurs fois répété, expression fidèle de son vol plongeant; quand la pluie menace, c'est le cri plaintif de *plieu, plieu* qu'il fait entendre : on croit à la campagne qu'il annonce par là un changement de temps; son chant d'appel, pendant le printemps, ressemble à un bruyant éclat de rire, il ne cesse de redire *tia, tia, tia, tia*, chaleureusement accentué.

Le Pic vert est exclusivement insectivore. Il se nourrit indistinctement de larves, de chrysalides et d'insectes arrivés à leur dernier développement; les Fourmis surtout entrent dans son régime habituel : il les attend au passage, allonge sa langue gluante dans le sentier que parcourent leurs files butineuses ou maçonnes, et quand son long engin en est suffisamment chargé, il le retire à lui et, sans autre apprêt, fait passer le gibier dans son estomac. Les Fourmis, particulièrement, ont le secret de l'attirer à terre pour visiter leurs demeures. La fourmilière est-elle inactive, la pluie ou le froid retient-il au logis les noirs bataillons, le Pic la met en mouvement par un procédé assez cavalier : il l'ouvre avec ses pieds et son bec, s'installe au milieu de la cité éventrée, et en avale par centaines les habitants; qu'ils soient adultes ou encore dans leurs langes de nourrissons, n'importe : pour lui, c'est tout un. La chasse qu'il fait aux insectes qui vivent aux dépens du bois est toute différente, il y déploie force et ruse. Michelet, dans son livre poétique intitulé : *l'Oiseau*, l'a pittoresquement décrite. « Le travail du Pic, dit-il, est varié et compliqué. D'abord l'excellent forestier, plein de tact et d'expérience, éprouve son arbre au marteau, je veux dire au bec. Il ausculte comment résonne cet arbre, ce qu'il dit, ce qu'il a en lui. Le procédé d'auscultation, si récent en médecine, était l'art principal du Pic depuis des milliers d'années. Il interrogeait, sondait, voyait par l'ouïe les lacunes caverneuses qu'offrait le tissu de l'arbre. Tel, sain et fort en apparence, que pour sa taille gigantesque a désigné, marqué le marteau de la marine, le Pic, bien autrement habile, le juge véreux, carié, susceptible de manquer de la manière la plus funeste, de plier en construction, ou de faire une voie d'eau et de causer un naufrage.

« L'arbre éprouvé mûrement, le Pic se l'adjuge, s'y établit ; là il exercera son art. Ce bois est creux, donc gâté, donc peuplé ; une tribu d'insectes y habite. Il faut frapper à la porte de la cité. Les citoyens, en tumulte, voudront fuir ou par-dessus les murailles de la ville, ou en bas par les égouts. Il y faudrait des sentinelles ; au défaut, l'unique assiégeant veille, et de moment en moment regarde derrière pour happer les fugitifs au passage, à quoi sert parfaitement une langue d'extrême longueur qu'il darde comme un petit serpent. L'incertitude de cette chasse, le bon appétit qu'il y gagne, le passionnent ; il voit à travers l'écorce et le bois ; il assiste aux terreurs et aux conseils du peuple ennemi : parfois il descend très-vite, pensant qu'une issue secrète pourrait sauver les assiégés. »

Les coups que frappe le Pic sur les arbres entamés par le temps ou cariés par la maladie, n'ont pas seulement pour but de dénicher le gibier et de le faire déguerpir du fond de ses retraites, c'est encore un appel auquel ne manque pas de se rendre quelque femelle du voisinage ; notre oiseau y recourt aussi pour savoir si l'arbre renferme des cavités dont il puisse faire le nid de ses petits. Tout excellent compagnon qu'il soit, il ne tient nullement à peiner sans nécessité ; a-t-il découvert un trou à souhait, il le nettoie, le polit, le cisèle et l'approprie à ses desseins. Cette bonne fortune d'un berceau à peu près tout fabriqué ne se rencontre-t-elle pas, il se met courageusement à l'œuvre, s'attaque de préférence et avec raison aux bois tendres, trembles, peupliers, bouleaux, tilleuls, et, à leur défaut, aux essences dures, telles que celles du chêne, de l'orme, de l'acacia, etc. Il commence par entamer l'écorce, y fait une brèche circulaire, fait sauter les premières couches d'aubier, entame ensuite le bois proprement dit, et, arrivé au cœur, pratique dans ces fibres résistantes une excavation quelquefois si profonde, qu'on ne peut en atteindre le fond. Son ouverture est exactement modelée sur la taille de l'oiseau, elle dessine un cercle parfaitement géométrique qui ne laisse guère passer la lumière au delà de ses bords : aussi les petits sont-ils nourris à l'aveuglette dans ce long boyau tortueux, semblable à des catacombes entre ciel et terre. Le mâle et la femelle, après leur union, prennent également part à la construction de l'édifice. Par un merveilleux sentiment de prévoyance, ils inclinent sa pente au dehors, afin que l'eau n'y pénètre pas. Leur instinct ne les guide pas moins bien lorsque, au lieu de nicher dans un tronc d'arbre, ils établissent leur nid dans une de ses grosses branches horizontales ; son unique ouverture regarde alors le sol, pour que les mammifères pillards y trouvent plus difficilement accès : les propriétaires légitimes n'y entrent et n'en sortent jamais qu'en grimpant et non point au vol. La couchette des petits n'est doublée ni de crins ni de plumes, comme celle des Chardonnerets et des Pinsons, elle n'en est pas moins fort douillette ; les copeaux et les autres débris grossiers sont rejetés à l'extérieur, mais les artistes ont bien soin de réserver la sciure réduite en poudre : c'est sur ce doux matelas, aussi hygiénique que moelleux, que les œufs sont déposés ; on en compte ordinairement cinq. Pendant tout le temps de l'incubation, le mâle s'éloigne peu de la femelle ; tous deux se couchent de fort bonne heure, avant tous les autres oiseaux ; ils restent dans ce gîte jusqu'au jour. Les petits sont lents à se développer : aussi gardent-ils longtemps le nid ; ils s'initient à leur métier de grimpeurs par excellence en faisant usage de leurs pieds avant même d'être en état de voler ; à terre, ils avancent, comme père et mère, par petits sauts et ne marchent pas.

La plupart des Pics, sauf le Pic vert qui reste souvent toute l'année chez nous, ne sont que de passage en France, ainsi que beaucoup d'oiseaux insectivores ; ils nous arrivent au printemps et s'empressent d'annoncer à son de voix la nouvelle de leur débarquement. Oiseaux inoffensifs s'il en fut jamais, et qu'il serait de toute justice de considérer comme utiles, malgré certains administrateurs qui, dans leurs circulaires mal inspirées, ont appelé trop souvent sur la tête des Pics toutes les rigueurs des gardes forestiers. Ces oiseaux attaquent, il est vrai, les arbres, mais, en général, seulement ceux qui sont viciés ; ils ne font donc pas le mal, ils se bornent à le dénoncer ; ils font mieux encore : ils protègent nos forêts en les purgeant d'une foule d'insectes destructeurs. Tour à tour condamnés, réhabilités, puis derechef proscrits et graciés de nouveau, ils méritent en toute équité le titre honorifique de conservateurs des forêts, que leur a spirituellement décerné Michelet.

Indépendamment du Pic vert qu'on trouve dans tous les bois, on voit encore, mais seulement de passage en France, trois autres espèces bien moins communes : le *Pic noir* (*Picus martius*), habitant des hautes futaies des Vosges ; le *Petit Épeiche* (*P. minor*), répandu dans tout le nord de l'Europe et nous visitant quelquefois jusque dans le Perche, au centre de la France ; l'*Épeiche* ou *Pic varié* (*P. major*), très-commun en Corse, où il réside probablement toute l'année. Il fréquente particulièrement la forêt de pins de Bavella, dans l'arrondissement de Sartène ; il se montre peu farouche, grimpe, monte et descend avec aisance, en haut, en bas, de côté, et par-dessous les branches, sans interrompre ses évolutions, même en présence de l'homme, sans nul doute parce que les chasseurs jusqu'ici l'ont respecté.

Les mœurs de tous ces Pics se ressemblent; leur plumage porte aussi à peu près le même signalement.

LE COUCOU (*Cuculus canorus*).

Les anciens connaissaient déjà plusieurs particularités curieuses de la vie du Coucou; mais, en écrivant son histoire, Aristote, Élien et Pline y ont mêlé bien des fables ; suivant l'usage, les peuples se sont passé de main en main ces erreurs traditionnelles; certains naturalistes y ont ajouté foi et s'en sont fait l'écho : le vulgaire, naturellement, en a retenu une bonne partie. A l'en croire, le Coucou serait tout à fait légendaire. Les uns, trompés par la taille de cet oiseau, par son plumage, sa longue queue, la couleur de ses pieds, sa manière de voler, ses habitudes solitaires, et sa présence dans les lieux fréquentés, en d'autres saisons, par l'Émouchet et l'Émerillon, sont persuadés que le Coucou se change deux fois par an en oiseau de proie; son bec, ses doigts, ses ongles n'en font cependant pas un Rapace. Les autres, non moins crédules, lui prêtent d'étranges habitudes. Suivant eux, les Coucous mâles et femelles, sans couver leurs œufs, visiteraient de temps à autre, pleins de sollicitude, les nids où ils les auraient déposés ; les petits, à peine nés, n'auraient rien de plus pressé que de dévorer leurs nourrices; les couveuses adoptives elles-mêmes feraient bien pis vraiment : elles se débarrasseraient de leurs propres œufs pour mieux soigner l'œuf étranger, renversant ainsi la loi la plus constante de la nature, l'attachement à ses propres enfants. Bien d'autres contes, trop naïfs pour être répétés, circulent sur les Coucous ; il n'est sorte de fantaisies qu'on n'ait débitées sur leur compte, et, parce que leur genre de vie est encore, sur certains points, enveloppé de mystères, on s'est cru obligé de l'entourer de merveilleux, comme si la vérité toute seule ne suffisait pas pour leur mériter attention; cependant certains détails de mœurs tout à fait exceptionnels par rapport aux coutumes générales des oiseaux les rendent fort intéressants aux yeux des amateurs d'histoire naturelle.

Les caractères du Coucou (fig. 113) sont faciles à saisir : bec légèrement arqué et queue longue, susceptible d'épanouissement; son port ne manque ni d'élégance ni de grâce. Quoique son plumage soit sujet à varier, le gris cendré y domine. Le mâle adulte a la gorge et le devant du cou d'un cendré clair, le reste du des-

Fig. 113. Coucou.

sous du corps rayé transversalement de brun sur un fond blanc sale; les plumes de ses cuisses, de pareille couleur, tombent en manière de manchettes de chaque côté du tarse, qui est garni extérieurement de plumes cendrées jusqu'à la moitié de sa longueur; le bec est noir, les pieds sont jaunes. La femelle, un peu plus petite que le mâle, a la tête, la gorge, le cou et le dessus des ailes ondés de noirâtre et de roussâtre, la poitrine et les parties postérieures d'un blanc roux avec des bandes transversales noirâtres, rares sur le ventre. Chez les jeunes, le plumage, assez semblable à celui des adultes, en diffère par la gorge, le devant du cou et le dessous du corps qui sont rayés de blanc et de noirâtre; le dessus de la tête et du corps est agréablement varié de noirâtre et de blanc.

Le Coucou n'est que de passage en France; il nous arrive au commencement du printemps; les mâles précèdent de quelques jours les femelles. Munis seuls du privilége de chanter, ils en usent et abusent; leur début aux environs de Paris a lieu vers le 15 avril, leurs concerts ne cessent qu'à la mi-juillet, non qu'ils partent à cette date, mais c'est alors le temps de leur mue, époque critique, toujours accompagnée de silence chez les oiseaux. Leur double note *cou-cou, cou-cou* est connue de tout le monde. Au printemps, ils la répètent à satiété, la nuit comme le jour; qu'il fasse beau, qu'il pleuve, que l'air soit calme ou agité, toujours le Coucou fait entendre sa même phrase brève et monotone; parfois néanmoins entre ses deux éternelles syllabes il en glisse une troisième : *cou-cou-cou, cou-cou-cou,* plusieurs fois redite et fortement accentuée; il reprend ensuite ses syllabes accoutumées : au plus fort de la chaleur, il se tait.

Les mâles, toujours en plus grand nombre que les femelles, chantent perchés au haut des arbres ou bien en volant; dans la première attitude, ils se rengorgent comme les Tourterelles et les Pigeons, laissent pendre leurs ailes et ouvrent légèrement leur queue. Les femelles n'ont pour langage ordinaire qu'un petit cri : *guet, guet, guet,* rapidement articulé; les petits, dans leur première enfance, jettent une espèce de sifflement étouffé : *t'siss, t'siss, t'siss,* qui plus tard devient plus aigu et se modifie, par imitation, d'après le cri d'appel des oiseaux qui leur ont donné forcément l'hospitalité.

Le vol du Coucou a plus d'un rapport avec celui de l'oiseau de proie. Au départ, il bat comme lui des ailes et file ensuite d'un même train, avec rapidité. Sa direction est sûre, même au milieu des buissons, où il s'engage sans la moindre difficulté. Lorsqu'il doit traverser un espace découvert, c'est toujours en prenant son essor et en s'élevant dans l'air qu'il le franchit; il ralentit son vol et rase souvent la terre en se rapprochant de l'endroit qu'il habite. Ses pieds, à tarses très-courts et dont les doigts sont tournés partie en avant, partie en arrière, sont loin de lui rendre les mêmes services que ses ailes; il marche mal à terre : aussi y descend-il rarement et n'y avance-t-il que par petits sauts, comme les Pics; de même que ces oiseaux, il s'attache avec ses ongles aux troncs des arbres pour y monter, mais il les parcourt seulement de biais, et ne les inspecte pas dans leurs contours comme ces maîtres grimpeurs.

Sa nourriture, presque exclusivement insectivore, explique très-bien ses migrations annuelles ; quand l'abaissement de la température est sur le point de faire disparaître la plupart des insectes, il va en chercher d'autres dans des climats plus chauds ; il vit surtout de larves de Lépidoptères ; les Chenilles velues notamment sont l'objet de ses poursuites assidues, et il en fait, ainsi que des Phalènes, une ample consommation : c'est un service dont il faut lui savoir gré. Avant que les Chenilles soient écloses, il se contente de Coléoptères et d'insectes de toutes sortes. Perché sur un buisson ou sur une motte de terre, il les guette au passage, de sa vue perçante, et les happe au vol à la manière des Hirondelles ; on l'accuse de manger les œufs des petits oiseaux, mais ce crime n'est pas certain. Comme les oiseaux de proie nocturnes, il rejette, sous forme de pelotes, les téguments qu'il n'a pu digérer ; les parois de son estomac sont tapissées d'une espèce de feutrage, dont les poils des Chenilles velues feraient les frais, d'après Vogt.

Dès son arrivée chez nous, le Coucou se cantonne dans la circonscription qu'il s'était adjugée l'année précédente. Semblable encore en cela aux oiseaux de proie, il veut y régner sans partage ; il ne souffre que la femelle dans son domaine, et il en défend énergiquement l'entrée aux autres mâles de son espèce : cette possession territoriale donne souvent lieu à des disputes acharnées entre Coucous ; le plus robuste chasse son compétiteur ; lorsque les deux rivaux sont d'égale force, les batailles cessent, chacun reste maître de sa part de district.

Le Coucou habite indistinctement la plaine, les coteaux ou la montagne ; on le trouve également près des petits cours d'eau, mais il réside principalement dans les bois de haute futaie, entrecoupés de clairières, ses parcs à gibier. Dans les premiers jours de son apparition printanière, il se pose plus souvent à terre qu'en tout autre temps ; il fréquente spécialement les buissons pour chercher dans les herbes les insectes qu'il trouvera un peu plus tard sur les grands arbres, quand ceux-ci auront quitté leur livrée d'hiver pour se revêtir de feuilles.

D'après Naumann, qui a fait une étude toute particulière des mœurs du Coucou, le mâle cantonné vole presque toujours en compagnie d'une femelle, à quelques pas en avant ; lorsqu'ils sont au repos, ils perchent ensemble sur le même arbre, mais non point côte à côte, comme si le ménage voulait toujours se tenir prudemment à distance.

Y a-t-il réellement ménage entre eux? La question, plusieurs fois débattue, est encore indécise. Gueneau de Montbeillard pense que les Coucous ne s'apparient pas; après les mariages, les couples se quittent et reprennent leur vie solitaire. Pourquoi demeureraient-ils unis? Rien de ce qui fait le charme de la paternité et de la maternité ne les concerne; ils ne bâtissent pas de nid, ils ne couvent pas, ils n'élèvent pas les petits, ce sont des étrangers qui en prennent soin; ils ne connaissent aucun des devoirs si doux qu'impose la progéniture; ce mobile puissant d'une mutuelle affection leur échappe; ils ne sont plus que des individualités un instant rapprochées pour continuer l'espèce; ce but atteint, ils rentrent dans leur existence toute personnelle.

La pariade, chez les Coucous, dure environ six semaines, depuis la mi-mai jusqu'au commencement de juillet; pendant tout ce temps, ils sont fort agités, se transportent à chaque instant d'un point à un autre, répétant toujours leur même chanson aux quatre coins de l'horizon. Durant cette période, la femelle, prête à pondre, va et vient de droite et de gauche, à la recherche de nids, pour y déposer ses œufs, à douze jours d'intervalle l'un de l'autre. Cette double particularité de loger ses œufs dans les nids des petits oiseaux et *de n'en mettre jamais qu'un dans chaque nid est exclusivement propre au Coucou*; il favorise de sa préférence la Fauvette, le Rouge-Gorge, le Rossignol, le Troglodyte, la Farlouse, la Bergeronnette, la Grive, le Merle, etc. Jamais on ne trouve d'œufs de Coucou dans les nids de Caille ou de Perdrix, sans doute parce que leurs petits courent et mangent tout seuls dès qu'ils sont éclos, tandis que les jeunes Coucous ont besoin d'être longtemps abecqués; en revanche, on en rencontre parfois dans les nids d'Alouettes, bien que ces oiseaux n'emploient pas plus de quinze jours à élever leur poussinée; mais, chose non moins surprenante, certains passereaux granivores, tels que le Bouvreuil et le Linot, reçoivent aussi l'œuf du Coucou; n'est-ce pas parce que, tout en vivant exclusivement de grains lorsqu'ils sont adultes, ils nourrissent très-souvent leurs petits d'insectes pendant le premier âge? Le jeune Coucou trouve alors auprès d'eux les substances animales dont il ne peut se passer.

Tout extraordinaire que soit l'incubation des œufs du Coucou par des oiseaux étrangers à son espèce, le fait n'en est pas moins réel; dans les temps modernes, l'honneur de cette découverte revient à Jenner, l'illustre inventeur de la vaccine; il eut la bonne fortune d'assister à la naissance d'un Coucou couvé par une Fauvette, et de suivre dans toutes ses phases le développement de l'intrus; depuis, Levaillant, au Cap de Bonne-Espérance, Florent-Prévost, aux environs de Paris, ont été également témoins de cette anomalie qu'Hérissant explique par la structure spéciale du Coucou femelle qui ne lui permet pas de couver ses œufs; on ne peut donc plus mettre en doute cette dérogation étrange aux habitudes maternelles des oiseaux.

Lorsque la femelle du Coucou a jeté son dévolu sur quelques petits oiseaux pour leur confier sa postérité, ce n'est pas de gaieté de cœur que les préférés se chargent de ce rôle d'emprunt. S'ils se trouvent sur leur nid au moment où la marâtre veut les gratifier de son œuf, ils la repoussent avec fureur, la harcèlent de leurs cris, et l'obligent souvent à battre en retraite, quoiqu'ils soient infiniment moins gros qu'elle; mais ordinairement le Coucou n'agit pas avec une audace aussi effrontée, il choisit presque toujours le moment où les père et mère sont absents pour les charger d'un hôte inconnu. Comment introduit-il son œuf dans des nids quelquefois très-profonds, tels que ceux des Mésanges, ou dont l'ouverture est extrêmement étroite, comme le nid du Troglodyte, par exemple? On n'est pas absolument d'accord à cet égard : Levaillant croit que la femelle, après avoir pondu, avale son œuf, le rend ensuite par le bec et le dépose dans le nid étranger; mais ce procédé paraît bien compliqué; il semble plus naturel de croire, avec la plupart des ornithologistes modernes, que le Coucou pond à terre, ramasse son œuf avec le bec et le porte chez le voisin : ses œufs, au nombre de six, sont très-petits relativement à sa taille : ils n'égalent pas en grosseur ceux du Moineau, cinq fois plus petit que lui; leur couleur est très-variable. Parmi les oiseaux que le Coucou prétend soumettre à l'impôt d'une incubation contre nature, plusieurs s'y refusent nettement, ils jettent par-dessus bord le produit étranger, ou bien ils abandonnent leur nid et vont en construire un autre ailleurs; beaucoup cependant acceptent cet onéreux héritage et se mettent à couver comme si rien d'extraordinaire ne s'était passé chez eux; quoique la durée de leur incubation accoutumée soit très-diverse, ils n'en mènent pas moins leur entreprise à bonne fin, jusqu'à l'éclosion de l'œuf du

Coucou, encore qu'elle n'ait lieu qu'après la naissance de leurs propres petits.

Le nouveau-né est foncièrement laid; sa grosse tête est percée de deux gros yeux; son bec énorme remplit presque toute sa face, son dos s'évase et se creuse en cuvette; à l'apparition des premières plumes, il a plus l'air d'un Crapaud hideux que d'un oiseau. Dans le nid, il se comporte exactement comme l'oiseau de proie qu'on visite dans son berceau : il hérisse ses plumes, hausse et baisse alternativement la tête, se renverse sur le dos, ouvre le bec en soufflant avec force et étreint tout ce qu'il peut saisir. A peine venu à la lumière, il sait se faire place et se mettre à son aise; souvent il expulse les œufs légitimes, et si les petits sont déjà nés, il se glisse sous eux en faisant jouer ses ailes et son croupion, les fait passer sur la partie creuse de son dos, les y retient en élevant les ailes, se traîne alors jusqu'au bord du nid, et, par un mouvement brusque, verse son fardeau à terre. Sa perversité ne s'arrête pas à un seul infanticide, il fait faire successivement la culbute à tous les petits, et pour se bien assurer qu'il n'a plus de copartageants, qu'il est désormais le maître du logis et le possesseur exclusif d'une affection et de soins détournés de leur cours naturel, il sonde le nid du bout de ses ailes et s'endort avec calme en attendant son repas.

La chute est presque toujours fatale aux pauvrets expulsés de chez eux; quand ils sont assez forts pour résister à cette terrible épreuve, leurs père et mère continuent de les abecquer, mais sans les réintégrer dans leur domicile; l'assassin n'en est pas moins nourri avec sollicitude. Insatiable est sa voracité; à lui seul, il absorbe plus d'aliments qu'une demi-douzaine de Fauvettes ou de Mésanges; à chaque instant sa faim se trahit par des cris incessants; dès qu'il commence à voler, il poursuit sa nourrice de branche en branche, le bec largement ouvert, battant des ailes et frémissant de tout son corps; c'est à cris redoublés qu'il réclame sa pitance qui, pour lui, toujours se fait trop attendre.

La croissance du Coucou est assez prompte, mais il ne se suffit à lui-même que fort tard. Il mue deux fois par an : une première fois chez nous, et la seconde fois pendant son émigration. Il part toujours avec sa première livrée, et ne chante jamais dans l'année de sa naissance.

Cet oiseau est répandu dans toute l'Europe jusqu'au pôle boréal; on le trouve en Finlande et en Russie, mais il ne se montre pas en Islande; en Norvége, il ne dépasse pas Drontheim.

Le Coucou est aussi très-commun en Syrie, en Égypte et dans nos possessions du nord de l'Afrique; Malte et les îles de l'Archipel le voient passer deux fois chaque année; sa vie, dit-on, s'étend au delà de vingt ans.

ORDRE DES COLOMBIÉS.

PIGEONS, RAMIER ET TOURTERELLE.

Les savants ne sont pas d'accord sur la place que doivent occuper les Pigeons dans la série ornithologique. Linné les a rangés parmi les Passereaux, G. Cuvier parmi les Gallinacés; Brisson et Levaillant en font un groupe particulier : ces derniers semblent avoir raison. Rien, en effet, ne saurait légitimer la réunion des Pigeons avec les Passereaux, percheurs habituels, habiles architectes et donnant la becquée à leurs petits. Ils ne diffèrent pas moins des Gallinacés. Tandis que ceux-ci, généralement sédentaires et volant lourdement, grattent la terre avec leurs ongles pour y chercher leur nourriture, poudrent au soleil, vivent en polygamie, sont très-féconds, et que leurs petits, au sortir de la coquille, sont en état de courir et de manger tout seuls, les autres, voyageurs passionnés et excellents voiliers, prennent leur nourriture sur le sol sans le déchirer, sont monogames, ne pondent que deux œufs à chaque couvée et abecquent leur progéniture par un procédé spécial; leur organisation est donc aussi distincte que leurs mœurs, et ce n'est pas à tort qu'on a proposé d'en faire un ordre intermédiaire sous le nom de *Colombiés*.

Pigeons biset et de volière. — Les Pigeons sont répandus dans les deux hémisphères; ils sont si communs en Amérique que, dans leurs passages, ils embrassent d'immenses surfaces, couvrent la terre de leurs déjections, interceptent la lumière du soleil, et que les chasseurs les abattent par milliers. En Europe, l'espèce sauvage devient de plus en plus rare; elle habite les bois, perche sur les arbres, y fait son nid et fuit obstinément le voisinage de l'homme. D'autres Pigeons, moins farouches, mais encore indépendants, repoussent les sociétés nombreuses, préfèrent à tout autre logis quelque trou de muraille ou les vieux édifices, malgré les dangers de l'oiseau de proie; tel est le Pigeon de roche (*Columba livia*), devenu aujourd'hui citadin, habitant des tours de Notre-Dame et commensal fidèle de la coupole de Saint-Marc à Venise; de cette race descend le clan nombreux des Pigeons de ferme ou *Bisets* (fig. 114), dont l'uniforme est gris-cendré avec le croupion d'un

Fig. 114. Pigeon biset.

blanc pur. Peu soucieux de sa liberté, celui-ci l'a résignée entre les mains de l'homme, mais à la condition de n'être qu'un captif volontaire; il ne quitte le colombier que pour se rendre en grandes troupes dans les champs; quelques déserteurs, il est vrai, se séparent de loin en loin pour aller vivre à leur fantaisie, mais ce sont de pures exceptions : la bande entière est domestiquée et tient le milieu entre la liberté complète et la dépendance absolue. Sous cette dernière bannière s'enrôlent toutes les variétés désignées sous le nom de Pigeons de volière, qu'on ne peut confondre avec d'autres catégories. Chez eux, le sentiment de la liberté est tout à fait éteint; ils ne s'éloignent jamais de leur toit et ne savent même plus aller en quête de leur nourriture; ils ont perdu jusqu'à l'instinct de bâtir le nid, et se laisseraient presque mourir de faim plutôt que de déroger à leurs habitudes sédentaires en allant tenter fortune au dehors. La caste, entièrement privée, rachète sa dégénérescence de l'état sauvage par les qualités qu'elle a gagnées au contact de la civilisation; c'est dans ses rangs que se trouvent les Pigeons les plus beaux, les plus remarquables par leur taille, la variété de leur plumage et leur étonnante fécondité; malgré les changements considérables que les croisements leur ont fait subir, tous ont pour souche commune le Biset.

Les Pigeons passent pour être exclusivement granivores; ils ne picorent ni à la manière des Poules, grattеuses acharnées, ni à la façon des Pies et des Corbeaux qui piochent le sol avec âpreté; ils se contentent de ramasser à terre les graines tombées par excès de maturité et les semences déposées à la surface du sol.

Leur entrée en ménage a lieu de bonne heure. « C'est merveille, dit Toussenel, de voir avec quel luxe de révérences et de courbettes cérémonieuses le mâle se présente à la femelle. Tandis qu'elle marche dans sa dignité féminine, fière et majestueuse, tel qu'il sied à une reine, il l'arrête tout à coup en se précipitant au-devant de ses pas et commence par l'encenser de trois saluts, le front profondément incliné vers la terre, comme pour baiser la poussière de ses pieds. Vient ensuite une série d'évolutions rotatoires, de pirouettes semi-circulaires, de passes et de contre-passes exécutées avec une persévérance et une fougue sans pareilles, illustrées de gonflements de gorge et de redressements de col d'un effet indicible; des roucoulements sans nombre accompagnent ces hommages. » Tandis qu'il se met en si grands frais d'éloquence, la femelle, en vraie coquette, semble uniquement occupée des soins de sa toilette : elle lustre ses plumes, se pavane, puis s'envole et va se poser à petite distance ; le Pigeon alors de recommencer ses saluts et de faire entendre ses éternels roucoulements.

Le mâle et la femelle, après leur union, s'attachent étroitement l'un à l'autre et ne se quittent plus de toute leur vie; ils s'occupent ensemble de la construction du nid, si toutefois on peut donner ce nom à leur bâtisse informe, composée de deux ou trois lits de bûchettes à peine entrelacées et posées à plat à la bifurcation d'une branche; elle est si mal fagotée, qu'on la prendrait plutôt pour un simple lit de camp, sans matelas ni paillasse, que pour un véritable berceau : la femelle y dépose deux œufs; le mâle partage avec elle les fatigues de l'incubation et de l'éducation des petits.

Ces vertus de ménage se retrouvent au même degré chez le Biset et les Pigeons de volière. Les petits ne quittent le nid que fort tard, quand ils sont entièrement couverts de plumes. Le père et la mère les nourrissent, à tour de rôle, avec une bouillie préparée au fond du jabot. Les pigeonneaux ne la reçoivent pas par un simple dégorgement, ainsi que cela a lieu chez un grand nombre d'oiseaux, ils engagent leur bec dans celui de leurs parents et l'y tiennent entr'ouvert; la bouillie leur arrive par les mouvements convulsifs que provoque, chez les nourriciers, l'introduction dans leur gorge d'un organe étranger. Ce mode d'alimentation constitue assurément un exercice des plus laborieux; il se traduit au dehors par de petits cris plaintifs et le tremblement précipité des ailes et du corps chez les père et mère.

Les Bisets ne font que deux ou trois pontes par année, et cessent de produire vers cinq ans. L'espèce, sous ce rapport, est bien inférieure aux Pigeons de volière; mais, comme la plupart du temps elle vit de maraude dans les champs, comme elle n'occasionne d'autre dépense que celle de la nourrir aux rares époques où elle ne peut aller fourrager, on lui continue l'hospitalité malgré ses déprédations. Au temps des semailles, il est vrai, du 1er mars au 15 avril, et du 1er octobre au 15 novembre, on est obligé de tenir les Bisets en chartre privée dans les colombiers; mais les pillards s'en dédommagent amplement le reste de l'année, en s'abattant par volées dans les récoltes : ils s'en donnent à cœur joie sur les grains, le colza, le sarrasin, etc. Tandis qu'ils sont en train de manger dans les champs, s'il leur prend fantaisie de se porter sur un autre point, ce sont les derniers rangs qui donnent le signal du déplacement; ils se lèvent, quittent le champ un à un par bandes successives, de telle sorte que lorsqu'ils s'abattent derechef, ceux qui occupaient naguère la tête de ligne, se trouvent à la queue, et *vice versa*, à chaque nouvelle volée.

Sans être difficiles sur le confort, les Bisets ne s'accommodent pas de toute espèce de domicile; le colombier, pour les retenir, doit dominer un horizon de quelque étendue, et surtout être entouré de tranquillité. Ils aiment le calme et la solitude, redoutent les détonations d'armes à feu, s'inquiètent au voisinage des usines bruyantes et poussent la crainte jusqu'à s'effrayer du vent soufflant dans les grands arbres; la vue de l'oiseau de proie leur donne le vertige, et, dans leur effroi, ils tournoient pêle-mêle et se précipitent en masse dans toutes les directions.

Les Pigeons de volière, bien que de même souche peureuse, se montrent moins timides, par suite sans doute de leurs habitudes plus casanières auprès de nous; ces races d'élite, façon-

Fig. 115. Pigeon mondain.

nées de longue date par la main de l'homme, offrent une foule de variétés plus curieuses les unes que les autres. Le caprice de la mode a élevé souvent leurs prix à des sommes fabuleuses, mais

Il n'est point d'amateur sans un grain de folie.

Les Pigeons de volière comptent de nombreuses tribus. Il y a parmi eux des *Romains*, des *Turcs*, des *Suisses*, des *Polonais* et des *Hollandais*; les *Carmes*, les *Nonnains* et les *Capucins* constituent une de leurs confréries; à côté des *Mondains* (fig. 115) et des *Cavaliers*, les *Pigeons-Paons* font la roue; vient ensuite la série des acrobates, *Culbutants* (fig. 116), *Plongeants* et *Tournants;* les coquets de la troupe, les *Boulants*, ont la faculté d'enfler démesurément leur gorge et de s'entourer le cou d'une cravate fantastique : de là leur nom de *Pigeons Grosse-Gorge* et de *Pigeons-Cravate;* les *Messagers* enfin, et les *Hirondelles*, par leurs ailes arquées en faux et la rapidité de leur vol, appartiennent au groupe des télégraphes vivants; l'électricité postale seule arrive plus vite au but.

Avant un an, les Pigeons de volière ont atteint toute leur

Fig. 116. Pigeon culbutant.

croissance. En général, les couples, à l'exemple de leurs proches parents les Bisets, vivent en parfaite harmonie; leurs chamailleries sans cause ne sont qu'un léger nuage sur un fond de ciel bleu.

Peu de temps avant la ponte, la femelle reste sur son nid; le mâle se tient auprès d'elle et veille à sa sûreté. Elle pond son premier œuf entre midi et deux heures, le tient chaudement sans le couver et s'en éloigne un peu, pendant quelques instants seulement; le surlendemain, entre cinq et six heures du soir, arrive le second œuf; l'incubation commence aussitôt. Chaque ponte produit ordinairement un mâle et une femelle; cette règle pourtant n'est pas sans exceptions.

Pendant que la mère est sur ses œufs, le mâle lui tient fidèle compagnie. Chaque matin elle quitte son nid pour aller manger et appelle le mâle par un petit roucoulement particulier; docilement celui-ci prend sa place et se met à couver à son tour, en été jusqu'à quatre heures du soir, en hiver jusqu'à trois heures seulement. En général, la femelle a soin de revenir ponctuellement au nid pour ne plus le quitter de toute la nuit; quand, par hasard, elle tarde à reprendre son poste, le mâle, inquiet, se lève, va à sa recherche et, lorsqu'il l'a trouvée, la ramène au nid, non sans quelques coups de bec, en forme d'admonestation conjugale.

L'incubation dure dix-sept jours et quelques heures; les petits n'éclosent jamais simultanément; vingt-quatre heures souvent séparent l'instant de leur naissance. Ce moment arrivé, le petit bêche sa coquille à l'aide du bouton dont son bec est armé.

A l'éclosion, selon Boitard et Corbié, on peut déjà juger de la couleur qu'auront les petits, et par conséquent de la pureté de race que leurs parents leur ont transmise. Lorsque le bec est entièrement noir, le plumage sera analogue; s'il est bleuâtre ou d'une couleur plus ou moins plombée, le plumage sera bleu; si le bec est blanc, l'oiseau sera de cette couleur ou d'une teinte très-claire; quand son bec est mélangé de noir et de blanc, ou de bleu et de blanc, si les taches sont rangées symétriquement sur les mandibules, l'oiseau aura un plumage nuancé de bleu ou de noir ou de toute autre couleur plus ou moins foncée, mais régulièrement et d'une manière agréable. Dans le cas où les taches se trouvent placées sur le bec sans ordre et comme jetées au hasard, le Pigeon sera bariolé sans grâce et sans régularité; à l'apparition des tuyaux, on pourra contrôler la justesse de la première observation : l'extrémité des plumes naissantes est ordinairement peinte des couleurs que prendra l'oiseau quand il aura passé de l'enfance à l'âge adulte.

Les Pigeons de volière naissent, ainsi que les autres, avec un léger duvet et ne s'en débarrassent que longtemps après que leur corps est bien garni de plumes; alors seulement ils se hasardent à quitter le nid, harcèlent encore pendant quelque temps leurs père et mère pour en obtenir les grains que leur paresse ne veut pas chercher, quoiqu'ils soient parfaitement en état de trouver leur vie; à la fin cependant, ils sont abandonnés à leur propre sort. Les vieux recommencent immédiatement une autre ponte; les jeunes ne demanderaient pas mieux que de les imiter, si on ne leur réservait ordinairement un autre sort : ils ne sont jamais plus gras qu'au sortir du nid, et font alors très-bonne figure en rôti ou à la crapaudine.

Le Pigeon ramier. — Le Pigeon ramier (*Columba palumbus*) est la plus grosse espèce de nos Colombiés. Son plumage, d'un

Fig. 117. Pigeon ramier.

cendré plus ou moins bleuâtre, n'est pas sans distinction; son cou brille d'un vert doré miroitant en reflets cuivreux sous le jeu de la lumière; deux taches blanches lui forment un collier de chaque côté du cou; sa poitrine est ornée d'une belle teinte vineuse; ses ailes portent un liséré blanc au bord extérieur, et les pennes de sa queue sont peintes en noir à leur extrémité (fig. 117).

Cet oiseau voyageur nous visite au printemps et repart à l'automne, après avoir passé tout l'été dans les bois, soit en plaine, soit en montagne. A l'arrière-saison, il se réunit en grandes troupes et émigre vers les pays chauds; un petit nombre, par exception, reste toute l'année en France, lorsque l'hiver est doux. La démarche du Ramier à terre est lente; il chemine en se balançant et en inclinant sans cesse le cou. Son vol, élégant, facile et soutenu, est bruyant au départ; mais, une fois emporté dans l'espace, il ne fait plus entendre que le sifflement d'une aile rapide. Pour se percher, il choisit ordinairement un arbre élevé, et de préférence celui dont la cime est couronnée, afin sans doute d'en faire son observatoire; il aime aussi à se cacher dans l'épaisseur du feuillage. La régularité de son genre de vie,

Fig. 118. Pigeon voyageur.

sans lui être exclusivement propre, ne laisse pas d'être remarquable. Le matin, de très-bonne heure, avant le lever du soleil, il s'éveille, prend position au haut d'un arbre, et fait entendre un roucoulement sonore lorsque le temps est calme et chaud; par le froid, le vent ou la pluie, il garde le silence. Les couples ne sont-ils encore que formés, ils vont ensemble à la pâture de sept à neuf heures du matin; vers dix heures, le mâle se remet à chanter, mais d'un ton plus bas, et seulement pendant quelques instants; peu de temps après, les Ramiers vont se désaltérer à quelque source; ils passent le plus fort de la chaleur retirés sous l'ombrage; à trois heures du soir, ils se rendent de nouveau au gagnage; aux approches du coucher du soleil, les roucoulements recommencent sur un mode élevé, ils sont suivis d'une pointe à l'abreuvoir, puis les Ramiers regagnent leur arbre favori pour y passer la nuit.

Ils ne sont pas plutôt arrivés dans nos climats, que les bandes se dispersent et se divisent par paires. Le nid n'est qu'un grossier matelas composé de simples bûchettes, à peine entrelacées et sans autre abri que celui des branches auxquelles il est fixé, tantôt au haut de l'arbre, tantôt vers le milieu : sa forme est plate, avec une légère dépression au centre. La femelle seule travaille à sa construction ; le mâle toutefois l'aide dans l'apport des matériaux ; il contient ordinairement deux œufs de couleur blanche, que couve alternativement le ménage. L'éducation des petits se prolonge au delà de l'incubation, qui dure une quinzaine de jours ; le père et la mère abecquent leur nichée à la manière des Pigeons : ils lui vomissent les aliments après les avoir fait ramollir dans leur jabot, et ils continuent de la nourrir ainsi jusqu'à ce qu'elle soit tout à fait en état de se suffire à elle-même. Si la première ponte vient à manquer, elle est généralement suivie d'une seconde : à la fin de l'été, les derniers venus sont assez forts pour accompagner les troupes dans leur départ général.

Les Ramiers se nourrissent de toute espèce de graines, surtout de faînes et de glands qu'ils avalent tout entiers ; dans les temps de disette, ils ne dédaignent pas les feuilles de chou et de colza. Ils quittent souvent leurs couverts pour venir fourrager en plein champ, mais alors ils redoublent de prudence et ne se laissent pas facilement approcher. Lorsque à l'arrière-saison ils s'abattent en grande troupe dans un bois, ils ont soin de placer des sentinelles avancées qui, au moindre bruit, donnent le signal de la fuite, bien avant que le chasseur soit à portée du gros de la bande.

L'espèce est naturellement craintive et très-farouche ; néanmoins on la voit, de temps à autre, se rapprocher des lieux habités et même s'établir au sein des grandes villes, élire domicile au beau milieu des jardins publics, y picorer, s'y promener, nicher et élever la progéniture, comme si elle se trouvait en pleine solitude. Cette transformation étrange dans les mœurs des Ramiers date déjà de loin. On peut voir chaque année, aux Tuileries, au Luxembourg et au Jardin des Plantes de Paris, un grand nombre de ces oiseaux devenus si familiers, à force d'être en contact avec la population, qu'ils viennent, au coup de sifflet, se percher sur le doigt ou sur l'épaule du promeneur pacifique, et, du haut de cet étrange perchoir, prendre dans la main et même dans la bouche les grains qu'on leur offre; réduits en domesticité, ils ne feraient pas mieux : leur confiance ne va pas si loin à l'état absolu de nature.

Leurs passages à travers les Pyrénées donnent lieu à des captures sans nombre; les Ramiers tombent par centaines dans les filets qu'on leur tend à l'entrée des vallées étroites; cette manne annuelle rappelle celle que récoltent chaque année, à coups de fusil, les chasseurs d'Amérique, pendant les voyages des Pigeons sauvages (fig. 118).

La Tourterelle. — La manière dont la Tourterelle (*Columba turtur*) se nourrit, ses roucoulements répétés, son nid à peine ébauché, l'abecquement de ses petits, et l'habitude qu'elle a, à certaines époques, de se réunir en troupes plus ou moins nombreuses, rappellent les mœurs du Pigeon et du Ramier; ces oiseaux la comptent du reste parmi leur race.

Tout dans la Tourterelle (fig. 119) est charmant et plein d'élégance : tête fine, douceur extrême de l'œil, taille svelte, ailes et queue bien développées, pattes mignonnes, bien conformées pour la marche, plumage nuancé de jolies teintes, où se mêlent agréablement le gris, le brun et le roux, et que décore, de chaque côté du cou, un demi-collier blanc et noir. Elle marche à petits pas, comme le Pigeon, ou, pour mieux dire, elle coule délicatement sur le sol. Son vol, extrêmement rapide, s'effectue sans bruit sensible quand il y a sécurité; mais, au besoin, il devient saccadé et brisé, et permet à la Tourterelle d'échapper à ses ennemis par les plus hardis détours en l'air; quand un Rapace la chasse sous bois, elle glisse avec tant de légèreté à travers les branches les plus serrées, qu'elle déjoue les poursuites les plus impétueuses et les plus acharnées.

La Tourterelle n'est que de passage en France; elle semble n'y venir que pour nicher et prendre sa part de nos moissons; elle nous quitte dans le courant de septembre et va hiverner en Afrique.

Les bois frais, voisins des champs cultivés, sont ceux qu'elle recherche de préférence; elle s'y retire au fort de la chaleur, et de là fait chaque jour plusieurs excursions dans la plaine, au temps surtout de la maturité des céréales. Sa nourriture se compose de petits mollusques et de graines de toute espèce. Si elle dîme quelques grains de blé, en revanche elle nous débarrasse d'une foule de semences nuisibles : il est donc juste de lui tenir compte de ce service trop oublié. Son chant, quoique renfermé dans deux notes plaintives que rend très-bien l'onomatopée latine *turtur*, a tant de douceur, que sa fréquence ne fatigue pas; il s'harmonise parfaitement avec la mélancolie des bois. Le mâle se fait entendre indifféremment à la cime des arbres ou au milieu du feuillage; il roucoule habituellement avant le lever du soleil et continue son gémissement matinal jusqu'à ce que la faim se fasse sentir; au milieu de la journée, il est à peu près silencieux; le soir, ses appels langoureux re-

Fig. 119. Tourterelle.

commencent au moment surtout où le soleil se couche : dans les temps calmes et chauds, ils durent des heures entières, presque sans interruption.

Pendant tout le temps de la reproduction, le mâle et la femelle ne se quittent pas; ensemble ils bâtissent le nid et élèvent leurs petits. Quand arrive l'époque du départ automnal, toutes les familles se réunissent pour former de grands corps d'armée voyageant par étapes.

Le nid de la Tourterelle ressemble fort à celui du Ramier. Ce n'est qu'un simple amas de matériaux placés à mi-hauteur, où brindilles, bûchettes et racines sont si peu liées entre elles, qu'on aperçoit à travers cette claire-voie la couveuse et les œufs : ceux-ci, pour être si peu défendus contre le grand air, n'en éclosent pas moins bien ; le mâle partage avec la femelle les soins de l'incubation ; tous deux s'occupent avec beaucoup de sollicitude de l'éducation des petits.

ORDRE DES GALLINACÉS.

LE PAON (*Pavo cristatus*).

La description du Paon par Gueneau de Montbeillard, un peu trop pompeuse peut-être, ne laisse pas que de donner une idée assez exacte de ce magnifique oiseau, dont le plumage défie les plus riches palettes ; en la reproduisant, il importe de la débarrasser de quelques erreurs échappées aux anciens ornithologistes.

« Si l'empire, dit Gueneau, appartenait à la beauté et non à la force, le Paon serait sans contredit le roi des oiseaux ; il n'en est point sur qui la nature ait versé ses trésors avec plus de profusion ; la taille grande, le port imposant, la démarche fière, les proportions du corps élégantes et sveltes, tout ce qui annonce un être de distinction lui a été donné. Une aigrette mobile et légère, peinte des plus riches couleurs, orne sa tête et l'élève sans la charger ; son incomparable plumage semble réunir tout ce qui flatte nos yeux dans le coloris tendre et frais des plus belles fleurs, tout ce qui les éblouit dans les reflets petillants des pierreries ; non-seulement la nature a réuni sur le plumage du Paon toutes les couleurs du ciel et de la terre pour en faire le chef-d'œuvre de sa magnificence, elle les a encore mêlées, assorties, nuancées, fondues de son inimitable pinceau, et en a fait un tableau unique, où elles tirent de leur mélange avec des teintes plus sombres, et de leurs oppositions entre elles, un nouveau lustre et des effets de lumière si sublimes que notre art ne peut ni les imiter ni les décrire (fig. 120).

« Tel paraît à nos yeux le plumage du Paon lorsqu'il se promène paisible et seul dans un beau jour de printemps : mais si sa femelle vient tout à coup à paraître, alors toutes ses beautés se multiplient, ses yeux s'animent, son aigrette s'agite sur sa tête, les longues plumes de sa queue déploient, en se relevant,

Fig. 120. Paon.

leurs richesses éblouissantes ; sa tête et son cou se renversent noblement en arrière, se dessinant avec grâce sur ce front radieux où la lumière du soleil se joue en mille manières, se perd et se reproduit sans cesse, et semble prendre un nouvel éclat, plus doux et plus moelleux, de nouvelles couleurs plus variées et plus harmonieuses; chaque mouvement de l'oiseau produit des milliers de nuances nouvelles, des gerbes de reflets ondoyants et fugitifs, sans cesse remplacés par d'autres reflets et d'autres nuances toujours diverses et toujours admirables.

« Mais ces plumes brillantes, qui surpassent en éclat les plus belles fleurs, se flétrissent aussi comme elles et tombent chaque année; le Paon, dans cet état humiliant, semble craindre de se faire voir, et cherche les retraites les plus sombres, jusqu'à ce qu'un nouveau printemps, lui rendant sa parure accoutumée, le ramène sur la scène pour y jouir des hommages dus à sa beauté. » Si, pendant cette mue, le Paon se cache, ce n'est pas qu'il soit honteux de la perte de ses longues pennes; la cause de sa sauvagerie temporaire est tout hygiénique : dans cette période critique, l'air vif augmente les souffrances de l'oiseau; s'il recherche les abris obscurs, c'est parce qu'ils calment son malaise et favorisent l'éruption des plumes; en se retirant à l'écart, il obéit donc à un instinct de conservation et non pas à cette poussée de ridicule amour-propre qu'on lui suppose.

Ses habitudes ressemblent à celles de la plupart des Gallinacés; comme eux, il se nourrit de graines, de Vers, d'insectes et d'herbages; il aime à vaguer, à se réunir en société, et témoigne d'un grand attachement pour sa Paonne. La femelle pond, dans le courant du printemps et par intervalles, un certain nombre d'œufs qu'elle cache avec le plus grand soin et couve assidûment. Il n'y a qu'une ponte par an, l'incubation dure quatre semaines; les petits ne sont pas plutôt éclos, qu'ils suivent partout leur mère; en domesticité, ils craignent le froid et la pluie et réclament pendant longtemps des précautions minutieuses.

Les jeunes mâles portent l'éperon et manifestent de bonne heure leur humeur batailleuse; la race se montre du reste assez despote vis-à-vis des autres volailles. Les Paonneaux courent et mangent seuls aussitôt la sortie du nid; jusqu'à ce qu'ils soient forts, ils traînent leurs ailes pendantes; mais à peine sont-ils en état de voleter, qu'ils s'essayent à percher; à l'exemple de leurs père et mère, ils aiment à jucher sur le faîte des toits et sur les arbres; du haut de ces postes élevés où ils passent souvent la nuit, ils font entendre fréquemment leurs cris perçants et désagréables; leur plumage subit plus d'une variation en attendant la livrée de l'adulte; lorsque la croissance est tout à fait complète, le bleu domine sur leur tête, leur cou et leur poitrine, avec différents reflets d'or, de violet et de vert qui renaissent et jaillissent à chaque instant de leur plumage chatoyant.

La chair des jeunes Paons est excellente à manger. Ces oiseaux vivent au delà de vingt ans, même dans nos climats.

LE DINDON (*Meleagris gallo-pavo*).

C'est depuis la fin du seizième siècle que le Dindon a pris place dans nos basses-cours; nous le devons aux missionnaires de la Compagnie de Jésus.

A l'état sauvage, cet oiseau, originaire de l'Amérique, habite le centre des grandes forêts; mais à mesure que la civilisation s'avance dans ces contrées, il s'enfonce de plus en plus dans les parties désertes du Nouveau-Monde. Pendant la belle saison, il ne quitte pas les bois; il y vit par petites bandes qui, aux premiers froids, se réunissent en troupes de cent cinquante individus. D'un naturel très-farouche, les Dindons, au moindre bruit, se cachent dans les hautes herbes et dans les broussailles; ils se servent plus de leurs jambes que de leurs ailes, s'enfuient d'une grande vitesse, accélèrent leur course par un demi-vol et ne se livrent guère au vol plein et soutenu que pour franchir les lacs et les rivières. Au coucher du soleil, ils font entendre de nombreux *glous-glous* pour se rallier; dès qu'ils sont réunis, ils s'acheminent en silence vers le gîte où ils doivent passer la nuit, se perchent, les uns près des autres, à la cime des plus grands arbres, et de préférence sur les branches mortes : ainsi juchés, ils se croient en telle sécurité, que la vue de l'homme ne les effraye plus; les détonations d'armes à feu ne les font même pas changer de place; chaque fois qu'ils voient tomber un des leurs par une décharge, ils ne bougent, ils se bornent seulement à exprimer leur étonnement par un murmure sourd : de là sans doute le renom proverbial de stupidité dont ils sont l'emblème, à tort ou à raison.

Les couleurs, à peu près uniformes, noire, jaune ou blanche, des individus qu'une longue domesticité a fait dégénérer, ne sauraient donner une idée des beautés de l'espèce sauvage. Le mâle qui n'a jamais quitté ses forêts est un oiseau splendide, de taille beaucoup plus forte que celle de notre espèce privée. Sa teinte générale est brun foncé, mais les plumes du cou, de la gorge, du dos et des ailes reflètent, au jeu de la lumière, l'or bruni, le pourpre et le violet; les pennes de ses ailes sont coquettement parées de blanc d'argent à leur extrémité; le volume de la femelle est plus petit, et son plumage, d'une teinte plus claire, est moins éclatant.

Le mâle se reconnait encore à d'autres caractères. Non-seulement la tête et la partie supérieure de son cou sont revêtues, comme chez les femelles, d'une peau nue, bleuâtre, chargée de mamelons, mais de la base de son front part une caroncule

Fig. 121. Dindon.

charnue, ridée, conique et extensible, qui, sous l'influence de la passion, s'allonge jusqu'au delà du bec; un barbillon, sous la forme d'une double membrane rouge, descend sur le tiers du cou d'où pend un bouquet de crins noirs; ses pattes, en outre, sont armées d'un éperon, et sa queue s'épanouit en éventail comme celle du Paon (fig. 121); son cri est un gloussement gradué, détonnant en éclat vif et prolongé : la voix de la femelle n'exprime qu'un accent plaintif.

Un trait de mœurs tout particulier signale les Dindons aux chasseurs; au point du jour, vers le printemps surtout, ils font retentir les forêts de leurs gloussements répétés, sans changer de place; ce tintamarre dure près d'une heure, quelque temps avant le lever du soleil; dès que l'astre a paru sur l'horizon, ils quittent leurs retraites nocturnes et se dispersent pour aller en quête des vivres; leur nourriture consiste en graines, baies et autres fruits sauvages, et surtout en glands. Quand les contrées où ils ont passé la belle saison ne leur offrent plus l'abondance, ils émigrent en troupes vers une autre plus fertile, et, quoique leur vol soit rapide, presque toujours ils font la route à pied, par étapes.

Les mâles, en leur qualité de polygames, ne s'occupent ni des couvées, ni de l'éducation des petits.

Le nid consiste en un amas de feuilles sèches et ne sert que pour l'incubation; les petits, à peine éclos, l'abandonnent et n'y rentrent plus. Leur croissance est très-rapide; en moins de trois mois ils sont en état de se passer de leur mère et de pourvoir eux-mêmes à leurs besoins.

Réduit en captivité, le Dindon garde toujours quelque chose de son indépendance primitive; il supporte mal sa prison; il lui faut, pour prospérer, le libre exercice à travers les champs et les terrains vagues. Autant la femelle se montre douce et timide dans les basses-cours, autant le mâle s'y conduit en despote et a peine à vivre en bonne harmonie avec ce qui l'entoure : il attaque les poulets qu'il surprend hors de la tutelle de leur mère; il cherche noise aux Poules et aux Canards, se bat parfois avec les Coqs, et entre dans de tels accès de fureur au printemps, qu'il se jette sur les personnes et peut même devenir dangereux pour de jeunes enfants. En général cependant, ses colères sont simplement risibles; il n'est guère sujet qu'à des bouffées de vanité ridicule, possédé qu'il est de la passion de se faire admirer; dans cette surexcitation bouffonne, son corps se gonfle, ses plumes se hérissent, ses ailes se tendent tout à coup avec force et s'abaissent jusqu'à terre, sa queue se déploie en éventail, toutes les parties charnues de sa tête s'empourprent d'un rouge vif, et la caroncule s'allonge démesurément : tout plein alors de lui-même, il fait entendre un bruit sourd, auquel succède bientôt un éclat de voix saccadée, étranglée et retentissante, qu'il répète plusieurs fois de suite

Les Dindes, couveuses par excellence, se laisseraient périr de faim plutôt que d'abandonner leur nid, quand bien même on en aurait enlevé les œufs; elles mènent avec une remarquable intelligence les poussins et les jeunes Pintadeaux non moins bien que leurs propres petits : aussi les charge-t-on souvent de cette fonction délicate; elles témoignent une égale sollicitude à leurs nourrissons adoptifs, les réchauffent sous leurs ailes, leur apprennent à trouver leur nourriture et les défendent avec une intrépidité toute maternelle. « Il semble, dit Buffon, que la tendresse de la Dinde pour ses petits rende sa vue plus perçante ; elle découvre l'oiseau de proie d'une distance prodigieuse ; dès qu'elle l'a aperçu, elle jette un cri d'effroi que comprend aussitôt toute la couvée; chaque Dindonneau se réfugie dans les buissons ou se tapit dans l'herbe, et la mère les y retient en répétant le même cri d'effroi autant de temps que l'ennemi est à portée; mais le voit-elle prendre son vol d'un autre côté, elle les en avertit aussitôt par un autre cri, bien différent du premier, et qui est pour tous le signal de sortir du lieu où ils se sont cachés, et de se rassembler autour d'elle. »

La chair des Dindes, bien plus délicate que celle des Dindons, ne perd rien au contact des truffes, leur condiment obligé.

LA PINTADE (*Numida meleagris*).

La Pintade (fig. 122) nous vient d'Afrique; le fond gris-bleuâtre de son plumage est semé régulièrement de taches blanches, plus ou moins rondes, ses ailes sont courtes et sa queue est pendante, comme chez la Perdrix, ce qui, joint à la disposition de ses plumes, la fait paraître bossue. De la base de son bec pendent deux barbillons de forme variée, tantôt ovales, tantôt carrés ou triangulaires; leur couleur rouge, plus vive chez le mâle que dans la femelle, est toujours mêlée de bleuâtre; mais le caractère propre à la Pintade se trouve dans le tubercule calleux, espèce de casque recouvert d'une peau sèche et ridée, qui s'étend sur l'occiput et les côtés de la tête, et s'échancre à l'endroit des yeux; on l'a comparé au bonnet ducal vénitien.

Bien que sa domesticité remonte à une date fort ancienne, la Pintade garde toujours quelque chose de ses habitudes de l'état de nature. Vive, pétulante et querelleuse, elle ne tient guère en place, et s'érige souvent en tyran vis-à-vis de la volaille. Sa voix criarde, tambourinante et discordante se fait entendre à tout propos; on en est assourdi, agacé à chaque variation de l'atmosphère et toutes les fois que quelque chose d'insolite inquiète et tourmente cet oiseau. Elle sait se faire respecter des hôtes de la basse-cour et n'hésite jamais à soutenir la lutte, même quand elle est attaquée par plus fort qu'elle; sa manière de combattre rappelle celle des cavaliers numides : elle charge à fond, brusquement, sans méthode régulière; se sent-elle près d'être vaincue, elle tourne subitement le dos, mais pour fondre, l'instant d'après, sur son adversaire : le courage ne lui manque pas.

Ainsi que la plupart des Gallinacés, la Pintade aime à poudrer;

Fig. 122. Pintade.

elle se débarrasse de cette façon, en se vautrant dans la poussière, des parasites qui l'incommodent; peut-être aussi, dans ses bains de sable, savoure-t-elle davantage la chaleur solaire dont elle aime à s'envelopper. A l'exemple des Poules, elle gratte la terre pour y chercher les vermisseaux et les insectes dont elle est très-friande; elle vit en troupes nombreuses; quoique ses ailes soient courtes, elle perche volontiers; son vol est lourd et sans grande portée; en revanche, elle court avec une extrême célérité.

La Pintade est douée d'une grande fécondité; ses pontes se succèdent pendant des mois entiers, presque sans interruption; elle n'accepte le poulailler que comme retraite de nuit, et s'en va, par instinct, cacher ses œufs loin des lieux habités. Il n'est pas rare de la voir vagabonder pendant le jour à travers les prairies ou dans les bois : aussi paye-t-elle parfois fort cher ces velléités d'indépendance.

A part les hasards que lui fait courir le Renard, la Pintade ne niche jamais mieux que dans les bois; dès la sortie de l'œuf, les Pintadeaux se mettent à marcher et mangent tout seuls sous la conduite de leur mère. Lorsqu'ils commencent à prendre plume, ils ont un certain air de ressemblance avec les petits Perdreaux rouges; leur développement est rapide; leur sauvagerie se dénote dès le bas âge : ils font constamment bande à part, vivent entre eux et ne se séparent jamais, quoique renfermés dans la même basse-cour avec les autres oiseaux domestiques.

La chair de la Pintade, légèrement faisandée, vaut le meilleur gibier; elle descend au rang de simple volaille peu savoureuse lorsqu'on ne sait pas l'attendre à point.

LE FAISAN (*Phasianus colchicus*).

L'introduction déjà séculaire en France de cet oiseau complétement naturalisé dans nos bois permet de le considérer aujourd'hui comme une espèce presque indigène, quoiqu'il soit originaire d'Asie.

Le plumage du Faisan mâle est très-remarquable; sa tête et son cou brillent d'un beau vert avec des reflets métalliques bleu foncé; sa poitrine, ses flancs et la région du ventre ont leurs plumes bordées de noir sur un fond brun-châtain; des taches blanches demi-circulaires émaillent le manteau; les longues plumes du croupion, de couleur rouge-cendré, présentent des teintes purpurines; le gris olivâtre des pennes de la queue est relevé de raies noires et de bordures blanches; l'œil enfin s'entoure d'un cercle nu, d'un rouge vif (fig. 123).

La taille de la femelle est plus petite; le gris terreux, maculé de noir et de roux, domine dans sa livrée, dont les teintes sont plus foncées sur le dos.

Le Faisan, d'un naturel farouche, vit solitaire dans les bois humides; lorsqu'il a adopté une localité, il s'y cantonne; mais, tout en ne dépassant pas ses limites, il change souvent de place; il piète une grande partie du jour, et profite du voisinage des champs cultivés pour faire des incursions dans les récoltes de céréales, dans celles de sarrasin surtout, dont il est très-friand : les chasseurs, propriétaires de terres bordant les grands bois fréquentés par ces oiseaux, ne manquent pas de semer ce grain pour les y attirer.

Les habitudes du Faisan offrent un certain cachet de régula-

Fig. 123. Faisans.

rité : il s'éveille avec le soleil et commence par aller en quête de sa nourriture; dès que la chaleur se fait sentir avec un peu de force, il rentre sous bois; il va de nouveau au gagnage dans les champs entre cinq et six heures du soir pendant la belle saison, et y reste jusqu'au coucher du soleil; aux approches de la nuit, il s'achemine vers les gaulis et passe la nuit sur un grand chêne : lorsque le temps est calme et beau, il se tient d'ordinaire à la cime des arbres; par le mauvais temps, il occupe une station plus basse.

Le port du Faisan est à la fois gracieux et fier; ses longues plumes caudales contribuent à lui donner une allure légère. Quand il s'enlève, son vol est lourd et bruyant; mais une fois parvenu à la hauteur des grands arbres, il file avec rapidité; presque toujours le départ est accompagné, chez le mâle, d'un cri bruyant, *kâ kâ, kac*, qu'on entend de loin; hors cette circonstance et le temps de la pariade, les coqs sont généralement assez silencieux.

Le Faisan pousse la timidité jusqu'à en être pusillanime; en cas de danger, il ne sait pas prendre franchement son parti: il hésite longtemps entre la crainte et la résolution de s'échapper. S'est-il laissé surprendre, au lieu de demander son salut à ses ailes, il se cache tout d'abord, et garde une immobilité absolue; puis, la peur le gagnant davantage, il se met à courir tout effaré à travers les fourrés; ce n'est que lorsqu'il se voit acculé à un péril imminent qu'il se décide à s'envoler en poussant un cri de terreur.

Ses mœurs se ressentent de sa sauvagerie : aussitôt que deux coqs se rencontrent, ils se battent avec acharnement. Ils vivent la plupart du temps solitaires, et ne prennent aucun souci du nid ni de l'éducation des petits. La Poule Faisane remplit mieux son rôle de mère : elle place son nid à terre, dans un endroit écarté, au milieu des hautes herbes ou dans un buisson; elle le garnit de brindilles et d'un peu de foin ou d'herbes sèches, et y dépose de douze à quinze œufs grisâtres, tachetés de brun, et les couve avec beaucoup de persévérance pendant trois semaines. A l'exemple de la Poule commune, elle mène ses Faisandeaux à la pâture et les réchauffe de temps en temps sous ses ailes, mais elle ne sait pas aussi bien les défendre et les rallier autour d'elle lorsque quelque danger les menace. Les petits se nourrissent d'abord d'insectes, principalement de larves de Fourmis, de vermisseaux et de petits mollusques; à mesure qu'ils deviennent plus forts, les grains et les baies entrent davantage dans leur régime et finissent par le composer presque exclusivement. Pendant toute la durée de l'éducation, la mère demeure à terre avec ses Faisandeaux; elle ne perche qu'après qu'ils se sont successivement exercés à grimper sur les branches basses, et qu'ils sont en état de gîter sur les arbres. Les jeunes femelles restent en compagnie avec leur mère toute la première année; elles muent à l'automne, ainsi que les jeunes mâles; ceux-ci se séparent déjà à cette époque, pour aller vivre chacun de leur côté; au printemps suivant, toute la famille est adulte : c'est le signal de la dispersion absolue.

Le Faisan est répandu dans un grand nombre de bois des environs de Paris; il est aussi très-commun dans les forêts de la côte orientale de la Corse, entre Porto-Vecchio et la Solenzara.

LE TÉTRAS (*Tetrao urogallus*).

Le Tétras (fig. 124), connu vulgairement sous le nom de Coq de bruyère, était autrefois répandu dans les montagnes des Vosges, du Bugey, du Dauphiné, ainsi que dans l'Auvergne et les Pyrénées; mais l'espèce, déjà disparue de plusieurs de ces contrées, ne se rencontre plus en nombre que dans certaines localités de nos Alpes françaises et dans les Pyrénées. Indépendamment de sa taille, qui ne le cède guère à celle du Dindon, on reconnaît le Tétras à ses jambes sans éperon et garnies de plumes jusqu'à la base des doigts. Le mâle offre deux caractères spéciaux : les plumes de sa tête se dressent à volonté, en aigrette, et les pennes de sa queue peuvent s'épanouir en éventail; la bande blanche qui la traverse se dessine alors en arc de cercle; les yeux sont surmontés d'une plaque rouge-laque, et la partie antérieure du bas du cou brille d'un beau vert lustré; dans la femelle, le plumage général, au lieu d'être brun-noirâtre, tire sur le roux.

Le Tétras habite les forêts résineuses en montagne, et se plaît particulièrement dans celles qui abondent en sources, et où ne manquent pas les fourrés de myrtiles, de genévriers, de bruyères et autres arbustes à baies. La zone des rhododendrons forme sa station ordinaire. Sédentaire une grande partie de l'année, il descend de ses hauteurs lorsque l'hiver est très-rigoureux ou qu'il est tombé beaucoup de neige, mais pour remonter aussitôt que la température devient moins sévère. Par les froids très-vifs, il reste souvent plusieurs jours de suite perché sur les arbres sans mettre pied à terre, et vit exclusivement, dans cette circonstance, de bourgeons et de feuilles de sapin; néanmoins, hors la dureté du temps, il se tient ordinairement toute la journée à terre et ne gagne son poste aérien que pour passer la nuit. Il aime à jouir des premiers rayons du soleil sur les clairières des forêts; il se nourrit des bourgeons d'essences résineuses, du fruit du myrtile, du genévrier, et aussi de Vers et d'insectes qu'il cherche à terre, à la manière des Poules. Son naturel sauvage le rend très-méfiant; il prend la fuite au moindre bruit par un vol filé droit et sans aller bien loin; il marche et court avec vitesse, le corps fortement penché en avant; son essor est toujours accompagné d'un grand bruit d'ailes.

Chaque mâle vit solitaire, excepté depuis mai jusqu'en juin: ses allures, à cette époque, sont des plus étranges : bien avant que le jour paraisse, il débute par un cri d'éclat, suivi bientôt d'une voix aigre et perçante, semblable au bruit d'une faux

Fig. 124. Tétras.

qu'on aiguise; on l'entend de fort loin. Ce cri d'appel, tour à tour interrompu et repris, dure pendant plus d'une heure et finit par une espèce d'explosion. Pendant tout ce temps, le Tétras affolé éprouve une grande agitation; il monte, il descend le long de son perchoir, il saute de branche en branche, ses plumes se boursouflent, ses ailes sont pendantes, sa queue se déploie et il prend, en outre, les postures les plus bizarres; on le dirait parfois plongé en extase. Quand il est sous ce charme qui cesse aussitôt l'apparition du soleil, sa prudence accoutumée l'abandonne, il se laisse facilement approcher; les chasseurs en profitent pour le tirer à coup sûr.

Cinq ou six semaines après ses noces, le Tétras, polygame comme le Faisan, se retire à l'écart et reprend ses habitudes solitaires. La femelle improvise, derrière quelque souche, une espèce de nid en forme de cuvette, à fleur de terre, où elle dépose une douzaine d'œufs grisâtres, tachetés de brun; elle les couve avec une persévérance remarquable. Les petits courent dès qu'ils sont sortis de la coquille; la mère les mène avec une grande sollicitude, et leur apprend à trouver leur nourriture; elle gratte devant eux le sol, met à sac les nids de Fourmis pour en extraire les œufs dont ses nourrissons sont très-friands, et elle leur enseigne à chercher les insectes destinés à leur première alimentation; elle les initie ensuite, par degrés, à la nourriture végétale qui inaugure le régime des adultes.

Ses soins ne se bornent pas à leur procurer des vivres : elle ne les perd pas un instant de vue, leur donne le signal de se cacher à l'approche du danger; et si quelque bête de proie la surprend pendant qu'elle conduit sa troupe, elle se jette en voletant à quelques pas au-devant du Rapace, comme si elle était blessée, et, par ce stratagème ingénieux, l'éloigne de sa couvée toute dressée à se disperser au fond des broussailles; quand la mère la sait en sûreté, elle pique une pointe en l'air, et rallie ensuite ses nourrissons par un *glou glou* particulièrement accentué.

La croissance des jeunes Tétras s'opère assez vite, quoique leur éducation soit longue; au bout de quelques semaines, ils ont déjà assez de plumes pour essayer de se percher, mais ce n'est qu'après plusieurs mues que leur plumage se complète et prend sa livrée définitive. A la fin de l'automne, la famille se partage en deux bandes : les jeunes femelles ne quittent pas leur mère et vivent tout l'hiver en compagnie avec elle; les jeunes mâles, d'humeur plus turbulente, éprouvent instinctivement le besoin d'aller vivre ailleurs; au moment de se séparer, ils donnent déjà quelques éclats de voix; au retour de la belle saison, ils se comportent tout à fait comme les adultes qui les ont précédés dans la vie.

LA GELINOTTE (*Tetrao bonasia*).

Encore un de nos meilleurs gibiers qui devient de plus en plus rare, même dans les Vosges où il était autrefois commun ; la chasse active qu'on lui fait achèvera bientôt de nous l'enlever complétement.

Belon, avec son style pittoresquement naïf, a fait, en quelques mots, le portrait de la Gelinotte : « Qui se feindra, dit-il, voir quelques pièces de Perdrix métive, entre la rouge et la grise, et tenir je ne sais quoy des plumes du Faisan, aura la perspective de la Gelinotte des bois (fig. 125). »

Cet oiseau, un peu plus gros qu'une Perdrix, habite les grandes forêts accidentées, à essences de chênes, de bouleaux, de sapins, etc., où les dômes de feuillage épais alternent avec des clairières plus ou moins parsemées de roches, et où croissent la fougère, le myrtile, le genévrier et le sureau à grappes rouges ; il en sort de temps à autre, à des époques réglées. En juin et juillet, les Gelinottes se tiennent de préférence à la lisière des bois ; vers la fin de l'été, elles rentrent dans l'intérieur de la forêt et s'approchent des clairières où se trouvent des arbrisseaux à baies ; dans les mois de septembre et d'octobre, on les rencontre de nouveau au bord des bois, dans les bruyères longeant des taillis serrés propres à servir de refuge ; l'hiver, elles séjournent constamment au beau milieu des forêts : la zone intermédiaire des montagnes forme leur station ordinaire ; elles recherchent les versants du midi où se trouvent des eaux de source.

Les Gelinottes ont certaines allures qui leur sont communes avec la Perdrix, et d'autres qui leur appartiennent spécialement. Quand rien ne trouble leur sécurité, elles sont fréquemment accroupies, marchent à la façon des Perdrix inquiétées, mais en relevant un peu plus le cou ; elles s'allongent en avant dans leur course qui est rapide ; la femelle rabat alors les plumes de sa tête ; le mâle, au contraire, les étale. Lorsqu'on fait lever à terre les Gelinottes, elles partent avec un grand bruit d'ailes, et se réfugient dans le plus épais d'un arbre, à la base d'une grosse branche, et s'y tiennent immobiles, collées dans le sens de la longueur du rameau et profondément silencieuses ; celui-ci ne leur paraît-il pas suffisamment large pour les cacher entièrement, elles sautent lestement à terre et se dérobent, par la fuite, dans le fourré le plus proche.

Le mâle se distingue aisément de la femelle par la tache noire dont sa gorge est marquée et par ses sourcils d'une teinte rouge plus vive; tous les deux ont la queue traversée, vers son extrémité, par une bande noire.

Au printemps, le mâle chante toute la nuit, depuis le coucher du soleil jusqu'à l'apparition du jour. La femelle place son nid au pied d'un rocher, dans quelque touffe de fougère; elle y pond de huit à dix œufs de couleur brune, piquetés de points rougeâtres. L'incubation dure trois semaines; la mère, alors même

Fig. 125. Gelinotte.

que le péril la presse, ne quitte son poste qu'après avoir recouvert ses œufs avec les matériaux du nid; les petits éclos, elle les conduit, les mène dans les endroits bien soleillés et leur apprend à chercher les insectes qui forment leur première nourriture; à mesure qu'ils se développent, elle leur enseigne à trouver les graines, les baies et la verdure dont se compose le régime des adultes; à la plus petite alerte, ils se glissent, d'instinct, à travers les mousses, les herbes et les feuilles sèches, s'y confondent, grâce à la couleur terreuse de leur plumage, et s'y tiennent coi; il ne faut rien moins que le nez du Chien ou du Renard pour les dépister; quant à l'homme, il est bien rare qu'il puisse les découvrir dans cette cachette. Lorsqu'ils sont assez forts pour se passer de l'aile maternelle pendant la nuit, ils vont se percher sur une branche à côté de la mère; plus tard, les jeunes couples se forment, mais sans faire bande à part avant l'arrivée du printemps; la séparation de la famille n'a lieu qu'au moment de l'entrée en ménage.

LE COQ ET LA POULE.

Le Coq et la Poule tiennent, à plus d'un titre, le haut du pavé parmi les Gallinacés. Leur robuste constitution, leur croissance rapide, le parti qu'ils savent tirer de toutes choses, leur fécondité et la variété de leurs produits, en font des animaux essentiellement utiles, commensaux de la ferme. Partout où l'homme s'est établi, ils l'ont accompagné. Connus de toute antiquité, leur type originel s'est perdu dans une longue domesticité; mais en dépit des races nombreuses que les croisements ont fait naître, on retrouve ses principaux caractères dans l'espèce commune, souche probable de cette grande famille.

Le Coq se distingue, tout d'abord, par la fierté de sa démarche et la franchise de ses mouvements empreints de force et de gravité. Ramassé dans sa taille, il est organisé pour le combat : de larges muscles cuirassent sa poitrine; ses pattes nerveuses sont armées d'éperons; une crête écarlate lui tient lieu de casque; son regard ferme et hardi dénote l'humeur impérieuse d'un despote qui s'impose et à qui tout doit obéir; de son bec gros et court pend une double membrane d'un rouge sanglant; ses joues s'accompagnent d'oreillons bien accusés. La magnificence de son plumage en fait un oiseau superbe : de longues plumes soyeuses encadrent son cou; sa queue s'ombrage d'un panache triomphant; toute sa livrée brille de couleurs métalliques où le jaune doré, le vert, le bleu, le rouge, le violet et le noir changeant se mêlent avec éclat et harmonie (fig. 126 à 129). La brièveté de ses ailes ne lui permet que de courtes volées; dans le sommeil, il pose souvent sur un seul pied; il gratte le sol pour y chercher sa nourriture, avale presque autant de petits graviers que de grains, et, chaque fois qu'il boit, lève sa tête pour faire entrer dans son gosier l'eau qu'il a puisée avec son bec

« Le Coq, dit Buffon, a beaucoup de soin et même d'inquiétude pour ses Poules; il ne les perd guère de vue; il les conduit, les défend, les menace, va chercher celles qui s'écartent, les ramène, et ne se livre au plaisir de manger que lorsqu'il les voit toutes manger autour de lui. A juger par les différentes inflexions de sa voix et par les différentes expressions de sa mine, on ne peut douter qu'il ne leur parle différents langages. Quand il les perd, il donne des signes de regret. Il n'en maltraite aucune; sa jalousie ne s'irrite que contre ses concurrents. S'il se présente un autre

Fig. 126. Coq et Poule.

Coq, il accourt tout en feu, les plumes hérissées, et lui livre un combat opiniâtre, jusqu'à ce que l'un ou l'autre succombe, ou que le nouveau-venu lui cède le champ de bataille. » Impétueux jusqu'à la violence, il ne connaît point d'obstacle; il surveille à chaque instant son nombreux sérail, se choisit une favorite, et, sans négliger les autres Poules, lui fait un accueil de prédilection, lui réservant toujours les meilleurs morceaux. Actif et vigilant, il fait bonne garde autour de sa smala, l'avertit du danger, s'avance résolûment pour la défendre, et ne lui demande, en échange, qu'une complète soumission. A-t-il rencontré plus fort que lui, il cède à la nécessité, bat en retraite, et exprime sa colère par des clameurs mêlées de murmures prolongés. Tout autre est sa voix quand il appelle ses compagnes; c'est par un petit gloussement doux et précipité qu'il les invite à s'approcher; son chant ordinaire est une trompette bruyante; il la fait retentir le jour aussi bien que la nuit, comme un défi à tout venant.

Ses qualités principales s'annoncent de bonne heure. A deux mois, il essaye déjà sa voix rauque en fausset; sa pétulance prématurée devient quelquefois si fougueuse, qu'étonné du bruit

Fig. 127. Coq de Crèvecœur.

insolite qui trouble son empire, le roi légitime accourt et du fouet de son aile châtie l'imberbe audacieux. Le Poulet est à peine emplumé, qu'une jalousie instinctive le pousse contre ses compagnons d'âge en qui il devine de futurs rivaux; il a déjà toute la susceptibilité du spadassin, le moindre prétexte l'enflamme de colère. Qui n'a vu souvent deux jeunes Coqs s'exercer à ferrailler, en attendant des combats plus sérieux? le cou et le jarret tendus, la plume gonflée, immobiles et en silence, ils s'observent pendant des minutes entières en se dévorant des yeux; tout à coup, ivres de fureur, ils s'élancent l'un sur l'autre, poitrine contre poitrine, cherchant à se déchirer du bec et des ongles, jusqu'à ce qu'un accident imprévu vienne les séparer.

Leur antipathie mutuelle n'a point échappé aux spéculateurs d'émotions; des peuples l'ont exploitée comme un amusement propre à attirer la foule, et l'ont cultivée avec tant d'art, que les combats de Coqs ont eu la vogue des spectacles les plus courus : l'Espagne, dans ce genre, l'emporte sur toutes les nations. Les Coqs gladiateurs en Castille sont nus et l'on endurcit leur peau au moyen de liquides alcooliques; les plumes des ailes et de la queue sont coupées jusqu'au tuyau, qu'on a soin de tailler en biseau; les ergots sont armés de pointes d'acier, et la tête est défendue par un solide chaperon, en guise de cimier. A peine dans l'arène, les deux champions se combattent à outrance; le premier coup de bec en met un parfois à bas; d'ordinaire cependant la lutte est longue, acharnée, sans trêve ni repos, et ne prend fin qu'avec la mort de l'un des adversaires; dès qu'il lui a donné le coup de grâce, le vainqueur monte sur son cadavre et chante son triomphe aux applaudissements du cirque. L'Angleterre, cette nation généralement si sage, n'a pas encore tout à fait renoncé à ces jeux barbares, quoiqu'ils n'y excitent plus le même enthousiasme qu'il y a cent ans. Au dix-huitième siècle, on voyait, chez ce peuple grave et sensé, des hommes de tous états accourir en foule à ces grotesques tournois, se diviser en deux partis, joindre la fureur des ga-

Fig. 128. Coq de Houdan.

geures les plus outrées à l'intérêt d'une curiosité malsaine, et le dernier coup de bec de l'oiseau vainqueur renverser la fortune de plusieurs familles : le peintre Hogarth a stigmatisé comme il convenait, de son spirituel crayon, ces jeux féroces, indignes de nations civilisées.

A un an, le Coq est dans toute sa gloire, il en jouit jusqu'à quatre et cinq ans. Sa longévité se prolonge bien au delà; mais, à partir de la seconde année, sa vigueur baisse sensiblement; on n'attend pas, en général, qu'elle s'éteigne dans une triste

Fig. 129. Coq de la Flèche.

vieillesse; on réforme, vers quatre ans, le vétéran et on le met au pot.

De taille moyenne et suffisamment étoffée, la Poule a les allures de son sexe (fig. 130). Son corps arrondi est porté sur des jambes fines et courtes; son ventre, gros et pendant, repose sur un large bassin; sa tête, fine et expressive, tantôt est décorée d'une huppe, tantôt relevée d'une crête plus ou moins dentelée: son bec, couleur de chair ou légèrement ardoisé, ne manque pas de force; son œil est calin et rusé; des barbillons d'un beau rouge lui forment d'élégantes pendeloques; son plumage abondant est aussi variable que son humeur : entièrement blanc ou noir chez certaines Poules, il est blond, jaune ou roux chez les autres; quelquefois il tire sur le gris-perle; d'autres fois il s'émaille de teintes bigarrées se fondant les unes dans les autres. Douée d'un bon tempérament, la Poule se nourrit sans peine, sait s'ingénier pour ne pas mourir de faim, et s'initie rapidement à la maraude, pour peu qu'on la néglige. Ses ongles puissants déchirent énergiquement le sol pour en tirer pâture; comme le Coq, chaque fois qu'elle avale une gorgée, elle rend grâces au ciel par ses aspirations.

Chez la Poule, la passion de l'indépendance est très-prononcée. La basse-cour ne lui suffit pas; elle y vit, mais ne s'y développe jamais aussi rapidement ni aussi bien que lorsqu'elle a ses coudées franches dans un libre espace. En général, elle aime à courir au loin; l'état casanier ne lui va pas; on serait presque tenté de l'accuser de vagabondage, car elle fait volontiers l'école buissonnière à travers champs et vergers et jusque dans les bois, malgré les hasards dangereux qu'elle y court; bref, une pointe d'indiscipline la met toujours en gaieté.

Aussi vives, mais moins pétulantes que leur mâle, les Poules se montrent plus douces, partant plus timides; elles ne se laissent familièrement approcher que des personnes qui ont l'habitude de les soigner; le moindre objet étranger qui frappe subitement leur regard les effarouche et les met en fuite; leur retour, il est vrai, ne se fait pas attendre. Peu ou point querelleuses de leur nature, elles n'ont de dispute entre elles que pour brimer une nouvelle camarade, ou pour se faire pièce quand l'une d'elles a trouvé quelque rogaton : c'est alors à qui s'en emparera; la butineuse est relancée à outrance; les chassés-croisés ne cessent que lorsque le fin morceau a passé dans un autre bec; poursuites alors de recommencer de plus belle, jusqu'à ce que le vermisseau convoité soit finalement avalé.

Les Poules s'attachent au sultan qu'elles se sont donné; d'elles-mêmes elles se placent sous sa tutelle, acceptent son gouvernement absolu, et se rendent avec empressement à son moindre appel. Leur voix, moins retentissante que celle du Coq, ne cesse pas d'être variée et d'avoir son langage. Naturellement babillardes quand elles ne sont pas occupées de graves fonctions, elles caquettent entre elles du matin au soir, et faute de mieux, jasent toutes seules, en forme de conversation intime; la nuit cependant elles font silence et laissent la parole au Coq. Quand elles viennent de pondre, elles annoncent leur délivrance par une série de joyeuses notes sonores; les commères leur répondent sur le même mode; le Coq, à son tour, salue cette nouvelle par une glorieuse fanfare. Lorsqu'elles sont mères, leur voix change tout à coup, elle s'enroue et détonne en un gloussement particulier que comprennent fort bien les Poussins. A la vue du Rapace planant au haut des airs, la Poule jette un cri perçant; c'est le signal de sauve qui peut! tous les petits aussitôt de se blottir dans l'herbe, dans les buissons, sous le premier fagot venu, partout où ils peuvent se glisser;

Fig. 130. Poule commune.

un appel tout différent, exprimant la confiance et la sécurité, les rallie autour de leur mère lorsque le brigand a disparu.

Les Poules sont très-voraces; en dehors de l'incubation et de l'éducation des Poussins, manger est leur principale affaire: aussi sont-elles sans cesse occupées à gratter la terre, à bouleverser les fumiers, explorer le fond des herbes et fouiller des choses sans nom pour assouvir leur insatiable appétit. Tout leur est bon et elles font ventre de tout : fruits, grains, légumes, racines, débris de toute nature, Vers et insectes, sont également de leur goût; elles pondent d'autant plus, qu'elles mêlent à leur régime de granivores une plus forte dose de substances animales. Rien n'échappe à leurs investigations. Les semences les plus ténues sont leur gain journalier; la Mouche au vol rapide évite rarement, le long des murs, leur coup de bec lancé comme un dard; le Ver de terre, si prompt à se contracter, montre à peine la tête hors de son trou, qu'à l'instant même il est happé, avalé. Leur ardeur à butiner tient réellement du prodige; elles n'ont pas plutôt fini une chasse, qu'elles en recommencent une autre : grâce aux grains de sable qu'elles avalent et aux muscles puissants dont leur gésier est pourvu, leurs aliments, quelque durs qu'ils soient, sont bien vite broyés, triturés, digérés.

Comme tous les oiseaux pulvérateurs, la Poule n'aime pas l'eau; les seuls bains qu'elle prenne sont des bains de sable pour se débarrasser de ses parasites. Quand elle poudre, elle le fait énergiquement, sans nul souci de sa personne : elle se creuse une espèce de nid dans la poussière, s'y trémousse avec délices, et, la patte allongée, étendue au soleil, s'endort au beau milieu du jour. Le Coq, lui aussi, fait la sieste, mais avec plus de respect de lui-même; il s'accroupit simplement à terre, sans se poudrer à fond; au sortir de ce repos momentané, il secoue ses ailes, répare le désordre de ses plumes, les lustre, les repasse avec son bec, et prend autant de soin de sa toilette que la Poule y met d'indifférence : c'est absolument l'inverse de ce qui se passe chez d'autres bipèdes.

Lorsque la température n'est pas trop froide, les Poules bien constituées et bien nourries commencent à pondre dans le mois de janvier. Mars, avril et mai sont les mois où la ponte est la plus active; elle continue pendant tout l'été et s'arrête à l'époque de la mue, alors qu'une partie de la nourriture, détournée de son cours ordinaire, est employée au renouvellement des plumes qui tombent.

Toutes choses égales, la ponte est plus abondante chez les Poules de un et deux ans que chez les autres; à partir de la troisième année, elle va toujours en diminuant. La fécondité des Poules est très-variable; les meilleures, au plus fort de la ponte, pondent quatre ou cinq jours par semaine; quelques-unes, à cette époque, pondent tous les jours; mais, en général, il y a alternance, elles se reposent de deux jours l'un : cent cinquante à deux cents œufs par année constituent une excellente production individuelle.

Les pontes se partagent en deux époques principales : celle du printemps ou ponte précoce, et la ponte tardive qui a lieu aux mois d'août et de septembre; les Poules qui ont élevé leurs Poussins se remettent ordinairement à pondre dans cette dernière saison.

L'état de santé des Poules exerce une influence réelle sur leur ponte. Celles qui tournent à la graisse pondent peu, et leurs œufs sont souvent *hardés*, c'est-à-dire revêtus d'une simple membrane, au lieu de la coquille qui doit les envelopper; la maigreur ne leur est pas moins préjudiciable que l'obésité; les œufs, dans ce cas, sont petits et rares; les bonnes pondeuses se rencontrent d'ordinaire entre les deux extrêmes, chez les Poules en chair.

La Poule qui éprouve le besoin de pondre trahit son secret par ses mouvements inquiets et désordonnés; elle va et vient tout affairée, jabote sans fin, et examine chaque recoin pour y cacher ses œufs; souvent elle les enfouit sous une ramée, derrière une botte de paille ou dans le grenier à foin. La plupart des Poules cependant s'accoutument facilement à pondre dans le poulailler, quand elles y trouvent un demi-jour, la propreté et la tranquillité; mais il en est qui, plus craintives ou plus sauvages, se croient obligées d'aller au loin chercher un endroit isolé où personne ne découvre leur trésor. Un beau matin, elles décampent et on ne les revoit plus que lorsque toute la nichée est éclose; elles reviennent alors triomphantes à la ferme, à la tête d'une troupe nombreuse, pleine d'entrain et de santé. Ces couvées furtives où la nature a repris ses droits ne sont pas toujours celles qui réussissent le moins; il leur suffit d'échapper aux misères du premier âge pour se fortifier en peu de temps et se faire un tempérament à tout braver : vents, pluies et tempêtes ne les éprouvent même plus; le Renard seul dérange maintes fois ces équipées en croquant et la mère et les Poussins.

Les Poules continuent de pondre plus ou moins régulièrement, jusqu'à ce qu'elles aient produit un certain nombre d'œufs et qu'elles sentent le besoin de couver; ce besoin, chez elles, est si impérieux, qu'elles en oublient le boire et le manger, elles le manifestent par un gloussement particulier et par des attitudes et des mouvements non équivoques. L'incubation dure de vingt à vingt et un jours. Avant que la mère se soit posée sur ses œufs, qu'elle les ait enveloppés de ses ailes et leur ait communiqué sa propre chaleur, toutes les parties qui composent le fœtus (fig. 131) sont invisibles, par suite de leur exiguïté, de leur fluidité et de leur transparence; mais à mesure que la Poule échauffe les germes, ceux-ci prennent de plus en plus de la consistance; ils se développent dans un ordre déterminé. Après cinq ou six heures d'incubation, on distingue déjà la tête et l'épine dorsale nageant dans la liqueur dont est remplie la bulle placée au centre de la cicatricule; sur la fin du premier jour, la tête s'est déjà recourbée en grossissant; dès le second jour, on voit les premières ébauches des vertèbres, le cœur est pendant, il bat et le sang circule; le troisième jour, le cou et la poitrine se sont débrouillés; le quatrième jour, les yeux et le foie sont visibles; le cinquième, l'estomac et les reins apparaissent; le sixième jour, les poumons se dessinent ainsi que la peau sur laquelle les plumes commencent à s'implanter; le septième

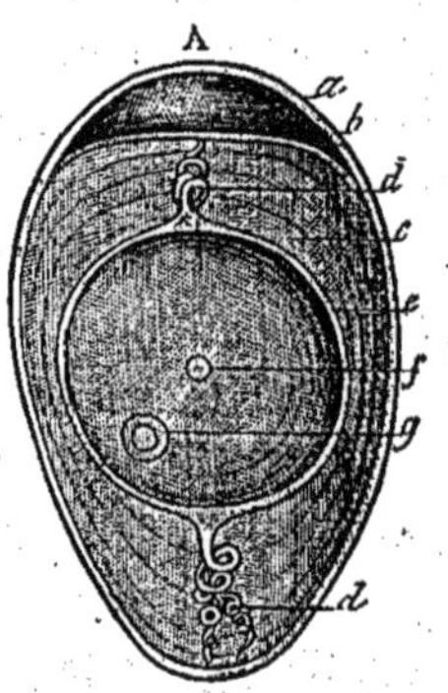

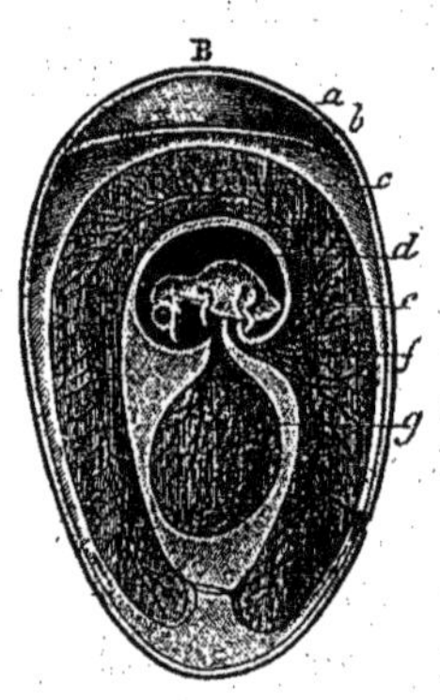

Fig. 131.

a, la coquille de l'œuf; *b*, chambre à air; *c*, albumine ou blanc de l'œuf, *dd* chalasse; *e*, vitellus; *f*, vésicule germinative; *g*, cicatricule, qui apparaît après la rupture de la vésicule germinative et devient le point de départ du développement embryonnaire.

jour, le bec et les intestins se montrent; le huitième, les ventricules du cœur et la vésicule du fiel sont à découvert; le neuvième, les ailes et les cuisses sont bien accusées, et les plumes continuent de sortir; le dixième, toutes les parties qui constituent le Poulet sont à leur place et présentent la forme qui les caractérise; les jours suivants sont consacrés au développement de tout l'organisme, il achève de prendre l'accroissement dont il est susceptible dans l'œuf. Vers le dix-septième ou dix-huitième jour, selon que la température est plus ou moins favorable, on entend les petits chanter dans la coquille. Le dix-neuvième ou le vingtième jour, ils se mettent à *bêcher :* pour les uns, la délivrance n'est qu'une affaire de quelques heures; pour les autres, au contraire, elle n'arrive qu'après vingt-quatre heures de rude labeur; parfois même le Poulet s'y épuise sans succès; enfin, le vingt et unième jour au plus tard toute la couvée est éclose; la mère Poule, toute joyeuse, oublie ses longues fatigues et descend de son nid; sa tâche de couveuse est accomplie, son rôle de nourrice va commencer.

Dès le premier jour de leur naissance, les Poulets trottinent et s'essayent à manger; ils se montrent d'abord assez maladroits dans cet exercice, mais la mère est là qui se charge de le leur enseigner; avec une pareille institutrice, ils s'y perfectionneront rapidement. « La Poule, dit M. Jacques, toute bouffie et toute ébouriffée, partagée entre la joie de couvrir sa nombreuse famille et la crainte de se la voir enlever, appelle de petits cris significatifs ses Poussins; les innocents ont compris, ils accourent aussitôt de toutes parts, flageolant sur leurs petites jambes encore mal assurées. La mère fait semblant de manger pour leur montrer comment on s'y prend, leur brise en menues miettes la mie de pain un peu trop forte, et en présente tantôt aux uns, tantôt aux autres; la leçon n'est pas longue à porter fruit; chacun fait d'abord quelques essais infructueux, puis, au troisième ou quatrième coup de bec, finit par saisir une miette ou un grain de mil, et tout le monde de déjeuner copieusement. »

Pour digérer à son aise, la couvée se glisse sous la mère, elle s'y tapit aussi afin de s'envelopper de la chaleur dont elle a besoin à cet âge; en effet, en venant au monde, elle n'a pour tout vêtement qu'un léger duvet, le moindre froid, la plus petite humidité l'impressionne vivement; c'est pourquoi elle se tient souvent sous la Poule: c'est son calorifère.

Les Poussins ne sont pas plutôt nés, qu'ils manifestent leur excellent appétit; toujours ils piaillent la faim, comme s'ils ne devaient jamais se rassasier. Les premiers jours se passent dans l'apprentissage de la vie, à chercher pâture et à faire de courtes promenades, entre-coupées de nombreux repos. La Poule commence bientôt la conduite de sa troupe; une fois à la tête de ses Poussins, elle ne vit plus que pour eux; un changement radical s'opère dans ses habitudes: de vagabonde, vorace et craintive, elle se fait tout à coup sobre et frugale, renonce à son indépendance et devient courageuse jusqu'à la témérité. Sa démarche est lente et grave, appropriée à ses augustes fonctions;

ses pas sont mesurés sur ceux de ses Poussins. Uniquement préoccupée de leur bien-être, elle est du matin au soir en quête de leur nourriture et à la recherche des bons endroits. Ses excursions sont sans trêve, proportionnées toutefois à la faiblesse du petit monde qu'elle est appelée à diriger. Au milieu de ses allées et venues, on la voit tout à coup s'arrêter, s'accroupir au soleil, gonfler ses ailes, les arrondir en berceau et inviter ses nourrissons à venir s'y reposer; les bambins ne se font pas prier. Rien de joli comme les groupes pittoresques de cette marmaille autour de la bonne mère de famille; c'est à qui se mettra à la fenêtre à travers son plumage : les uns sont entièrement cachés sous l'édredon maternel, les autres lui becquètent le cou; ceux-là, plus aventureux ou plus osés, trônent fièrement sur son dos, au risque de se précipiter du haut de ce capitole improvisé : la Poule se prête à tout, supporte leurs jeux et leurs caprices, complétement absorbée dans sa chère couvée.

« Mais, dit Buffon, si elle s'oublie elle-même pour conserver ses petits, elle s'expose à tout pour les défendre. Paraît-il un épervier dans l'air, cette mère si faible, si timide, et qui en toute autre circonstance chercherait son salut dans la fuite, devient intrépide par tendresse; elle s'élance au-devant de la serre redoutable (fig. 132), et, par ses cris redoublés, ses battements d'ailes et son audace, elle en impose souvent à l'oiseau carnassier qui, rebuté d'une résistance imprévue, s'éloigne et va chercher une proie plus facile. Elle paraît avoir toutes les qualités du bon cœur; mais ce qui ne fait pas autant d'honneur au surplus de son instinct, c'est que, si par hasard on lui a donné à couver des œufs de Cane ou de tout autre oiseau de rivière, son affection n'est pas moindre pour ces étrangers qu'elle le serait pour ses propres Poussins; elle ne voit pas qu'elle n'est que leur nourrice et non pas leur mère; et lorsqu'ils vont, guidés par la nature, s'ébattre ou se plonger dans la rivière voisine, c'est un spectacle singulier de voir la surprise, les inquiétudes, les transes de cette pauvre nourrice qui se croit encore mère, et qui, pressée du désir de les suivre au milieu des eaux, mais retenue par une répugnance invincible pour cet élément, s'agite incertaine sur le rivage, tremble et se désole, voyant toute sa couvée dans un péril évident, sans oser lui donner de secours. »

Chez le Poulet, les plumes des ailes et de la queue commencent à poindre à la fin de la première semaine, vers le huitième ou le neuvième jour; cette crise en emporte un certain nombre lorsque le temps est humide ou froid; l'épreuve surmontée, ils ne sont plus aussi sensibles aux intempéries; et s'ils ne sont pas encore sauvés, ils sont bien près de l'être lorsqu'on les soutient

Fig. 152.

par une nourriture fortifiante et qu'ils ont la chance de n'être point mouillés à fond par la pluie.

Au bout d'un mois, les Poulets ne réclament plus de soins spéciaux; on peut les sevrer de pâtée et les mettre au régime du grain et de la verdure; leur mère se charge de varier leur alimentation en leur apprenant, par son exemple, à chercher des Vers et des insectes qu'ils affectionnent particulièrement. A six semaines, les Poulets sont complétement couverts; ils savent déjà comment l'on gagne sa vie, le moment de leur émancipation n'est pas éloigné. Leur mère leur a enseigné toute sa science; elle leur a appris à fureter, gratter, fouiller et même à piller quelque peu; pour devenir passés maîtres en cette industrie multiple, ils n'ont plus besoin que de la pratique quotidienne. En attendant, le goût de l'indépendance les travaille de plus en plus; vient un moment où ils secouent toute obéissance et donnent congé à leur gouvernante. Déjà, depuis quelque temps, les ingrats se montraient fort indisciplinés; les liens de l'affection s'étaient bien relâchés; la séparation n'est pas plutôt faite, qu'ils deviennent aussitôt étrangers les uns aux autres; la mère abandonnée retourne à ses habitudes et se remet à pondre; les Poulets se dispersent: désormais chacun d'eux travaillera pour son propre compte et tirera à soi; ils sont lancés dans la vie : la broche, un beau jour, y met fin.

LA PERDRIX.

La Perdrix est un gibier de plume des plus distingués, qui réjouit également le vrai chasseur et le gourmet délicat; elle est caractérisée par la brièveté de ses jambes, nues comme ses doigts, et munies, chez le mâle, d'un tubercule calleux. Son bec, convexe en dessus, est courbé à l'extrémité; son corps est épais; sa queue courte s'incline vers la terre.

Toutes les espèces de ce genre naturellement pulvérateur s'éloignent peu du canton où elles sont nées ou qu'elles ont adopté comme quartier général de leurs vivres, et elles y reviennent toujours; chassées d'un endroit, elles se transportent dans un autre du voisinage, et vont se remiser dans les couverts qu'elles ont coutume de fréquenter; il est bien rare qu'on ne puisse les suivre de l'œil dans ces asiles de refuge: si on les fait lever plusieurs fois de suite, elles finissent par s'envoler au loin; mais, dès le soir même, ou le lendemain au plus tard, elles reprennent le chemin de leur demeure habituelle. Pendant la plus grande partie de l'année, toutes se réunissent en familles ou compagnies. Dans leur paisible train de vie, elles cherchent ensemble leur nourriture, passent la nuit ensemble, groupées les unes auprès des autres, s'envolent souvent ensemble en prenant la même direction, et s'abattent, par volée, au même endroit. Lorsqu'une circonstance fortuite les sépare, elles ne manquent jamais, après un certain temps, de se réclamer mutuellement; les Perdrix isolées, aussi bien que le gros de la bande, rappellent leurs compagnes par une série de *pirrr'uits* très-accentués, qu'elles entremêlent de courses pédestres ou de courtes volées. Tel est leur instinct de sociabilité, que les coqs qui n'ont pu trouver à s'apparier, que les mères dont les couvées n'ont pas réussi, et que les débris des associations à peu près détruites par le chasseur, se reforment en compagnie dans le cours de l'été, comme s'il leur était impossible de subsister en dehors de la vie de famille : des nichées différentes, plus ou moins complètes, se réunissent aussi quelquefois en une seule et même agglomération.

Très-craintives, très-défiantes, et dès lors pleines de circonspection, les Perdrix s'effrayent du moindre bruit et sont sans cesse aux écoutes. Rien ne les trouble-t-elles, elles cheminent gravement, ainsi que la plupart des Gallinacés; mais si elles se croient menacées, elles changent d'allure; leur inquiétude se trahit par l'agitation continuelle de leur queue; vives et légères, elles prennent toutes les postures que leur souffle la prudence; tantôt, dit Gerbe, elles relèvent la tête avec fierté, tantôt elles l'abaissent de manière à la mettre avec le corps dans une position tout à fait horizontale; d'autres fois, leur marche est, pour ainsi dire, rampante. C'est surtout quand elles sont chassées qu'elles agissent de la sorte; alors on les voit piétiner avec célérité dans les sentiers battus qu'elles parcourent de préférence, dans les terres labourées dont elles suivent les sillons, et dans les chaumes : dans ces diverses attitudes, leur port est des plus gracieux. Elles courent en rasant le sol, s'arrêtent pour épier les mouvements de l'ennemi qui cause leur effroi, puis courent encore, et ne se décident à prendre l'essor que lorsque le danger devient tout à fait imminent. Devant l'oiseau de proie, elles se cachent le plus possible, se blottissent immobiles sous une touffe d'herbe, contre une pierre ou au fond d'une broussaille, ne reprennent confiance et ne se montrent qu'après que le Rapace qu'elles ne perdent pas un instant de vue s'est éloigné. Dans ce refuge improvisé où la peur les a jetées, elles sont comme paralysées; tout instinct semble les avoir abandonnées; absolument inertes, elles se laisseraient prendre à la main, tant l'oiseau de proie leur cause de terreur!

En général, les Perdrix se servent plus souvent de leurs pieds que de leurs ailes, leur vol est un acte de nécessité extrême auquel elles ont recours le moins possible; au départ, il est lourd et bruyant, rapide une fois lancées; le plomb du chasseur, alors même qu'il leur est fatal, n'arrête pas subitement son impétuosité, il les jette mortes bien au delà de l'endroit où elles ont été frappées. Du reste, chaque espèce a, en quelque sorte, sa façon particulière de voler : aucune ne s'élève bien haut. La Perdrix grise file ordinairement en ligne droite, à petites volées, presque toujours à la même distance du sol, jusqu'à ce que toute la compagnie se rapproche de terre pour s'abattre au même endroit. Chez la Perdrix rouge, le vol est plus brusque et plus soutenu; sa tactique ordinaire, en pays accidenté et après le coup de fusil, est de se porter ailleurs par courbes successives, de descendre dans le vallon ou de longer le flanc du coteau opposé, pour en gagner ensuite le sommet à pied. La Bartavelle, toujours logée en haut lieu, plonge, pour fuir, dans le vide béant au-dessous de son gîte, s'abat au fond de la gorge, et remonte ensuite à petits pas précipités jusqu'à la cime de sa montagne. Toutes ont le coup d'aile sonore en prenant leur volée; la mue de septembre, en détachant quelques-unes de leurs pennes, le rend sifflant; plusieurs d'entre elles partent une à une, sans direction uniforme : le chasseur ne se plaint pas de cette diversité, elle lui permet souvent de faire plus aisément coup double; les jeunes débutants, quand une compagnie se lève d'ensemble, tirent presque toujours dans le tas, et manquent aussi presque toujours la pièce qu'ils n'ont pas su viser.

L'habitat n'est pas le même pour toutes sortes de Perdrix.

La Perdrix grise abonde dans les riches pays à céréales; leurs plaines à perte de vue, contenant du calcaire et chargées de prairies artificielles, leur plaisent entre toutes : c'est le gibier de la grande culture et des climats frais (fig. 133).

La Perdrix rouge se voit plus fréquemment que la Perdrix grise dans le centre et l'ouest de la France. Les landes, les ajoncs et les bruyères lui vont mieux que les terres tourmentées par la charrue; elle séjourne aussi volontiers dans les sols siliceux que dans les contrées calcaires. Sous le climat du Midi, les coteaux pierreux désignés sous le nom de *garrigues*, les broussis de buis et de chênes kermès, les steppes parfumés de lavande, de romarin et de thym, et, à leur défaut, le fourré des vignobles, sont ses remises favorites : en pays plus accidentés, plateaux, collines et premiers gradins des montagnes forment son domicile accoutumé. Tout le Midi, depuis Lyon jusqu'aux départements méditerranéens; toutes le Pyrénées; le bassin de la Garonne, en un mot tout le sud-ouest, depuis Bayonne jusqu'au nord de la Loire, possède cette belle espèce; on la rencontre encore dans l'Orléanais, la Touraine, l'Anjou, le Maine, la Bretagne; mais hélas! elle devient rare dans le Nivernais et la Bourgogne; d'après Toussenel, elle s'arrête aux collines d'Épernay, en Champagne, et ne dépasse pas la vallée de la Meuse.

Quant à la Bartavelle, habitante des régions élevées, c'est, avec le Lagopède son voisin, la Perdrix de montagne par excellence. Ses frontières, jadis assez étendues, se limitent de plus en plus chez nous; on ne la trouve plus que dans un petit nombre de départements : les Vosges, le Jura, le Cantal, la Lozère, les Hautes et Basses-Alpes, la chaîne des Pyrénées; en Corse, heureusement, elle est et sera pendant longtemps fort abondante, grâce aux maquis et à la nature rocheuse de ce beau pays.

Cette île nourrit encore une quatrième espèce de Perdrix, plus rare que les précédentes, la Perdrix de roche, répandue toutefois en Algérie, et qu'on retrouve clair-semée dans la chaîne Savoisienne des Alpes; elle se distingue de la Perdrix rouge, dont elle a les couleurs, par son collier roux; elle perche comme cette dernière et comme la Bartavelle, et vit parmi les rochers les plus escarpés.

La nourriture des Perdrix est très-variée; elles vivent généralement de graines de plusieurs sortes auxquelles elles mêlent souvent des feuilles de graminées, de petits insectes, de petits mollusques, du raisin, des baies du myrte, ainsi que des mûres de la ronce.

Toutes sont monogames; leur union dure l'année entière, si même elle ne se prolonge au delà, quand elles ont eu le rare bonheur d'échapper aux braconniers, aux Renards, aux Putois, aux Chats sauvages, aux oiseaux de proie et autres bêtes malfaisantes. Les mâles ne couvent pas, mais ils prennent part à l'éducation des petits. La fécondité, chez ces oiseaux, est très-grande; ils s'apparient ordinairement de bonne heure, avant même que l'hiver soit fini, quand la saison est douce; leurs œufs sont nombreux. Lorsqu'une nichée vient à être détruite par une cause quelconque, les Perdrix se remettent à pondre. Au sortir même de la coquille, les jeunes courent et mangent tout seuls; mais quoiqu'ils puissent promptement se suffire à eux-mêmes, ils ne se séparent pas de leurs père et mère, ils restent en famille jusqu'à ce que leur tour de propager la race vienne les séparer. Ils naissent couverts d'un duvet épais qui cède bientôt la place aux plumes. Lorsque le temps se montre favorable, leur développement est assez rapide. Sous notre climat du Nord, il leur faut quatre mois pour acquérir toute leur grosseur, un peu moins dans la région méridionale; de là le double dicton des chasseurs, suivant chacune de ces contrées : A la Saint-Jean, Perdreau volant; à la Saint-Remi, les Perdreaux sont Perdrix. Dans l'espèce grise, les Perdreaux sont déclarés *maillés* quand leurs flancs et les parties latérales du cou ont échangé leurs premières plumes grises contre d'autres barrées de rougeâtre; il sont *Perdrix* lorsque leurs yeux se sont entourés d'un cercle jaune-orange.

Les deux espèces les plus intéressantes à connaître dans notre pays sont : la Perdrix grise (*Perdix cinerea*) et la Perdrix rouge (*Perdix rufa*); honneur à la première pour son fumet distingué! honneur encore à la seconde pour le beau coup de fusil qu'elle procure et sa bonne mine en rôti!

Bien que son vêtement où le gris domine ait valu à la Perdrix grise son nom spécifique, il s'en faut que son uniforme sente la pauvreté, il n'est que modeste, afin que l'oiseau se confonde mieux avec le sol où il réside. Ses teintes ne laissent pas d'être variées. Le plumage du dos s'égaye d'un roux cendré, moucheté de brun; la poitrine, cuirassée d'un gris de fer strié de brun, porte, comme décoration, un brillant fer à cheval rouge-brun foncé; les côtés du cou et les flancs sont chargés de plumes d'un beau rouge de tuile; le dessus de la tête brun-roussâtre, mélangé de lignes, tire sur le jaune.

Mêmes couleurs chez la femelle et chez le mâle, plus voyantes cependant chez ce dernier, dont les sourcils sont aussi d'un rouge plus foncé. Accidentellement, leur plumage est fortement mélangé de blanc ou même tout à fait blanc; mais cet albinisme individuel ne devient pas héréditaire.

La Perdrix grise demeure en plein champ, comme le Lièvre, et ne perche jamais; quand elle est vivement poursuivie, elle déroge à ses us et coutumes : elle va demander asile aux taillis en plaine ou bien aux jeunes coupes dans les bois, mais elle n'y couche point; elle passe toujours la nuit dans les chaumes ou dans les jachères. Le jour, pendant la forte chaleur, elle aime à se remiser dans les récoltes feuillues, pommes de terre, betteraves, colzas, et surtout dans les trèfles, les luzernes et les sainfoins. Ses habitudes, comme celles de tous les Gallinacés, sont très-régulières. Le matin, dès la pointe du jour, toute la compagnie se met à caqueter; elle part ensuite, d'une seule volée, pour le champ qui doit lui fournir son premier repas, mais elle ne se met pas à table à l'instant même. A peine s'est-elle abattue, elle se tient coite, attentive au moindre bruit; si rien ne remue, elle relève peu à peu la tête, redresse le corps et se met alors en mouvement; une fois repue, elle court se désaltérer à la source la plus proche et s'en va ensuite faire la sieste dans une remise jusqu'à trois ou quatre heures du soir où elle prend son second repas. Tel est son régime d'été. Dans la saison d'hiver où les vivres sont plus rares, les Perdrix grises passent une bonne partie de la journée en quête de leur nourriture. En tout temps, le coucher du soleil est le signal de leur repos nocturne; dès que l'astre est descendu sous l'horizon, elles rôdent pendant quelque temps et *cacabent* jusqu'à ce qu'elles aient rencontré un emplacement favorable pour passer la nuit; leur choix fait, elles se rassemblent en tas, se serrent les unes contre les autres, et dorment à la belle étoile; jamais elles ne couchent deux nuits de suite à la même place; il est facile de reconnaître l'endroit où elles se sont posées à certaines traces qu'elles ne manquent jamais d'y laisser en partant.

Les Perdrix grises, sous le climat de Paris, se montrent par couples vers la fin de février, si le temps est doux. On connaît l'empressement des mâles à se rendre à l'appel de la femelle, ils le payent souvent de leur vie : à cette époque, ils laissent de côté leur méfiance habituelle, négligent toute précaution, et poussent la témérité jusqu'à venir se poser à quelques pas du chasseur embusqué, et même jusque sur la cage de la chanterelle. Cette chasse meurtrière détruit bien des mâles, toujours en plus grand nombre que les femelles; elle a lieu un peu avant l'aube et au moment du coucher du soleil, depuis le 15 février jusqu'à la mi-mars; au delà, elle serait désastreuse en troublant les couples déjà formés, ou en dérangeant des projets de mariage. Les chasseurs qui se respectent ne se la permettent qu'avec une extrême sobriété, en cas seulement d'exubérance manifeste des coqs; la loi a eu raison de la prohiber.

Fig. 133. Perdrix grise.

Une fois appariées, les Perdrix ne se quittent plus de toute l'année; les mâles sans compagnes, après avoir cherché en vain à se pourvoir, échappent à l'isolement en se formant en compagnies spéciales, à l'instar des familles réunies entre elles. Les pontes ne commencent guère avant les premiers jours de mai. Chaque femelle produit ordinairement de quinze à dix-huit œufs; elle les dépose dans un nid grossièrement bâti, sur une simple paillasse d'herbes sèches, souvent dans l'empreinte d'un pas de bœuf ou de cheval; elle les couve pendant environ trois semaines, et avec une si prodigieuse ténacité, qu'elle se laisse trop fréquemment couper en deux par les faucheurs sur son nid, quand elle l'a placé dans une prairie artificielle : ce malheur lui arrive rarement dans les céréales, parce que la moisson en est plus tardive; elle n'y court d'autre risque que de voir ses œufs exposés à être visités par la Belette ou l'Hermine, ou bien dénichés par de jeunes gars toujours enclins à fureter dans les blés; ce cas échéant, elle se remet à pondre, mais les secondes nichées sont bien moins opulentes que les premières.

L'incubation, comme on le sait déjà, est le privilége exclusif de la femelle. Pendant ce temps, le mâle n'est pas loin; il lui tient fidèlement compagnie, il la suit lorsqu'elle quitte un instant son nid pour aller chercher sa nourriture; dès que les petits sont éclos, il s'occupe de leur éducation, de concert avec la femelle. Tous deux, dit Buffon, *les mènent en commun, les appellent sans cesse, leur montrent la nourriture qui leur convient et leur apprennent à se la procurer en grattant la terre avec leurs ongles.* Il n'est pas rare de les trouver accroupis l'un auprès de l'autre et couvrant de leurs ailes leurs Poussins dont les têtes sortent de tous côtés avec des yeux fort vifs; dans ce cas, le père et la mère se décident difficilement à partir. Les petits Perdreaux, ainsi que les petits Poulets, ne perdent pas de vue leur mère, ils la suivent partout; sous sa conduite intelligente, ils apprennent rapidement à butiner, à découvrir les fourmilières, à déterrer leurs larves avec les pieds pour en faire profit, et, chose importante, à se méfier de tout objet nouveau et à éviter le danger. Sont-ils surpris par quelque promeneur suspect, le mâle part le premier; il jette des cris tout particuliers, et va se poser à peu de distance. Au tocsin d'alarme, les petits se dispersent de tous côtés et se blottissent un peu partout. A son tour, la mère part dans une direction opposée à celle du mâle, elle fuit, à courte portée, en traînant l'aile et en contrefaisant la boiteuse, assez loin pour n'être pas prise, assez lentement pour tenter l'ennemi par l'appât d'une capture facile; mais, dès qu'elle juge sa couvée en sûreté, elle s'éloigne, rejoint ses petits, les rallie et les emmène au loin en gardant un profond silence : l'amour maternel inspire ainsi ruse et courage à de pauvres oiseaux sans défense et d'une extrême timidité[1].

La nourriture des Perdreaux, pendant le premier âge, se compose principalement de nymphes de Fourmis, de petits insectes qu'ils picorent à terre ou à travers les herbes; à mesure qu'ils se fortifient, les graines entrent davantage dans leur alimentation; ils glanent avec succès derrière les moissonneurs, et vendangent habilement dans les vignobles; leur régime alors est à peu près omnivore. Entre trois et quatre mois, ils revêtent la cocarde rouge près des tempes, entre l'œil et l'oreille; ce temps de crise passé, ils achèvent de prendre de l'aile, et touchent presque à l'âge adulte quand arrive le 1er septembre, époque pleine de charmes pour le chasseur et semée d'angoisses pour plus d'une compagnie.

A la suite de la Perdrix grise, Gueneau de Montbeillard en signale une autre, de tous points semblable à notre espèce commune, sauf les dimensions qui sont beaucoup plus petites : c'est la Perdrix grise de passage (*Perdix damascena*) de Latham. Elle est d'humeur très-voyageuse, paraît dans nos contrées à des époques diverses, très-irrégulières, séparées quelquefois par plusieurs années d'intervalle. Ses trajets n'ont rien de constant; elle ne se montre que pendant quelques jours dans les mêmes endroits, par grandes troupes de cent cinquante à deux cents individus. Ni la saison, ni le climat n'influencent ses courses vagabondes; elle ne fait jamais que passer, ne se mêle point avec la Perdrix grise, quand bien même elle s'est abattue dans

1. La Fontaine a pittoresquement décrit cette ruse touchante de la Perdrix :

Quand la Perdrix
Voit ses petits
En danger et n'ayant qu'une plume nouvelle,
Qui ne peut fuir encor, par les airs, le trépas,
Elle fait la blessée, et va traînant de l'aile,
Attirant le chasseur et le chien sur ses pas,
Détourne le danger, sauve ainsi sa famille,
Et puis, quand le chasseur croit que son chien la pille,
Elle lui dit adieu, prend sa volée, et rit
De l'homme qui, confus, des yeux en vain la suit.

(LA FONTAINE, livre X, fable I.)

le même champ, et fait toujours bande à part, soit à terre, soit en l'air. Son vol est plus élevé et plus soutenu que celui de notre Perdrix grise; son caractère est très-farouche; elle part de très-loin et se laisse difficilement approcher. Elle se montre en France surtout à l'automne; son pays natal est inconnu; Sonnini l'a souvent rencontrée en Égypte, sur les sables brûlants de cette contrée.

La Perdrix rouge est un de nos plus beaux oiseaux, elle réunit les plus jolies couleurs à une allure fort coquette. Toussenel en a donné un excellent portrait. « Même conformation que celle de la Perdrix grise; la taille un peu plus forte, le corps un peu plus massif, le tarse plus court et plus robuste; le bec, les jambes et les pieds d'une belle couleur rouge-rose. Un élégant bandeau noir qui part de l'origine du bec, passe au-dessus de l'œil, encadre les joues et la gorge et dessine sur le devant du cou un riche collier de jais dont les grains retombent sur le plastron comme une pluie de perles noires. Les joues et la gorge sont blanches; le manteau, le dessus de la tête et les couvertures des ailes sont teintés d'une nuance roux-cendré uniforme, sans zébrures; le dessous du corps est coloré d'un jaune-brun orangé d'un ton très-riche; les plumes qui bordent les flancs et les parties latérales du col au-dessous du collier portent des mailles d'un beau rouge de brique cuite, bordé d'une fine rayure brune. La membrane de l'iris est noire et brillante, l'œil surmonté d'un léger sourcil écarlate. »

Ses mœurs diffèrent, sous quelques rapports, de celles de la Perdrix grise par des caractères tranchés.

Tout d'abord elle ne fréquente pas les mêmes cantons; bien qu'habitant aussi la rase campagne, elle se plaît mieux sur les coteaux et se tient de préférence au milieu des ajoncs, des bruyères, des broussailles, dans les haies et dans les bois. Elle perche, mais seulement après avoir été chassée à outrance; son vol est plus lourd, plus brusque, plus retentissant que celui de la Perdrix grise; elle est plus lente à se lever, part fréquemment seule à seule, dans toutes les directions, et se montre moins pressée de rappeler et de se réunir à sa compagnie quand elle s'en trouve séparée. Au printemps, elle fait entendre un cri rauque : *cô*, *cô*, *cok*, qu'elle répète également à différentes heures du jour en été, surtout au plus fort de la chaleur. Elle niche plus volontiers dans les haies et dans les broussailles que dans les céréales; cependant on y trouve aussi son nid quand celles-ci sont à proximité de taillis; sa chair, enfin, est blanche, tandis que celle de la Perdrix grise est noire, et, sans être nullement méprisable, elle n'a pas la saveur aussi fine que l'autre; bourrée de truffes cependant, elle se relève agréablement, même auprès des palais difficiles.

LA CAILLE (*Tetrao coturnix*).

Par plusieurs de ses habitudes la Caille se rapproche de la Perdrix grise, elle s'en sépare aussi par des différences de mœurs bien tranchées. Comme cette dernière, elle habite de préférence la plaine, ne perche pas, se nourrit d'insectes, de petits mollusques, de graines et d'herbage, se remise volontiers dans les pièces de trèfle et de luzerne, où elle se tient au repos pendant des heures entières, et aime à poudroyer au soleil, couchée sur le côté, la jambe étendue en l'air; comme elle encore, elle établit son nid à terre, sans grand apprêt, dans les mêmes lieux, couve seule, et suit à peu près les mêmes procédés que la Perdrix pour l'éducation de ses petits. A côté de ces ressemblances, d'autres caractères forment contraste. Ces oiseaux ne sont pas taillés sur le même patron. Lès Cailles sont toujours plus petites que les Perdrix; leur bec et leurs pieds sont plus menus; l'auréole dénudée leur fait défaut au pourtour des yeux; leur plastron n'est pas marqué d'un fer à cheval; leur plumage tire sur le brun roux plus que sur le gris; leur voix est tout à fait spéciale; elles vivent la plus grande partie de l'année solitaires; de plus, elles sont polygames, peu sociables, et, par-dessus tout, elles ont au plus haut degré le goût des voyages, tandis que les Perdrix sont éminemment sédentaires.

Leurs migrations, connues depuis longtemps, n'en sont pas moins fort étonnantes. Chaque année elles changent deux fois de climat, au printemps et à la fin de l'été, passant alternativement du sud au nord et du nord au sud. Malgré la brièveté de leurs ailes, leur vol lourd et bas et la graisse dont leur corps est chargé, elles ne craignent pas d'entreprendre des voyages de long cours; elles traversent la mer, profitent du vent du nord pour se rendre en Afrique et reviennent en Europe par le vent du midi. Il est vrai, elles font escale dans les îles qui se trouvent sur leur route, en Corse, en Sardaigne, aux îles Majorque et

Minorque, à Malte, dans l'Archipel, etc.; mais ces haltes sont bien courtes en comparaison de l'étendue à parcourir. Toutes aussi n'arrivent pas à bon port; lorsqu'elles sont surprises en mer par des vents contraires, elles n'ont d'autre ressource que de se réfugier sur les navires de passage : beaucoup se noient, qui n'ont pas eu la chance de rencontrer cette planche de salut. Ces longs trajets leur sont très-pénibles; il est facile de s'en convaincre : elles arrivent exténuées sur nos côtes. Dans les premiers jours de leur débarquement, c'est à peine si elles peuvent s'enlever de terre, elles se tiennent blotties dans les herbes marines, dans les buissons; le repos leur est absolument nécessaire avant de pouvoir se répandre dans l'intérieur. Les chasseurs des bords de la Méditerranée ne connaissent que trop leur extrême fatigue à ce moment; ils en prennent des milliers avec leurs filets. Leur capture, au départ, n'est pas moins fructueuse dans les îles où elles s'arrêtent temporairement, en se dirigeant vers l'Afrique; on en prend plus de cent cinquante mille à Capri, à l'époque où elles s'abattent sur cet îlot; sur certains points de l'Archipel et sur les côtes du Péloponnèse, toute la population, pendant les deux saisons de passage, n'est occupée qu'à préparer et saler des Cailles, tant elles pleuvent par milliers dans ces parages!

La cause précise de leurs migrations est encore discutée. Les uns l'attribuent au froid; cependant les gelées d'avril et de mai, qui saisissent parfois les Cailles à leur arrivée chez nous, ne les font pas partir, et celles qu'on garde en cage supportent très-bien les rigueurs de l'hiver. D'autres, avec plus de raison, ce semble, pensent que leurs voyages sont déterminés principalement par le défaut de nourriture; lorsqu'elles ne trouvent plus à vivre dans nos pays, elles s'en vont dans les pays chauds, et *vice versa* : leur instinct les dirige toujours avec certitude vers les contrées où les provisions abondent. Le besoin de changer de climat au printemps et à l'automne tient peut-être encore à d'autres raisons qui ne sont pas connues; il est si impérieux, que rien ne détourne ces oiseaux quand l'époque du départ est venue; il se fait sentir même à ceux qu'on retient captifs, quand bien même ils ont été pris au sortir du nid, sans avoir eu de communication avec des Cailles en liberté; au temps de la passe, ils éprouvent une inquiétude et une agitation extraordinaires qui commencent chaque jour au coucher du soleil, continuent toute la nuit et ne cessent qu'avec la fin des passages : tout porte à croire que ceux-ci s'effectuent pendant la nuit. Ils n'ont pas lieu à des dates mathématiquement fixes, ils varient suivant que la chaleur ou le froid est plus ou moins précoce ou se fait sentir tard, et aussi d'après la température de chaque pays. Dans le midi de la France, les Cailles arrivent ordinairement dans la première quinzaine d'avril, en mai dans le nord; elles nous quittent de la fin d'août à la mi-septembre. Quoique le départ soit général, il en reste toujours quelques-unes dans notre pays, les blessées, les infirmes, par exemple, ainsi que celles des dernières nichées, trop faibles pour suivre le gros de la troupe et affronter la vaste mer. Leur sort n'est guère enviable : d'une part, elles demeurent plus longtemps exposées aux coups du chasseur; de l'autre, alors même qu'elles y échappent, la rareté croissante des vivres les fait bientôt périr de faim. Les jeunes mâles émigrés arrivent les premiers dans nos contrées méridionales : ils précèdent d'environ quinze jours le débarquement de leurs anciens.

Les Cailles ne sont pas plutôt descendues à terre, qu'elles songent à pondre. Elles ne se réunissent pas en couples; la femelle fait entendre son clairon sonore, le cri de *Paye tes dettes*, sans cesse répété, de jour comme de nuit; à cet appel, les mâles accourent de fort loin et à pied la plupart du temps; ils ont aussi un chant spécial; ils jettent, dans les blés, leur note nasillarde et heurtée : *Ouan-ouan, ouan-ouan*, d'autant plus accentuée, que les femelles se trouvent plus éloignées : « Ces dernières, dit Belon, après l'esté, ne sonnent plus mot. » Leur nid est légèrement creusé en terre; quelques herbes sèches le garnissent à l'intérieur; il reçoit d'ordinaire de douze à quinze œufs mouchetés de brun sur un fond gris-verdâtre. Lorsque la première couvée n'a pas réussi, il y en a souvent une seconde, mais toujours moins riche que la précédente; l'incubation dure vingt et un jours.

Les Cailleteaux, au sortir de la coquille, courent et mangent tout seuls, comme les petits de la Perdrix, mais ils sont d'un tempérament plus robuste. Tant qu'ils ont besoin de la tutelle de leur mère, ils restent réunis auprès d'elle, la suivent dans ses courses et se rallient à son appel; toutefois, hors le temps de l'enfance, ils ne vivent point en famille; dès qu'ils peuvent se passer de soins, ils s'affranchissent de toute direction et se séparent les uns des autres pour vivre solitaires. Jamais ils ne se lèvent en compagnie; ils fuient d'abord, en courant à travers les herbes, et ce n'est que lorsque le chasseur ou le chien est tout à

Fig. 131. Cailles.

fait sur eux qu'ils partent un à un, chacun de son côté : tous reviennent bientôt à l'endroit d'où ils se sont levés. Lorsque la mère Caille est obligée de fuir, elle s'éloigne de ses petits en jetant le cri de *nac, nac;* elle s'abat, dans ce cas, à une assez longue portée, et se rapproche ensuite à pied de ses Poussins.

Le vol des Cailles est plus rapide que celui de la Perdrix; elles filent aussi plus droit, mais s'abattent à des distances encore plus courtes. Tout aussi paresseuses que leur proche parente, elles ont de la peine à se mettre en mouvement pendant le jour et en passent une bonne partie à dormir, sans doute parce qu'elles circulent beaucoup pendant la nuit; ainsi que la plupart des Gallinacés, elles piètent plus qu'elles ne volent, et semblent ne faire usage de leurs ailes qu'à leur corps défendant.

Les mâles ont le plumage plus foncé que les femelles; ils s'en distinguent surtout par leur tache noire sous la gorge. Les Grecs et les Romains connaissaient très-bien leur humeur batailleuse, et profitaient de l'antipathie mutuelle de ces oiseaux pour les dresser au combat; ce spectacle cruel, très-couru de leur temps, n'est pas tout à fait tombé en désuétude chez certains peuples; de tout temps les Chinois s'en sont montrés fort avides. La lutte entre mâles est très-acharnée; mis en présence l'un de l'autre, ils commencent par se lancer des regards furieux; chaque champion se précipite bientôt en aveugle sur son adversaire; tous deux se déchirent à coups de bec, et ne cessent leur duel sanglant que lorsque le champ de bataille est resté au vainqueur. La race, du reste très-belliqueuse, n'attend pas le nombre des années pour s'escrimer; quand on renferme dans la même volière plusieurs Cailleteaux près d'être adultes, ils ferraillent à se tuer, et, comme les hommes, toujours sans raison.

La Caille passe à bon droit pour un excellent gibier; sa chair, fine et savoureuse, demande à être mangée le plus tôt possible après le coup de fusil : une barde de lard et une feuille de vigne lui composent devant la broche un glorieux linceul.

ORDRE DES ÉCHASSIERS.

L'OUTARDE.

L'Outarde, classée par les anciens naturalistes tantôt parmi les Gallinacés, tantôt parmi les Échassiers, forme le trait d'union entre ces deux ordres; son port massif, ses jambes allongées, en partie dénuées de plumes, et la brièveté de ses pieds tridactyles, terminés par des ongles courts, convexes sur les deux faces, justifient la place que lui a donnée Cuvier à côté du Casoar et de l'Autruche.

Cet oiseau semble plutôt taillé pour la course que pour le vol; ses ailes, très-courtes par rapport au développement du corps, lui servent surtout à l'époque de ses migrations; hors le temps des passages, on le voit plus souvent à terre qu'en l'air; il y glisse toutefois rapidement lorsqu'il a atteint une certaine hauteur. Son vol, au départ, est lent et presque pénible; il ne le commence qu'après quelques bonds exécutés en courant, et ne fait de longues traites à travers l'atmosphère que par exception : la plupart du temps, sa progression s'effectue à terre avec vitesse, en tirant de longues bordées, sans pauses marquées.

L'Outarde ne se perche pas, la configuration de ses doigts s'y oppose; elle séjourne de préférence dans les plaines sèches, nues et pierreuses, évitant avec soin le voisinage de l'eau. D'un naturel extrêmement sauvage, elle fuit l'homme, et s'effarouche de tout objet nouveau; d'ordinaire elle se tient sur un point culminant et observe de là tous les environs; la faim seule la rapproche un peu des lieux habités. Quand rien ne la trouble dans ses steppes, elle passe toute la journée à terre, picore, le matin et le soir, à des heures réglées, se repose au milieu du jour et prend plaisir, comme les Gallinacés, à se trémousser dans des bains de sable; le soir venu, elle s'achemine en silence vers le lieu de sa retraite de nuit. D'après Naumann, à peine le jour commence-t-il à paraître, que les Outardes s'éveillent, étendent leurs membres, battent des ailes, marchent lentement de côté et d'autre, comme pour se mettre en branle, puis s'envolent simultanément; les plus vieilles forment l'arrière-garde, et s'en vont gagner ensemble leur lieu de pâture, toujours éloigné de celui où elles ont gîté pendant la nuit.

L'Outarde n'est jamais longtemps sédentaire au même endroit; elle change à chaque instant de place, et peut être considérée comme erratique dans un domaine très-étendu. Vient-elle à être inquiétée, elle ne se sauve pas d'abord à tire-d'aile, elle va se cacher dans une céréale touffue, et s'y tient blottie contre terre jusqu'à ce que le danger soit passé; lorsqu'elle se sent menacée de près, elle demande son salut à ses jambes et a bientôt mis une distance considérable entre elle et son ennemi; il est toujours fort difficile de l'approcher, car à mesure qu'elle aperçoit un homme ou un chien dans le lointain, elle décampe; on ne la force à la course qu'autant qu'elle est blessée ou que le verglas gêne sa fuite. Son régime alimentaire est à peu près celui de nos Gallinacés domestiques : elle vit de grains, d'insectes, de petits mollusques et aussi de verdure.

Au printemps, l'Outarde mâle piaffe autour des femelles, et fait la roue avec sa queue. La race n'a point, pour ainsi dire, de nid, la cuvette qu'elle creuse en terre ne mérite pas ce nom. Il n'y a qu'une simple ponte par année; elle se compose, chez la grande Outarde, de deux œufs brun-rougeâtre sur un fond olive; chez la petite Outarde, on en compte trois ou quatre, d'un vert uniforme et luisant. L'incubation dure de vingt-cinq à trente jours; les petits naissent couverts de duvet; dès leur éclosion, ils courent et vont chercher leur nourriture sous la conduite de leur mère; le mâle, plus tard, veille à leur défense.

Les Outardes restent en famille jusqu'à l'entrée de l'hiver; mais aux approches de la mauvaise saison elles se rassemblent et forment des troupes nombreuses tout aussi défiantes que les existences isolées; les plus âgées, par le bénéfice de leur expérience, s'effrayent encore plus que les jeunes : on croit qu'elles posent des sentinelles qui se relèvent et sont chargées de veiller à la sûreté générale.

Ces oiseaux, des plus gros que nous ayons en France, y deviennent de plus en plus rares; ils arrivent en Champagne dans les premiers jours de décembre, et y demeurent habituellement jusqu'en mars. Ils restent dans la localité où ils ont débarqué tant qu'ils s'y croient en sécurité et que la température n'est pas trop froide ; lorsque l'hiver se montre très-rigoureux, ils émigrent pour des climats plus doux, et vont alors se réfugier en Provence, dans les solitudes pastorales de la Crau. On en voyait autrefois chaque année en Lorraine, en Poitou, dans le Berri et dans la Beauce, mais ils n'y font plus que de courtes apparitions, seulement de loin en loin : nul doute qu'ils ne se confinent bientôt exclusivement dans le nord de l'Europe, leur véritable patrie.

Fig. 135. Outarde cannepetière.

La grande Outarde (*Otis tarda*) ne se rencontre plus que très-accidentellement dans notre pays. Son plumage est, en dessus, mélangé de noir et de roux disposés en ondes et par taches ; le dessous est blanc, lavé de fauve. Le mâle se distingue de la femelle par ses couleurs plus vives et surtout par un bouquet de plumes sans barbes, longues et étroites, d'un blanc grisâtre qui lui pend sous le menton.

La petite Outarde (*Otis tetrax*, fig. 135), désignée vulgairement sous le nom de *Cannepetière*, bien que moins rare que l'espèce précédente, n'est pas commune, et on ne la rencontre que de passage dans quelques grandes plaines, en Beauce, par exemple, dans le Gâtinais, dans le Berri et certaines localités de la Normandie. Le dessus de son corps offre des teintes noires, fauves, blanches et roussâtres distribuées en zigzag; sa tête est ornée d'une calotte noire, rayée de roussâtre; au-dessous de la gorge s'étend un demi-collier blanc que borde inférieurement une bande transversale de même couleur, accompagnée elle-même, vers la poitrine, d'une bande noire; le reste du cou est noir; le mâle n'a point de barbe.

LE VANNEAU HUPPÉ.

Cet oiseau (fig. 136), de la grosseur du Pigeon biset, est un des plus richement vêtus parmi les oiseaux de rivage; son manteau chamarré de reflets métalliques où le vert changeant et le rouge doré se mêlent heureusement, forme un brillant contraste avec le fond sombre de son plumage et la couleur blanche du ventre et du dessous des ailes; son plastron est largement plaqué de noir; son aigrette, composée de quelques plumes effilées, lui a valu son nom spécifique, tandis qu'il doit sa dénomination de Vanneau au mouvement que font ses ailes en volant: on l'a comparé à celui d'un van épurant le grain.

Le Vanneau vit par grandes troupes au bord des rivières, dans les grandes plaines découvertes, les prairies marécageuses et sur tous les fonds vaseux, riches en petits mollusques et en Vers de terre: ces derniers constituent son principal régime, et il se les procure avec beaucoup d'adresse. Pour les faire sortir de leurs cavités, il écarte d'abord les petits chapelets terreux qu'a laissés leur digestion, et, après avoir mis ainsi l'orifice de leurs repaires à nu, il piétine à côté de chaque trou, et se tient ensuite immobile à l'affût du gibier; à peine le Ver, attiré par la secousse, se montre-t-il à fleur de terre, le Vanneau l'enlève prestement d'un coup de bec. Autre est son procédé quand il chasse le soir, au moment où le serein commence à tomber; il court à travers la prairie humide et récolte, chemin faisant, tous les Vers que la fraîcheur convie au dehors et qui circulent sous ses pieds; il exploite par ce double manége son canton, et, quand il l'a à peu près épuisé de vivres, il passe dans une autre localité. Chacun de ses repas est suivi régulièrement d'une ablution spéciale: il va se laver les pattes et le bec à la mare ou au ruisseau le plus proche. Sa vie est des plus actives, telle que la réclame un appétit toujours éveillé ; sans cesse en mouvement, il s'avance à terre par petits bonds, ou bien s'élance par de très-courtes volées.

Son vol proprement dit est aussi léger qu'élégant. Nul oiseau ne caracole et ne folâtre plus gaiement en l'air ; il s'y joue dans toutes les positions ; tantôt il s'y balance mollement, tantôt il le traverse incliné sur le côté ; d'autres fois il y navigue le ventre renversé et les ailes dirigées verticalement : dans toutes ces évolutions, il vole longtemps de suite et très-haut.

Fig. 136. Vanneau.

Bien qu'un certain nombre de Vanneaux restent toute l'année en France, la plupart ne sont que de passage dans notre pays ; ils nous visitent, chaque année, à la fin de février ou dans la première quinzaine de mars ; le vent du sud nous les amène, et, comme presque tous les oiseaux voyageurs, ils repartent par le vent du nord. A leur arrivée chez nous, ils se dirigent d'abord vers les prairies mouilleuses et les autres lieux frais ; si le dégel est déjà prononcé, ils se répandent dans les blés où fourmillent en ce moment les Vers de terre que les premières tiédeurs du printemps rapprochent instinctivement de la surface.

C'est toujours par troupes nombreuses que les Vanneaux s'abattent; ils couvrent de grandes étendues de terrain et se groupent très-près les uns des autres; au moment où ils s'enlèvent, tous agitent leurs ailes d'un même mouvement, et comme elles sont doublées de blanc, on ne voit plus qu'une masse éclatante à travers l'espace; en partant, ces oiseaux jettent un ou deux cris et répètent à plusieurs reprises, dans leur vol, les deux syllabes *dix-huit*, plus ou moins accentuées.

Leurs sociétés, remarquables par leur permanence de nuit et de jour, s'interrompent à l'époque de la pariade. La race, d'ordinaire si pacifique, commence à se séparer au printemps, et célèbre l'arrivée de la nouvelle saison par de violents combats; c'est par la guerre, en effet, que les mâles préludent à leur entrée en ménage; mais aussitôt qu'un certain nombre de coups de bec ont été échangés, et que le sort a décidé de la victoire, les couples se forment, toute querelle disparaît, les Vanneaux ne sont plus occupés que de la nichée.

La ponte s'effectue dans le mois d'avril. La femelle fait choix, dans les marais, d'une petite butte ou d'une motte de terre pour y placer son nid, mais sans grande dépense de matériaux; elle se borne à tondre l'herbe circulairement, dépose trois ou quatre œufs d'un vert sombre et tachetés de noir dans cette coupe végétale dont la couleur se flétrit bientôt par l'incubation : la mère couve avec persévérance. D'après les observations de Baillon, quand la crainte l'oblige à quitter son nid, elle piète pendant un certain espace, en se traînant dans l'herbe, et ne s'envole que lorsqu'elle est assez loin pour que son départ ne révèle pas la place où les œufs sont déposés. Au bout de trois semaines, les petits sont éclos; dès le second jour de leur naissance, ils courent parmi les herbes et accompagnent leurs père et mère; leur corps est couvert d'un duvet noirâtre que cachent de longs poils blancs ; à deux mois, ils prennent la livrée des adultes. C'est vers cette époque, c'est-à-dire dans le courant de juillet, que jeunes et vieux se réunissent; chaque marais envoie son contingent à la grande armée : aussi en quelques jours les troupes comptent-elles cinq et six cents individus, d'abord errants dans les prairies, mais qui, aux premières pluies de l'automne, se répandent de toutes parts dans les terres labourées où la table est somptueusement dressée : les Vers y abondent à remplir le jabot.

Les Vanneaux demeurent avec nous jusqu'à ce que le froid force les Lombrics à s'enfoncer profondément en terre; les vivres manquant, ils nous quittent et s'en vont chercher fortune dans des climats plus doux, dans ceux où la saison des pluies coïncide avec leur départ automnal : la même cause, la nécessité de se procurer de quoi se nourrir, nous les renvoie au printemps ; mais dans les contrées méridionales où ils sont allés chercher pâture, ce n'est plus le froid, mais bien la sécheresse qui les fait partir : sans humidité, point de Vanneaux.

Ces oiseaux peuvent être considérés comme cosmopolites, puisqu'on les voit dans toute l'Europe, qu'ils habitent aussi les Antilles, et se montrent encore en grande abondance dans le centre et les extrémités de l'Asie. Ils sont gras en automne, maigres au printemps : petit gibier, plus vanté qu'il ne mérite, d'agréable saveur pourtant, et qu'on peut mettre de pair à la broche avec le pluvier; il ne diffère génériquement de ce dernier que par la présence d'un pouce : encore est-il si petit qu'il ne touche pas à terre.

Le Vanneau se chasse rarement au fusil : il n'est, dans ce cas, qu'un but d'adresse; il se laisse difficilement approcher d'assez près pour qu'on puisse le tirer : c'est pourquoi on a recours généralement au filet, pour en prendre à la fois de grandes quantités. Il est facile de le faire donner dans le piége; on tend le filet dans les prairies basses; on place entre les nappes deux ou trois appelants, ou même tout simplement des Vanneaux empaillés : les innocents payent cher leur crédulité, c'est par centaines et par milliers qu'ils figurent chaque année, à l'automne et au printemps, chez tous les marchands de gibier; ils justifient une fois de plus le vieil adage : *nimium ne crede colori*.

LE PLUVIER DORÉ (*Charadrius pluvialis*).

L'histoire du Pluvier doré (fig. 137) est, à peu de chose près, l'histoire de toutes les espèces de ce genre, il les représente dans leurs habitudes principales.

L'instinct social est développé au plus haut degré chez ces oiseaux; ensemble ils arrivent, ensemble ils repartent, et, dans le court séjour qu'ils font chez nous, ils prennent en commun leur nourriture et ne se séparent que pour passer la nuit; chacun alors gîte à sa guise, dans le voisinage; mais, dès le point du jour, le premier éveillé fait entendre le cri de réclame, *hui, hieu, huit ;* à son appel, la troupe se reforme, et ainsi tous les matins, jusqu'au temps de la pariade où les couples s'isolent temporairement. Suivant les saisons, le Pluvier doré se pare de différentes livrées. Dans son habit de noces, le dessus de son corps est d'un beau noir tacheté de jaune doré ; les côtés du cou sont agréablement mélangés de blanc, de jaune et de noir ; les parties inférieures sont entièrement noires ; en hiver, le noir devient fuligineux, tout en conservant ses taches jaunes : chez la

Fig 137. Pluvier doré.

femelle, les teintes, en tout temps, sont moins vives que dans le mâle.

Les pluies de l'arrière-saison amènent les Pluviers en France : de là leur nom générique. Ainsi que les Vanneaux, les Courlis, les Bécasses, ils cherchent leur vie dans les plaines humides ou limoneuses; ils s'y nourrissent surtout de Vers de terre, qu'ils ont l'adresse de faire sortir en piétinant le sol ; avant même que l'animal rampant soit sorti de son trou, les Pluviers en ont déjà fait curée. Pâturant toujours en troupes nombreuses, ces oiseaux ont bien vite épuisé leurs vivres souterrains ; il leur faut, de toute nécessité, se pourvoir ailleurs des Lombrics et des petits mollusques qui forment le fond de leur nourriture : aussi ne restent-ils guère plus de vingt-quatre heures dans le même canton ; ils sont constamment en mouvement, et s'abattent par volées souvent considérables, jamais moindres d'une cinquantaine d'individus. Pendant qu'ils sont à picorer, ils se gardent comme en pays ennemi; plusieurs d'entre eux, préposés au salut général, sont chargés de donner l'éveil au moindre soupçon de danger : aussitôt que les vigies ont jeté leur note aiguë, toute la troupe s'envole d'un même essor.

Le vol des Pluviers n'est pas élevé; ils louvoient presque toujours à peu de distance de terre, embrassent un espace très-étendu, rangés sur une seule ligne transversale, et faisant face au vent. Leur démarche à terre est empreinte de légèreté et de coquetterie; ils courent très-vite, sans cesse à la recherche de leur proie; et comme ils sont obligés, pour l'atteindre, de battre la vase de leurs pieds et d'y enfoncer le bec, ils vont à diverses heures de la journée se les laver dans l'eau.

Ils nous quittent aux premières neiges et dès que le froid rend les vivres rares et difficiles. Leurs bandes considérables se transportent alors, à petites journées, dans les contrées méridionales. On trouve le Pluvier doré jusqu'aux Antilles, et on le retrouve encore à Cayenne ainsi qu'à Saint-Domingue. Il passe en automne dans la Picardie, la Champagne et la Beauce, et s'y montre de nouveau à la fin de l'hiver ou dans les premiers jours du printemps; mais dans ce dernier passage il ne s'arrête pour ainsi dire pas; il se dirige vers le fond de l'Europe et va nicher en Suède, en Norvége, en Laponie et en Islande : les pays tempérés ne le gardent jamais longtemps.

Son nid, si toutefois on peut donner ce nom au simple enfoncement qui reçoit ses œufs, quand il ne les dépose pas à plat sur le sol, n'est pas même garni d'herbes sèches; ses pontes sont peu nombreuses, elles ne dépassent pas quatre ou cinq œufs; ceux-ci sont tachetés de noir sur un fond cendré-vert clair.

Le Pluvier est un assez bon gibier, mais à la condition d'être gras; sans cela, il est sec, coriace et perd beaucoup de son fumet particulier. Tout défiant qu'il soit, on le prend en grande quantité au filet. Le moment le plus favorable pour faire cette chasse est celui où les Pluviers se rassemblent le matin, après avoir passé la nuit dans le voisinage les uns des autres; on remarque le lieu où ils se sont abattus, et l'on a soin de tendre, avant le jour, de grandes nappes en face de cet endroit; au premier cri de l'appelant, on se couche ventre à terre; puis, lorsque toute la bande des Pluviers est réunie, on se relève en poussant des cris et en jetant des bâtons en l'air; les Pluviers, effarouchés, s'envolent sans s'écarter beaucoup de terre, et vont donner dans le filet : il tombe, et souvent de toute cette multitude pas un seul n'échappe au salmis ou à la broche qui l'attend.

LA GRUE CENDRÉE (*Grus cinerea*).

Depuis longtemps la Grue cendrée n'est plus que de passage en France ; elle s'y montre de mars en avril, quand elle va faire villégiature en Allemagne, en Suède, en Norvége, en Pologne, dans tout le nord de l'Europe; d'octobre en novembre, lorsqu'elle quitte les pays froids d'où elle est originaire, pour aller dans les pays chauds : elle vient y chercher de doux hivers, et nullement les chaleurs brûlantes de la zone torride. Buffon croit, en effet, qu'elle ne passe pas la ligne, et qu'elle s'arrête en Égypte, en Abyssinie, au Sénégal, dans l'Inde : elle traverse ainsi chaque année huit mille kilomètres. Ses premières apparitions chez nous annoncent le printemps, comme elles sont aussi plus tard les avant-courrières de la mauvaise saison.

Cette espèce, qui nous visite régulièrement, était connue des anciens. La nudité du sommet de sa tête, sa gorge noire, son manteau gris-cendré, ses longues plumes redressées en panache et retombant avec grâce, la font aisément distinguer; elle ne manque pas d'une certaine prestance; on retrouve dans son port deux qualités qui souvent s'excluent : la force unie à la légèreté d'allure; sa démarche est cadencée (fig. 138).

Avant de prendre son essor, la Grue fait quelques pas en courant; elle ouvre ensuite les ailes, serre de près la terre, étend son vol et se porte rapidement dans le haut des airs. Elle ne s'y tient pas toujours dans les mêmes régions, elle se règle sur l'état de l'atmosphère: lorsque le temps est calme, elle s'élève à perte de vue, et ne paraît plus alors que comme un point dans l'espace ; au contraire, s'il y a apparence d'orage, elle baisse considérablement son vol, et s'abat sur terre comme les Oies, les Cygnes, les Canards : son passage est ordinairement annoncé par des clameurs plus ou moins bruyantes.

A l'approche de leurs migrations périodiques, les Grues sont plus agitées que de coutume, elles se réclament plus souvent par des cris d'appel, et obéissent évidemment à l'instinct mystérieux qui leur révèle l'heure du départ. Ce moment venu, elles se réunissent en troupes plus ou moins considérables, mais toujours nombreuses, dans un ordre parfaitement régulier, quoiqu'il n'affecte pas constamment la même forme. Quelquefois elles s'échelonnent sur une seule ligne, à la file les unes des autres; d'habitude cependant elles se rangent en deux séries parallèles, décrivant un angle au sommet, disposition ingénieuse, à l'aide de laquelle elles fendent l'air plus facilement. Indépendamment de ces deux manières de voyager, elles en ont une troisième qu'elles emploient lorsque le vent est sur le point de souffler en tempête, ou quand elles sont menacées par l'oiseau de proie; elles se groupent alors en cercle : preuve évidente qu'elles n'agissent pas uniquement sous l'impulsion d'un instinct aveugle, puisqu'elles savent modifier leur marche d'après les circonstances. Pline croyait que, pour le départ, elles se choisissaient un chef auquel toutes obéissaient ponctuellement. L'oiseau placé en tête occupe le poste le plus difficile; il est chargé de rompre le courant d'air, de frayer le passage à travers l'atmosphère; il sent donc naturellement plus vite la fatigue que le reste de la phalange : aussi, dès que la lassitude s'empare de lui, il passe à l'arrière-garde; une autre Grue prend immédiatement sa place, et ainsi de suite : grâce à cette habile combinaison, les forces de chacun se trouvent suffisamment ménagées, sans que la marche générale soit ralentie.

Fig. 138. Grue cendrée.

Les passages ont ordinairement lieu la nuit; les Grues qui tiennent le sommet de l'angle ont soin de signaler la direction aux bataillons subséquents par des réclames fréquemment renouvelées; la troupe entière répète sur le même ton : « Bonne route, nous suivons. »

A terre, ces oiseaux ne montrent pas moins de circonspection et de prudence. En s'abattant, ils forment toujours de nombreux rassemblements; mais, la nuit comme le jour, des sentinelles sont posées de distance en distance pour veiller à la sûreté générale; confiants dans leur vigilance qu'on surprend bien rarement en défaut, ils pâturent ou s'endorment en toute sécurité, la tête sous l'aile, sachant qu'au moindre danger le cri d'alarme ne se fera pas attendre.

L'esprit de sociabilité ne les quitte jamais; ils aiment à se réunir, à mêler leurs familles ensemble ; le printemps seul les sépare par couples; mais dès que les pontes sont terminées, que l'éducation des petits est achevée, mâles et femelles, jeunes et vieux, se remettent en association : c'est, chez eux, un instinct de nature, on le retrouve jusque dans leurs jeux.

A voir les Grues s'ébattre entre elles, on dirait qu'elles ne savent pas se distraire isolément, et qu'il leur faut de la compagnie pour se livrer à leur gaieté. Il leur en prend quelquefois de singuliers accès : le matin, il leur arrive de se mettre en danse de la façon la plus bizarre et la plus folle, malgré leur gravité majestueuse. Gerbe a fort exactement décrit leurs valses improvisées. « Placées, dit-il, en cercle et rangées sur plusieurs lignes, quelquefois confusément, elles gambadent, dansent les unes autour des autres, tournent sur elles-mêmes, s'avancent en sautant l'une vers l'autre, s'arrêtent brusquement, convulsivement, tendent le cou, le relèvent, le baissent, déploient les ailes, font des espèces de salutations, se livrent, en un mot, à la mimique la plus burlesque qu'il soit possible d'imaginer. D'autre fois, plusieurs d'entre elles s'élancent rapidement dans une direction, sans qu'on puisse dire quel est le but vers lequel elles tendent; ces divertissements extraordinaires des Grues vivant en famille sont presque toujours suivis d'autres ébats pris dans les airs. »

La Grue n'a pas qu'un seul régime alimentaire; ainsi que la plupart des oiseaux voyageurs, elle est organisée pour supporter de longs jeûnes. Elle se nourrit de grains, pâture les céréales en herbe et chasse aussi aux insectes, mais elle vit surtout de Vers, de mollusques aquatiques, de Batraciens, de petits Poissons et de Serpents : voilà pourquoi elle descend de préférence dans les plaines marécageuses; on ne la rencontre qu'accidentellement au milieu des terres arides ou des sables brûlants : quelles ressources y trouverait-elle? Les lieux humides ont pour elle un autre avantage : elle y niche et y puise une nourriture abondante et facile pour ses petits. Son nid, très-primitif, se compose de brins de joncs grossièrement entrelacés, elle le place au milieu des marais, dans un îlot herbeux et y dépose deux œufs. Le père et la mère couvent alternativement et nourrissent leurs petits avec un grand dévouement, quoique ceux-ci restent fort longtemps dans le nid. A peine sont-ils élevés, qu'arrive l'heure du départ; selon toute probabilité, ils font, avec les vétérans, partie des bataillons du centre, à l'intérieur du triangle : cette position est celle qui convient le mieux à leurs forces. Les adultes, plus vigoureux, se chargent, comme de juste, des évolutions les plus hardies et les plus difficiles.

La Grue cendrée est répandue dans toute l'Europe; elle était autrefois assez commune dans les îles Britanniques, elle y est devenue très-rare sans que la cause en soit bien connue.

LE HÉRON COMMUN (*Ardea cinerea*).

La livrée du Héron commun, indigène et sédentaire en France, est une livrée de deuil, en harmonie avec la triste existence de cet oiseau; son plumage blanc-grisâtre, mêlé de noir, n'offre d'autre parure qu'un faisceau de longues plumes très-étroites, qui se balancent à l'arrière du cou. Ses longues échasses, son long bec, emmanché d'un long cou, le prédestinaient à habiter les lacs et les rivières ou à vivre dans les marais. Le Héron y fait métier d'anachorète et de pêcheur. On l'y rencontre presque toujours seul, rarement par couple, quoiqu'il niche souvent en famille sur les arbres. Suivant Buffon, cet oiseau présente l'exemple d'une vie de souffrance, d'anxiété, d'indigence. Chez lui, point de joyeux ébats, nul chant pour charmer ses loisirs. Immobile à la même place pendant des heures entières, il se tient silencieux sur un seul pied, le cou replié le long de la poitrine et du ventre, la tête et le bec couchés entre les épaules qui excèdent de beaucoup la poitrine; il fait sentinelle tout le long du jour, et semble n'avoir d'autre ressource que l'embuscade pour pourvoir à sa subsistance (fig. 139). Quiconque chasse à l'affût doit faire provision de patience, dit le proverbe; le Héron, à cet égard, est plein de résignation, il sait vivre de régime, son corps maigre et efflanqué en est la preuve, mais il ne mange pas toujours à ses heures, comme le prétend le bon la Fontaine; Tanches et Goujons, n'en déplaise au poëte, sont fort de son goût et constituent très-bien son dîner; seulement il faut les tenir. En l'absence du poisson, il se contente de Grenouilles, de Tritons, voire même de mollusques et d'insectes aquatiques; mais grâce à son excellent estomac, quand la proie fait défaut, il jeûne et supporte admirablement les diètes les plus rigoureuses.

Le Héron a plusieurs manières de chasser. Quelquefois il arpente à grands pas les rives de son royaume, butinant, deci delà, Lézards et Limaçons rencontrés en chemin; le plus souvent cependant il entre dans l'eau jusqu'au-dessus du genou, la tête entre les jambes, pour guetter sa proie; l'aperçoit-il à portée, il détend aussitôt son cou, lance son bec comme un trait et happe au passage le promeneur imprudent. Si le gibier se fait par trop attendre, il bat la vase avec ses pieds et la fouille de ses ongles pour en faire sortir les habitants qu'elle recèle : c'est la seule industrie du pauvre diable. Le vent, la pluie, la neige ne changent rien à son genre de vie. Né dans le dénûment, habitué de longue date aux privations, il a la vertu des indigents; il est dur à la peine et s'inquiète peu du temps qu'il fait; jamais il ne songe à se mettre à l'abri. Toujours à découvert sur un pieu, une butte ou une pierre au milieu des terrains inondés, il brave le froid au point de se laisser couvrir de verglas; on en a pris qui étaient à demi gelés et n'en gardaient pas moins leur poste

Fig. 139. Héron commun.

d'observation. Il faut qu'il gèle à pierre fendre et que l'eau soit complétement fermée pour que le Héron se décide à changer de cantonnement; traqué alors par la faim, il n'émigre pas comme la plupart des oiseaux de rivage, il se rapproche seulement des sources chaudes ou des ruisseaux qui ne gèlent pas, afin d'y chercher sa pitance accoutumée.

Le Héron est demi-nocturne; il dort peu; inquiet et d'une défiance extrême, il se tient constamment hors de la portée de l'homme et profite souvent de la nuit pour aller pêcher; c'est alors qu'on l'entend jeter un cri rauque, sec et aigre; lorsque l'alarme le poursuit, ce cri se prolonge avec une intonation pleine de mélancolie. Les anciens consultaient son attitude et ses mouvements pour en tirer des pronostics; sa station solitaire au bord des rivières prédisait l'approche de l'hiver; son vol à travers les airs et ses cris répétés annonçaient la pluie; son bec tourné de tel ou tel côté signalait le point d'où le vent soufflait: inutile de dire, malgré tout le respect qu'on doit à l'antiquité, que c'était là l'enfance des observations météorologiques; nos instruments de physique sont plus précis que ces indices dont l'infaillibilité est loin d'être démontrée, quoiqu'ils puissent coïncider, par aventure, avec l'état vrai de l'atmosphère.

En dépit de ses goûts prononcés pour le repos et l'immobilité, le Héron est un des oiseaux dont le vol s'élève le plus haut; la conformation de ses grandes ailes concaves, frappant l'air avec régularité, et la légèreté de son corps mince et grêle, en font un excellent voilier; il se porte rapidement dans la région des nuages. Son procédé pour voler lui appartient en propre; il raidit et étend ses jambes en arrière, renverse son cou sur son dos, le plie en trois parties, y compris la tête et le bec qui, dans cette position, se montre seul et paraît sortir de la poitrine. Le Héron, par la puissance de son vol, était jadis l'objet de chasses spéciales que princes et rois suivaient avec passion. Cet amusement n'est plus de mode aujourd'hui que la fauconnerie n'est plus qu'un souvenir. C'est par le vol que le Héron cherche à se soustraire aux croisières de l'Aigle et des autres oiseaux de proie acharnés à sa poursuite; sa tactique pour leur échapper est d'avoir toujours le dessus sur eux. D'après Belon, lorsqu'il se voit serré de trop près, il passe la tête sous son aile et fait face au corsaire en lui présentant la pointe de son bec, ce dernier s'y enferre en fondant sur sa proie. Le Héron se sert encore avec avantage de son bec dans ses démêlés avec l'homme. Veut-on le prendre quand il est blessé, il se défend en habile stratégiste; son cou, effacé et perdu dans ses épaules, se développe tout à coup dans toute sa longueur, son bec se redresse brusquement et se projette comme un javelot en visant l'œil du chasseur; il faut donc l'approcher avec précaution, car son cou débandé peut atteindre d'assez loin.

Le Héron, isolé pendant le jour, se réunit volontiers en troupes sur les arbres pour passer la nuit et pour nicher. Au temps de l'accouplement, il choisit les plus grands arbres de la forêt, au voisinage de cours d'eau ou de marais. Il n'est pas rare de rencontrer plusieurs nids de Hérons sur le même arbre; la famille rend cet oiseau momentanément sociable; mais dès que les petits sont en état de se suffire à eux-mêmes, l'anachorète retourne à ses habitudes de solitude austère. Son nid est un assemblage d'herbes et de bûchettes liées entre elles par des brins de jonc, et garnies, à l'intérieur, de mousse et de duvet. La ponte consiste en quatre ou cinq œufs d'un bleu verdâtre uniforme; pendant tout le temps de l'incubation, le mâle pêche pour sa femelle et lui porte le produit de ses prises; les petits ne quittent le nid que lorsqu'ils sont en état de voler.

Tant qu'ils sont jeunes, les Hérons s'apprivoisent facilement; on les nourrit sans peine d'entrailles de poisson et de viande crue; lorsqu'on leur donne des Grenouilles, ils les avalent en entier, et ils en rejettent les os, non broyés, enveloppés d'un mucilage visqueux, de couleur verte, qui n'est autre que la peau du Batracien réduite en une sorte de bouillie. Les adultes sont absolument rebelles à la domestication; ils ne supportent pas la perte de leur liberté, se refusent à toute nourriture et finissent par périr de consomption : au bout de quinze jours d'une diète radicale, ils s'éteignent tristement, sans se plaindre, mais non sans souffrir; seulement leurs souffrances ne sont pas apparentes : c'est la fin de bien des malheureux.

LE BUTOR (*Ardea stellaris*).

Cette espèce, très-voisine du Héron commun, le rappelle par son port, sa taille et ses habitudes de pêche; elle s'en distingue toutefois par ses pattes plus courtes, son plumage brun-fauve, varié de raies, de mouchetures et de lignes en zigzag, par sa tête dont le sommet est noir et par son cou bien fourni de plumes (fig. 140).

Le Butor, en dépit de son nom synonyme de stupidité brutale, est plus avisé que le Héron, et se montre encore plus sauvage; il habite presque exclusivement les lacs, les étangs et les marais où les roseaux abondent; on le rencontre aussi près des eaux entourées de bois; à part le temps de ses migrations, il quitte rarement les bas-fonds de la plaine. Éminemment solitaire comme plusieurs de sa race, il demeure des journées entières immobile et en silence, enfoui dans ses forêts de roseaux, les

Fig. 140. Butor.

pieds dans l'eau, se bornant, dans cette attitude, au rôle de sentinelle ou pour mieux dire de chasseur à l'affût, levant de loin en loin la tête, pour inspecter les environs. Son inaction n'est qu'apparente; il surveille attentivement le gibier qui passe à ses pieds : poissons, mollusques aquatiques, Grenouilles, Tritons, et les perce d'un coup de bec dès qu'ils sont à portée; il les avale tout entiers et reprend aussitôt son poste d'observation. A part quelques rares échappées dont il profite pour raser lentement la pointe des roseaux, il ne vole qu'à la nuit tombante en changeant de résidence; mais quoiqu'il batte nonchalamment l'air avec ses grandes ailes, il se porte à perte de vue dans l'espace, en décrivant une longue spirale; au moment où il s'enlève, il jette un son grave, *kôb, kôb*, espèce de croassement bien différent de la voix ronflante, *hi-rhônd*, qu'il fait entendre, matin et soir, à l'époque de la pariade : c'est son cri d'appel. On l'a comparé au mugissement du Taureau : de là son nom latin de *Botaurus* (quasi *boatus tauri*). Cette trompe retentissante, qu'on entend de deux kilomètres dans le silence de la nuit, rassemble bientôt un certain nombre de femelles; le Butor se met alors à piaffer en leur présence; quelque rival survient-il pendant cette représentation galante, il est reçu à coups de bec; la lutte ne cesse que par la fuite de l'un des deux prétendants.

Le nid est ordinairement placé dans un fourré de roseaux de difficile accès, presque toujours au-dessus de l'eau, sur un petit îlot; quelquefois cependant il flotte à la surface. Son enveloppe extérieure consiste en un volumineux paquet de végétaux brisés, et présente, au dedans, un matelas grossier d'herbes sèches; la femelle y pond, au printemps, de trois à cinq œufs d'une teinte verdâtre. L'incubation dure environ vingt-cinq jours; tant que la mère couve, le mâle se charge de la nourrir. Les petits ne quittent le nid que trois semaines après leur naissance; cette longue éducation les exposerait à plus d'un danger, si les père et mère ne veillaient constamment à leur sûreté et ne les défendaient vaillamment contre les bêtes de proie. Peu d'entre elles, du reste, osent les attaquer. D'après Baillon, le Butor déploie autant de sang-froid que de courage pour sauver sa nichée. Il n'attaque jamais; mais, attaqué, il tient ferme jusqu'à la dernière extrémité, sans se donner beaucoup de mouvements; aucune espèce, quelle que soit sa grande taille, ne lui fait peur; il l'attend debout, lui oppose la pointe aiguë de son bec, et par de cruelles blessures la force à battre en retraite. Le Faucon, malgré son intrépidité bien connue, ne l'attaque que par derrière et encore dans le vol; les Busards, si redoutables à tous les oiseaux d'eau, n'ont garde de croiser le fer avec le Butor, tant il joue dextrement de son poignard. Cet échassier vient-il à être blessé, sa défense n'en est que plus énergique et plus désespérée : s'il a affaire à un Chien, il se renverse sur le dos, et s'escrime du bec et des ongles, de manière à tenir en respect son ennemi; l'homme lui-même ne l'approche pas sans risque dans cet état; l'oiseau tâche, tout d'abord, de lui sauter à la figure en visant les yeux; faute de mieux, il se jette sur ses jambes et leur livre de redoutables assauts.

Le Butor ne passe qu'une partie de l'année en France; il nous quitte à l'automne, et se dirige vers les contrées où les lacs et les étangs ne gèlent pas.

LA CIGOGNE BLANCHE (*Ciconia alba*).

Cet oiseau n'est pas moins célèbre par ses voyages annuels que par les services qu'il rend en détruisant une foule d'animaux incommodes ou dangereux. Fidèle aux traditions de l'antiquité, tout l'Orient lui a gardé l'hospitalité qu'il recevait autrefois; partout il est le bienvenu, et, dans plus d'une contrée, la maison dont il fait choix pour y établir son domicile passe pour être privilégiée: on croit qu'il lui apporte le bonheur.

La Cigogne blanche tient la tête parmi les oiseaux de rivage. Haut perchée sur ses jambes, comme la Grue et le Héron, et pourvue aussi généreusement d'un long bec, elle se distingue de ces deux Échassiers principalement par la membrane qui unit la base de ses doigts antérieurs; son bec et ses pieds sont couleur de chair; ses rémiges, d'un beau noir, ne font que mieux ressortir la blancheur de la teinte du reste de son corps (fig. 141).

La Cigogne est admirablement organisée pour le vol. Tous ses membres sont creux, et, partant, se laissent aisément pénétrer par l'air; ses ailes, amples et concaves, ont une envergure très-grande; en quelques sauts, elle quitte terre, se lance le cou allongé en avant, les jambes tendues en arrière, et se porte dans les hautes régions en décrivant des orbes de plus en plus considérables; l'œil la perd aux dernières limites de l'atmosphère; pour redescendre, elle forme également une série de spires, et vient prendre pied en tournoyant.

Cet oiseau a la vertu du silence. A part quelques circonstances solennelles, telles que la pariade, les migrations ou bien une émotion vive, il ne se fait pas entendre; mais lorsqu'il s'agite ou s'inquiète, il renverse sa tête et couche son bec presque perpendiculairement sur son dos; ses mandibules, en claquetant l'une contre l'autre, produisent un bruit sec et saccadé, espèce de crépitation rapide qui s'affaiblit et cesse lorsque le cou reprend sa position naturelle.

La nourriture de la Cigogne est exclusivement animale ; elle va la chercher dans les lieux inondés, dans les étangs et les marais, ainsi que sur les plages vaseuses. Elle n'entre dans l'eau que jusqu'à mi-jambes. Immobile, comme le Héron, pendant des heures entières, elle attend que les poissons, les Grenouilles, les Couleuvres viennent à elle ; tout ce qui passe à sa portée est à l'instant happé, avalé. A terre, elle vit de toute sorte de débris animaux, même de matières en décomposition ; elle fait ainsi disparaître des masses de fermentations putrides : aussi était-elle très-vénérée dans l'ancienne Égypte ; ses fonctions expurgatrices préservaient le pays des germes pestilentiels, toujours prêts à se développer sous l'influence d'une forte chaleur. La Cigogne fait surtout une chasse très-active aux reptiles ; quand elle a affaire à quelque serpent dangereux, à des Vipères par exemple, elle emploie le même procédé que le Secrétaire dans les déserts de l'Afrique ; elle commence par les frapper sur la tête d'un premier coup de bec ; d'un second coup, elle leur brise la colonne vertébrale, et après les avoir mis ainsi hors d'état de nuire, elle les déchiquète et les engloutit.

Fig. 141. Cigogne blanche.

La Cigogne, ainsi que la Grue, marche à pas comptés, ce qui lui donne l'air grave ; rarement la voit-on courir ; quand elle s'y décide, ses courses ne sont jamais bien longues. Son arrivée en Alsace est le meilleur signe que le printemps n'est pas loin ; elle s'y montre ordinairement en mars, et quelquefois dès le mois de février ; toujours elle revient par couple aux lieux qu'elle avait habités l'année précédente. Quelquefois le mâle prend les devants de plusieurs jours ; dans ce cas, il se rend tout droit à l'ancien nid, le restaure s'il n'est qu'avarié, ou bien, s'il est détruit, il attend le retour de la femelle pour travailler ensemble à sa reconstruction.

Ce nid est ordinairement placé au sommet d'un édifice, au haut d'une tour, d'un clocher, quelquefois sur des arbres élevés; il est vaste et presque plat. Dans les pays où les Cigognes ne sont jamais troublées et où elles vivent pour ainsi dire dans la société de l'homme, il n'est pas rare de les voir nicher sur le faîte des chaumières; elles acceptent très-bien les berceaux artificiels qu'on leur prépare d'avance. Ceux qu'elles construisent elles-mêmes sont formés de bûchettes, de roseaux et de gazons; ils sont garnis à l'intérieur de poils, de plumes et autres substances moelleuses, propres à recevoir les œufs. La femelle en pond rarement plus de trois ou quatre; l'incubation dure environ un mois, le mâle y prend part. Pendant tout ce temps, le couple ne s'éloigne guère du nid; dès que les petits sont éclos, le père et la mère ne vivent plus que pour eux; non-seulement ils les nourrissent fort longtemps, mais ils les défendent avec courage et prennent un soin tout particulier de leur éducation. Tandis que l'un chasse pour leur procurer leur subsistance, l'autre veille dans le voisinage, debout sur une jambe et l'œil au guet; tous deux nourrissent leur lignée en lui dégorgeant la nourriture préparée dans leur jabot. Lorsque les petits commencent à se servir de leurs ailes, leurs parents leur enseignent peu à peu l'art de voler : d'abord à une courte distance au-dessus du nid, puis, successivement, à monter circulairement; la mère, chaque fois, les ramène au gîte natal; à mesure qu'ils se perfectionnent dans ces exercices, elle les entraîne de plus en plus au haut des nues; vers la fin de l'été, ils sont en état de prendre complétement leur essor.

Le départ général des Cigognes a lieu dans le mois d'août; jeunes et vieilles y préludent par des rassemblements partiels; tous les individus d'un même canton arrivent successivement dans de grandes prairies humides, rendez-vous ordinaire des voyageurs sur le point de quitter leur station d'été; à la fin, leurs assemblées réunissent des milliers de Cigognes, qui toutes claquètent à qui mieux mieux : lorsque l'effectif est au grand complet, toute la masse s'ébranle d'un même mouvement, s'élève en tournoyant et se perd bientôt dans les hautes régions, mais sans y jeter le moindre cri.

Les migrations s'échelonnent suivant les climats. Les Cigognes des pays les plus froids, de la Sibérie, de la Laponie, de la Norvége, de la Suède, partent les premières; vient ensuite le tour de celles d'Allemagne; les Cigognes qui habitent l'Alsace ferment la marche. Toutes se dirigent vers les contrées méridionales, vers l'Égypte, la Nubie, le Sénégal; un grand nombre, chemin faisant, restent dans le midi de l'Espagne et dans le nord de l'Afrique. Pendant ces voyages périodiques, les Cigognes se reposent la nuit sur les arbres; de temps à autre, elles s'arrêtent une journée entière, et après s'être ravitaillées, reprennent leur route à travers les airs. Dans certaines parties de l'Asie, au Japon par exemple, ces oiseaux restent constamment stationnaires; il en est de même en Égypte; mais, sans quitter ces pays, elles passent d'un point à un autre quand les lieux où elles ont séjourné ne leur offrent plus que des vivres insuffisants.

La Cigogne blanche s'apprivoise aisément. Sa gravité naturelle ne l'empêche pas de faire trêve au décorum pour se livrer, de loin en loin, à la gaieté; elle se familiarise promptement et joue volontiers avec les enfants. Il lui arrive parfois, à l'époque des migrations, de se laisser embaucher par ses sœurs en liberté, et de faire voile avec elles pour les lointains pays; mais on est presque toujours sûr de la voir revenir au printemps suivant dans la maison où elle a été élevée : plus reconnaissante que bien d'autres, elle n'oublie pas ceux qui l'ont bien traitée.

LA BÉCASSE ET LA BÉCASSINE.

Réunies par les mêmes caractères génériques qui se résument dans une tête comprimée, flanquée de deux gros yeux logés à l'arrière, et dans un bec droit, renflé et mou à son extrémité, la Bécasse et la Bécassine ont des habitudes absolument différentes. Malgré leur divergence, elles n'en sont pas moins très-prisées des chasseurs et des amateurs de bonne chère : pour les premiers, c'est un coup de fusil digne de leur adresse; les seconds ne comparent à nul autre ce gibier de haut goût; en pâté, mais surtout en salmis et à la broche, ils lui accordent, avec raison, toute leur estime : ne délecte-t-il pas à la fois le nez et le palais, juges éclairés de ses qualités culinaires?

En dépit de son nom, que les bouches railleuses transforment en épithète peu bienveillante, la Bécasse (*Scolopax rusticola*) (fig. 142) n'est pas aussi stupide qu'on le prétend. Il est vrai, elle se laisse facilement prendre aux piéges; mais que de jolis chanteurs, parmi les becs-fins, si joyeux et si folâtres, tombent dans le même défaut! Il accuse plus de gourmandise que de simplicité; et quand on étudie les mœurs de la Bécasse, on se convainc sans peine que son instinct suffit parfaitement à sa propre existence et à l'éducation de ses petits; que demander de plus à une bête privée de raison?

Son plumage à fond sombre est orné de teintes qui se marient harmonieusement les unes aux autres; le noir, le marron, le roux et le gris dominent sur le dessus du corps; le dessous est

Fig. 142. Bécasse commune.

gris, zoné de lignes noirâtres : trait spécifique, la tête est chargée de quatre bandes transversales noires.

La Bécasse n'a pas de patrie déterminée, ou, pour parler plus exactement, le monde entier est sa patrie. On la trouve à toutes les latitudes, dans tous les climats, au Nord aussi bien qu'au Sud, au Groenland et jusque sous la zone torride; les pays froids cependant la possèdent en plus grande abondance. Chaque année, à l'automne, elle descend des montagnes où elle a passé l'été, pour se répandre dans les hautes futaies, les taillis; elle s'abat de préférence dans les bois humides, riches en détritus végétaux. Ses passages ont ordinairement lieu la nuit; elle ne voyage pas en troupes, mais seule à seule ou deux ensemble. Plus crépusculaire que diurne, elle se tient tranquille, pendant le jour, dans ses fourrés, et se met en mouvement à la nuit tombante. Par les beaux clairs de lune, elle circule avec activité, fréquente les clairières et recherche les terres molles où se trouvent les vermisseaux dont elle fait sa nourriture. Il n'est pas rare de la voir descendre le soir, sans bruit, à la lisière des bois, auprès des flaques d'eau; en prenant pied, elle reste d'abord immobile, regarde de tous côtés, le cou tendu et aux écoutes; si rien ne l'inquiète, elle fouille la vase avec son bec et piète ensuite jusqu'au lever du soleil.

Son vol, bruyant au départ, se modifie selon les circonstances: à travers la futaie, elle file en droite ligne; dans les taillis, au contraire, elle fait de nombreux crochets; dans la lande et les buissons, elle plonge derrière ces arbustes pour mieux se dérober aux regards du chasseur. Quand elle s'abat, on dirait une masse inerte qui tombe; bientôt après, elle court avec vitesse, s'arrête de temps en temps, examine autour d'elle, et reprend ses promenades si elle se croit en sûreté; la méfiance la rend circonspecte : c'est la vertu des faibles.

La Bécasse nous arrive en octobre, vers le même temps que les Grives, pour nous consoler du départ de la Caille et du Râle de genêt. A cette époque, elle est déjà bien en chair, elle s'y maintient et complète son embonpoint, en faisant une chasse fructueuse aux Vers de terre et aux larves enfouies dans la vase; son odorat subtil sait les y découvrir, et son long bec les pêche avec succès, grâce à son bout flexible et charnu qui fait office d'organe du toucher; elle s'en sert aussi fort habilement pour écarter les feuilles tombées à terre et saisir la proie qu'elles recèlent.

En France, ces oiseaux restent en pays plat jusqu'à la fin de l'hiver. Les contrées où ils abondent le plus sont, à l'ouest : la Vendée, la Bretagne, la zone forestière des Landes; à l'est, l'Alsace, la Franche-Comté, la Bresse et la partie montagneuse du Dauphiné; au centre, le Cantal et les Cévennes. Dans les premiers jours du printemps, on les entend *crouler*, en volant, à la hauteur des taillis. Dès que les couples se sont formés, tous s'en vont regagner leurs montagnes; ils volent alors rapidement, de nuit, et sans s'arrêter; ils s'abattent le matin dans les bois ou les bruyères et s'y tiennent blottis tout le jour : leurs voyages s'effectuent ainsi jusqu'à destination; par exception, quelques retardataires séjournent l'été en plaine.

Les endroits les plus solitaires et les plus élevés sont ceux que les Bécasses choisissent pour nicher. Leur nid est sans art; il se compose de feuilles et d'herbes sèches mélangées de brindilles, et se trouve ordinairement adossé à un tronc d'arbre ou caché sous une grosse racine. La ponte ne va pas au delà de quatre ou cinq œufs, qui sont oblongs, gris-rougeâtre avec des marbrures plus foncées. Pendant toute la durée de l'incubation, le mâle se tient constamment près de la femelle; on les surprend assez souvent côte à côte dans le nid, reposant tous deux leur bec sur le dos l'un de l'autre. Même assiduité et même dévouement conjugal tant que l'éducation des petits n'est pas achevée. C'est le seul moment avec celui de la pariade où le mâle se fasse entendre; le reste de l'année, il garde le silence ainsi que la femelle. Les jeunes naissent vêtus de poil follet; ils quittent le nid au sortir de la coquille et courent de suite comme les petits Poussins; les ailes leur viennent avant les autres plumes : aussi en font-ils usage de bonne heure.

La Bécassine (*Scolopax gallinago*, fig. 143) pourrait être regardée, à première vue, comme un diminutif de la Bécasse. Même moule, en effet, chez l'une et chez l'autre; tête également carrée, bec aussi droit et aussi développé, plus long toutefois chez la première; plumage de teintes à peu près semblables, si ce n'est qu'il est moins roux dans la Bécassine et que le gris blanc et le noir y dominent. Mais, indépendamment de ces nuances, deux caractères bien tranchés séparent ces espèces : la tête de la Bécassine est rayée de deux bandes longitudinales noirâtres, et ses mœurs sont complétement distinctes. Tandis que la Bécasse vit dans les bois, la Bécassine est exclusivement habitante des prairies tourbeuses ou marécageuses et des fonds vaseux. Cette dernière a, de plus, une manière de voler qui lui est propre : elle fait toujours plusieurs crochets à son départ et pointe quelquefois très-haut; elle n'est nullement vouée au silence, tant s'en faut; elle jette, en partant, un petit cri bref et aigu, bien connu des chasseurs, et fait entendre, en d'autres temps, une sorte de voix chevrotante qu'on a comparée au bêlement de la chèvre; elle n'en est pas chiche, car elle l'accompagne d'une série sans fin de *taratatata* qui fait vraiment honneur à la puissance de ses poumons; enfin, distinction importante, elle a près de la moitié de la jambe nue, tandis que la Bécasse l'a complétement emplumée : on ne peut donc les prendre l'une pour l'autre, quoiqu'elles soient très-voisines.

Ainsi que sa congénère, la Bécassine nous arrive en automne, avec les brumes et les pluies de l'arrière-saison. Les froids rigoureux nous enlèvent la grande armée et ne laissent que de petits détachements dans les marais bien abrités qui ne se ferment pas; au printemps, on revoit en grand nombre les émigrées, mais pour peu de temps; la plupart nous quittent en été; quelques-unes, mieux inspirées, nichent dans nos marécages.

Le nid repose à terre, sous un aulne ou sous un saule, dans un endroit fangeux où le bétail n'a point accès; il est construit avec des herbes sèches et doublé de plumes; la femelle y pond quatre ou cinq œufs blanchâtres tachetés de roux. Pendant qu'elle couve, le mâle se livre à une série d'évolutions aériennes fort gracieuses : il monte, il descend verticalement, en prenant

Fig. 143. Bécassine sourde et ordinaire.

sa compagne pour objectif; par intervalles, il plane au-dessus d'elle et pointe ensuite de nouveau à une grande hauteur, pour s'abattre avec la même rapidité qu'il est monté : ce jeu se répète souvent.

Les petits ne sont pas plutôt éclos, qu'ils prennent congé de leur berceau et se mettent à vaguer à la suite de leur mère qui leur apprend, peu à peu, à explorer la vase et à saisir les vermisseaux; elle ne les quitte que lorsque leur bec a pris assez de consistance pour les aider à trouver seuls leur nourriture.

A terre, la Bécassine marche pas à pas, la tête haute, sans voltiger ni sauter; mais il est rare qu'on la surprenne dans cette attitude, elle est presque toujours enfouie dans les joncs et autres herbes de marais. Vigilante autant que méfiante, elle ne se laisse pas facilement approcher; elle part de loin, d'un vol très-rapide, coupé de crochets au début, et dirigé ensuite en ligne droite quand elle ne s'élève pas verticalement à perte de vue. Les chasseurs novices, surpris de son brusque départ, lui lâchent à tout hasard leurs deux coups de fusil, sans l'ajuster; ils en sont quittes pour jeter leur poudre au vent; mieux avisés, les anciens du métier tirent la Bécassine quand elle fait son second crochet, ou bien lorsqu'elle commence à filer; quel que soit le procédé employé, s'il réussit neuf fois sur douze, il établit solidement la réputation du chasseur, car la Bécassine exige un coup d'œil prompt et sûr et beaucoup de sang-froid : c'est à peu près le tir au jugé du Lapin. On met la Bécassine à la broche, exactement comme la Bécasse, sans rien enlever des entrailles; chez l'une et l'autre, tout est précieux et veut être cuit à point.

LE COURLIS (*Numenius arcuatus*).

La livrée de cette espèce (fig. 144) n'est pas moins triste que le cri mélancolique qui lui a valu son nom, tout son plumage est un mélange de gris, de brun et de blanc, à l'exception du ventre et du croupion entièrement blancs; chaque plume des parties supérieures, brune dans son milieu, est frangée de gris terne et de roussâtre; les grandes pennes de l'aile, ainsi que celles de la queue, sont brun-noirâtre. A l'inspection de son bec très-long et arqué, on devine que le Courlis doit trouver sa nourriture en fouillant dans la vase et les terres humides; il vit, en effet, de Vers, de larves d'insectes et de petits mollusques qu'il ramasse dans les prairies et les plages maritimes limoneuses.

On rencontre cet oiseau un peu partout, dans les grandes plaines de l'intérieur des terres, sur les relais des fleuves et sur le bord de la mer; il quitte tour à tour le voisinage des cours d'eau pour les prairies, les champs et les friches arides, et revient sans cesse des uns aux autres; il se trouve partout, mais ne se laisse apercevoir que difficilement, tant il est craintif, méfiant et circonspect. Il se porte, de nuit comme de jour, de contrée en contrée, sans suivre de routes déterminées; ses courses erratiques sont plus fréquentes au coucher du soleil qu'à toute autre heure de la journée; c'est alors qu'il jette ses cris répétés d'appel dont la dernière note se prolonge en un son aigu et plaintif. Sa marche ne manque ni de légèreté ni d'élégance; dans le calme, il s'avance à pas comptés; mais si le danger menace, il les allonge singulièrement et franchit ainsi de grandes distances avec une célérité extraordinaire. Son vol facile se brise à volonté et lui permet d'échapper aux Rapaces par d'habiles détours. Quoiqu'il s'élève à une grande hauteur et qu'il s'y soutienne aisément, il a de la peine à prendre son essor, il est obligé d'y préluder par une course de quelques instants; quand il veut descendre à terre, il se laisse d'abord tomber comme une masse en fermant ses ailes; à mesure qu'il approche du sol, il les déploie pour modérer sa chute et se balance encore au moment de toucher pied.

Fig. 144. Courlis.

Le Courlis n'est que de passage en France; il nous arrive en avril et repart en automne; toutefois il en reste toujours un certain nombre dans nos contrées lorsque l'hiver est très-doux. Il émigre par troupes nombreuses et en lignes; son vol est calculé de manière que les plus jeunes et les plus faibles puissent suivre. Au printemps, les couples s'isolent et vont nicher dans les bruyères et parmi les herbes des friches et des dunes. Chaque ponte se compose de quatre œufs olivâtres, parsemés de taches d'un brun rouge tellement accumulées vers le gros bout qu'elles l'entourent d'une bande complète. Les jeunes sont en état de trouver leur vie dès la sortie du nid; leur éducation se fait en quelque sorte en dehors des père et mère.

LES RALES.

Aucun gibier n'est plus facile à tirer que les Râles quand on parvient à les faire lever; nul aussi ne met plus à l'épreuve la patience des Chiens et ne les déroute davantage par l'habileté de ses manœuvres non moins savantes que celles du Lièvre. Des cinq espèces que nous possédons en France, trois surtout méritent d'être signalées, ce sont : le Râle de genêt, le Râle d'eau

Fig. 145. Râle de genêt.

et la Marouette ; port, genre de vie, ruses de guerre, habitat, leur sont communs à toutes, et dénotent chez elles un air de famille auquel il est impossible de se méprendre.

Râle de genêt (*Rallus crex*, fig. 145). — C'est dans les prairies fraîches et touffues qu'il faut chercher le Râle de genêt, tant que l'herbe est debout; lorsque la faux l'a mise à bas, il change de domicile et se retire dans les trèfles, les luzernes, les céréales, les bruyères et les genêts, mais seulement à titre d'asile de circonstance; dès que les herbes ont repris leur fourré, il revient à son gîte de prédilection, où il trouve une sécurité plus grande, des vivres à son choix, insectes, mollusques et vermisseaux de toutes sortes; ses petits d'ailleurs ne sauraient s'en passer.

Son plumage a quelque analogie avec celui de la Caille, mais il est à la fois plus foncé et plus doré; le brun, le fauve et le roussâtre se disputent ses teintes principales. Son bec, brun-rougeâtre en dessus, est blanchâtre en dessous, l'iris est de couleur noisette; le devant du cou et la poitrine tirent sur le cendré; les flancs sont roux avec des raies transversales blanches; le ventre est blanc, les pattes sont colorées de brun rougeâtre; par sa grosseur, enfin, il tient le milieu entre la Perdrix et la Caille, mais sa taille est beaucoup plus élancée que celle de ces deux Gallinacés.

Le Râle de genêt n'est que de passage en France; il nous arrive vers les premiers jours de mai, comme la Caille, et repart en même temps qu'elle, à la fin de l'été; au 15 septembre, on ne le voit plus dans nos contrées. La coïncidence des migrations de ces deux oiseaux, leur séjour commun dans les prairies ombreuses, leur vie également solitaire, ont fait donner au Râle l'épithète de roi des Cailles, mais il ne les guide pas dans leurs voyages, ainsi que le suppose le vulgaire; ces espèces sont parfaitement étrangères l'une à l'autre. Caché continuellement dans les hautes herbes, le Râle de genêt révèle sa présence par le cri aigu et sec de *crek, crek, crek;* bien novice le chasseur qui croirait le surprendre au point d'où part la voix; elle s'éloigne à mesure qu'on approche et ne se fait plus entendre que d'un autre côté; à voir les évolutions rapides de cet Échassier, on dirait un défi jeté à son poursuivant; rarement il pique en droite ligne; son jeu n'est qu'une série de marches et de contre-marches; il se fait battre pendant des heures entières, s'échappe à chaque instant par d'adroits faux-fuyants, va et vient à droite, à gauche, retourne sur ses pas, s'arrête, se blottit et laisse passer par-dessus lui le Chien emporté par un excès d'ardeur et dépité de tous ses faux arrêts et des traces à tout moment perdues. Le secret du Râle est dans ses jambes, il en use tant qu'il peut et n'a recours à ses ailes qu'à la dernière extrémité, elles le servent mal, en effet, devant l'ennemi : son vol ordinaire est lourd et de peu de portée; le plomb le manque rarement.

La femelle place son nid au milieu des prés, dans une petite cuvette de gazon, parmi les fourrés les plus épais : aussi n'est-il pas facile à découvrir; un peu de mousse ou quelques herbes sèches en font tous les frais; il renferme une dizaine d'œufs d'un jaune brunâtre et tachetés de brun roux. L'éducation des petits n'est pas longue, ils courent dès qu'ils sont éclos, suivent leur mère à travers les prés et déménagent avec elle lorsque les foins sont coupés.

Le départ périodique des Râles de genêt pour les pays chauds fait naître les mêmes réflexions qu'inspirent les migrations annuelles de la Caille. Comment peuvent-ils traverser la mer, alourdis qu'ils sont, à cette époque, par un embonpoint rédondant? Le besoin instinctif de changer de climat pour s'assurer une nourriture sur le point de manquer semble la meilleure explication de ce phénomène; la nécessité imprime alors à leur vol une énergie dont ils ne paraissent pas capables en tout autre temps; le faible oiseau s'improvise tout à coup bon voilier, ou du moins il parvient, en s'aidant de quelques escales, à franchir la Manche et la Méditerranée pour aller hiverner en Afrique.

La première gelée blanche voit disparaître le Râle de genêt de notre pays; le jour du grand voyage arrivé, il profite d'un vent favorable, part de nuit et fait une première halte dans nos contrées méridionales; mais au bout de peu de jours il lève l'ancre et se met décidément en route pour sa destination. En été, cette espèce s'avance fort loin dans le Nord; on la trouve jusqu'en Sibérie et au Kamtschatka: elle y est simplement de passage comme chez nous; l'Irlande paraît être son quartier de prédilection pendant les quatre mois de la belle saison; nulle part le Râle de genêt n'est aussi abondant que dans cette île.

Le Râle d'eau (*Rallus aquaticus*, fig. 146). — L'histoire du Râle de genêt est à peu près celle du Râle d'eau. Tous deux sont des coureurs de profession, profitant plus de leurs pieds que de leurs ailes, presque toujours cachés dans les grandes herbes, piétant dans tous les sens, employant les mêmes ruses pour dérouter Chiens et chasseurs, et ne prenant leur vol que lorsque, traqués dans leur dernier retranchement, ils ne peuvent plus fuir qu'à travers les airs; des différences tranchées séparent toutefois les deux espèces. Le Râle d'eau habite les marécages et fait sa demeure des joncs, des glaïeuls, des roseaux et de toutes les autres plantes aquatiques qui croissent au bord des étangs; on ne le voit jamais s'égarer dans les champs; quand il sort de sa retraite, c'est pour gagner à la nage quelque coin de son marais, encore a-t-il recours à la marche toutes les fois que la surface est tapissée des larges feuilles des nénufars; il y court avec une légèreté surprenante comme sur un plancher solide. Sa livrée lui appartient bien en propre. L'iris chez lui est rouge; son bec, plus long que celui du Râle de genêt, est mi-parti de rouge et de noirâtre; la gorge et le devant du cou ont une teinte cendré-bleuâtre; les flancs portent des rayures blanches sur un fond noir, tout le dessus du corps est revêtu de plumes noirâtres dans leur milieu avec un encadrement roux-olivâtre; les pennes de la queue sont noires, bordées de roux; les pieds enfin, ainsi que les ongles, tirent sur le brun verdâtre.

Le Râle d'eau, bien plus sédentaire en France que le Râle de

Fig. 146. Râle d'eau.

genêt, a aussi ses temps de migration; il passe à Malte à deux reprises chaque année; néanmoins il nous en reste toujours un certain nombre en hiver, près des sources qui ne gèlent pas. Cet oiseau vit de graines, d'insectes et de mollusques, ainsi que l'espèce précédente, mais il s'en faut qu'il prenne aussi bien la graisse et que sa chair soit aussi délicate; son goût de marécage plus ou moins prononcé le rapproche davantage de la Poule d'eau : il est encore plus efflanqué dans sa taille que le Râle de genêt; comme lui, il vole les pattes pendantes.

La femelle construit son nid parmi les touffes de joncs; ses œufs, de couleur jaunâtre, sont marqués de taches brunes.

La Marouette (*Rallus porzana*) est le plus petit de nos Râles indigènes ; sa grosseur ne dépasse guère celle de l'Alouette huppée. Le fond de son plumage est assez sombre, mais sa couleur brun-olivâtre est agréablement relevée par les mouchetures blanchâtres qui l'émaillent ; son bec est jaune et bien plus court que dans les autres espèces.

La Marouette, oiseau de marécage, a plus d'affinité avec le Râle d'eau qu'avec le Râle de genêt ; elle se tient constamment dans les joncs et les roseaux dont le pied baigne dans l'eau ; sa nourriture consiste en graines, en insectes et en petits mollusques qu'elle trouve dans la vase détrempée ; on ne la rencontre que sur le bord fangeux des marais ou des étangs, jamais en pleine eau. Plus industrieuse que les autres Râles, elle construit son nid avec art ; elle le fabrique avec des joncs entrelacés, et l'amarre par un de ses bouts à une tige de roseau, de telle sorte que le berceau, sous forme de petite nacelle, s'élève ou s'abaisse selon que l'eau monte ou descend, sans courir le moindre risque d'aller à la dérive : il renferme ordinairement sept ou huit œufs. Les petits ont à peine vu le jour, qu'ils courent, nagent et plongent ; ils s'affranchissent promptement des liens de la famille pour se livrer à leur indépendance et à leurs goûts solitaires.

La Marouette est seulement de passage en France comme la Caille, mais elle nous revient plus tôt ; on la voit dans nos marais de l'Est et du Nord dès les premiers jours de mars ; dans certaines années, elle est tellement abondante dans les étangs et les prairies marécageuses de la Bresse et de l'Artois, qu'un tireur ordinaire peut, en quelques heures, en remplir son carnier, si toutefois son Griffon est bien dressé à cette chasse. La Marouette, en effet, n'est pas moins rusée que tous ceux de sa race ; elle coule avec une incroyable prestesse sous le nez des Chiens ; elle embrouille ses allées et venues de mille détours ingénieux ; elle se faufile, comme le Rat d'eau, sous la racine des saules, et ne s'envole que lorsque le Chien, absolument sur son dos, ne lui laisse d'autre issue qu'une pointe en l'air, toujours de très-courte durée. Les amateurs de gibier d'eau l'estiment comme un morceau délicat, qui figure encore avec distinction à côté de la Bécassine : *longo proximus intervallo*, ajouterait, sous forme de réserve, un disciple de Brillat-Savarin.

LA FOULQUE NOIRE.

La Foulque noire (*Fulica atra*, fig. 147), connue aussi sous le nom de *Morelle*, fait pressentir, par la configuration de ses pattes bordées de festons, la membrane qui remplit l'intervalle des doigts chez les Palmipèdes, et conduit ainsi les Échassiers à cet ordre, en laissant toutefois cette transition immédiate au Flammant dont les pieds sont encore plus enveloppés d'appendices membraneux. La Foulque se reconnaît tout d'abord à sa plaque frontale de couleur blanche la plus grande partie de l'année,

Fig. 147. Foulque noire.

et qui se teint en rouge vif à l'époque du printemps. Son plumage est sombre, généralement noirâtre, à l'exception du bord de l'aile marqué de cendré noirâtre ; une jarretière rougeâtre décore le bas de la jambe ; les pieds, les doigts et les festons tirent sur le cendré verdâtre ; la tête et le cou sont d'un noir profond.

Bien plus aquatique que la Poule d'eau, la Foulque est aussi plus sauvage ; elle va rarement à terre, se tient presque tout le jour cachée dans les joncs et les roseaux, vole lourdement et semble ne vouloir se servir de ses ailes qu'à la dernière extrémité, quand elle est inquiétée dans sa retraite, ou qu'il s'agit d'émigrer à un autre étang.

Sa vie se passe tout entière sur les eaux dormantes. Ses pattes sont d'excellentes rames qu'elle manœuvre habilement; elle possède la faculté de descendre sous l'eau à une grande profondeur, et échappe aux poursuites du chasseur par des plongeons répétés, son principal moyen de défense. Circonspecte et toujours sur le qui-vive, elle ne prend son vol qu'à la nuit tombante; au moindre danger elle disparaît; les jeunes, encore sans expérience, se montrent moins prudents; on les voit assez souvent s'ébattre à la surface des étangs à toute heure du jour; à l'aspect de l'ennemi, cependant, ils le fixent d'un regard effronté, et plongent aussitôt par instinct pour ne plus reparaître que bien au delà de l'endroit où ils s'étaient d'abord montrés : quelques alertes de ce genre suffisent pour leur inoculer bientôt la méfiance propre à la race.

La nourriture de ces oiseaux consiste en petits animaux et en végétaux aquatiques; ils nichent de bonne heure au printemps et sont très-féconds : la ponte comprend au moins une douzaine d'œufs. Chaque couple s'adjuge un territoire d'une certaine étendue et ne souffre pas d'autre ménage près de lui. En cas d'usurpation de domaine, un combat acharné s'engage; le corps ramassé, frappant l'eau avec force de leur bec, les Foulques s'avancent en nageant l'une contre l'autre, se dressent tout à coup et se portent de violents coups d'ailes et de bec, jusqu'à ce que l'un des adversaires se résigne à la fuite. Le nid est bâti au bord de l'eau, dans un endroit noyé, couvert de roseaux desséchés; une touffe en fait la base; l'oiseau y amasse plusieurs couches de débris les unes sur les autres, de manière à former monticule, et il en garnit l'intérieur d'herbes sèches. La femelle couve pendant trois semaines; à peine la nichée est-elle éclose, qu'elle saute hors du nid et se jette à l'eau; elle couche sous les joncs, autour de la mère, sans jamais chercher à se réchauffer sous ses ailes. Dès leur naissance, les petits nagent très-bien et sont déjà d'habiles plongeurs. Dans ce premier âge, ils sont couverts d'un duvet enfumé et ne montrent que les rudiments de leur plaque frontale; c'est l'époque à laquelle ils sont le plus exposés; les Busards n'en laissent pas un dixième, ils dévastent les nichées jusque dans leurs œufs : aussi les vieilles Foulques, averties par une cruelle expérience, cachent-elles avec soin leurs nids dans les fourrés les plus épais des glaïeuls et des grandes herbes; en cas de malheur, elles font une seconde ponte.

L'espèce, toute sauvage qu'elle soit, se réunit à l'automne en grandes troupes; les Foulques abandonnent alors les petites mares pour aller sur les grands étangs, où elles établissent leurs quartiers d'hiver; elles couvrent souvent des surfaces très-étendues. Dans certaines contrées maritimes, comme en basse Picardie, elles restent pendant toute la mauvaise saison dans ces retraites que protége, par une température plus douce, le voisinage de la mer; les fortes gelées seules les en chassent temporairement, lorsque les eaux viennent à être complétement fermées.

LA POULE D'EAU.

La Poule d'eau (*Gallinula chloropus*, fig. 148) habite le plus souvent le bord des rivières et des étangs; on la trouve aussi quelquefois dans les marais et dans les vieux fossés où séjournent les eaux pluviales, et qui foisonnent de joncs et de roseaux. Bien qu'elle nage avec facilité, elle ne se sert de ses rames que pour ses promenades sur l'eau le soir et pour passer d'une rive à l'autre. Pendant la plus grande partie du jour, elle reste cachée, comme le Râle, dans les herbes, ou sous quelques racines d'arbre aquatique; elle tient ferme sous l'arrêt du Chien; mais dès qu'il fait mine de vouloir la piller, elle disparaît sous l'eau. C'est aussi le moyen qu'elle emploie pour échapper au plomb du chasseur, en ayant soin, à chaque plongeon, de se montrer bien loin de l'endroit où elle a été tirée et de ne laisser passer que sa tête hors de l'eau : dans cette position, elle regarde fixement son ennemi sans faire le moindre mouvement, et ne sort de son immobilité que lorsque tout danger est passé. Sa nourriture consiste en graines, en herbes, en petits poissons et aussi en mollusques et reptiles aquatiques; quand elle navigue, elle bat l'eau avec sa queue chaque fois qu'elle se déplace, et accélère ainsi, par un troisième aviron, l'impulsion que lui ont imprimée ses deux rames naturelles.

Son nid, toujours placé près du bord, n'est qu'un amas informe de joncs et de roseaux desséchés, mais entrelacés les uns aux autres et amarrés par de longs brins à quelques plantes du voisinage; grâce à cette ingénieuse précaution, il ne craint pas les inondations, il monte ou descend avec la crue ou la baisse des eaux. Chaque ponte comprend de cinq à huit œufs d'un blanc jaunâtre, irrégulièrement tachetés de brun; la femelle, avant d'aller chercher sa nourriture, ne les quitte jamais sans les avoir préalablement recouverts avec les matériaux du nid. Les petits naissent garnis de duvet; ils désertent leurs berceaux dès qu'ils sont éclos et suivent immédiatement leur mère; leur éducation n'est pas longue : en moins de quinze jours, ils apprennent à se suffire à eux-mêmes et à se dérober à toutes les recherches en se cachant parmi les grandes herbes du bord de l'eau.

La Poule d'eau n'émigre pas, elle se borne à changer de résidence à l'automne pour passer la mauvaise saison près des eaux vives et des sources qui ne gèlent pas; les individus qui habitent la montagne en été, descendent, l'hiver, au bas pays : dans ces

Fig. 148. Poule d'eau.

déplacements annuels, ils suivent constamment la même route et reviennent toujours nicher aux mêmes endroits.

La Poule d'eau est très-facile à tirer lorsqu'elle rase l'eau les pattes pendantes et d'un vol qui n'est jamais rapide : aussi ne s'y risque-t-elle qu'à la dernière extrémité; sa chair est un morceau fort médiocre et mérite à peine le nom de gibier. Son plumage épais, serré et doublé d'un duvet imperméable, est gris de fer, orné de blanc sous le corps; le dessus, plus sombre, est brun-verdâtre; le front porte une plaque membraneuse analogue à celle de la Morelle; un cercle étroit, de couleur rouge, orne le bas de la jambe; les pieds sont verdâtres. La femelle est un peu plus petite que le mâle et sa livrée offre une teinte générale plus claire.

LE FLAMMANT.

Le Flammant (*Phœnicopterus ruber*, fig. 149), ainsi nommé de son plumage couleur de feu, confine aux Palmipèdes par ses trois doigts de devant engagés dans une membrane qui s'échancre au milieu ; mais ses jambes, absolument nues et d'une longueur démesurée, l'ont fait retenir parmi les Échassiers, dont il a, en outre, les habitudes. Il ne se distingue pas seulement par les riches teintes rouges de ses couvertures et par ses pennes d'un beau noir tranchant sur le fond blanc du corps, son long cou grêle est surmonté d'une petite tête ronde à laquelle est attaché un grand bec moitié rouge, moitié noir, dentelé sur ses bords et recourbé en forme de cuiller : sa structure est tout à fait étrange. La mandibule supérieure, convexe à son origine, se brise brusquement au milieu par une forte courbure, pour devenir ensuite une lame plate qui s'infléchit à son tour vers la pointe; la mandibule inférieure se plie à proportion et présente l'aspect d'une large gouttière.

Le Flammant appartient aux oiseaux de rivage ; mais éminemment voyageur et ne fréquentant que les climats chauds et tempérés, il débarque tout à coup sans qu'on sache précisément d'où il vient, se tient d'ordinaire près de la mer, dans les lagunes, les lacs et les marais salés et près de l'embouchure des fleuves; chez nous, il ne se voit que sur certains points des côtes de Provence, particulièrement à l'étang du Valcarès, dans la partie sud-ouest la plus déserte de la Camargue; quand on en rencontre par hasard quelqu'un dans l'intérieur des terres, c'est qu'il y a été jeté par la tourmente, et dans ce cas il ne fait que passer. Ils arrivent dans la basse Camargue en avril et mai, par grandes troupes, et nous quittent dans les premiers jours d'octobre ; il en reste cependant toujours quelques-uns, soit qu'ils aient été trop jeunes au moment du départ, ou que des blessures les aient empêchés de suivre l'émigration; selon toute probabilité, ils vont passer l'hiver dans le sud de l'Espagne et en Afrique.

Bien que Sonnini assure qu'en Égypte les Flammants sont souvent isolés, ils vivent le plus ordinairement en troupes, s'allongent en files pour pêcher ou pour se reposer sur le rivage : dans cet alignement régulier, on les prendrait volontiers pour des escadrons rouges rangés en bataille; d'après l'instinct commun à tous les oiseaux qui vivent réunis en grandes bandes, ils placent des sentinelles pour se garder contre toute surprise, et, tandis qu'ils enfoncent leur tête dans l'eau pour fouiller la vase, des vedettes veillent, la tête haute, à la sûreté générale; à la moindre alerte, elles jettent un cri retentissant, semblable au son d'une trompette, s'envolent les premières et sont immédiate-

Fig. 149. Flammant.

ment suivies de toute la troupe dans son vol, qui observe le même ordre que les Grues.

Les Flammants ont l'ouïe et l'odorat d'une finesse extrême : aussi est-il fort difficile de les approcher; on ne peut guère espérer les tuer au fusil qu'en les surprenant à l'abreuvoir. Tout le jour, ils sont occupés à barboter dans les relais de mer ou dans les étangs couverts d'une petite couche d'eau. Leur nourriture se compose de mollusques, d'annélides, d'œufs de poissons et d'insectes aquatiques qu'ils cherchent dans la vase molle, en y plongeant une partie de leur tête et en remuant en même temps les pieds de haut en bas, pour amener la proie avec le limon à leur bec. Quand le Flammant veut manger, il tourne son cou et sa tête de manière que la partie plate de la mandibule supérieure soit en contact avec la vase; il saisit son butin en tournant la tête de côté et d'autre. Pour dormir, il retire une de ses pattes sous lui, se tient debout sur l'autre, pose son cou sur son dos, et cache sa tête entre son corps et le bout de son aile, toujours du côté opposé à la jambe qui se trouve pliée.

Cet oiseau niche dans les marais fangeux et dans les replis des dunes avoisinant les étangs; il ramasse le limon avec ses pattes, en fait comme de petits îlots émergeant de 18 à 20 centimètres au-dessus de l'eau, et leur donne la forme de cônes assez larges à la base, et allant sans cesse en diminuant jusqu'au sommet, où il laisse un étroit passage pour l'introduction des œufs. Sa position lorsqu'il pond ou qu'il couve, ne laisse pas d'être curieuse; elle témoigne surtout d'un admirable instinct. Ne pouvant s'accroupir à cause de l'excessive longueur de ses jambes, il se tient non sur l'ouverture nid, mais tout auprès, les jambes à terre et dans l'eau, se reposant contre le nid et le couvrant du bas ventre et de la queue. Chaque ponte ne contient jamais plus de deux œufs; ils sont blancs, d'un tiers plus gros que ceux de l'Oie et recouverts d'une coquille épaisse, grossière et comme enduite de plâtre. Les petits courent avec une grande vitesse peu de jours après leur naissance, mais ils ne peuvent voler qu'après avoir pris toutes leurs plumes. Leur première livrée est d'abord d'un gris clair; à mesure qu'ils croissent, elle s'empourpre, mais ne brille d'un bel éclat que vers un an, alors que le développement est complet : ses teintes de feu sont d'autant plus vives, que l'oiseau est plus âgé.

ORDRE DES PALMIPÈDES.

MOUETTES ET GOËLANDS.

Malgré leur dénomination différente, ces oiseaux appartiennent au même genre *Larus;* les petites espèces portent le nom de Mouettes, les grandes sont désignées sous celui de Goëlands lorsqu'elles excèdent la grosseur du Canard sauvage; à la taille près, les uns et les autres présentent les mêmes caractères et les mêmes mœurs. Leur bec, nu à la base et percé de narines linéaires vers le milieu, est aplati sur les côtés; la mandibule supérieure se courbe en crochet à la pointe; l'inférieure est renflée et anguleuse en dessous; leur pouce ne touche point à terre, et leur queue est pleine.

Par leurs longues pennes aiguës qui dépassent la queue quand elles sont pliées, ils font partie des grands voiliers de mer, se jouent dans l'air avec autant d'aisance qu'à la surface des flots, s'y bercent, s'y balancent avec grâce, rasent élégamment la lame, s'abaissant et se relevant tour à tour avec elle, et s'emportant aussi d'un vol rapide à de grandes distances, loin du rivage. Comme tous les Palmipèdes, ils nagent avec facilité; néanmoins ils ne profitent pas de leurs rames pour faire de longs trajets, ils s'en servent le plus souvent pour se maintenir et se reposer sur les flots.

Mouettes et Goëlands (fig. 150 et 151) ont reçu de la Providence une mission spéciale; ils sont chargés de débarrasser les mers de tout ce qui pourrait en compromettre la pureté, et s'acquittent à merveille de leurs fonctions: tous les cadavres, toutes les immondices, les débris de toutes sortes, qu'ils proviennent du fond ou qu'ils soient charriés par les fleuves, ces expurgateurs précieux consomment tout; les plus gros cadavres sont par eux disséqués, avalés et digérés en un clin d'œil, sans que leur appétit soit jamais assouvi. Leur salutaire voracité ne laisse rien passer d'inaperçu; de leur œil vitreux et morne ils inspectant chaque lame, enlèvent avec une dextérité surprenante le poisson qu'elle entraîne, s'abattent subitement entre deux vagues, saisissent avec leur crochet Harengs, Maquereaux, Anchois et Sardines, tout ce qui vogue près de la surface, ils poussent même l'audace jusqu'à poursuivre leur proie dans les mailles des filets. Qu'une flottille de bateaux pêcheurs sorte du port par un temps calme et radieux, les Goëlands sont bien loin, on n'en voit pas un seul; mais à peine la pêche a-t-elle commencé, à peine les filets sont-ils jetés, ils apparaissent un à un, échelonnés de distance en distance, en éclaireurs; dès que les pêcheurs relèvent leurs filets, une nuée de corsaires ailés accourt de tous les points de l'hori-

Fig. 150. Mouettes.

zon; ils se précipitent avec une hardiesse farouche sur les poissons hors de l'eau et en prélèvent leur part sans aucun souci des coups de fusil qu'on peut leur tirer à bord; un instant après, ils reviennent à la curée encore plus nombreux et plus effrontés qu'auparavant. Ce qui se passe sur une barque, se répète sur toutes les autres, et se renouvelle chaque jour et même plusieurs fois pendant la journée. Les gros temps ne leur font rien perdre de leurs habitudes pillardes, ils s'y livrent avec la même insouciance du danger; la vague, du reste, si furieuse qu'elle soit, ne les met point en péril, ils n'en pêchent qu'avec plus d'entrain et de profit. Tantôt ils s'embarquent à la suite du vent, tantôt ils en remontent le courant, ou bien ils planent dans l'espace d'une aile presque immobile pour s'abattre tout à coup sur la proie lancée à la pointe des vagues. Les grandes tempêtes elles-mêmes n'ébranlent pas leur sang-froid; elles les exposent seulement à jeûner quelque temps; mais, grâce à leur admirable organisation, ils supportent parfaitement la faim : les Goëlands peuvent rester près d'une semaine sans manger; on les voit alors s'enfoncer dans l'intérieur des terres, vivant de ce qu'ils peuvent trouver, piratant sur les fleuves et sur les rivières, et cherchant pâture le long des grèves ou des étangs salés. Leurs apparitions au milieu des terres étaient regardées par les anciens comme un signe avant-coureur de tempêtes, témoin ces vers de Cicéron :

.... Fugiens e gurgite ponti,
Nuntiat horribiles, clamans, instare procellas[1].

Beaucoup de personnes croient encore aujourd'hui à ces indices *prophétiques*; mais ce ne sont pas des présages, ils ne sont que la conséquence des perturbations de l'atmosphère.

La voracité des Goëlands est extrême. Sur le rivage, ils sont sans cesse à s'épier mutuellement pour se voler le butin. L'un d'eux a-t-il rencontré quelque tripaille ou quelque animal à demi décomposé, à l'instant il est entouré, poursuivi, assailli de cris, jusqu'à ce qu'il ait lâché prise; tout ce qui peut se manger, vif ou mort, les tente; ils se jettent dessus avec une violence sans égale, au risque de se briser la tête contre les corps durs sur lesquels on a cloué des appâts. Il ne faut pas une grande industrie pour attirer ces oiseaux dans le piége. Leur pêche est un des amusements favoris des matelots désœuvrés en rade; ils attachent un morceau de chair ou de poisson à un hameçon placé au bout d'une longue ficelle; plusieurs de ces engins sont échelonnés à certaines distances en mer, tous aboutissent à un câble unique qu'on tient à portée; dès qu'un Goëland, avalant amorce et hameçon, s'est enferré, on tire la ficelle, l'oiseau s'envole, se débat en l'air, on le ramène comme un cerf-volant qui a fini son ascension, aux grands éclats de rire des matelots.

La chair des Mouettes, aussi bien que celle des Goëlands, est coriace, de mauvais goût et peu abondante, malgré la quantité de plumes qui en dissimulent l'exiguïté; cependant elle est quelquefois une ressource à bord des bâtiments où se fait sentir la disette de vivres. Pour rendre ces oiseaux à peu près mangeables, on les écorche, on les expose pendant quelques jours à

1. Cicero, *de Divinatione*, lib. I.

l'air, pendus la tête en bas, afin de leur faire rejeter l'huile dont leur corps est imprégné ; toutefois, malgré ces précautions, ils conservent toujours une saveur très-prononcée de poisson rance.

Les Goëlands sont répandus à profusion sous tous les climats; on les trouve par myriades dans les deux hémisphères; tous les rivages, surtout ceux du Nord, en fourmillent; il n'est plages ou îlots déserts qui n'en soient couverts; ils abondent principalement là où le poisson foisonne. Leurs nichées ne leur demandent pas grands frais; ils déposent leurs œufs, toujours en petit nombre, de deux à quatre, dans un trou de sable ou dans le creux des rochers; nos falaises à cette époque ont souvent leurs

Fig. 151. Goëland.

visites. Les petits naissent couverts de duvet et le gardent longtemps; leurs véritables plumes ne viennent que tard; leur couleur est très-sujette à varier pendant le jeune âge; elle change, pour ainsi dire, à chaque mue du printemps et de l'automne : aussi ces transformations ont-elles donné lieu à de nombreuses méprises de la part de quelques naturalistes, en leur faisant considérer comme caractères spécifiques de simples mutations d'habit; ils oubliaient, de plus, que Mouettes et Goëlands ne prennent leur livrée définitive que lorsqu'ils sont adultes, entre deux ou trois ans, et que le vêtement d'hiver n'est pas le même que celui du printemps; en général, le fond de leur plumage est blanc, avec manteau noir, brun, gris ou cendré; les grandes pennes des ailes, dans plusieurs espèces, sont marquées souvent de couleurs obscures.

La race entière est très-criarde et n'épargne pas ses clameurs aux rivages qu'elle fréquente : de là le nom d'*émiaules* et celui de *grandes* et *petites miaules* sous lesquels on désigne les grandes et les petites espèces en Picardie et en Normandie. La voix ordinaire chez plusieurs d'entre elles est tantôt rauque et enrouée, tantôt brève et aiguë, analogue à un coup de sifflet; les cris d'appel se font remarquer par leur note stridente, et se terminent en finales plaintives, auxquelles les intervalles de silence dont elles sont entrecoupées donnent un accent encore plus mélancolique et ajoutent à la tristesse naturelle des grèves.

D'après une observation de Buffon, les Goëlands et les Mouettes dérogeraient aux habitudes des autres oiseaux : ils ne cachent pas leur tête sous l'aile pour dormir; ils se tournent seulement en arrière en plaçant leur bec entre le dessus de l'aile et le dos.

Les grandes espèces les plus communes sur nos côtes sont le Goëland à manteau bleu (*Larus argentatus*); le plumage d'un beau blanc, à l'exception du dos, du croupion, des scapulaires dont la teinte est cendré bleuâtre; les pennes de l'aile sont blanches, marquées d'une tache noirâtre à leur extrémité. D'après Vieillot, cette espèce n'ose pas disputer sa proie au Goëland à manteau noir, mais elle s'en dédommage sur les autres et sur les Mouettes qui lui sont inférieures en force, en les pillant et en leur faisant une guerre continuelle : elle habite nos côtes de l'Océan et de la Méditerranée; dans cette dernière région, on la connaît sous le nom de *Gabian*.

Le Goëland à manteau noir (*Larus marinus*), le plus gros de tous; le manteau noir ou noirâtre ardoisé; les pennes des ailes noires terminées de blanc; tout le reste du plumage, de cette dernière couleur. Son cri enroué s'exprime par une série de *qua, qua, qua* prononcés très-viteet d'un ton rauque; il niche dans nos falaises de l'Ouest.

Parmi les Mouettes, les espèces les plus répandues sur nos côtes sont :

La grande Mouette à pieds bleus (*Larus canus*); le bec et les pieds bleuâtres; tout le plumage d'un blanc de neige, excepté le manteau qui est cendré clair, ainsi que les pennes des ailes dont plusieurs sont échancrées de noir. Suivant l'excellent ornithologiste Baillon, cette Mouette appelée, grande Miaule sur les côtes de Picardie, est moins batailleuse que les autres; son caractère est moins gai : pourtant elle s'apprivoise moins facilement.

La petite Mouette cendrée (*Larus cinerarius*), ou petite Miaule de Picardie; la tête, la gorge, le cou, la poitrine, toutes les parties postérieures et la queue d'un blanc de neige; le dos, le croupion, les couvertures supérieures et les ailes gris cendré. Sa grosseur ne dépasse pas celle d'un pigeon; très-vive et nullement méchante, elle fait une chasse active aux insectes qu'elle poursuit dans l'air; elle remonte les fleuves à marée montante, s'avance dans les terres à plus de deux cents kilomè-

Fig. 152 Hirondelle de mer.

tres et s'apprivoise facilement; elle porte aussi le nom de *Tattaret*, d'après son cri.

A la suite des Mouettes et des Goëlands, le genre *Sterne*, très-voisin, renferme de jolis oiseaux qui fendent l'air dans tous les sens, tantôt dans les hautes régions, tantôt à la surface des eaux, décrivant mille arabesques gracieuses dans leur vol élégant et rapide, semblable à celui de l'Hirondelle : aussi portent-ils le nom d'Hirondelles de mer. Certaines espèces fréquentent nos fleuves et nos rivières; les gros temps nous en envoient souvent des volées jusqu'aux environs de Paris; on les retrouve encore sur le Rhin, la Saône, le Rhône, la Garonne et surtout sur la Loire qu'elles affectionnent de préférence, probablement à cause de ses nombreux îlots de gravier; elles aiment, en effet, à prendre pied sur ces atterrissements, où elles trouvent abondance de Vers et de petits mollusques.

L'espèce la plus commune chez nous est le Pierre-Garin (*Sterna hirundo*, fig. 152); cendré dessus, blanc dessous, la queue fourchue et les ailes longues et effilées; sa tête est ornée d'une calotte noire; son bec et ses pieds sont rouges. Une sympathie toute fraternelle pour ceux de son espèce le rapproche encore des Hirondelles de terre. Lorsqu'un Pierre-Garin de même troupe vient à être blessé d'un coup de fusil, tous ses compagnons de voyage accourent au bruit de la détonation pour porter secours à la victime, et le chasseur sans pitié de redoubler, comme s'il avait affaire à des oiseaux malfaisants! Le Pierre-Garin jette, en volant, des cris aigus, à l'instar du Martinet; il saisit avec prestesse les petits poissons qui se montrent à la surface de l'eau.

LE CORMORAN NOIR (*Pelecanus carbo, fig.* 153).

Cet oiseau pêcheur possède au grand complet l'outillage de sa profession. Indépendamment d'une rame vigoureuse dont il se sert avec élégance et rapidité, il a la faculté de cheminer entre deux eaux, les ailes ouvertes, ne laissant passer que sa tête, seul point de mire du chasseur, auquel il échappe souvent de cette manière, sans avoir besoin de plonger. Le domaine de l'air lui appartient aussi bien que celui des eaux; ses grandes ailes le parcourent sans peine, et, privilége presque exceptionnel chez les Palmipèdes, il perche sur les arbres comme un Passereau sylvicole, grâce aux ongles acérés qui garnissent ses doigts.

Le Cormoran, malgré son vol puissant, est loin d'égaler les fins voiliers dans leurs courses aériennes, mais il rachète cette infériorité par son talent extraordinaire de plongeur, et par la faculté qu'il possède de rester longtemps sous l'eau et d'y nager avec une extrême célérité. Sa taille se rapproche de celle de l'Oie, mais son corsage paraît plus délié, à cause de la longueur de sa queue dont les pennes, étalées et rigides comme celles des Pics, lui servent, au besoin, de siége. Son plumage à fond noir égayé de vert varie avec l'âge et le sexe. Le mâle se distingue de la femelle par son occiput hérissé d'une petite huppe grisonnante, ainsi que par la gorgerette blanche qui orne son cou en guise de mentonnière. Tous deux ont le devant et les côtés de la tête dénudés; les jambes sont marquées de deux taches blanches; le bec, droit jusqu'à la base, se recourbe brusquement en crochet; une peau nue le garnit en dessous.

Le Cormoran noir est plus commun sur les bords de la mer que sur nos cours d'eau et nos étangs de l'intérieur : on l'y voit cependant quelquefois; il abonde au Sénégal, à l'île Maurice, au Kamtschatka, mais le froid rigoureux de cette dernière région l'en chasse de temps à autre et le rend alors émigrant.

Bien qu'il soit pourvu de bonnes rames, il n'en use qu'avec modération; il n'est pas toujours sur l'eau, comme on serait tenté de le croire; il va souvent à terre et s'y tient presque debout, par suite de l'agencement de ses jambes très-courtes, rejetées à l'arrière du corps. La difficulté qu'il a à s'enlever le

Fig. 153. Cormoran noir.

rend volontiers paresseux en terre ferme; il ne s'y meut que tout juste pour atteindre son but; ses évolutions précipitées, il les réserve pour l'eau. Nul ne saurait lui être comparé dans la pêche à l'anguille; il va la chercher au fond de la vase où elle se cache, la poursuit avec frénésie, lui coupe la retraite par la rapidité et la précision de ses manœuvres, la saisit entre ses mandibules et l'y maintient fortement, malgré l'humeur visqueuse qui rend ce poisson si glissant.

Le Cormoran montre tant d'adresse à pêcher et sa voracité est si grande, qu'il dépeuple en peu de temps les étangs les plus poissonneux. « Sa proie, dit Buffon, ne lui échappe guère, et il revient presque toujours sur l'eau avec un poisson en travers du bec. Pour l'avaler, il use d'un singulier manége : il jette en l'air son poisson, et il le reçoit la tête la première, comme le Pélican, de manière que les nageoires se couchent en passant par le gosier, tandis que la peau membraneuse du dessous du bec prête et s'étend pour admettre et laisser passer le corps du poisson qui souvent est fort gros en comparaison du cou du Cormoran. Ainsi que les Rapaces nocturnes et comme le Martin-Pêcheur et le Héron, le Cormoran rejette sous forme de pelotes les arêtes et les écailles des poissons qu'il a avalés. »

Ses dipositions remarquables pour la pêche étaient mises autrefois à profit en Angleterre et en France; on dressait le Cormoran à cet exercice, il y devenait très-habile en fort peu de leçons. Les Chinois les premiers l'ont employé à cet usage, qu'ils continuent encore aujourd'hui. Il n'est pas rare de voir des Cormorans échelonnés le long de leurs rivières, perchés sur l'avant des bateaux, plonger à un signal donné et rapporter le poisson qu'ils ont happé; l'oiseau se prête de bonne grâce à ce jeu, auquel il trouve aussi son compte. Après la part du maître, on lui fait, ou, pour parler plus exactement, il se fait la sienne; on lui ôte alors l'anneau qu'on a passé à son cou pour l'empêcher de se servir le premier; dès qu'il est débarrassé de ce frein importun, il se lance à l'eau *motu proprio* et non sans succès. De nos jours et tout récemment, certains amateurs bien inspirés ont tenté de faire revivre les pêches domestiques du Cormoran, et ils y ont réussi. La rivière d'Essonne, près de Paris, a été plus d'une fois le théâtre de ses exploits; les résultats qu'on en retire sont la meilleure preuve que cette industrie récréative devrait être propagée là où le poisson est très-abondant : après tout, pourquoi certains oiseaux gratifiés de pareils dons ne deviendraient-ils pas, à l'instar de nos animaux domestiques, les auxiliaires de l'homme, surtout quand ils s'apprivoisent et se dressent aussi facilement que le Cormoran? Cette conquête innocente vaut bien celle qui se fait à coups de chassepot : avis à la Société d'acclimatation.

LE CANARD.

Par le double privilége qu'il possède de traverser rapidement les airs, de vivre sur l'eau et d'y plonger à volonté, le Canard semblerait devoir échapper à toute servitude; l'homme cependant en a fait son vassal : notre espèce domestique, en effet, descend directement du Canard sauvage, elle en a gardé les principaux caractères et la livrée générale, quoique dans les basses-cours sa taille et son plumage aient subi de nombreuses modifications (fig. 154).

Le Canard a sa place distinguée parmi les Palmipèdes. Deux larges mandibules d'inégale longueur composent son bec, qui est épais, déprimé, dentelé en scie sur les bords, obtus vers le bout et surmonté d'un onglet corné. Ses pieds, garnis d'une forte semelle, à l'exception du pouce qui est libre, sont rejetés à l'arrière du corps et presque engagés dans l'abdomen; il en résulte qu'à terre le Canard est un fort mauvais marcheur, à l'air aviné et pouvant à peine se maintenir en équilibre; dans l'eau, au contraire, tous ses mouvements sont élégants et faciles, il rame dans la perfection, et rivalise de vitesse avec les plus habiles nageurs.

A l'état de nature comme en domesticité, le mâle se reconnaît à ses couleurs éclatantes et à certaines plumes de la queue retroussées en crochet; sa taille est plus grande que celle de la femelle. Il est brillamment paré. Sa tête est ornée d'un beau vert d'émeraude, à reflets d'acier poli; son collier blanc contraste agréablement avec le brun pourpre qui l'encravate et ruisselle sur sa poitrine; le dos, le ventre et les flancs sont rayés de noirâtre sur un fond gris; les ailes, grisâtres, sont illustrées d'un miroir d'azur qu'encadrent un liséré gros-bleu-velouté et une bande blanche; la région du croupion enfin se détache en vert noir changeant; la queue est courte, marquée de blanc à son extrémité. Le plumage de la femelle est plus modeste; le gris brun et le roussâtre déterminent la teinte générale; le miroir de l'aile tire sur le violet. Mais si la Cane le cède au mâle pour la beauté, elle prend largement sa revanche du côté de la voix : très-loquace, elle a le verbe haut et fait entendre, à tort et à travers, son *coin-coin* tapageur, dont le son nasillard est parfaitement rendu par l'onomatopée latine *tetrinnire;* les oreilles délicates ont peine à s'accoutumer à ce langage criard, mais au milieu d'une ferme il n'est pas sans agrément; « c'est, dit Buffon, le clairon parmi les flûtes et les hautbois, c'est la musique du régiment rustique. »

L'indépendance forme le trait distinctif du Canard sauvage. Sans patrie bien définie, il est répandu sur une grande partie du globe, ne séjourne jamais longtemps dans les mêmes parages, passe et repasse dans nos contrées en hiver, et regagne, au printemps, les régions les plus hyperborées pour nicher sur les îlots et les continents déserts; en été, l'espèce couvre en quelque sorte tous les fleuves et tous les lacs de la Sibérie et de la Laponie et s'enfonce encore plus avant dans le Nord, jusqu'aux solitudes glacées du Spitzberg et du Groenland.

Le vol des Canards est élevé; leurs migrations s'effectuent par grandes troupes disposées en escadrons triangulaires. A leur

Fig. 154. Canard.

arrivée, ils vont continuellement d'une rivière à l'autre et passent en revue tous les étangs. Défiants et rusés, ils ne s'abattent qu'après de nombreuses circonvolutions, après s'être bien assurés que l'endroit qui les attire ne cache pas d'ennemis, et qu'ils peuvent prendre pied à bon escient. Lorsqu'ils sont sur le point d'aborder, ils fléchissent leur vol et se lancent obliquement sur la surface de l'eau qu'ils effleurent d'un long sillon; ils nagent ensuite au large et se tiennent toujours éloignés du rivage. Leurs habitudes sont plus nocturnes que de jour; c'est par l'obscurité qu'ils voyagent, et c'est aussi la nuit qu'ils pâturent. Pendant le jour, ils se tiennent cachés dans les joncs et les roseaux, y dorment la tête sous l'aile, mais sans fermer, pour ainsi dire, les yeux, et sans cesser d'être aux aguets; toujours quelques-uns de la bande veillent au salut commun; à la moindre apparence de danger, le cri d'alarme retentit, tous plongent ou s'envolent : rien de plus rare que de surprendre leur vigilance en défaut.

Ainsi que la plupart des oiseaux nageurs, les Canards pointent en s'enlevant; leur départ est bruyant; ils battent vigoureusement l'air de leurs ailes, comme s'ils avaient à surmonter une forte résistance; mais à peine ont-ils franchi les premières couches de l'atmosphère, le cou tendu, l'aile sifflante, ils se portent rapidement dans les hautes régions où bientôt on les perd de vue. Leur nourriture consiste en petits poissons, en insectes aquatiques, en herbes et graines, ils quittent leur séjour favori sur les eaux une heure avant le coucher du soleil, pour aller chercher fortune dans les champs et dans les bois, paissent volontiers les céréales en herbe et se jettent avidement sur les glands, à la lisière des forêts. Lorsque les étangs regorgent à pleins bords, ils y prennent joyeusement leurs ébats; quand la gelée commence à les fermer, ils se rabattent sur les rivières; celles-ci, à leur tour, viennent-elles à se prendre, ils décampent et vont se réfugier auprès des sources; si la gelée se prolonge intense pendant quelque temps, tous les Canards, pressés sans doute par la faim, disparaissent, mais pour revenir au dégel : ils repassent alors, le soir, par les vents du sud. Les hivers les plus rudes ne les éprouvent pas, ils semblent même rechercher le froid : car à peine la température commence-t-elle à tiédir, leurs troupes nous quittent et font voile vers le nord de l'Europe et de l'Asie; les contrées les plus sauvages, les plus âpres, les plus désolées, sont le rendez-vous général où elles se rassemblent en nombre incalculable, envahissant tous les cours d'eau pour y faire leurs couvées : le poëte voyageur Regnard rapporte qu'au mois de mai les nids de Canards sont tellement abondants en Laponie, que le désert en paraît rempli.

Quoique l'arrivée du printemps rende l'émigration générale, tous les Canards cependant n'abandonnent pas nos climats; il est bien rare que quelques couples ne nous restent et ne se retirent dans les bois ou sur les grands étangs. Leur ponte commence quelquefois à la fin de février, mais le plus souvent elle a lieu en mars; les sociétés, à cette époque, se séparent; chaque groupe choisit son canton et s'établit au beau milieu de l'eau, dans l'étang ou le marais qui lui offre l'asile le plus sûr. Pour nicher, la femelle fait ordinairement choix d'une touffe isolée de roseaux; elle s'y enfonce et forme son nid en rabattant les brins qui la gênent, en les pliant et les entrelaçant avec art, à l'aide de son bec. On trouve aussi néanmoins des Canes qui nichent tantôt dans les bruyères, tantôt sur de vieux chênes : dans ce cas, elles s'emparent de vieux nids abandonnés, ne se donnent pas même la peine de refaire ces berceaux de rencontre, et s'installent au sommet des grands arbres. Le nid, en quelque endroit qu'il soit placé, est toujours matelassé, à l'intérieur, d'une épaisse couche de duvet dont la mère s'est dépouillée; elle y pond une quinzaine d'œufs, d'un blanc verdâtre. Le mâle, comme tous les polygames, abandonne à la Cane le soin de couver; mais pendant ce temps il ne quitte guère la couveuse, se tient aux aguets près du nid, et accompagne la femelle dans ses courses passagères. Chaque fois que la Cane s'absente pour prendre de la nourriture, elle couvre ses œufs avec une partie du duvet sur lequel ils reposent; elle ne retourne jamais à son nid en ligne droite ni au vol, elle se pose à cent pas plus loin, et s'avance ensuite avec précaution, décrivant maints et maints circuits tortueux; mais une fois sur ses œufs, elle y demeure avec persévérance; aucun bruit ne lui fait plus peur, l'approche même de l'homme ne l'effraye pas, elle ne s'envole que lorsqu'on est absolument sur elle. L'incubation dure un mois.

Tous les petits éclosent dans la même journée; à peine sont-ils sortis de la coquille, la mère descend du nid et les appelle à l'eau. D'abord ils n'osent s'y aventurer, mais bientôt le plus hardi s'élance, un second suit, un troisième, un quatrième les imitent; tous, en un instant, sont auprès d'elle : du premier coup les voilà citoyens de l'étang, passés maîtres nageurs; et ayant dit adieu pour toujours à leur berceau, ils n'y retournent jamais. Si le nid se trouve éloigné de l'eau ou trop élevé, le père et la mère prennent les Canetons dans leur bec et les transportent l'un après l'autre sur l'eau.

La mère Cane ne se contente pas d'avoir donné le jour à ses petits, elle est encore leur institutrice, dirige toutes leurs évolutions, les rallie, le soir, dans les roseaux et les réchauffe sous ses ailes. Leur éducation, d'ailleurs fort rapide, consiste à faire la chasse aux insectes et aux mollusques aquatiques, aux Tritons, aux Têtards et aux jeunes Grenouilles qui passent à portée. S'ils les manquent d'un premier coup de bec, ils les relancent en plongeant; l'escadrille tire sans cesse des bordées, court d'une proie à une autre, fait curée de tout ce qu'elle peut attraper à la surface, et apprend bientôt, à l'exemple de la mère, à barboter, à fouiller dans la vase, et à se tenir verticalement le corps sous l'eau, la queue seule émergeant comme une bouée flottante : dans cette position, les pieds s'agitent d'un battement très-vif et maintiennent l'animal suspendu presque entre deux eaux.

Les Canetons, à leur naissance, n'ont pour toute couverture qu'un léger duvet jaunâtre : ils le gardent longtemps; leurs plumes, surtout celles des ailes, ne se montrent que tard et ne servent au vol que lorsqu'elles sont croisées. A trois mois, ils ont acquis tout leur développement et leur plumage définitif; leur mue, presque toujours subite, se déclare dans le mâle après la pariade, chez la femelle après la nichée.

La chasse aux Canards demande une certaine habitude pour devenir fructueuse, presque toujours il faut jouer de ruse avec ces rusés compères.

L'affût, cher aux novices, est le procédé le plus vulgaire. En hiver, quand il gèle, les Canards circulent fréquemment; on les attend, à la brune, au bord de quelque étang, et on les tire au vol ou au moment où ils s'abattent sur l'eau.

Un autre mode, qui sent un peu l'assassinat, consiste à les fusiller quand ils ne sont encore qu'Halebrans. A cet âge, ils ont coutume, à la pointe du jour et vers le milieu de la journée, de barboter sur le bord des étangs ou dans les grandes herbes; n'ayant point encore fait connaissance avec l'arme à feu, ils se laissent approcher assez facilement : on les tire quand ils s'enlèvent; et si l'on ne se presse pas trop, leur chute est certaine. On peut encore chasser les Halebrans à toute heure du jour, au moyen de bateaux. On se divise en deux bandes et l'on tâche de tuer d'abord la mère; si l'on y réussit, toute la nichée risque fort d'y rester. Pour cette Saint-Barthélemy, il n'est nullement nécessaire de faire battre les joncs par un Chien, il suffit de glisser en silence à travers les roseaux; les Halebrans s'enlèvent un à un, à mesure que les bateaux approchent; échappent-ils à une première fusillade, ils vont se remiser à une petite distance : une seconde décharge les envoie au garde-manger.

Mais la chasse la plus meurtrière pour les Canards est sans aucun doute la chasse à la hutte pendant l'hiver; Buffon en a fait un joli croquis. « C'est le soir, dit-il, à la chute, au bord des eaux sur lesquelles on les attire en y plaçant des Canes domestiques, que le chasseur, gîté dans une hutte ou caché de quelque autre manière, les attend et les tire avec avantage. Il est averti de l'arrivée des oiseaux par le sifflement de leurs ailes et se hâte de tirer les premiers arrivants, car, dans cette saison, la nuit tombant promptement, et les Canards ne tombant, pour ainsi dire, qu'avec elle, les moments propices sont bientôt passés. Si l'on veut faire une plus grande chasse, on dispose des filets dont la détente vient répondre dans la hutte du chasseur, et dont les nappes, occupant un espace plus ou moins grand à fleur d'eau, peuvent embrasser, en se relevant et se croisant, la troupe entière des Canards sauvages que les appelants domestiques ont attirés. Dans cette chasse, il faut que la passion du chasseur soutienne sa patience; immobile et souvent à moitié gelé dans sa guérite, il s'expose à prendre plus de rhume que de gibier; mais ordinairement le plaisir l'emporte, et l'espérance se renouvelle, car le même soir où il a juré, en soufflant dans ses doigts, de ne plus retourner à son poste glacé, il fait des projets pour le lendemain. » A défaut d'appelants vivants, on emploie souvent des Canards en bois ou en liége; et dire que des bêtes aussi défiantes se laissent prendre à ces grossières apparences : ô perfidie de l'homme! ô simplicité du Canard!

L'OIE SAUVAGE ET L'OIE DOMESTIQUE.

Les locutions proverbiales ne sont pas toujours sans appel, et tel dicton populaire accepté comme une vérité demanderait quelquefois à être revisé. Pourquoi, par exemple, l'Oie est-elle citée à tout propos dans les comparaisons injurieuses? Elle ne mérite pas assurément l'épithète malsonnante dont on l'affuble, son instinct en vaut un autre, et sa biographie proteste contre le brevet de stupidité qu'on lui a bien gratuitement délivré.

L'espèce sauvage n'appartient pas à la France : elle n'est que de passage chez nous et n'y niche jamais; elle se borne à nous faire deux visites par an : la première en automne, vers la fin d'octobre ou les premiers jours de novembre, à titre d'avant-courrière de l'hiver; la seconde en mars, pour nous faire ses adieux avant de regagner les contrées qu'elle affectionne, la Laponie, le Groenland, le Spitzberg, la Sibérie, la baie d'Hudson, etc. L'hiver de ces âpres régions la force d'émigrer. En général elle se porte vers les pays tempérés; on la voit aussi cependant au Sénégal, aux Antilles et jusque sous les tropiques; les troupes qui partent du nord-est de l'Asie se dirigent vers la Perse, les Indes et le Japon, où l'on observe leurs passages de même qu'en Europe.

Linné, dans sa classification, a compris dans le même groupe les Oies et les Canards; mais c'est avec raison que cette union a été dissoute : les caractères concordaient si peu! Les Oies ont le bec élevé à sa base; il est déprimé chez les Canards. Ceux-ci ont les jambes rejetées fort en arrière du corps : ce qui les rend très-mauvais piétons, chancelant et boitant à chaque pas; les pieds des Oies s'avancent bien plus vers le milieu du corps : aussi marchent-elles mieux et se tiennent-elles mieux d'aplomb. Leurs mœurs ne diffèrent pas moins. Les Oies passent la nuit sur les eaux et ne les quittent que lorsqu'il fait grand jour; les Canards, au contraire, vont au pâturage la nuit et se retirent pendant le jour sur les rivières et les étangs. Ces Palmipèdes ne sont donc pas de même souche, mais ils ont entre eux plus d'une affinité; l'homme, en les réduisant tous deux en domesticité, leur a accordé l'égalité devant sa table : il leur devait cette déférence.

Le plumage de l'Oie n'a rien de brillant : c'est un mélange, par grandes zones, de gris brunâtre, de blanchâtre et de roussâtre; le bout de chaque plume est frangé de cette dernière teinte. L'oiseau, dans son vol, se tient toujours à de grandes hauteurs; il glisse doucement dans l'air, sans bruit et sans grands battements d'ailes. Il voyage en troupes et dans un ordre qui ferait croire à une combinaison et à une sorte d'instinct géométrique. Quand les troupes sont nombreuses, les Oies s'échelonnent sur deux lignes obliques formant un angle plus ou moins ouvert, comme la figure d'un V, disposition extrêmement favorable pour que tous fendent l'air avec plus d'avantage et moins de fatigue, pour que chacun garde son rang et jouisse, en même temps, d'un vol libre devant soi : les petites bandes se placent sur une seule ligne. Dans l'un et l'autre cas, le chef qui occupe la tête vient-il à être fatigué, il quitte son poste et passe au dernier rang; les autres, tour à tour, prennent la première place et vont se reposer successivement à la queue des voyageurs. Par les brouillards, les troupes se rapprochent de terre; les passages ont toujours lieu en plein jour, tandis que ceux des Canards s'effectuent pendant la nuit, par un coup d'aile stridente.

« Le cri naturel de l'Oie, dit Buffon, est une voix très-bruyante, c'est un son de trompe ou de clairon, *clangor*, qu'elle fait entendre très-fréquemment et de très-loin; mais elle a, de plus, d'autres accents brefs qu'elle répète souvent, et lorsqu'on l'attaque ou qu'on l'effraye, le cou tendu, le bec béant, elle rend un sifflement que l'on peut comparer à celui de la Couleuvre; les Latins ont cherché à exprimer ce son par des mots imitatifs : *strepit, gracitat, stridet.* »

C'est par grandes volées que les Oies s'abattent dans les plaines; les bandes détachées ne manquent jamais de se réunir aux autres troupes pour le banquet qui se tient ordinairement au beau milieu des champs de blé. Les dégâts qu'elles y font ne laissent pas d'être considérables quand les convives sont au nombre de quatre ou cinq cents; car non-seulement elles fauchent la pointe qui verdoie à la surface du sol, mais elles savent fort bien chercher la tige herbacée sous la neige, où elles la moissonnent du bec et des ongles. Par bonheur, elles sont d'humeur passablement vagabonde, restent peu dans la même localité et n'y stationnent jamais deux fois dans la même année. Leurs repas sont très-réguliers; elles cessent de pâturer vers la fin du jour et gagnent, après le soleil couché, les étangs et les rivières où elles doivent passer la nuit. Toutes les bandes d'un même canton ne s'y rendent pas en même temps; les retardataires s'oublient parfois en terre ferme jusqu'à la nuit close, mais toujours ils rejoignent le quartier général à une heure plus ou moins avancée, et, chose étrange pour des oiseaux aussi défiants, l'arrivée de chaque troupe est saluée par un tintamarre assourdissant auquel les nouveaux débarqués répondent aussitôt sur le même ton : le silence de la nuit porte au loin ces hourras compromettants. A terre, les Oies, soit qu'elles pâturent, soit qu'elles reposent, ne mangent ou ne se laissent aller au sommeil qu'après avoir placé, de distance en distance, des vedettes chargées de les avertir du danger; pour des animaux réputés stupides, la précaution ne semble pas si mauvaise. La vigilance de ces sentinelles est bien rarement en défaut. La tête levée, le cou tendu, immobiles, elles écoutent et interrogent le plus petit bruit; au moindre indice menaçant, elles jettent le cri d'alarme; toute la bande, après avoir couru trois ou quatre pas pour prendre son essor, s'envole à tire-d'aile, en pointant : il est fort difficile de les surprendre et de les approcher. Leur retour dans les contrées hyperboréennes s'effectue, selon toute probabilité, par des routes différentes de celles du point de départ; elles ne s'arrêtent guère sur nos terres, et c'est à peine si l'on aperçoit quelques bandes dans l'air : toutes vont nicher sous les latitudes les plus froides.

La chasse à l'Oie ne présenterait rien de difficile si ces oiseaux voulaient bien se laisser approcher, car le point de mire est assez visible pour qu'on l'atteigne sans être un tireur de première force; mais ce n'est guère qu'à l'affût qu'on peut espérer leur envoyer un coup de fusil. Ils viennent à la voix des appelants et s'abattent après de longs circuits et plusieurs évolutions en l'air; c'est le moment de leur adresser une charge de gros plomb.

Fig. 155. Oie de Toulouse.

Quant aux piéges, ils s'en rient : leur circonspection est trop grande pour s'y laisser prendre. Malgré cela, on essaye encore, de loin en loin, de la chasse au filet; on le tend le soir, en plaçant des Oies privées à peu de distance; on se tapit dans un fossé, prêt à tirer la corde du filet aussitôt que le gibier s'abattra dans son enceinte : cette bonne fortune n'est pas fréquente.

L'Oie domestique (fig. 155 et 156), connue des Grecs et des Romains, est un dérivé de l'espèce sauvage; la place distinguée qu'elle occupe dans la basse-cour est justifiée par ses nombreux produits.

Ses plumes les plus fines servent à confectionner de moelleux siéges; ses grandes plumes, avant d'être détrônées par des stylets métalliques, servaient pour écrire; sa peau préparée se vend sous le nom de peau de Cygne; sa graisse est remarquablement fine; sa chair enfin n'est nullement à mépriser. La servitude, loin d'avoir dégradé l'Oie, a singulièrement ajouté à ses dons naturels; elle a les qualités du cœur, l'affection et la reconnaissance, s'attache facilement, et paye les bons procédés qu'on a pour elle en accompagnant comme le Chien, jusqu'à se rendre importune; elle a, de plus, tous les avantages d'une corpulence acquise à peu de

Fig. 156. Oie commune.

frais, car elle s'élève et s'engraisse avec une extrême facilité. L'eau ne lui est pas aussi indispensable qu'au Canard; elle n'en use, pour ainsi dire, que pour les besoins de sa toilette; en revanche, elle n'aime pas à être casernée dans une cour fermée, il lui faut l'espace et le grand air pour satisfaire le goût très-vif d'excursion que lui ont légué ses ancêtres.

Le mâle ou jars, à peu près de même taille que la femelle, s'en distingue par son plumage tout blanc, au lieu de gris noirâtre qui est le plus ordinaire dans l'autre sexe. Tous deux deviennent adultes vers sept mois et entrent, peu de temps après, en ménage. La ponte commence dès le mois de février; elle a lieu de deux jours l'un et se compose d'une quinzaine d'œufs. Aucun oiseau de basse-cour, si l'on en excepte la Dinde, n'est aussi tenace à couver que les Oies; il ne faut rien moins que la faim la plus pressante pour les décider à quitter le nid, encore n'est-ce que pour peu d'instants. Elles ne se montrent pas moins bonnes mères, ne perdent jamais de vue leurs petits, les conduisent avec intelligence au pâturage, leur enseignent à tondre l'herbe, à ramasser les grains oubliés, et les entourent sans cesse de soins et de sollicitude. Le mâle, bien qu'étranger à l'incubation, s'associe complétement à l'éducation de la petite famille; à peine l'éclosion a-t-elle eu lieu, qu'il s'empresse autour de sa descendance, s'en déclare le protecteur, l'accompagne partout, veille sur elle avec une vigilance extrême, la défend avec courage, et poursuit de ses sifflements inoffensifs tout importun qui s'approche de trop près.

Et ce n'est pas seulement pendant le premier âge qu'il fait preuve, à son égard, de dévouement paternel, il le lui continue fort longtemps; les Oisillons, du reste, grandissent à vue d'œil et se font promptement une santé robuste; quand ils ont résisté, pendant les trois premières semaines, aux misères d'une température froide ou humide, leur vigoureuse constitution n'a presque plus rien à redouter; ils paissent en compagnie de père et mère sans se mêler aux produits des autres nichées, vont indifféremment des champs aux bois, de la terre à l'eau, se nourrissent de tout et profitent de tout; lorsque leurs ailes se croisent au-dessus de la queue, ils peuvent se tirer d'affaire tout seuls, mais ils ne cherchent pas, pour cela, à s'affranchir de la direction des grands parents.

Très-proprettes de leur nature, les Oies, dans la belle saison, font plusieurs ablutions par jour, et passent un temps considérable à s'éplucher et à lustrer leurs plumes, comme s'il s'agissait pour elles d'une vie d'étiquette et de cérémonie; elles se rendent à l'eau plutôt pour se baigner que pour y chasser et prendre leurs ébats, comme le font les Canards; chaque fois que le temps doit changer, elles battent fortement l'eau avec leurs ailes, se livrent à des évolutions désordonnées, et s'arrosent le corps à plusieurs reprises en plongeant à demi; ce jeu, de courte durée, est presque toujours l'indice d'une pluie prochaine. Dans l'intervalle de leurs repas, elles font fréquemment la sieste, se posent doucement sur l'herbe, la tête à demi cachée sous l'aile, mais ne sommeillant que d'un œil; pendant ce temps, quelques-unes d'entre elles font le guet, sans en avoir l'air; mais qu'une bête ou un homme vienne à les coudoyer, l'éveil est aussitôt donné, et toutes de crier à tue-tête et de s'enfuir en bandes, les ailes entr'ouvertes, n'importe dans quelle direction.

Les Oies, habituées à la vie de famille au sortir de la coquille, conservent cette sociabilité pendant toute leur existence. Les troupes ne se séparent jamais d'elles-mêmes; elles vont ensemble pâturer, reviennent ensemble au logis, à heure fixe, et quand l'une d'elles, par aventure, s'étant écartée de son chemin, ne retrouve plus ses compagnes à l'endroit où elle les a quittées, éperdue, pleine d'angoisses, elle court à leur recherche, les appelle, par monts et par vaux, à cris redoublés, et ne cesse ses désespoirs que lorsqu'elle les a rejointes : ainsi que cela se passe chez l'espèce sauvage, son retour est salué par une acclamation générale, expression rauque et touchante d'une fraternelle sympathie.

L'Oie n'engraisse qu'autant qu'elle est bien en plumes aux approches de l'automne et qu'elle a pris tout son développement. Elle s'est déjà préparée à cet acte suprême en glanant derrière les moissonneurs et en ne laissant perdre aucun grain tombé; elle revient toujours de cet exercice lucratif le jabot garni et le ventre rebondi; digestion faite, il lui reste entre cuir et chair un souvenir onctueux de ces trouvailles opimes; on le ravive et on le développe en lui distribuant chaque jour quelques bonnes poignées d'avoine; par ce régime, elle arrive bientôt à peser cinq à six kilogrammes. Mais ce n'est là qu'un procédé d'engraissement vulgaire; quand on veut faire mieux, on met la bête en charte privée, dans une case si étroite, qu'elle ne puisse faire aucun mouvement; on la gorge de maïs, et on répète ces charges à fond jusqu'à ce que l'Oie demande grâce. Lorsque l'opération est bien conduite, c'est-à-dire lorsqu'on a suivi exactement le principe classique qui veut qu'une digestion en appelle aussitôt une autre, les résultats ne se font pas attendre; de splendides foies gras s'épanouissent au fond des entrailles de l'heureuse victime: c'est le moment de l'envoyer se reposer au fond d'une terrine; on ne saurait lui ménager une plus belle sépulture : les Oies de Toulouse la méritent entre toutes.

LE CYGNE.

Dans son merveilleux portrait du Cygne (fig. 157), Buffon s'est montré aussi grand peintre qu'habile observateur; il est à regretter seulement qu'emporté par son imagination il ait consacré les erreurs traditionnelles dont on a voulu poétiser cet oiseau,

Fig. 157. Cygne.

assez riche de lui-même pour se passer d'attributs de convention. « Le Cygne, dit le brillant écrivain, est le roi des eaux; il les décore, les anime et les égaye. Coupe de corps élégante, formes arrondies, gracieux contours, blancheur éclatante et pure, mouvements flexibles, attitude tantôt animée, tantôt laissée dans un mol abandon, tout plaît dans le Cygne et commande l'admiration. A sa noble aisance, à la facilité de ses mouvements sur l'eau, on doit le reconnaître non-seulement comme le premier des navigateurs, mais comme le plus beau modèle que la nature nous ait offert pour l'art de la navigation. Son cou élevé et sa poitrine relevée et arrondie semblent, en effet, figurer la proue du navire fendant l'onde; son large estomac en représente la carène; son corps penché en avant pour cingler, se redresse à l'arrière et se relève en poupe; la queue est un vrai gouvernail; les pieds sont de larges rames, et ses grandes ailes, demi-ouvertes au vent et doucement enflées, sont les voiles qui poussent le vaisseau vivant, navire et pilote à la fois.

« Fier de sa noblesse, jaloux de sa beauté, le Cygne semble faire parade de tous ses avantages; il a l'air de chercher à recueillir des suffrages, à captiver les regards, et il les captive en effet, soit que, voguant en troupe, on voie de loin, au milieu des grandes eaux, cingler la flotte ailée, soit que, s'en détachant et s'approchant du rivage aux signaux qui l'appellent, il vienne se faire admirer de plus près en étalant ses beautés et développant ses grâces par mille mouvements doux, ondulants et suaves.

« Aux avantages de la nature le Cygne réunit ceux de la liberté; il n'est pas du nombre de ces esclaves que nous puissions contraindre ou renfermer; libre sur nos eaux, il n'y séjourne, ne s'y établit qu'en jouissant d'assez d'indépendance pour exclure tout sentiment de servitude et de captivité; il veut, à son gré, parcourir les eaux, débarquer au rivage, s'éloigner au large, ou venir, longeant la rive, s'abriter sous les bords, se cacher dans les joncs, s'enfoncer dans les anses les plus écartées, puis, quittant sa solitude, revenir à la société et jouir du plaisir qu'il paraît prendre et goûter en s'approchant de l'homme, pourvu qu'il trouve en nous ses hôtes et ses amis, et non ses maîtres et ses tyrans. »

Jusqu'ici, rien de plus exact, le pinceau magique a fidèlement reproduit le modèle; mais où Buffon s'égare, c'est quand il prête au Cygne un naturel plein de douceur, qu'il le fait vivre au milieu des nombreuses peuplades des oiseaux aquatiques, qu'il le suppose assez généreux pour ne jamais attaquer, et que, dans son indulgence pour les rêveries des poëtes, il les absout d'avoir prêté au chant du Cygne une harmonie qu'il n'a pas.

Il suffit d'observer avec quelque attention les habitudes du Cygne pour se convaincre qu'il n'est pas aussi débonnaire qu'on le prétend. Son caractère, violent jusqu'à la brutalité, se masque parfois de perfidie; aussi n'est-il pas toujours prudent de l'approcher de près : ses coups d'aile et de bec sont capables de blesser et peuvent devenir très-dangereux pour les enfants. Ses accès de colère se trahissent par un certain bruit strident et par le gonflement des plumes; il s'avance alors en nageant avec force, le cou et la tête tendus en avant; quelquefois aussi, dans ce cas, il s'élance avec impétuosité le corps à demi hors de l'eau. Le Cygne est si peu pacifique de sa nature, vis-à-vis des autres oiseaux aquatiques, qu'il n'en souffre aucun dans son voisinage sur l'eau; il leur donne la chasse dès qu'il les aperçoit, et les tue s'il les joint. Les Chiens eux-mêmes ne sont pas en sûreté auprès de lui; ils ne peuvent se baigner dans son bassin sans qu'à l'instant même le Cygne se jette à leur poursuite; leur seule ressource alors, pour échapper à ses coups, est de prendre au plus vite la fuite: il n'y va de rien moins pour eux que de périr assommés.

Le despote ombrageux n'admet aucun rival dans son domaine. Lorsque deux mâles se rencontrent, ils deviennent aussitôt ennemis; les deux adversaires se prennent bientôt corps à corps; ils commencent par s'attaquer à grands coups d'ailes, cherchant mutuellement à se démonter; au plus fort de la lutte, ils s'entrelacent le cou, et chacun d'eux s'efforce de tenir la tête de son ennemi sous l'eau dans le but de le noyer : de pareilles mœurs, à coup sûr, n'indiquent pas un emblème de douceur.

Quant à la voix du Cygne, on y distingue deux intonations bien distinctes; l'une, sous l'influence de la passion, se traduit par une sorte de jurement sourd, difficile à rendre dans notre langue, mais qu'Ovide a heureusement imité dans le vers suivant:

> Grus gruit, inque glomis Cygni propè flumina
> *Drensant;*

l'autre ne se fait entendre qu'au haut des airs, elle a l'éclat d'une trompette.

L'intelligence de cet oiseau ne répond pas à sa beauté; son instinct paraît peu développé, borné au soin de sa nourriture, de sa défense propre et de celle des petits. Le Cygne ne s'apprivoise que tout juste pour ne pas déserter; il ne s'attache pas et ne donne même pas la moindre marque d'affection à la personne qui le soigne, heureux encore quand il ne la blesse pas insidieusement dans ses moments d'humeur noire : en résumé, c'est un magnifique oiseau de parade, mais rien de plus.

A terre, le Cygne est hors de son élément; il y marche gauchement, comme s'il était toujours près de perdre l'équilibre. Sur l'eau, au contraire, il prend largement sa revanche; quand rien ne l'offusque, il s'y promène avec grâce et majesté; mais s'il est ému fortement, il déploie ses rames vigoureuses et glisse si rapidement sur la surface liquide, que l'homme qui voudrait le suivre du rivage serait obligé de précipiter le pas. Son vol n'est lourd qu'au départ; une fois les premières couches de l'air franchies, il se porte dans les hautes régions et s'y soutient longtemps. Sa nourriture est essentiellement végétale; elle consiste en graines, en feuilles et en racines de plantes aquatiques; il y mêle également quelques mollusques et des insectes d'eau, ainsi que des petits poissons.

La toilette forme une des principales occupations du Cygne, nouvelle preuve de son peu d'intelligence; il est sans cesse à soigner son plumage, à le lustrer, à frotter son long cou entre ses ailes, et à se verser de l'eau par tout le corps avec son bec: aussi sa robe est-elle toujours dans un état immaculé de propreté et de blancheur.

Toute la force du Cygne gît dans son aile; au besoin, il en fait usage comme d'une arme redoutable: c'est pourquoi ses ennemis n'osent guère risquer l'attaque. Le Loup et le Renard cherchent à le surprendre pendant son sommeil; éveillé, ils l'affrontent rarement; l'Aigle pêcheur lui-même n'en triomphe pas aisément; ses assauts sont vigoureusement repoussés par les coups précipités de l'aile; cette arme redoutable du Cygne lui sert en même temps de bouclier.

Dans notre climat, la femelle pond, au printemps, sept ou huit œufs d'un vert clair, et les couve pendant six semaines. Les petits naissent revêtus d'un duvet grisâtre; après cette première robe de l'enfance, ils en prennent une autre mêlée de gris et de blanc; leur livrée d'adulte ne se montre qu'après la seconde mue, entre vingt et vingt-quatre mois. Tant que les jeunes ont besoin de leurs père et mère, ceux-ci leur témoignent beaucoup de tendresse; ils les accompagnent dans toutes leurs évolutions nautiques, et les défendent avec beaucoup de courage; mais vers le septième ou huitième mois, le mâle chasse sa progéniture: la petite famille s'éloigne et va chercher fortune où elle peut.

L'espèce sauvage du Cygne est très-répandue dans le nord de l'Europe; elle émigre deux fois par an, en bataillons serrés qui forment un triangle au haut des airs.

TROISIÈME CLASSE.

LES REPTILES.

Alexandre Brongniart a divisé la classe des Reptiles en quatre ordres : les Chéloniens, les Sauriens, les Ophidiens et les Batraciens; ces animaux peuvent être considérés comme les intermédiaires réunissant la seconde et la quatrième classe des vertébrés; en effet, si la structure anatomique des Chéloniens rappelle l'organisation des Oiseaux, les Batraciens conduisent, par degrés, aux Poissons.

Chez la plupart des Reptiles connus, les organes de tous les sens existent, mais déjà plus simples, plus obtus que chez les Oiseaux; ils nous montrent comment, réduits à leurs éléments indispensables, ils doivent se perdre peu à peu dans la série animale et disparaître successivement.

Les Reptiles manquent d'organes spéciaux assez délicats pour exercer le tact; ils jouissent seulement du toucher général : encore, chez eux, cette fonction est-elle imparfaite et grossière. Leur peau, quand elle est nue, est coriace, vasculaire et peu nerveuse. Dans le plus grand nombre, cette membrane se couvre d'écailles ou de tubercules épidermiques, soit plus ou moins cornés, soit plus ou moins encroûtés de substance calcaire.

La peau, chez les Reptiles écailleux, éprouve, à certaines époques, sans qu'on en connaisse bien la cause, une modification réparatrice analogue à la mue des Mammifères et des Oiseaux. La couche épidermique se détache des parties sous-posées, en même temps qu'un nouvel épiderme est exsudé pour la remplacer. Cette séparation commence par l'extrémité orale du corps; l'épiderme ancien se renverse sur lui-même, et l'animal s'en débarrasse comme d'un vêtement retourné; mais, après qu'il l'a traîné pendant quelque temps, l'épiderme se détache ordinairement d'une seule pièce, sans autres perforations que les trous correspondant aux orifices naturels : la portion afférente aux yeux ne présente aucun pertuis.

Les dents sont, en général, plus nombreuses chez les Reptiles que chez les Mammifères; elles sont implantées dans les os maxillaires, ou bien elles hérissent la surface des premières cavités digestives, circonstance plus commune encore chez les Poissons.

Le sens du goût est peu développé, la déglutition suit immédiatement la préhension.

Le sens de l'odorat manque de puissance; dans les espèces carnassières, il a plus d'intensité que dans les espèces herbivores.

Le sens de la vue est le plus développé chez les Reptiles. Les paupières, quand elles existent, ne sont jamais pourvues de cils. L'absence de voiles mobiles chez les Ophidiens explique en partie le phénomène remarquable de la fascination, car, pour fasciner, il ne suffit pas de regarder fixement, il faut que l'individu fasciné aperçoive le fascinateur et se croie lui-même aperçu : la fascination a donc aussi pour cause un empire exercé, une crainte subie; on sait, en effet, que des Oiseaux se croyant vus par un serpent dont ils apercevaient l'œil immobile, sont tombés anéantis, réveillant par leur chute le fascinateur endormi.

Le sens de l'ouïe a moins de force chez les Reptiles que chez les Oiseaux. Dans tous les Reptiles écailleux, les sons, avant de pénétrer l'oreille interne, traversent le trou auditif; chez les Batraciens, la peau générale couvre entièrement l'oreille, qui est située à fleur de tête.

Les Chéloniens, les Sauriens et les Ophidiens respirent l'air atmosphérique à toutes les époques de leur vie. Tous les Chéloniens et tous les Sauriens ont deux poumons; les Ophidiens n'en ont qu'un seul apparent : l'autre poumon est figuré par un sac respiratoire que certains auteurs ont comparé à la vessie natatoire des Poissons. Chez tous les Batraciens anoures (Crapauds, Grenouilles, Rainettes), la respiration, d'abord exercée par des branchies, s'effectue par des poumons avant même que ces animaux aient acquis leur forme définitive, et qu'ils aient cessé d'être têtards; chez quelques Batraciens urodèles (Salamandres, Tritons), les organes respiratoires subissent de pareilles modifications, mais la forme primitive du corps ne change pas, les branchies seules disparaissent; certaines espèces, parmi ces derniers, conservent toujours leurs branchies, mais la respiration n'est pas confiée uniquement à ces organes, les poumons concourent au même but, coïncidence qui doit faire regarder ces animaux comme de véritables amphibies.

Chez tous les Reptiles, les poumons sont logés dans la même cavité que les intestins.

Presque tous les Reptiles sont carnassiers, cependant un grand nombre de Chéloniens se nourrissent de végétaux; les Batraciens anoures, tant qu'ils demeurent têtards, empruntent au règne végétal des aliments que, dans leur complet développement, ils prendront dans le règne animal; aussi le tube intestinal est-il long dans les têtards et devient-il court dans les adultes.

A partir des Reptiles, le cœur se simplifie. Cet organe, dans les Chéloniens et les Sauriens, est formé par deux oreillettes et deux ventricules mal isolés; on trouve encore chez les Ophidiens deux ventricules et deux oreillettes que séparent des cloisons moyennes incomplètes, mais le cœur des Batraciens n'offre plus qu'une seule oreillette et un seul ventricule, caractère de haute valeur, qui rapproche ces animaux des Poissons. Ainsi formé, le cœur des Reptiles n'envoie aux poumons qu'une partie de sang usé ramené par les veines; le reste du sang usé se mêle au sang réparé qui sort des poumons, avant que les artères le distribuent aux organes.

La chaleur vitale des Reptiles est très-faible. La température propre à ces animaux est tellement subordonnée à la température atmosphérique, qu'ils hivernent dans nos climats quand ils sentent la mauvaise saison approcher et se préparent à s'engourdir par la suspension arbitraire de l'acte respiratoire : le froid achève de les plonger dans la torpeur. Dans cet état, immobiles, raides, semblables à des corps sans vie, ils attendent, cachés au sein de la terre ou des eaux, le retour du printemps pour se réveiller et quitter leurs retraites.

Les organes qui président au mouvement varient sous plusieurs rapports dans les Reptiles. Les Chéloniens, les Sauriens et les Batraciens sont ordinairement pourvus de quatre membres dont la forme appropriée et le développement proportionnel expliquent comment ces animaux peuvent marcher, nager ou sauter. Les espèces qui marchent ont tous les membres égaux ; leurs doigts sont ordinairement libres et terminés par des ongles; les espèces qui nagent ont les doigts accolés ou réunis par des membranes; celles qui sautent ont les membres postérieurs plus allongés que les membres antérieurs : certaines espèces réunissent ces différents genres de progression. Les Ophidiens manquent d'appendices locomoteurs proprement dits; leurs écailles dressées et les replis mesurés de leur corps les aident à s'appuyer contre la terre où ils ne peuvent que ramper; quand ils nagent, leurs écailles ne sont pas relevées. Certains Reptiles se meuvent avec une facilité extrême, d'autres avec une excessive lenteur; tous aiment et recherchent le repos : leurs habitudes sont paresseuses. Aucun reptile ne couve ses œufs; presque toujours la femelle les abandonne après les avoir déposés dans les lieux que son instinct lui fait connaître. Quand la pellicule de l'œuf est mince, parcheminée, elle se rompt quelquefois dans le sein de la mère, et les petits viennent au jour dégagés des enveloppes fœtales : l'histoire de la Vipère est un exemple de cette singularité.

La vie, en général, se prolonge longtemps chez les Reptiles et surtout chez les Reptiles écailleux.

ORDRE DES CHÉLONIENS.

LES TORTUES.

Les Chéloniens, plus connus sous le nom de Tortues, se reconnaissent tout d'abord au test ou double bouclier qui enveloppe leur corps et laisse seulement passer au dehors la tête, le cou, les membres et la queue, qui peuvent, en général, faire retraite dans cette espèce de boîte.

Le bouclier supérieur porte le nom de *carapace;* toujours plus ou moins bombé, il est formé par les côtes au nombre de huit paires, élargies, réunies entre elles, et soudées aux apophyses de l'anneau vertébral : toutes ces parties sont privées de mobilité.

Le bouclier inférieur ou *plastron*, le plus souvent plat, représente le sternum dans un développement extraordinaire; il s'étend depuis la base du cou jusqu'à l'origine de la queue, et se compose généralement de neuf pièces entourant la carapace.

Les vertèbres du cou et de la queue sont seules mobiles.

De la disposition spéciale du test il résulte que le squelette des Tortues est superficiel, au lieu de s'enfoncer dans les parties molles, ainsi que cela a lieu chez les Mammifères et les Oiseaux; il est immédiatement recouvert par la peau ou par des plaques écailleuses.

Comparativement à leur corps, les Tortues ont la tête petite; leurs mâchoires manquent de dents, et, comme celles des Oiseaux, elles sont revêtues de corne tranchante, à l'exception du genre Chélide où les lèvres sont charnues.

Les os de l'épaule, en s'attachant sur la colonne vertébrale et le sternum, forment un anneau dans lequel passent l'œsophage et la trachée-artère.

Les Tortues ont les membres courts, tantôt tronqués à leur extrémité, tantôt s'allongeant et se convertissant en rames; leur marche à terre est très-lente, mais les espèces aquatiques nagent avec assez de vitesse. Les doigts, le plus souvent, sont peu mobiles et à peine distincts; la queue, généralement, de peu de longueur et toujours conique; elle se recourbe et se cache, en cas de danger, sous les pattes postérieures repliées.

Certaines espèces se nourrissent exclusivement de substances végétales; d'autres y mêlent aussi des matières animales, principalement des Mollusques; toutes peuvent rester fort longtemps sans manger ; la plupart hivernent.

Leur vitalité est très-grande : on peut les dépouiller de leur plastron sans qu'elles cessent de rester contractées; elles résistent pendant plusieurs jours à l'ablation du cœur, et, chose non moins étonnante, on en a vu qui, privées de tête, ont vécu des mois entiers à l'aide d'aliments introduits dans l'œsophage.

Les Tortues sont ovipares; toutes se rendent à terre pour faire leurs pontes; elles enfouissent leurs œufs dans le sable; la chaleur atmosphérique suffit pour leur éclosion.

D'après la structure de leurs doigts et le milieu qu'elles habitent, les Tortues peuvent être distribuées en trois groupes : les

Fig. 158. Tortue caret.

Tortues de mer, les Émydes ou Tortues d'eau douce, et les Tortues terrestres.

Les Tortues de mer, ou Chélonés, ont les membres allongés,

Fig. 159. Tortue de marais

inégaux, transformés en nageoires ; leurs doigts sont enveloppés dans une membrane ; les deux premiers des extrémités antérieures portent seuls des ongles; la tête et les membres font toujours saillie hors du test.

C'est dans ce groupe qu'on rencontre les plus grandes Tortues; telles sont, entre autres, le *Caret*, la *Tortue franche*, le *Luth* : les deux premières appartiennent aux mers des pays

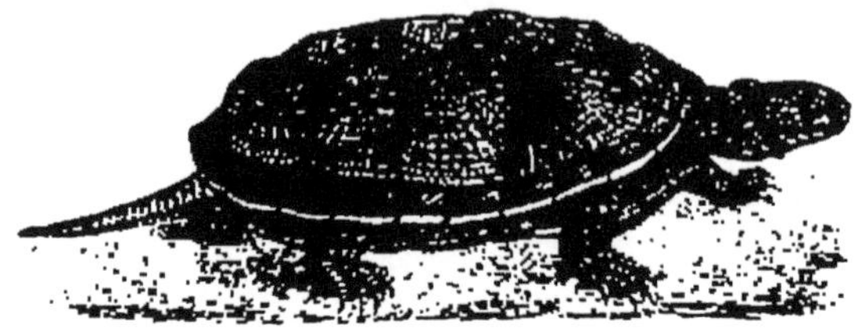

Fig. 159. Cistude d'Europe.

chauds; le Luth se trouve dans la Méditerranée, son test ressemble à du cuir.

Les Tortues d'eau douce sont caractérisées par leur carapace peu bombée et surtout par leurs doigts distincts les uns des au-

Fig. 160. Tortue terrestre.

tres, réunis, chez le plus grand nombre, par des membranes interposées.

L'Algérie en possède une espèce très-commune dans les marais et les eaux de source : c'est l'Émyde bourbeuse (*Emys lutaria*, fig. 159).

Les Tortues de terre, ou Tortues proprement dites, ont la

carapace généralement très-bombée et réunie au plastron par la plus grande partie de ses bords latéraux; leurs doigts sont très-courts et accolés entre eux jusqu'aux ongles.

Deux espèces de ce groupe sont très-répandues en Algérie, savoir : la Tortue grecque (*Testudo græca*), commune également en Grèce et dans l'Italie méridionale, et la Tortue mauresque (*Testudo mauritanica*), très-voisine de la précédente; on la trouve aux environs d'Alger.

ORDRE DES SAURIENS.

LES LÉZARDS.

Rien de plus inoffensif que les animaux compris dans le groupe des Lézards. Bien qu'appartenant à la classe des Reptiles, non-seulement ils ne nous inspirent ni crainte, ni répugnance, mais nous les voyons encore avec un certain plaisir au voisinage de nos habitations, prendre gîte au fond des vieilles murailles, ou élire familièrement domicile dans nos jardins, et s'y constituer les protecteurs de nos fruits contre les Insectes et les Mollusques déprédateurs. Les fines écailles dont ils sont couverts de pied en cap leur servent plutôt de parure que d'armes défensives; leurs pattes, courtes et grêles, ont peine à les supporter : aussi leur ventre traîne-t-il à terre et leur longue queue balaye-t-elle le sol de ses ondulations. Malgré leur forme aplatie, ils n'ont rien de lourd dans leur allure, loin de là; vifs et prestes, d'une agilité surprenante, ils courent avec vitesse, glissent plutôt qu'ils ne marchent, s'élancent avec impétuosité, s'échappent en un clin d'œil, et escaladent rapidement les arbres et les murailles, grâce aux ongles longs et crochus dont leurs doigts sont pourvus. Naturellement doux et paisibles, ils ne cherchent à mordre qu'à la dernière extrémité; leurs morsures n'ont rien de venimeux : les dents dont ils sont armés, disposées en séries linéaires, agissent à la manière d'une scie, elles entament à peine la peau et ne la coupent jamais du moins chez les petites espèces.

Leur gîte ordinaire consiste en un simple cul-de-sac de trente centimètres de longueur; tantôt ils le creusent en terre ou dans le sable, tantôt ils ne prennent même pas la peine de se faire une habitation; le premier trou de rocher ou de muraille bien exposé au soleil leur sert de refuge, ou bien ils se logent entre les racines des vieilles souches. Quel que soit du reste leur terrier, ils s'y attachent étroitement, s'y retirent en cas de danger, y vivent isolés pendant toute l'année, excepté au printemps où chaque paire fait ménage commun : à toute autre époque, le domicile appartient au premier occupant et est formellement interdit à tout étranger. En dehors de la possession exclusive de leur trou, les Lézards ne sont nullement agressifs ou sauvages; on les voit s'étaler, de concert, à proximité les uns des autres, sur les pentes gazonnées ou sur les murs qu'échauffe un beau soleil, savourant ses rayons, et guettant la proie qu'attire une vive lumière.

Plus la chaleur est intense, plus ils déploient de vie; leur agilité se règle en quelque sorte sur la température : à peine les premiers froids se font-ils sentir, leur vivacité disparaît, les organes de la respiration et de la circulation cessent de fonctionner, ils tombent dans l'engourdissement, et leur sommeil léthargique est alors si profond, qu'ils ne ressentent aucune des mutilations qu'on leur fait subir; ils passent tout l'hiver dans cette torpeur, se réveillent aux premières lueurs du printemps, font peau neuve, et reviennent à la vie, parés de couleurs plus brillantes : cette mue printanière se renouvelle chaque année.

Les Lézards ne se nourrissent que de gibier vivant : Diptères, Sauterelles, Grillons, petits Mollusques et Lombrics. Leur manière de chasser est assez originale et implique une sorte de réflexion. Une Mouche a-t-elle mis pied à terre ou sur un mur, un Ver se montre-t-il à proximité, le Lézard ne fond pas immédiatement sur la proie; le cou tendu, silencieux et immobile, il la fixe, la suit dans tous ses mouvements, allonge la tête ou la retire, selon que le gibier avance ou recule; il ne la perd pas un seul instant de vue. Quand il a bien mesuré la distance qui l'en sépare, et qu'il se croit à portée, brusquement il s'élance sur elle, gueule béante, l'engloutit d'un seul coup ou la retient emprisonnée entre ses nombreuses petites dents.

Patient et rusé, le Lézard ne se jette pas à l'étourdie dans les aventures. Le moindre bruit l'inquiète, le trouble, l'agite; tout objet nouveau lui est suspect. Quoique la peur circule au fond de ses entrailles, sa première idée n'est pas de fuir, mais bien d'examiner. Qu'une feuille vienne à se détacher, le voilà tout en émoi; il s'arrête, se dresse sur ses pattes, relève la tête, écoute et promène ses regards inquiets autour de lui. Si le bruit recommence, vite il décampe; mais si rien n'a bougé, cette immobilité le rassure; il allonge le cou, risque un pas, puis deux, arrive ainsi en tapinois auprès de la feuille tombée, en fait minutieusement le tour, l'explore dans tous les sens, et, après s'être bien confirmé que ce n'est pas un ennemi, qu'il ne court aucun danger, il revient, non sans précautions, à sa place première, s'étendre au soleil qu'il recherche toujours avec volupté.

Les Lézards boivent à la manière des Chiens, en lappant; leur voix ne consiste qu'en un léger murmure.

Ainsi que tous les Reptiles, ils sont capables de longs jeûnes. On les accuse de se glisser dans le nid des petits oiseaux pour manger leurs œufs; cette assertion aurait besoin d'être contrôlée par de nouvelles observations, car de leur nature les Lézards ne sont nullement voraces, quoiqu'ils n'épargnent pas leurs propres œufs quand la faim les presse; mais à quelle extrémité la faim désordonnée ne pousse-t-elle pas?

Le mâle ne se distingue pas aisément, à l'extérieur, de la femelle; leur livrée est à peu près semblable, sauf que la coloration est plus accentuée chez le premier. La queue néanmoins peut aider à les reconnaître : dans le mâle, elle est large, aplatie à sa base, et sillonnée, en outre, d'une gouttière longitudinale, tandis que chez la femelle elle est longue, étroite et sans aucun sillon.

Les pontes sont de six à huit œufs. Chaque femelle les dépose en général séparément; quelquefois cependant on en trouve jusqu'à trente réunis dans le même trou. Quelle est la cause de cette mise en commun de la part d'animaux qui, sans être farouches, sont peu sociables entre eux? On l'ignore. Ces œufs, enveloppés d'une membrane mince et poreuse, ne subissent aucune incubation, la chaleur atmosphérique seule les fait éclore.

Les Lézards arrivent lentement à leur développement complet; leur queue, à cet égard, fait exception; quand, par une cause quelconque, elle vient à se rompre, elle se reproduit avec une extrême rapidité. On sait combien elle est fragile; à la moindre pression, ses vertèbres se séparent, et elle se brise comme verre. Peu de Lézards la conservent intacte; presque toujours ils en laissent un morceau entre les mains de celui qui les saisit, sans que cette perte paraisse leur causer beaucoup de souci; il est vrai, elle se régénère si vite, que sans doute ils s'estiment heureux de racheter leur liberté par la perte d'un organe accessoire; au moment même où ils s'en séparent, ils n'en courent pas avec moins de vitesse, tout mutilés qu'ils sont; ils chassent et mangent comme de coutume, assurés de voir leur queue reparaître au bout de quelques jours, surtout en été, lorsqu'il fait très-chaud. Les contractions répétées qui l'agitent dans les premiers moments où elle vient d'être détachée, attestent l'énergie vitale de ces animaux; elle est, en effet, très-grande: même après l'ablation de la tête, ils vivent encore quelques jours, et marchent même avec une certaine vivacité. Leur vue est excellente; ils ont, en revanche, l'odorat peu développé.

Les Lézards varient parfois tellement dans leur coloration, que d'habiles naturalistes ont souvent élevé au rang d'espèces de simples variétés; la forme et la position des écailles et des plaques offrent de bien meilleurs caractères que des teintes fugitives pour les distinguer les uns des autres.

Toutes les espèces de France peuvent être rapportées à deux divisions: la première comprend les espèces à écailles dorsales oblongues et imbriquées: tels sont le Lézard des souches et le Lézard vert; la seconde renferme les espèces à écailles dorsales granuleuses, juxtaposées, tels que le Lézard ocellé et le Lézard des murailles.

Lézard des souches (*Lacerta sepium*). Le mâle a le dessus du corps de couleur brune ou brun-rougeâtre, tantôt uniforme, tantôt tacheté de noirâtre, les côtés verts, ocellés de brun, le ventre blanc. La femelle a le dessus et les côtés du corps d'un brun clair ou fauve, le dos tacheté de noir, les flancs pointillés d'une double série de taches noires, égayées de blanc. Ce Lézard atteint vingt centimètres de longueur; sa queue en prend un peu plus de la moitié. La lisière des bois est son habitation favorite; on le trouve aussi dans les haies et les jardins. Il se creuse un trou assez étroit sous une touffe d'herbe, ou entre les racines des cépées; au moment de s'engourdir, il ferme l'entrée de son souterrain avec de la terre et des feuilles. Il est très-agile, s'échappe lestement à travers les feuilles sèches; très-commun dans le centre et le nord de la France.

Le *Lézard vert* (*Lacerta viridis*, fig. 162) se présente sous plusieurs livrées. Quelquefois il est entièrement vert en dessus; d'autres fois il est brun piqueté de vert ou vert pointillé de jaune; on en voit aussi de bruns avec des taches vertes ou blanches ondées de noir, ou marqués de deux à cinq raies longitudinales blanches, lisérées de noir; le ventre est jaune. L'espèce atteint

Fig. 162. Lézard vert et Lézard ocelle.

près de quarante centimètres de long; la queue en forme les deux tiers. Dans les endroits peu élevés, boisés, mais bien soleillés, la vue de l'homme ne lui cause aucune crainte; l'aspect d'un Serpent, au contraire, le remplit de frayeur; il s'agite, souffle avec force et cherche à se cacher; la fuite lui est-elle impossible, il tient tête bravement à son ennemi et le combat avec courage. Dans les climats chauds, tout son corps brille de fort belles teintes.

Lézard ocellé (*Lacerta ocellata*, fig. 162). De toutes nos espèces indigènes, c'est la plus grande et la plus forte; elle a près de cinquante centimètres de long, la queue y entre pour moitié. Sa livrée est des plus remarquables. Son corps, sur un fond vert, est ocellé de noir et porte sur les flancs de grandes taches rondes bleu turquoise; son ventre, blanc, est lustré de vert.

Le Lézard ocellé est propre au midi de la France. Dans son jeune âge, il creuse son terrier près des terres cultivées; plus tard, il s'établit dans un sol plus dur, souvent entre des fissures rocheuses, presque toujours sur un talus à pente rapide, exposé au sud et au sud-est. Il tient parfaitement tête aux Chiens de chasse quand il se voit poursuivi de trop près, se jette sur leur museau et leur fait une forte entaille qui calme subitement leur ardeur meurtrière. On dit sa chair bonne à manger; pourquoi ne le serait-elle pas? Celle de l'Iguane est bien recherchée des Américains.

Le *Lézard des murailles* (*Lacerta agilis*) offre une foule de variétés, qui plus d'une fois ont jeté les naturalistes dans d'étranges confusions, en leur faisant attribuer à de simples nuances une importance de caractères qu'elles n'avaient pas. Le type est facile à reconnaître à la couleur gris foncé de la tête et du dos, marqué régulièrement de points brunâtres; une large bande brune dentelée sur les bords qui passent au blanc s'étend depuis les yeux jusqu'aux cuisses; le ventre et le dessous de la queue sont blanc-verdâtre, changeant en bleu. Toutes ses écailles, dit Lacépède, ont un reflet agréable, simple et riante parure que relève encore un collier d'écailles de couleur dorée, miroitant coquettement sous le feu de la lumière.

Le Lézard des murailles est notre espèce la plus commune, comme elle est aussi la plus petite; elle n'excède guère douze à quinze centimètres; sa queue dépasse toujours la longueur du corps; on le rencontre fréquemment, au printemps et en été, sur les pentes gazonnées et sur les vieux murs exposés au midi. Qui de nous, dans son enfance, ne s'est amusé à suivre, pendant des heures entières, les manéges gracieux de ce joli Lézard, tantôt s'élançant sur sa proie avec la rapidité d'un trait, tantôt se délectant au soleil, et traduisant cette sensation de plaisir par les molles ondulations de sa queue? Loin de fuir les regards de l'homme, il se livre, sous ses yeux, à une foule d'évolutions; pour qu'il songe à se cacher, il faut qu'on cherche à le prendre; il se roule alors sur lui-même, se laisse choir de son mur, et, après être resté un moment immobile, comme étourdi de sa chute volontaire, il s'échappe aussitôt par une course tortueuse, glissant à travers les herbes, se dérobant, puis reparaissant et s'éclipsant de nouveau, jusqu'à ce que sa frayeur soit tout à fait passée. Le Lézard des murailles s'apprivoise facilement; il rend caresse pour caresse aux enfants, boit avec avidité leur salive et se prête à leurs jeux. Cette familiarité l'expose souvent à des avaries; comme sa queue se termine en pointe extrêmement fine, il est rare qu'à de brusques contacts elle ne se brise pas en plusieurs morceaux; sa régénération ne se fait pas attendre; parfois même, au lieu d'une queue unique, il en reparaît plusieurs, mais de ces nouvelles venues, une seule se trouve pourvue de vertèbres, les autres ne renferment que de simples tendons.

Le Lézard des murailles s'accouple au commencement du printemps; le mâle et la femelle vivent, dit-on, pendant plusieurs années, réunis par paire, procédant en commun à l'arrangement de leur habitation, s'occupant tour à tour du soin de préserver les œufs de toute humidité et de les porter au soleil pour les faire éclore. La longévité du Lézard des murailles paraît être assez grande; son énergie vitale n'est pas douteuse; renfermé dans une bouteille, et soumis à un jeûne rigoureux de six mois, il résiste très-bien à ce sévère traitement.

ORDRE DES OPHIDIENS.

LA VIPÈRE.

La Vipère (*Vipera berus*, fig. 164) est à peu près le seul Reptile dangereux que nous ayons en France; mais, dans certaines années, elle se multiplie tellement, qu'on a mis souvent sa tête à prix, et non sans raison : son venin, sans être toujours mortel, occasionne des accidents très-graves.

La Vipère appartient au groupe des Serpents venimeux, à crochets isolés. D'apparence chétive, elle dépasse rarement quatre-vingts centimètres de longueur; sa queue est courte, obtuse, arrondie; la couleur générale de son corps varie entre le brun-cendré et l'olivâtre, plus foncée sur le dos que sur les flancs. Depuis la nuque jusqu'à l'extrémité de la queue, règne, le long de son échine, une chaîne en zigzag, noirâtre, accompagnée, de chaque côté des flancs, d'une rangée de taches noires symétriquement espacées; son ventre ressemble au bleu d'ardoise ou à l'acier bruni; sa tête, obtuse en avant, élargie en arrière, dépasse la largeur du tronc; elle présente à son sommet deux lignes noires en forme de V.

C'est à la mâchoire supérieure que se trouve l'arme redoutable de la Vipère; elle est munie de deux dents aiguës, crochues, mobiles d'avant en arrière, percées chacune d'un canal intérieur qui donne issue à une liqueur empoisonnée, sécrétée par une glande spéciale située en arrière du globe de l'œil, presque à fleur de peau. Ces dents en crochets, ordinairement au nombre de deux,

Fig. 163. Tête de Vipère.

sont, aux deux tiers, cachées dans un repli de la gencive quand l'animal ne veut pas s'en servir; elles recèlent à leur base plusieurs germes destinés à remplacer les crochets qu'un accident viendrait à détruire. Les glandes avec lesquelles ceux-ci communiquent, sont traversées, d'avant en arrière, par deux muscles dont le jeu a pour but de redresser les crochets; ils contribuent à fermer la gueule de la Vipère, tout en comprimant le réservoir à venin; la liqueur empoisonnée se trouve ainsi expulsée dans le canal excréteur d'où elle pénètre dans la dent par une fente; elle s'échappe au dehors par le trou ouvert à l'extrémité des crochets, et s'instille dans la blessure en même temps que la Vipère saisit sa proie.

Les crochets s'inclinent ou se redressent à la volonté de l'animal; dans l'inaction, ils sont couchés en arrière, le long de la mâchoire susmaxillaire; dans l'attaque, la Vipère les relève perpendiculairement à la mâchoire et les enfonce dans la proie; le venin, aussitôt versé, porte le ravage dans le corps de l'animal mordu (fig. 163).

Les mâchoires de la Vipère, comme celles de tous les serpents, sont susceptibles d'une extrême dilatation; chacune, de son côté, peut agir indépendamment de l'autre; la déglutition en est singulièrement favorisée; Lacépède a fort bien décrit ce phénomène: « Tandis que les dents d'un côté sont immobiles et enfoncées dans la proie qu'elles ont saisie, les dents de l'autre côté s'avancent, accrochent cette même proie, l'attirent vers le gosier, l'assujettissent, s'arrêtent à leur tour; celles du côté opposé se portent alors en avant pour attirer aussi la proie et rester ensuite immobiles; c'est par ce jeu plusieurs fois répété et par ce mouvement alternatif des deux côtés de ses mâchoires que la Vipère parvient à avaler des animaux assez volumineux, qui, à la vérité, restent pendant longtemps presque tout entiers dans son œsophage ou dans son estomac, mais qui, dissous insensiblement par les sucs digestifs, se résolvent en une pâte liquide, tandis que leurs parties trop grossières sont rejetées par l'animal. »

La Vipère se rencontre en plus ou moins grande abondance dans toutes les contrées de l'ancien continent; elle habite de préférence les lieux boisés, montueux et pierreux, plus rarement la plaine; on la trouve cependant aussi dans les prairies tourbeuses des localités élevées, dans les montagnes, dans les Pyrénées par exemple, ainsi qu'en Suisse, où on l'observe à de grandes hauteurs, à *plus de trois mille mètres d'élévation* : à cette altitude, il y en a d'entièrement noires.

La Vipère se montre plus fréquemment au printemps qu'en toute autre saison; elle se tient habituellement le matin à la lisière des taillis, sur les collines sèches ou sur les rochers exposés au soleil levant, non loin du trou qui lui sert de gîte et où elle se retire en cas de danger. Pendant les grandes chaleurs de l'été, elle devient plus rare; elle se montre derechef en septembre et octobre, et disparaît aux premiers froids pour se retirer en terre, sous des tas de pierres ou dans le creux des arbres et des rochers. Les Vipères y passent toute la mauvaise saison, engourdies et sans prendre de nourriture; généralement elles se réunissent en nombre dans le même trou, enlacées les unes aux autres. Les premiers beaux jours du printemps les tirent de leur sommeil léthargique; elles changent bientôt de peau, et ne tardent pas à s'accoupler. Les œufs de la Vipère, en nombre variable, ordinairement de huit à douze, sont renfermés dans deux paquets d'inégal volume; celui de droite est presque toujours le plus gros. La femelle porte pendant trois mois; chaque œuf se développe dans le ventre maternel, mais sans vivre à ses dépens comme les vrais vivipares : l'animal n'est qu'ovovivipare.

Le Vipereau, dans son berceau intérieur, est replié sur lui-même; il atteint six à huit centimètres avant que d'en sortir. Ordinairement les œufs contenus dans un même paquet éclosent tous le même jour; ceux de l'autre paquet les suivent quelques jours après. Une fois hors des entrailles maternelles, les Vipereaux ne s'y abritent plus; le préjugé populaire qui les fait rentrer, au moindre danger, dans la gueule du reptile n'est qu'une erreur; une fois libres, ils vivent de leur vie propre, demeurent à jamais étrangers à leur mère, et n'ont plus d'autre rapport avec elle que ceux de l'instinct de sociabilité qui les porte à demeurer dans le voisinage les uns des autres, sans dépendance mutuelle. Selon toute probabilité, ils sont pourvus de venin dès leur naissance; cependant, à cet âge, ils ne cherchent pas à mordre.

La première année, les Vers, les Insectes, quelques petits Mollusques constituent la principale nourriture des Vipères. Changent-elles de peau avant leur première hivernation? On ne le sait pas encore; mais, dès la seconde année, elles se dépouillent, au printemps, de leur tunique, et changent encore une fois de robe à l'automne, comme les Vipères adultes; en quittant leur vieille peau, elles en revêtent une nouvelle qui existe toujours plus ou moins formée sous l'ancienne : c'est une doublure de réserve; ses couleurs sont plus nettes et plus vives que celles de l'ancienne enveloppe.

L'hivernation, durant le premier âge des Vipères, ne diffère pas de celle qu'elles subissent pendant le reste de leur vie : même époque, subordonnée toutefois a la température de la saison; même jeûne absolu ; même agglomération d'individus dans une retraite commune; même torpeur et même engourdissement; on peut alors les manier sans crainte quand le froid les a raidies et privées de tout mouvement; mais il ne faut pas oublier qu'une chaleur de dix à douze degrés les rend bientôt à la vie active et leur restitue l'énergie de leur venin; il y a donc des précautions à prendre à cet égard.

A partir de la seconde année, la Vipère est déjà de taille à se pourvoir de Grenouilles et de petits mammifères, tels que Mulots, Souris, Musaraignes; on l'a vue parfois, dès cet âge, grâce à la dilatation énorme de ses mâchoires, avaler de gros Crapauds et d'autres animaux bien plus volumineux qu'elle; elle est alors fort longtemps à les digérer; quelques repas de ce genre suffisent sans doute à son entretien pendant les six mois de sa vie active. On sait du reste que les Vipères, ainsi que la plupart des Reptiles, sont capables de supporter de très-longs jeûnes; on en a gardé des mois et même une année entière sans leur donner la moindre nourriture; elles ne paraissaient ni affaiblies, ni même pressées de la faim, car elles ne se jetaient pas

Fig. 164. Vipère.

avec avidité sur la proie qu'on leur présentait après cette diète rigoureuse.

Les Vipères peuvent multiplier à leur troisième printemps; elles atteignent leur développement complet vers six ou sept ans. La durée précise de leur existence n'est pas bien connue, mais on croit qu'elles vivent fort longtemps; car, excepté l'Homme, le Hérisson, quelques Échassiers comme la Grue et la Cigogne et certains Rapaces qui leur font la guerre, elles ont peu d'ennemis à craindre; presque tous les animaux les redoutent et les fuient; leur longévité est donc à peu près assurée de ce côté. Elles sont extrêmement vivaces. Personne n'ignore que, même coupées en plusieurs morceaux, les Vipères se meuvent longtemps encore; leur cœur bat longtemps après avoir été arraché; elles résistent des heures entières à une complète submersion dans l'eau; plongées même dans l'alcool, elles ne périssent qu'au bout de plusieurs minutes; on cite des Vipères qui, étranglées, suspendues pendant vingt-quatre heures, étendues sur du plâtre liquide, puis, huilées et moulées, n'en étaient pas moins bien vivantes quarante-huit heures après leur mort apparente. Les muscles de leurs mâchoires ont la propriété d'ouvrir et de fermer la gueule, même après que la tête a été séparée du corps : aussi faut-il user de prudence quand elles sont ainsi mutilées, parce que, même dans cet état, les crochets peuvent blesser et injecter leur venin dans la plaie. Toutefois, malgré l'énergie vitale dont ces Reptiles sont doués, il suffit d'un coup de baguette sur le dos pour leur briser la colonne vertébrale; on peut alors les saisir impunément par la nuque ou par l'extrémité de la queue : ils sont incapables, dans cette position, de se redresser et de mordre; les chasseurs de Vipères ne s'y prennent pas autrement; ils s'en emparent avec la main ou un bâton fourchu; une décoction de tabac ingérée dans la gueule de la Vipère ou la perforation du cervelet avec une épingle la tue à l'instant.

La Vipère, à l'état de repos, se tient roulée sur elle-même, la tête au centre de la spirale, espèce d'observatoire où elle reste immobile, attendant et guettant sa proie. Rarement elle attaque les grands quadrupèdes, à moins qu'ils ne la provoquent ou ne la blessent; elle ne se jette que sur les petits animaux dont elle fait sa nourriture. En général, elle fuit à l'approche de l'homme et cherche à rentrer dans son trou. Mais, autant son ramper est lourd quand rien ne dérange ses habitudes de lenteur, autant, irritée ou blessée, elle devient furieuse. L'attaque-t-on de front, elle résiste par nécessité; dressée sur sa queue, la tête gonflée, l'œil sanglant, elle darde sa langue avec fureur, jette des sifflements rapides et aigus, et s'élance comme une flèche sur son agresseur; ses blessures sont d'autant plus dangereuses, qu'elle est plus irritée.

Les nombreuses expériences de Fontana et les travaux de Mongyli et de Redi ont bien fait connaître la nature et les effets du venin de la Vipère. Ce venin, d'une consistance visqueuse, tient le milieu entre l'huile d'olive et une solution de gomme;

il n'est ni acide ni alcalin, et se dissout dans l'eau dont il trouble légèrement la transparence; il laisse dans la bouche une sensation d'astriction et de stupeur, jaunit par la dessiccation, se concrète comme l'albumine, et se conserve longtemps dans la dent séparée ou non de son alvéole; c'est pourquoi il faut examiner avec précaution les Vipères empaillées ou conservées dans l'esprit-de-vin, de peur d'accidents.

Le venin de la Vipère est d'autant plus dangereux, que l'animal, au moment de l'attaque, en a une plus grande provision en réserve, qu'il est plus irrité, que le temps est plus chaud, que la Vipère a mordu plus souvent au voisinage d'organes essentiels, tels que la tête, le pharynx, le larynx, les voies de la respiration et de la digestion, et que l'individu mordu est de plus faible complexion.

D'après Fontana, le venin de la Vipère ne produit pas le même effet chez tous les animaux. Son action, par exemple, est nulle sur les Vipères, l'Orvet, les Couleuvres, l'Anguille, les Limaces et les Sangsues. Il tue les Lézards en quelques minutes; un Moineau périt en cinq ou six minutes; un pigeon meurt au bout de dix à douze minutes; le Chat résiste quelquefois au venin; le Mouton presque toujours; la Chèvre en meurt souvent, ainsi que les Chiens, quand ils ne sont pas pansés à temps. Les Grenouilles n'y échappent pas; peu de temps après avoir été mordues, leurs muscles perdent leur force, et leurs jambes le mouvement; placées à terre, elles ne sautent plus, se traînent à peine et ne donnent presque plus signe de sensibilité; bientôt une paralysie générale s'étend à tout leur corps, la mort suit de près ce symptôme : elle arrive au bout de deux ou trois heures. Un demi-milligramme de venin introduit dans un muscle suffit pour tuer une Fauvette; il en faut trois fois plus pour amener la mort d'un Pigeon; les vésicules de la Vipère en contiennent dix centigrammes environ. On peut avaler impunément le venin quand il n'y a pas d'excoriation à la bouche; il n'y a aucun danger d'absorption lorsqu'on applique le venin sur une muqueuse ou sur la peau non entamée par une piqûre, une écorchure ou une plaie. Fontana prétend que l'Homme peut recevoir le venin de cinq ou six Vipères sans en mourir; mais ses assertions sont contredites par les faits. Le docteur Paulet, à Fontainebleau, a vu mourir en quelques heures deux enfants mordus par une Vipère; des femmes, en plusieurs contrées, ont succombé, faute d'avoir été secourues à temps : le venin de la Vipère doit donc être considéré comme très-dangereux, et l'on ne saurait prendre trop de précautions pour s'en garantir et pour combattre ses effets lorsqu'on n'a pu s'en préserver.

Quand on vient d'être mordu par une Vipère, la sensation qu'on éprouve à l'instant même ne diffère pas beaucoup de celle qu'on ressent à la piqûre d'une épine; mais bientôt une douleur aiguë se fait sentir à l'endroit blessé; cette partie se tuméfie, s'enflamme, rougit, prend ensuite une couleur violacée, puis devient livide, froide, et comme frappée d'insensibilité. L'enflure ne tarde pas à gagner les parties environnantes; la douleur s'accroît et se complique d'élancements. Arrivé à ce point, des maux de cœur, suivis de vomissements bilieux, se déclarent, les yeux s'injectent, la fièvre s'empare du malade, des sueurs froides parcourent son corps, il éprouve des tranchées et des douleurs lombaires très-vives; son pouls est serré, petit, concentré, intermittent; la peau prend la couleur de la cire vierge ou devient couleur citron, tandis qu'un sang noir et sanieux coule de la plaie, en apparence gangrenée. « Si le malade n'est pas secouru, dit le docteur J. Cloquet, une sérosité jaunâtre remplace le sang qui s'échappait par la morsure; le patient est en proie à des vertiges, il tombe en faiblesse, éprouve une soif dévorante; des hoquets convulsifs l'agitent, il est accablé d'une prostration inexprimable : la mort, enfin, vient mettre un terme à ses affreuses douleurs! »

Par bonheur, la morsure de la Vipère amène rarement un dénoûment aussi funeste; pour peu qu'on soit secouru à temps, les symptômes les plus graves disparaissent, et le malade est bientôt rendu à la santé.

La première chose à faire quand on vient d'être mordu par une Vipère, est de sucer la plaie et de pratiquer une ligature au-dessus de la blessure, afin de gêner la circulation du sang; on laisse saigner la plaie et on la presse pour en faire sortir le venin; si on le peut, on fait baigner la partie blessée dans de l'eau tiède, on la presse légèrement et on l'enveloppe d'un linge mouillé; cela fait, on applique une ventouse et on la laisse agir sur la blessure pendant vingt-cinq minutes environ. Si l'enflure est trop forte, si les douleurs sont trop vives, on supprime la ligature et on cautérise la plaie avec un fer rouge ou la pierre infernale; on fait ensuite un tampon de charpie qu'on maintient sur la plaie, à l'aide d'un bandage. Quand on fait usage de ventouse, on met sur les parties engorgées, voisines de la plaie, un mélange fait avec une partie d'alcali volatil et le double d'huile. Une fois les principaux accidents diminués, on ôte le caustique et on le remplace par un linge imbibé d'huile d'olive, on frictionne la partie blessée avec le mélange ci-dessus indiqué, et l'on bande la plaie. Voilà pour le traitement extérieur.

Le traitement interne est fort simple; il a pour but de provoquer la transpiration et le sommeil. Aussitôt après l'accident, en même temps qu'on s'occupe du traitement externe, on fait prendre au malade une décoction chaude de sureau ou de feuilles d'oranger dans laquelle on verse sept ou huit gouttes d'alcali volatil; on renouvelle cette boisson toutes les deux heures; on place le malade dans un lit bien couvert, et, s'il transpire, on évite de le refroidir; si des vomissements bilieux ou la jaunisse se manifestaient, on administrerait l'émétique.

Lorsque les symptômes ne présentent pas de gravité, il suffit de laver avec soin la blessure, d'y verser une ou deux gouttes d'alcali volatil et de la recouvrir d'une compresse imbibée d'alcali. On fait prendre, toutes les deux heures, au malade une tasse bien chaude d'eau de feuilles d'oranger, de fleurs de sureau ou de camomille, dans laquelle on a versé cinq ou six gouttes d'alcali. En général, ce traitement appliqué aussitôt après l'accident réussit; au bout de quelques jours, le malade, s'il est d'une constitution robuste, est complétement guéri.

LA COULEUVRE A COLLIER.

De tous les reptiles, les Serpents sont ceux qui nous sont le plus odieux. Leur corps froid nous répugne, la fixité de leur regard nous étonne, et leurs allures sinueuses, presque toujours dissimulées, nous causent une sorte de terreur involontaire, en souvenir sans doute de l'animal maudit et de ses propriétés malfaisantes. Tous cependant ne sont pas dangereux; il en est d'absolument inoffensifs; quelques-uns même nous rendent certains services : de ce nombre est la *Couleuvre à collier* (*Coluber natrix*), si répandue en France (fig. 165).

Elle tire son nom de deux taches jaunes qui lui forment sur le cou un demi-collier, rendu plus apparent par le contraste de deux autres taches triangulaires très-foncées placées à sa base; son dos est cendré, marqueté de points noirs sur les côtés; son ventre est varié de blanc, de noir et de bleuâtre. Parce qu'elle rampe, on la confond souvent avec la Vipère; mais ses caractères l'en distinguent nettement. Sa tête, moins élargie, s'unit plus étroitement au tronc et se termine par un museau arrondi; au lieu de crochets à venin, ses mâchoires portent deux rangées de dents recourbées en arrière; son corps, plus élancé, finit en queue plus longue et plus effilée; ses mouvements aussi sont plus agiles; enfin, on la trouve rarement dans les lieux secs et stériles que fréquente la Vipère. Pour toute défense, quand on la poursuit ou qu'on l'irrite, elle se redresse, entre-choque ses mâchoires, agite de vibrations rapides sa langue bifurquée et fait entendre un sifflement particulier produit par l'air expulsé de ses poumons. Lorsqu'on cherche à la saisir, elle mord la main qui l'étreint, mais sans y verser le moindre poison; on en est quitte pour une légère égratignure promptement cicatrisée.

Fig. 165. Couleuvre à collier.

Sa reptation ressemble à celle de tous les Serpents, et s'exerce par un mécanisme aussi simple qu'ingénieux. Les plaques ou grandes écailles qui protégent son ventre sont douées de mobilité et indépendantes les unes des autres; chacune d'elles, en se relevant et se rabaissant tour à tour, simule les fonctions d'un pied qui prend position; toutes se soulèvent d'arrière en avant; l'animal s'en sert pour cheminer dans la direction qu'il veut suivre. A-t-il besoin d'accélérer, de précipiter sa marche, la locomotion s'opère par une suite d'ondulations plus ou moins énergiques; il peut en outre, à volonté, redresser une partie de son corps en arc de cercle; les deux extrémités de cet arc, ayant leur point d'appui sur le sol, se rapprochent, et dès qu'elles sont près de se toucher, l'une d'elles, d'un bond élastique, se lance en avant et reprend sa forme première aplatie. Chaque fois que cette projection se répète, la Couleuvre s'avance de toute la partie courbée de son corps en tenant la tête haute; tous ses pas, sous l'influence de la passion, sont autant de vigoureuses enjambées; aussi s'échappe-t-elle avec une extrême vitesse, comme un trait fortement lancé. Quelle que soit néanmoins la rapidité de sa course, jamais son corps n'est entièrement détaché du sol, toujours il y touche par plusieurs points; il le faut bien, puisqu'il est entièrement privé des membres qui seuls pourraient le tenir élevé au-dessus de terre.

Dans l'eau, la Couleuvre à collier nage avec grâce et souplesse; en remplissant d'air sa poitrine, elle peut, à son gré, devenir plus légère que l'eau qu'elle déplace; dans ce cas, elle s'appuie sur le liquide, lui imprime une forte impulsion, et profite de la réaction de ce choc pour franchir une certaine distance. Dans cet exercice, les mouvements ondulatoires du tronc et de la queue jouent un rôle considérable; la tête seule passe hors de l'eau. Pour peu qu'elle soit effrayée, elle s'y cache entièrement, et nage très-bien entre deux eaux, mais elle ne saurait y rester plongée bien longtemps; aussitôt que sa provision d'air est épuisée, elle doit venir la renouveler à la surface. En général, elle ne s'aventure au milieu de l'eau que pour se dérober aux poursuites de ses ennemis ou relancer une proie fuyante; ses courses nautiques ne sont jamais très-longues, et on l'a bien vite forcée. Le plus souvent, elle chasse en se tenant en embuscade dans une touffe de joncs ou sur une feuille de nénufar; pour gagner le fond de l'eau, elle sait se rendre hydrostatiquement plus lourde : elle vide d'air sa poitrine, et n'y retient que la quantité de gaz strictement nécessaire pour respirer.

A terre, la Couleuvre à collier au repos est souvent *lovée*, c'est-à-dire repliée en rond sur elle-même, la queue appuyée au sol et la tête légèrement élevée au centre de ses enroulements; c'est à la fois une position de prudence et d'embuscade, car de ce poste elle peut surveiller les alentours, toute prête à prendre la fuite si un antagoniste redoutable se présente, ou à se jeter sur le gibier que la fortune amène à sa proximité : rarement elle manque son coup. L'animal happé est d'abord serré entre ses mâchoires, puis placé peu à peu en ligne droite, comprimé, broyé, et définitivement englouti tout entier par la tête, sans être divisé en morceaux : les dents des Serpents, en effet, ne peuvent que retenir et non déchirer leur proie. Lorsque la Couleuvre s'est emparée d'un animal dans l'eau, elle se rend toujours à terre pour l'avaler. On sait que ses mâchoires mobiles sont susceptibles d'une grande dilatation ; il n'est pas rare de la voir engloutir des bêtes plus volumineuses qu'elle-même ; elles descendent alors lentement dans le gouffre, et semblent en parcourir toute l'étendue avec effort. Pendant ce pénible travail, le corps du Reptile est très-tendu ; il paraît plongé dans une sorte de torpeur, presque immobile, et ne sort de cette situation laborieuse qu'autant que la digestion est terminée : on conçoit sans peine qu'après d'aussi copieux repas il puisse supporter de longs jeûnes d'un mois et plus.

La Couleuvre à collier se rencontre d'ordinaire près des mares et dans les prés humides, où elle est certaine de trouver abondance de vivres. Elle habite aussi les haies, et parfois encore les vieux murs crevassés exposés au plein midi ; elle s'installe sur leurs saillies, s'y allonge avec délices, comme pour se pénétrer à fond de la chaleur solaire ; elle s'y délecte pendant des heures entières. Sa nourriture principale consiste en Batraciens, en Musaraignes, en petits rongeurs, Campagnols et Mulots, en Lézards et en insectes. Quand l'occasion s'en présente, elle ne fait pas fi des jeunes oiseaux ; elle va les surprendre dans leurs nids en escaladant les arbres et en s'accrochant par la tête aux branches bifurquées. Vers le milieu de l'automne, elle se retire dans les trous abandonnés de Mulot ou de Belette, ou bien entre les souches des haies, mais toujours à l'abri des inondations ; elle y passe l'hiver dans l'engourdissement.

Dès les premiers beaux jours du printemps, la Couleuvre à collier quitte son antre et change de peau. Son enveloppe, ainsi que celle de tous les serpents, se compose de trois couches principales : 1° d'un derme, épais et solide, à tissu élastique, très-extensible ; 2° d'une couche intermédiaire plus mince, assez résistante, où se trouve la matière colorante qu'on aperçoit à travers les écailles ; 3° d'un épiderme, membrane très-mince, appliquée comme un vernis sur les autres couches qu'elle suit dans tous leurs contours : l'animal y est renfermé comme dans une espèce de gaîne ou de sac.

La mue s'opère progressivement, la tête donne le branle ; les écailles garnissant les mâchoires sont les premières à se détacher, elles se séparent du palais, mais sans cesser de faire corps avec les autres téguments dont sont revêtus le dessus et le dessous de la tête. Celle-ci perd également sa vieille peau, qui se retourne comme un gant; toutes les autres parties suivent la même évolution; elles se dirigent vers la queue, tandis que l'animal, paré de sa nouvelle livrée, marche en sens opposé, de telle sorte que l'ancienne enveloppe inerte semble engloutir la Couleuvre vivante. Ce travail de régénération se poursuit jusqu'à l'extrémité du corps ; le reptile y aide en se contournant en différents sens et en se frottant contre le sol ; un dernier effort achève de le séparer de la dernière écaille caudale à laquelle il tient encore, la seule qui ne se retourne pas. Tout le reste est complétement retroussé à l'envers, parfaitement intact dans toute son étendue, incolore, montrant en dehors, en creux, ce qui faisait auparavant saillie sur l'animal : les plaques, les écailles, et jusqu'à l'empreinte de la cornée ; l'épiderme forme autour de ces organes de petits cadres dont la réunion prend l'aspect d'un vaste réseau ; les plaques et les écailles s'y détachent en facettes presque transparentes.

Après cette crise, la Couleuvre a complétement fait peau neuve et ne se ressemble plus ; elle a pris un éclat plus vif et paraît douée d'une jeunesse et d'une vigueur nouvelles : aussi éprouve-t-elle, à cette époque, un redoublement d'appétit. Ce changement de costume est l'indice de noces prochaines ; l'accouplement a lieu bientôt après ; la ponte se compose de quinze à vingt œufs, agglutinés les uns aux autres, sous forme de grappe, par une matière visqueuse. La Couleuvre à collier les dépose dans les trous exposés au soleil, sur le bord des mares, et souvent aussi dans les fumiers. Selon qu'elle vit à l'état de nature ou qu'elle est privée de sa liberté, elle est ovipare ou ovovivipare ; elle garde son état normal d'ovipare toutes les fois qu'elle se trouve au voisinage de l'eau; elle donne le jour à des petits vivants quand elle est éloignée des mares ou des étangs.

L'enveloppe qui protége les œufs n'est qu'une membrane lâche et d'apparence parcheminée. La Couleuvre ne couve pas, la chaleur seule de l'atmosphère ou des corps en décomposition qui recèlent les œufs suffit pour les faire éclore. Lorsqu'on ouvre l'œuf avant terme, on trouve le Serpenteau roulé en spirale sur lui-même, nageant dans un fluide albumineux; il y est absolument immobile et semble mort; mais quand l'éclosion est imminente, le jeune animal donne signe de vie; il ouvre sa gueule, aspire l'air à diverses reprises et en remplit ses poumons; bientôt il s'agite et se met à ramper: sa vie extérieure est inaugurée.

Une fois hors de leur mère, les petits lui deviennent complétement étrangers, il leur faut vivre de leurs propres ressources. L'instinct les porte, tout d'abord, à se chercher un abri, et ce n'est qu'après l'avoir trouvé qu'ils songent à pourvoir à leur nourriture. Chétive elle est à cette époque, car elle ne se compose guère que de petits insectes ou de vermisseaux. Du reste, leurs débuts dans la vie sont pleins de dangers; Hérissons, Pies et Moineaux leur font la chasse: aussi en périt-il un grand nombre; c'est l'histoire de tout ce qui est faible, et peut-être aussi est-ce un des moyens providentiels pour arrêter l'exubérance de l'espèce; quand les jeunes Couleuvres ont acquis un certain développement, elles savent fort bien se tirer des cas difficiles, l'expérience leur apprend à se mettre en garde contre les convoitises de leurs ennemis.

ORDRE DES BATRACIENS.

LES GRENOUILLES.

Le dégoût et l'aversion qu'inspire à beaucoup de personnes la vue d'un Crapaud rejaillissent aussi sur les Grenouilles; rien cependant, si ce n'est un certain air de famille, bien naturel entre animaux de souche voisine, ne justifie cette antipathie traditionnelle; elle disparaîtrait bien vite pour faire place à un véritable intérêt, si l'on connaissait mieux les mœurs de ces derniers Batraciens, victimes sans nul doute du mauvais renom qui s'attache à la plupart des Reptiles. Loin de nous causer le moindre dommage, ils nous fournissent un aliment sain et délicat; par leurs jeux et leurs gambades, ils égayent les prés, les étangs, les ruisseaux, et ils nous débarrassent, en outre, d'une foule d'insectes incommodes; mais leur histoire n'offrît-elle que le curieux spectacle de leurs métamorphoses, c'en serait assez pour les réhabiliter et pour faire tomber des préventions irréfléchies.

Corps svelte, revêtu d'une peau nue, luisante et constamment lubrifiée; pattes de derrière très-développées, pourvues de cinq doigts réunis dans une même membrane; bouche très-fendue, renfermant une langue très-épaisse, en partie soudée à sa base; mâchoire supérieure armée d'une rangée de petites dents; yeux gros et saillants, tel est le signalement des Grenouilles (fig. 166).

Si leur marche est lente et pénible, obligées qu'elles sont de charrier après elles un arrière-train considérable, cet inconvénient est bien compensé par leur faculté de sauter et de nager avec prestesse: leur structure est admirablement appropriée à ce double but. A terre et au repos, la Grenouille porte la tête haute; son corps est accroupi, les jambes postérieures deux fois repliées sur elles-mêmes, les cuisses dépassant à peine le tronc. Veut-elle s'élancer, les articulations du bassin, de la cuisse, des jambes et du tarse lui constituent quatre grands leviers; à un moment donné, ils se débandent, concentrent leur action sur les doigts, qui à l'instant s'écartent et trouvent sur le sol la résistance nécessaire pour reporter sur l'ensemble du corps l'impulsion qu'ils ont reçue; l'animal se détend alors comme un ressort et bondit avec d'autant plus de vigueur et de célérité que le danger ou la peur l'éperonne davantage.

Sa projection dans un milieu liquide s'effectue d'après le même principe; c'est toujours une série de sauts plus ou moins énergiques, mais horizontaux; les pattes postérieures, transformées en rames, repoussent l'eau avec force; le corps immergé s'avance en sens inverse de l'effort produit; il est aidé dans son impulsion en avant par les pattes antérieures repliées et appliquées contre le tronc pour diminuer la résistance à vaincre: quelle loi de mécanique transcendante fut jamais mieux observée?

Ce n'est pas la seule particularité remarquable chez les Grenouilles; leur énergie vitale est bien connue. On sait que malgré l'ablation de la tête elles vivent encore et peuvent remplir d'importantes fonctions; la perte de leurs entrailles ne les tue pas sur le coup: on peut leur enlever le cœur sans qu'elles en meurent aussitôt; cet agent essentiel, bien que séparé des autres organes, garde pendant plusieurs jours la propriété de se contracter et de se dilater; enfin, la perte totale du sang n'entraîne pas immédiatement leur mort. Cette résistance à outrance contre l'anéantissement, le stoïcisme avec lequel ces pauvres animaux endurent les plus affreuses tortures et la facilité qu'on a de s'en procurer, les désignaient naturellement comme sujets d'expériences : aussi les Swammerdam, les Malpighi, les Roësel, les Galvani et les Spallanzani ne s'en sont-ils pas fait faute pour

Fig. 166. Grenouille.

leurs recherches scientifiques; les physiciens et les anatomistes les ont sacrifiées par milliers, au grand profit de la physiologie dont elles ont éclairé quelques mystères.

Les Grenouilles, animaux à la fois terrestres et aquatiques, possèdent à un haut degré la faculté de résister au froid et au chaud; il leur suffit, pour cela, de mettre une sourdine à leurs mouvements respiratoires. Enfouies dans la vase, cachées au fond des eaux, elles bravent impunément les hivers les plus rigoureux ; pendant leur longue hibernation, elles tombent en léthargie ; leur vie, devenue purement végétative, s'entretient aux dépens d'une substance graisseuse dont elles sont providentiellement approvisionnées pour soutenir un long jeûne ; la minime quantité d'air dont elles ont alors besoin ne leur manque pas au fond de l'abîme où elles gisent, leur peau absorbe l'oxygène renfermé dans l'eau, et quoique la respiration pulmonaire soit tout à fait suspendue, l'oxygénation de leur sang ne s'en opère pas moins : ainsi s'explique leur long séjour dans la vase ou dans l'eau, sans qu'elles aient à souffrir de la privation d'air atmosphérique.

Leur peau remplit encore un autre rôle dans les grandes chaleurs, elle leur permet d'y résister sans le moindre effort. Qui n'a vu, au milieu des ardeurs de la canicule, des Grenouilles se prélasser en plein soleil, s'y délecter et, de leur poste embrasé, narguer les passants n'en pouvant mais ? Tandis que nous cuisons et fondons, cette pécore prend le frais. Essayez de la saisir en ce moment, son contact humide vous laissera une sensation de froid ; l'explication de ce phénomène est fort simple : d'habitude, le corps des Grenouilles s'équilibre avec la température ambiante ; au fur et à mesure que l'air atmosphérique devient plus chaud, le sang circule avec plus d'activité chez les Grenouilles et leur respiration s'accélère à proportion ; dans cette circonstance, leur corps développe une somme plus forte de chaleur ; l'eau qu'elles ont absorbée passe à l'état de vapeur ; la transpiration la porte à la surface de la peau ; il s'y produit une évaporation, partant un refroidissement analogue à celui qui a lieu lorsque des vases poreux, contenant de l'eau, sont exposés à un courant d'air : c'est ainsi que le corps de la Grenouille, même au plus fort de l'été, est toujours froid au toucher ; sa peau fait office d'alcarraza.

Les Grenouilles, délicates sur le manger, ne se nourrissent que de proie vivante et en mouvement ; larves aquatiques, insectes, Vers et Mollusques forment leur pâture ordinaire ; ainsi que l'Ours de la fable, elles dédaignent tout corps inanimé ou immobile. Quand elles aperçoivent une proie à fleur d'eau, elles se glissent cauteleusement entre deux eaux et s'en approchent à petits pas, sans bruit, pour l'engloutir d'un seul coup ; leur patience à l'affût ferait honneur à de vieux chasseurs ; elles se tiennent accroupies, en sentinelle, à la même place, pendant des heures entières, guettant le passage du gibier ; dès qu'elles le jugent à portée, elles fondent sur lui, bouche béante, et le saisissent avec leur langue visqueuse ; si le malheureux fait mine de se débattre, elles l'enfoncent dans leur bouche avec le pouce des pattes antérieures ; au fond de ces oubliettes, il a bientôt cessé de s'agiter et de se plaindre.

A part la chasse à laquelle elles se livrent avec l'ardeur commandée par un appétit vorace, les Grenouilles n'ont d'autre occupation que de s'abandonner à un repos méditatif, de propager leur espèce et de chanter à tue-tête, soir et matin, dans la belle saison ; ceux qui habitent au voisinage d'étangs savent si les commères sont avares de cette musique gutturale, monotone et discordante. Leur coassement n'est qu'une répétition acharnée des mêmes notes, avec plus ou moins de rudesse, de *brio* ou de lenteur ; il déroute complétement sur la distance où se trouvent les chanteuses : aussi sont-elles d'habiles ventriloques. Dans ce concert, ou pour mieux dire dans ce charivari assourdissant, les mâles se distinguent par un talent spécial ; ils sont pourvus de deux sacs membraneux, s'ouvrant chacun par un petit trou dans le fond de la bouche, sur les côtés ; le son, en s'échappant, les fait gonfler comme de petites vessies.

Les Grenouilles ne boivent pas ; le liquide nécessaire à l'entretien de leur vie est absorbé par la peau et dirigé ensuite dans une espèce de citerne destinée à le conserver et à le répartir dans le reste de l'économie.

Tant qu'il fait beau, les Grenouilles se tiennent volontiers hors de l'eau, soit dans l'herbe, soit au bord des ruisseaux ou sur les plantes émergeant à la surface des étangs ; rarement elles restent entre deux eaux ; au moindre bruit qui les trouble, elles piquent une tête en ligne courbe, et lancent en même temps un jet d'eau par l'anus.

Dans la belle saison, elles muent tous les huit jours ; l'épiderme seul tombe, leur peau membraneuse ne les quitte jamais.

Leur appétit varie suivant la température ; il est d'autant plus énergique, qu'il fait plus chaud ; c'est précisément le contraire chez l'homme. Le froid venu, elles ne mangent plus, s'enfoncent dans la vase ou se retirent au fond des eaux, quelquefois aussi en terre ; elles s'y blottissent en troupes considérables, sur plus de trente centimètres d'épaisseur, enlacées les unes aux autres et plongées dans une complète torpeur. Elles y restent jusqu'au printemps ; son retour est le signal de leur réveil et de leur multiplication. Les mâles, à cette époque, se reconnaissent à la verrue noirâtre dont se charge le pouce des extrémités antérieures. Les ménages se rendent à l'eau pour célébrer leurs noces, ils la quittent dès que la ponte est effectuée; toute union conjugale est alors dissoute; chacun tire de son côté pour vivre comme bon lui semble, sans nul souci de la progéniture abandonnée au bord des étangs et des mares.

Les diverses évolutions que subit le frai de Grenouille, depuis l'éclosion des œufs jusqu'à la dernière métamorphose en Batraciens complets, présentent une série de phénomènes qu'on serait tenté de regarder comme des fables, s'ils n'avaient été l'objet de nombreuses études; leur authenticité, maintes fois contrôlée par l'expérience, ne saurait être mise en doute.

Tout est féerie dans la jeune Grenouille, désignée communément sous le nom de Têtard; les anciens connaissaient déjà, en partie, ses métamorphoses, témoin ces vers d'Ovide:

> Semina limus habet, virides generantia ranas,
> Et generat truncas pedibus; mox, apta natando
> Crura dat; utque eadem sint longis saltibus apta,
> Posterior superat partes mensura priores.
>
> *Met.*, lib. XV.

Les beaux travaux du docteur Rusconi ont révélé dans tous ses détails la vie curieuse du Têtard; grâce à ses recherches, on peut suivre de point en point tous ses développements.

Les œufs des Grenouilles, au moment de la ponte, reçoivent la vie exactement comme ceux des poissons; chaque femelle en produit de six cents à douze cents, et les dépose par paquets qui se dilatent dans l'eau. Tout d'abord, dans cette masse glaireuse, les œufs semblent accolés les uns aux autres; mais, au bout d'une heure, chacun d'eux s'entoure d'un globule gélatineux, cristallin, protégé par deux membranes et commence à se développer. Une petite tache jaunâtre fait son apparition; une heure après, elle est traversée par un sillon que coupe bientôt à angle droit un deuxième sillon. Depuis la sixième heure jusqu'à la huitième, d'autres sillons se montrent en grand nombre sur le germe, se coupant toujours à angle droit, de manière à figurer une surface pavée dont les compartiments décroissent à mesure qu'ils se multiplient; vers la dix-septième heure, ils disparaissent tous et sont remplacés par une ébauche d'organe auquel aboutira plus tard le tube digestif. Trente heures se sont écoulées, le développement du Têtard, favorisé par un commencement d'alimentation, marche rapidement; la tête, l'épine dorsale, le ventre et la queue sont formés après cinquante-deux heures; un peu plus tard, les deux côtés de la tête permettent d'apercevoir le rudiment des branchies. Jusqu'ici, point d'yeux apparents, le Têtard naît aveugle; mais, vers la quatre-vingt et unième heure, les premiers linéaments de la vision se laissent deviner, l'animal est en voie d'émancipation, il s'agite, se contourne en spirale et brise son enveloppe. Arrivé à cette phase, il subit un léger temps d'arrêt dans son accroissement. Le quatrième jour après la ponte,

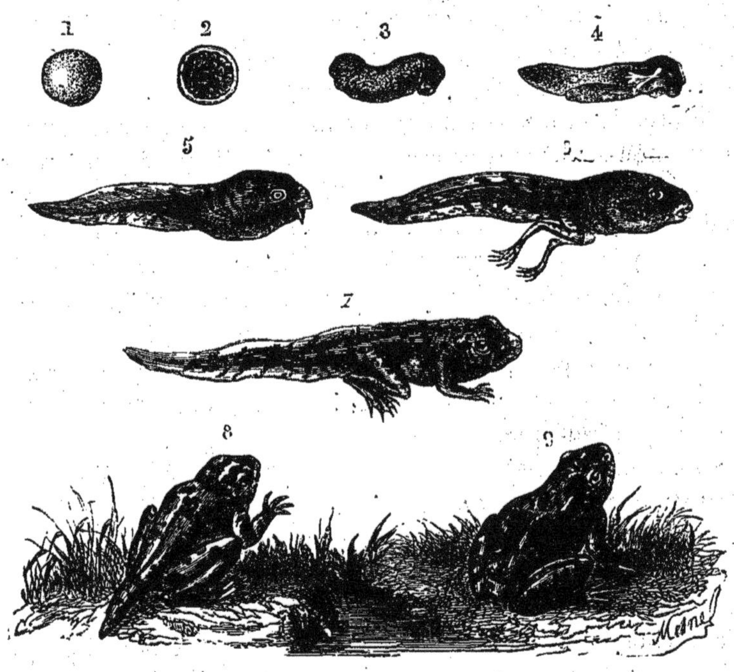

Fig. 167. Développement du Têtard.

1, œuf au moment de la ponte; 2, œuf chez lequel la vie commence; 3, Têtard au moment de l'éclosion; 4, Têtard avec ses branchies; 5, Têtard ayant perdu ses branchies extérieures et n'ayant pas encore de pattes; 6, Têtard avec ses pattes postérieures; 7, Têtard muni de ses deux paires de pattes; 8, Têtard sous sa dernière forme, mais avec une queue; 9, la Grenouille sous son aspect définitif.

la face, les yeux et la bouche sont visibles; la tête a pris un tel volume, qu'avec la queue elle comprend en quelque sorte tout l'animal : de là son nom de Têtard.

Au sortir même de leur prison, après une courte pause au fond de l'eau, les Têtards se mettent à nager, en quête de leur nourriture, en s'efforçant d'échapper aux poursuites de leurs ennemis. A mesure qu'ils se développent, non-seulement leur forme extérieure change, mais leur structure interne et leurs mœurs se modifient profondément : la rareté ou l'abondance des vivres, jointe à l'influence de la température, accélère ou retarde leurs transformations. A un moment donné, les branchies extérieures et flottantes s'enfoncent dans une cavité et se cachent sous la peau ; les lèvres s'étirent en une espèce de bec pour diviser les substances végétales ; la queue, comprimée à droite et à gauche comme celle des poissons, remplit les fonctions de rame et de gouvernail, elle s'allonge de plus en plus. Pendant ce temps, on voit poindre à la base, et sur les côtés, de petits tubercules qui grossissent de jour en jour, et se façonnent définitivement en doigts. A cette évolution, déjà fort complexe, en succède rapidement une autre qu'on prendrait presque pour la contre-partie de la première, tant les changements se font en sens inverse. La queue, non-seulement ne croît plus, mais elle perd peu à peu de sa longueur et de sa hauteur, elle devient conique et un beau matin il n'y en a plus trace. La bouche, à son tour, n'a plus le même aspect ; de pointue qu'elle était, elle s'élargit considérablement ; les os de la face s'accusent, le bec corné tombe, et les mâchoires se montrent à nu ; les membres antérieurs, jusqu'ici cachés sous la peau, apparaissent au dehors, à la place primitivement occupée par les branchies : l'animal ainsi transformé se trouve réduit au quart de sa longueur.

A l'intérieur, sa structure n'a pas subi une révolution moins étrange. L'œil, dans son principe, privé de paupières, vient de se compléter par cet écran protecteur ; l'ouïe, originellement presque nulle, a reçu toute la perfection dont elle est susceptible ; l'appareil digestif s'est harmonisé avec un nouveau mode d'alimentation ; le Têtard a cessé d'être herbivore ; donc plus d'intestins démesurément longs ; désormais il vivra de proie : les intestins se raccourcissent afin que les matières animales n'y séjournent que peu de temps ; ils n'ont plus que la dixième partie de leur longueur primitive ; enfin, chose prodigieuse, le mode de respiration est aussi changé : le Têtard, destiné à passer son premier âge dans l'eau, y respirait comme les poissons au moyen de branchies ; maintenant qu'il a subi sa dernière métamorphose, qu'il est parvenu à l'état de Grenouille, il lui faut une respiration aérienne ; les branchies s'atrophient graduellement et sont remplacées par deux poumons : l'animal les conservera jusqu'à la fin de son existence.

On le voit, le jeune âge, chez ce Batracien, se complique d'une série de changements à brefs intervalles : aussi beaucoup de

Têtards périssent-ils dans les crises qu'ils ont à traverser : arrive qui peut à l'état suprême de Grenouille ; encore, sous cette forme dernière, l'animal court-il plus d'un danger. Sans compter l'homme, qui lui fait la chasse en automne et au printemps pour s'en nourrir, il a de redoutables ennemis au sein des eaux et sur terre ; il n'est pas jusqu'aux habitants de l'air dont il n'ait à redouter les attaques : Hérons, Grues et Cigognes avalent à l'envi les Grenouilles ; c'est leur sort, il ne faut pas trop le regretter ; si rien ne venait mettre des bornes à leur multiplication, cette seconde plaie d'Égypte nous aurait bientôt envahis.

Nous avons en France deux espèces de Grenouilles : la verte et la rousse ; l'une et l'autre sont communes.

Fig. 168. Rainette.

La première (*Rana esculenta*), tachetée de brun sur un fond vert, porte trois lignes dorsales d'un jaune doré ; elle passe la plus grande partie de sa vie dans l'eau. Le coassement du mâle est très-fort et s'exprime par les mots peu harmoniques : *bré*, *kek*, *kek*, *coax*, *coax;* on l'entend de loin, la nuit aussi bien que le jour, dans les temps calmes et chauds de l'été.

Cette espèce habite indistinctement les eaux courantes et dormantes ; on la rencontre fréquemment au bord des rivières, des ruisseaux, dans les marais d'eau douce ou salée ; elle recherche les endroits herbeux, se tient souvent sur les plantes aquatiques à larges feuilles, et, dans cette position, ne craint nullement les rayons brûlants du soleil ; au moindre bruit, elle s'élance dans l'eau par un saut en ligne courbe, s'enfonce dans les herbes ou se glisse sous la vase pour s'y cacher et reparaître aussitôt qu'elle croit le danger passé.

La Grenouille rousse (*Rana temporaria*, fig. 166) se reconnaît à sa teinte fauve relevée de taches noires et à la bande noirâtre qui coupe son tympan; plus terrestre qu'aquatique, elle habite les prairies humides et coasse très-peu.

Sous le nom vulgaire de *Gresset*, on comprend encore, mais par erreur, parmi les Grenouilles, un petit Batracien qui leur ressemble beaucoup : c'est la Rainette (*Hyla arborea*, fig. 168), caractérisée par ses doigts garnis de pelotes visqueuses. Cette jolie espèce grimpe avec une extrême facilité aux arbres et campe sur la face inférieure des feuilles. La structure particulière de ses doigts munis de ventouses l'y fixe solidement; ils font le vide sur les points où ils s'appliquent et y adhèrent avec force. Lorsque l'animal veut s'en détacher, il relâche la convexité de ses pelotes; les doigts aussitôt glissent d'eux-mêmes et entraînent le corps. La Rainette se déplace aussi, soit par un saut brusque, soit lentement si elle ne veut que marcher. Son coassement guttural n'est qu'une répétition accélérée des mots : *karac*, *karac*, *karac*; il est souvent un indice de pluie prochaine.

La Rainette vit d'insectes comme les Grenouilles, et rappelle leur manière de chasser. Le Chat ne guette pas sa proie avec plus de patience et de fixité; d'un bond élastique, la Rainette fond sur le gibier la gueule ouverte et l'avale d'un trait. Moins commune que les Grenouilles, elle habite les bois, les haies, les jardins.

LES CRAPAUDS.

Les Crapauds ne payent guère de mine. De couleurs généralement sombres, d'allure lourde et rampante, d'aspect repoussant, ils sont foncièrement laids, à quoi bon le dissimuler? Mais, sans chercher à réhabiliter leurs formes abjectes, peut-être n'est-il pas inutile de dégager leur histoire des contes dont on l'a affublée. Puisqu'ils existent, c'est qu'ils ont un rôle à remplir; ils font la chasse aux Limaces, aux Escargots, aux Vers, aux insectes; mangeant ceux-ci, ils sont, à leur tour, mangés par les Hérons, les Grues, les Cigognes, par les Oiseaux de nuit et les Serpents; leur place dans la série des êtres créés est donc justifiée, n'en déplaise à certains sceptiques qui les ont regardés comme une erreur de la nature.

Les charlatans et les empiriques d'autrefois ne les tenaient pas en pareil mépris. Le Crapaud figurait honorablement parmi leurs panacées universelles; les sorciers, exploitant la sottise publique, le faisaient entrer dans tous leurs sortiléges : son regard fascinait bêtes et gens; son souffle possédait une vertu magique; mille fables diaboliques remplissaient de crainte, à son sujet, les foules ignorantes, et ajoutaient encore à leur aversion innée pour le pauvre disgracié; ces préjugés ont-ils entièrement disparu? espérons-le pour l'honneur de ce qu'on appelle le bon sens populaire.

Les Crapauds (fig. 169) se distinguent de tous les Batraciens par deux glandes situées à droite et à gauche au-dessous de la tête;

Fig. 169. Crapaud commun.

ils n'ont point de dents; leur langue, sans échancrure, est libre dans toute son étendue; l'extrémité de leurs doigts s'emboîte comme un dé à coudre, dans une peau coriace, et toute la face supérieure de leur corps est chargée de verrues ou pustules qui ne leur prêtent aucun agrément; en revanche, c'est une arme dangereuse, car le liquide qui s'en échappe renferme un poison actif et produit le même ravage que le poison de la Vipère lorsqu'il s'infiltre dans l'organisme.

A peu près dépourvus de côtes et sans diaphragme, les Crapauds respirent, comme les Grenouilles, d'une façon spéciale, par une véritable déglutition aérienne : en même temps que leur bouche se ferme, la gorge se dilate, il s'y produit un vide; aussitôt, l'air extérieur se précipite dans les narines, et trouvant le pharynx fermé, il n'a plus d'autre issue que la glotte : c'est par ce canal qu'il passe dans le reste du corps.

Les Crapauds, ennemis du soleil et de la lumière, doivent être rangés parmi les nocturnes. Le jour, ils se tiennent prudemment cachés dans les endroits frais et obscurs, dans les trous des vieux murs, sous les pierres, dans les caves et même dans de petits terriers; ils n'en sortent qu'après le soleil couché pour se mettre en chasse. Quelquefois cependant ils dérogent à ces habitudes crépusculaires : après une forte pluie, ils se risquent à se montrer au dehors, et même à se promener en plein jour. Mais ce sont là des exceptions à leur règle invariable de claustration diurne, jeunes et vieux y obéissent. Les premiers, par les pluies chaudes d'été, apparaissent parfois tout à coup à la face du soleil, dans un lieu où l'on n'en avait jamais vu auparavant : c'est ce qui a fait croire pendant longtemps à des pluies de Crapauds; il n'en est rien : la pluie les fait simplement sortir des retraites où ils se tenaient cois pendant la sécheresse. Pareil phénomène se produit lorsqu'une trombe jette subitement des myriades de petits Crapauds sur un point quelconque; la tourmente les détache brusquement du sol, elle ne les prend pas dans l'atmosphère où ils ne pourraient se soutenir : cette vieille fable, encore accréditée dans les campagnes et même chez les gens du monde, ne repose sur aucun fait soigneusement observé.

Bien qu'amphibies, les Crapauds passent la plus grande partie de leur vie à terre. Inoffensifs pour l'homme quand ils ne sont pas attaqués, ils lui rendent service en protégeant ses fruits et ses légumes contre les Mollusques et les insectes maraudeurs; on aurait donc tort de les proscrire des jardins; ils ne s'y montrent qu'à la nuit tombante et fort discrètement, comme s'ils avaient peur d'offusquer nos regards, et tandis que nous nous livrons tranquillement au sommeil, ils passent toute la nuit à pourchasser les voleurs, se contentant, pour tout salaire, d'ébrécher quelque fraise le long de leur chemin.

Dès que la froidure se fait sentir, les Crapauds se retirent en terre, dans des arbres creux ou dans des trous de rochers pour y passer la morte-saison; on les y trouve engourdis, souvent réunis plusieurs ensemble dans le même gîte. Le printemps à peine arrivé, les groupes se dispersent; ceux qui ont atteint leur quatrième année, donnent naissance à une nouvelle génération; l'un portant l'autre, ils gagnent les eaux, en sortent dès que la ponte est opérée, et n'y reviennent plus qu'à la même époque, chaque année, et seulement dans le but de ne point laisser la race s'éteindre : au fond de l'eau, ils font entendre un son particulier, légèrement flûté et plaintif.

L'éclosion des œufs, le développement des Têtards et les di-

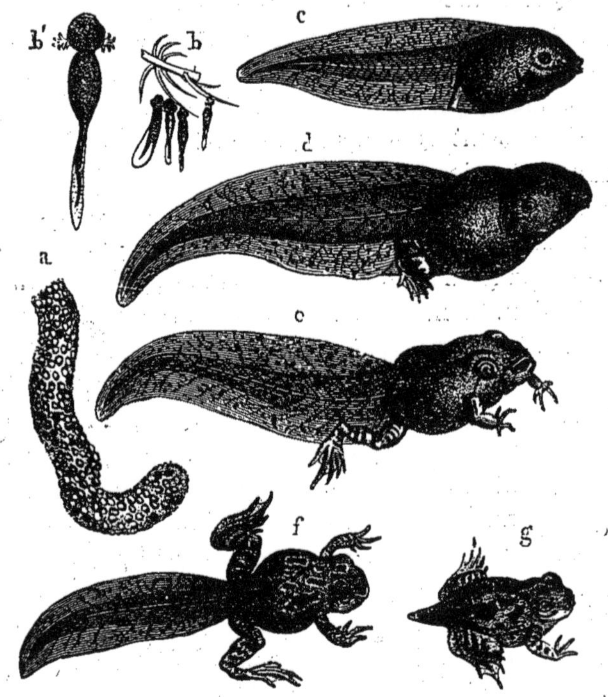

Fig. 170. Métamorphoses du Crapaud.

a, les œufs réunis en un long cordon; *b*, Têtards au moment de l'éclosion; *b'*, l'un d'eux grossi pour faire voir les branchies; *c*, le même, ayant perdu ses branchies extérieures et ne possédant pas encore de pattes; *d*, pourvu de pattes postérieures; *e*, muni de pattes postérieures et antérieures; *f*, le corps commence à perdre la forme qu'il avait à l'état de Têtard et à revêtir son aspect définitif; *g*, la queue a presque entièrement disparu.

verses métamorphoses des jeunes Crapauds suivent les mêmes évolutions que celles du frai et du Têtard de la Grenouille (fig. 170).

Méthodiques dans leur manière de vivre, les Crapauds sont doués d'une longévité surprenante; ils dépassent quinze, vingt ans et plus, quand ils échappent à leurs ennemis et surtout à l'homme qui s'acharne trop souvent à les détruire sans rime ni raison. Le Crapaud attaqué ne cherche pas à fuir; il s'arrête incontinent, s'aplatit contre le sol, regarde benoîtement son agresseur, et semble lui dire : « Que vous ai-je fait? » Le tourmente-t-on, il se boursoufle, grâce à sa peau qui l'enveloppe comme un sac et ne tient à son corps que par le bord des mâchoires, les articulations et la colonne vertébrale; à mesure qu'il se gonfle, l'air renfermé dans son corps le cuirasse et lui forme comme une espèce de sommier élastique contre lequel viennent s'amortir les coups injustes qu'on lui porte. A bout de patience, le Crapaud lance une fusée liquide par l'anus et fait sortir de ses pustules un âcre venin dont il est prudent de se méfier, pour peu qu'on ait quelque érosion à la main; les cris aigus que poussent les jeunes Chiens sans expérience qui pillent un Crapaud attestent la douleur que leur occasionne ce poison trop peu suspecté : les fusées liquides, elles, ne causent qu'une légère inflammation locale sur les peaux très-délicates.

Quoique naturellement sauvages et voués, par état, à la solitude, les Crapauds n'en sont pas moins susceptibles d'une sorte de domestication. Le naturaliste Pennant a rendu célèbre le Crapaud d'Ascott. L'animal avait élu domicile sous l'escalier de ce gentleman ; il était si bien familiarisé avec les gens de la maison, que, chaque soir, à l'apparition d'une lumière, il levait la tête hors de son trou, et s'avançait pour réclamer sa pitance accoutumée. On le mettait alors sur une table et on lui présentait des Mouches, des Vers, des Cloportes, des Araignées et quelques menus insectes. L'attitude du Crapaud devant cet opulent festin ne laissait pas d'être curieuse. Il le fixait d'abord d'un œil de convoitise, restait un instant immobile, puis tout à coup, dardant sa langue, il attirait le gibier dans sa bouche, où les sucs visqueux le retenaient prisonnier. Ce Crapaud apprivoisé vécut ainsi trente-six ans; à si bon régime, il était devenu énorme; il mourut des suites d'un accident qui lui avait fait perdre un œil : sans cette mésaventure, à quel âge ne serait-il pas parvenu?

De nombreuses expériences prouvent que les Crapauds peuvent vivre fort longtemps privés d'air et sans prendre de nourriture. On en a souvent enfermé dans des boules de plâtre moulées sur leur corps; ils s'y tiennent blottis au centre, n'ayant d'autre communication avec l'air extérieur que la faible porosité des murs de leur prison; dix-huit mois après ce régime cellulaire, ils donnent encore signe de vie; aucun autre Reptile n'a reçu en partage une telle énergie vitale.

Nous avons en France plusieurs espèces de Crapauds; les

principales sont : le Crapaud commun, le Crapaud des joncs et le Crapaud accoucheur.

Le *Crapaud commun* (*Bufo communis*) se reconnaît à ses glandes sous-cervicales plus longues que larges, presque ovalaires. Sa couleur générale est brune, quelquefois olivâtre ou rougeâtre, plus ou moins marbrée de taches vermiculaires; une bande noire accompagne ses glandes. C'est celui de tous nos Crapauds qui atteint la plus forte taille; il fréquente les jardins et se rencontre aussi dans les caves et les celliers. Lorsque le temps est chaud et calme, il fait entendre, le soir, un son flûté qui n'a rien de désagréable, et rappelle un peu le chant plaintif du petit Hibou. A terre, il ne change pas de place en sautant comme les Grenouilles, il marche avec assez de facilité; en somme, animal lourd, gros, trapu, peu attrayant, si l'on juge de la bête par les formes, mais utile contre certains Mollusques et quelques insectes.

Le *Crapaud des joncs* (*Bufo calamita*) est l'élégant de la race. Il est varié de blanc, de gris, de brun et de fauve; le jaune, le vert et le rouge égayent la partie supérieure de son corps; son dos et sa tête sont souvent marqués d'une ligne jaune. Il habite ordinairement les lieux secs et se tient de préférence parmi les graminées. Il court avec vitesse, mais à de petites distances. Ses pattes antérieures, garnies vers la paume de deux tubercules osseux et d'un grand nombre de papilles rétractiles, lui permettent d'adhérer fortement aux corps et de s'élever à plus d'un mètre de hauteur sur un mur vertical, à surface lisse; le manége qu'il exécute dans cette circonstance est assez compliqué. Il commence par se dresser sur ses pattes de derrière et, appliquant son ventre contre le mur qu'il veut escalader, il s'y aplatit et s'y colle en opérant une sorte de vide par le milieu de son abdomen. Après avoir ainsi pris position, il porte en avant ses pattes antérieures et s'en sert en guise de support et de crampons : cette progression graduée se répète jusqu'à ce que le Crapaud ait parcouru l'espace à franchir et soit parvenu à son trou de retraite. Toutes ses verrues sont criblées de pores visibles à l'œil nu; lorsqu'on le saisit ou qu'on l'excite, il laisse échapper une odeur très-forte de sulfure d'arsenic.

Le *Crapaud accoucheur* (*Bufo obstetricans*) est le plus petit et le moins aquatique de tous nos Crapauds; il ne se rend pas à l'eau, même au moment de la ponte. Il est gris, ponctué de noir, et ses glandes sous-cervicales sont peu saillantes. Le mâle aide la femelle à se débarrasser de ses œufs, et se les attache en chapelets sur les cuisses ; il en prend un soin tout particulier, et se retire dans un trou où leur premier développement s'opère loin de l'eau. Aux approches de l'éclosion, comme les Têtards devront être aquatiques et respirer par des branchies, et que l'eau leur sera alors indispensable, le Crapaud accoucheur gagne quelque mare pour déposer ses œufs : la femelle, une fois la ponte achevée, n'en prend aucun souci, elle laisse cette charge exclusivement au mâle : triste mère !

LES SALAMANDRES.

Il n'est sorte de fables qu'on n'ait débitées sur ces animaux. Les anciens les réputaient malfaisants, les accusaient d'empoisonner les végétaux sur lesquels ils passaient, et leur attribuaient l'étrange privilége de traverser impunément les flammes et même d'éteindre, avec leur corps, le feu le plus actif. Ces contes, répétés d'âge en âge, n'ont plus cours aujourd'hui que parmi le peuple trop crédule des campagnes ; les expériences de Maupertuis, de Bonnet, de Spallanzani en ont fait justice ; le roman a fait place à des notions plus vraies sur les Salamandres, et leur histoire, pour être débarrassée du merveilleux qu'on lui avait gratuitement prêté, n'a rien perdu de l'intérêt que lui donne la vérité.

A première vue, les Salamandres ressemblent à des Lézards, mais elles n'en ont que l'apparence ; pour peu qu'on les examine, leur peau nue et visqueuse et leurs doigts privés d'ongles ne permettent pas de les confondre avec ces Sauriens; toute leur organisation les rapporte aux Batraciens ; elles en forment une sous-division caractérisée par la présence d'une queue chez les adultes. Comme les Grenouilles, les Rainettes et les Crapauds, leurs yeux sont munis de paupières; leur langue, large et épaisse, est adhérente par toute sa face inférieure; le trou auditif externe leur fait défaut, et leur cœur n'a qu'une seule oreillette. Suivant qu'elles vivent à terre ou dans l'eau, on les distingue en Salamandres proprement dites et en Tritons ; aux premières appartient l'espèce que l'art héraldique a fait figurer, on ne sait pourquoi, dans les armoiries royales, comme un emblème d'amour : rien de plus laid et de plus repoussant que ce reptile (*Salamandra terrestris*, fig. 171).

Il est facile de le reconnaître à ses grandes taches irrégulières, d'un jaune vif, sur un fond noir, à sa queue arrondie et à ses pattes de devant pourvues seulement de quatre doigts, tandis que les pattes de derrière en ont cinq. Les mouvements de la Salamandre terrestre sont très-lents; elle se traîne plutôt qu'elle ne marche, redoute le soleil, recherche les lieux sombres et frais, habite souvent les conduits souterrains, se loge aussi sous les pierres ou la mousse, près des endroits humides, ne s'écarte guère de son trou, et n'en sort qu'aux approches du soir ou quand le temps est à la pluie; elle trouve alors plus facilement les petits Mollusques et les Vers dont elle fait sa nourriture. A

Fig. 171. Salamandre terrestre.

l'état de repos, elle se roule sur elle-même, à la manière des Serpents; très-sensible au froid, elle s'engourdit lorsque la température n'a plus que dix degrés au-dessus de zéro, et passe l'hiver sous terre.

Le sens de l'ouïe est si peu développé chez la Salamandre, qu'on serait tenté de la croire sourde; elle ne paraît pas avoir conscience du danger, ne s'effraye nullement de la présence de l'homme et, devant lui, continue son chemin sans se détourner, toujours de son même pas indolent et traînard. Quand on la saisit, elle ne pousse aucun cri, ne cherche jamais à mordre, n'ouvre même pas la bouche, et, pour toute défense, se borne à contracter son corps et à faire suinter de sa peau crypteuse une liqueur âcre, regardée par certains naturalistes comme mortelle pour de très-petits animaux. Si on la frappe, elle redresse sa queue, demeure comme atteinte de paralysie subite et se couvre de gouttelettes blanchâtres, analogues au venin du Crapaud; malgré sa vitalité, elle meurt promptement quand on la plonge dans du vinaigre ou qu'on la saupoudre de sel.

La Salamandre terrestre met bas dans l'eau; les petits, au nombre de trente à quarante par portée, sortent tout vivants du corps de leur mère, munis de branchies. Cet appareil, au fur et à mesure du développement des larves, s'oblitère peu à peu et disparaît entièrement lorsqu'elles ont subi leur métamorphose, qu'elles ont pris des pattes, arrondi leur queue et sont parvenues à l'état adulte; elles quittent alors les mares et les flaques d'eau pour devenir terrestres : c'est le seul milieu qui leur convienne du moment qu'elles respirent par des poumons; arrivées à cet état de vie supérieure, elles ne sauraient séjourner dans l'eau sans être obligées de venir souvent à la surface renouveler leur provision d'air atmosphérique. Dans le premier âge, elles sont d'un noir uniforme, leurs taches jaunes ne paraissent que plus tard; elles s'étendent jusque sur les pattes et les paupières.

Les formes et les mœurs des Tritons sont très-différentes de celles de la Salamandre terrestre. Leur corps, plus faible, se termine par une queue comprimée; ils sont amphibies, mais essentiellement aquatiques, d'où leur est venu leur nom vulgaire de *Lézards d'eau;* on ne les rencontre à terre qu'accidentellement, quand ils vont, la nuit, faire la chasse aux Lombrics, et lorsque les mares et les étangs à sec les obligent à aller demeurer ailleurs.

Les eaux stagnantes et limoneuses sont leur séjour de prédilection; on en trouve aussi cependant dans les eaux courantes, mais ils y sont plus rares. Leurs allures n'ont rien de la pesanteur et de la gaucherie de la Salamandre terrestre; ils nagent avec grâce, se promènent à travers leur humide manoir avec une placidité qui ne manque pas de charme; au besoin, ils savent poursuivre la proie avec une certaine activité.

La livrée des Tritons n'est pas la même à toutes les époques de leur vie, elle change suivant l'âge et le sexe, mais surtout à l'époque du printemps : c'est le moment où les mâles se parent de leurs plus beaux atours. Il n'est pas rare alors de les voir subitement échanger leur costume uniforme contre une robe toute parsemée de macules; quelques-uns s'empanachent de crêtes flottantes; presque tous prennent alors une coloration plus vive. La Salamandre à queue plate de Daubenton est une de celles chez qui l'on observe le mieux ces teintes en quelque sorte improvisées. Peu de temps après qu'elle est passée de larve à l'état adulte, elle porte, depuis le milieu de la tête jusqu'à l'extrémité de la queue, une belle raie jaune bordée de brun. A ce moment, le mâle et la femelle ne diffèrent guère extérieurement; mais, au printemps suivant, changement complet de décoration : le mâle perd sa raie jaune médiane et se revêt de la membrane frangée qui lui a valu son nom actuel de Triton à crte (*Triton cristatus*, fig. 172). La seconde année, à l'automne,

Fig. 172. Triton.

la crête membraneuse n'est plus d'une seule teinte; à sa base apparaissent de petites taches jaunes qui, en s'étendant graduellement le long du dos, finissent par reproduire la raie disparue; pendant ce temps, la crête se rétrécit de plus en plus, et dégénère en une simple raie légèrement saillante, d'un jaune terne. Au retour de la belle saison, à la troisième année, nouvelle volte-face : la raie jaune s'éclipse, le mâle reprend son panache, signe caractéristique de la puissance virile; mais, la saison printanière passée, la membrane frangée, sans disparaître tout à fait, s'amoindrit sensiblement; vers l'automne, on aperçoit encore quelques vestiges de la raie jaune originelle; à la quatrième année, il n'y en a plus la moindre trace : chez la femelle, la raie jaune s'élargit et devient terne. Certains naturalistes en concluent que le mâle n'est vraiment adulte qu'à la fin de la troisième année.

D'après le docteur Rusconi, qui le premier a surpris le mystère de la ponte chez les Tritons, ces animaux ne laissent pas tomber leurs œufs au fond de l'eau, comme on le croyait avant lui, la femelle les dépose, un à un, sur quelque plante aquatique, et replie sur chacun d'eux la feuille qui doit les protéger. Peu de jours suffisent pour leur éclosion; il en sort de petites

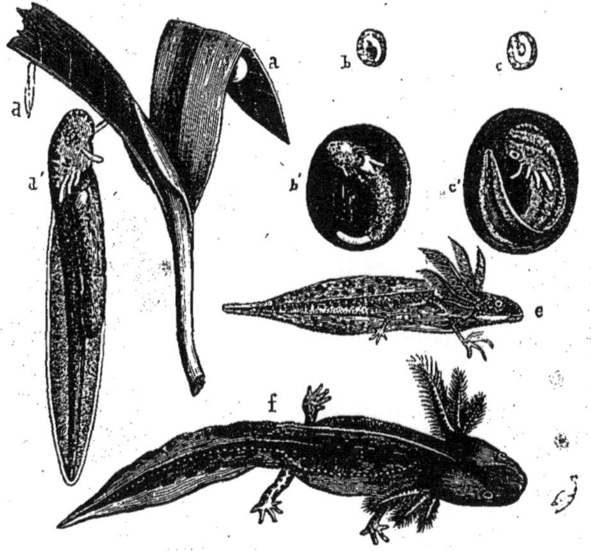

Fig. 173. Développement du Triton.

a, l'œuf; *b*, *c*, développement de l'œuf; *b'c'*, même figure grossie; *d*, larve au moment de l'éclosion; *d'*, la même grossie; *e*, plus âgée et pourvue de pattes; *f*, encore plus avancée, mais n'ayant pas perdu ses branchies.

larves, assez semblables aux Têtards des Grenouilles; leur corps se résume en une grosse tête arrondie, terminée par une queue pointue. Les pattes antérieures se montrent les premières, sous la forme rudimentaire de moignons dont le jeune Triton se sert pour s'accrocher aux végétaux; elles s'accompagnent de petites houppes frangées qui jouent le même rôle que les branchies des poissons. La figure 173 ci-dessus montre le développement successif de toutes ces parties. Les branchies ne sont que temporaires et disparaissent aussitôt que le poumon commence à fonctionner; toutefois, lorsque l'hiver surprend les larves encore en possession de ces appendices, elles les conservent jusqu'à la fin des froids l'année suivante; les pattes postérieures ne se font jour qu'une semaine après l'apparition des pattes antérieures.

Sous leur premier état, les jeunes Tritons se meuvent avec une extrême vivacité; ils sont très-voraces, guettent les petits insectes aquatiques et les poursuivent aussi à outrance s'ils font mine de s'enfuir; lorsque la faim les tourmente, ils se jettent sur leur propre espèce, et font pâture des branchies et des queues qu'ils peuvent saisir.

Leurs changements de peau sont fréquents. D'après Dufay, les mues auraient lieu tous les quatre ou cinq jours; d'autres naturalistes cependant croient qu'elles ne se répètent que tous les quinze jours; elles s'accomplissent de même que chez les Serpents. La veille du jour où il doit subir cette crise, l'animal trahit son malaise par plus de lenteur dans ses mouvements, et semble ne prêter aucune attention au gibier, qu'en tout autre temps il convoite avec ardeur; sa peau est terne. C'est avec ses pattes de devant qu'il y pratique une ouverture; il commence par la détacher autour des mâchoires, et la repousse ensuite par degrés, au delà de sa tête, jusqu'à ce qu'il ait dégagé ses membres antérieurs qu'il retire, l'un après l'autre, de leur fourreau. Ce travail, une fois commencé, se continue sans interruption; la peau est rejetée le plus loin possible en arrière; mais, pour que le Triton sorte de sa vieille enveloppe, ce manége ne suffit pas, il faut encore qu'il se frotte contre un corps dur, pierre ou gravier, jusqu'à ce que la peau soit arrivée à l'extrémité de la queue; un suprême effort l'aide à dégager ses dernières pattes et à s'affranchir finalement de sa tunique. Celle-ci ne présente aucune déchirure dans toute son étendue, elle est complétement retournée, les doigts eux-mêmes sont intacts, tels que ceux d'un gant retroussé; seuls les yeux ne se dépouillent pas : leur place, sur la vieille peau, est indiquée par deux trous.

On ne sait pas au juste quelle est la durée de l'existence des Tritons; on croit qu'elle est à peu près la même que celle des Grenouilles, c'est-à-dire de six à sept ans, quand les Canards et les Échassiers au long bec n'en font pas prématurément curée. Ils ont du reste la vie très-dure; ils peuvent être pris dans la glace et y rester longtemps sans périr, et, chose singulière, ils reproduisent avec une extrême facilité leurs organes meurtris ou coupés. Les expériences de Spallanzani les ont rendus célèbres; depuis, plus d'un physiologiste les a répétées avec succès. Chacun sait qu'on peut leur enlever impunément les pieds, les yeux, la queue, et qu'ils se régénèrent en plus ou moins de temps, selon que la température est plus ou moins élevée; cette force vitale se perd en hiver; elle se déploie, au contraire, avec énergie quand le thermomètre marque vingt degrés au-dessus de zéro; les plaies, non-seulement se cicatrisent, mais les membres arrachés repoussent en entier, sans qu'il y manque le plus petit muscle ni le plus petit os. Bonnet, par quatre mutilations successives, a fait reproduire quatre fois le même membre au même individu. Le professeur Duméril a poussé l'expérience encore plus loin; il a coupé avec des ciseaux les trois quarts de la tête d'un *Triton marbré.* L'animal, bien que privé d'yeux, de narines, de langue, d'oreilles et d'une grande partie de la mâchoire, n'en a pas moins vécu pendant trois mois dans cet affreux état; encore n'est-il mort que par un accident étranger à sa mutilation. La cicatrisation avait été si complète, qu'elle n'avait laissé aucune ouverture ni pour la respiration ni pour la nourriture: l'animal était réduit à vivre par extussusception; sa peau, de même que chez les Grenouilles et les Crapauds, l'aidait à puiser l'air sans lequel il lui aurait été impossible de vivre; quant au jeûne, on sait que les Reptiles peuvent en supporter de fort longs. Jamais on n'aperçoit de différence dans l'organisation des parties régénérées: elle est en tout semblable à celle des parties restées intactes; quelquefois, il est vrai, leurs formes offrent un peu moins de régularité. Il arrive aussi, de temps à autre, qu'une blessure à la peau ou à un muscle détermine la chute de la totalité du membre qu'ils recouvrent; le Triton ne s'en préoccupe guère, il possède un remède efficace dans ses organes de rechange; chez lui, la réparation des brèches faites à la machine animale, quelque graves qu'elles soient, n'est qu'une simple question de temps et de température.

QUATRIÈME CLASSE.

LES POISSONS.

Les Poissons sont des animaux vertébrés ovipares, à circulation simple, respirant par des branchies et organisés pour vivre dans l'eau. En général, ils ne présentent ni cou ni queue distincts : ces parties se confondent avec le reste du corps, qui est le plus souvent aplati verticalement. Leur tête est ordinairement très-comprimée. Les vertèbres s'unissent entre elles par des surfaces concaves remplies de cartilages; dans la plupart des Poissons, elles sont surmontées de longues apophyses épineuses et présentent en outre, de chaque côté, des apophyses transverses qui se soudent souvent aux côtes correspondantes : ces apophyses et ces côtes sont désignées communément sous le nom d'*arêtes*.

Les membres des Poissons sont représentés par des nageoires, qui existent presque toujours. Les unes sont disposées sur la ligne médiane du dos et du ventre, et, par suite, sont impaires; les autres sont rangées par paires sur les côtés. Les nageoires pectorales, situées de chaque côté du corps, immédiatement derrière la tête, correspondent aux extrémités antérieures; les nageoires ventrales, placées à la face inférieure du corps et plus ou moins variables dans leur position, correspondent aux extrémités postérieures; les nageoires impaires sont appelées dorsales, anales et caudales, selon qu'elles occupent la ligne médiane du dos ou qu'elles sont situées sous la queue ou à son extrémité.

La progression des Poissons s'exécute principalement à l'aide des mouvements de la queue, qui frappe alternativement l'eau à droite et à gauche; les nageoires impaires ont pour but de faciliter le jeu de cette espèce de rame; les nageoires paires servent à diriger la marche et à maintenir l'animal en équilibre.

Chez un grand nombre de Poissons, on trouve dans l'abdomen, sous l'épine dorsale, une vessie natatoire remplie d'air, au moyen de laquelle ces animaux peuvent changer leur pesanteur spécifique, c'est-à-dire se rendre à volonté plus légers, plus lourds ou aussi pesants que l'eau, selon qu'ils veulent monter ou descendre, ou bien rester en équilibre. Par la compression des côtes, l'air renfermé dans la vessie se trouve condensé, le poisson diminue de volume et s'enfonce; par la dilatation des côtes, au contraire, l'air contenu dans la vessie occupe un plus grand espace, le poisson augmente de volume et s'élève ainsi vers la surface; pour se maintenir en équilibre, il comprime plus ou moins sa vessie natatoire, de manière que son corps atteigne une pesanteur spécifique égale à celle du milieu dans lequel il est plongé.

La peau des Poissons, quelquefois nue, est en général revêtue d'écailles de couleur et de forme variées et s'imbriquant ordinairement comme les tuiles d'un toit; il en résulte que le sens du toucher est presque nul chez ces animaux.

Le sens du goût est très-peu développé dans les Poissons; leur langue est le plus souvent osseuse et garnie de dents: la plupart avalent leurs aliments sans les mâcher.

Les narines consistent en de simples fossettes creusées au bout du museau, et tapissées, à l'intérieur, d'une membrane pituitaire plissée très-régulièrement.

Les Poissons n'ont point de paupières; leurs yeux sont gros et leur cristallin est sphérique, conformation qui augmente le pouvoir réfringent de l'œil, et se trouve parfaitement en rapport avec la densité du milieu dans lequel vivent ces animaux.

Ils n'ont pas d'oreille externe; on pense que les sons leur sont transmis par les ébranlements de l'eau.

La respiration s'effectue par un mécanisme spécial: les Poissons avalent l'eau et en séparent l'air qu'elle tient en dissolution; l'eau entre dans la bouche et, par un mouvement de déglutition, arrive à des feuillets ou branchies revêtues de membranes et rangées les unes à côté des autres. En général, il en existe quatre des deux côtés de la bouche, et elles sont formées chacune de deux rangs de lamelles simples ou ramifiées, fixées par la base dans toute leur étendue ; ces organes sont parfois couverts par une plaque osseuse mobile, nommée *opercule*, composée ordinairement de trois pièces jointes entre elles, et se mouvant sur une quatrième appelée *préopercule*. A mesure que le poisson ouvre la bouche, l'opercule se soulève, et l'eau, après avoir baigné les branchies, s'échappe par une ouverture désignée sous le nom d'*ouïe;* dans les Poissons où les branchies ne sont fixées que par la base, une seule ouverture se présente de chaque côté du cou ; chez ceux où les branchies sont fixées dans toute leur étendue, il existe autant d'ouvertures pour la sortie de l'eau qu'il y a d'espaces interbranchiaux.

Le cœur n'a qu'un seul ventricule et qu'une seule oreillette. Il chasse le sang dans les vaisseaux des branchies ; l'eau qui les abreuve, cède une partie de l'air qu'elle tient en dissolution, le sang alors devient rouge de noir qu'il était, et se rend dans un tronc artériel situé sous l'épine dorsale qui l'envoie dans toutes les parties du corps, d'où il revient au cœur par les veines.

La plupart des Poissons sont carnassiers : aussi sont-ils armés généralement de dents nombreuses qui garnissent les mâchoires, le palais, la langue et même l'arrière-bouche ; un petit nombre seulement se nourrissent de matières végétales.

L'ÉPINOCHE.

Les mœurs des Poissons sont encore peu connues ; le milieu où ces animaux cachent leur existence les enveloppe d'une sorte de mystère qu'il n'est pas facile de pénétrer. On n'ignore pas, il est vrai, leurs traits principaux ; on sait, par exemple, qu'ils ne s'accouplent pas ; que la femelle, après avoir pondu, ne prend ordinairement aucun soin de ses œufs, qu'elle abandonne à la chaleur le soin de les faire éclore ; que les petits pourvoient seuls à leur subsistance, et se défendent, tant bien que mal, contre la voracité de plus forts qu'eux. Mais, en dehors de ces généralités, que de faits à découvrir, même chez les espèces les plus communes ! La plupart gardent encore leurs secrets. Les mœurs de l'Épinoche, bien observées dans ces derniers temps par MM. Lecoq et Coste, attestent que tout n'a pas été dit sur les Poissons, et qu'ils offrent encore plus d'un point curieux à rechercher.

L'Épinoche (*Gasterosteus aculeatus*) est à la fois un de nos plus petits Poissons d'eau douce et l'un des plus répandus; elle ne mesure pas plus de cinq à six centimètres de longueur; on la trouve partout, en France, en Italie, en Suisse, en Angleterre, en Allemagne, et jusque dans le Groenland; on la rencontre dans presque tous les étangs et les ruisseaux; il n'est si mince filet d'eau qui n'en soit peuplé; elle y fourmille par myriades à mesure qu'on s'avance vers les contrées les plus froides de l'Europe.

Bien qu'habitantes des eaux douces, les Épinoches vivent aussi dans l'eau salée. Les pêcheurs de la Baltique en retirent parfois de leurs filets de quoi remplir plusieurs tonnes et nourrir leurs porcs. Les Kamtchadales les pêchent à plein bateau et les font sécher, comme provision d'hiver pour leurs chiens. Dans les lagunes qui bordent les côtes de la Prusse, les Épinoches affluent chaque année en si grand nombre, qu'on en extrait de l'huile; en Angleterre, elles se montrent, dans certaines années, en quantité si prodigieuse dans quelques comtés, qu'on s'en sert comme engrais pour fumer la terre. Chez nous, l'espèce est loin d'être aussi débordante; sans être rare dans le Midi, elle y est moins commune que dans nos départements du Centre et du Nord, et nulle part elle n'infeste nos cours d'eau.

L'Épinoche, par sa taille exiguë, semblerait destinée à n'être que la proie des autres Poissons; mais la Providence l'a pourvue d'une armure, véritable porte-respect; son ventre, défendu par une cuirasse osseuse, est muni d'un poignard acéré; son dos est hérissé d'épines : aussi, dessus comme dessous, de quelque côté qu'on l'aborde, paraît-elle inexpugnable.

Quand on est si bien armé de pied en cap, grande est la tentation d'escarmoucher : les Épinoches y cèdent souvent. Très-irascibles et d'humeur passablement batailleuse, elles cherchent volontiers noise aux passants et ne refusent jamais un coup d'épée; elles s'animent à la lutte et s'enflamment si bien, que leur fureur alors tient du duelliste; sans s'arrêter au premier sang, elles ferraillent jusqu'à ce qu'elles aient percé à fond leur adversaire ou qu'elles-mêmes aient été vaincues.

Malgré ces dispositions farouches, elles n'en vivent pas moins en troupes et nagent souvent en longues colonnes là où elles abondent. Agiles et fluettes, elles se livrent à de gracieux ébats au sein des eaux, bondissent verticalement à plus de quarante centimètres pour franchir l'obstacle qui s'oppose à leur passage, et savent changer subitement d'allure selon les circonstances. Leur sécurité est-elle complète, elles s'avancent rapidement avec un certain nonchaloir, leurs épines à peine visibles, couchées et ramenées sur les côtés; mais, au moindre danger, dards aussitôt de se redresser, tout prêts à passer de la menace à l'attaque; l'Épinoche, en même temps, s'agite et bat l'eau avec violence. Sa double rangée de pointes est redoutable; on a vu des Perches téméraires, de jeunes Brochets vingt fois plus gros qu'elle, s'embrocher le palais en avalant le chétif avorton; les gros voraces seuls ne tiennent aucun compte de ses aspérités; les autres, en général, par prudence les respectent.

A juger de l'estomac des Épinoches par leur frêle apparence, on se tromperait étrangement en leur supposant un tempérament délicat; leur appétit, au contraire, est toujours éveillé; dans l'espace de cinq heures, elles expédient une soixantaine de Vaudoises presque aussi grosses qu'elles, ce qui ne les empêche pas de faire encore table rase de tout fretin qui leur tombe sous la dent; elles détruisent aussi une quantité considérable de frai de poisson, et causent de véritables dégâts dans les étangs; malheureusement, une fois qu'elles y ont élu domicile, il est bien difficile de les en déloger.

Pendant la plus grande partie de l'année, les Épinoches n'offrent aucune particularité qui les distingue des Poissons ordinaires; la chasse, les courses, les combats, la vie tantôt active, tantôt reposée, remplissent leur existence; mais, dès que l'époque du frai est venue, un changement à vue s'opère en elles. La livrée du mâle subit une singulière transformation; de gris terne qu'elle est habituellement, elle prend, en quelques jours, un éclat extraordinaire; le dos se revêt d'un joli manteau bleuâtre, les lèvres, les joues, la base des nageoires perdent leur couleur blafarde, s'empourprent, et bientôt flamboient du rouge aurore le plus vif : sous ce costume étrange, on dirait un autre Poisson. La métamorphose s'explique sans peine; au moment de ses noces, le mâle étale son plus bel habit. Tout à l'heure il fera bien mieux que d'être coquet, il renoncera à l'égoïsme de sa vie individuelle, il rivalisera avec les animaux les plus ingénieux dans la construction du nid destiné à recevoir les œufs, il les imitera dans leur dévouement pour leurs petits, se fera le protecteur intelligent et courageux de sa progéniture, et remplira vis-à-vis d'elle le rôle tout maternel auquel la femelle reste absolument étrangère; si l'on en excepte quelques Gobies qui construisent aussi une espèce de berceau et prennent soin de leur lignée, ces mœurs ne sont pas communes chez les Poissons; elles vont nous montrer l'Épinoche sous un jour réellement nouveau.

C'est au fond de l'eau que l'Épinoche jette les bases de son nid. Elle commence par faire choix d'un emplacement convenable; quand elle l'a trouvé, elle fouille la vase avec son museau, s'y creuse un lit en tournant rapidement sur elle-même et finit

Fig. 174. Épinoches.

par y disparaître complétement. Dans cette première ébauche, elle ouvre un fossé dont les déblais, rejetés à droite et à gauche, constituent les bords. Ce travail préliminaire n'est pas plutôt achevé, qu'elle se met en quête des matériaux nécessaires à la construction du nid, elle fait provision de brins d'herbe de toutes sortes et les charrie avec sa bouche; son museau lui sert de truelle pour les mettre en œuvre. A mesure qu'ils sont empilés, elle les assujettit avec du gravier, et, afin d'être bien sûre que le courant ne les emportera pas, elle passe, à diverses reprises, son ventre sur les fragments d'herbe et les agglutine à l'aide de la mucosité qui suinte de sa peau : grâce à cette espèce de colle, ils se prennent en masse. Ces précautions de la part d'un Poisson ne laissent pas déjà que d'être curieuses; elles dépassent, à coup sûr, la portée ordinaire de l'instinct. Mais que penser du stratagème suivant auquel l'Épinoche a recours? Il ne lui suffit pas de s'être mise en garde contre les accidents qui pourraient déranger ses fondations, elle soumet ces premières assises à une épreuve décisive. De même que les ingénieurs, pour s'assurer de la solidité d'un pont nouvellement construit, lui font porter une lourde charge, notre Poisson use d'un procédé analogue : avant d'élever ses constructions, il se place au-dessus des débris herbeux qu'il a entassés, et agite vigoureusement ses nageoires dans le but de produire un fort courant; si le nid résiste à ce choc, tout va bien; mais si des brins d'herbe se détachent, l'Épinoche les saisit au passage, les enfonce dans la masse avec son museau, les tasse et les enduit derechef; est-ce là une simple action automatique, comme le prétendait Descartes? ne procède-t-elle pas plutôt d'une certaine combinaison réfléchie?

Quoi qu'il en soit, l'épreuve a été victorieuse ; l'Épinoche, certaine désormais de la solidité de son travail, le poursuit sans relâche. Le premier lit ne présente aucune régularité : c'est un pêle-mêle de fragments herbeux composant une sorte de tapis; il n'en sera plus de même dans la construction proprement dite du nid : tout y sera disposé avec symétrie, les matériaux eux-mêmes vont changer de nature. L'Épinoche laisse de côté les herbes et les remplace par des débris plus consistants de racines et de brindilles; elle les apporte toujours à son nid avec sa bouche et les incorpore à la première bâtisse, mais en les plaçant tous dans une même direction longitudinale, de telle sorte qu'un de leurs bouts corresponde à l'entrée, et que l'autre s'applique à la sortie du nid ; à mesure que les matériaux abondent, les parois se montent tassées et pressées; elles sont liées avec le reste de l'édifice par le mucus qui les enduit dans toutes leurs parties et les rend très-solides. Ici encore l'Épinoche n'agit pas à l'aveuglette. Tous les matériaux n'entrent pas indistinctement dans sa construction; tantôt l'un se trouve trop court, tantôt l'autre est trop long, il en est même dont l'irrégularité ne se prête pas au but qu'il faut atteindre; l'artiste les essaye dans toutes les positions, il les tourne, les retourne, les place, les déplace; s'ils ne peuvent finalement s'ajuster au plan général, il les retire de la masse, les rejette hors du nid et va chercher d'autres pièces mieux appropriées.

Le plancher et les murs du nid terminés, il reste à façonner la voûte. L'Épinoche voyage de nouveau et ne tarde pas à trouver les substances dont elle a besoin pour cette dernière opération; elle enchevêtre les nouvelles pièces dans celles qui lui ont servi à élever les parois; elle tasse, presse, arrondit son ouvrage, et accole le tout en y frottant maintes fois son corps; bref, le toit s'achève et couronne l'édifice.

En même temps que l'Épinoche travaille avec tant d'ardeur à son établissement, elle a bien soin d'y ménager une cavité qui puisse la recevoir, ainsi que les femelles appelées à y pondre. Dès que les murs ont acquis une certaine hauteur, elle plonge dans cet espace vide, circonscrit ses limites en pressant les parois avec son corps, et s'y retourne à plusieurs reprises, jusqu'à ce que le tube soit bien formé et bien poli : cette tâche achevée, elle s'occupe tout particulièrement de l'ouverture qui doit livrer passage. Ni soins ni peines ne sont épargnés pour lui donner la solidité que réclame un usage fréquent; son bord circulaire est d'une admirable régularité; pas un brin d'herbe ne dépasse l'autre; tous les fragments végétaux sont rangés sous un niveau uniforme, tous les contours sont adoucis par le mucus dont l'Épinoche les glace en rampant obliquement à leur surface; il en résulte un anneau parfait, moulé exactement sur le corps des femelles qui viendront peupler le nid : le mâle cependant n'a pas pris leur mesure (fig. 174).

En général, à l'ouverture principale correspond une autre ouverture placée au point diamétralement opposé; d'ordinaire c'est la femelle qui se fraye cette seconde voie en s'élançant hors du nid après y avoir pondu; d'autres fois, le mâle lui-même se charge de la percer : il traverse alors le nid de part en part, mais par élans gradués, comme s'il mesurait ses efforts sur le plus ou moins d'élasticité du berceau, dans la crainte d'en compromettre la solidité. Lorsque tous les œufs s'y trouvent déposés, la seconde ouverture est fermée, et pour cause : maraudeurs chez les Poissons ne sont pas plus rares qu'ailleurs.

La construction des nids regarde exclusivement les mâles; ils s'en acquittent avec ardeur et les défendent avec une vigilance extrême : tout Poisson rôdant aux environs est considéré comme ennemi et pourchassé à outrance. Ces nids, enfouis en partie dans la vase, se présentent, au fond de l'eau, sous l'aspect de monticules; ils sont généralement agglomérés comme les tentes d'une tribu arabe; toutes les espèces les bâtissent sur le même plan.

Il n'en est pas ainsi des Épinochettes (*Gasterosteus pungitius*), très-proches parentes des Épinoches; leurs nids ne reposent jamais sur la vase, ils sont suspendus aux tiges ou aux feuilles des plantes. Leur mode d'édifier n'est plus le même; les conferves et les végétaux aquatiques les plus déliés font les frais de leurs constructions. Après les avoir transportés au point où doit s'élever le nid, elles les amarrent aux plantes destinées à leur servir de support, et les réunissent en paquet; plongeant alors dans cette masse flexible, elles l'enroulent autour de leur corps par un mouvement de rotation saccadée; leurs épines dorsales contournent et enchevêtrent tous les filaments, ils s'agglutinent au contact du Poisson; quand l'Épinochette a traversé plusieurs fois ce défilé végétal, à la place du chaos primitif de verdure on n'aperçoit plus que la forme gracieuse d'un manchon en miniature; sa teinte verte ne permet pas facilement de le découvrir à travers les plantes fluviatiles de même couleur : joncs, typhas, potamogéton, etc.

Jusqu'ici l'Épinoche mâle, tout à ses constructions, a fui la société de ses semblables; à peine le nid est-il bâti, que, paré de ses plus beaux atours, il s'élance dans le premier groupe de femelles qu'il rencontre, nage autour de celle qui lui semble près d'être mère, et, par mille façons coquettes, l'invite à le suivre. On le devine sans peine, son brillant costume produit son effet; la femelle préférée se détache de la bande et se rend droit au nid. Le mâle y enfonce sa tête, élargit l'ouverture et cède la place à la femelle qui effectue bientôt sa ponte et s'échappe par l'extrémité opposée. Ce n'est pas la seule qui visite le berceau; elle y revient, il est vrai, à plusieurs reprises, mais d'autres lui confient aussi leurs œufs; au bout de peu de jours, il en est rempli : on compte de cent à cent vingt œufs par femelle; chaque nid en contient quinze cents à deux mille; mais il s'en faut que tous arrivent à bien; l'Épinoche mâle cependant n'épargne rien pour leur assurer la vie qu'il leur a communiquée.

Avec ses fonctions de père, sa tâche se complique. Seul il demeure préposé à la garde des œufs, et bien lui en prend, car les femelles, si on ne les surveillait, n'en feraient qu'une bouchée; il a donc à les défendre non-seulement contre ces marâtres, mais encore contre tous les pirates de la gent aquatique, si affamés et si nombreux. Là ne se borne pas son rôle; il a charge de maternité; dès lors, tous les soins de l'éclosion et de l'éducation lui incombent. Tout d'abord, il ferme une des issues du nid et s'occupe de le fortifier en le lestant de pierrailles dont quelques-unes égalent parfois la moitié de son corps. Il se pose ensuite en sentinelle devant l'ouverture, et malheur aux curieux qui s'approchent de trop près ! A coups de museau et d'aiguillon, il les relance au loin. Ne s'en présente-t-il que quatre ou cinq à la fois, il leur tient bravement tête, fond sur l'un, bouscule l'autre, embroche le troisième, harcèle le reste et le disperse presque toujours : l'ardeur de son courage le rend victorieux. Mais lorsque les assaillants sont en grand nombre, il se défend encore avec opiniâtreté, jusqu'à ce qu'il voie clairement que la partie est trop inégale; dans ce cas, il appelle la ruse à son secours : il s'éloigne tout à coup du nid comme s'il poursuivait une proie et entraîne à sa suite les voraces jaloux de lui dérober son butin. Quelquefois cette diversion a un plein succès et la place est sauvée; mais elle ne réussit pas toujours, surtout quand les assaillants sont très-multipliés. L'Épinoche, après avoir combattu bravement, se voit donc forcée de lâcher pied : c'est le signal du pillage; à l'instant, tous les forbans se jettent sur le pauvre nid, les œufs sont saccagés, dévorés, c'en est fait de la progéniture. Lorsque la saison n'est pas trop avancée, un nouveau nid est bientôt construit et les pontes recommencent; dans le cas contraire, la partie est remise à l'année suivante.

Les luttes les plus acharnées ne se passent pas entre races étrangères. Fier du dépôt dont il s'est constitué le gardien, l'Épinoche mâle tient à honneur de ne point laisser envahir sa frontière. Le combat de mâle à mâle s'engage toujours avec fureur; ils évoluent autour l'un de l'autre, cherchent à se mordre et à se poignarder; leurs couleurs changeantes et leurs épines en arrêt témoignent de leurs passions frénétiques : c'est un duel à outrance; il ne finit pourtant pas toujours d'une manière tragique : souvent, de guerre lasse, les belligérants se retirent dans leurs cantonnements respectifs; ils ont mesuré leurs forces, la paix est tacitement conclue jusqu'à la fin des éducations.

Cette paix, en vérité, était bien nécessaire, car les mâles ont autre chose à faire que de se chamailler entre eux. Leur principale fonction est certainement de mettre les œufs dans les conditions les plus favorables pour que rien n'arrête leur éclosion. Ils le savent; aussi agitent-ils sans cesse leurs nageoires pectorales à l'entrée du nid, dans le but d'établir de rapides courants qui lavent et relavent les œufs : ceux-ci seraient perdus sans ressource si des conferves ou des byssus venaient à se former à leur surface, à la faveur d'une eau stagnante.

Dans la dernière période qui précède l'éclosion, l'Épinoche redouble d'activité et de précaution; elle retire les pierrailles qu'elle a portées sur le nid, elle y pratique de nouvelles ouvertures afin que l'eau le pénètre de plus en plus, elle change enfin les œufs de place, amenant à la surface ceux qui se trouvaient au fond et réciproquement, pour que tous profitent alternativement de l'action bienfaisante des courants qu'elle a soin de multiplier.

Grâce à toutes ces manœuvres, vers le douzième jour, les petits sortent de leur prison; l'Épinoche redouble de vigilance, car les ennemis rôdent toujours menaçants autour du nid, affriandés qu'ils sont par le fretin qui s'agite sous leurs yeux. Il vient au monde chargé d'une vésicule ombilicale si considérable, que cette grosse gourde, tout en le maintenant en parfait équilibre dans l'eau, alourdit ses mouvements et le met dans l'impossibilité d'échapper par la fuite aux voraces; dans cet état, il a besoin d'une tutelle intelligente : le mâle se dévoue encore à cette œuvre de salut; il établit autour des jeunes une sorte de cordon sanitaire. La troupe pourra bien prendre un léger exercice indispensable à son développement, mais il ne lui sera pas permis de se livrer, de prime saut, à tous ses ébats; la liberté lui est mesurée d'abord à petite dose. Dans les commencements de son existence, défense lui est faite de franchir une enceinte fort limitée, celle du nid; si quelque écervelé tente de s'écarter, à l'instant même il est saisi, le père surveillant le prend dans sa bouche et le fait rentrer dans les rangs. Plusieurs étourdis font-ils mine de vouloir déserter à la fois, d'un bond ils sont rejoints, ensachés tous dans la bouche paternelle, sans qu'aucun d'eux en reçoive la plus légère blessure. Cependant, à mesure qu'ils grandissent, on leur accorde plus d'espace pour se récréer, mais la prévoyance qui veille à leur sûreté n'en est que plus active; en même temps que la sphère des dangers s'accroît, la sollicitude du chef de famille augmente; il est partout, surveille tout, va de l'un à l'autre des petits, revient sur ses pas, gourmande celui-ci, arrête celui-là; jamais Chien de berger bien dressé ne fit mieux la garde autour du troupeau qui lui a été confié.

Ce rôle en partie double de mère et de mentor est très-fatigant, mais il ne s'étend guère au delà de quinze jours. Dieu et le soleil aidant, les jeunes Épinoches se débarrassent peu à peu de leur vésicule; avec leurs forces, leurs dards se sont développés, elles peuvent désormais frapper d'estoc et de taille et se défendre contre les agresseurs; la tâche de leur protecteur, cette fois, est accomplie, il les livre à leur bonne fortune et retourne, parmi les groupes d'adultes, à sa vie accoutumée. Tandis qu'il construisait son nid, et pendant tout le temps de son protectorat, il a vécu, chose étrange! d'abstinence et fait diète rigoureuse; rentré dans la vie individuelle, il ne tardera pas à reprendre son excellent appétit, et à se dédommager au détriment des Vaudoises et autres pygmées de la nation aquatique. D'après Block, l'Épinoche vivrait trois ans.

LA PERCHE.

Aucune phrase ne pourrait donner une idée plus exacte du caractère saillant de la Perche (*Perca fluviatilis*) que l'expression proverbiale « qui s'y frotte, s'y pique ». Organisé d'une façon toute spéciale pour l'attaque et la défense, ce Poisson est hérissé d'épines sur ses opercules et sur ses nageoires; ses mâchoires, son palais et jusqu'à son gosier sont armés de dents aiguës et recourbées, et tout son corps est protégé par de dures écailles, fortement adhérentes. Cet appareil de guerre ne nuit nullement à sa beauté. Son dos vert-bronzé, coupé transversalement de bandes dont la couleur foncée tranche vivement sur la teinte dorée des flancs, ses nageoires ventrales et anales d'un rouge brillant et sa queue lavée de rougeâtre, en font un des plus beaux Poissons de nos eaux douces; dans les eaux stagnantes et fangeuses, il perd son éclat et prend une coloration uniforme, grisâtre.

La Perche est répandue dans les lacs, les fleuves, les rivières et les ruisseaux de toute l'Europe; sa taille est toujours en rapport avec l'importance du milieu qu'elle habite; elle dépasse rarement vingt-cinq centimètres dans les cours d'eau moyens; dans les grands fleuves, au contraire, tels que le Rhin et les lacs d'Annecy, du Bourget et de Genève, elle atteint fréquemment quarante centimètres de long; ses plus forts poids, chez nous, varient de un à deux kilogrammes.

Les eaux vives et claires sont celles que la Perche recherche de préférence; elle remonte plus volontiers vers les sources qu'elle ne descend vers les embouchures, et on ne la trouve pas dans les eaux saumâtres ou salées. En général, elle se tient à un mètre de la surface, sauf en hiver où elle s'enfonce plus profondément. Sa nourriture habituelle consiste en insectes, en petits Vers, petits Mollusques, petits Poissons; par les temps chauds et lourds, elle saute hors de l'eau, comme la Truite, pour saisir au vol les escadrons dansants de Tipules et de Cousins, ainsi que les Mouches et les Libellules qui s'approchent de son domaine; mais le plus ordinairement elle a recours à l'astuce pour chasser. Patiente et rusée, elle s'embusque près des berges, derrière les touffes herbeuses ou sous les larges feuilles des plantes aquatiques, et se précipite avec la rapidité d'un trait sur la proie

Fig. 175. Perche.

de passage. Quoiqu'elle nage avec une extrême agilité, ses mouvements sont brusques et saccadés. Dans les eaux tranquilles, il n'est pas rare de la voir complétement immobile, puis, tout à coup, se jeter en avant d'un élan rapide, s'arrêter à une courte distance et reprendre bientôt sa première position. Tout lui est bon pour apaiser sa faim; aussi sa gloutonnerie lui est-elle quelquefois fatale : l'Épinoche, par exemple, à qui elle donne volontiers la chasse, ne se sent pas plutôt engouffrée, que soudain, redressant les épines de sa nageoire dorsale, elle les lui enfonce dans le palais ou dans le gosier, et, se clouant ainsi dans sa bouche, l'empêche de la fermer et force la vorace à périr tragiquement de faim.

La Perche vit solitaire et ne nage jamais en troupes. A l'âge de trois ans, elle est en état de frayer; la ponte a lieu ordinairement dans les mois d'avril, de mai et de juin par une température de dix à douze degrés au-dessus de zéro. La fécondité de la Perche est extrême; on a compté jusqu'à neuf cent mille œufs dans ses ovaires: leur ténuité les a fait comparer à la graine de pavot; ils sont toujours déposés à peu de profondeur. La manière dont la Perche s'en débarrasse est assez singulière. Lorsque le moment de frayer est arrivé, elle s'approche d'un corps dur, y frotte son abdomen, et, par une compression répétée, opère l'expulsion des œufs. Au fur et à mesure qu'ils s'échappent de son corps, elle les file en quelque sorte à l'aide de mouvements sinueux et en forme un cordon qui a parfois plus de deux mètres de long; ils s'enchaînent tous les uns aux autres comme des grains de chapelet et sont renfermés, par petites agglomérations, dans une masse commune glaireuse, analogue à celle qui enveloppe le frai des Grenouilles et des Crapauds; leur éclosion arrive au bout de dix à quinze jours.

Dans leur premier âge, les Perches ont de nombreux ennemis à leurs trousses: Harles, Plongeons et Canards font ripaille à leurs dépens; plus d'un Poisson leur livre de vigoureux assauts, mais leur tyran le plus redoutable, après l'homme, c'est le Brochet: ce vorace en fait son mets de prédilection. Tant qu'elles sont fretin, elles sont souvent victimes de plus forts qu'elles; une fois adultes, le péril devient moins imminent; le Brochet lui-même ne se risque plus à les attaquer, il lui en cuirait trop; la Perche, garantie par ses formidables épines, sait fort bien se défendre: elle tient ferme contre son adversaire et ne fuit jamais.

Les Perches ont la chair ferme, blanche et d'un goût excellent; celles de la Vienne passent, à bon droit, pour très-délicates.

On peut les prendre au filet, à la truble et surtout à l'hameçon; dans ce dernier cas, il ne faut pas donner plus de quarante-cinq à cinquante centimètres de fond à la ligne, ce Poisson se tenant d'ordinaire près de la surface.

D'après M. de la Blanchère, le meilleur appât pour cette pêche est le Ver rouge le plus vif possible, souvent renouvelé, afin qu'il frétille sans cesse. En eau claire, la Perche ne résiste pas à la tentation d'une proie appétissante; on se sert aussi avec succès de petites Grenouilles enferrées par la peau du dos ou de petits

Vérons. La meilleure époque pour pêcher la Perche est le mois d'août ; dès la pointe du jour, le pêcheur doit aller chercher le Poisson et ne pas l'attendre en se morfondant en place ; il faut, au contraire, changer souvent de position ; l'a-t-on manqué sur un point, on tâche d'être plus heureux sur un autre, ou bien on tend de nouveau la ligne au même endroit : la Perche, oublieuse du danger qu'elle vient de courir, ne songe qu'au gibier frétillant ; il est rare qu'elle échappe au second coup.

Dans les jours chauds et orageux de l'été, la Perche est constamment en chasse, surtout si c'est le vent du sud qui souffle ; les autres jours, elle mord beaucoup le matin, un peu le soir et pas du tout dans le courant du jour. En usant passablement d'adresse et de précaution, on peut la prendre, même à la main, quand elle se tient immobile dans l'eau. On s'en approche sans bruit ; lorsqu'on a soin de ne pas la toucher brusquement, elle se borne, à ce léger contact, à se mettre sur le qui-vive en hérissant ses épines dorsales, ce qui n'empêche pas de lui glisser la main sous le ventre et de la bercer mollement ; au moment critique, on pose doucement les doigts sur ses opercules et, sans plus tarder, on les serre avec force ; après deux ou trois coups de queue comme simulacre de résistance, elle se laisse enlever sans plus de cérémonie.

LA CARPE.

Si la Carpe (*Cyprinus Carpus*, fig. 176) n'occupe pas le premier rang parmi les Poissons les plus estimés, aucun d'eux ne peut lui être comparé pour les avantages nombreux qu'elle présente. Elle s'arrange de presque tous les climats, se montre fort peu exigeante sur la nature des eaux, croît vite et multiplie abondamment ; sa chair enfin n'est nullement méprisable. Tant de qualités devaient la faire rechercher avec empressement : aussi presque tous les peuples d'Europe l'ont-ils acclimatée chez eux ; elle alimente aujourd'hui une foule de cours d'eau, et elle est devenue presque domestique dans les viviers et les étangs.

Son apparition en Angleterre date du commencement du seizième siècle ; Pierre Oxe l'introduisit en Danemark vers 1560 ; elle n'est venue que plus tard en Hollande et en Suède ; la France la possédait bien avant ces époques.

La Carpe s'avance assez loin vers le Nord, mais pas aussi avant que le Saumon; comme ce Poisson, elle peut vivre dans la mer et les eaux saumâtres, témoin la mer Caspienne où elle abonde. Les eaux douces cependant forment son séjour habituel elle se plaît dans les lacs et les rivières limpides, réussit encore dans les eaux dormantes, mais y contracte souvent un goût de marécage, qu'il est du reste facile de lui enlever en l'exposant, pendant plusieurs jours, à un courant rapide, ou en la faisant dégorger dans une eau claire pendant une semaine.

C'est dans le Nord que les Carpes arrivent à leur plus grand développement ; il n'est pas rare dans ces contrées d'en pêcher de dix kilogrammes; plus d'une fois en Poméranie on en a pris qui

Fig. 176. Carpe.

pesaient le double de ce poids; Pallas assure que dans le Volga elles atteignent près de deux mètres de long; le Rhin en aurait de la longueur d'un mètre; chez nous, elles ont bien rarement cette taille; leur poids moyen ne dépasse guère deux ou trois kilogrammes.

La Carpe a la tête grosse et nue, les lèvres épaisses, jaunes, dilatables et garnies de quatre barbillons d'inégale grandeur; les deux supérieurs sont les plus courts. Son corps ovalaire et plus ou moins comprimé est couvert de fortes écailles arrondies, à stries concentriques; sa nageoire dorsale est fortifiée de vingt-quatre rayons, dont le troisième, plus long que les autres, est souvent dentelé. Sa coloration générale tire sur le vert-bouteille plus ou moins chargé de brun noirâtre sur la tête, les nageoires et le bord des écailles qui brillent, à leur centre, d'un éclat doré. Cette teinte est du reste variable. Il est des Carpes presque blanches, d'autres sont oranges, mouchetées de jaune ou de vert foncé; l'âge n'entre pour rien dans cette diversité de robe, bien que le préjugé populaire la regarde comme un signe de vieillesse.

La Carpe, commensale habituelle des étangs, mêle volontiers à sa nourriture les substances animales et végétales; elle va chercher dans la vase les graines que le vent y jette, elle fait son profit des insectes qui folâtrent imprudemment à la surface de l'eau et prend encore sa part du frai des autres poissons. Sans être gloutonne, elle en a l'apparence quand elle mange, par le bruit que fait entendre le choc de ses mâchoires et le clapotement de l'eau qui s'engouffre entre ses lèvres. Elle peut supporter d'assez longs jeûnes; son développement cependant est toujours en raison directe de l'abondance au milieu de laquelle elle se trouve. La première année de son existence, elle croît très-rapidement et atteint facilement, au bout de huit à dix mois, une longueur de vingt centimètres; mais lorsqu'elle s'est allongée du double, elle grandit et grossit plus lentement.

A partir de la troisième année, la Carpe est en état de reproduire son espèce. Mai et juin sont l'époque ordinaire du frai; quand les chaleurs sont précoces, il commence dès le mois d'avril: à ce moment, les Carpes habitantes des fleuves et des rivières quittent les grands cours d'eau pour se retirer dans les anses et les affluents plus tranquilles.

Rien ne les arrête dans ce trajet; ainsi que le Saumon, elles savent franchir les obstacles qui s'opposent à leur passage, et exécutent leurs sauts à peu près de la même manière, sauf de légères variantes : elles se placent sur le côté, courbent les deux extrémités de leur corps, et dès que le cercle est parfaitement formé, elles se débandent tout à coup comme un ressort, frappent l'eau avec vigueur, et s'élancent de plein jet par-dessus les chutes et les batardeaux ; on en a vu s'élever ainsi à près de deux mètres de hauteur. Lorsque le moment de pondre est venu, la Carpe recherche de préférence les endroits herbus et se rapproche de plus en plus de la surface ; elle se débarrasse de ses œufs en se frottant contre les plantes aquatiques ou contre les pierres submergées; son corps est alors presque entièrement hors de l'eau.

La fécondité de la carpe est bien connue ; les grosses femelles ne contiennent pas moins de six à huit cent mille œufs dans leurs ovaires. L'éclosion a lieu au bout d'une huitaine de jours. Les étangs et les petits cours d'eau seraient bien vite encombrés par la multitude innombrable des petits êtres auxquels ils donnent naissance, si les Brochets, Anguilles, Perches, Truites et vingt autres voraces de la pire espèce, mammifères, oiseaux, reptiles, amphibies de toute origine, ne venaient éclaircir cette prodigieuse multiplication. La plus grande partie des alevins périt presque au sortir de l'œuf; ce qui en reste a bien de la peine à échapper à tous les ennemis qui vivent à leurs dépens; à trois ans seulement, ils sont à peu près hors de leurs atteintes; les adultes n'ont plus guère à compter qu'avec la Loutre, et son compère en rapine le Brochet.

L'alevin ne se disperse pas aussitôt après l'éclosion: il vit en bandes serrées sous la tutelle de quelques adultes qui en prennent soin, et les guident de leur expérience. Au surplus, toute la tribu des Cyprins a les mœurs sociables; ces poissons restent toute leur vie en troupes plus ou moins nombreuses et se protégent mutuellement. Tandis que les jeunes sont occupés à fourrager au fond de l'eau, plusieurs Carpes d'un âge mûr se tiennent en sentinelle, au voisinage de la surface, pour donner l'éveil en cas de danger; le péril se fait-il sentir, toutes s'enfoncent dans la vase comme dans une retraite assurée.

La Carpe vit des siècles entiers, le fait est incontestable. Avant la première Révolution, les bassins de Fontainebleau possédaient des Carpes qui remontaient au temps de François Ier; ceux de Chantilly en nourrissaient qui dataient du grand Condé.

Leur vitalité est très-grande. Elles peuvent rester longtemps hors de l'eau lorsqu'on a soin de les tenir dans un endroit frais ou de les entourer de mousse humide : ce dernier moyen est celui qu'on emploie pour les expédier à de grandes distances. On les a soumises plusieurs fois à des variations subites de température très-diverse, et elles y ont parfaitement résisté. Quand on porte brusquement à une forte température l'eau qui les renferme, elles manifestent leur malaise par une extrême agitation; elles supportent, sans périr, une chaleur de 35° centigrades; à 40° elles tombent en pâmoison; à 45° leurs nageoires s'écartent de leur corps et se déplient en éventail, elles sont complétement inertes, on les croirait mortes. Mais si, réduites à cette extrémité, on les pose sur une table de marbre ou sur tout autre corps froid, en moins de trente secondes on les voit renaître à la vie et reprendre leurs mouvements, sans la moindre souvenance de leur misère passée ; à plus forte raison cette résurrection s'opère-t-elle en un clin d'œil dans l'eau froide, même quand on y plonge subitement la Carpe après qu'on vient de lui faire endurer la chaleur torride du Sénégal.

La Carpe en domesticité n'est nullement sauvage ; on sait avec quelle facilité elle s'accoutume, dans les viviers, à venir recevoir sa nourriture à des heures et à un signal déterminés ; à l'état de nature, elle serait encore disposée à se livrer à une certaine confiance ; le danger présent la rend méfiante, mais pour peu de temps. Quand on a pris des Carpes plusieurs fois de suite au même endroit, les survivantes deviennent plus circonspectes, il faut les laisser tranquilles pendant quarante-huit heures avant de tenter de nouveau l'aventure : leur naturel débonnaire et confiant ne garde pas plus longtemps rancune au pêcheur. Par un ciel couvert, et surtout par une pluie chaude et fine, la Carpe fait sa promenade favorite au fond des étangs, elle mord alors bellement aux appâts qu'on lui présente ; en toute autre circonstance, elle ne se laisse pas prendre aussi naïvement, elle sait fort bien se cacher dans la vase et laisser passer par-dessus sa tête les filets qu'on traîne au-dessus d'elle.

La Carpe s'engraisse facilement. La castration favorise beaucoup cette heureuse disposition ; on pratique l'opération un peu avant le frai, au moment où le poisson est rempli d'œufs ou de laitance. On lui ouvre le ventre depuis les nageoires ventrales jusqu'à l'anus, on enlève ovaire et laitance sans endommager les intestins, et l'on recoud ensuite l'abdomen. Une fois débarrassée de ces superfluités, la Carpe n'a plus à songer qu'à s'arrondir ; de la mie de pain trempée dans du lait la rend très-délicate et très-savoureuse ; les Hollandais la gavent, assure-t-on, de cette manière, ou la gardent suspendue dans un filet matelassé de mousse humide dans des caves dont la température varie peu.

BARBEAU, GOUJON ET TANCHE.

Ces Poissons, placés autrefois dans le genre Cyprin, en ont été retirés par G. Cuvier, qui les a répartis en trois sous-genres de la famille des Cyprinoïdes : *Barbus*, *Gobio*, *Tinca*.

Le Barbeau (*Barbus vulgaris*, fig. 177) se reconnaît au premier coup d'œil aux quatre barbillons que porte sa mâchoire supérieure : le premier rayon de la dorsale est osseux ; son corps, allongé en fuseau, est verdâtre sur le dos, blanchâtre sur les côtes et le ventre ; ses nageoires anale, ventrale et pectorales tirent sur le jaune ; ses couleurs, du reste, comme celles de la plupart des Cyprins, sont sujettes à varier, selon la nature des eaux.

Le Barbeau se plaît dans les eaux vives et claires, à fond caillouteux, et dans les courants rapides. Très-vorace, il se nourrit

Fig. 177. Barbeau.

de Vers, d'insectes, de petits poissons, de Mollusques, et de matières animales plus ou moins décomposées que charrient les rivières. Il fouille avec son museau les pelouses herbeuses inondées pour y chercher les petits Vers rouges dont il est très-friand. Sa taille dépasse quelquefois quatre-vingts centimètres ; sa chair est blanche, ferme et assez estimée ; ses œufs, en revanche, passent pour vénéneux. Jeune, on le rencontre souvent parmi les troupes de Goujons, auxquels il se mêle volontiers ; adulte, il n'est pas rare dans les eaux profondes, mais il n'y reste pas stationnaire ; il aime, au contraire, à vagabonder et fréquente alors plus particulièrement les bancs de sable. En hiver, il se retire dans les eaux profondes, et se cantonne, jusqu'au printemps, auprès des pilotis et des ponts : on l'y trouve par bandes serrées, dans une espèce de torpeur.

La plupart de nos rivières en nourrissent un plus ou moins grand nombre.

Le Goujon (*Gobio vulgaris*, fig. 178) est caractérisé par la brièveté de ses nageoires anale et dorsale, par les deux barbillons qui garnissent les angles de sa mâchoire inférieure. Son corps allongé est muni de larges écailles ; son dos bleuâtre, jaunâtre ou

Fig. 178. Goujon.

verdâtre, suivant la nature des eaux, est toujours tacheté de brun foncé.

Ce Poisson aime à vivre en société : on le rencontre souvent en troupes nombreuses ; rare pendant une partie de l'année, il apparaît tout à coup en abondance dans certaines eaux pendant les mois de juillet, août, septembre et octobre. Il fraye en avril et en mai ; ses œufs n'éclosent qu'un mois après la ponte et successivement. Il aime les eaux vives qui ne sont ni trop froides, ni trop rapides ; à tous autres il préfère les bancs de sable, quoiqu'il se montre encore dans les rivières qui coulent sur un lit d'argile, mais non sur une vase molle.

D'après M. de la Blanchère, le Goujon recherche de préférence les endroits où le sable est remué, et où l'eau de la rivière habituellement limpide devient trouble en charriant les particules terreuses du fond ; c'est là qu'il trouve en plus grande abondance les animalcules dont il fait sa proie. Les troupes s'y rendent de très-loin, remontant le filet d'eau trouble, qu'on peut d'ailleurs créer artificiellement.

Le Ver rouge bien vif est le meilleur appât pour cette pêche ; quand on veut la faire avec profit, on doit avoir soin de sonder le fond, et de mettre la flotte de façon que l'hameçon ait dix cen-

Fig. 179. Tanche.

timètres de ligne et porte sur le fond. Le Goujon mord franchement ; il attaque par deux ou trois secousses, puis la flotte s'enfuit en ligne droite en s'enfonçant sous l'eau ; il n'est pas nécessaire de se presser, car une fois que le Goujon a saisi le Ver, il ne le lâche plus qu'il n'ait avalé l'hameçon et tout ce qui s'ensuit ; il ne faut donc ferrer qu'*au coup tirant :* avec un peu d'habitude, le pêcheur ne manque jamais ce Poisson. Les mois les plus favorables pour la pêche du Goujon sont ceux d'août, de septembre et d'octobre ; en hiver, il se retire dans les grands fonds d'eau et y reste dans un état voisin de l'engourdissement.

Indépendamment de sa taille qui est beaucoup plus forte, la Tanche (*Tinca vulgaris*, fig. 179) diffère du Goujon par ses écailles extrêmement petites et par ses barbillons fort courts. Les abords de sa caudale sont très-épais, ce qui, joint au développement de la partie antérieure de son corps, lui donne un aspect lourd et trapu. Suivant la nature des eaux, sa couleur générale varie; elle est tantôt d'un brun jaunâtre, tantôt d'un vert-olive métallique; le ventre et la gorge sont blanchâtres; ses nageoires, d'un gris foncé, deviennent insensiblement noirâtres vers le bord; les écailles sont enfouies sous un mucus abondant qui enduit tout le corps.

La Tanche fraye à la fin du printemps; les œufs ne sont pas longs à éclore, et les petits se dispersent presque aussitôt après leur naissance. Ainsi que la Carpe, elle aime les eaux stagnantes et se plaît dans les fonds vaseux; par les pluies douces et les temps couverts, elle se promène au fond de l'eau et mord fort bien à l'hameçon; en toute autre circonstance, sa nature non gloutonne la rend plus difficile à prendre. Par un privilége dont la cause est encore inexpliquée, la Tanche n'a rien à craindre du Brochet de la Perche ni de l'Anguille : leur voracité la respecte. Elle passe l'hiver engourdie dans la vase; sa chair en contracte souvent un mauvais goût : aussi n'est-elle bonne, en général, que dans certaines eaux.

LE BROCHET.

Ce n'est pas sans raison que le Brochet (*Esox lucius*, fig. 180) a été surnommé le Requin des eaux douces; tout en lui dénote l'animal carnassier par excellence : vigoureusement constitué, il semble n'exister que pour détruire. Sa tête est grosse; son extrémité antérieure, aplatie, s'allonge en un museau dont la mâchoire inférieure forme la pointe. Sa gueule, fendue jusqu'à la hauteur des yeux, est un large gouffre tout hérissé de dents : il y en a sur les mâchoires, les palatins, les os de la langue, le vomer et jusque sur les arcades branchiales; on en compte plus de sept cents, fixes ou mobiles, acérées ou crochues et de diverses longueurs (fig. 181). Son corps cylindrique est garni de milliers d'écailles résistantes, et porte une dorsale unique, rejetée vers la queue et opposée à l'anale, disposition particulière qui, en lui fournissant de puissants moyens de propulsion, le rend encore plus redoutable aux autres Poissons par la célérité de sa marche.

La couleur générale de l'adulte est vert-grisâtre, plus foncée sur le dos que sur les côtés, mouchetés de taches jaunes ou blanches; le ventre, toujours clair, est plus ou moins pointillé de noirâtre : les jeunes sont tout verts la première année

On trouve le Brochet dans la plupart des fleuves, des rivières, des lacs et des étangs de l'Europe, alors même qu'on ne les a pas peuplés de ce poisson; il s'y introduit par l'entremise des oiseaux d'eau, véhicules naturels de ses œufs qu'enduit une certaine mucosité, et qui s'attachent ainsi à leurs plumes et à leurs pattes.

Le Brochet ne s'avance pas aussi haut que le Saumon vers les latitudes septentrionales; il n'existe ni en Islande ni dans le Groënland; en revanche, il abonde dans les fleuves du nord de l'Asie, n'est pas rare en Amérique, mais ne se rencontre ni en Afrique, ni dans l'Inde, ni dans le Portugal; s'il habite l'Espagne, il n'y est assurément pas commun; l'Angleterre ne le possède que depuis la fin du treizième siècle; sous Henri VIII, il était encore regardé comme un poisson de luxe.

Sa voracité s'arrange de toute nourriture animale, vivante ou morte. Poissons de toutes sortes, même de sa propre espèce, Mollusques, Reptiles, petits Mammifères fluviatiles, Oiseaux aquatiques, il se rue sur tout ce qui a vie; malheur aux viviers et aux étangs qu'habitent un certain nombre de Brochets! ils sont bien vite ravagés. Petites ou grosses proies sont également son affaire. L'animal est-il trop volumineux pour être absorbé d'un trait, il l'attaque à la manière des Boas, le saisit par la tête, le retient entre ses longues dents pointues et recourbées, l'enfonce peu à peu dans son gosier, et l'avale après l'avoir pressé, écrasé et ramolli entre ses vastes mâchoires.

Toute la force destructive semble concentrée dans cet être féroce. Il nage, en serpentant, avec vigueur et rapidité; ses mouvements sont brusques et saccadés; il se jette en avant comme un sauvage, attaque avec furie, d'un formidable élan, et emporte toujours le morceau, quand il n'anéantit pas sa proie du premier coup. Deux Poissons seulement, à cause de leurs épines dangereuses, trouvent grâce auprès de lui, encore le premier n'est-il pas toujours épargné; il est si friand de Perches, qu'il risque parfois le tout pour le tout quand il en voit une à belle portée, mais il use alors de circonspection : il se garde bien de l'avaler sans coup férir, ce qui lui serait fatal; il l'étreint entre ses mâchoires et attend, pour l'ensevelir dans son ventre, qu'elle soit tout à fait sans vie, et que ses rayons épineux soient devenus absolument inertes. Quant à l'Épinoche, les jeunes Brochets encore novices osent seuls tenter l'aventure, et presque toujours ils payent cher leur gloutonnerie; les vieux ne s'y risquent ja-

Fig. 160. Brochet.

mais; ils savent d'instinct ou par expérience que l'avorton, en mo :rant, redresse ses piquants et encloue son ennemi; c'est pourquoi ils le laissent passer.

La terreur qu'inspire le Brochet à tous les Poissons est profonde; à sa vue, ils prennent si fort l'épouvante, qu'ils s'élancent tout effarés hors de l'eau, jaillissent comme de rapides éclairs ou glissent à la surface comme une traînée d'étincelles : c'est ainsi que ce monstre fait savoir à tout venant qu'il est en chasse.

Le Brochet croît très-vite, surtout dans les premiers temps.

Au bout de trois mois, il a déjà dix-huit à vingt centimètres de long; à un an, il en a au delà de trente-cinq; à deux ans, il en a atteint plus de soixante-dix : à partir de cet âge, il se développe plus lentement. Dans les eaux qui lui conviennent, c'est-à-dire où il trouve ample nourriture, il parvient à une taille considérable. Dans les lacs du Nord, en Laponie particulièrement, on en prend souvent d'un mètre cinquante de long, qui pèsent dix et douze kilogrammes; il en a été pêché en Écosse du poids de vingt-quatre kilogrammes; nos étangs des départements de l'Ain et des Landes, où se trouvent les plus belles pièces, sont loin d'en fournir d'aussi gros; on s'estime très-heu-

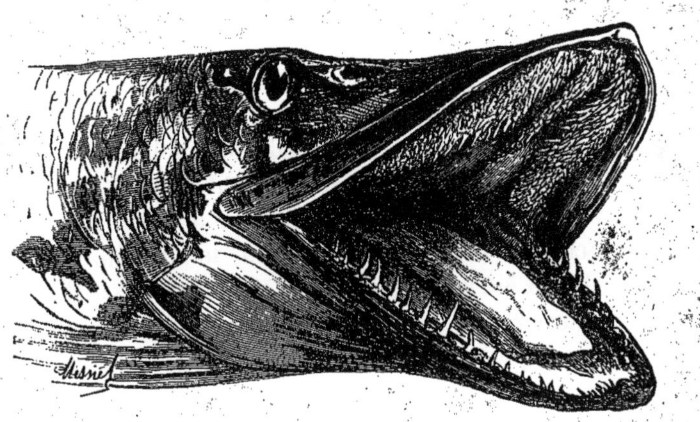

Fig. 181. Tête de Brochet.

reux, dans ces parages, quand on en prend qui pèsent sept ou huit kilogrammes.

Le Brochet dépasse cent ans; sa vitalité cependant n'égale pas celle de la Carpe; il ne supporte pas aussi bien d'être hors de l'eau; mais la castration lui est également profitable, elle le pousse promptement à l'embonpoint.

Les eaux ombragées ou froides lui sont moins contraires qu'à beaucoup d'autres Poissons; il grossit promptement lorsqu'il peut faire table rase d'un menu fretin de blanchaille, telle que Ablettes, Goujons, Vérons, etc.; dans les étangs, il détruit une foule de Carpillons; il donne aussi la chasse aux grosses Carpes, et, par ses poursuites acharnées, les empêche souvent de profiter, si toutefois, en les harcelant, il ne leur fait pas de profondes blessures.

Ainsi que tous les voraces, le Brochet vit isolé; cependant, à l'époque du printemps, il va de compagnie, deux par deux : le mâle et la femelle se suivent. Les mois de février, mars et avril sont le temps ordinaire où il fraye; chaque femelle pond environ cent cinquante mille œufs verdâtres qui éclosent en huit ou quinze jours, selon qu'ils sont exposés au soleil ou à l'ombre.

Malgré son violent appétit, le Brochet a des habitudes réglées; de son existence il fait deux parts bien tranchées : il chasse ou il dort. En général, il giboie le matin et le soir; dans le milieu du jour, lorsqu'il fait chaud, il vient se chauffer et dormir à la surface, près du rivage; on en profite pour le prendre au collet. Le point capital, dans cette chasse, consiste à ne pas l'éveiller; on l'approche avec précaution, et quand on est arrivé tout près de lui, on lui passe adroitement l'engin au delà des ouïes, à l'endroit où le corps se fait équilibre; d'un coup sec, on l'enlève hors de l'eau et on le lance derrière soi, à terre; il est prudent de se méfier de ses morsures : il en fait de cruelles.

D'après Jurine, on se sert à Genève d'un autre procédé pour le prendre; c'est toujours le moment où il dort immobile au soleil qu'on choisit. Un homme, placé sur le bord élevé du fossé d'où le Brochet a été aperçu, lance, à une certaine distance, un harpon retenu par une corde; il l'amène peu à peu près du poisson jusqu'à ce qu'il soit sur le point de le toucher ; dès qu'il n'en est plus qu'à quelques centimètres, le pêcheur le tire rapidement de son côté et l'enfonce dans le corps de l'animal, qui se débat en vain contre l'arme perfide qui l'a transpercé.

Le meilleur temps pour pêcher le Brochet à la ligne est depuis la fin de septembre jusqu'au mois de janvier. Ce poisson, dit M. de la Blanchère, ne brille pas par sa défiance, ni par ses ruses; confiant dans sa force brutale et poussé par son insatiable gloutonnerie, il s'élance, pour ainsi dire sans regarder, sur la proie qui lui semble à portée. C'est surtout dans les endroits tranquilles, près des remous, des eaux amorties, autour des grandes touffes de roseaux ou des herbes, qu'il rôde lentement, s'élançant comme une flèche quand il croit l'occasion favorable; il s'embusque également sous les racines des bords profonds, parmi le chevelu des herbes pendantes sur la rivière; de là, s'il aperçoit l'appât dont les allures entravées lui présentent une proie facile et incapable d'une fuite sérieuse, il bondit, et, d'un coup, engloutit l'amorce, l'hameçon et souvent dix à quinze centimètres de l'empile.

Si le temps est doux et le vent au midi, on peut espérer une bonne réussite; dans cette occurrence, le Brochet s'agite, mord et chasse; mais si le vent tourne au nord, adieu la pêche, le Brochet est au fond, près des sources chaudes et n'en bougera pas, il n'a plus faim; car, de même que tous les gros carnassiers, s'il peut manger d'une manière effrayante, il sait aussi jeûner d'une façon merveilleuse; bon gré, mal gré, il se résigne au régime diététique quand la bise est venue.

Sa chair est excellente, ferme et de bon goût; les Brochets de trois et quatre ans sont particulièrement estimés.

LE SAUMON.

Le Saumon (fig. 182), tour à tour poisson de mer et poisson fluviatile, naît dans l'eau douce, s'accroît et se complète dans la mer, pour finir sur nos tables, où sa chair rougeâtre, délicate, chargée de graisse, lamelleuse et savoureuse, est justement appréciée.

Son corps s'allonge en forme de fuseau; sa tête sans écailles est recouverte d'une simple peau; son dos bleu d'ardoise, son ventre argenté, ses flancs marqués d'ocelles noires, ses mâchoires, son gosier et sa langue armés de dents aiguës, le distinguent nettement de toutes les espèces de la famille des Salmonés à laquelle il a donné son nom. Sa longueur ordinaire varie entre soixante et quatre-vingts centimètres; son poids ordinaire sur les marchés est de six à sept kilogrammes; on en pêche cependant en Écosse et en Suède du poids de vingt-cinq à quarante kilogrammes.

Le Saumon abonde surtout dans les mers du nord de l'Europe et se rencontre jusque sous les glaces du Groenland. Assez répandu sur nos côtes occidentales, il est commun sur les rivages de la Grande-Bretagne, dans la mer Baltique, les golfes de Finlande, de Riga et de Botnie, ainsi que dans les eaux de la Laponie suédoise; il n'existe pas dans la Méditerranée.

Selon toute probabilité, le Saumon habite, à certaines époques, les profondeurs de l'Océan. Sujet à des navigations périodiques, il affectionne les grands fleuves et en remonte le cours jusqu'auprès de leurs sources. Les distances les plus considérables ne l'arrêtent pas dans ses voyages. Par l'Elbe, il pénètre en

Bohême; par le Rhin, il gagne la Suisse; de l'embouchure de la Loire, il s'achemine vers le Puy; de la Gironde, il passe dans la Dordogne et la Garonne, où on le pêche depuis Agen jusqu'à Toulouse; par l'Adour, il côtoie les Pyrénées; par la Somme, il entre en Picardie; par la Seine, enfin, il s'aventure dans la Marne, l'Yonne et quelques autres affluents, mais sans s'arrêter à Paris, où on ne l'a jamais pris; les eaux claires et rapides, roulant sur un fond de sable, de gravier ou de cailloux, sont celles qui lui plaisent le plus.

Les Saumons obéissent fatalement chaque année au besoin

Fig. 182. Saumon.

qui les pousse de l'Océan dans les fleuves. Dans les climats tempérés, et notamment sur nos côtes de France, c'est vers le printemps qu'ils quittent la mer; dans les contrées septentrionales, leur entrée dans les fleuves coïncide avec la fonte des glaces. D'après quelques naturalistes, ils s'aideraient du secours des vents forts et de la marée haute pour pénétrer dans les embouchures; ils restent dans les fleuves jusqu'à l'automne, retournent ensuite à la mer, pour revenir, à la fin de l'hiver, dans les eaux douces qu'ils ont l'habitude de fréquenter. En général, ils se rendent régulièrement dans les fleuves où ils ont pris naissance et ne s'en détournent que dans des circonstances exceptionnelles; les expériences de Deslandes ne laissènt aucun doute à cet égard. Ayant acheté douze Saumons des pêcheurs de Châteaulin, il leur passa un anneau à la queue, et les mit ensuite en liberté. L'année suivante, de ces douze poissons, cinq revinrent aux parages où ils avaient été pris; trois furent repêchés la seconde année, et, la troisième année, on en prit, au même endroit, trois autres munis de leur anneau de cuivre : le Saumon, comme l'Hirondelle voyageuse, se montre donc fidèle aux lieux où il a commencé de naître.

La température détermine, pour chaque climat, l'époque de la montée des Saumons. Ils entrent par troupes dans les fleuves; les plus grosses femelles ouvrent la marche, viennent ensuite les mâles de forte taille; le fretin forme l'arrière-garde : toutes les troupes se succèdent à brefs intervalles; bientôt elles deviennent considérables et finissent par constituer un corps d'armée qui s'échelonne en longues bandes disposées sur deux rangs.

Le besoin de frayer est la principale cause qui attire les Saumons dans les eaux douces, mais ce n'est pas la seule; leur instinct les y pousse bien avant qu'ils songent à se reproduire. Ils se plaisent surtout dans les fleuves dont les rives sont ombragées par des arbres. Ils nagent facilement et avec vitesse lorsque la nécessité les y oblige; dans les eaux tranquilles, il leur suffit d'une heure pour franchir une distance de quarante kilomètres; dans l'espace de trois mois, ils parcourent plus de trois mille kilomètres en luttant contre un courant très-rapide; chacun sait qu'en moins d'un mois ils remontent la Loire depuis son embouchure jusqu'à sa source.

Leur marche est toujours très-bruyante; ils se tiennent volontiers au milieu du fleuve, près de sa surface, et en s'y jouant lorsque la température est douce et le soleil modéré, plus avant vers le fond de l'eau si le temps est à l'orage ou le soleil très-vif.

Rien ne les arrête dans leur course : écluses, barrages, cascades, cataractes, ne sont qu'un jeu pour eux. Qui n'a entendu parler du saut du Saumon aux chutes de Kilmorac, au nord de l'Écosse, et de celui que ce poisson exécute dans les comtés de Pembrock et de Leixtif, en Irlande? Le plus célèbre de tous est le saut de Bally-Shannon. Cette rivière tombe à pic dans la mer, d'un rocher de cinq mètres de hauteur. Pour s'élever au-dessus de cet obstacle, les Saumons décrivent une courbe de plusieurs mètres; puis, tout à coup, prenant leur point d'appui, ils battent l'eau avec violence et, d'un bond vigoureux, s'élancent pardessus la cataracte. Dans ces sauts prodigieux, leur queue, renforcée de muscles épais, joue le principal rôle; s'appuyant par un de ses côtés sur une pierre ou tout autre corps solide, ils courbent en arc leur extrémité postérieure et la saisissent fortement avec leurs dents; à un moment donné, l'animal se débande comme un ressort et se lance en l'air, dans la direction du but à franchir; rarement il manque son coup; mais s'il échoue dans un premier effort, il en tente aussitôt un second, et recommence son manége jusqu'à ce qu'il ait dépassé le point visé.

L'époque de la ponte arrivée, les femelles sont pressées de frayer. Avant de se débarrasser de leurs œufs, elles labourent en quelque sorte le lit du fleuve, et profitent de toutes les inégalités du fond pour y creuser de petits sillons ou *frayères* destinés à protéger les germes; lorsque le berceau est préparé, elles y déposent leurs œufs : pendant cette opération, elles ne cessent de s'agiter et de se frotter contre le sable ou le gravier.

La fécondité du Saumon, sans égaler celle du Hareng, ne laisse pas d'être remarquable; une femelle de neuf à dix kilogrammes contient plus de vingt-huit mille œufs; si tous arrivaient à bon port, rivières et ruisseaux seraient bien vite encombrés par d'innombrables légions de ce poisson; mais, comme toutes les espèces qui multiplient beaucoup, les Saumons ont leurs ennemis qui ne se font pas faute de leur donner la chasse et de les détruire dans l'œuf et hors de l'œuf : l'invasion se trouve ainsi réduite à de justes limites.

Novembre et décembre sont l'époque la plus ordinaire du frai; dans certaines années cependant, il commence vers la fin de septembre, et se continue en janvier, février et même jusqu'en mars; il a lieu plus tôt dans les rivières sortant des lacs que dans celles qui ont leurs sources en montagne; il varie aussi selon la douceur ou la rigueur de l'hiver.

Les œufs, transparents dans les premiers jours, ne tardent pas à prendre la couleur safran pâle qui leur est propre; leur éclosion a lieu ordinairement au bout de quarante jours.

L'émission du frai éprouve singulièrement les Saumons; après la ponte, ils sont loin de ressembler à ce qu'ils étaient à leur entrée dans les fleuves. Leurs forces semblent épuisées; tout leur corps se couvre de taches rougeâtres; ils nagent à peine, et si faiblement, qu'ils coulent au fil de l'eau, comme si le courant les emportait : ce n'est plus ce poisson savoureux, tant prisé des gourmets; sa chair est devenue fade, huileuse, filandreuse; évidemment, l'animal a besoin d'aller se refaire dans la mer; il s'y rend et y retrempe bientôt sa vigueur et toutes ses qualités gastronomiques.

Le Saumon, dans son développement, présente certaines particularités curieuses. Et d'abord, l'eau courante est indispensable pour l'éclosion des œufs; ils avortent dans les eaux tranquilles ou stagnantes. Au sortir de l'œuf, le Saumonneau vit aux dépens de sa vésicule; à peine est-elle résorbée, il change de régime et se nourrit, comme la Truite, d'insectes et de petits Poissons. Sa teinte générale est alors grisâtre, relevée de bandes transparentes noirâtres. Au second âge, changement complet de livrée : son corps s'enrichit de reflets métalliques, son dos brille d'un bleu d'acier; quelques taches de vives couleurs irisent les flancs et se détachent sur un fond rougeâtre; son ventre a l'éclat de la nacre; seules les nageoires restent sans éclat et tirent sur le gris.

La première année de leur existence, les Saumonneaux sont exclusivement habitants d'eau douce; dès cet âge, ils montrent leur voracité, croissent vite et arrivent rapidement à trente centimètres de longueur.

Dans cette première phase, ils vivent isolés; ce n'est qu'après avoir pris leur costume de voyage, à la seconde année, qu'ils se rapprochent les uns des autres et se forment en troupes. Pendant tout le printemps, les bandes se succèdent sans interruption; elles descendent les fleuves pour gagner l'Océan. Encore inexpérimentés, il leur arrive parfois, dans ce trajet, de prendre peur à la vue de courants très-rapides et de rebrousser chemin; mais bientôt quelques individus plus osés s'abandonnent résolûment au courant, la troupe entière les suit et arrive ainsi à l'embouchure du fleuve; elle y fait une station de deux ou trois jours, comme si l'eau saumâtre devait la préparer à son changement d'habitat; une fois entrés dans la mer, tous s'enfoncent dans les profondeurs de l'Océan.

Le séjour de sept à huit semaines qu'ils y font est si bien mis à profit, qu'ils ne sont plus reconnaissables quand on les voit reparaître; ils ont plus que doublé de volume, remontent alors les fleuves et rivières où ils sont nés, sans jamais dépasser le point où ils ont vu le jour; ceux qui, par une cause quelconque, n'ont pu se rendre à la mer, et se sont trouvés confinés dans les lacs ou rivières, croissent à peine; leur chair, sans consistance, n'a aucune des qualités du Saumon qui a séjourné plus ou moins longtemps dans l'Océan.

Les Saumonneaux de troisième âge, en sortant de la mer, ont un aspect différent de celui de leurs devanciers; ils ont pris le vêtement des adultes; leur corps ne porte plus de bandes, leur tête s'est effilée, leur queue n'est presque plus échancrée; leur teinte générale est calquée sur celle des Saumons faits : elle est seulement plus pâle, plus uniforme et sans aucune tache.

A partir du troisième âge, la reproduction a lieu. Mâles et femelles se réunissent par paires et ne souffrent pas d'intrus dans leur voisinage; si quelque prétendant vient se montrer près d'eux, le mâle apparié lui donne immédiatement la chasse jusqu'à ce qu'il ait vidé les lieux; ces sociétés, du reste, sont très-éphémères, mais de nouvelles unions ne tardent pas à se former

La nature des eaux, et peut-être aussi le climat, exercent une influence marquée sur la qualité des Saumons. Ceux d'Écosse jouissent, sous ce rapport, d'une grande réputation, et même parmi eux on distingue encore les différentes provenances; les Saumons de la Dee, par exemple, sont les plus gros de tous. Au surplus, ce poisson abonde tellement dans ce pays, que ruisseaux, rivières et fleuves en sont remplis; il formait, il n'y a pas longtemps encore, le fond de la nourriture des classes laborieuses; on le leur prodiguait si libéralement, que les domestiques, en se louant, stipulaient qu'on ne leur en donnerait pas plus de six fois par semaine.

Le Saumon ne pullule pas moins en Suède, en Norvége et dans plusieurs autres contrées septentrionales : aussi, dans tous ces pays, est-il l'objet de pêches fort importantes; leurs produits nourrissent les populations hyperboréennes, et viennent figurer à l'étranger sur des tables plus opulentes.

La pêche du Saumon se fait de plusieurs manières. L'une des plus usitées consiste à barrer, par des pieux très-rapprochés, les cours d'eau fréquentés par ce poisson; les Saumons surmontent, il est vrai, l'obstacle; mais au delà du premier barrage il s'en trouve un autre plus élevé qu'ils ne peuvent franchir; ils se voient ainsi emprisonnés dans une espèce de défilé, sans pouvoir avancer ni reculer : leur capture est facile.

Des filets de diverses sortes sont aussi employés à la pêche du Saumon. Dans certains pays, on le harponne aux flambeaux; la ligne enfin est également mise en jeu, et nullement à dédaigner quand on sait s'en servir; on l'amorce avec des Vers, et surtout avec des Libellules dont le Saumon est très-friand; le célèbre chimiste Humphry Davy était passé maître dans cet exercice : il en a décrit tous les détails en praticien consommé.

Les Saumons, malgré leur grosseur et leur constitution vigoureuse, n'ont pas la vie dure, ils meurent presque aussitôt qu'ils sont hors de l'eau. La quantité qu'on en prend à la fois est si considérable, qu'après avoir fait un triage et mis de côté ceux qui doivent être consommés frais, on est obligé d'en saler, mariner et fumer une grande partie; ces derniers sont l'objet d'un grand commerce d'exportation.

En Norvége et en Suède, la pêche du Saumon se pratique sur une vaste échelle; la Grande-Bretagne s'y livre aussi avec ardeur. Certaines pêcheries d'Angleterre fournissent, en moyenne, deux cent mille Saumons par an; sur le marché de Byrheim, on voit souvent jusqu'à deux mille Saumons par jour; le naturaliste Bloch rapporte qu'en 1750 un seul coup de filet dans la Ribble, en Angleterre, ramena trois mille cinq cents Saumons de toute grandeur : on était tombé sur un banc; ceux qui avaient échappé aux engins n'étaient pas en petit nombre.

Nous sommes moins favorisés en France; nos plus belles pêches sont bien plus modestes, quoique fort lucratives encore. Seules les pêcheries de Blavet et de Châteaulin en Bretagne pouvaient rivaliser avec les pêches merveilleuses du Nord; mais depuis que les rivières de Bretagne ont été obstruées par des barrages, cette richesse maritime a disparu, ou du moins s'est considérablement amoindrie. De tous nos fleuves, la Loire est celui où le Saumon se montre constamment en plus grande abondance.

LA TRUITE.

La Truite (*Salmo Trutta* et *Fario*, fig. 183) est un de nos meilleurs Poissons d'eau douce; sa chair fine et savoureuse est d'autant plus ferme, délicate et saumonnée, qu'elle provient de stations plus élevées. Les eaux claires, à basse température, les torrents et les lacs des montagnes, constituent son séjour de prédilection; on la trouve aussi dans certains ruisseaux de la plaine, mais habités généralement par l'Écrevisse, et qui ne s'échauffent pas au delà de 16 à 18°.

La Truite n'a rien d'élégant dans son port, son aspect a quelque chose de farouche. Sa tête est lourde, son œil grand. La mâchoire inférieure avance sur la supérieure ; toutes deux sont armées de dents pointues et recourbées ; le palais et la langue en portent également, mais de plus petites. Son corps, médiocrement allongé, se termine par une queue à peine échancrée, arrondie aux angles ; sa taille dépasse rarement trente-cinq centimètres de longueur ; son poids moyen varie entre sept et huit cents grammes ; au delà, c'est-à-dire quand elle arrive à deux ou trois

Fig. 183. Truite.

kilogrammes, elle mérite l'épithète de fort belle pièce : on n'en rencontre pas tous les jours de semblables.

Les parties supérieures, chez la Truite, sont ordinairement d'une teinte verdâtre qui va s'affaiblissant sur les côtés ; les parties inférieures, plus pâles, passent, selon les individus, du jaune au blanc ; toute la région dorsale est marquée de taches noires, tandis que les flancs sont ponctués de taches rondes, d'un rouge orangé, entouré d'un cercle moins vif. Cette coloration, plus ou moins constante, ne saurait être considérée comme un caractère spécifique ; elle varie selon la nature des milieux qu'habite le poisson, et peut-être les saisons contribuent-elles aussi à y apporter quelque diversité : les taches latérales, sur les Truites de la Sorgue, sont tantôt rouges, tantôt noires ou blanches ; celles des

Truites des Pyrénées sont souvent blanches ou noires ; en vieillissant, la tête s'allonge, le museau se déprime, et le corps ne présente plus que des ocelles teintés de rouge vif et bordés d'un cercle verdâtre.

La Truite s'accommode parfaitement des eaux froides, mais elle ne prospère pas dans celles qui sont glaciales ; c'est sans doute pour cette cause qu'on n'a pu l'acclimater dans le lac situé près de l'hospice du Grand Saint-Bernard, quoiqu'on ait essayé à plusieurs reprises de l'y naturaliser.

Peu de Poissons nagent avec autant de vigueur et de rapidité que la Truite ; elle remonte les torrents les plus fougueux, et file son nœud, dans les eaux calmes, avec une célérité qui la fait bientôt perdre de vue ; sur son passage, cascades, batardeaux, obstacles de tout genre, ne sont qu'un jeu pour elle : elle les franchit comme le Saumon et par le même procédé, s'élançant quelquefois jusqu'à deux mètres de hauteur. Elle fraye dès que la froidure se fait sentir, d'octobre en mars ; à cette époque, elle se rapproche du rivage, se tient entre les racines des arbres ou les grosses pierres et se laisse alors facilement prendre à la main. Sa fécondité n'a rien d'extraordinaire ; ses œufs sont relativement très-gros ; on en compte un millier par chaque kilogramme de son poids ; elle les dépose dans le gravier des cours d'eau ou dans les trous qu'elle y creuse avec sa queue. L'éclosion a lieu au bout de cinquante à soixante jours, par une température de cinq à six degrés au-dessus de zéro. L'alevin commence par vivre en troupes et fait société avec des Poissons d'une autre espèce ; lorsqu'il a atteint environ quinze centimètres de long, il hante les bas-fonds ; plus tard, chaque Truite vit isolée, se tient volontiers dans les eaux battues, dans les endroits ombragés, près des chutes et des ponts, là surtout où les rochers, obstruant les cours d'eau, occasionnent des remous ; dans ces retraites, elle se tient collée avec tant de force contre les pierres et y demeure dans une immobilité si complète, qu'il faut bien connaître ses habitudes pour la découvrir : elle semble faire partie de la pierre elle-même qu'on dirait chargée d'une matière verdâtre ; ses grands yeux brillants trahissent seuls sa présence.

La Truite est un corsaire ardent et âpre à la curée, mais plein de prudence. Elle ne chasse ordinairement que le soir et la nuit, reste au repos une grande partie du jour, et n'en bouge que quand on vient l'y troubler. Sa voracité est extrême. Tout ce qui se meut au sein des eaux, tout ce qui se montre à la surface, devient à l'instant sa proie. Vers, poissons, insectes forment sa pâture accoutumée ; elle est surtout avide de Diptères, de Friganes, d'Éphémères, de Libellules ; elle les happe au vol avec une adresse surprenante, et jamais ne manque son coup. Il est vrai, elle ne néglige rien pour ne pas rester à jeun. A ses heures de chasse, elle va et vient, retourne sans cesse sur les mêmes traces dans un cantonnement déterminé, glisse, s'élance, bondit hors de l'eau, et fait ventre de tout ce qui s'approche. Son goût pour le gibier ailé est si prononcé, qu'elle se jette avec impétuosité même sur ce qui n'en a que l'apparence ; on la prend souvent à la Mouche artificielle, mais alors pêcheur et Truite sont à deux de jeu : si l'un fait danser avec dextérité le piége perfide, l'autre, fine et rusée, ne se jette pas à l'aventure au-devant de l'hameçon : elle le flaire, l'inspecte, l'étudie avec circonspection, et plus d'une fois elle sort vainqueur d'une partie qui n'est pas aussi inégale qu'on serait tenté tout d'abord de le supposer. En somme, la pêche à la Truite est une noble pêche, exigeant sang-froid, habileté et connaissance parfaite des mœurs du poisson ; on conçoit donc sans peine qu'elle compte de nombreux amateurs ; elle passionne jusqu'aux Anglais, d'ordinaire si posés et si flegmatiques : ces graves insulaires sont passés maîtres dans cet exercice aussi hygiénique que récréatif.

La Truite, sans être absolument routinière, a des habitudes auxquelles il faut être initié, si l'on veut pêcher avec succès. Quoiqu'elle raffole de chasse, elle n'est pas matinale ; elle l'est même si peu, qu'elle attend pour se mettre en course que le soleil soit bien levé, qu'il ait séché les ailes des insectes humides de rosée, et que les imprudents viennent se réjouir à la surface de l'eau. Entre dix et onze heures du matin, son premier repas est terminé. Elle fait la sieste pendant la forte chaleur du jour, et se remet au travail une ou deux heures avant le coucher du soleil : c'est le moment de son second repas. En général, elle se repose la nuit ; mais pour peu que son appétit ne soit pas entièrement satisfait, elle profite des ténèbres pour aller sonder le fond de l'eau : les lignes de fond la dérangent parfois dans ses investigations nocturnes ; presque toujours les plus belles pièces s'accrochent à cet engin meurtrier.

M. de la Blanchère, dans son excellent *Traité de pisciculture*, a fort bien décrit les conditions suivant lesquelles il faut pêcher la Truite. Le temps, dit-il, a sur elle un effet extraordinaire. Avec le vent d'est, elle ne prend pas facilement; elle a horreur des orages accompagnés de tonnerre, et les vents violents, de quelque côté qu'ils soufflent, la mettent à l'abri de l'hameçon; il n'en est pas de même avant ou après une pluie douce, par un temps calme et sombre : c'est le moment par excellence pour prendre la Truite.

A cette pêche, ne vous montrez pas; la Truite a les yeux très-perçants, de plus elle est timide et prudente; si par malheur elle apercevait le pêcheur, aucune amorce ne la tenterait plus, l'habileté et la dextérité la plus grande n'aboutiraient à rien. Surtout pas de bruit; marchez comme un Mohican, d'un pas de sauvage qui ne courbe pas l'herbe et qui ne fait pas bruire les broussailles; munissez-vous d'une bonne canne flexible. Si le temps t la saison le permettent, employez des insectes naturels, ils sont toujours meilleurs; sinon, pêchez à la Mouche artificielle, et alors cherchez un pont ou tout autre obstacle pour vous dérober à votre proie.... future. Elle ne se rendra pas probablement à votre première invitation; renouvelez-la trois ou quatre fois, elle saisira votre Mouche quand elle se présentera tout près d'elle, lorsque la tentation, de plus en plus irritante, sera devenue en quelque sorte irrésistible. A-t-elle mordu, tirez-la hors de l'eau par un coup sec, et mettez-la dans votre gibecière.

Malgré les offres les plus séduisantes, la Truite ne cède pas toujours à sa cupidité; pour qu'elle y succombe, il faut d'abord que la Mouche soit dans sa zone d'alimentation, et puis qu'elle joue parfaitement les ébats d'un insecte vivant. Parfois néanmoins quelques jets répétés finissent par l'attirer à l'endroit désiré; lorsqu'elle nage à la surface de l'eau, elle prend la Mouche sans hésiter, mais elle ne sort jamais de sa route d'exploration pour saisir n'importe quel insecte.

Pendant la saison froide, c'est surtout au milieu du jour qu'il faut pêcher la Truite; dans la saison chaude, le matin et le soir sont les temps les plus favorables. En général, la soirée vaut mieux que la matinée, probablement parce que la Truite, ne mangeant pas du tout pendant la chaleur, a faim vers le soir; par la raison contraire, lorsqu'elle a chassé librement pendant la nuit, elle se montre moins friande de l'amorce le matin; rien de plus logique que cette conclusion : au pêcheur d'en faire son profit.

LE HARENG.

De toutes les espèces qui composent la famille des Clupéoïdes, le Hareng (*Clupea Harengus*, fig. 184) est la plus célèbre par sa fécondité et par les ressources alimentaires qu'elle nous procure. Chaque année, des flottes entières partent pour la pêche de ce poisson; elles en prennent des quantités prodigieuses, mais toujours il reparaît en légions immenses, véritable manne providentielle dont profitent des peuples entiers, depuis le pôle arctique jusque sur les bords de l'Océan.

Ainsi que la plupart de ses congénères, le Hareng a la mâchoire proéminente et le corps allongé, comprimé en carène tranchante, surtout vers le ventre; sa tête est petite, son œil grand; son dos, épais et noirâtre, contraste avec ses côtes argentées et ses nageoires grises.

Sur nos marchés, les Harengs de la Manche ne mesurent guère que vingt-cinq centimètres de longueur; ceux des mers du nord ont plus de taille; les plus forts se rencontrent dans la mer Blanche et au voisinage du cercle polaire.

Le Hareng n'existe pas dans la Méditerranée: aussi paraît-il avoir été inconnu des Grecs et des Romains; sans nul doute, ils auraient apprécié, comme nous, sa chair fine et délicate, imprégnée d'une sorte de graisse qui lui communique une saveur agréable.

Bien des fables ont été débitées sur ce poisson et ont cours encore, même parmi les pêcheurs de profession; ce qu'on connaît de ses mœurs suffit cependant pour lui assigner sa part d'intérêt, sans le secours de la fiction.

D'après certains naturalistes, les Harengs entreprendraient des courses périodiques avec une régularité et une précision mathématiques. Le Nord serait leur point de départ. A des époques déterminées, une colonne immense déboucherait du pôle arctique, s'avancerait vers l'Océan et se dirigerait vers des climats plus tempérés. Elle se partagerait en deux bandes: l'une, se portant à l'ouest, irait peupler les rivages de l'Amérique; l'autre, prenant la direction du sud, se rendrait dans les mers d'Europe. Cette supposition de poissons voyageurs ponctuels dans une route uniforme ne s'accorde pas avec les faits bien observés. On sait aujourd'hui que les migrations des Harengs n'ont pas lieu chaque année suivant un programme invariable : on les pêche sur d'autres points que ceux qui leur sont fatalement assignés ; l'espèce d'Amérique diffère de celle d'Europe ; l'une et l'autre ne proviennent donc pas de la même migration ; rien n'atteste enfin qu'après leurs évolutions elles rentrent, ainsi qu'on le prétend, sous les glaces des contrées hyperborées ; ce qui n'est pas douteux, c'est que le Hareng vit par troupes innombrables dans toutes les eaux où on le pêche ; à certaines époques, il se tient dans les pro-

Fig. 184. Hareng.

fondeurs de la mer, et il quitte ces retraites quand le moment du frai est arrivé.

On croit généralement sur nos côtes que le Hareng, par un privilége tout spécial, vit d'eau pure, surtout à l'époque du frai ; il n'en est rien : il se nourrit, bel et bien, de petits Crustacés, de petits Mollusques et de Vers marins ; lorsque la faim le presse, tout appât lui est bon.

C'est encore bien gratuitement qu'on le fait mourir aussitôt qu'il est hors de l'eau, sans pouvoir être ramené à la vie, même quand on le rejetterait à la mer immédiatement après qu'il a été pris. Son énergie vitale est plus grande. Il saute dans les paniers même après plusieurs heures de capture ; il peut rester impunément renfermé sous la glace, et donne encore signe de vie dans l'eau, quoique ayant les nageoires coupées et le ventre ouvert : il est vrai qu'une fois la tête engagée dans les mailles du filet, il expire étranglé, suffoqué aussitôt par son contact direct avec l'atmosphère; en mourant, il jette un petit cri.

Le Hareng, excellent nageur, se plaît à lutter contre le vent et les courants, mais il reste peu de temps à la même place; sa marche consiste en avances et reculs alternatifs; lorsque le courant est trop fort, il louvoie avec persévérance et parvient à son but en tirant d'habiles bordées.

Par la pleine lune et un temps calme, le Hareng se tient assez loin de la surface; au décours de la lune, au contraire, et par un gros temps, il s'en rapproche; pendant la tempête, il s'entasse au fond de la mer: il s'y renferme également pour se soustraire à l'impression d'un froid subit, et pour échapper à ses nombreux ennemis, Gades, Requins, Roussettes et Chimères qui lui font une guerre acharnée. Toutefois il n'est pas rare de le voir se fixer à fleur d'eau; dans les nuits calmes de l'automne, des troupes entières de ce poisson sortent leur tête hors de l'eau; leur jeu produit un clapotement dont le bruit ressemble à celui de larges gouttes de pluie : c'est un mauvais pronostic pour la pêche, car il faut alors relever tellement les filets, que la plupart des Harengs y échappent.

Selon toute probabilité, les Harengs habitent dans les profondeurs de la mer, et ne s'approchent des côtes que pour frayer. Leur ponte suit à peu près la marche des saisons, mais sans y être rigoureusement assujettie. Les femelles les plus âgées commencent les premières à se débarrasser de leurs œufs, les plus jeunes pondent les dernières. Celles qui ont frayé au printemps sont désignées sous le nom de *Harengs vides* ou *gais;* celles qui frayent en été sont appelées *Harengs vierges;* les femelles qui pondent en automne et en hiver portent le nom de *Harengs pleins*.

Le Hareng multiplie d'une manière prodigieuse; une femelle ne contient jamais moins de vingt mille œufs, et l'on en compte jusqu'à soixante-dix mille dans les individus de forte taille; le nombre des mâles est toujours inférieur à celui des femelles. Ce poisson ne semble pas rechercher tel parage plutôt que tel autre pour sa ponte : il l'effectue tantôt en mer, tantôt sur un fond de sable, sur la roche nue ou sur les prairies sous-marines; pendant cette opération, les femelles se frottent contre des corps durs, agitent l'eau avec force et y lâchent leurs œufs; dès qu'ils sont vivifiés, ils se fixent en pelotons.

Après avoir frayé, le Hareng gagne la haute mer; quand il reparaît sur les côtes, ce n'est que par petites troupes.

On ignore le temps que les œufs mettent à éclore. Les jeunes nés pendant l'été restent sur la côte jusqu'aux approches de l'hiver : ils ont alors douze à quinze centimètres de longueur; ceux nés en automne, le long des côtes de France, d'Angleterre et de Hollande, y séjournent tout l'hiver, mais en se tenant à une certaine profondeur; quand ils ont atteint une plus grande dimension, ils s'enfoncent tout à fait dans l'Océan et y vivent en troupes : leurs bancs, dans la Manche, ne sont jamais plus considérables qu'après l'époque du frai.

D'habitude le Hareng, pendant le jour, se tient dans les couches profondes de la mer; le soir, il se rapproche de la surface, mais pour regagner son gîte dès la pointe du jour.

Les Harengs voyagent toujours par bancs considérables; ils embrassent souvent plusieurs kilomètres, sur une épaisseur d'un mètre et plus. Dans les belles nuits d'été, lorsqu'ils effleurent la surface, la mer présente un spectacle féerique : de toutes parts, sur leur passage, jaillissent des milliers d'éclairs, de longues traînées de feu se mêlent aux scintillements qui s'échappent de cette masse phosphorescente; l'illumination est complète, elle les signale aux pêcheurs. D'autres indices trahissent encore leur présence : la laitance couvre la mer de taches huileuses désignées sous le nom de *graissin*, qui, la nuit venue, brillent d'une lueur phosphorique; Mouettes et Goëlands volent sans cesse au-dessus des bancs de Harengs, les poursuivent sans relâche, et les pêchent nuit et jour, soit pour leur propre compte, soit pour nourrir leurs petits.

A certaines époques qui n'ont rien de fixe, les Harengs éprouvent le besoin de se déplacer; ils sont erratiques, et, bien que la cause réelle de leurs migrations soit encore inconnue, on l'attribue généralement au climat et à la nature des eaux. De même qu'ils apparaissent tout à coup, ils disparaissent de la même façon, sans motifs appréciables; leur réapparition tantôt ne se fait pas attendre, tantôt n'a lieu qu'après plusieurs années; lorsqu'ils se dirigent vers la côte, ils s'y lancent à fond de train et s'y entassent pêle-mêle, au point de s'étouffer. Leurs bancs cependant ne présentent pas toujours l'image de la confusion : les Harengs s'avancent parfois en colonnes régulières; dans ce cas, ils se tiennent près de la surface, et, quel que soit le bruit qui survienne, sauf celui du tonnerre qui les met en désarroi,

Fig. 165. La pêche du Hareng.

ils poursuivent leur route sans dévier. Leur marche est d'autant plus rapide, que les eaux sont plus claires; elle est sensiblement ralentie en eau trouble. Le Hareng plein navigue volontiers dans les grandes eaux, le Hareng gai nage plus près de la côte.

Dans le Nord, on pêche indistinctement le Hareng le soir ou le matin, de jour comme de nuit; il n'en est pas ainsi sur les côtes de la Manche : les pêcheurs de Saint-Valery, de Boulogne, de Dieppe, de Fécamp, estiment que c'est au lever et au coucher de la lune, coïncidant avec la molle eau, que ce poisson s'emmaille plus facilement; de là le dicton : *A lune levant, Hareng brognant.* La lumière artificielle a la propriété de les attirer : aussi les embarcations ont-elles toujours un fanal à l'avant dans la pêche de nuit. Comme toutes les pêches, celle du Hareng a ses jours d'heur et de malheur; mais, en général, elle est fructueuse, et si le poisson fait défaut dans une saison, il est rare que l'abondance ne reparaisse pas dans une autre, pour faire compensation. Heureuses les embarcations qui tombent sur un banc épais de Harengs, elles ont bien vite leur chargement; chaque maille du filet est chargée de son trophée. On cite des sorties pendant lesquelles, dans une seule nuit, des pêcheurs ont pris jusqu'à huit cent mille Harengs; d'autres se sont vus forcés de jeter à la mer une partie de leur butin, sous peine de sombrer, tant leurs bateaux étaient combles. Les pêches sont encore bien plus miraculeuses dans le nord de l'Europe. D'après Lacépède, il est telle petite anse de Norvége où l'on prend vingt millions de Harengs dans une seule pêche; à Gothembourg, le produit de la pêche annuelle s'élève à plus de sept cents millions de Harengs; sur nos côtes, moins peuplées de ce poisson, on regarde la pêche comme excellente quand, deux heures après qu'on a jeté le filet, on est obligé de le retirer; ce temps suffit pour le garnir de Harengs, lorsqu'on est en bonne veine; toute une marée, au contraire, suffit à peine quand la chance est contraire. Les pêcheurs augurent bien de la pêche, lorsque, après une tempête, survient un calme accompagné de brouillard ou de brume, ou lorsque le vent souffle du côté d'où viennent les Harengs.

En Hollande, où la pêche du Hareng se pratique sur une grande échelle et avec plein succès, les filets ont de mille à douze cents mètres de long et les mailles trois centimètres de large; on les jette à la mer et on les retire avec un cabestan. C'est en voulant forcer l'obstacle qui s'oppose à leur marche que les Harengs s'engagent dans les mailles du filet; ils y restent accrochés par les ouïes : les uns sont livrés à la vente, sans préparation aucune, pour être consommés frais ; les autres destinés à être conservés, sont salés ou séchés.

La salaison commence à bord des embarcations, munies, à cet effet, de tonnes, de barils et de provisions de sel. Dès que les Harengs sont hors de l'eau, on les *habille*, c'est-à-dire qu'on leur coupe la gorge et qu'on leur enlève les ouïes et les entrailles ; on les lave ensuite dans l'eau salée, puis on les plonge dans une saumure assez épaisse pour qu'ils y surnagent. Lorsqu'ils ont séjourné pendant quinze ou vingt heures dans ce bain, on les en retire et on les encaque dans une tonne fortement garnie de sel ; ils y restent jusqu'à ce que la pêche soit terminée et qu'on soit rentré au port ; une fois à terre, on change les Harengs de tonne, on renouvelle la saumure et on les encaque avec soin : dans cet état, ils sont livrés au commerce.

La préparation des Harengs qu'on veut faire sécher, autrement dit des Harengs saurs fumés, est différente. On choisit les plus beaux ; on les met d'abord dans la saumure comme les Harengs salés ; vingt-quatre heures après, on les enfile par les ouïes dans de petites baguettes et on les suspend à une cheminée où ils sont exposés à un feu de bois très-léger, mais qui jette beaucoup de fumée. On attend qu'ils soient bien secs pour les mettre en vente ; c'est l'affaire de vingt-cinq à trente heures quand l'opération est bien conduite.

L'art de préparer le Hareng remonte au quinzième siècle ; on en est redevable au Flamand Guillaume Benkels, humble pêcheur dont l'industrie est devenue européenne et a fait la fortune de la Hollande. Ses compatriotes, dans un juste sentiment de reconnaissance, ont élevé un monument à sa mémoire ; son tombeau, objet d'un pèlerinage national, se voit encore au village de Biernlist : Charles-Quint ne crut pas déroger à sa grandeur en le visitant en 1536.

LE THON.

Ce poisson a été longtemps compris dans le genre Maquereau ; il en réunit, en effet, les principaux caractères, mais G. Cuvier l'en a séparé par suite de la disposition de ses écailles formant une sorte de corselet autour du thorax, et aussi à cause de la carène cartilagineuse des côtés de sa queue, et de ses nageoires dorsales, contiguës l'une à l'autre.

Le corps du Thon, plus épais dans sa partie médiane qu'à ses extrémités, ressemble à un fuseau aplati; la mâchoire inférieure avance sur la mâchoire supérieure, et toutes deux sont garnies de petites dents pointues; le dos est bleu-noirâtre d'acier, le ventre grisâtre avec des taches argentées; la queue, courbée en croissant, est très-grande et tire sur le gris noir (fig. 186).

Le Thon atteint de grandes dimensions; il n'est pas rare d'en voir de plus de deux mètres de long, et plusieurs fois on en a pris qui dépassaient quatre cents kilogrammes. Ce poisson nage

Fig. 186. Thon.

avec rapidité et accompagne volontiers les navires pour jouir de l'ombre qu'ils projettent sur la mer, et aussi sans doute afin de profiter des débris de cuisine qu'on jette par-dessus bord. Sa voracité est extrême; il donne la chasse aux bancs de Maquereaux, de Harengs, de Sardines, et se précipite avidement sur les amorces les plus grossières; mais s'il ravage les faibles poissons, il est à son tour relancé par les Dauphins et l'Espadon qui ne l'épargnent guère.

On le rencontre moins communément dans l'Océan que dans la Méditerranée où il fraye d'habitude. A certaines époques de l'année, ses légions innombrables longent les côtes; selon les parages, il se montre au printemps et se dirige vers l'orient ; aux approches de l'automne, il suit une marche inverse. De ce fait on avait conclu que, simplement de passage dans la Méditerranée, il y entrait par le détroit de Gibraltar, pour s'avancer au delà du Bosphore, et revenir ensuite vers l'ouest; mais, d'après les observations de Cetti, qui a étudié le Thon d'une manière spéciale et qui en a vu, de temps à autre, de grandes troupes, en hiver, autour de la Sardaigne, il semble prouvé que ce poisson fraye surtout dans la Méditerranée, qu'après avoir séjourné une partie de l'année dans les profondeurs de la mer, il se rapproche des terres et les côtoie : sur les côtes de Provence, à la Ciotat, par exemple, on fait une pêche d'arrivée depuis le mois de mars jusqu'à la fin de juin, et une pêche de retour depuis la mi-juillet jusqu'à la fin d'octobre.

La pêche du Thon sur nos côtes remonte à la plus haute antiquité; les Phocéens s'y livraient déjà aux environs de Marseille; au dix-huitième siècle, elle était pratiquée avec activité sur les côtes d'Espagne; aujourd'hui, elle est en vigueur dans le golfe du Lion, sur les côtes de Provence, dans la rivière de Gênes, en Sardaigne et en Sicile; on la fait aussi avec succès dans le golfe de Gascogne, non loin de Bayonne; mais cette industrie n'y a pas autant d'importance que dans la Méditerranée. Les procédés varient selon les pays; toutefois c'est principalement à la *thonaire* ou à la *madrague* qu'on prend les Thons.

La thonaire consiste dans une enceinte de filets qu'on jette pour ainsi dire sur le coup même, pour arrêter les Thons au passage. Dès que leur arrivée a été signalée par les vigies placées à cet effet en observation, les pêcheurs dirigent leurs embarcations vers l'endroit indiqué; ils se rangent sur une ligne courbe, et forment, avec des filets lestés et flottés, une enceinte autour de la troupe voyageuse qui, effrayée par tous ces mouvements, se réfugie vers le rivage. De nouveaux filets, placés en dedans des premiers, rétrécissent de plus en plus l'enceinte, jusqu'à ce qu'il n'y ait plus que trois ou quatre brasses de profondeur, et qu'on puisse amener les Thons au rivage à l'aide d'un dernier filet, terminé par une poche ou en cul-de-sac; le poisson, une fois acculé dans cette impasse, et ne sachant plus où donner de la tête, s'entasse pêle-mêle; on n'a plus qu'à le saisir avec les mains ou à le tuer à coups de croc.

Tout autre est la madrague. C'est un établissement à demeure, composé d'une série d'enceintes qu'on forme avec des filets et

Fig. 187. Pêche du Thon à la madrague.

qu'on maintient verticalement en les flottant et en les lestant comme la thonaire. Chacune de ces enceintes s'ouvre du côté de la mer; un autre grand filet ferme le parc et en relie les labyrinthes à la terre, tout en arrêtant les Thons dans leur direction première. Ceux-ci passent d'abord entre la madrague et la terre; mais, trouvant le chemin barré par le dernier filet, ils se détournent, côtoient l'engin et pénètrent dans les diverses enceintes où ils s'égarent; des dispositions particulières les forcent à passer de chambre en chambre jusqu'à la dernière enceinte désignée sous le nom de *corpou* ou *chambre de mort*. A peine y sont ils engagés, qu'un filet horizontal les soulève jusqu'à la surface de l'eau; dans cette extrémité, et serrés par l'espace, ils s'amoncellent à qui mieux mieux, et alors commence le dernier acte du drame. L'équipage n'attendait que ce moment pour s'armer de crocs, de tridents, de harpons, en un mot de tout instrument capable d'accrocher ou d'assommer. La mêlée devient bientôt affreuse ; les coups pleuvent de toutes parts; tous les Thons enfermés dans la madrague sont voués à une mort violente; pour eux la fuite est impossible, et ils n'ont pour se défendre que des bonds désespérés : la mer ne tarde pas à être teinte de leur sang (fig. 187).

Le Thon est un des poissons dont la chair est à la fois très-savoureuse et des plus nutritives; suivant les diverses parties de son corps, elle a des qualités différentes : les unes ressemblent à du bœuf, les autres rappellent la viande de veau, mais plus faite et plus délicate que cette dernière; on la consomme fraîche ou marinée; sous ces deux états, elle n'est point indigne de figurer sur des tables recherchées.

L'ANGUILLE.

L'histoire de l'Anguille (fig. 188) soulève plus d'un mystère encore inexpliqué. Et d'abord, comment se reproduit-elle? On est loin d'être d'accord sur ce point capital. Les uns la font ovipare; les autres veulent qu'elle soit ovovivipare comme la Vipère; quelques-uns la considèrent comme un animal simplement ébauché dont on ne connaît pas l'état de maturité sous lequel elle multiplie; plusieurs enfin croient qu'elle ne peuple les rivières et les étangs que pendant son premier âge, et qu'en devenant adulte elle se transforme en Congre ou Anguille de mer : cette dernière supposition ne saurait tenir devant la structure anatomique de l'Anguille commune qui n'a jamais que cent seize vertèbres, tandis que le Congre, quel que soit son développement, en compte toujours cent cinquante-six.

L'Anguille, par sa forme allongée et ses allures sinueuses, a l'aspect d'un Serpent. Son corps cylindrique s'atténue vers la queue; les écailles qui le recouvrent sont si petites et tellement implantées dans le derme, qu'on a peine à les distinguer à l'œil nu; sa peau est toujours lubrifiée par une humeur visqueuse qui la rend très-gluante. Chez ce poisson, la mâchoire inférieure s'avance en pointe au devant de la mâchoire supérieure; toutes deux sont garnies de plusieurs rangées de petites dents, ainsi que les palatins et le vomer. Les narines sont saillantes; l'ouverture des branchies, réduite à une simple fente en croissant, porte les nageoires pectorales, les seules qui soient en nombre pair; la dorsale et la caudale se réunissent pour former une caudale pointue; les vertèbres, exceptionnellement flexibles, permettent à l'animal de se contourner dans tous les sens. Sa coloration varie suivant le milieu qu'il fréquente : dans les eaux limpides, le dos, d'un beau vert foncé, brille de reflets métalliques, quelquefois bleuâtres, et le ventre prend une teinte de blanc argenté; dans les eaux limoneuses, le dessus du corps est brun-noir et le dessous jaunâtre.

L'Anguille, très-répandue en Europe, abonde dans les fleuves, les rivières, les étangs. Comment s'introduit-elle dans les lacs élevés? On l'ignore; pourquoi n'en sort-elle pas quand elle est assez forte pour aller frayer dans la mer? L'eau douce de ces lacs la frappe-t-elle de stérilité? Autant de problèmes dont la solution réclame les recherches des naturalistes.

L'Anguille est un des rares poissons d'eau douce qui se rendent à la mer; elle habite indifféremment les eaux courantes ou dormantes, mais sa chair est plus savoureuse dans les eaux limpides que dans les eaux vaseuses. Sa voracité est bien connue; elle se nourrit de Vers, de Mollusques, de Sangsues, de frai de Grenouilles et de Poissons, tels que Vérons, Goujons et autre fretin; elle attaque aussi les petits Mammifères aquatiques, Musaraigne et Rat d'eau, et se jette avidement sur les cadavres en décomposition : toute tripaille lui sourit. Elle nage avec souplesse et célérité, souvent à reculons, et toujours dans une direction latérale. Le fond des eaux est son domicile habituel quand elle ne court pas après le gibier; mais si le temps est orageux, sous l'influence peut-être de sensations électriques, elle remonte vers la surface, certaine d'y trouver pâture. Ses chasses n'ont lieu que la nuit; pendant le jour, elle se blottit dans les trous des berges, où l'on en trouve parfois un grand nombre réunies ensemble, ou bien elle s'enfonce complétement dans la vase, ne laissant passer que son museau. Le procédé dont elle se sert pour se ménager cette cachette est assez ingénieux. Après avoir choisi un endroit où la vase à demi liquide offre peu de résistance, elle sonde le terrain avec sa tête, y introduit l'extrémité

Fig. 188. Anguilles.

de la queue et le taraude à l'aide d'oscillations rapides et d'une série d'évolutions habilement combinées; le trou creusé, elle s'enterre complétement, sans trahir sa présence par le moindre bourrelet: on ne la devine qu'au petit nuage bourbeux que soulève un petit courant d'eau qui passe dans les branchies.

L'Anguille sort volontiers de l'eau pour se répandre dans les prairies humides, à la recherche des Lombrics et des petits Mollusques dont elle est fort avide. On la rencontre aussi quelquefois à d'assez grandes distances des rivières et des étangs, au milieu des champs, dans les haies et les buissons; maints chasseurs l'y ont surprise à l'aube du jour. On s'explique, du reste, facilement comment ce poisson peut vivre un certain temps hors de l'eau; il ne fait l'école buissonnière que la nuit; sa peau visqueuse lui permet de supporter l'action modérée de l'air: il y résiste surtout grâce à la membrane qui ferme presque hermétiquement l'ouverture branchiale. Les viviers et les autres pièces d'eau les mieux encaissées et même bétonnées ne l'empêchent pas toujours de se livrer à ses promenades nocturnes; à l'aide de son corps souple et glissant, elle trouve sans doute moyen de se frayer un passage à travers les moindres fissures; peut-être aussi a-t-elle le secret de disjoindre les pierres, de creuser des trous, et de s'échapper par là d'une prison qui semblait infranchissable.

D'après les ichthyologistes les plus autorisés, Lacépède, Bosc, Valenciennes en France, Yarrell et Young en Angleterre, l'Anguille serait ovipare; elle viendrait frayer dans la vase des eaux salées ou saumâtres pendant les mois les plus chauds de l'été, et ses œufs formeraient une masse visqueuse, analogue à celle qui renferme les œufs de la Perche fluviale. Les petits, au moment de leur naissance, ne se séparent pas des pelotes qui les réunissent; ils ne s'en débarrassent que lorsqu'ils ont deux ou trois centimètres de long. Les pêcheurs nantais profitent de ces pelotes pour peupler d'Anguilles les étangs environnants. Les jeunes, encore peu développés, de trois ou quatre centimètres seulement, restent cantonnés dans l'endroit où ils ont vu le jour jusqu'à l'arrivée du printemps; ils sont tellement fixés à la plage, qu'ils semblent y adhérer : de là le préjugé populaire qui les fait naître de la vase de mer; dès qu'ils ont pris plus de force et que l'eau s'est suffisamment réchauffée, un peu plus tôt ou un peu plus tard, selon les années, toujours cependant d'avril en mai, ils se mettent en route.

On donne le nom de *montée* à la migration générale des petites Anguilles; elle commence à la fin de mars, atteint son maximum d'activité dans le courant d'avril et se prolonge jusqu'en mai. L'alevin ressemble alors à de petits fils gélatineux, transparents, et n'a de bien visible que ses deux yeux noirs; après avoir passé quelques jours aux embouchures des fleuves, toute la masse fourmillante s'ébranle. « Cette armée innombrable, dit M. de la Blanchère, monte sans trêve ni repos, nuit et jour, sur toute la largeur du fleuve, mais principalement près des rives, séparant un peloton dans chaque affluent, grand ou petit, qu'elle rencontre, montant, montant toujours, poussée par une force irrésistible. Les premiers émigrants ne sont pas beaucoup plus gros ni plus longs qu'un tuyau de plume; un mois après, il en passe tout autant; ils ont alors le double de grosseur, sans être beaucoup plus longs; quatre semaines plus tard (car la montée dure jusqu'en mai), on ne prend plus que les traînards et les retardataires de la légion, plus âgés naturellement et plus développés et ayant près de trente centimètres de longueur, avec un volume proportionné à leur taille; peu à peu, le passage s'amoindrit et finit par s'effacer : tout s'est déversé dans les divers cours d'eau, ou casé dans les fossés et les étangs. »

Dans certains fleuves, tels que la Loire, la montée est si prodigieuse, qu'on en charge, en peu de temps, des voitures entières; elle ne dépasse pas Angers : que deviennent ces Anguilles jusqu'à ce qu'elles aient atteint la taille de quarante à cinquante centimètres qu'exige le marché? on en est encore, sur ce point, réduit à des conjectures plus ou moins hypothétiques; il se peut qu'une partie des jeunes s'arrête dans les premiers étangs voisins de la mer, pour y prendre leur seconde croissance; mais ce qu'on sait pertinemment, c'est qu'après avoir passé la belle saison dans les ruisseaux, les rivières et les fleuves, toutes les Anguilles voyageuses du printemps se réunissent à l'entrée de l'automne, s'entrelacent en boules et se laissent aller au fil de l'eau, sans le moindre effort, pour descendre à la mer; le besoin d'y retourner est si impérieux chez elles que rien ne les détourne de leur chemin; rencontrent-elles un obstacle difficile à surmonter, elles se pressent, s'accumulent, s'entassent par milliers, sans que jamais une seule tente de remonter aux lieux qu'elle vient de quitter. C'est à cette descente qu'on en fait des pêches vraiment merveilleuses; on les prend par paquets de vingt-cinq et trente Anguilles, enroulées et comme nouées ensemble; il suffit de tendre de grandes nasses au travers du fleuve et de le barrer de chaque côté avec des clayonnages dont on ferme les ouvertures avec de la vase.

L'Anguille n'atteint son développement normal, un mètre de long et un ou deux kilogrammes de poids, qu'après un certain nombre d'années; sa longévité est très-grande : elle dépasse, assure-t-on, quatre-vingts ans; des Anguilles de un mètre cinquante centimètres de long, pesant douze kilogrammes, sont de fort belles pièces assurément, mais nullement extraordinaires dans certaines contrées. Sous l'eau, ses ennemis les plus ardents sont la Loutre, le Brochet et l'Esturgeon ; à terre, son adversaire irréconciliable est cet omnivore qu'on appelle l'homme.

L'énergie vitale de l'Anguille est depuis longtemps connue; qui ne sait qu'elle peut rester huit ou dix jours hors de l'eau sans en souffrir? Écorchée vive, elle ne périt pas immédiatement; coupée en plusieurs morceaux, chacun de ses tronçons s'agite de longs mouvements convulsifs; toutefois elle meurt rapidement lorsqu'on l'expose au plein soleil, ou lorsqu'on la frappe d'un coup sec sur la queue. D'après les recherches du docteur Marshall Hall, elle serait pourvue d'un cœur lymphatique à l'extrémité de la veine caudale; aussi est-ce là son point vulnérable: les pêcheurs de profession le savent par expérience; quand ils veulent tuer une Anguille, ils ne l'attaquent pas par la tête, mais par la queue; ils la lui choquent violemment contre un corps dur.

Aux approches du froid, l'Anguille se retire dans les trous des berges ou s'enfonce dans la vase et s'y engourdit jusqu'au retour de la chaleur ; quand on met les étangs à sec, elle cherche son salut au fond du limon : il faut alors piétiner la vase pour l'en faire sortir.

C'est presque toujours au fond de l'eau qu'on doit tendre la ligne pour prendre des Anguilles. En bonne saison, dans les eaux claires, on perdrait son temps et sa peine en cherchant à pêcher l'*Anguille après huit heures du matin* et avant quatre ou cinq heures du soir : elle ne mord pas. Mais *si un orage vient* à troubler l'eau, le poisson sort de sa retraite et s'agite, s'approche de la surface et chasse énergiquement; on a chance alors de le capturer, pourvu qu'on use d'une certaine précaution. Lorsqu'il est pendu à l'hameçon, gardez-vous bien de le lancer à terre, et déferrez-le avec soin. L'Anguille, à terre, ne bondit pas de sauts convulsifs avant de mourir, comme font les autres poissons; elle rassemble toutes ses forces pour fuir, rampe, glisse et se faufile rapidement à travers les herbes, et, si on ne lui coupe vivement la retraite, elle a bien vite regagné l'eau: on ne la tient vraiment que lorsqu'elle est au fond du sac. Les gros Vers de terre, les intestins de volailles, le Véron, l'Ablette, le Goujon, voire même les Sangsues, sont les meilleurs appâts qu'on puisse employer pour prendre l'Anguille.

Les pêches les plus célèbres de ce poisson, en Europe, sont

celles des lagunes salées de Commachio, près Venise. Elles ont lieu de septembre à décembre ; on en prend près d'un million de kilogrammes à cette époque ; on les consomme fraîches ou salées ; leur préparation se fait sur une grande échelle, à Commachio même.

Chez nous, les Anguilles de la Camargue et de l'étang salé de Biguglia, en Corse, sont en grande estime auprès des gourmets, et non sans raison ; leur chair ferme et blanche est infiniment plus délicate et plus savoureuse que celle des Anguilles d'eau douce.

MOLLUSQUES

MOLLUSQUES.

Les Mollusques, ainsi nommés parce que leur corps est toujours mou, manquent de squelette. Leur système nerveux se compose de plusieurs masses médullaires éparses dans les différentes parties du corps, et réunies entre elles par des filets nerveux; la masse médullaire, regardée comme l'analogue du cerveau, se trouve placée en avant et au-dessus de l'œsophage; leur sang est blanc ou bleuâtre; ils sont pourvus d'un système complet de circulation.

Leur peau, molle et visqueuse, s'enveloppe ordinairement d'un manteau, espèce de tégument musculaire très-contractile, tantôt sous forme de bouclier situé à la face dorsale, tantôt divisé en lobes, creusé en canal ou en sac plus ou moins régulier.

Quelquefois le manteau est simplement membraneux ou charnu; les animaux chez lesquels on l'observe se nomment *Mollusques nus :* telles sont, entre autres, les Limaces; mais, le plus souvent, il se forme dans l'épaisseur du manteau une ou plusieurs lames qui s'accroissent et s'épaississent par l'addition de lames nouvelles. Si cette matière est simplement renfermée à l'intérieur, l'animal retient encore le nom de Mollusque nu; si elle est extérieure et si, débordant le manteau, elle acquiert un développement tel, que l'animal puisse se retirer sous son abri, on lui donne le nom spécial de *coquille,* et le Mollusque qui la porte est appelé Mollusque testacé ou conchifère.

La coquille est sécrétée par le manteau; elle est formée d'une substance demi-cornée et d'une certaine proportion de carbonate de chaux; les différentes lames qui en résultent se superposent les unes au-dessus des autres, de telle sorte que les plus anciennes sont rejetées au dehors et se trouvent débordées par les lames les plus récentes; le contact de l'air leur donne plus ou moins de consistance.

Les coquilles offrent une grande variété dans leurs formes et leur coloration; d'après le nombre des pièces ou valves qu'elles présentent, on les distingue en coquilles univalves (*l'Escargot*), bivalves (*la Moule, l'Huître*); en général, toutes les fois que la coquille est extérieure, le Mollusque qui l'habite lui adhère d'une manière intime à l'aide de muscles particuliers.

Le sens du toucher et du oût existent chez la plupart des Mollusques; on distingue aussi, chez un grand nombre, le sens de la vue, et même chez quelques-uns le sens de l'ouïe, mais chez aucun de ces animaux on n'a pu encore découvrir le siége de l'odorat.

La respiration a lieu tantôt par des poumons, comme chez les Limaces, les Escargots, les Maillots, les Planorbes, les Limnées; tantôt par des branchies, comme chez l'Huître et les Moules.

MOLLUSQUES CÉPHALOPODES.

LE POULPE.

Les romanciers et les voyageurs étrangers à l'histoire naturelle se sont complu à faire de ce Céphalopode un être formidable; mais, à vrai dire, il n'est terrible qu'aux Crustacés, aux Mollusques et aux Poissons dont il se nourrit: aussi, malgré les récits fantastiques dont il a été souvent le héros, peut-on affirmer que l'homme n'a rien à redouter, à son sujet, que la peur d'un mal imaginaire dont le Poulpe est parfaitement innocent.

Sa structure offre quelque analogie avec celle de certains Polypes. Son corps nu, séparé de la tête par un étranglement bien prononcé, est renfermé, en partie, dans un manteau, espèce de sac à parois molles et flexibles, que ne soutient aucune pièce solide, et qui s'ouvre en avant par une fente transversale; il en sort une tête relativement très-forte et couronnée par huit grands bras ou tentacules formant eux-mêmes une sorte d'entonnoir; au fond, se trouve la bouche. Elle se compose de deux mandibules cornées, très-dures, courbées en manière de bec de Perroquet qui, dans leur jeu vertical, se rapprochent l'une de l'autre par leur bord tranchant, et déchirent la proie à l'aide des crochets dont elles sont terminées. De chaque côté des tentacules, se montre un œil saillant que la peau environnante peut recouvrir entièrement.

Entre le manteau et le corps proprement dit, sont logées deux branchies, semblables à des feuilles de fougère. La cavité où elles se recèlent est susceptible de contractions et de dilatations alternatives; elles communiquent avec l'intérieur par deux ouvertures : l'une, figurée par une fente, donne entrée à l'eau; la seconde, prolongée en tube, est l'orifice de sortie; il en résulte que l'inspiration s'opère par la fente du manteau, et l'expiration par le tube : le renouvellement du liquide respirable s'effectue au moyen d'une sorte de pompe aspirante et foulante à la surface des lamelles branchiales. Chacune des branchies est accompagnée, à sa base, d'un cœur qui y pousse le sang amené de toutes les parties du corps ; dès que ce sang a été vivifié par la respiration, les veines le portent à un troisième cœur situé sur la ligne médiane, et de là il se répand dans le reste de l'organisme. Enfin, à peu de distance de l'anus, dans l'intestin même et accolé au foie, s'ouvre le canal du sac à encre, sécrétion spéciale que le Poulpe répand dans l'eau sous la figure d'un nuage épais, pour se dérober à la poursuite de ses ennemis; ce stratagème s'observe avec plus d'intensité encore chez les Seiches et les Calmars.

Fig. 189. Poulpe.

Les tentacules du Poulpe remplissent plus d'une fonction; ils lui servent pour se fixer, pour saisir et retenir sa proie, et aussi pour nager et marcher. Leur face interne présente une multitude de ventouses disposées sur deux rangs; chacune d'elles ressemble à une capsule demi-sphérique, au fond de laquelle s'élève un tubercule susceptible de se porter en avant et de se retirer en arrière; l'animal peut donc, à son gré, s'appliquer à plat sur un corps étranger et y adhérer fortement en faisant le vide au milieu du disque de la ventouse, par la contraction de son piston central.

Les procédés de locomotion du Poulpe sont marqués d'originalité : il nage en tourbillonnant d'une façon assez irrégulière, la tête ordinairement en bas, et en usant de ses longs appendices tentaculaires en guise de rames. Au fond de l'eau, sur un sol résistant, ainsi que sur le sable affermi de la plage et dans les anfractuosités des rochers, il marche ou plutôt il se traîne en s'aidant de ses bras: il commence par en étendre fortement un ou deux qu'il fixe à un point d'appui, et profite de ces amarres pour attirer le reste de son corps en contractant et en repliant les bras opposés. Les tentacules ne sont pas seulement des moyens de déplacement et de progression, ils agissent encore comme organes de préhension; le Poulpe s'en sert pour enlacer sa proie; quand il l'a complétement enveloppée, l'animal s'y cramponne au moyen des ventouses, et comme ces dernières sont très-nombreuses, l'adhérence est si forte, qu'on ne peut la rompre *qu'en coupant les bras du Poulpe*: même après sa mort, elle persiste encore quelque temps.

Les Poulpes habitent exclusivement la mer; ils fréquentent de préférence les côtes, et sont bien plus répandus dans les climats chauds que dans les pays froids; nous en avons plusieurs espèces dans la Méditerranée et dans l'Océan. Tant qu'ils sont jeunes, ils aiment à se réunir en troupes; mais, à mesure qu'ils prennent de l'âge, ils deviennent moins sociables et finissent par vivre tout à fait solitaires; ils se confinent alors près des rochers, à une petite profondeur au-dessous de la surface de l'eau; il est facile de reconnaître leur gîte aux débris de Poissons, de Crustacés et de Coquillages qui y sont accumulés tout autour. Leur voracité est extrême; pour la satisfaire, ils se tiennent ordinairement en embuscade, prêts à happer, avec leurs tentacules, toute proie passant à portée; ils en veulent surtout aux Homards et aux Langoustes qu'ils broient entre leurs mâchoires, malgré la résistance de leur test : les ravages qu'ils exercent parmi ces utiles Crustacés sont d'autant plus considérables, que ceux-là mêmes qui leur ont échappé sont saisis de terreur au point de déserter à jamais leurs parages habituels. Les baigneurs redoutent leur présence, mais cette crainte n'est pas raisonnée ; au pis aller, on en est quitte pour la sensation d'un contact désagréable, exempt de toute conséquence dangereuse; il suffit, en tout cas, pour se débarrasser de l'animal, de le retourner comme un gant ; à l'instant même, il lâche prise, s'affaisse et ne tarde pas à mourir si on le tient hors de l'eau.

A l'instar des Salamandres aquatiques et surtout des Polypes, le Poulpe jouit de la propriété de reproduire spontanément les bras qu'il vient à perdre par quelque accident ; sa peau change, en outre, de couleur, sous l'influence de certaines émotions et elle se couvre momentanément de petites verrues : les unes et les autres disparaissent avec la cause qui les a produites.

La femelle fait sa ponte au printemps; ses œufs, plus ou moins nombreux, suivant l'âge de l'individu, forment une masse unique qui, en s'échappant au dehors, devient bientôt plus volumineuse que l'animal lui-même : les pêcheurs la désignent sous le nom pittoresque de *Raisins de mer*.

MOLLUSQUES GASTÉROPODES.

LIMACES, ESCARGOTS, LIMNÉES ET PLANORBES.

Certains Mollusques, parmi les Gastéropodes, vivent sur terre tandis que d'autres vivent exclusivement au sein des eaux; de là leur distribution en deux groupes naturels : les Pulmonés terrestres et les Pulmonés aquatiques ; au premier appartiennent les Limaces et les Escargots; au second, les Limnées et les Planorbes.

Les Limaces ne sont que trop connues par les dégâts qu'elles exercent dans les jardins et parmi les récoltes qui viennent de lever. Quoique leur extrême contractilité ne permette pas de les saisir dans un moule invariable, elles se laissent plus facilement décrire quand elles rampent sur le sol ; elles présentent alors la forme d'une ellipse allongée, plus épaisse et plus obtuse en avant qu'en arrière, où leur corps se termine en pointe carénée ou arrondie. Deux parties s'y distinguent : l'une, inférieure et aplatie, pourvue d'un disque charnu débordant un peu sur les côtés, c'est le *pied ;* l'autre, supérieure et convexe, présentant en avant une sorte de *cuirasse, bouclier* ou *écusson* qui fait saillie, et est orné de stries transversales diversement contournées : la tête, en se contractant, peut se réfugier sous cet abri. Celle-ci se rattache au reste de l'animal par un léger étranglement ; elle est percée, en avant et en dessous, d'une ouverture arrondie dont les bords sont plissés dans tout leur contour, c'est la bouche; on n'y voit qu'une mâchoire supérieure en forme de croissant dentelé ; un sillon la sépare du pied ; quatre tentacules, dont deux plus longs que les autres, l'accompagnent; ils portent à leur extrémité supérieure deux renflements noirs, regardés comme des yeux; ils sont creux au dedans et munis de muscles annulaires qui leur permettent de rentrer sur eux-mêmes et de sortir de l'intérieur du corps, de même que des doigts de gant qu'on retourne. Au côté droit de l'écusson se montrent trois ouvertures ; la plus grande, percée dans l'intérieur de la cuirasse, donne accès à l'air dans une cavité destinée à la respiration ; la plus petite termine le canal intestinal; la troisième renferme les organes reproducteurs.

L'enveloppe générale du corps des Limaces, très-épaisse et très-coriace, se compose de fibres musculaires dirigées dans tous les sens; celles qui constituent le plan locomoteur sont plutôt dans le sens longitudinal du pied : c'est par leurs ondulations successives que l'animal rampe.

L'écusson renferme dans son épaisseur un rudiment calcaire; au-dessous, se trouvent le cœur et les organes de la respiration, une cloison membraneuse les sépare des intestins.

Toute la surface cutanée sécrète un mucus très-abondant, à l'aide duquel les Limaces se fixent et cheminent sur les corps même les plus lisses: partout où elles passent, elles en laissent une *légère couche très-friable*, qui dénote par son éclat argenté la route qu'elles ont parcourue.

Les cinq sens n'existent pas tous chez ces animaux; ceux du toucher, du goût et de l'odorat sont bien prononcés; celui de la vue paraît si faible, qu'on l'a plus d'une fois mis en doute. Les Limaces, en effet, sont insensibles aux changements brusques de la lumière; elles passent, sans s'en douter, du jour le plus vif à l'obscurité la plus profonde, et n'aperçoivent jamais l'obstacle placé devant elles; quant au sens de l'ouïe, il est bien prouvé qu'elles n'entendent pas: en définitive, elles sont à la fois sourdes, muettes et aveugles.

Les Limaces recherchent les lieux frais et humides de préférence et aussi par nécessité, car, pour se soustraire à la chaleur trop forte du soleil, elles sont obligées de sécréter une si grande quantité de mucus, que cette dépense les épuise et les fait promptement périr; c'est pourquoi elles se tiennent d'habitude dans les prés bas, les forêts humides, les caves, les souterrains, sous les pierres et sous les feuilles à demi décomposées, en un mot, dans tous les endroits où l'action du soleil est nulle ou, du moins, très-amoindrie; elles ne sortent guère de leurs retraites que le soir et le matin, excepté lorsqu'il vient de pleuvoir : c'est pour elles le bon temps par excellence, au printemps et en été. Dans nos climats tempérés, les Limaces craignent le froid; elles s'enfoncent en terre ou se cachent au fond des arbres cariés ou bien encore dans les crevasses des murs, pour passer l'hiver absolument engourdies, et reprendre ensuite leur vie active au retour du printemps. Dans les climats chauds, l'ordre des saisons est renversé pour elles : elles se cachent pendant la durée des grandes chaleurs, et ne se remettent en mouvement qu'en automne et en hiver.

Leur nourriture est essentiellement végétale; elles attaquent principalement les bourgeons, les jeunes pousses, les fruits, les bois pourris et par-dessus tout les champignons dont elles sont fort avides; on les rencontre encore sur les animaux morts en train de se décomposer; la putréfaction ne les éloigne nullement, leur voracité s'arrange de tout. On a remarqué qu'elles consomment plus le soir que dans le reste de la journée; elles mangent par une sorte de mastication; leur digestion se fait lentement; elles peuvent supporter des jeûnes prolongés.

La ponte des Limaces a lieu à diverses reprises et à différentes places; les œufs, nombreux et de forme ovalaire, sont déposés généralement en terre, ils éclosent au bout de cinq ou six jours.

Les espèces les plus répandues en France sont : la *Limace rouge* (*Limax rufus*, fig. 190), la *Limace noire* (*Limax niger*), la *Limace agreste* (*Limax agrestis*), désignée dans les campagnes sous le nom de *Loche* et qui, dans les automnes doux et humides, ravage souvent les jeunes pousses de céréales; enfin, la *Limace grise* (*Limax maximus*), souvent tachetée ou rayée de noir, plus commune dans les caves et les forêts sombres que dans les lieux découverts.

Toutes les Limaces nuisent plus ou moins à la végétation en rongeant ses parties tendres; elles font surtout des dégâts dans les potagers, où elles attaquent les semis et les légumes foliacés. De tous les moyens recommandés pour en préserver le jardinage, le meilleur consiste à entourer les carrés d'un cordon de chaux ou de plâtre pulvérisé, de cendre ou de sable fin; ces substances minérales, en s'attachant à leur pied, les empêchent bientôt d'avancer; en grande culture, les oiseaux et les mammifères sont la seule ressource qu'on ait contre leur voracité; on ne peut songer économiquement à les ramasser à la main quand elles infestent en grand nombre une localité.

Les Escargots ou Hélices, par leur nombre bien plus considérable que celui des Limaces, sont encore plus nuisibles aux plantes; leur organisation a la plus grande ressemblance avec celle de ces animaux.

Leur corps, terminé également par un pied à sa partie inférieure, est plus ou moins gibbeux en dessus; la masse des viscères forme une sorte de hernie dans la partie occupée par le bouclier; elle se contourne en spirale et se cache dans une coquille jointe au corps par un pédicule. La tête, peu distincte, porte deux paires de tentacules de grandeur inégale : l'antérieure est la plus petite, la postérieure se couronne de boutons oculaires;

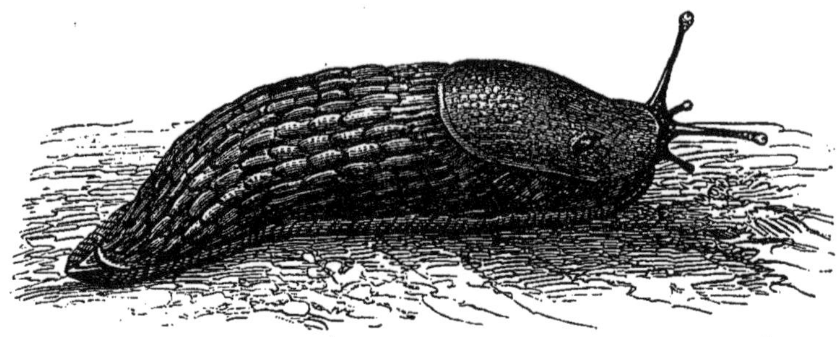

Fig. 190. Limace.

c'est surtout au moyen de ces tentacules que l'Escargot se dirige; ils remplissent à son égard les fonctions du toucher et lui tiennent lieu du bâton de l'aveugle en explorant sans cesse le terrain sur lequel l'animal va s'engager.

Fig. 191. Escargot.

La bouche consiste en une cavité fermée par deux lèvres, et contient à l'intérieur une langue assez grosse et une dent cornée, en forme de croissant, qui permet à l'Escargot de ronger les diverses substances végétales dont il se nourrit.

Le poumon est situé dans une cavité placée au-dessus de la

masse générale des viscères et occupant le dernier tour de spire. Toute la surface cutanée de l'Escargot est chargée de granulations irrégulières; elle sécrète, en outre, constamment une grande quantité de matière muqueuse destinée à favoriser l'adhérence de l'animal aux corps sur lesquels il rampe; quand il est rentré dans sa coquille, il en ferme l'ouverture par une membrane assez mince appelée *manteau*, qui, dans l'angle postérieur de l'ouverture, laisse voir une perforation dont les bords sont susceptibles de dilatation et de contraction; elle charrie l'air dans la cavité pulmonaire. La coquille, de forme très-variable, constitue la maison de l'Escargot; il la porte toujours avec lui; elle croît à mesure que lui-même se développe, et répare ses brèches au moyen de la transsudation calcaire qui en est l'origine; ses bords sont tantôt simples et tranchants, tantôt épais et renversés en dehors; la spire s'enroule généralement de droite à gauche.

Ainsi que les Limaces, les Escargots se plaisent dans les lieux ombragés et frais. Ils s'accouplent au printemps; leurs œufs, arrondis et de couleur blanche, sont déposés, soit par petits tas irréguliers, soit en files alignées comme des grains de chapelet, dans des trous en terre, dans les troncs vermoulus ou dans les crevasses des vieilles murailles. Les petits, dès leur naissance, sont pourvus d'une coquille membraneuse très-mince, et ne sortent guère que la nuit de leur trou, pendant tout leur premier âge; une fois adultes, ils continuent encore ces habitudes nocturnes, mais ils craignent moins que les Limaces de s'exposer, en plein jour, à l'ardeur du soleil, grâce à la coquille qui protége leurs organes; leurs sorties les plus fréquentes néanmoins ont lieu le matin et le soir. Dans nos pays, lorsque l'automne est déjà avancé, ils se réfugient dans un trou et y demeurent, sans prendre de nourriture, dans un état complet de torpeur durant toute la saison froide; leur corps est alors complétement renfermé dans la coquille, qui se ferme par une espèce de couvercle fixe, de substance calcaire, cimentée de mucus.

Le genre Hélice est représenté par de nombreuses espèces; les plus communes, dans le centre et le nord de la France, sont : l'*Hélice némorale* (*Helix nemoralis*), l'*Hélice des jardins* (*Helix hortensis*), l'*Hélice chagrinée* (*Helix aspersa*) et l'*Hélice vigneronne* (*Helix pomatia*, fig. 191). Cette dernière est très-recherchée comme espèce comestible par les amateurs de Colimaçons; c'est la plus volumineuse de toutes nos espèces indigènes. Le Midi possède aussi un grand nombre d'Hélices, mais ordinairement plus petites que celles du Nord ; les populations de la campagne en font une grande consommation ; elles en ramassent, en peu de temps, de grandes quantités dans les vignes, sur les oliviers et les amandiers, surtout quand il vient de pleuvoir. Les Romains les appréciaient tout aussi bien que nous ; ils poussaient même le raffinement jusqu'à en faire venir, à grands frais, des îles Baléares et de l'Illyrie ; d'après Varron, on les engraissait dans des parcs artificiels.

Les étangs, les marais et presque toutes les eaux dormantes sont le séjour habituel des Pulmonés aquatiques ; c'est là qu'on les rencontre en plus grande abondance. Tous sont obligés de venir de temps en temps à la surface pour respirer ; ils se renversent alors à fleur d'eau, de manière à présenter leur pied en haut ; dans cette position, leurs mouvements sont assez lents, mais ils trouvent encore le moyen de ramper sur la couche liquide, comme

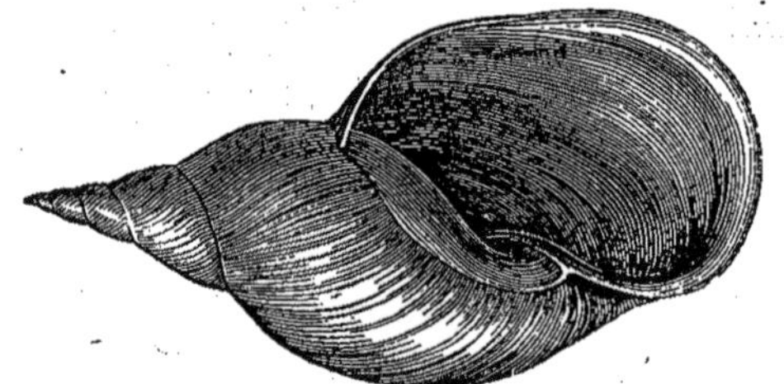

Fig. 192. Limnée.

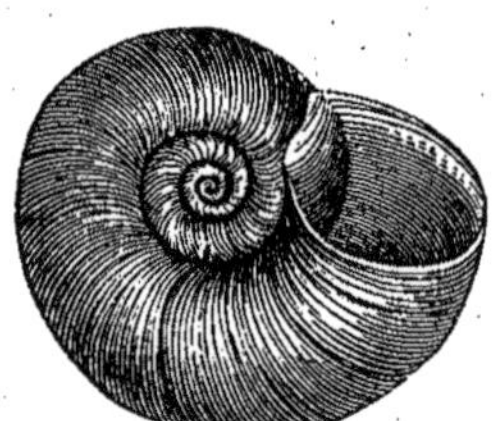

Fig. 193. Planorbe.

si elle leur offrait un solide plancher : leur nourriture est exclusivement végétale.

Les Limnées (*Limnæus*, fig. 192) se reconnaissent à leur coquille mince, diaphane, roulée en longue spirale fort élégante, dont le dernier tour de spire est le plus développé ; leur tête, large et aplatie, porte de chaque côté un tentacule à la base duquel se trouve un œil extrêmement petit. Ces animaux sont constamment en mouvement dans la belle saison ; ils s'accouplent vers la fin du printemps, enveloppent leurs œufs d'une masse glaireuse et cristalline, et s'enfoncent dans la vase des étangs pour passer l'hiver.

Chez les Planorbes (*Planorbis*, fig. 193), la coquille, au lieu de s'allonger en cône, s'enroule en forme de disque sur un même plan ; également concave des deux côtés, elle présente distinctement ses spires sur les deux faces ; son ouverture est ovalaire. L'animal est pourvu de deux longs tentacules filiformes, ayant chacun un œil à sa base. La mâchoire supérieure est armée d'une dent en croissant à l'aide de laquelle elle coupe et broie les matières végétales; la langue est hérissée de nombreux petits crochets.

L'habitat, la nourriture et les mœurs des Planorbes sont les mêmes que ceux des Limnées.

MOLLUSQUES ACÉPHALES.

L'HUITRE.

A première vue, le sort de l'*Huître ne paraît guère* enviable. Vivre au fond d'une coquille et, pour toute distraction, bâiller à demi; être rivé à perpétuité à un rocher sans pouvoir avancer d'un pas; attendre sa nourriture du caprice des flots; n'avoir de communication avec ses semblables que dos à dos et par ses écailles, quelle triste existence, et qu'on serait tenté de reléguer aux derniers degrés de l'échelle zoologique le Mollusque tant prisé des gourmets! Un grand nombre d'animaux cependant lui sont bien inférieurs pour l'organisation. L'Huître n'est nullement dépourvue de toute sensibilité, elle manifeste sa vie par l'irritabilité des franges de son manteau; chez elle la respiration, la circulation et la digestion s'exercent librement, et bien qu'elle soit confinée strictement dans son individualité, elle n'en jouit pas moins de la propriété de continuer son espèce; ses mœurs, en fin de compte, ont aussi leur originalité.

Peu de luxe dans sa maison. Sa coquille, modestement nacrée à l'intérieur, est plus ou moins grossièrement feuilletée au dehors (fig. 194). De forme souvent irrégulière, elle se compose de deux valves inégales; celle de droite, plus épaisse et plus concave, s'allonge avec l'âge en un talon extérieur et se creuse en voûte au dedans; c'est par elle, et par elle seule, que l'animal se fixe aux corps dont elle porte souvent l'effigie; les feuillets qui la doublent sont assez lâches et toujours très-visibles; les deux derniers, tapissant l'intérieur, s'isolent des autres par une cavité où s'accumule une eau d'une extrême fétidité. La valve supérieure ou de gauche, moins volumineuse et ordinairement plate, plus serrée dans sa contexture, est la seule qui se meuve; l'une et l'autre sont réunies par un ligament solide, élastique, et de couleur brun foncé.

Lorsqu'on a rompu ce ligament et détaché le muscle central qui tient les valves fermées, on force les deux écailles à s'ouvrir, l'animal proprement dit se montre à nu. Sa configuration est à peu près calquée sur celle de la coquille. Il y est placé de telle sorte que sa partie antérieure, rétrécie et comme tronquée, regarde le côté le plus étroit, celui où se trouve le ligament; sa

Fig. 194. Huitres.

partie postérieure, plus développée et plus arrondie, est tournée en sens opposé. Vers le milieu de son corps, l'Huître est traversée de part en part par un gros muscle qui l'attache aux deux côtés de la coquille, tient le logis hermétiquement clos et y grave son empreinte. Autour de ce point central se groupent les différents organes, recouverts par un vaste manteau dont les bords flottent librement dans tout leur pourtour, excepté vers le sommet où ils se soudent à la masse des viscères; indépendamment de son rôle d'enveloppe générale protectrice, le manteau remplit l'importante fonction de sécréter la coquille.

A partir du muscle adducteur, jusqu'à l'extrémité supérieure de l'Huître, le manteau constitue une espèce de capuchon au-dessous duquel on découvre la bouche avec ses deux lèvres qu'accompagnent deux palpes effilées, sentinelles vigilantes, destinées à signaler la présence du gibier microscopique dont le Mollusque fait sa nourriture : la bouche s'ouvre presque immédiatement dans l'estomac auquel aboutit l'intestin.

Rien donc de plus simple que cet appareil digestif, ses circonvolutions sont peu nombreuses; le foie est très-facile à distinguer à sa couleur verdâtre et à sa masse relativement considérable.

Les organes de la respiration sont représentés par quatre feuillets branchiaux, situés, par paires, de chaque côté du corps, entre la masse viscérale et le manteau.

Le cœur, sous forme de membrane noirâtre, est compris dans la région de l'abdomen, mais sans aucun rapport avec l'intestin; l'aorte, qui y prend son point de départ, se divise presque aussitôt en trois branches : la première se dirige vers la bouche et les palpes labiales ; la seconde se rend au foie et à l'estomac; la troisième gagne les parties postérieures, comme chez les autres Mollusques acéphales.

L'Huître se reproduit d'elle-même; son ovaire blanchâtre, placé à quelque distance de la bouche, a l'aspect, en hiver, d'une petite tache laiteuse, masquant une partie du foie ; tant que dure la mauvaise saison, cette tache conserve à peu près la même dimension; mais au printemps elle se développe rapidement, prend des proportions considérables, et finit par envahir toute la région abdominale.

Le frai a lieu depuis juin jusqu'en septembre. Par suite d'un préjugé fort ancien, on s'interdit généralement l'usage des Huîtres pendant la période où les mois n'ont pas d'*r* dans leur dénomination ; elles sont cependant comestibles en toute saison, et peut-être même plus délicates au printemps qu'à toute autre époque ; mais on les suppose alors malsaines, et grâce à cette erreur salutaire, les innocentes peuvent travailler, en toute sécurité, à leur multiplication, au grand profit de l'espèce exploitée à outrance en tout autre temps.

La maturité des deux sexes ne coïncide pas, au début, avec la reproduction. Dès la fin de la première année, l'Huître est mâle, et elle l'est exclusivement jusqu'à trois ans; ce n'est qu'à partir de cet âge qu'elle devient aussi femelle et qu'elle porte des œufs :

l'incubation a lieu entre les lamelles branchiales, dans les plis du manteau, au milieu d'un mucus nécessaire à l'évolution des embryons.

Tout d'abord, la masse générale des œufs ressemble à une crème épaisse d'où l'animal, au temps du frai, prend le nom d'*Huître laiteuse;* sa teinte première est blanchâtre, elle passe ensuite au jaune clair, puis au jaune obscur et enfin au gris brun ou violet : à ce moment, sa fluidité a disparu pour faire place à une sorte de substance boueuse, indice de l'expulsion prochaine des germes.

Les Huîtres nouvellement nées demeurent sous l'abri maternel jusqu'à ce qu'elles aient pris assez de développement pour leur permettre de vivre tout à fait de leur propre vie ; dans cette prison temporaire, elles ne sont pas condamnées à l'immobilité ; elles nagent dans l'intérieur de la coquille au moyen des cils vibratiles dont elles sont pourvues ; elles s'aventurent même jusqu'à frétiller au dehors; mais à la moindre alerte, elles se précipitent entre les valves de leur mère, c'est leur port de refuge en cas de danger : le toit natal n'est abandonné que lorsqu'elles ont sécrété leur minime coquille, absolument invisible à l'œil nu. Ce moment venu, elles s'échappent de la mère Huître sous la forme d'un nuage de poussière; le clapotement des vagues les disperse de toutes parts; elles vont où le flot les pousse, heureuses quand elles peuvent échouer contre un pieu, un rocher ou tout autre corps solide! elles s'y attachent aussitôt par leur valve concave.

Il est de toute nécessité que les Huîtres se fixent; sans cela, ballottées de côté et d'autre, elles deviennent promptement la proie d'une foule de poissons et de petits polypiers dont les bras sont constamment tendus pour saisir leur proie ; faute d'appui, lorsque, par aventure, elles ont échappé aux voraces, elles finissent par s'enfoncer dans la vase.

Dès que l'Huître s'est soudée à un corps solide, elle devient à jamais son hôte. A la difference des Moules qui s'entassent aussi par couches, recouvrent les pierres, les pieux et les clayonnages, et s'attachent les unes aux autres au moyen de filaments, et qui peuvent se déplacer, aller à leur guise et s'implanter ailleurs, l'Huître ne change pas de place; une fois sur son piédestal, elle doit y accomplir toutes les phases de son existence, s'y nourrir, s'y développer et y propager, à son tour, l'espèce; la nouvelle génération se groupera en partie autour d'elle et jusque sur sa propre coquille ; sa descendance ultérieure suivra la même voie; elle s'échelonnera de proche en proche, et formera, à la longue, ces grandes agglomérations connues sous le nom de *bancs d'huîtres :* en général, elles avoisinent l'embouchure des fleuves et sont plus nombreuses près des sources sous-marines que partout ailleurs.

L'instinct qui porte les jeunes Huîtres à se fixer aussitôt qu'elles se séparent de leur mère, a été depuis longtemps mis à profit. Pour arrêter au passage le nuage de poussière qui s'en va tenter fortune hors de son berceau, il suffit de lui ménager des surfaces auxquelles il puisse s'attacher; à peine l'animalcule est-il en contact avec elles, qu'il y adhère à l'aide d'une espèce de bourrelet cilié. Quand l'emplacement est favorable et riche en infusoires, la jeune Huître grandit assez rapidement pour devenir comestible dans l'espace de deux ou trois ans. Les Romains connaissaient cette industrie; ils avaient entouré le lac Lucrin, au fond du golfe de Baïes, de grosses pierres, de roches, de poutres et de fascines, et l'avaient transformé en un véritable parc aux Huîtres; le lac aujourd'hui a pris le nom de Fusano, mais les procédés d'élevage sont exactement les mêmes, et la spéculation gastronomique moderne n'est pas moins prospère que sous le règne des anciens Apicius et Lucullus.

Peu de temps après que les Huîtres se sont fixées, elles perdent leur appareil de natation : quel usage en feraient-elles, puisque désormais elles sont vouées à l'immobilité et qu'elles deviennent en quelque sorte partie intégrante du corps qui leur sert de base? A la différence des Moules qui, munies de câbles, peuvent à leur gré jeter et lever l'ancre pour aller se loger ailleurs, les Huîtres sont rivées au point où elles ont pris appui; comme Prométhée, elles sont enchaînées sur leur rocher, sans pouvoir jamais changer volontairement de place. On les trouve à des profondeurs variables, mais la mer ne les met jamais à sec, même dans les plus basses marées; sous ce rapport, elles diffèrent encore des Moules, tour à tour submergées et émergées, et pénétrées de l'influence solaire.

Le développement principal des Huîtres a lieu pendant les grandes chaleurs; il est facile de le reconnaître à l'accroissement que prennent alors les valves; à partir de l'automne jusqu'à la fin du printemps, la coquille ne profite guère, tout le développement se concentre sur l'animal.

Les gisements de bancs ne sont point indifférents pour la qualité des Huîtres; par analogie, on peut les comparer à certains coteaux qui produisent de grands crus; les Huîtres ont plus ou moins de valeur, selon qu'elles proviennent de telle ou telle plage ou de telle ou telle contrée. Celles de nos côtes méditerranéennes, connues sous le nom de *pieds de cheval*, sont les moins bonnes de toutes; en première ligne, on classe l'Huître d'Ostende, l'Huître de Marennes et l'Huître de Cancale : ces deux dernières ne sont que des variétés d'une même espèce, l'Huître comestible (*Ostrea edulis*); l'Huître d'Ostende se distingue par la solidité et la régularité de sa coquille dont la valve droite manque de cavité dans son épaisseur.

Pour le naturaliste, elles offrent toutes le même intérêt; mais qu'il s'en faut que l'épicurien les considère toutes du même œil! Chacune de leurs nuances savoureuses excite son admiration et éveille son appétit; du reste, ce n'est point à la nature brute qu'il demande le précieux Mollusque, il ne l'estime qu'autant qu'il a passé par le parc, là où l'on s'occupe avec art de lui donner un développement précoce.

Nos parcs de l'Océan et de la Manche ne sont pas calqués sur celui du lac de Fusano, mais le but final est le même; ainsi qu'en Italie, on ne fait pas naître les Huîtres dans des bassins artificiels, on les tire toutes formées des bancs sous-marins, pour les placer dans les conditions qui doivent les rendre promptement comestibles. Grâce au profond repos dont elles jouissent dans ces réservoirs, leur dernier domicile, et à la nourriture abondante que leur apportent périodiquement les eaux de la mer, elles deviennent rapidement *marchandes*. Après un court séjour dans les parcs, elles se dépouillent de l'odeur vaseuse qu'elles ont pu contracter originairement; elles s'engraissent à plaisir et deviennent fort délicates. Suivant les us et coutumes de chaque contrée, on les change plus ou moins souvent de position : elles se laissent indifféremment coucher tantôt sur la valve plate, tantôt sur la valve concave, et tour à tour mises à sec et baignées d'eau, elles s'habituent graduellement à n'être pas constamment immergées; cette sorte d'éducation les prépare à supporter d'assez longs voyages sur terre sans s'altérer. Dans les *claires* de Marennes, les Huîtres prennent une teinte verte qui les rend, dit-on, plus délicates. La véritable cause de cette coloration n'est pas encore bien connue; elle se produit ordinairement dans l'espace de quinze jours à un mois, mais elle n'a lieu ni dans l'hiver, ni pendant les grandes chaleurs. L'Huître vit une vingtaine d'années quand elle est abandonnée à son état naturel; dans les parcs, on la garde rarement au delà de deux ou trois ans.

Malgré la cherté toujours croissante des Huîtres, on en fait une immense consommation en France; la seule ville de Paris en absorbe chaque année plusieurs centaines de millions, et, chose digne de remarque, ce n'est pas seulement la classe riche qui se permet ce mets de luxe, les simples travailleurs eux-mêmes ne s'en font pas faute, tant est grande chez nous la passion de l'égalité! elle se poursuit jusque dans l'estomac; heureusement, tout le Mollusque n'y disparaît pas complétement, on respecte la coquille: avec le temps, elle se décompose et devient un engrais pour l'agriculture.

LA MOULE COMESTIBLE.

La Moule comestible (*Mytilus edulis*, fig. 195) vit, ainsi que l'Huître, attachée aux corps sous-marins; bien qu'elle ait, plus que cette dernière, la faculté de se déplacer, elle n'en abuse pas : une fois qu'elle est fixée à un endroit, elle y reste, à moins qu'un accident quelconque ne rompe ses câbles, auquel cas elle s'amarre par de nouvelles attaches, en exécutant un léger déplacement; ses mouvements, très-circonscrits, peuvent donc être considérés comme une locomotion de nécessité qui ne s'étend pas au delà de quelques centimètres.

La coquille de la Moule est bivalve, régulière, bombée, triangulaire et close; sa charnière, au lieu de dents, est pourvue d'un sillon allongé qui reçoit le ligament; sa face externe est d'un bleu foncé uniforme, tirant sur le noir; la face interne, au contraire, est blanche, quelquefois nacrée ou irisée.

La tête de l'animal se trouve à l'angle aigu de la coquille; l'autre côté laisse passer le *byssus* réuni en filaments qui noircissent et durcissent à l'air; il se termine par un angle arrondi; le troisième côté remonte vers la charnière à laquelle il s'unit par un angle obtus en face duquel le manteau forme une ouverture; ses bords sont garnis de tentacules branchus vers l'angle arrondi: c'est par là qu'entre l'eau nécessaire à la respiration; le pied a l'aspect d'une langue.

L'appareil locomoteur est représenté par une sorte de capsule creuse d'où sort un faisceau de soies ou filaments dont chaque brin se sépare en deux parties qui se croisent et s'appliquent sur une petite plaque au moyen de laquelle l'adhérence a lieu : quand la Moule veut se déplacer, elle fait sortir l'appendice linguiforme hors de sa coquille, et, après l'avoir recourbé en s'accrochant à quelque corps solide, elle se tire vers le point d'appui.

La Moule comestible vit en société comme l'Huître; tous les individus d'une même agglomération, fixés par leur byssus et serrés les uns contre les autres, se placent dans une position oblique, le sommet de la coquille en bas et en arrière, la base ou la partie la plus élargie en haut, et les deux valves légèrement entr'ouvertes; grâce à la propriété qu'ils ont de clore exactement leurs coquilles, ils résistent parfaitement à l'alternance du flux et du reflux et peuvent rester plusieurs heures consécutives hors de l'eau; le plus ordinairement cependant, les Moules sont complétement submergées.

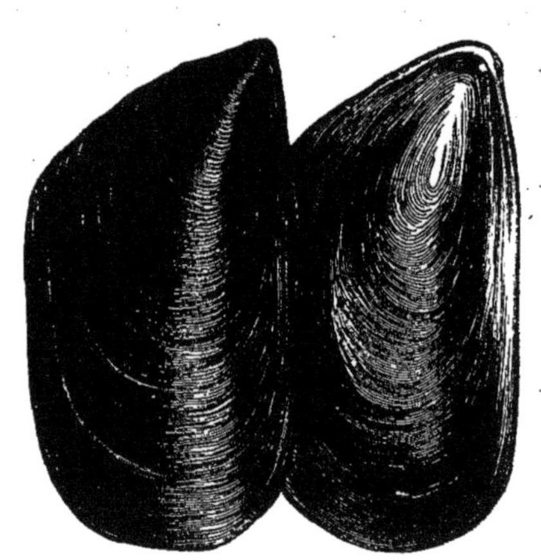

Fig. 195. Moule.

Ces animaux multiplient au commencement du printemps; leur frai ressemble à une gelée transparente qui, vue au microscope, contient une quantité de petites Moules toutes formées.

Répandues dans presque toutes les eaux salées, les Moules sont recherchées de tous les peuples comme substance alimentaire; la plupart de nos côtes les produisent en grande abondance; leur pêche n'offre aucune difficulté, on se borne à les détacher des rochers auxquels elles adhèrent; mais ces Moules sauvages arrivent rarement à un grand développement. Aux environs de la Rochelle, on fait mieux, elles sont l'objet d'une culture en règle, fort bien entendue. On y parque les Moules, à la manière des Huîtres, dans des endroits spéciaux appelés *bouchots* où la salure de la mer est tempérée par l'eau d'un fleuve. Ces bouchots, établis sur un fond vaseux d'une grande profondeur, sont formés par deux rangs de pieux entrelacés de perches; ils forment un angle dont le sommet regarde la mer. Les Moules qu'on y transporte y déposent leur frai; au bout de quelques mois, on éclaircit tout ce qui se trouve trop entassé et l'on en peuple les endroits dégarnis; quand on craint que le flot n'emporte ces espèces de semis, on les engage dans des clayonnages, et, de plus, on les enveloppe encore de filets. Les Moules, ainsi parquées, profitant de la marée haute et de la marée basse, croissent rapidement et multiplient chaque année dans la proportion de dix pour une; on en fait la cueillette pendant six mois, et on les expédie ensuite sur différents points du centre, de l'ouest et du nord de la France.

Bien que regardée comme un mets vulgaire, sans doute parce qu'elle se vend à bas prix, la Moule comestible a la chair délicate et savoureuse; elle ne laisse pas d'être une ressource importante pour les populations peu aisées; mais, à certaines époques et par des causes encore ignorées, elle occasionne, dans la région abdominale, des douleurs très-vives, accompagnées souvent de rougeurs et de *tuméfactions* assez *inquiétantes au premier* aspect, mais qui n'ont jamais de conséquences graves; on s'en débarrasse d'ailleurs assez facilement au moyen de quelques gouttes d'éther prises à l'intérieur.

ARTICULÉS

ARTICULÉS.

Les animaux compris dans cet embranchement se reconnaissent à leur corps partagé en plusieurs anneaux rangés à la suite les uns des autres, plus ou moins distincts, et servant d'enveloppe protectrice aux organes intérieurs.

Leurs pattes, toujours articulées, sont ordinairement au nombre de trois, quatre, cinq ou sept paires ; quelquefois cependant leur nombre est plus considérable ; d'autres fois, elles manquent complétement. Le premier article, celui qui unit la patte au corps, se nomme la *hanche;* l'article suivant, placé généralement dans une position horizontale, a reçu le nom de *cuisse;* le troisième, ordinairement vertical, est appelé *jambe;* l'ensemble des articles qui suivent constitue le *tarse.*

Les animaux articulés offrent souvent deux sortes d'yeux : des yeux *simples,* communément au nombre de trois, et occupant le sommet de la tête; des yeux *composés,* semblables à une espèce de réseau formé par la réunion d'un grand nombre de petites surfaces appelées *facettes* et situées aux côtés de la tête.

La plupart ont la tête surmontée de filaments articulés présentant des formes très-diverses; ces filaments, appelés *antennes,* sont regardés généralement comme l'organe principal du toucher.

Les Articulés jouissent du sens de l'ouïe et de l'odorat, mais on ignore encore le siége de ces organes.

Les mâchoires, quand elles existent, sont toujours disposées latéralement par paires, et se meuvent de dehors en dedans; leurs formes variées correspondent au genre de nourriture de ces animaux.

Le système nerveux, chez les Articulés, est représenté par des renflements particuliers ou *ganglions* réunis entre eux par des cordons de communication et constituent, tantôt une double chaîne, tantôt deux masses nerveuses seulement, dont l'une occupe la tête et l'autre le thorax.

La plupart ont le sang blanc.

La respiration s'effectue, chez les uns, par des branchies (Homards, Langoustes), chez les autres, par des poches pulmonaires (Arachnides) ou bien par des tubes aérifères appelés *trachées* : les ouvertures par lesquelles l'air s'introduit dans les trachées sont connues sous le nom de *stigmates*.

Tous sont ovipares.

Les animaux articulés constituent quatre classes : les Crustacés, les Arachnides, les Insectes et les Annélides.

PREMIÈRE CLASSE.

CRUSTACÉS.

Les Crustacés sont des animaux à pieds articulés, respirant par des branchies situées à la base des pieds ou sur les pieds mêmes, ou bien sur les appendices inférieurs de l'abdomen.

Leur système nerveux consiste dans une double rangée de ganglions réunis entre eux par des cordons de communication ; parfois il ne se compose que de deux renflements noueux, placés l'un à la tête et l'autre au thorax.

Leur corps est protégé par des téguments calcaires ordinairement solides, quelquefois d'une pièce, mais plus souvent composés de plusieurs anneaux placés à la suite les uns des autres ; ces téguments tombent à certaines époques de la vie de l'animal et sont remplacés par une autre enveloppe.

La tête des Crustacés est munie de deux yeux généralement à facettes et porte le plus souvent quatre antennes ; leur bouche est armée, dans le plus grand nombre, de trois paires de mâchoires et de plusieurs pieds qu'on désigne sous le nom particulier de *pieds-mâchoires*.

Les pattes, ordinairement au nombre de dix ou de quatorze, sont attachées au thorax ; leur forme varie suivant qu'elles servent pour marcher, nager ou saisir les corps ; dans ce dernier cas, elles sont terminées par une sorte de pince. Les pattes qui se brisent par accident se régénèrent aux articulations. Les appendices qu on observe à la suite des pattes ont reçu le nom de *fausses-pattes*.

Un grand nombre de Crustacés jouissent du sens de l'ouïe; cet organe est placé à la base des antennes extérieures.

Le cœur occupe la ligne médiane du dos; ses contractions chassent le sang dans les différentes parties du corps, d'où il arrive aux branchies et retourne ensuite au cœur.

Tous les Crustacés sont ovipares.

L'ÉCREVISSE.

Ce modeste crustacé (fig. 196), très-voisin des Homards, est depuis longtemps apprécié des gourmets; mais son histoire n'est guère connue que des naturalistes, elle n'est pas dénuée d'intérêt.

L'Écrevisse, généralement d'un brun verdâtre, habite les eaux comme les Poissons, et, comme eux, elle respire à l'aide de branchies. Cuirassée d'une forte carapace, elle est pourvue de longues antennes situées près des yeux qui sont mobiles et portés sur une espèce de fourreau. Sa tête s'allonge en pointe aplatie, garnie d'épines; des pieds-mâchoires précèdent ses cinq paires de pattes; la première paire est forgée en pinces, l'animal s'en sert pour se défendre et saisir sa proie; des quatre paires suivantes, les deux premières sont munies de petites serres, les deux autres finissent par un ongle pointu. L'abdomen, désigné généralement sous le nom de *queue*, forme la moitié de l'Écrevisse; il se compose de pièces articulées, au-dessous desquelles, près du bord, s'attachent des filets d'une grande mobilité, s'agitant d'avant en arrière; l'extrémité du corps, enfin, se termine par cinq lamelles ovalaires soudées aux derniers anneaux de la queue : elles constituent de véritables nageoires.

L'Écrevisse habite ordinairement les eaux froides et vives; elle se développe surtout dans les eaux des terrains calcaires, riches en Limnées, Planorbes, Paludines, etc.; elle fuit la lumière et se retire dans les endroits abrités du soleil; les cours d'eau à fond pierreux ou de gravier de un mètre à un mètre cinquante de profondeur, dont la température ne s'élève pas à quinze degrés centigrades, sont ceux où elle se multiplie davantage.

A terre ou au fond de l'eau, l'Écrevisse se traîne plutôt qu'elle ne marche; elle peut aller aussi bien en avant qu'à reculons et de côté, mais toujours lentement; en revanche, elle nage avec vitesse, bat l'eau de sa queue et de ses lamelles, à coups précipités, dirigés vers la tête, et progresse toujours ainsi à reculons.

De nature vorace, l'Écrevisse ne se montre pas difficile sur sa nourriture. Elle vit principalement de matières animales, telles

Fig. 196. Écrevisse.

que Mollusques d'eau douce à coquille, Sangsues, larves d'insectes, Têtards de batraciens, etc., et aussi de petits poissons de fond qui ont coutume de se reposer sur le sol; elle ne dédaigne pas un plus gros gibier; si quelque Musaraigne ou quelque Rat d'eau s'avise de rôder près de son gîte, elle le happe avec ses pinces, l'entraîne dans son trou et en fait curée; à défaut de chair fraî-

Fig. 197.

Une des fausses pattes abdominales de l'Écrevisse femelle. A, sans œufs; B, chargée d'œufs.

che et de poisson vivant, elle se rabat sur les cadavres que lui apporte le courant: le cresson et les tiges d'ortie font aussi partie de son régime alimentaire.

Malgré son excellent appétit, l'Écrevisse croît très-lentement; elle est à peine *marchande* à dix ans, et son poids, à cet âge, ne dépasse pas quarante-cinq grammes; mais cet inconvénient est amplement racheté par une longévité surprenante; sa vie s'étend jusqu'à quarante et cinquante ans; l'animal atteint alors jusqu'à deux cents grammes.

Dans nos climats, l'accouplement des Écrevisses a lieu pennant l'automne, du 15 octobre au 15 novembre. Il est à peine terminé, que les mâles, d'humeur vagabonde, se livrent à leurs folles excursions jusqu'à ce que les premières gelées les forcent à se cantonner; ils se réunissent alors en grand nombre dans des trous et hivernent de la sorte pendant quatre mois, ne sortant de leur engourdissement que lorsque les vents du sud et du sud-ouest ont soufflé pendant plusieurs jours consécutifs et que la température s'est considérablement radoucie : ils profitent de cette éclaircie pour prendre un peu de nourriture, puis ils regagnent leur gîte et s'y confinent de nouveau.

La femelle, chargée de propager l'espèce, n'est pas plutôt débarrassée de ses prétendants, qu'elle fuit toute société, se retire à l'écart et ne souffre aucune Écrevisse dans son voisinage; elle ne songe qu'à se construire un gîte isolé, elle y travaille aussitôt et sans désemparer; de ses quatre pattes postérieures, pourvues d'ongles pointus, elle pioche le sol; offre-t-il de la résistance, elle s'aide de ses deux autres paires armées de serres et les emploie à briser tout obstacle : le trou atteint bientôt deux centimètres de profondeur. L'Écrevisse alors change de tactique; elle se place en sens inverse; les lames de sa queue s'introduisent dans la cavité ébauchée, elles agissent comme une cuiller qui serait mue par un vilbrequin, évidant l'intérieur du trou et polissant ses parois : à l'animal maintenant de pénétrer dans son futur gîte. Appuyé sur ses vigoureuses pinces qui, tendues et arc-boutées sur le sol, exécutent, en tournant, une série de poussées, il redouble d'efforts avec sa queue dans son travail de perforation à reculons, et restreint graduellement la cavité à mesure que celle-ci gagne en profondeur. Le terrier de l'Écrevisse femelle mesure deux fois la longueur de son corps. Quand les eaux sont exposées à geler, elle creuse son trou à un mètre ou un mètre cinquante de la surface; dans les eaux de source, dont la température change peu, l'Écrevisse se loge plus près de la surface.

Son antre est une forteresse bien défendue. Point d'autre entrée que l'orifice du trou; deux énormes pinces toutes grandes ouvertes en protégent l'abord; les longues antennes, sentinelles avancées, veillent au salut de la place; elles explorent les alentours et avertissent la garnison de ce qui se passe à l'extérieur; au moindre danger, elles se replient à l'arrière, pendant que les pinces se glissent au bord du rempart pour faire face à l'ennemi. Malheur à lui s'il ose s'y engager! à l'instant, saisi, étreint, il est forcément entraîné dans l'antre, dût l'Écrevisse y laisser ses tenailles.

Un mois après l'accouplement, la ponte commence; elle s'effectue hors du logis, mais à peu de distance. Les œufs sortent par l'orifice situé à la base de la troisième paire de pattes; ils sont suspendus à un pédicule, espèce de tuyau membranéux, flexible; l'Écrevisse les attache aussitôt à ses filets abdominaux par un procédé curieux. Avant tout, il s'agit pour elle de retenir les œufs à la sortie de l'ovaire. Fixée au fil par ses pinces, et la tête en bas, elle dresse la partie supérieure de son corps, et replie ensuite sa queue afin de mettre les filets en contact avec les œufs qui s'échappent au dehors. La mère en saisit un avec les serres de la seconde et de la troisième paire de pattes, et le dépose à l'extrémité d'un filet : il s'y colle par sa viscosité; un deuxième, un troisième œuf prennent ainsi successivement place à côté du précédent; même opération pour les autres; ils sont tous répartis sur les filets, de manière à former, par leur ensemble, une grappe régulière de cent cinquante à deux cents œufs d'un brun rougeâtre (fig. 197, grossis).

Ces œufs sont tous indépendants les uns des autres; la mère Écrevisse les porte constamment sur ses filets abdominaux jusqu'à leur éclosion; elle leur fait subir des mouvements oscillatoires, les secoue et les démêle en quelque sorte plusieurs fois par jour avec ses petites pattes; si quelque orage, troublant la pureté de l'eau, vient à les envaser, elle les débarrasse avec soin de tout corps étranger qui pourrait les agglutiner et les empêcherait de flotter librement dans un milieu limpide, condition essentielle de leur réussite. Cette sollicitude n'est pas la seule dont l'Écrevisse les entoure pendant cette espèce d'incubation; elle tient constamment sa queue courbée en dedans pour mieux protéger sa descendance; elle veille sans relâche pour écarter les Crevettes d'eau douce, les Nèpes, les Notonectes, les Dytiques et autres animaux très-friands de ses œufs qu'ils cherchent à détacher de leur grappe : tout délinquant, surpris en flagrant délit, est aussitôt occis et croqué.

Les œufs conservent leur couleur brun-rougeâtre jusqu'à la fin de mai; à cette époque, ils laissent voir une certaine transparence et passent enfin au rouge-groseille, signe avant-coureur de leur prochaine éclosion : celle-ci a lieu vers la mi-mai. Dans les quelques jours qui précèdent, l'Écrevisse, appuyée au fond de l'eau sur ses pattes, redresse son abdomen, imprime de vives secousses à ses grappes, les peigne par intervalles et, après diverses alternatives de repos, les met de rechef en branle et en fait sortir les jeunes Écrevisses : sa tâche est bien avancée, mais elle n'est pas encore tout à fait terminée.

Les petits naissent exactement conformés comme leur mère; ils sont d'un blanc grisâtre transparent, très-agiles, et pourraient, dès leur éclosion, s'affranchir de toute dépendance, mais un admirable instinct leur apprend à ne pas abandonner sitôt l'abri protecteur qu'ils ont trouvé jusque-là sous la queue de leur mère; pendant les premiers jours de leur vie propre, ils ne s'en éloignent guère, et, à la moindre alerte, ils s'y réfugient avec célérité. Dans cette première phase de leur existence, ils vivent donc en société sous l'abdomen maternel; en naissant, ils ont un centimètre et demi de longueur; huit jours après, ils mesurent deux centimètres; leur vêtement, devenu trop étroit, ne leur suffit plus, une mue les en débarrasse : d'après M. Samuel Chantran, le nombre des mues serait de huit pendant la première année de l'éclosion, et de cinq ou six pendant la seconde.

Les dispositions gloutonnes des Écrevisses se manifestent dès la naissance. Non-seulement les jeunes se nourrissent de la pellicule des œufs et des dépouilles de la première mue, mais les premiers nés ou les plus forts dévorent les individus dont l'éclosion et la mue rencontrent des difficultés; les débiles qui, dans la redoutable épreuve du changement d'habit, se brisent quelque membre, subissent le même sort. L'âge ne change rien à ces habitudes carnassières, loin de là; à peine les petits se sont-ils séparés de leur mère, vers le douzième jour de leur naissance, et ont-ils trouvé un gîte particulier, toute vie sociale cesse pour eux; chacun se retire dans son trou et ne souffre aucun compétiteur dans son voisinage immédiat. Toute rencontre fortuite est l'occasion de luttes acharnées, les champions y laissent toujours un membre ou deux; une seule circonstance les rapproche sans qu'il y ait bataille, c'est lorsqu'une proie copieuse arrive d'aventure à leur portée; tous s'y ruent avec avidité, se gorgent à plaisir, et, après s'être bien repus, regagnent paisiblement leur logis : la digestion opérée, l'amour de la solitude et l'égoïsme atrabilaire de l'espèce reparaissent de plus belle.

Les jeunes Écrevisses de première et de seconde année habitent de préférence le talus des berges, les racines des plantes aquatiques, la tourbe et les abris que leur offrent les pierres submergées.

A tout âge, la mue est une épreuve critique pour les Écrevisses; les adultes qui s'en tirent le mieux en ressentent aussi l'influence. Au sortir de leur vieille carapace, leurs mouvements sont très-lents; incapables de nager, ils ne peuvent fuir; ils semblent épuisés, mais leurs forces ne tardent pas à revenir : dès le second jour, ils sont en état de faire usage de leur appareil natatoire, leur test s'encroûte et se fortifie, ils sont bientôt aptes à se défendre contre leurs ennemis.

En France, la mue des Écrevisses adultes a généralement lieu pendant la seconde quinzaine de juin; les mâles muent deux fois par an, les femelles une seule fois par an, jusqu'à la fin de leur vie. Le savant observateur Réaumur a suivi toutes les phases de la mue des Écrevisses et les a parfaitement décrites. « Quelques jours avant le dépouillement de leur peau, dit-il, les Écrevisses cessent de prendre de la nourriture; si on appuie alors le doigt sur la carapace, elle plie : preuve certaine qu'elle n'est pas soutenue par les chairs. Peu de temps avant l'instant de la mue, l'Écrevisse frotte ses pattes les unes contre les autres, se retourne sur le dos, replie et étend sa queue à plusieurs reprises, agite ses antennes et exécute d'autres mouvements, dans le but sans doute de détacher le vêtement qu'elle veut quitter; elle gonfle son corps et il se fait aussitôt, entre le premier anneau de l'abdomen et la carapace qui s'étend jusqu'à la tête, une ouverture qui met à découvert le corps de l'Écrevisse; il est d'un brun foncé, tandis que la vieille enveloppe est d'un brun verdâtre. Après cette rupture, l'animal se tient quelque temps en repos, il s'agite encore de divers mouvements et gonfle ses parties situées sous la carapace. L'extrémité postérieure de cette dernière est bientôt soulevée, l'intérieure ne reste attachée qu'à l'endroit de la bouche; un quart d'heure dès lors suffit pour que l'Écrevisse soit entièrement dépouillée : elle tire sa tête en arrière, dégage ses yeux, ses antennes, ses pinces, et successivement chacune de ses pattes. Les deux premières, ou les pinces, paraissent les plus difficiles à dégainer, parce que le premier des cinq articles dont elles sont composées est beaucoup plus gros que l'avant-dernier. Mais on conçoit aisément cette opération quand on sait que chacun de ces articles est divisé en deux pièces longitudinales qui s'écartent l'une de l'autre au temps de la mue, lorsque l'animal leur fait violence; enfin, l'Écrevisse sort de sa carapace; elle n'en est pas plutôt dehors, qu'elle se donne brusquement un mouvement en avant, étend sa queue et se dépouille de ses anneaux.

« Toute Écrevisse sur le point de muer présente, aux côtés de l'estomac, des petits corps calcaires connus sous le nom d'*yeux d'Écrevisse*, à cause de leur figure arrondie; ces deux pièces, dont on ne connaît pas bien l'usage, disparaissent pendant la mue; on en trouve plus tard chez les individus qui ont subi cette épreuve; on croit qu'ils sont dissous dans l'estomac pour servir à la formation et au durcissement de la carapace. »

Ainsi se passe la mue; plus d'une Écrevisse en meurt ou y laisse un de ses membres si elle n'est pas d'une forte constitution; heureusement, la pauvre mutilée ne risque pas d'être estropiée pour la fin de ses jours; ainsi que chez la plupart des Crustacés, les membres, les antennes, les lamelles et d'autres parties du corps de l'Écrevisse ont la faculté de se régénérer après leur amputation. Des expériences de Réaumur il résulte que si l'on casse, dans la jointure d'une articulation, la patte d'une Écrevisse, on aperçoit, un ou deux jours après, une membrane rougeâtre qui recouvre les chairs; cinq jours plus tard, cette membrane fait saillie et paraît renflée, elle devient ensuite conique, s'allonge de plus en plus, se déchire et laisse voir une jambe molle qui croît en grosseur et en largeur et se recouvre d'une enveloppe solide. Toute jambe mutilée répare de la sorte ses avaries dans les plus justes proportions. Selon M. Carbonnier, auquel on doit une bonne étude des mœurs de l'Écrevisse, si l'une des pinces a été fracturée dans une partie de son étendue, de sorte que la cassure soit plus rapprochée de la pointe extrême que de la première articulation, l'Écrevisse la conserve en cet état jusqu'à la mue; le nouvel étui recouvrant les chairs offrira peu de différence avec la pince restée intacte. Lorsque la fracture a eu lieu du côté de la charnière, l'Écrevisse casse ou ronge la partie blessée jusqu'à l'articulation la plus rapprochée; elle ne garde pas plus de deux à trois jours le fragment d'une patte brisée entre deux charnières. Si la patte a été brisée à son origine, près du tronc, le membre qui se reforme à la mue suivante est de très-petite dimension par rapport au membre correspondant; au contraire, il se reforme d'autant plus vigoureux, que l'ablation a eu lieu plus près de la pointe. Les antennes repoussent pendant le temps qui sépare une mue de la suivante; les autres membres, tels que grosses pinces, petites pattes et lamelles de la queue, se régénèrent plus lentement; il leur faut l'intervalle de trois mues pour se reproduire intégralement. Soixante-dix jours suffisent aux jeunes Écrevisses, dans la première année de leur existence, pour la régénération de ces divers membres; la femelle adulte exige trois ou quatre ans, le mâle deux ans seulement pour réparer ses pertes.

Personne n'ignore que, privée d'une de ses deux pinces, l'Écrevisse ne meurt pas pour cela de faim; elle porte la nourriture à sa bouche avec les deux pattes suivantes; de même, si elle se trouve accidentellement dans l'impossibilité de faire usage d'une de ses grosses pinces, de la droite par exemple, elle s'habitue à saisir les objets avec la gauche; elle conserve cette tendance après la mue qui a donné lieu à la formation d'un nouveau membre; il y a donc des gauchers, même parmi les Écrevisses.

Parvenue à l'âge adulte et placée dans de bonnes conditions, avec logis confortable et couvert toujours dressé, l'Écrevisse aurait devant elle une longue perspective de prospérité, puisqu'elle peut vivre un demi-siècle; mais plus d'une cause trouble souvent sa félicité. Sans compter ses ennemis terrestres, aquatiques et aériens, c'est assez de l'homme qui la pêche, pour bouleverser sa quiétude et ramener la durée de son existence à de modestes proportions; cette pêche a ses règles comme la chasse elle-même.

Pendant le jour, les Écrevisses font la sieste dans leurs trous; pour se mettre en mouvement, elles attendent le soir, s'occupent alors de chercher leur nourriture, prennent leurs plus forts repas après le coucher du soleil et regagnent leur logis vers minuit; passé cette heure, on les trouve rarement hors de leurs terriers. Pendant la morte-saison, les Écrevisses restent tapies dans leur domicile, de novembre à mars; point de pêche en ce temps de misère. Au printemps, elle pourrait avoir lieu; mais, d'une part, les jeunes Écrevisses quittent seules leur retraite, une fois les beaux jours venus; les adultes, plus expérimentées, n'en sortent guère qu'à la fin d'avril; on est alors bien près du temps des éclosions : n'est-il pas sage de laisser la race se propager tranquillement? On ne perd rien pour attendre; la pêche des belles Écrevisses n'est abondante que plus tard, du 15 août à la fin d'octobre : le moindre appât, à cette époque, les attire hors de leurs galeries.

Trois modes de pêche sont généralement usités pour prendre les Écrevisses. Le plus primitif est la *pêche à la main*. On descend dans l'eau, et parfois jusqu'au cou; on promène ses mains tout le long des berges; on fouille tous les trous, toutes les anfractuosités, toutes les cachettes; on sonde du doigt toutes les cavités qui recèlent des Écrevisses : chasse longue, insipide, fatigante, souvent peu fructueuse, et dont on revient infailliblement trempé, crotté, envasé; heureux encore quand un gros rhume ne couronne pas cette partie de plaisir très-rafraîchissante.

Le second procédé ne vaut guère mieux. Il consiste à lier ensemble des fagotées branchues; on y introduit des morceaux de chair, et on jette dans l'eau ce paquet lesté d'une pierre qui le maintient au fond. Tout est à l'aveuglette dans cette pêche grossière; on ne peut en suivre les péripéties; tout se passe à huis clos, hors des yeux du spectateur. Quand on suppose qu'un certain nombre d'Écrevisses se sont engagées dans les fagotées pour y chercher pâture, on retire brusquement le piége de l'eau, afin que les Écrevisses n'aient pas le temps de se dépêtrer avant d'être amenées à terre. Il se peut qu'on prenne ainsi force Écrevisses quand la chance est favorable, mais c'est un exercice passablement fatigant; ne tire pas qui veut, à bras tendu, un lourd fagot hors de l'eau de plus d'un mètre de profondeur; dans tous les cas, cette récréation pastorale assure un arrosage copieux à celui qui s'y livre.

Tout autre est la *pêche à l'Écrevisse avec des balances*. Nulle n'est plus facile, plus divertissante, plus émouvante et plus profitable; elle n'exige aucun déploiement de force ultra-virile; les femmes, les enfants peuvent s'y livrer avec succès, sans même porter atteinte à leur toilette, considération majeure pour les premières.

La balance est un petit filet cylindrique, muni de deux cercles en fil de fer galvanisé, mesurant trente centimètres de diamètre; trois ficelles de cinquante centimètres de long supportent le cercle supérieur et sont elles-mêmes attachées par leur sommet à une corde unique d'un mètre de longueur. Ainsi équipé, le pêcheur fait provision d'une demi-douzaine de balances et d'autant de Grenouilles qu'il remplace, au besoin, par des intestins de volaille ou tout autre morceau de viande, fraîche ou non. Le ruisseau à Écrevisses reconnu, on amorce les balances, on les fixe par la corde supérieure à une gaule, et on les plonge avec précaution dans l'eau, en ayant soin de les rapprocher le plus près possible de la berge, aux endroits les moins lumineux, et de poser le filet bien à plat au fond de l'eau. Les balances doivent être espacées à un mètre cinquante les unes des autres; on assujettit chaque gaule à l'aide d'une pierre, puis on attend sans bruit que l'Écrevisse donne dans le panneau. Pourvu que le cours d'eau soit giboyeux et le temps à l'orage, on n'a pas à méditer longtemps; un quart d'heure ne s'écoule pas sans qu'on voie l'Écrevisse arriver à pas comptés dans le filet. Il ne faut pas se presser de retirer la balance; une Écrevisse en attire une autre, et, d'un seul coup, on peut faire plusieurs prises. Les Écrevisses sont-elles bien attablées, prestement on tire à soi la balance, les gourmandes s'y trouvent emmaillées : la gibecière est là pour les recevoir. Cet heureux début n'est que la préface de nouveaux succès. On remet la balance en place après l'avoir renversée; on passe successivement l'inspection de tous les engins et l'on revient à la charge tant que la fortune sourit; quand un point du ruisseau est suffisamment écrémé, on passe à un autre endroit, et l'on ne bat en retraite que lorsque la gibecière est remplie d'un superbe buisson d'Écrevisses.

La loi du 31 mai 1863 interdit la pêche aux Écrevisses du 15 avril au 1er juin; le braconnage, malheureusement, ne s'arrête pas devant cette sage prohibition; c'est tuer l'avenir que de déranger et de détruire les éclosions; mais pour le braconnier, le jour actuel a-t-il jamais un lendemain?

DEUXIÈME CLASSE.

LES ARACHNIDES.

Les Arachnides sont des articulés à respiration aérienne, dépourvus d'ailes et d'antennes, munis de quatre paires de pattes, dont la tête est confondue avec le corselet, et qui ne subissent que de simples mues.

Le corps des Arachnides est formé de deux parties principales : l'une appelée *céphalothorax*, comprenant la tête et le thorax soudés ensemble, et l'autre *abdomen*, tantôt sans aucune division, tantôt partagé en plusieurs anneaux.

Toutes les pattes sont fixées au céphalothorax et se terminent ordinairement par un double crochet; chacune d'elles jouit de la propriété de se régénérer après avoir été cassée.

Le sens du toucher, chez ces animaux, réside principalement dans les pattes et les appendices dont la bouche est armée.

Les yeux sont toujours simples et au nombre de huit dans la plupart des espèces.

Les Arachnides perçoivent les sons, mais quels sont les organes qui les leur transmettent? On l'ignore.

Leur bouche varie : les espèces qui sont parasites sont munies d'un suçoir; celles qui se nourrissent d'insectes ont la bouche garnie de deux mandibules que terminent des crochets mobiles; un grand nombre sont pourvues d'une glande venimeuse dont le canal excréteur traverse les crochets mobiles creusés à cet effet. Dans les espèces qui ourdissent des toiles, on observe des organes spéciaux d'où s'échappe une matière soyeuse; les femelles en font un double usage : elles s'en servent pour dresser leurs toiles et pour construire les coques destinées à renfermer leurs œufs.

Chez les Arachnides, la respiration s'effectue le plus souvent par des sacs pulmonaires logés dans l'abdomen et souvent, à l'extérieur, par des stigmates au nombre de deux, de quatre ou de huit; quelques-unes respirent par des trachées; un petit nombre offre à la fois des poumons et des trachées.

Le sang des Arachnides est blanc.

La circulation n'est pas la même chez tous ces animaux. Les Arachnides qui respirent par des trachées n'ont qu'une circulation incomplète; celles, au contraire, qui respirent par des poumons offrent un système complet de circulation; le cœur est situé sur le dos, et le sang, après s'être répandu dans toutes les parties du corps, arrive à l'organe respiratoire et revient ensuite au cœur.

Toutes les Arachnides sont ovipares.

A cette classe appartiennent les Araignées et les Scorpions.

LES ARAIGNÉES.

Ce qui ne plaît point aux yeux engendre souvent dédain et mépris : c'est le lot de l'Araignée. Son plus grand tort, à coup sûr, est d'être laide; et, pour cette peccadille, on oublie ses bonnes qualités; peu d'animaux cependant sont plus heureusement doués. Chasseresse passionnée, elle joint la prudence à la ruse, n'est pas moins habile à l'attaque qu'à la défense, et fait preuve, à l'occasion, d'une sobriété et d'une patience invincibles. Son amour pour ses petits égale son courage à les défendre; mais n'eût-elle que son talent de filandière, c'en serait assez pour la réhabiliter et la venger de notre aversion irréfléchie. Dans nos climats, l'Araignée ne fait aucun mal; elle protége nos fruits contre les insectes déprédateurs, et nous délivre d'un grand nombre de Mouches importunes et de Cousins sanguinaires : ses mœurs présentent plus d'un trait curieux.

La structure des Araignées est toute spéciale. Leur corps n'offre que deux parties distinctes, séparées par un mince étranglement: une tête confondue avec le corselet, un ventre énorme, débordant à outrance. Si l'élégance leur fait défaut, de solides avantages rachètent ce léger inconvénient. Et d'abord, la plupart jouissent de quatre paires d'yeux, lisses, brillants, immobiles, tantôt ramassés en un seul groupe, tantôt disséminés et distribués en carré, en croissant, en triangle; huit pattes, forgées en griffes acérées, entourent le corselet; pour compléter cette armure de travail et de guerre, deux fortes mandibules, garnies d'un crochet mobile, arqué et pointu, défendent la bouche: dans quelques espèces, ce crochet est percé d'un trou par lequel s'échappe le venin dont l'Araignée tue ses victimes.

A l'intérieur son organisation n'est pas moins singulière. Indépendamment des stigmates qui lui sont communs avec les insectes, et par lesquels elle reçoit l'air ambiant, elle respire encore au moyen de sacs pulmonaires formés de petites lames serrées les unes contre les autres et placées de chaque côté de la base de l'abdomen; à l'autre extrémité se trouvent les filières : c'est l'atelier de l'Araignée. Elles consistent en appendices articulés, cylindriques, dont les pointes se réunissent en faisceaux ou mamelons, rentrant dans l'abdomen comme les étuis d'une lorgnette. La matière qu'elles renferment, a l'aspect d'une gomme liquide, qui n'est flexible qu'autant qu'elle est divisée en fils extrêmement minces. De chaque mamelon en travail sortent mille fils, d'une telle finesse, que quatre-vingt-dix sont nécessaires pour égaler la grosseur d'un fil de Ver à soie, et dix-huit mille pour représenter un fil à coudre; les fils des jeunes Araignées sont bien plus ténus encore : d'après Leuwenhoeck, il en faut quatre cent mille pour atteindre la grosseur d'un seul de nos cheveux; ce sont eux qui, séchés par l'air et le soleil et emportés par le vent, constituent ces jolis fils blancs de la Vierge dont l'atmosphère est semée au commencement de l'automne. Tous peuvent supporter, sans se rompre, un poids sept fois plus lourd que celui de l'animal. Chaque fois que l'Araignée a besoin de ses fils, elle les tire avec ses pattes de derrière, à mesure qu'ils paraissent au dehors, et d'un certain nombre d'entre eux elle compose un fil unique pour la confection de sa toile; elle les dévide encore par le seul poids de son corps, ou bien elle les déroule en pelote avec sa bouche et ses pattes; elle peut aussi les allonger ou les raccourcir à volonté.

L'Araignée n'est rien moins qu'une filature vivante; elle l'alimente de sa propre substance, et tout chômage prolongé l'expose à mourir de faim. En effet, pour elle point de salut hors de son métier de filandière; si l'estomac est à jeun, la matière première fait défaut. Adieu filets et gibier! car, sans filets, comment saisir une proie fuyante qu'on est réduit à attendre sur place, en embuscade? Sans nourriture, comment renouveler la provision de fil épuisée? Aussi l'Araignée la ménage-t-elle avec soin. Si l'on détruit sa toile, elle en recommence aussitôt une autre; cinq et six fois de suite, avec le même courage et la même persévérance, elle relèvera les ruines de sa maison; mais après ce temps, à bout de ressources, elle mourra exténuée de misère, à moins qu'un heureux hasard ne lui fournisse la proie nécessaire à sa nourriture, et, par suite, le moyen de fabriquer de nouveaux filets. D'après Geoffroy, le précieux réservoir à fil s'épuise avec l'âge. Les vieilles Araignées, ne pouvant plus faire de toiles, cherchent à s'emparer du bien d'autrui; un combat furieux est la conséquence ordinaire de cette violation de domicile; il se termine par la mort du plus faible, dont le vainqueur fait son profit. Quelquefois le propriétaire menacé dans ses droits d'occupant n'attend pas l'assaut; il décampe et va s'établir ailleurs.

L'excessive ténuité du fil de l'Araignée a souvent fait illusion sur le manége de cette bestiole. A première vue, on ne comprend pas comment elle parvient à s'échapper et à s'élever dans l'air, ni comment elle peut tendre ses filaments à deux arbres éloignés l'un de l'autre; on serait tenté de croire que les fils jaillissent des filières ou que les Araignées ont la faculté de se tenir suspendues dans l'espace : l'origine des fils donne la solution de ce double problème.

La matière qui transsude des filières n'est pas de la soie, comme on le croit généralement; c'est un liquide glutineux, dont les gouttelettes, au contact de l'air, s'allongent en plusieurs fils, dès que l'Araignée s'éloigne des corps sur lesquels elle les a déposés; elle ne fait pas un pas qu'elle ne tende un fil; si vous voulez la prendre, elle se dérobe au moyen d'un fil latéral invisible : il est facile de s'en convaincre par l'expérience suivante. Mettez sur un de vos doigts une jeune Araignée, et isolez-la de tout corps environnant. N'ayant pas de fil latéral flottant, elle ne peut s'échapper latéralement; mais, suspendue à votre doigt par sa matière glutineuse, elle se laisse tomber lentement au bout de son fil vertical qui s'allonge. Si plusieurs fois vous raccourcissez ce fil en le coupant avec un de vos doigts, l'Araignée, désespérant d'aborder la terre ferme, emploie un autre moyen pour s'échapper; elle remonte le long de son fil, à une certaine distance du point d'attache; elle travaille vivement de ses pattes et de sa bouche, et parvient à former, sur le fil auquel elle est suspendue, un petit flocon de filaments; elle monte alors et descend rapidement au-dessus et au-dessous de ce flocon, et laisse, à chaque course, des fils très-fins qui s'appuient sur le flocon et y aboutissent. Ces préliminaires achevés, l'Araignée, en ingénieur prudent, procède à l'essai de son câble de sûreté. S'il n'est pas assez fort pour la porter, elle revient sur ses pas pour le renforcer; puis, se dirigeant le long de ce fil, qui s'allonge toujours, devient plus ferme, et la soutient d'autant mieux qu'il est plus long, elle accélère sa vitesse à mesure qu'elle s'éloigne du point d'attache. Redoublez d'attention, vous la verrez bientôt remonter, comme sur un plan incliné, vers le premier corps venu, sans dévier ni à droite ni à gauche, ni plus haut ni plus bas. Le vent a porté une de ses amarres du câble principal à l'objet le plus voisin; le pont suspendu est jeté, l'Araignée n'a plus qu'à le franchir; l'extrême rapidité de sa course l'emporte loin de vos regards : elle a conquis sa liberté.

Les fils tirés des filières sont appropriés à leurs destinations variées : ils prennent la forme d'un tissu serré comme une toile, ou de mailles plus ou moins grandes; les uns gardent longtemps leur viscosité, les autres la perdent dès qu'ils sont appliqués et deviennent secs et cassants. Les mêmes espèces font leurs toiles et leurs cocons avec la même espèce de fil et les modèlent sur le même patron. Veulent-elles commencer leur ouvrage, toutes s'y prennent de la même manière : elles extraient de leurs mamelons une goutte du liquide glutineux, la fixent contre un corps, s'éloignent en filant, et vont assujettir l'autre bout de ce premier fil à un autre endroit; mais toutes ne l'achèvent pas de la même façon. L'*Araignée domestique*, par exemple, après avoir collé son fil aux parois d'un mur, revient sur ce premier fil, en colle un second à côté du point de départ, et retourne sur ses pas pour en faire autant au bout opposé; elle continue cette manœuvre jusqu'à ce qu'elle ait posé une assez grande quantité de fils dans la même direction. Sur ces assises, elle place de nouveaux fils qui coupent les premiers à angles droits; ils se collent les uns aux autres, et ne forment plus qu'une toile dont les fils, juxtaposés en sens contraire, représentent la trame et la chaîne de nos étoffes, avec cette différence, qu'au lieu de s'entrelacer, elles sont seulement appliquées et collées l'une sur l'autre.

L'*Araignée des jardins* (*Epeira diadema*), dont le réseau est orbiculaire, procède autrement. Placée d'abord sur un arbre, elle tire de ses mamelons un fil auquel elle se pend et qu'elle laisse flotter en l'air, afin que le vent la porte sur la branche d'un arbre opposé. Cet effet obtenu, elle fixe son fil par l'extrémité. Dès qu'elle s'est assurée de sa solidité, elle retourne au milieu du fil et s'en sert comme d'un pont de communication pour continuer son œuvre. Un second fil est attaché, et son autre bout est collé à quelque branche non loin du premier fil; plusieurs, ainsi dirigés, partent tous d'un centre commun, et en s'éloignant s'écartent les uns des autres comme les rayons d'un cercle. La moitié du travail est fait. Courant de rayon en rayon, l'Araignée y applique ses filières et y attache des fils circulaires, qui gravitent tous autour d'un centre commun; toutes les mailles du cercle sont exactement de la même grandeur : le plus habile géomètre ne ferait pas mieux (fig. 198). Il ne reste plus à l'artiste qu'à se construire une petite loge entre deux feuilles; il la garnit d'une toile irrégulière, à laquelle aboutissent plusieurs fils du filet principal; il s'y retire soir et matin, comme dans un fort : pendant tout le jour il se tient à l'affût, au centre de son réseau.

L'industrie de l'*Araignée des caves* a aussi son cachet particulier. Cette espèce se contente de tapisser son trou d'une toile serrée, et de tendre au dehors un petit nombre de fils aboutissant à son antre dont l'entrée reste toujours ouverte. La retraite des *mineuses* est construite d'après un plan analogue; leur trou cylindrique est également doublé à l'intérieur d'une moelleuse tenture; mais leur logis est prudemment fermé par une porte, ou défendu à l'entrée par un rempart en terre mêlée de débris. L'*Araignée aquatique*, enfin, se construit au sein de l'eau une cloche d'où partent des fils dirigés en sens divers et fixés aux plantes environnantes. Seules les *Araignées vagabondes* et chasseresses ne filent d'aucune sorte; elles s'emparent de leur gibier à la course, en se jetant sur lui comme de véritables sauvages.

C'est de proie vivante, d'insectes de toute espèce que se nourrissent les Araignées; elles ne touchent jamais à une bête morte. Leur manière de chasser atteste beaucoup d'intelligence et ferait honneur au plus habile stratégiste. Immobile au centre de sa toile, ou tapie dans sa cachette, l'Araignée guette avec une admirable patience l'imprudent qui doit lui fournir son repas ; malheur à lui s'il se heurte contre le filet ! sa présence est révélée à l'instant même, il est perdu sans ressource. A peine la plus légère secousse a-t-elle fait vibrer la toile, l'Araignée fond sur le gibier, l'enlace de ses fils, l'attache à l'extrémité de son ventre et le charrie pour le manger à son aise dans sa loge. S'il n'est ques-

Fig. 196. Araignée des jardins.

tion que d'un animalcule, petite Phalène, Cousin ou Moucheron, l'Araignée déploie moins de science, elle ne se dérange pas, et laisse le pauvret s'empêtrer de lui-même dans les rets : elle sait d'instinct qu'il ne pourra se dégager, et qu'elle le retrouvera quand bon lui semblera. Lorsqu'une Mouche s'est prise, l'Araignée, en général, lui donne le coup de grâce et l'emporte sans l'envelopper. Mais si l'insecte tombé dans la toile est de taille à se défendre, la tendeuse opère avec une merveilleuse sagacité : elle laisse d'abord la proie s'engager de plus en plus, se débattre et s'user en stériles efforts ; fait-elle mine de prolonger la résistance outre mesure, l'Araignée la prend corps à corps; l'issue de ce duel n'est pas douteuse; un des adversaires a déjà perdu une partie de ses forces, il est aux trois quarts garrotté, démoralisé; l'autre arrive comme une troupe fraîche sur le champ de bataille; l'Araignée en connaît toutes les ressources, l'infortuné est enroulé de plus belle, un coup de poignard termine cette lutte inégale. S'agit-il enfin d'une aventurière à mauvaise tête, cuirassée et armée de pied en cap, telle qu'une Guêpe, par exemple, l'Araignée a vite pris son parti; elle se garde bien d'en venir aux coups, au risque de se faire estropier, d'y rester, ou tout au moins de voir sa toile bouleversée de fond en comble; ne pouvant occire l'intruse, elle l'aide elle-même à se dépêtrer, coupe quelques fils de sa toile, et quand elle a mis à la porte l'audacieuse étrangère, elle raccommode son filet, ou bien elle en fabrique un nouveau, si la Guêpe en jouant des mandibules et des pattes a mis toute la maison sens dessus dessous.

D'habitude les Araignées se contentent de sucer leur proie; il en est cependant qui la dévorent et n'en laissent pas le moindre morceau : ce sont les plus féroces; la caste entière, il faut bien l'avouer, ne laisse pas que d'aimer la chair fraîche. Dans les temps de famine, l'Araignée saute à pieds joints par-dessus tout sentiment et se jette sur ses semblables. Elle fait bien pis vraiment; en dehors des cas de nécessité extrême, où les meilleurs cœurs peuvent succomber, elle se montre épouse dénaturée : par simple caprice, la femelle croque maintes fois son mari.

Le prince-consort n'ignore nullement ce goût dépravé et la destinée qui l'attend : aussi n'approche-t-il qu'avec des précautions infinies. Tout d'abord il s'assure de ses bonnes intentions avant de pénétrer au centre de la toile; il tire tout doucement un fil. Peut-on entrer? semble-t-il dire de sa voix la plus flûtée. Si rien ne répond à cette humble demande, il s'éloigne, revient, frappe derechef à la porte un coup modeste, comme il convient à un solliciteur. Cette fois il a obtenu un signe affirmatif; il fait son entrée, mais sans être très-rassuré; en peu de mots il conte son affaire et détale à toutes jambes, heureux si la princesse ne l'attrape pas à mi-chemin de sa course effrénée! le pauvre diable y laisserait sa peau.

Cette étrange manière de célébrer ses noces s'explique sans peine. La faim, la cruelle faim rend l'Araignée défiante, égoïste, impitoyable. Le mâle n'aide en rien à l'éducation des petits; ses fonctions remplies, ce n'est plus qu'un ennemi, un mangeur de plus, un autre concurrent de chasse et de table; la proie est in certaine, partant le garde-manger n'est pas toujours garni; l'époux, en fin de compte, n'est-il pas chose mangeable? Cette réflexion saisit subitement l'Araignée : c'est ainsi que le mariage finit souvent par une tragédie.

L'Araignée n'est pas plutôt mère, qu'elle est tout entière à sa progéniture; elle ne perd pas un seul instant de vue son cocon. S'il est simplement enveloppé d'une mince pellicule, d'une bourse légère ou d'une gaze transparente, elle le porte toujours avec elle, se l'attache à l'extrémité du ventre et ne s'en sépare jamais. Lorsque les petits sont éclos, elle les porte sur son dos ou les fait marcher devant elle en les menant en lisière par son fil; au moindre danger elle tire le fil protecteur, les petits sautent sur elle; pour les déloger de cet asile, il faut se débarrasser de la mère, elle les défend au péril de sa vie.

Le nombre des œufs renfermés dans les cocons varie selon les différents genres d'Araignées : tantôt le cocon n'en contient que dix ou douze, tantôt il en abrite cinq et six cents. A peine sont-ils expulsés au dehors, ils se dilatent au contact de l'air et acquièrent bientôt, dans leur ensemble, un volume qui dépasse le volume fœtal. En général, les petits éclosent une vingtaine de jours après la ponte; mais quelquefois ils passent tout l'hiver dans l'œuf et ne se montrent au jour qu'au printemps. La jeune Araignée qui vient de naître est d'une telle faiblesse, qu'elle a de la peine à se mouvoir; ses organes restent emmaillottés pendant quarante-huit heures; avant de quitter son berceau, elle change de peau; cette crise passée, elle fait quelques pas, se laisse tomber du cocon à l'aide d'un fil, et se met aussitôt à construire une petite toile d'une étonnante régularité : sans tâtonnements et sans apprentissage, elle est tout à coup devenue une filandière de première force; elle gardera ce talent jusqu'à la fin de sa vie.

L'ARGYRONÈTE.

L'Argyronète (*Argyroneta aquatica*), découverte pour la première fois par l'abbé de Lignac, aux environs du Mans, a été étudiée tour à tour par les plus illustres naturalistes, par Linné, de Geer, Clerk, Hahn, Geoffroy, Latreille, Walckenaër, etc. Dans ces derniers temps, M. Félix Plateau a ajouté de nombreuses observations à celles de ses devanciers. Grâce à ces travaux réunis, on possède aujourd'hui tous les éléments d'une biographie com-

Fig. 259. Argyronète.

plète de l'Argyronète ; ses mœurs exceptionnelles méritent d'être connues.

Seule de toutes les Aranéides, l'Argyronète a le privilége d'être aquatique. Elle ne se tient pas seulement sur l'eau sans se mouiller, comme les Lycoses, les Dolomèdes, les Gerrys, et autres insectes qui glissent à sa surface et y mènent leurs chasses à courre ; véritable citoyenne de l'humide empire, l'Argyronète naît et vit dans le milieu où se noient les autres Araignées ; elle y construit sa demeure, y place son nid, et y élève ses petits l'eau est son domaine naturel; c'est sa résidence habituelle, le théâtre de ses exploits de filandière et de chasseresse et son école permanente de natation.

L'eau dormante des marais, les étangs décorés de lentilles d'eau et de conferves, les rivières coulant à peine, sont l'habitation favorite de l'Argyronète. L'espèce remonte au nord jusqu'en Suède; elle est assez commune en Angleterre, en Belgique et en Hollande; mais elle ne se rencontre en France que dans certaines localités de l'ouest et du centre, dans l'Erdre par exemple près de Nantes, aux environs de Laon, dans les mares de Gentilly près Paris, et aux Bordeaux dans le département de la Sarthe; elle n'a pas encore été signalée dans le midi de l'Europe.

L'Argyronète mâle n'a qu'un domicile; la femelle, outre ses appartements privés, élève une construction spéciale pour ses petits. Sa maison proprement dite, où elle réside toujours, excepté pendant le temps de la reproduction, est généralement immergée à une certaine profondeur; elle présente l'aspect d'une loge ovoïde, tronquée à son extrémité inférieure et s'ouvrant en bas par une légère fente. Engagée dans les verts tapis de conferves et de lentilles d'eau, elle se dérobe à tous les regards et un œil exercé peut seul la découvrir.

Le nid est facile à distinguer. Comme l'habitation maternelle, sa figure est celle d'un dé ou d'une cloche, mais toujours il fait saillie au-dessus de l'eau; son tissu serré et d'un blanc mat est très-résistant; deux compartiments le divisent : l'étage supérieur contient les œufs, le rez-de-chaussée sert de logement temporaire à la mère; elle s'y tient aux aguets pendant tout le temps qu'exigent l'éclosion des œufs et le développement des petits : la tête ordinairement en bas et les pattes postérieures en haut, elle surveille les alentours de son nid, prête à fondre, à la moindre alerte, sur les nombreux maraudeurs qui en veulent à sa progéniture.

La conformation du domicile aquatique est l'œuvre principale de l'Argyronète. On a cru pendant longtemps qu'elle le bâtissait tout d'une pièce; les choses ne se passent pas ainsi. L'architecte apporte, petit à petit, les matériaux de son édifice; il procède avec la circonspection et l'habileté consommée que réclame un palais à élever au milieu de l'eau ; ses manœuvres sont dignes d'attention.

Les premiers travaux de la construction sont difficiles à observer. Sans les apercevoir, on les devine à la traction que subissent les plantes aquatiques qui lui prêtent appui.

Le premier soin de l'Argyronète est de tirer de ses mamelons quelques fils qu'elle attache aux végétaux environnants et entrecroise sur un point déterminé. Ces assises posées, elle se rend à la surface de l'eau, s'approvisionne d'air, et vient, en plongeant, s'en décharger sous son réseau. En vertu de sa légèreté spécifique, le gaz monte sous la forme d'une bulle; chemin faisant, il rencontre les fils, s'y applique et leur donne, en les refoulant vers le haut, la forme d'un petit dôme. Jusqu'ici le réseau est à peine ébauché; l'Aranéide le fortifie de nouvelles mailles, la bulle d'air en est enveloppée : tout minime que soit ce globe lumineux, il révèle déjà la construction; celle-ci se développe rapidement.

L'Argyronète, on le comprend sans peine, a hâte d'agrandir son futur domicile; elle fait de fréquents voyages à la surface de l'eau, se charge à chaque convoi de nouvelles bulles d'air, et les réunit à la bulle primitive, dont le volume augmente ainsi à vue d'œil. Chaque bulle en entrant dans la cloche en chasse une égale quantité d'eau; à la longue, ces manœuvres répétées font l'office d'une pompe, elles vident entièrement la cloche et la remplissent d'air qui détermine sa capacité. Quand son diamètre a atteint un peu plus d'un centimètre, le moule de la loge est trouvé, l'animal le recouvre de fils; au fur et à mesure que la maison prend plus de volume, les mailles protectrices deviennent plus serrées; la cloche, à la fin, a reçu toutes ses dimensions, sa grosseur égale celle d'une noisette.

Défendue désormais par un solide réseau, elle disparaît sous les conferves ou sous les lentilles d'eau qui foisonnent autour d'elle; dans cette cloche à plongeur, l'animal sera parfaitement à sec au milieu de l'eau.

L'établissement du nid s'opère de la même manière; seulement, comme sa partie supérieure doit émerger, la femelle jette ses premiers câbles près de la surface de l'eau; l'apport successif des bulles d'air les arrondit bientôt en forme de dôme et fait monter la cloche à quelques millimètres au-dessus du liquide; les parois sont bien plus épaisses que celles de la loge destinée à servir de domicile.

Les fils qui garnissent la cloche ne sont pas de même nature que ceux qui lui tiennent lieu d'amarres. Ceux-ci ont la propriété de durcir instantanément dans l'eau; les autres ne se solidifient pas immédiatement après leur sortie des filières, ils se laissent pétrir; l'Aranéide les malaxe avec ses pattes de derrière et les emploie en guise de vernis pour enduire l'extérieur de la cloche; l'intérieur en est également revêtu. Le ballon d'air se trouve donc protégé par une double enveloppe; il est clos de toutes parts par une gaze soyeuse, excepté à sa partie inférieure qui donne entrée et sortie à l'Argyronète.

Les fils attachés aux plantes aquatiques, aux pierres environnantes, varient d'aspect; il en est beaucoup d'irréguliers qui aboutissent, comme les autres, à l'orifice de la cloche. Leurs fonctions sont multiples : câbles par destination première, ils deviennent, par circonstance, des piéges où viennent se prendre les Esquilles, les Aselles et autres petits Crustacés dont l'animal se nourrit (fig. 199); ils se transforment encore en garde-manger lorsque l'Argyronète, en sa qualité d'amphibie, poursuit son gibier à la nage, ou lui fait la chasse hors de l'eau : elle prend ses repas, tàntôt au frais dans son château aquatique, tantôt à l'air libre.

Dans son travail de construction, l'Argyronète use d'un manége singulier : elle se frotte le corps, presse ses filières avec ses pattes postérieures qui se relayent tour à tour; l'une de ces pattes, lorsque le ballon aérien est en partie revêtu de son enveloppe, est occupée à lisser la surface, tandis que l'autre soutient la cloche du côté où elle n'a pas encore reçu son dernier poli.

L'Argyronète, munie de poumons et de trachées, ne saurait, à l'instar des Poissons, tamiser l'air dissous dans l'eau : il lui faut de l'air pur; un appareil ingénieux répond à cette nécessité. Velue sur presque toutes les parties de son corps, elle s'enveloppe d'air sur toutes les faces qui ne sont que nues, nage sur le dos, soit en montant, soit en descendant, et fait ainsi affluer le gaz vivifiant vers les organes respiratoires, situés chez elle sur l'abdomen.

Pour renouveler sa provision d'air, l'Aranéide gagne la surface de l'eau et fait pointer au-dessus son extrémité anale mate et sèche. L'eau alors de se creuser au pourtour de l'Argyronète, qui se trouve dans une sorte d'entonnoir liquide rempli d'air. L'animal vient-il à plonger pour regagner son gîte, le creux s'étrangle brusquement au-dessus des filières, l'excavation se referme, l'insecte s'y enfonce, emportant avec lui la couche d'air prise à l'extérieur et restée adhérente à son ventre; elle le cuirasse et le préserve du contact de l'eau.

La cause de cette imperméabilité a été longtemps ignorée. De

Lignac, de Geer et Geoffroy croyaient qu'un corps gras, analogue à celui que sécrètent les Palmipèdes, empêchait l'Argyronète plongée dans l'eau de se mouiller. Les expériences de M. Plateau ont fait justice de cette erreur. Les poils seuls de l'Aranéide lui forment un manteau impénétrable à l'eau. Distribués par faisceaux courts, très-fins, très-serrés et enchevêtrés les uns dans les autres, ils soulèvent la couche d'air, la divisent en petites surfaces partielles, et constituent autant de petits points d'adhérence qui lui donnent de la stabilité. Voilà pourquoi l'abdomen de l'Argyronète, recouvert d'une sorte de velours, ne se mouille jamais; lorsque la bestiole fait la planche, tout son ventre est enduit d'une lame d'air : elle ressemble alors à un globule de vif-argent emporté d'un mouvement rapide au sein de l'eau.

L'air de la cloche, de même que celui de tout appartement habité, s'altère au bout d'un certain temps. Pour expliquer comment l'Argyronète s'y prend afin de remplacer par de l'air pur l'air vicié de son domicile, certains auteurs ont supposé qu'elle retournait sa loge. Ce procédé, à coup sûr, serait expéditif et n'exigerait pas de grands frais d'imagination; mais il n'en va pas ainsi. L'Aranéide n'a pas oublié que sa cloche est fixée par de nombreuses attaches aux corps circonvoisins. Briser ces liens, ce serait s'exposer à reprendre la construction jusque dans ses fondements; elle n'ignore pas non plus qu'en renversant le ballon, celui-ci se remplirait d'eau, dont il faudrait ensuite le débarrasser pour y introduire de nouvelles bulles d'air; ses moyens hygiéniques sont aussi simples qu'ingénieux. Voici comment elle procède: chaque fois qu'elle quitte son domicile, elle s'enveloppe d'un air plus ou moins vicié et l'entraîne au dehors avec elle; arrivée à la surface de l'eau, elle fait échange de lest, se charge d'air pur, et, de retour au logis, elle mélange sa nouvelle couche d'air respirable avec l'air de l'habitation; après un certain nombre de voyages, l'atmosphère de l'appartement se trouve complétement renouvelée, sans qu'on ait besoin de retourner la maison sens dessus dessous.

L'Argyronète, une fois le domicile élu, ne change pas volontiers de cantonnement, et passe l'hiver cloîtrée dans sa cellule. Elle s'affectionne aux lieux où elle a bâti son habitation; si quelque cataclysme a détruit son palais, elle recherche avec soin les fils qui ont échappé à la ruine générale, et les met à profit pour sa nouvelle construction.

Le printemps et l'automne sont l'époque ordinaire de ses établissements; ces deux saisons correspondent naturellement au temps de la construction des nids.

Les mâles passent pour faire bon ménage avec les femelles; on croit généralement qu'ils n'en sont pas dévorés; toutefois le fait n'est pas bien sûr, et l'harmonie conjugale, chez ces animaux, pourrait bien n'être pas des plus parfaites. On ne sait trop, en effet, ce que deviennent les mâles après l'accouplement. Meurent-ils simplement et rapidement de leur belle mort? Sont-ils croqués par les femelles, ainsi que cela a lieu chez beaucoup d'Araignées terrestres d'un naturel féroce? Autant de problèmes à résoudre; on sait seulement qu'on ne rencontre jamais qu'un très-petit nombre de mâles, même dans les localités où les Argyronètes femelles sont le plus communes.

Vers le temps de l'accouplement, le mâle, d'après M. F. Plateau, se bâtit une loge près de celle de la femelle; mais sa cellule est moins grande. Quand il l'a terminée, il construit un canal qui va aboutir au nid de la femelle; cela fait, il perce les parois de son appartement, et unit son tuyau de communication au trou qu'il vient de pratiquer : les deux loges sont mises ainsi en rapport l'une avec l'autre, comme deux gouttes d'eau qu'on rapproche.

Le vestibule est à peine établi, que l'Argyronète mâle en fortifie la voûte et les côtés, et l'enduit d'une soie blanche imperméable. Ces loges, si faciles à réunir, se séparent quelquefois au printemps avec la même facilité lorsqu'elles viennent d'être jointes, ou lorsque les Aranéides se livrent des combats acharnés. Adieu alors la construction qui a reçu le choc des combattants; la maison s'en va tout à coup à vau-l'eau, l'Argyronète se retire dans un des appartements restants et s'y pose en sentinelle pour empêcher que son domicile ne soit visité par quelque intrus.

L'Argyronète fait deux pontes par an. Les œufs, au nombre de quatre-vingts environ, sont ronds, jaune-soufre, et renfermés dans une bourse soyeuse de couleur blanche, lisse à l'extérieur, et tapissée, au dedans, de fils qui s'entre-croisent entre les œufs et les maintiennent en place. Dès que ceux-ci ont été déposés dans la partie supérieure du nid, où ils sont baignés d'une couche d'air, la vigilante mère descend dans la seconde chambre et se pose en sentinelle près de l'ouverture. L'éclosion n'a lieu qu'une semaine environ après la ponte, bien que, dans les premiers jours, le développement de l'embryon soit très-rapide;

mais ce dernier s'opère si lentement à l'apparition des membres de l'Aranéide, qu'il semble en quelque sorte suspendu; sa marche ultérieure est plus graduellement uniforme.

La liberté, pour les jeunes Argyronètes, ne commence pas avec l'éclosion. Au sortir de l'œuf, elles restent confinées dans leur gîte pendant près d'une semaine, et s'y préparent, par une série d'épreuves, à leur affranchissement définitif. Tout d'abord elles ont à fortifier leurs membres presque sans articulations au début de la vie; elles doivent ensuite tirer leurs chélicères et leurs mâchoires de la pellicule qui les renferme comme un fourreau; elles ont enfin, chose capitale, à se couvrir de poils sans lesquels elles ne pourraient ni s'envelopper de l'air nécessaire à leur respiration, ni se maintenir à sec dans l'eau: toute Argyronète qu'on y plongerait à sa sortie de l'œuf, alors que son corps est entièrement nu, se noierait infailliblement.

Dans leur premier âge, les jeunes ne présentent aucun vestige de crochets à l'extrémité des jambes et des palpes; leurs chélicères, hors de toute proportion avec la tête, sont appliquées contre le thorax et dans une immobilité absolue. Leur teinte générale, à cette époque, est peu foncée; mais, à mesure qu'ils grandissent, leur coloration s'embrunit, elle est passée au gris intense quand ils sont en état de quitter le nid: leur longueur est alors d'un peu plus de deux millimètres. Pendant cette reclusion salutaire, l'animal a donc été occupé à se compléter; l'apparition des poils et des articulations devient le signal de son émancipation finale; ses crochets seuls sont encore à venir.

Rien de joli et d'amusant comme le spectacle que présentent les Argyronètes quand elles abandonnent le nid pour se donner libre carrière. Chacune d'elles se construit aussitôt une loge microscopique de trois millimètres de diamètre, d'après les procédés que lui a légués sa mère. Minuscule de taille, elle n'a garde de s'aventurer, dès le bas âge, dans la profondeur de son océan: elle se tient prudemment dans les couches supérieures, tout près de la surface où la ramène d'ailleurs le ballon d'air qu'elle charrie avec elle, et dont le volume comparé à son corps est plus gros relativement que la bulle d'air des Argyronètes adultes. A cette phase de son existence, ses allées et venues sont incessantes; l'appétit, le besoin d'exercice la jettent dans un mouvement perpétuel; à chaque instant l'eau est sillonnée par une petite boule argentée extrêmement brillante. Ce météore vivant monte, descend, circule dans tous les sens, décrivant mille et mille paraboles; il s'échappe en fuites rapides comme un trait de feu, et c'est par myriades qu'il anime les eaux de ses jeux fantastiques. Elles n'ont pas le simple caprice pour mobile : passionnées, comme leurs mères, pour la chasse, les jeunes Argyronètes attaquent avec impétuosité les animalcules aquatiques qui fréquentent leurs parages. La proie est-elle trop considérable pour qu'elles en viennent à bout toutes seules, elles se réunissent par groupes, chassent de concert, traquent le gibier, et, quand elles l'ont saisi, se le partagent à l'amiable, sans coups ni disputes entre elles.

Une vie aussi active semblerait devoir précipiter leur développement, d'autant plus que leur appétit est très-énergique; mais non, la croissance néanmoins s'opère lentement. Ce n'est que quinze jours après la sortie du nid que les tarses s'arment de chélicères visibles; à six semaines l'animal ne mesure pas plus de trois millimètres, il lui faut au moins six mois pour parvenir à l'état adulte; mais par compensation il ne meurt pas, comme un grand nombre d'insectes, dans l'année même où il a pris naissance. On sait qu'il passe l'hiver claquemuré dans sa loge, et plongé dans une espèce de léthargie. Quand l'heure de la vieillesse sonne-t-elle pour l'Argyronète, et à quel âge la décrépitude la conduit-elle à trépas, lorsqu'elle est parvenue à échapper à ses nombreux ennemis? On l'ignore.

LE SCORPION.

La structure de cette Arachnide (fig. 200) présente certains caractères tout à fait distincts de ceux qu'on observe chez les autres animaux de la classe.

L'abdomen, intimement soudé au tronc, se termine par une queue longue et grêle, composée de six nœuds dont le dernier finit en dard donnant issue, par deux petits trous, à une liqueur venimeuse contenue dans un réservoir intérieur. Les palpes, très-développées, ont l'aspect d'une serre à deux doigts dont l'un est mobile. A l'origine du ventre se trouvent les *peignes*, organe composé d'une pièce principale articulée, mobile à sa base, et garnie, le long de son côté inférieur, d'une série de lames parallèles, imitant des dents de peigne; son usage n'est pas encore bien connu; les quatre anneaux suivants portent chacun une paire de sacs pulmonaires et de stigmates; tous les tarses ont trois articles et sont armés de deux crochets.

Nous avons deux espèces de Scorpions en France : le *Scorpion d'Europe* (*Scorpio Europæus*) à six yeux, et le *Scorpion roussâtre* (*Scorpio occitanus*) à huit yeux; tous deux sont cantonnés dans la région de l'olivier, de l'amandier et du grenadier : le premier se trouve exclusivement en Provence, le second uniquement dans le Languedoc et seulement dans une lisière maritime ne dépassant pas trente-cinq à quarante kilomètres de largeur; en Espagne, où cette dernière espèce est fort commune, elle suit la région

Fig. 209. Scorpion.

du caroubier : cette concomitance n'a rien qui doive surprendre, elle s'explique très-bien par la température, par la nature du sol et les genres d'insectes dont les Arachnides font leur proie.

Sauf quelques variantes, les mœurs de ces deux Scorpions se ressemblent beaucoup. Ils vivent à terre, se cachent sous les pierres et dans les endroits sombres, parfois même dans les maisons, se tiennent tapis pendant le jour et sortent, la nuit, de leurs retraites pour chercher leur nourriture. Ils marchent alors dans tous les sens, les palpes dirigées en avant et la queue redressée en arc sur le dos; celle-ci leur tient lieu d'arme offensive et défensive, ils s'en servent pour piquer les insectes qu'ils ont saisis avec leurs serres et qu'ils dévorent à la manière des grosses Araignées. Rarement on trouve plusieurs Scorpions dans le même gîte, ils vivent solitaires, et tellement farouches vis-à-vis les uns des autres, que lorsqu'on les réunit ensemble, ils se battent à outrance, se tuent et se dévorent mutuellement. Les femelles, plus fortes que les mâles, sont ovovivipares; elles font leurs petits à diverses reprises; les premiers jours de leur naissance, elles les tiennent soigneusement renfermés dans leur repaire, les portent sur leur dos et cheminent ainsi pendant quelque temps avec eux, comme le font les Lycoses et d'autres Aranéides; au bout d'un mois environ, ils sont en état de se suffire à eux-mêmes; la famille alors se sépare.

La piqûre des Scorpions, sans être aussi grave dans nos climats tempérés que dans les pays chauds, ne laisse pas d'être douloureuse; elle donne même lieu à quelques symptômes inquiétants, tels que la fièvre et la tuméfaction; sous ce rapport, le Scorpion roussâtre, désigné dans le Languedoc sous le nom de *Sauvignargue*, est plus dangereux que le Scorpion d'Europe. D'après les expériences de Redi, sa piqûre tue les jeunes Pigeons dans l'espace de cinq minutes; Maupertuis a constaté que des Chiens piqués au ventre pouvaient en mourir; ils sont pris, dans ce cas, de vomissements, de gonflements et de convulsions; d'un autre côté, Léon Dufour, qui a étudié pendant longtemps cette espèce en Espagne, n'a éprouvé d'autre accident de sa piqûre qu'une douleur analogue à celle résultant d'une piqûre d'épine; il avait eu, il est vrai, la précaution de comprimer immédiatement les abords de la partie blessée et de laisser couler un peu de sang. Le traitement à employer contre la piqûre du Scorpion est exactement le même que celui dont on fait usage extérieurement quand on a été mordu par une Vipère.

TROISIÈME CLASSE.

LES INSECTES.

Les insectes sont des animaux articulés munis d'un vaisseau dorsal, respirant par des trachées, pourvus de pattes articulées, et subissant, en général, des métamorphoses plus ou moins complètes avant d'arriver à leur état parfait.

Leur corps est coupé en plusieurs parties réunies entre elles par des articulations; on y distingue trois régions: la tête, le corselet et l'abdomen.

La tête porte les antennes, les yeux et la bouche. Les antennes, de formes très-variées, existent toujours au nombre de deux.

Les yeux sont composés ou simples; dans ce dernier cas, ils sont ordinairement au nombre de trois et disposés en triangle sur le sommet de la tête.

La bouche offre une structure très-compliquée. Dans les insectes carnassiers, elle se compose, la plupart du temps, des pièces suivantes: 1° d'une pièce médiane nommée *labre* ou *lèvre supérieure;* 2° de quatre pièces mobiles, dont les deux premières ont reçu le nom spécial de *mandibules,* et les deux autres celui de *mâchoires;* ces dernières sont garnies, à leur face interne, de un ou deux filaments articulés nommés *palpes maxillaires;* 3° d'une lèvre inférieure formée d'un *menton* et d'une *languette,* portant ordinairement deux palpes labiales.

Chez les insectes suceurs, les organes de la manducation se montrent sous deux modifications principales : tantôt les mandibules ou les mâchoires sont remplacées par de petites lancettes reçues dans un étui qui tient lieu de labre et prend quelquefois la figure d'un bec, ou constitue une gaîne tubulaire; tantôt les mâchoires acquièrent un développement extraordinaire et se changent en deux filets tubuleux réunis par leurs bords et formant une espèce de trompe roulée en spirale.

Le corselet unit la tête à l'abdomen; il se compose de trois anneaux soudés entre eux : le prothorax, le mésothorax et le métathorax.

Les pattes, au nombre de six, dans toutes les espèces pourvues d'ailes, et insérées sur chacun des anneaux du corselet, sont formées d'une hanche, d'une cuisse, d'une jambe et d'un tarse divisé en plusieurs articles.

Les ailes, nulles dans quelques espèces, existent chez la plupart des insectes et ne dépassent jamais le nombre de quatre; elles sont attachées aux deux derniers anneaux du corselet et présentent des aspects très-divers : quelquefois toutes sont transparentes; d'autres fois, les ailes inférieures seules sont membraneuses, et, dans le repos, se plient transversalement pour se cacher sous deux étuis opaques, de consistance plus ou moins solide, en d'autres termes, sous les élytres.

L'abdomen est protégé extérieurement par un certain nombre d'anneaux placés bout à bout, à la suite les uns des autres.

Le système nerveux des insectes est composé d'une double série de ganglions réunis entre eux par des cordons, dont le nombre correspond à celui des anneaux.

Le cœur est représenté par un tube longitudinal placé à la surface dorsale du corps.

L'air pénètre dans le corps des insectes par des ouvertures extérieures nommées stigmates, aboutissant à des tubes intérieurs ou trachées très-ramifiées.

Tels sont les principaux traits de l'organisation des insectes; mais ces animaux, avant de se présenter sous leur état définitif, changent plusieurs fois de peau dans leur jeune âge, et subissent, pour la plupart, des métamorphoses plus ou moins complètes. La première commence au sortir de l'œuf; l'insecte est alors à l'état de *larve* et le développement de ses organes s'opère peu à peu. Cette période accomplie, il se change en *nymphe* ou *chrysalide*. Pendant cette seconde transformation, l'insecte, en général, demeure immobile et ne prend aucune nourriture; toutes les parties de son corps sont en quelque sorte emmaillottées.

Lorsque arrive la troisième métamorphose, ses membres se développent, ses ailes s'étendent, il recommence à jouir de la vie : son accroissement est terminé, le voilà insecte *parfait*, il n'a plus qu'à propager son espèce; bientôt après, il meurt.

Latreille a divisé la classe des insectes en douze ordres, savoir : les Rhipiptères, les Parasites, les Aptères-Suceurs, les Thysanoures, les Myriapodes, les Coléoptères, les Orthoptères, les Hémiptères, les Névroptères, les Hyménoptères, les Lépidoptères et les Diptères; ces huit derniers sont les plus intéressants à connaître.

ORDRE DES APTÈRES-SUCEURS

LA PUCE.

L'épithète d'irritante (*Pulex irritans*, fig. 201) par laquelle Linné caractérise cet insecte n'a rien d'exagéré; la Puce, non-seulement agite et agace les personnes à peau délicate, mais les coups répétés de ses fines lancettes les mettent souvent hors d'elles-mêmes, tant il est vrai qu'un infime parasite peut nous battre en brèche et confondre notre superbe raison !

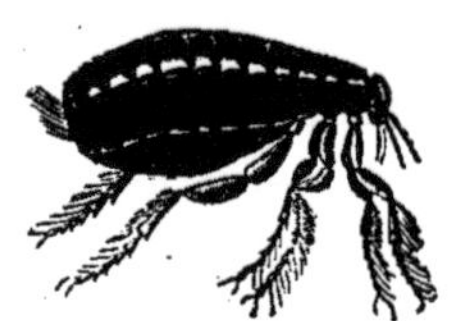
Fig. 201. Puce.

La Puce, considérée avec l'impartialité du naturaliste, est un être admirablement organisé pour son double rôle de sauteur et de suceur. Son corps ovalaire, comprimé et revêtu d'une solide cuirasse que garnissent des épines mobiles, lui permet de s'insinuer à peu près partout; ses pattes allongées et vigoureuses, celles de derrière surtout, d'un tiers plus longues que les autres, sont d'une remarquable élasticité; toutes sont très-épineuses et se terminent par des crochets contournés; sa tête, vue de profil, simule celle d'un cheval; elle porte, de chaque côté, les organes de la manducation et de petites antennes toujours vibrantes quand l'animal se meut, couchées quand il se tient en repos; la bouche est armée d'un bec à peu près conformé comme celui des Hémiptères : une gaîne articulée renferme deux lancettes aiguës, à l'aide desquelles la Puce entame la peau de ses victimes et y détermine une irritation dont elle profite pour s'abreuver de leur sang.

La femelle, quatre fois plus grosse que le mâle, pond une douzaine d'œufs; d'après Roësel, elle les laisserait tomber, au hasard, sur les planchers, les siéges, les étoffes, les ordures; Latreille, au contraire, pense qu'à l'exemple de beaucoup d'insectes elle les colle à différents corps. Lorsque la saison est chaude, ils éclosent dans l'espace de cinq à six jours; il en sort de petites larves blanches et transparentes, d'une vivacité extrême, qui se contournent et se tortillent à la façon des anguilles. Le sang desséché forme leur première nourriture; la mère Puce a soin de les en approvisionner en déposant ses œufs. Au bout de quinze jours, quand la nourriture ne leur fait pas défaut, elles se transforment en nymphes; ce moment arrivé, elles préludent par le jeûne à leur seconde métamorphose; puis elles se filent une coque soyeuse, d'un tissu serré, qu'elles fixent à un corps solide en la masquant par des grains de poussière; pendant tout le temps de leur clôture, elles restent dans une immobilité complète.

En été, l'état de nymphe ne se prolonge pas au delà d'une douzaine de jours, mais celles qui naissent à l'arrière-saison le gardent tout l'hiver. Avant de se changer en insecte parfait, la Puce se dépouille de la pellicule qui enveloppe son corps, et se montre aussitôt après sous sa forme définitive; elle fait son entrée dans la vie active par un saut énergique, et se met à l'instant en quête de sa nourriture.

Les Puces, ainsi que chacun le sait par expérience, vivent aux dépens de l'homme et aussi d'une foule d'animaux; la peau fine des femmes et des enfants les allèche singulièrement; sur tous les animaux mammifères, elles donnent la préférence aux Chiens, aux Renards, aux Chats, aux Lapins et aux Rats de toute espèce; parmi les Oiseaux, elles s'attaquent principalement aux Poules, aux Pigeons et aux Hirondelles. Tous les hommes ne sont pas également de leur goût; il en est qu'elles respectent ou même qu'elles semblent fuir, tandis qu'elles se jettent avidement sur d'autres, et leur causent des ampoules et de vives irritations : la véritable cause de ces antipathies et de ces sympathies est encore ignorée : la finesse ou la grossièreté relative des tissus semblerait l'expliquer.

La constitution herculéenne des Puces a été, à certaines époques, l'objet d'une étrange industrie ; des spéculateurs les ont données en spectacle en les attelant à des canons microscopiques et à des carrosses lilliputiens ; toujours elles se sont tirées avec honneur de ces singuliers exercices par l'énergie musculaire de leurs épaules et la vigueur de leurs jarrets ; peut-être eût-il été plus à propos de chercher le secret d'éviter leurs piqûres. Jusqu'ici, on ne connaît d'autre moyen de se préserver de ces insectes qu'une extrême propreté ; les pays chauds, en général, en sont plus visités que ceux où gens et demeures sont l'objet de soins minutieux.

ORDRE DES COLÉOPTÈRES.

LES CARABES.

Les Carabes (*Carabus*) figurent avec distinction à la tête des insectes dont la chasse est la principale occupation ; leurs allures et leur équipement répondent parfaitement à ce but. Protégés par une cuirasse épaisse, souvent parés des plus riches couleurs, armés de mâchoires puissantes, munis, en outre, de pattes longues et taillées pour la course, ils font, dans la belle saison, campagne continuelle, se lancent, à chaque instant, par voies et par chemins, et font, à notre profit, une ronde très-active de jour comme de nuit. Véritables gardes champêtres et grands justiciers, ils surveillent les voleurs à travers les herbes, les appréhendent au corps, et les exécutent sans autre forme de procès : ils nous sont donc utiles et doivent être épargnés.

Le Carabe doré, l'une des plus jolies espèces de notre pays (fig. 202 et 203), fait une chasse à courre très-active aux petits Mollusques déprédateurs, et sauve ainsi de leurs dents une partie de nos fruits et de nos légumes. Il s'attaque parfois à plus gros que lui; il n'est pas rare de le voir aux prises avec le Hanneton descendu à terre; d'un coup de croc il lui perce le ventre et en tire les intestins. En vain l'insecte bourdonnant s'efforce-t-il de fuir, son ennemi, plus agile, l'a bientôt rejoint; il le renverse sur le dos, le déchire avec ses redoutables pinces et en fait promptement curée. Suivant chaque gibier, nouveau procédé; avec le Ver de terre, par exemple, point de lutte à la course; comme l'animal rampant ne chemine qu'en glissant sur le sol, le Carabe se borne à l'épier; à peine paraît-il à fleur de terre, d'un bond le coléoptère est à cheval sur son dos et, d'un coup de

Fig. 202. Carabe doré.

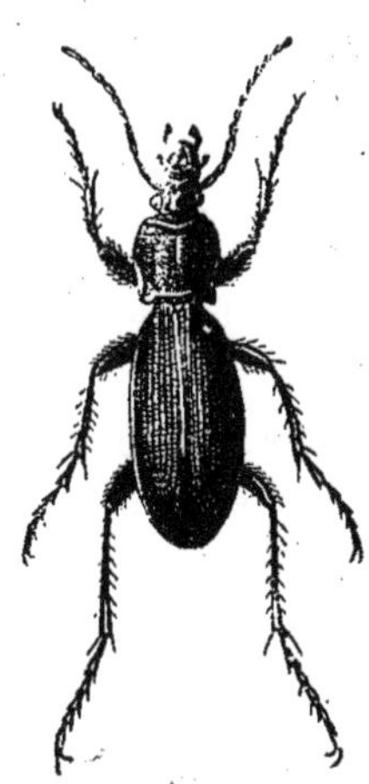

Fig. 203. Carabe pourpré.

mandibule, il le sépare en deux tronçons : une paire de ciseaux bien affûtée ne ferait ni mieux ni plus vite.

Indépendamment de leurs armes pour l'attaque, les Carabes possèdent des moyens occultes de défense; les grosses espèces laissent échapper de leur bouche une liqueur âcre et fétide; les petites repoussent leurs ennemis à coups de revolver. Chétives et fluettes qu'elles sont, elles ne s'aventurent guère au grand jour, ainsi que les Carabes proprement dits, elles vivent par petites sociétés sous les pierres, et ont recours aux embuscades pour surprendre les proies minimes dont elles se nourrissent. Éminemment circonspectes, elles ont bien soin de n'avoir aucune dispute avec tout animal qui pourrait leur nuire; les inquiète-t-on dans leur asile, la troupe aussitôt se disperse et cherche son salut dans ses jambes, mais il faut effrayer l'ennemi et, par tous les moyens possibles, retarder sa poursuite ; chaque fuyard, naturellement artificier, lâche sa bordée en se sauvant ; la matière qu'il lance se volatilise au contact de l'air et fait, en même temps, explosion : sur toute la ligne, c'est un feu de tirailleurs. Il est facile d'observer cette machine de guerre chez les Brachines : le *Crépitant*, le *Pétard* et le *Bombardier* ne sont pas rares aux environs de Paris.

BOUSIERS, PILULAIRES, BOUCLIERS ET NÉCROPHORES.

Si nous avons à défendre nos récoltes contre certains insectes déprédateurs, il en est d'autres qui nous rendent d'incontestables services ; des races entières semblent avoir pour mission spéciale de veiller à la salubrité générale ; il y a parmi elles des employés de pompes funèbres, des équarrisseurs, des balayeurs de profession, des expurgateurs de toutes sortes, chargés de débarrasser le sol des cadavres et des immondices qui y gisent, et d'empêcher que la pureté de l'air ne soit viciée par des exhalaisons malfaisantes ; parmi ces utiles fonctionnaires, Bousiers, Boucliers et Nécrophores occupent le premier rang et ont droit à notre protection.

Les Boucliers (*Silpha*, fig. 204 et 205), tout à fait différents des coprophages, ont, en général une livrée sombre, en harmonie

Fig. 204. Bouclier à quatre points.

Fig. 205. Bouclier thoracique.

avec leur lugubre service. Ils n'enterrent pas les cadavres, mais ils se glissent sous leur peau, entament leurs chairs, les dissèquent et ne leur laissent bientôt que les os. Les gros animaux tombant en putréfaction leur appartiennent de droit. Il faut les voir au travail dans une carcasse de quadrupède pour se faire une idée de leur talent d'anatomistes ; ils s'y plongent, ils s'y ruent ; pas un muscle, pas un nerf, pas un tendon n'échappe à leur fin scalpel. Si la décomposition ne marche pas assez vite à leur gré, ils l'accélèrent à l'aide d'une recette chimique ; de leur bouche et de l'extrémité de leur abdomen sort une liqueur brunâtre et fétide, véritable élixir de mort, qui met promptement le cadavre en putréfaction.

Les Nécrophores, ainsi que leur nom l'indique, sont fossoyeurs de leur métier (fig. 206) ; ils ont pour charge principale d'enterrer les morts de la gent animale. Qu'une Taupe, un Mulot, une Musaraigne, un petit Oiseau expire sur le sol, on ne l'y verra pas longtemps ; le Nécrophore, averti par un odorat subtil, accourt sans plus tarder et se met aussitôt à l'œuvre.

Fig. 206. Nécrophore enterrant un oiseau.

Avec ses pattes dentelées et épineuses il creuse la terre au-dessous du mort, en suivant exactement tous les contours de son corps, et rejette chaque pelletée à la surface ; la fosse se creuse ainsi sans déranger sensiblement le défunt ; quand ce dernier est enfoui à une certaine profondeur que déterminent la consistance et l'humidité du sol, on le recouvre de terre : l'enterrement est achevé. Le mort, par aventure, est-il un gros personnage, trop lourd pour les forces d'un seul fossoyeur, le Nécrophore appelle à son aide une escouade de travailleurs de bonne volonté : insectes n'en chôment jamais. Trois ou quatre compagnons d'abord se dévouent ; quelques coups d'ailes les portent au rendez-vous ; la besogne se fait vite, en silence et en commun. S'ils ne suffisent pas à la tâche, un second appel a lieu; une troupe d'ouvriers guidés par leur odorat viennent, à leur tour, à la rescousse. Au dehors, nul bruit, nulle agitation, la solitude paraît complète; mais au dedans, l'enfouissement va son train; le cadavre, cerné de toutes parts, enfonce de plus en plus; au bout de quelques heures, il est rendu à sa dernière demeure (fig. 206). Cette fois les funérailles sont terminées, à la troupe maintenant de se payer de sa peine : elle festine joyeusement à travers les entrailles du mort; les Nécrophores femelles y pondent leurs œufs; ce sera le berceau de la future famille, les larves y trouveront un *buffet tout dressé*. A *l'abri de tout péril* dans cette funèbre salle à manger, elles achèveront le repas commencé par leurs pères et mères; le moment venu de se changer en nymphes, elles s'enfonceront en terre, enduiront leur logis d'une substance visqueuse, et en sortiront après un mois de sommeil, parées comme des gens qui vont à la noce : sous une si brillante livrée qui soupçonnerait de lugubres croque-morts? C'est ainsi pourtant que font leur apparition au grand jour le *Nécrophore des morts*, le *Germanique* et l'*Enterreur* (*Necrophorus germanicus* et *N. Vespillo*), tous fort communs en France, notamment aux environs de Paris.

Fig. 207. Nécrophore fossoyeur.

Les Bousiers (*Copris*) et les Pilulaires (*Ateuchus*) ont plus d'un rapport dans leurs habitudes; ils n'attaquent aucune proie vivante,

Fig. 208. Bousier sacré.

Fig. 209. Ateuchus à large cou.

leurs mandibules ne sont faites ni pour broyer, ni pour déchirer la chair; leur alimentation consiste exclusivement en matières végétales ou animales à l'état fluide. Le jour, ils se tiennent cachés dans les fientes, et ils en sortent le soir pour folâtrer et multiplier. Le plus grand nombre fréquentent les pâturages et les endroits recherchés du bétail. Leur vol est lourd, bourdonnant, en ligne droite, et toujours bas : au moindre choc, ils s'abattent. Les femelles, beaucoup plus grosses que les mâles, déposent leurs œufs dans les bouses ; la larve, après avoir vécu aux dépens des matières qui l'enveloppent de toutes parts, s'enfonce en terre pour subir ses métamorphoses, elle en sort insecte parfait. Les principaux genres de cette famille des Coprophages sont représentés par les Copris, les Géotrupes et les Ateuchus. Leur livrée fait souvent contraste avec le milieu abject où ils séjournent ; le noir, le bleu et le violet métallique se jouent dans leurs vêtements. La femelle du *Géotrupe stercoraire* présente un trait de mœurs particulier : habitante des bouses, elle ne s'y fie pas pour y loger ses œufs, elle juge plus prudent de creuser une sorte de puits au fond duquel elle construit encore une cellule ; c'est là qu'elle dépose son œuf ; il n'est pas plutôt pondu, qu'elle l'approvisionne d'une pâtée stercorale pour les besoins de la larve future : chez les bêtes, si chétives soient-elles, la prévoyance maternelle n'est jamais en défaut.

Le Pilulaire fait preuve d'une sollicitude analogue pour ses petits. Ni bouses, ni trous ne reçoivent sa progéniture ; il enveloppe son œuf d'une certaine quantité d'excréments détachés de leur masse, et la moule en la roulant à diverses reprises sur le sol avec ses pattes de derrière ; lorsqu'elle a pris la forme et la consistance voulues, il la fait voyager. En effet, la cachette où il doit enfouir son cher trésor n'est pas toujours près de l'endroit où il a construit sa boule, elle en est parfois assez éloignée : l'insecte se met en route. Rien de plus simple si le sol est uni et sans obstacles, le Pilulaire chemine à reculons ; ses longues pattes postérieures poussent la boule en ligne droite ; mais si la voie est obstruée ou s'il y a quelque côte à franchir, sa tâche est réellement ardue et pleine de péripéties. Voyez-vous d'ici la bestiole attelée à son char roulant : elle avance, elle recule, elle trébuche ; un heureux mouvement la remet d'aplomb, le pas difficile est franchi, elle va bientôt atteindre le sommet ; tout à coup, ô malheur ! le sol s'effondre sous ses pieds, la boule échappe à ses étreintes, il lui faut recommencer une longue et pénible ascension ; le Pilulaire l'entreprend de nouveau, sans se rebuter jamais. Sur des pentes très-glissantes, il lui arrive de chavirer plusieurs fois de suite, mais l'insecte ne se décourage pas, toujours il reprend avec ardeur son travail herculéen, jusqu'à ce que, à force de persévérance, il ait atteint son but. Ses chances sont parfois bizarres. Tandis que la boule roule de haut en bas, lui, de son côté, dégringole et tombe sur le dos, les pattes en l'air. Dans cette piteuse position, il a grand'peine à se relever le charroi devient alors l'affaire du premier Pilulaire passant par là. Les misères du voyage ne se bornent pas à ce seul incident ; il n'est pas rare que l'automédon

Fig. 210. Pilulaires charriant leurs boules.

conduisant sa boule à reculons ne la verse dans quelque fondrière; le Pilulaire se tire sans peine de ce mauvais pas; mais pour la boule, c'est autre chose. Comment extraire d'un précipice un corps rond, roulant sans cesse sur lui-même? La tâche n'est pas absolument impossible, mais, à coup sûr, elle est hérissée de difficultés. Tous ses efforts y ont-ils échoué, il part à tire-d'aile, va conter son embarras à ses frères; plusieurs aussitôt d'arriver; ils mettent en commun leurs forces et leur bonne volonté; le sauvetage, à la fin, est opéré : n'est-ce pas là une preuve évidente de l'entente des bêtes entre elles, et d'une quasi-intelligence qui se manifeste dans certaines circonstances critiques? On le peut croire avec de fort bons esprits. Dès que la boule est hors du précipice, le Pilulaire se dirige vers l'emplacement que lui a révélé son instinct, et il se met à fouir. Il est muni de tous les outils nécessaires pour cette dernière opération; ses jambes largement dentées font l'office de pioche; la fosse est promptement creusée; le Pilulaire y fait entrer sa boule; ses longues jambes postérieures, pourvues de brosses, agissent à la manière de balais, elles accumulent la terre au-dessus du trou, sa trace disparaît en un clin d'œil : la larve n'a plus qu'à éclore dans cette retraite, sa nourriture l'attend au réveil.

LE HANNETON (*Melolontha vulgaris*).

C'est à bon droit que cet insecte est regardé comme un fléau pour la culture; depuis sa naissance jusqu'à sa mort, il ne fait que piller et ravager; à la surface du sol comme sous terre, sa vie n'est qu'un long repas. A peine le printemps s'est-il installé, il se jette par troupes innombrables sur toute végétation, dévore les feuilles de nos arbres, chênes, ormes, bouleaux, érables, peupliers, pruniers, etc., et semble faire concurrence à l'hiver, tant il les laisse à nu. Il mange gloutonnement et avec fracas, et, après avoir assouvi son violent appétit, il s'enfonce dans un épais fourré, se suspend au revers d'une feuille, s'y tient immobile pendant tout le jour, et n'en descend qu'au coucher du soleil pour prendre ses ébats.

Tout est grossier chez les Hannetons. Leurs jeux n'ont rien d'élégant; ils volent, en bourdonnant, à la rencontre les uns des autres, donnent tête baissée contre le premier objet venu et roulent souvent à terre. Lorsque la projection n'a pas été trop forte et que les pattes ont servi de parachute, ils sont bientôt sur pied, se recueillent un moment, ont l'air de souffler comme s'ils étaient haletants; mais sous cette apparence de poussifs ils soulèvent et baissent alternativement leurs élytres pour faire provision d'air et prennent ensuite leur essor : si la cabriole a été complète, s'ils ont chaviré sur le dos, ils restent un certain temps dans cette ridicule position, jusqu'à ce qu'un heureux hasard les remette en selle.

Leurs courses désordonnées à travers les airs et le visage des passants ne se prolongent pas au delà du milieu de la nuit; rentrés sous la feuillée, ils s'accrochent aux branches, aux rameaux, aux feuilles et y restent plongés dans un engourdissement qui devient presque léthargique au lever du soleil : aussi suffit-il alors de secouer les arbres pour les faire choir; ils tombent drus comme grêle, sans chercher à s'échapper; plus avant dans la

Fig. 211. Hanneton.

journée, les secousses ne font que les éveiller, et la plupart prennent leur volée.

La disette ou l'abondance des vivres règle leur séjour plus ou moins prolongé dans une contrée; ont-ils tout dévasté, ils émigrent. Les vents les charrient souvent au loin, et comme ils s'embarquent toujours le soir, on est tout surpris, le lendemain matin, d'en voir des myriades dans une localité où la veille il n'existait pas un seul Hanneton.

En général, les Hannetons font leur apparition subitement et par multitudes considérables; les friches, les terres pauvres reçoivent rarement leurs visites, ils les réservent aux sols plantureux; les lisières des bois ont souvent ce triste privilége. Toute terre légère, fréquemment remuée par la charrue et riche en végétation, est pays de cocagne pour cet insecte malfaisant; il fuit, non sans raison, les terrains trop compactes ou trop humides : son engeance y périrait de misère.

Le Hanneton ne se montre au grand air que lorsqu'il est adulte, et il n'en jouit que pendant un temps très-court. Sa longue enfance se passe tout entière sous terre; aussi, une fois émancipé, mène-t-il la vie à grandes guides : de travail point; aucune industrie; en revanche, table toujours mise et appétit toujours prêt, concerts bruyants en faux-bourdon chaque soir, et promenades nocturnes jusqu'à minuit. Au bout de ce joyeux festival arrivent les noces, elles ont lieu dans le courant de mai; c'est le signal de la fin des mâles; les femelles vivent un peu plus longtemps. Chargées des germes qui doivent continuer l'espèce, elles font choix d'un sol léger, le creusent avec leurs pattes antérieures armées de crochets, et, lorsque l'excavation a atteint quinze à seize centimètres, chacune y dépose une quarantaine d'œufs placés les uns à côté des autres. La ponte terminée, l'insecte remonte à la surface, mais ses instants sont comptés; il grimpe sur un arbre, y prend à peine quelque nourriture, et meurt bientôt : son rôle de mangeur de feuilles est à jamais fini.

Un mois après la ponte, les œufs livrent passage à des larves molles, à ventre recourbé en dessous, à pattes grêles et noires et à tête munie d'une plaque cornée; neuf stigmates bordent chacun des flancs; la peau transparente laisse apercevoir en dessous une graisse blanchâtre aboutissant, à l'extrémité postérieure, à un dépôt de matières violacées (fig. 212). Ces larves, connues sous le nom de *Mans*, *Turcs*, *Vers blancs*, passent près de trois ans en terre sous cet état rudimentaire. La première année, elles se tiennent, renversées sur le dos, dans la couche supérieure du sol et se nourrissent de jeunes racines succulentes; l'automne venu, elles

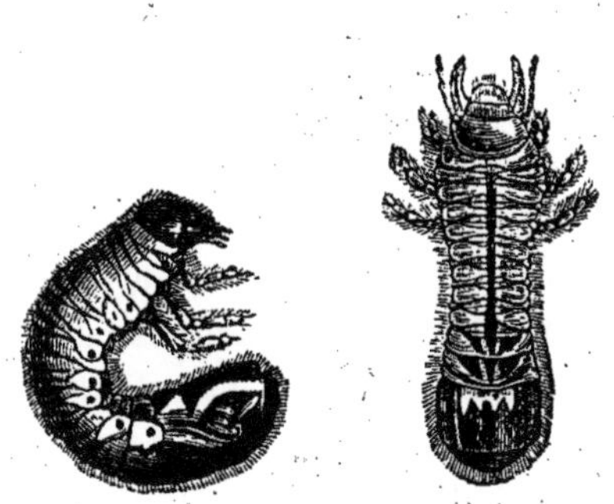
Fig. 212. Mans ou Vers blancs.

s'enfoncent en terre à une époque qui varie selon la température, mais ne dépasse jamais le mois d'octobre; ce logement d'hiver les met à l'abri du froid et de la pluie; elles s'y tiennent immobiles, engourdies et sans prendre de nourriture.

Le retour du printemps les tire d'un long sommeil de six mois. A mesure que la surface s'échauffe, les Vers blancs, après avoir changé de peau, remontent dans les couches supérieures du sol, afin de se dédommager de leur jeûne forcé; leur appétit éclate alors avec fureur. Un certain nombre de larves se fixent près d'une ou de plusieurs racines, les entourent de trous et de galeries jusqu'à quelques centimètres de la plante vouée à la destruction; suivant M. Oswald Heer, elles ne s'en éloignent jamais de plus de trente centimètres. Ces galeries sont autant d'habitations d'été; pendant les chaleurs brûlantes, les Vers blancs s'y réfugient; après une pluie, ils regagnent la surface; mais pour peu que la pluie se prolonge et pénètre toute la couche arable, ils redescendent dans leurs souterrains.

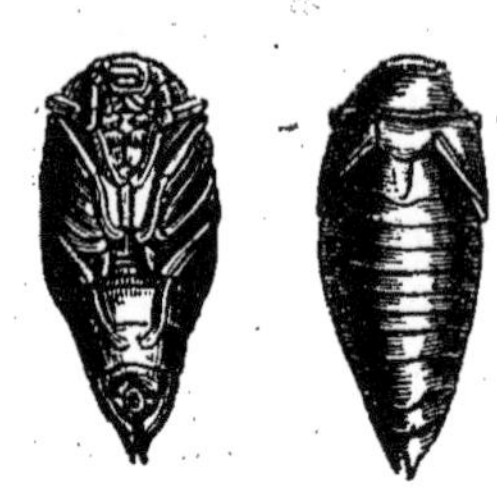

Fig. 213. Nymphes de Hanneton.

Pendant toute la première année, ils vivent en famille, et leurs dégâts n'ont d'importance qu'autant que les colonies sont nombreuses. A la seconde année, les Vers blancs se séparent et se répandent dans toutes les directions; leurs ravages, dans cette période, sont effroyables : toute plante cultivée, céréales, pommes de terre, fourrages sont attaqués en plein champ; dans les jardins, salades et fraisiers subissent leurs rudes assauts. Plus d'une fois les Vers blancs ont détruit des prairies entières en dévorant leurs racines et en ne laissant plus que des plaques de gazon flétri qui, faute d'adhérence au sol et de nourriture, sont bientôt brûlées par l'air et le soleil. Les rosiers, les arbres à fruit, les essences forestières ne sont pas plus épargnés; après avoir rongé les petites racines, les Vers blancs se jettent sur les grosses et causent ainsi la mort de végétaux jusque-là prospères, et qui, tout d'un coup, sans maladie apparente, jaunissent et périssent sur pied : les ont-ils détruits à fond, ils décampent, parcourent sous terre de grands espaces et vont porter ailleurs leur voracité. Ces ravages se poursuivent sans relâche pendant toute la belle saison, et sont d'autant plus désastreux qu'il fait plus sec. Heureusement, l'automne, avec ses gelées blanches, y met un terme; le Ver blanc descend de nouveau dans ses quartiers d'hiver et s'enfonce à près d'un mètre dans le sous-sol : la profondeur du terrier est en raison directe de l'intensité du froid.

C'est donc à la seconde année que la terrible larve du Hanneton est le plus nuisible. A partir d'avril, sa voracité va toujours croissant; elle atteint son maximum d'intensité dans le mois de juin, elle se maintient à ce diapason jusqu'à la fin d'août.

Au printemps de la troisième année, les Vers blancs reprennent leur métier de ravageurs. Mêmes évolutions qu'à la seconde année, nouveau changement de peau, nouvelle ascension à la surface du sol; appétit toujours dévorant à la suite de l'hivernation. Cependant la dévastation, à cette période, ne s'opère plus sur une échelle aussi vaste; beaucoup de larves ont péri dans la traversée de deux hivers et surtout dans les printemps humides qui leur ont succédé; les Taupes, d'autre part, en ont fait une ample consommation. Au fur et à mesure que les larves prennent plus de développement, elles mangent d'autant moins qu'elles sont plus proches de leur dernière métamorphose; les ravages du Hanneton à sa troisième année ne s'exercent plus que pendant trois mois, d'avril à la fin de juin; sa transformation en nymphe y coupe court radicalement. Sous cette forme transitoire qui le prépare à l'état adulte, le Hanneton ne prend plus aucune nourriture, il vit exclusivement sur son fonds et s'enfonce une dernière fois en terre, à une grande profondeur; dans ce réduit obscur, il se fabrique une coque, l'enduit d'une bave visqueuse et la fortifie de quelques fils de soie; la case terminée, il se change en nymphe : tête, antennes, pattes, ailes, corselet et abdomen se dessinent nettement sous la mince pellicule qui les emmaillotte (fig. 213).

Dès la fin d'octobre, toutes les larves de trois ans sont arrivées à leur état parfait, mais leur consistance est molle et leur couleur blanc-jaunâtre n'est pas celle de leur livrée définitive, l'insecte a besoin de se fortifier. Il passe son dernier hiver en terre; ses organes s'y endurcissent et sa robe devient foncée. Vers la fin de février de la quatrième année, les Hannetons remontent peu à peu vers la surface; avril venu, ils prennent la clef des champs et fêtent leur délivrance par de copieux repas; les arbres en font les frais et y laissent leur feuillage printanier.

Les pertes occasionnées chaque année par les Hannetons dépassent tout calcul : c'est par millions qu'il faut les compter. De toutes les recettes préconisées pour les détruire, la meilleure est le hannetonnage sérieusement pratiqué dans les mois d'avril et de mai; il ne détruit pas complétement l'espèce, mais il est très-efficace, et limite singulièrement les ravages de l'insecte, à la condition d'être exécuté d'ensemble dans chaque pays.

ORDRE DES ORTHOPTÈRES.

BLATTES, FORFICULES, MANTES, GRILLONS, SAUTERELLES ET CRIQUETS.

L'ordre des Orthoptères, d'après la structure des pattes des insectes qu'il renferme, se partage naturellement en deux groupes bien tranchés : les Coureurs et les Sauteurs; à la première catégorie appartiennent les Blattes, les Forficules et les Mantes.

Les Blattes sont, pour la plupart, des animaux nocturnes qui se cachent pendant le jour; leur corps, plat et large, est d'une couleur sombre, noire ou brune; elles en veulent surtout à nos provisions de bouche et attaquent indifféremment les substances mortes, animales ou végétales; on les trouve dans les cuisines, les boulangeries, dans les navires; elles se glissent partout et révèlent leur présence en faisant promptement table rase de tout ce qui peut se manger; elles n'épargnent pas même le cuir.

Malgré son nom vulgaire de *Perce-oreilles*, la Forficule est un insecte fort innocent, plutôt crépusculaire ou nocturne que diurne, et dont les pinces anales doivent être considérées, non comme une arme, mais bien comme un simple ornement, ou peut-être comme un organe explorateur. Les endroits frais sont ceux qu'elle habite de préférence; elle se tient souvent à l'abri sous les écorces, sous une pierre, et il n'est pas rare de l'y trouver en nombreuse société. Les jeunes Forficules changent plusieurs fois de peau; leur mère ne les abandonne que lorsqu'ils sont devenus insectes parfaits et qu'ils peuvent se passer de ses soins. Ils savent si bien, dès leur premier âge, à qui ils ont affaire, qu'ils ne s'écartent point et courent sans cesse autour d'elle comme les poussins autour de la poule. Au moindre danger, elle les rassemble, les fait passer derrière elle, se place en avant dans une attitude menaçante et ne songe à prendre la fuite que lorsque l'ennemi est décidément le plus fort et qu'elle a mis ses petits en sûreté : la troupe, en promenade, s'est-elle laissé surprendre par un soleil trop vif, elle la conduit sous une pierre ou sous une mousse et l'y retient jusqu'à ce que le plus fort de la chaleur soit passé.

La nourriture des Forficules est essentiellement végétale, elles recherchent surtout les fruits, mais sans mépriser les matières animales en décomposition. Les ailes ne leur viennent que très-tard; elles se montrent d'abord sous l'aspect de simples moi-

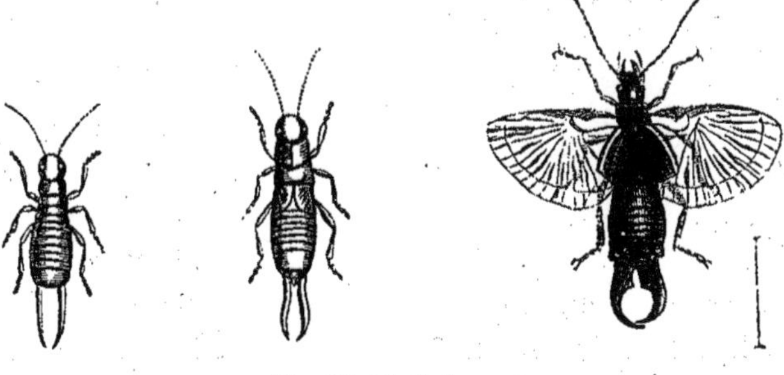

Fig. 214. Forficules.

gnons; peu à peu l'organe alaire prend de la consistance; quand l'insecte a acquis tout son accroissement, l'appareil du vol non-seulement se complète d'élytres et de membranes sous-jacentes, mais les ailes proprement dites deviennent très-puissantes; après s'être développées dans toute leur largeur, elles se plient en éventail et se replient une seconde fois transversalement pour se loger sous les étuis : les adultes en font usage dans les grandes occasions, pour se transporter rapidement d'un butin à un autre, ou pour échapper aux poursuites trop vives d'un ennemi redoutable.

Les Mantes sont des insectes des pays méridionaux; on ne les trouve guère chez nous que dans les parties les plus chaudes de la Provence, du Roussillon et du Languedoc. Seules de tous les Orthoptères, elles sont franchement carnassières; elles se nourrissent de proies vivantes qu'elles saisissent au passage, après les avoir attendues plus ou moins longtemps à l'affût dans une immobilité complète. Leur attitude ordinaire a quelque chose de méditatif ou de réfléchi qui leur a valu leur nom de μάντις; quelquefois, comme notre *Mante religieuse* (*Mantis religiosa*), elles

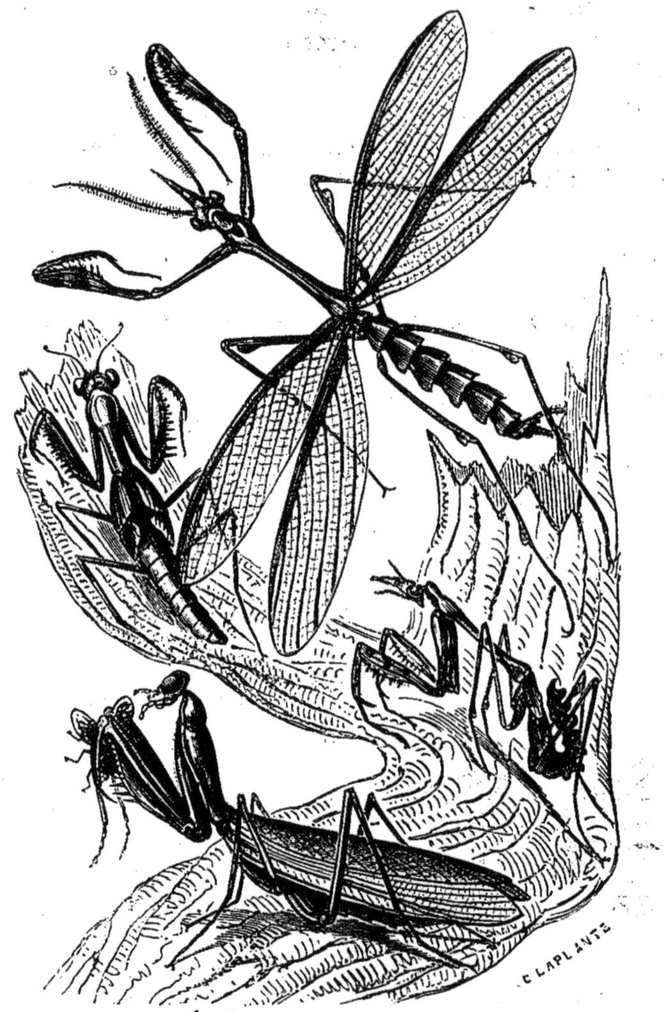

Fig. 215. Mantes.

ont l'air, avec leurs longues pattes antérieures dressées et rapprochées l'une de l'autre, d'être dans une posture de prière (fig. 215); mais, pressées alors sur le sol, la tête et le corselet redressés, elles se rapprochent en tapinois de l'imprudent insecte qui passe, et, tout à coup, s'élançant avec la rapidité d'une flèche, elles l'accrochent avec les épines dont leurs pattes entre-croisées sont armées et le portent à leur bouche pour le dévorer : la prétendue Religieuse n'est donc, en fait, qu'un redoutable et rusé corsaire. Leur corps svelte et élancé, leurs grandes ailes et leur coloris ne permettent pas de les confondre avec aucun autre Orthoptère; les élytres de certaines espèces, par leur couleur verte ou jaunâtre, imitent à s'y méprendre les feuilles de certaines plantes.

Ces insectes font leur ponte à la fin de l'été, l'éclosion n'a lieu que l'été suivant; les larves passent par plusieurs mues avant d'arriver à leur dernier état; elles s'attaquent souvent entre elles avec férocité.

Le groupe des Sauteurs comprend, entre autres insectes, les *Grillons*, les *Sauterelles* et les *Criquets*. Linné les renfermait tous dans son genre *Gryllus;* mais bien qu'ils aient tous un air de famille avec leurs grandes pattes postérieures façonnées pour le saut et que leurs mœurs présentent plus d'un trait de ressemblance, les différences qui les séparent sont assez tranchées pour justifier leur distribution en trois tribus.

Les Grillons sont caractérisés par leur grosse tête verticale, lisse, arrondie postérieurement et ornée de deux longues antennes articulées, insérées entre les yeux; leurs élytres sont sillonnés d'épaisses nervures; leur abdomen se termine par des appendices sétacés; enfin, leurs pattes postérieures, très-fortes, sont munies de cuisses fort développées et garnies d'une double rangée d'épines sur les jambes. Leur chant monotone leur a valu le surnom de *Cri-Cri*, sous lequel on les désigne vulgairement dans les campagnes; en général, ils se nourrissent de végétaux. Les femelles ont une tarière saillante à l'extrémité du corps; elles déposent leurs œufs dans le sol vers le milieu de l'été; les larves passent l'hiver en terre et ne deviennent insectes parfaits que l'été suivant.

Fig. 216. Grillon des champs.

Nous en avons plusieurs espèces en France : le Grillon des

champs (*Gryllus arvensis*), le Grillon domestique (*Gryllus domesticus*) et le Grillon Sylvestre (*Gryllus Sylvestris*).

Le Grillon des champs (fig. 216) vit solitaire et se creuse un petit terrier au milieu des herbes; il s'y tient confiné la plus grande partie du jour et n'en sort guère que pour aller pâturer. Dans la belle saison, les mâles se font entendre surtout vers le coucher du soleil et pendant toute la nuit; leur cri paraît d'autant plus aigu, qu'on se trouve plus loin; à mesure qu'on s'approche, ils y mettent une sourdine et le cessent entièrement quand on est tout près. Le Grillon se tient volontiers posté au bord de son trou et y rentre dès qu'il aperçoit un ennemi, mais il est facile de l'en tirer : il suffit d'y introduire une brindille, l'insecte la saisit à l'instant avec ses mandibules et se laisse prendre comme un niais.

Le Grillon domestique, de taille un peu plus petite que le Grillon des champs, s'en distingue encore par sa couleur cendrée. Très-frileux de sa nature, il hante, de préférence, l'intérieur des maisons, y recherche les endroits les plus chauds, les cuisines, le derrière des cheminées, le voisinage des fours, etc.; il se tient caché pendant le jour; mais, dès que la nuit approche, il quitte sa retraite pour aller fureter et glaner quelques débris de pain, de farine et autres provisions de bouche. Le mâle n'est que trop connu par son continuel refrain, si monotone et si agaçant; il le produit en frottant rapidement, d'un mouvement horizontal, ses élytres l'un contre l'autre.

Le Grillon Sylvestre, beaucoup plus petit que les deux espèces précédentes, est aisé à reconnaître à ses élytres courts, à ses ailes presque nulles et à ses taches brun-jaunâtre sur un fond brun foncé, pubescent. Il n'est pas rare dans les bois des environs de Paris; quand il saute et retombe sur des feuilles sèches, il produit un bruit analogue à celui de gouttes de pluie.

Les Sauterelles sont encore mieux organisées pour le saut que les Grillons, grâce à leurs pattes postérieures fort longues et à leurs ailes très-développées dont elles s'aident dans cette sorte de progression; par contre, elles marchent mal : aussi n'avancent-elles que par bonds. Herbivores, ainsi que les Grillons, on les rencontre dans les champs, dans les jardins, partout où il y a de la verdure à grignoter; elles sont très-voraces; mais comme elles n'apparaissent jamais en grand nombre sur un même point, leurs dégâts sont peu sensibles; les femelles sont munies d'une longue tarière en forme de sabre recourbé; elles déposent leurs œufs en terre ; les larves n'éclosent qu'au printemps suivant et n'arrivent à l'état d'insecte parfait qu'après avoir subi cinq mues successives. Leur cri aigu et strident résulte du frottement des élytres, qui sont munis à leur base d'une membrane transparente appelée miroir.

L'espèce la plus répandue aux environs de Paris est la *grande Sauterelle verte* (*Locusta viridisima*). Pendant le jour, elle se tient sur les arbustes et les arbrisseaux; le soir, elle se répand dans les jardins et dans les prés. Plusieurs autres espèces indi-

Fig. 217. Criquet voyageur.

gènes se font remarquer par les brillantes couleurs de leurs ailes chamarrées de bleu, de gris, de rouge.

Les Criquets ont la tête grande, verticale et munie de courtes antennes; leurs yeux sont gros et saillants; leurs mandibules, armées d'un grand nombre de dents, ont la triple faculté de couper, broyer et triturer même des corps résistants, tels que des tiges et des écorces ligneuses; leurs pattes postérieures, fort longues, sont chargées de grosses cuisses et admirablement organisées pour le saut; elles se débandent avec l'élasticité d'un ressort et lancent l'animal au loin; leur face interne est garnie de rides saillantes que le Criquet frotte contre les nervures des élytres à la manière d'un archet de violon; mais, pour exécuter cette musique, une seule jambe entre en mouvement : il en résulte une stridulation monotone, très-fréquente en été, principalement vers le soir.

Les femelles n'ont pas de tarière ; elles s'accouplent en été, confiant à la terre leurs œufs agglomérés en une seule masse, les enduisant en même temps d'une bave mousseuse qui se durcit à l'air.

Certaines espèces multiplient beaucoup ; les larves ne diffèrent de l'insecte parfait que par l'absence d'ailes et d'élytres ; elles subissent plusieurs mues avant de se changer en nymphes ; sous cet état, les organes du vol sont enveloppés dans un fourreau.

Les Criquets sont plus répandus dans les pays chauds que dans les climats tempérés ; on les voit néanmoins quelquefois en Corse et dans la Provence ; l'Algérie a souvent à souffrir de leurs visites. Ils s'abattent par troupes immenses sur les terres cultivées et dévorent en un clin d'œil les récoltes de pays entiers ; quand ils ont ravagé à fond une contrée, ils s'envolent tous ensemble, comme à un signal donné, et vont porter ailleurs la ruine et la désolation.

L'espèce la plus néfaste est, sans contredit, le *Criquet voyageur* (*Acridium migratorium*, fig. 217). Son corps est verdâtre, ses ailes sont grises, parsemées de taches brunes, ses jambes rosées. Dans ses migrations malheureusement trop fréquentes il vole par légions innombrables et tellement serrées, qu'elles embrassent plusieurs kilomètres et forment de gros nuages, à intercepter la lumière du soleil. Leur arrivée s'annonce par un grand bruit d'ailes semblable à celui de chars roulant dans le lointain ; un courant d'air vif signale leur passage, toutes les couches de l'air sont fortement déplacées ; quand leurs troupes se mettent à pâturer, le jeu de leurs mâchoires s'entend au loin et toute végétation disparaît avec la rapidité d'un feu dévorant : des famines locales en sont parfois la conséquence. On n'a d'autre ressource contre ce fléau terrible que de ramasser le plus tôt possible les Criquets par millions et de les noyer ; les changements brusques de température, les pluies froides surtout, en détruisent d'immenses quantités ; mais, dans ce cas, le fléau ne fait que changer de face : leurs cadavres amoncelés par grandes masses entrent bientôt en putréfaction sous l'action d'un soleil brûlant, et des miasmes pestilentiels ne tardent pas à s'en exhaler ; leur mort n'est ainsi que le commencement d'une autre calamité : on peut y obvier par la combustion.

On croit généralement que le Criquet voyageur, originaire de l'Orient et de la Tartarie, est jeté en Afrique par des trombes de vent; une fois lancé, il parcourt d'immenses espaces au vol.

ORDRE DES HÉMIPTÈRES.

LA CIGALE.

Plus d'un poëte grec de l'antiquité, Platon et Anacréon entre autres, ont vanté la Cigale (*Cicada*, fig. 218) comme messagère de l'été sans doute, et non comme chantre harmonieux; rien, en effet, de plus monotone, de plus strident, de plus assourdissant que le chœur de ces musiciennes effrénées; quand elles luttent de leurs notes aiguës avec l'incandescence d'une chaleur caniculaire, c'est à en perdre le tympan : aussi n'est-on guère tenté de les envier au midi de la France où elles sont si communes, ainsi que dans tous les pays chauds.

Si la voix de la Cigale laisse à désirer sous le rapport musical, l'insecte ne saurait être considéré comme un type de beauté. Sa tête large et courte, flanquée de deux gros yeux stupides, s'articule tout d'une pièce avec un corselet aussi large que haut et réuni carrément au corps; sa taille est donc tout l'opposé de l'élégant corsage des Guêpes, et son apparence semble dénoter un animal lourd et grossier : il a cependant des côtés intéressants pour qui l'examine de près.

Chez les Cigales, ainsi que chez un grand nombre d'insectes, les mâles seuls ont le privilége du chant. On a ignoré pendant longtemps comment ils s'y prenaient pour se faire entendre; on croyait généralement que c'était en agitant leurs ailes et en les frottant rapidement les unes contre les autres, mais Réaumur a fait justice de cette erreur : grâce à ses patientes recherches, on connaît aujourd'hui les diverses pièces qui composent l'appareil musical des Cigales et la place qu'il occupe; sa structure est fort compliquée, et il ne le cède en rien à l'organe de la voix humaine.

Ce n'est pas dans le larynx de la Cigale qu'il faut le chercher, il est logé dans son ventre, et se trouve recouvert par deux plaques écailleuses placées au-dessous du corselet, à la naissance de l'abdomen. En soulevant les deux plaques, on voit une cavité partagée en deux cellules, au fond de laquelle se trouvent

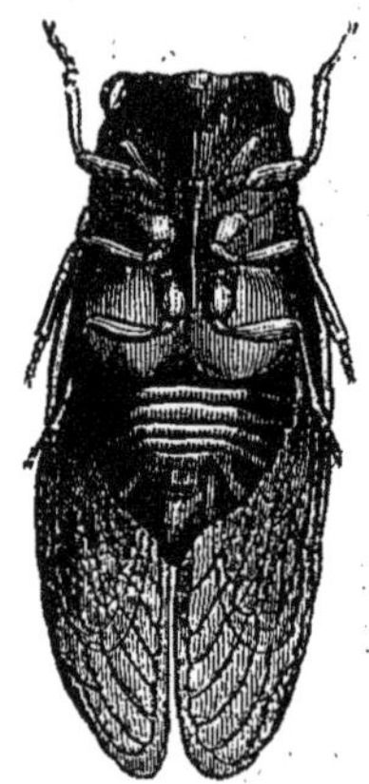

Fig. 218. Cigale Mâle.

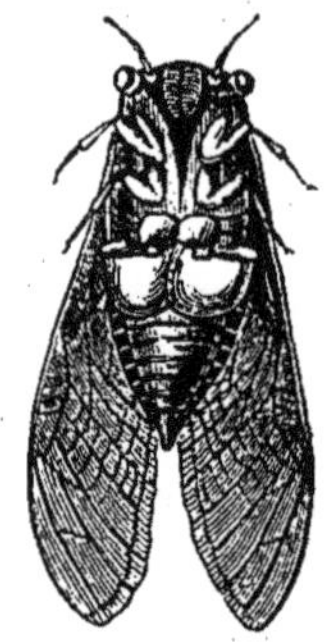

Fig. 219. Appareil musical de la Cigale mâle.

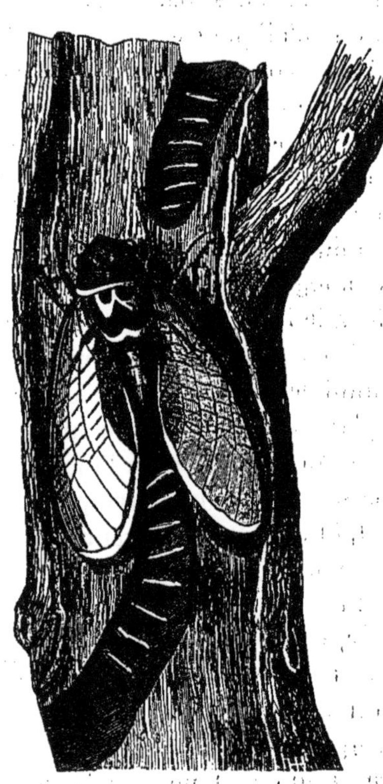

Fig. 220. Cigale femelle déposant ses œufs.

deux petites lames extrêmement minces, tendues, vitreuses et si transparentes, qu'on dirait deux fenêtres qui permettent de regarder dans l'intérieur de l'insecte; elles portent vulgairement le nom de miroirs, et présentent, vues de côté, les couleurs irisées de l'arc-en-ciel (fig. 219). Certains auteurs les ont considérées comme des tambours d'où partaient les sons; mais ceux-ci ont une autre origine, ils proviennent du jeu de deux grands muscles aboutissant à deux membranes contournées en forme de cymbales et logées au fond de la cavité abdominale; par la contraction et l'extension rapide des muscles, chaque cymbale devient tour à tour convexe et concave; l'air mis en mouvement trouve, en sortant des cellules, un volet écailleux qui se répercute dans une grande cavité où il est modifié et rendu plus sonore; il s'échappe au dehors par les ouvertures qui remplissent, pour la voix de la Cigale, les mêmes fonctions que le larynx à l'égard de notre voix. Ainsi se produit le chant des mâles : ils n'en sont point avares; il suffit d'un beau soleil pour les mettre en belle humeur; c'est à coups de sérénades commençant et finissant avec le soleil qu'ils convient les femelles à ne pas laisser s'éteindre la race joyeuse des musiciens de plein air.

La Cigale femelle, condamnée au silence, en a été largement dédommagée par le don d'une tarière, véritable chef-d'œuvre de mécanique. Riche de quatre ou cinq cents œufs qu'elle doit pondre et loger en lieu sûr, il lui fallait un instrument capable d'entailler le bois, de le fendre, de le percer et d'y creuser des trous; rien ne lui manque à cet égard. Sa tarière a près de douze millimètres de long; elle la porte à l'extrémité du ventre, cachée dans une coulisse où un étui double la conserve. Deux pièces la composent, qui peuvent jouer alternativement, mais sans s'écarter l'une de l'autre; elles se meuvent toujours parallèlement, tant elles sont assemblées avec précision; elles sont à coulisse et à languette dans un support commun : ce sont deux limes dont chacune, près de la pointe et seulement sur le côté extérieur, est armée de dentelures.

Grâce au jeu alternatif des deux limes, la Cigale vient à bout de percer dans le bois les trous où elle doit loger ses œufs; elle ne s'attaque qu'aux branches mortes ou sèches; l'instrument y pénètre de toute sa longueur, obliquement d'abord; mais dès qu'il a atteint la moelle, il prend une direction parallèle à l'axe du morceau de bois. La ponte commence aussitôt que la tarière est parvenue à la moelle; il est facile de reconnaître les branches auxquelles la Cigale a confié ses œufs : elles sont parsemées de petites protubérances disposées à la file les unes des autres, à des distances plus ou moins régulières, mais toujours sur le même côté du brin ligneux (fig. 220). Pour mieux profiter de l'emplacement, la Cigale range ses œufs de manière que le bout postérieur de l'œuf qui précède soit en face du bout antérieur de l'œuf qui suit; sa ponte achevée, elle bouche l'ouverture des trous avec des fibres ligneuses : il est à remarquer que lorsqu'elle commence à creuser le bois, elle se contente de soulever les fibres qui sont au bord du trou ; elle les y laisse attachées par une extrémité, pour y revenir ensuite et soustraire sa nichée aux intempéries de l'air et aux attaques des rôdeurs.

La larve sort du nid par la même ouverture qui a donné passage aux œufs ; elle est loin, à ce moment, d'avoir acquis tout son développement; elle est blanche, et sa forme ressemble à celle d'une puce. Si elle n'était de petite taille, comment sortirait-elle de sa prison, calculée d'après la grosseur de l'œuf ? Son premier acte hors de son berceau est de s'enfoncer en terre ; elle s'y développe sous l'apparence d'un ver hexapode, elle y prend le bec qui caractérise les insectes de son ordre, et s'y transforme en nymphe. Dans son antre, elle a un travail de mineur à accompli il lui est rendu facile par la conformation particulière de ses deux premières pattes ; elles sont munies d'armures si fortes, que les terres les plus dures ne leur résistent pas : elle descend jusqu'à un mètre de profondeur, au voisinage d'un arbre. Le temps qu'elle passe sous terre n'est pas pour la larve un temps de jeûne ni d'immobilité absolus, comme cela a lieu pour une foule d'insectes ; elle se nourrit aux dépens des racines, son accroissement se complète dans l'espace d'une année. Pour sortir de son terrier, la jeune Cigale attend les premières chaleurs de l'été ; l'heure de sa dernière métamorphose venue, elle grimpe sur un arbre, s'accroche à son tronc ou à ses branches, s'y dégage du fourreau qui enveloppait ses organes, et y laisse sa dépouille en guise d'ex-voto.

LES NOTONECTES.

Les eaux fourmillent d'Hémiptères curieux à observer. Sans parler de la Ranâtre linéaire, de l'Hydromètre des étangs dont tous les pas sont géométriques, de la Nèpe cendrée à la démarche lente quand on la compare aux courses précipitées de la Corise striée, les Naucores et les Notonectes se signalent entre tous par les chasses actives auxquelles elles se livrent à travers les eaux; les dernières surtout s'attaquent à des insectes plus gros qu'elles, et leur donnent promptement la mort : leur instrument de guerre consiste dans un bec conique où se cachent quatre soies très-fines et très-acérées.

Indépendamment de leur appétit carnassier, les Notonectes se distinguent de toute la tribu aquatique par leur mode spécial de nager, couchées sur le dos; elles méritent à cet égard de fixer l'attention (fig. 221). Leur organisation est merveilleusement appropriée à cette singulière habitude. Leur corps oblong, convexe en dessus, aplati en dessous, a l'apparence d'un bac. Les pattes antérieures sont courtes, mais celles de derrière les dépassent de beaucoup ; les franges nombreuses dont elles sont bordées complètent ces espèces d'avirons et leur viennent en aide pour se lancer en avant. La région dorsale a été aussi modifiée pour répondre à une allure tout exceptionnelle ; elle est relevée en carène, et revêtue d'une cuirasse veloutée qui la rend imperméable. Le ventre, à son tour, porte une crête médiane formée de deux rangées de cils s'étalant ou se pliant à la volonté de l'insecte, et faisant fonctions de nageoires; le reste est en harmonie avec la supination obligée : la tête s'infléchit sur le thorax pour mieux assurer l'équilibre; deux grands yeux saillants exercent leur action de haut en bas; la seconde et la troisième paires de pattes sont arquées, de manière à faciliter la préhension; elles se débandent en quelque sorte comme un ressort, grâce à la longueur des hanches qui les unissent au corps; les griffes, enfin, dont les tarses sont armés, servent à accrocher le gibier. Les Notonectes ne s'en font pas faute: sans cesse elles le relancent dans les eaux dormantes, c'est là qu'on les trouve le plus abondamment. Quand elles rampent au fond de l'eau, elles se servent presque exclusivement de leur première paire de pattes, les autres ne font alors que traîner à leur suite sur la vase. L'insecte ne sort guère de l'eau que le

Fig. 221. Notonecte.

soir pour folâtrer quelques instants dans l'air ou pour passer d'un marais à l'autre ; la femelle dépose ses œufs sur les plantes aquatiques.

LES PUCERONS (*Aphis*).

S'il est un insecte répandu partout à profusion, c'est, à coup sûr, le Puceron : on le trouve sur une foule de plantes et presque toujours en nombre considérable. A en juger par son extérieur, on ne serait guère tenté de lui prêter attention. Son gros corps lourd et massif, où tout est panse, porté par de grêles échasses, en fait une sorte de caricature ; ses grands yeux fixes n'ont d'autre expression que celle d'une inaltérable placidité ; sa démarche est si lente, que ses moindres mouvements ressemblent à un pénible effort ; sa peau fine et tendue l'expose à tous les coups et à tous les outrages ; rien, enfin, dans sa livrée la plus générale ne provoque le regard. Cet avorton cependant, étudié dans son organisation et dans ses mœurs, offre plus d'un trait curieux ; Malpighi, Bonnet et Réaumur ne l'ont pas jugé indigne de leurs recherches, leur science nous a révélé de singulières particularités chez ces insectes : tant il est vrai que, jusque dans les infiniment petits, il y a de quoi étonner et confondre notre superbe ignorance.

Tout débonnaires qu'ils paraissent, les Pucerons doivent être classés parmi les races envahissantes : il est peu d'arbres de forêts qu'ils ne hantent ; chênes, ormes, peupliers, tilleuls, érables, sycomores en hébergent des milliards ; les fleurs les plus modestes comme les plus opulentes leur servent de domicile ; on les voit sur les rosiers et sur le laiteron, sur les fèves aussi bien que sur les choux ; le sureau et le groseillier sont également de leur goût ; tous nos arbres à fruit, abricotiers, pruniers, pommiers, pêchers surtout, reçoivent leurs colonies ; quelle place au soleil laisseraient-il intacte, si leur appétit de conquérants n'était bridé et muselé? Ils sont de tous les climats et de toutes les saisons, à part le froid qu'ils ne supportent que renfermés dans leurs œufs.

Les Pucerons ne pratiquent pas la solitude ; loin de là, ils vivent en société, se cantonnent par familles, mettent en commun le vivre et le couvert, et, chose étrange ! parmi eux, jamais de disputes; ni coups, ni querelles; chacun vit en paix avec ses voisins, et se trouve content de son sort.

Les Pucerons à peine venus à la lumière à reculons, se mettent aussitôt à table et ne la quittent plus pour ainsi dire qu'avec la vie; du matin au soir ils banquètent, et pour n'être pas dérangés dans cette fonction, ils se fixent solidement à leur poste, à l'aide du bec dont leur bouche est armée; une fois ancrés, ils défient vents et tempêtes, font jouer incessamment leur pompe et se gorgent à plaisir des sucs séveux que leur fournissent les plantes. Dans cette position, à peine se meuvent-ils; jamais ils ne hâtent le pas; dans les jours de gaieté folle ils s'abandonnent exceptionnellement à quelques ébats; les Pucerons du prunier, par exemple, font parfois de la haute gymnastique, la tête en bas, les quatre dernières pattes en l'air, ils se dressent en équilibre sur les deux membres antérieurs; le premier auquel pousse cette idée bizarre, trouve aussitôt des imitateurs dans ses voisins; en un instant, tous les habitants de la même feuille prennent cette posture d'acrobate, elle dure peu: ces émancipés rentrent bientôt dans leur calme habituel. Lorsqu'ils se déplacent, c'est uniquement pour se livrer aux douceurs d'une courte promenade dans leur royaume circonscrit, ou pour aller festiner au plus proche endroit.

L'habit du Puceron est généralement modeste. Le vert avec ses différentes nuances est le costume ordinaire de la caste; toutefois il y a plus d'une variante dans cet uniforme. On rencontre des Pucerons couleur citron, couleur bronze, couleur cannelle; quelques-uns sont bruns, noirs, blancs, rouges; d'autres se distinguent par leurs panachures; à côté de livrées ternes et mates, on en voit de luisantes comme du vernis, de veloutées, de bronzées; les plus coquettes sont variées de blanc et de brun, et, mieux encore, de vert et de noir. La plupart des Pucerons, indépendamment de leur coloration spéciale, s'enveloppent d'un duvet plus ou moins épais. Ceux du choux et du prunier sont simplement enfarinés; ceux de l'orme, poudrés à frimas; les Pucerons du peuplier se drapent de filaments cotonneux; l'espèce particulière au pommier est un véritable porte-laine; mais les plus chaudement vêtus sont, sans contredit, ceux du hêtre : leur manteau blanc le dispute à la plus belle fourrure, ses longues flammèches dépassent trois millimètres, elles flottent sur leur corps sans s'y incruster; il suffit d'un simple frottement pour les en détacher.

Parmi les Pucerons, les uns sont pourvus d'ailes (fig. 222), les autres n'en ont pas (fig. 223). Tous les mâles, parvenus à l'état adulte, en sont munis; ces ailes sont grandes, plus longues que le corps de l'insecte et disposées en toit. Sous la forme de larve ou sous la forme de nymphe, on reconnaît aisément les Pucerons qui doivent être ailés; les organes du vol sont empaquetés dans un mamelon situé de chaque côté du corselet, la dernière métamorphose les met en évidence. Les femelles ne jouissent pas toutes

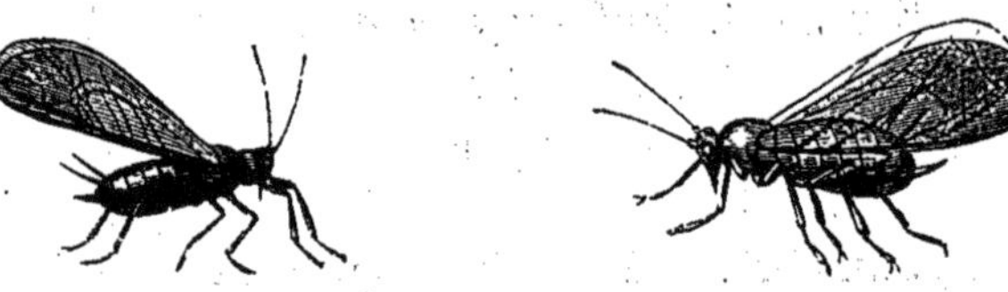

Fig. 222. Puceron ailé.

des avantages du vol; elles sont tantôt ailées, tantôt aptères; cette anomalie se remarque jusque sur les mêmes espèces; elle s'étend aussi aux petits : leur faculté de reproduction n'en est nullement troublée.

Autre singularité plus étonnante encore, les Pucerons sont à la fois vivipares et ovipares, non par caprice et à l'aveuglette, mais dans un but de conservation de la race. Pendant toute la belle saison, les femelles, aptères ou ailées, mettent au jour des

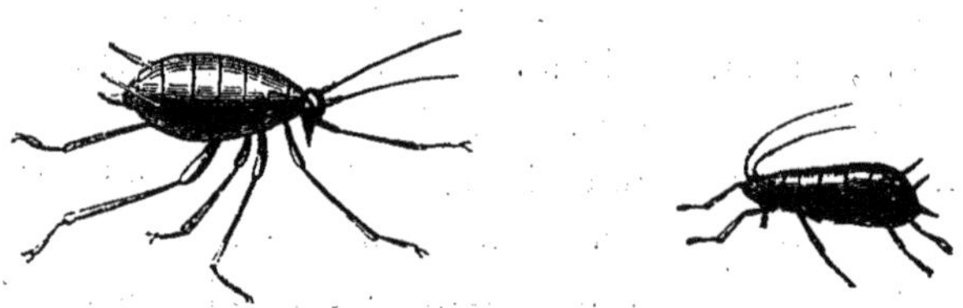

Fig. 223. Puceron sans ailes.

petits vivants; ceux-ci, à leur tour, durant le printemps ou l'été, donnent naissance à d'autres individus; onze générations se succèdent ainsi dans l'espace de six mois; la dernière, spécialement chargée de sauver la race contre les froids de l'hiver, cesse alors d'être vivipare : les femelles redeviennent ovipares, et les petits de leur sexe, issus des œufs, recommencent au printemps le rôle de vivipares.

Les mères Puceronnes sont pourvues d'une extrême fécondité.

Chacune d'elles, dans une demi-année, se voit à la tête de dix générations vivipares et d'une onzième ovipare; chaque jour elle produit une cinquantaine de Pucerons, à leur tour aussi riches en postérité; arrivée au bout de sa rotation, elle ne compte pas moins de cinq millions de descendants.

Dès que les petits sont débarqués, ils vont prendre position sur la plante où se nourrit leur tribu, et s'y rangent symétriquement. Les Pucerons de sureau s'échelonnent tout le long de la tige de cet arbuste et y forment des anneaux qui l'enveloppent entièrement. Ceux du sycomore s'étalent en plaques à la surface des feuilles, la tête tournée vers une espèce de point central; d'autres se groupent de façons différentes. Leur présence sur ces végétaux n'est pas désintéressée, ils y cherchent leur pâture et un abri; à force d'en aspirer la séve, ils les contournent et les déforment d'une étrange sorte. Les Pucerons du tilleul s'attachent aux jeunes pousses. Au fur et à mesure qu'ils naissent, les petits adoptent un des côtés d'un rameau, se placent à la file les uns des autres, font jouer à l'envi leur suçoir et courbent bientôt la tige en spirale : chaque concavité de ce tire-bourre leur sert d'appartement. Quand ils s'établissent sur les jeunes feuilles, celles-ci ne tardent pas à se rouler, de chaque côté, vers la nervure principale; d'autres fois, comme dans le chèvrefeuille, les feuilles sont toutes frisées : cette altération provient des piqûres multipliées des Pucerons. Ce sont eux encore qui produisent les tubérosités dont les feuilles du groseillier sont souvent hérissées; leur face supérieure, au lieu d'être plane et unie, se relève alors en bosses, tantôt vert pâle, tantôt vert lavé de rouge: retournez la feuille ainsi défigurée, vous y trouverez en creux ce que le dessus présente en relief; les creux sont autant de cavernes peuplées de Pucerons.

Les galles ou protubérances végétales n'ont pas d'autre origine, les ormes en sont quelquefois criblés; sous l'influence d'une succion continue, leurs feuilles perdent leur aspect habituel; et sont remplacées par des vessies irrégulières qu'habite toujours une mère Puceronne avec ses petits : au volume des vessies, on peut juger de l'importance des familles qui s'y logent : les plus grosses indiquent une forte population.

Les Pucerons qui fréquentent le peuplier y donnent lieu à des galles de figures très-variées : les unes sont arrondies, les autres simulent des cornes; il en est encore d'oblongues, comme aussi plusieurs sont roulées en spirale. Toutes sont situées sur la feuille même, et toujours si près de la principale nervure, qu'on dirait que celle-ci les a enfilées de part en part, dans le sens de la longueur. La galle fait saillie à la face supérieure, mais sa face inférieure reste plane; la principale nervure semble manquer dans toute la partie correspondant à la longueur de la galle; à sa place se montre une légère fente. Tout paraît bien joint, quoique les parties de la feuille, à cet endroit, soient simplement contiguës. C'est que les portions de la galle qui s'appliquent ainsi l'une contre l'autre sont deux bourrelets bien plus épais que le reste de la tubérosité; en se développant démesurément, ils se sont rapprochés et comme soudés l'un à l'autre, mais il n'y a là qu'un simple accolement. Il est facile de s'en assurer : on n'a qu'à tirer avec les doigts la feuille de peuplier par ses deux bouts opposés, dans des directions contraires et perpendiculaires à la nervure, la fente sera bientôt mise en évidence; elle s'élargira, se raccourcira, et son ouverture laissera voir l'intérieur de la cavité où sont les Pucerons; ce sont ces mêmes bourrelets, plus épais que le reste, mais circulaires sur la feuille de l'orme, qui renferment la mère Puceronne et sa lignée.

Mieux encore que les revers des feuilles, les galles défendent les Pucerons contre la pluie et le soleil; les premières sont de simples tentes, les autres constituent de véritables demeures. Ces insectes, en effet, y passent la plus grande partie de leur existence; ils y changent plusieurs fois de peau, comme ceux qui vivent au grand air, ils s'y multiplient et y nourrissent, dans le premier âge, leurs petits avec la liqueur sucrée que distille la glande située au bas de leurs petites cornes anales. Cette liqueur leur crée de nombreux amis, les fourmis en sont avides; toujours on en voit quelqu'une à leur suite, butinant le nectar partout où les Pucerons le déposent, sur les tiges et sur les feuilles des plantes, et sachant aussi l'extraire par d'ingénieuses provocations; il lui suffit de faire jouer ses antennes sur le précieux réservoir, pour que la gouttelette sucrée se montre à l'extrémité des cornicules; aussitôt la commère s'en empare et la fait passer dans son estomac.

Avant d'arriver à l'état d'insectes parfaits, les Pucerons ont une dernière métamorphose à subir; ceux qui doivent rester aptères, changent simplement de peau, et tout est dit pour eux; ils sont affranchis des crises qui signalent chaque mue; sans ailes ils sont venus au monde, sans ailes ils trépasseront; mais pour les Pucerons destinés à voler, l'épreuve est plus sérieuse. Il faut d'abord que leur peau se fende par le dos; ils auront ensuite à agrandir cette brèche, car le ventre est gros, et ce n'est pas petite affaire que de le tirer de son étui; cette difficulté surmontée, il ne reste plus que les ailes à dégager; leur développement s'effectue par degrés et sans nul danger; cette fois, le Puceron est au grand complet : après une ou deux poses pour reprendre haleine, il s'envole.

ORDRE DES NÉVROPTÈRES.

L'HÉMÉROBE-PERLE.

Les Pucerons n'ont pas seulement à craindre les Cynips et les Coccinelles qui leur font une guerre incessante, ils ont encore un ennemi redoutable dans l'Hémérobe-perle (*Hemerobius perla*); ce rival des Demoiselles en immole chaque jour plusieurs centaines. A voir la parure élégante de ce joli insecte, son corps svelte et fluet, tout chamarré d'or et d'émeraudes, ses ailes transparentes et réticulées qui défient la gaze la plus fine, et ses yeux de bronze-igné, d'un éclat flamboyant, on ne lui soupçonnerait pas des habitudes carnassières; pendant son jeune âge cependant, les Pucerons défrayent exclusivement sa table; mais une fois arrivé à son état parfait, il ne vit plus que d'air et de lumière; sa vie, il est vrai, s'éteint alors au bout de deux ou trois jours. Son vol est lourd et rare; il se montre surtout vers le soir, dans son vêtement de noce, coquet, pimpant et brillant; à peine l'insecte a-t-il cessé de vivre, son éclat disparaît, et son corps, quand on y touche, exhale une odeur très-nauséabonde.

Les œufs de l'Hémérobe ont un aspect tout particulier : au lieu d'être déposés par paquets, comme chez la plupart des insectes, ils sont implantés sur de petites tiges cristallines de la grosseur d'un cheveu, placées isolément les unes près des autres et dans des positions variées. Tantôt ils pendent en stalactites au-dessous d'une feuille, tantôt ils la couronnent d'une espèce d'aigrette : quelquefois ils affectent une situation horizontale ; d'autres fois, leur direction est perpendiculaire ; en maintes circonstances, ils partent du pétiole même de la feuille ou de la tige sur laquelle l'aigrette se trouve insérée. Généralement, on trouve les œufs agglomérés sur dix ou douze colonnettes transparentes, de couleur blanche, offrant toujours une légère courbure dans leur étendue ; chacune se termine par une petite tête arrondie ou ovalaire qui, à un moment donné, s'évase en cu-

Fig. 224. Hémérobe-perle et ses œufs.

pule et ressemble alors à une petite plante en miniature poussant sur un autre végétal. Longtemps, on a pris ces œufs pour des plantes parasites; mais les observations de Réaumur ne laissent aucun doute sur la nature de ces petits corps élégants : ce sont bien les œufs de l'Hémérobe ; l'insecte les tient ainsi suspendus sur des tiges d'une délicatesse extrême, et, dans son admirable instinct, il les installe juste au milieu des provisions de bouche que réclamera bientôt sa lignée.

Le mécanisme à l'aide duquel l'Hémérobe fixe chacun de ses œufs au sommet d'un pédicule n'est pas encore parfaitement connu; on croit que l'œuf est enveloppé, à l'un de ses bouts, d'une matière visqueuse susceptible d'être filée. A peine l'Hémérobe en a-t-elle déposé quelque parcelle sur un point du végétal, qu'elle s'éloigne entraînant avec elle l'œuf dont elle n'est pas entièrement délivrée; pendant ce temps, la matière visqueuse se tire en fil délié qui, au contact de l'air, se sèche et prend la consistance d'un fil de soie; plus l'insecte s'éloigne du point de départ, plus le fil s'allonge; quand il a atteint la longueur et la solidité nécessaires, l'animal se débarrasse de son œuf; celui-ci se trouve former la tête de la tigelle, il y adhère par son propre enduit (fig. 224). C'est dans cet œuf, suspendu pour ainsi dire en l'air, que, sous l'influence d'une température déterminée, naîtra la larve qu'il renferme à l'état de germe; malheur alors aux Pucerons habitants du rez-de-chaussée! l'Hémérobe n'aura pas plutôt percé la coque de sa prison, qu'elle descendra de sa colonne pour tomber sur sa proie et s'en repaître à outrance.

La larve est équipée pour cette fin; sa tête est munie de deux cornes en forme de croissant qui se joignent et se terminent en pointes très-fines; creuses à l'intérieur, elles sont percées d'une ouverture à leur extrémité; c'est à la fois une arme de préhension et d'attaque; chacune d'elles fait, en outre, l'office d'un corps de pompe. Dans sa marche, l'insecte s'aide de son bout postérieur comme d'une septième patte, il le recourbe et s'en sert ensuite en guise de point d'appui pour se pousser en avant.

Les ravages qu'exercent parmi les Pucerons les larves d'Hémérobe dépassent toute idée. Les Pucerons sont partout répandus en troupes serrées, ils marchent à peine, et le plus souvent ils restent immobiles sur leurs feuilles. Les pauvrets, sans armes et sans cuirasse, dodus et pansus, sont légèrement recouverts d'une peau diaphane; la fuite leur est interdite; peu habiles à se servir de leurs longues échasses, ils s'ébranlent à peine et chacun de leurs mouvements semble trahir un pénible effort. Tandis qu'ils sont tranquillement attablés, leur implacable ennemi, armé de pied en cap, agile et vorace, fait irruption dans la bergerie; il la dévaste sans peine, choisit à son gré ses victimes, les saisit, suce leurs parties liquides, et quand il s'est complétement gorgé, rejette leur cadavre épuisé pour passer à d'autres festins du même genre.

La manière dont la larve de l'Hémérobe s'y prend pour absorber la substance du Puceron ne laisse pas d'être curieuse. A peine la bête carnassière s'est-elle emparée d'un Puceron, qu'elle l'élève en l'air, lui enfonce la tête entre ses pinces, et l'y engage comme un bouchon dans le goulot d'une bouteille. Le patient, dans cette posture, fait vraiment pitié; plus de tête, elle a disparu dans le gouffre béant; au dehors, on ne voit plus que des pattes grêles, agitées de tremblements convulsifs, et un gros ventre qui se dégonfle à vue d'œil. La succion, en effet, n'est pas longue, c'est l'affaire d'une demi-minute. Les deux cornes de la larve jouent à la façon d'un piston, comme un corps de pompe qui, chaque fois qu'il s'applique contre le Puceron, le vide de ses sucs et ne lui laisse plus qu'une dépouille inerte. Une larve d'Hémérobe avale vingt pucerons sans reprendre haleine; en moins de trois heures, elle en expédie plus de cent; à quel chiffre formidable n'arriverait-elle pas à la fin de la journée, si elle ne se reposait de temps en temps? Ces repos, du reste, ne sont jamais bien longs, il est rare de surprendre la gloutonne sans une proie entre ses pinces.

A de pareils festins la larve se développe vite; au bout de quinze jours elle est en état de subir sa seconde métamorphose. Elle s'y prépare par la retraite, dit adieu aux Pucerons par une dernière hécatombe, et va expier sa gourmandise par un jeûne absolu, dans les plis d'une feuille ou dans quelque réduit secret: l'anachorète s'y file une coque ronde, d'une soie très-blanche et à tours très-serrés. Cette coque a la grosseur d'un pois, elle se moule sur le corps de l'Hémérobe ramassé sur lui-même, et dont l'extrémité très-flexible se meut avec l'agilité d'une navette de tisserand; à chaque instant, il change de place, glisse avec une adresse merveilleuse sur l'enveloppe sphérique à peine ébauchée, et sans déranger le peu de fils qui la composent. Peu de temps après que la coque est terminée, l'Hémérobe se change en nymphe; dans les mois chauds, elle demeure environ trois semaines sous cet état de mort apparente; mais si l'automne l'y surprend, elle passe tout l'hiver sous le masque de nymphe et ne paraît plus qu'au printemps sous sa dernière forme. Quand elle a percé sa coque pour en sortir insecte parfait, on est tout surpris qu'elle ait pu se loger dans une coque si petite; c'est que ses longues ailes s'étaient pliées et repliées avec un art infini pour occuper le moins de place possible dans une prison aussi étroite; son corps, de plus, était roulé sur lui-même.

LES FRIGANES.

L'état de larve, pour beaucoup d'insectes, est celui où leur vie est le plus menacée, mais leurs ressources instinctives, presque toujours en raison directe de leur faiblesse, leur fournissent de nombreux moyens de salut : l'histoire des Friganes est un exemple frappant de cette vérité.

Ces Névroptères, aquatiques sous leur première forme, habitent les mares, les étangs, et quelquefois aussi les petits ruisseaux; les femelles pondent dans l'eau; leurs œufs, très-petits, sont enveloppés de gelée, et fixés par paquets sur des pierres ou des feuilles. Deux ou trois jours après sa naissance, la larve se file un tuyau de soie et devient ensuite fabricante d'étuis;

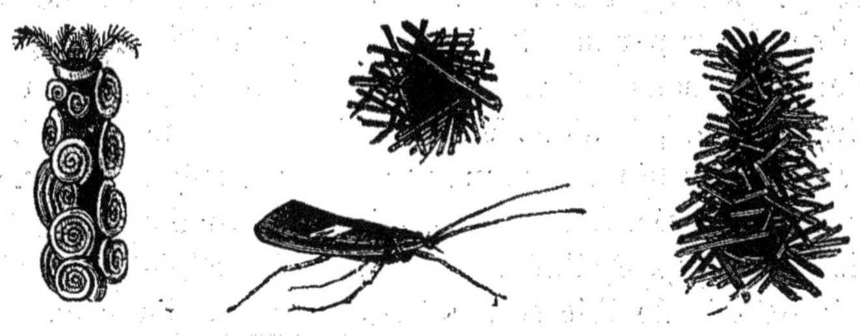

Fig. 225. Friganes.

chacune, selon son espèce, choisit son domicile et ses matériaux de construction. Leur régime est herbivore; les grandes espèces mangent toute la feuille en commençant par le bord, les petites se contentent d'attaquer la partie succulente ou parenchyme; aucune, à l'occasion, ne dédaigne ni les animalcules, ni les petits insectes; elles n'épargnent même pas leur propre race quand elles rencontrent des larves hors de leurs fourreaux; toutefois, malgré leurs goûts carnassiers, elles peuvent rester des mois entiers sans manger.

Le fourreau, autrement dit l'habit des Friganes, est le trait saillant de leur existence. Le fond en est de soie et toujours fort régulier; il consiste en un tuyau cylindrique, plus large à l'avant qu'à l'arrière, toujours parfaitement lisse à l'intérieur. Il n'en est pas de même de sa surface externe, elle varie autant de forme que les matériaux destinés à la recouvrir sont eux-mêmes diversifiés. L'élégance et le goût ne président pas toujours au choix et à l'emploi de la matière première, les circonstances en décident; le costume parfois est assez baroque. On en voit de hérissés comme des porcs-épics; d'autres, au contraire, ressemblent à de longues robes de chambre flottantes; il en est qui se couvrent de morceaux de bois diversement rangés, tandis que d'autres se fabriquent des habits d'arlequin avec des brindilles, des fétus de paille, des débris de coquilles bizarrement entrelacés. Certains habits sont encore plus excentriques; quelques larves portent sur leur dos toute une ménagerie vivante, Bulimes, Cyclostomes, Mollusques aquatiques de toutes sortes, dans les positions les plus grotesques, qui la tête en bas, qui le corps en travers, qui à cheval sur son voisin, tous amarrés les uns aux autres par des cordages de soie. Règle générale, tout objet immergé est apte à s'adapter aux vêtements des Friganes; le sable même et le gravier entrent dans leur confection. Plus les matériaux sont uniformes, plus les fourreaux sont réguliers; plus ils sont hétérogènes, plus leur aspect est varié; l'insecte alors, semble fort mal habillé : on dirait qu'il traîne une série de guenilles. Les fourreaux les plus irréguliers sont ceux qui sont formés de substances végétales; ceux qui sont fabriqués avec des graviers, du sable, sont les plus uniformes de tous dans la même espèce; la régularité est parfaite, quand le fourreau est revêtu exclusivement de coquilles (fig. 225).

A première vue, il semble qu'à part les substances végétales, les autres matériaux doivent rendre les fourreaux bien lourds; la plupart, en effet, seraient de terribles fardeaux pour l'insecte, s'il était obligé de marcher sur terre; mais tantôt il chemine sur le fond de l'eau, tantôt il monte et descend à travers l'espace liquide; son étui lui coûte peu à porter, parce que les différentes pièces dont il est formé constituent un tout d'une pesanteur à peu près égale à celle de l'eau; l'insecte d'ailleurs a eu soin de choisir des matériaux plus légers qu'elle; ils lui servent, pour ainsi dire, de gourdes pour se maintenir en équilibre; sa maison, par suite des fragments végétaux qui la revêtent, risque-t-elle d'être trop légère, et, par suite, de gêner sa marche, il leste partout également son fourreau, de manière qu'il puisse prendre dans l'eau la position qu'il veut lui donner. La forme cylindrique des étuis les met en état de supporter d'assez fortes pressions; la larve, trop faible pour se défendre, se retire dans son réduit dès qu'un danger menace; en marchant, elle traîne son fourreau derrière elle, le corps à demi découvert; à la moindre alerte, tête et corselet disparaissent, on ne voit plus rien hors de cette cachette.

Sous leur premier état, les Friganes quittent rarement leur étui : il faut une circonstance majeure pour les forcer à en sortir, même momentanément. Elles n'y rentrent jamais qu'avec circonspection ; elles tournent auparavant tout autour et l'examinent attentivement ; y flairent-elles quelque embuscade, elles s'en éloignent, sauf à s'emparer du premier étui vide qu'elles rencontreront, pourvu qu'il ait appartenu à quelqu'un de leur espèce ; s'il est d'une autre forme, ou d'une dimension différente de celle du fourreau d'où elles sont sorties, elles lui tournent le dos et vont s'en construire un nouveau quelque part.

Ainsi que toutes les choses de ce monde, l'étui, à force de servir, s'use, la larve est obligée de le réparer. A mesure qu'elle grandit, elle l'allonge et coupe la partie postérieure devenue trop étroite. Pendant toute la durée du premier âge, le fourreau suffit pour défendre l'insecte contre les attaques de l'extérieur; aux approches de sa seconde période, il a des précautions particulières à prendre; la faiblesse de ses organes et son immobilité forcée à l'état de nymphe le livreraient à la rapacité de ses ennemis, s'il n'était pas mieux protégé : il sait d'instinct pourvoir à sa sûreté; peu de temps avant de se métamorphoser, il s'enferme dans son fourreau et le clôt avec soin. Cette fermeture n'est pas la même dans toutes les espèces : chez plusieurs, la larve construit aux deux bouts de l'étui une grille composée de fils peu serrés qui laissent passer l'eau ; d'autres espèces, indépendamment de leur grille, se barricadent avec des fragments de toutes sortes, feuilles, débris de coquillages et brindilles reliés entre eux par des fils de soie.

Lorsque le moment de la troisième transformation est venu, l'insecte brise les barreaux de sa prison, nage avec rapidité sur le dos, à la façon des Notonectes, et cherche un endroit sec pour passer à son dernier état : il s'y cramponne dans la position normale, c'est-à-dire le ventre appuyé contre un objet quelconque, à l'air libre. Au bout de quelques instants, sa peau se gonfle, se boursoufle comme une vessie et se fend ensuite sur le dos. La Frigane sort par cette ouverture ; le corselet se dégage le premier, la tête passe après ; les antennes se déroulent ensuite, les pattes et les ailes se démaillotent les dernières :

tous les organes libérés apparaissent. Aquatique sous la forme de larve, la Frigane tout à fait développée ne s'éloigne guère des endroits où elle a subi son dernier changement. Pendant le jour, elle se tient immobile, tapie sous une feuille, dans un buisson ou appliquée au tronc d'un arbre; dans cette position de repos, elle porte en avant ses antennes; celles-ci, au moindre danger, s'agitent d'une vibration rapide, et l'insecte prend aussitôt sa volée. Il voltige surtout le soir, vers le coucher du soleil; la lumière artificielle l'attire d'une manière presque irrésistible : il y trouve souvent la mort.

Fig. 226. Frigane.

ORDRE DES HYMÉNOPTÈRES.

LES BOURDONS.

S'il est une tribu d'insectes pacifiques qui rappellent les mœurs des peuples pasteurs, vivant de peu, contents de peu, c'est celle des Bourdons. Amis des champs, ils font visite à toutes les fleurs, leur empruntent leur nectar et en extraient du miel et de la cire, comme l'industrieuse Abeille; ils sont si débonnaires, qu'ils ne tirent l'épée qu'à la dernière extrémité, n'attaquent jamais, et, plutôt que de disputer leur bien contre les voleurs, ils le leur abandonnent généreusement.

Allures et costumes, tout, en eux, sent le villageois. Ils s'habillent ordinairement de gros velours et ont une prédilection marquée pour les couleurs voyantes, le jaune, le rouge, le blanc, qu'ils portent en bandes sur leur corps. S'ils n'ont aucune prétention à la grâce et à l'élégance, ils ont, en compensation, tous les signes d'une robuste santé, ils sont trapus et velus, pourvus de fortes jambes que défend postérieurement un double éperon leur voix de basse-taille retentit comme les cloches sonores d'une cathédrale.

Leurs bourgades les plus peuplées ne comptent pas plus de trois cents habitants; beaucoup n'en ont qu'une cinquantaine; trois catégories de citoyens, des mâles, des femelles et des ouvrières, y mènent doucement une tranquille existence. Les premiers se reconnaissent à leurs mandibules bidentées et à l'absence de toute arme offensive ou défensive; les autres sont pourvus d'un dard et leurs pattes sont munies de brosses et de palettes pour recueillir le pollen des végétaux : tous travaillent, mais la plupart du temps en amateurs, sans se donner ni beaucoup de fatigue ni beaucoup d'embarras.

Les Bourdons s'établissent, en général, sous terre. Ceux qui sont nés fouisseurs s'emparent d'un trou abandonné de Mulot ou de Musaraigne, le déblayent, le garnissent de feuilles et s'y installent; les autres, plus confiants, au lieu de se renfermer dans une cave, se logent au rez-de-chaussée, à la surface du sol, choisissent un emplacement gazonné ou buissonneux, légèrement déprimé, et y plantent leur tente. A première vue, on prendrait ce logis pour une simple motte de terre couverte de végétation; mais, tout modeste qu'il soit, il ne laisse pas de coûter un certain travail : le Bourdon des mousses (*Bombus muscorum*) y déploie tout son talent. Fidèle à ses traditions de famille, il se place au voisinage d'un tapis de mousse, car la mousse lui est indispensable pour sa bâtisse. Son premier soin est de débarrasser le terrain de ce qui l'obstrue; il y creuse une petite coupe et en matelasse le fond d'un lit de feuilles : sur ces fondations s'élève le mur d'enceinte. S'il ne s'agissait que de lui seul, le Bourdon aurait bien vite préparé sa case; habitué qu'il est à coucher à la belle étoile, à dormir, tête nue, sur le premier lit de camp que lui offre une fleur de chardon, il ne se donnerait pas le luxe d'une toiture, mais il songe à ses petits; que deviendraient les pauvrets s'ils demeuraient exposés, sans abri, aux froidures de la nuit, aux averses, au grand soleil? Un dôme pare à tous ces inconvénients, se dit-il; aussitôt, tournant le dos au gîte, il se pose sur ses jambes, saisit avec ses mandibules un paquet de mousse et commence son métier de cardeur. La première paire de pattes l'aide à trier chaque brin. A mesure que la matière première est divisée, il la fait passer sous son corps; ses deux jambes mitoyennes s'en emparent et la refoulent en arrière; lorsqu'elle y est arrivée, ses deux dernières pattes, par une forte impulsion, la rejettent plus loin : cette manœuvre se répète un grand nombre de fois, la mousse cardée s'amoncelle. Si l'insecte est seul sur le chantier, comme cela a toujours lieu au printemps, au commencement des colonies, il reprend lui-même son œuvre ; mais quand plusieurs compagnons sont réunis, un autre Bourdon recommence, sur le petit tas, l'opération exécutée par le premier : la mousse, derechef divisée, fait un pas de plus vers l'habitation ;

Fig. 227. Bourdon.

elle avance ainsi par degrés jusqu'à ce que toutes les approches soient faites.

C'est toujours en les poussant avec ses jambes, et non pas au vol, que les paquets de mousse cheminent ; dès qu'il y en a une quantité suffisante, le Bourdon élève son étage à la hauteur qu'il doit atteindre. Tant qu'il n'est question que de charrois, l'insecte opère à reculons ; mais lorsqu'il faut attaquer la voûte ou mettre la dernière main au mur d'enceinte, les choses se passent autrement : tantôt il n'emploie que ses mandibules, tantôt il s'aide des pattes antérieures pour entrelacer les filaments de mousse ;

de temps en temps, il enfonce sa tête dans son ouvrage pour le battre au dedans et au dehors, pour le feutrer et lui faire prendre la forme d'une calotte demi-sphérique. Le toit, en cet état, suffit pour mettre provisoirement la gent Bourdonne à couvert; mais à la longue, l'air et la pluie le traverseraient de part en part : autant alors se passer de maison; ce n'est point le compte des Bourdons, il leur faut une demeure bien close, ils l'auront. Le travail est repris avec d'importantes améliorations ; une espèce de plafond est d'abord construit; toutes les parois de la bâtisse sont enduites d'une couche de cire brute qui ne fait plus qu'un seul corps de tous les brins de mousse, lisse et polit toutes les surfaces internes : les appartements sont désormais à l'abri de la pluie, les vents eux-mêmes n'ont plus aucune prise sur les cloisons parfaitement défendues contre l'air humide : l'industrie humaine, dans ses procédés hygiéniques, ne fait pas mieux avec l'huile de lin sur les murs intérieurs pour écarter l'humidité.

Ce qu'on aperçoit au dehors de la demeure des Bourdons n'est que la chemise de la place ; on y entre et l'on en sort par un trou pratiqué dans le bas, et qui parfois débouche dans une longue galerie mousseuse ; le nid, le véritable nid, se trouve au-dessous de l'enveloppe protectrice. Il est facile de s'en assurer : on n'a qu'à enlever la toiture et percer une cloison de cire, le ménage des Bourdons se trouve à nu. On peut l'examiner à son aise ; les pacifiques insectes ne songent nullement à punir, d'un coup d'épée, l'indiscret qui vient les troubler : ils se bornent à voler en foule autour de lui et à protester, par un fort bourdonnement, contre cette violation de domicile ; plusieurs d'entre eux ne quittent même pas le nid, alors qu'on le bouleverse de fond en comble; impassibles, dès qu'on se retire, souvent même avant qu'on ne soit parti, ils se remettent, sans plus d'émotion, à réparer les brèches de leur chaumine.

Quand on a enlevé la calotte du nid, le premier objet qui se présente est une espèce de gâteau irrégulier, assez mal façonné, renfermant les provisions de bouche, pots de miel, et magasins de pollen. Dans les sociétés de Bourdons nouvellement formées, on ne voit qu'un seul gâteau ; mais si elles existent déjà depuis quelque temps, on découvre, à divers étages, un certain nombre de petits corps ovoïdes, adossés les uns contre les autres, sur lesquels s'appuient les gâteaux reliés au reste de l'édifice par des piliers. Au-dessus du gâteau supérieur s'étendent des masses de cire brunâtre qui remplissent l'intervalle entre les corps ovoïdes et forment, au-dessus d'eux, des espèces de mamelons; ceux-ci jouent un rôle principal dans le nid des Bourdons : c'est à la fois le berceau des œufs, le magasin où sont déposés les premiers vivres destinés aux larves, et l'appareil qui met spécialement les petits à l'abri du froid et de l'humidité.

La construction du nid entraîne une grande dépense de cire; les Bourdons en puisent la matière première dans le suc miellé des plantes, et l'élaborent comme les Abeilles; elle transsude en lames cireuses à travers les anneaux de leur abdomen : pour la mettre en œuvre, les mandibules font l'office d'une truelle. C'est toujours une femelle qui entreprend ce travail. Après s'être approvisionnée d'une certaine quantité de cire, elle la porte à l'endroit où elle veut nidifier. Il s'agit d'en faire une cellule; la mère Bourdon la ronge au centre, y creuse un trou qui ne tarde pas à prendre l'aspect d'une petite coupe, et elle élève successivement les contours avec la cire pétrie entre ses mandibules. Cette première façon s'exécute à reculons; l'insecte tourne tout autour de son creuset, l'arrondit, et finalement le fortifie en le transformant en amphore. Quand un certain nombre de cellules sont ainsi sculptées (fig. 228), le Bourdon dépose dans le fond une pâtée composée de miel et de pollen, et se met à pondre; quatre ou cinq jours après, un ver sans pattes sort de l'œuf. Sous leur premier état, toutes les larves d'une même cellule vivent en commun à la même table. Leur commune tente, à l'origine, n'est pas plus grosse qu'un pois; mais à mesure que les petits se développent, elle se fend dans la longueur. La mère n'a rien de plus pressé que d'y coller une pièce de cire, elle la ravaude de la même manière chaque fois que la cellule éclate sous la pression des nourrissons; lorsqu'ils sont au bout de leur première croissance, elle atteint la grosseur d'une noix. La forme varie avec le développement des larves; il en est de précoces et de tardives, la cellule se moule sur leurs évolutions; c'est ainsi qu'elle se rompt sur un point, tandis qu'elle tient bon sur un autre; les pièces qui bouchent chaque déchirure influencent forcément sa configura-

Fig. 228. Nid de Bourdon.

tion, surtout au moment où les larves se changent en nymphes. Avant de passer sous ce deuxième état, chacune d'elles se file une coque de soie blanche, s'y enferme et change de peau; quinze jours après, l'insecte se revêt de sa robe virile, ronge les barreaux de sa prison, et apparaît muni d'ailes avec une livrée assez pâle : son premier acte d'affranchi est une visite au buffet.

Jusqu'ici la mère Bourdon s'est occupée seule de fonder la colonie; les éclosions, en se multipliant, lui procurent des ouvrières; le travail dès lors est partagé. Les filles commencent par ébaucher de nouvelles cellules, la mère se réserve de les compléter; bientôt après, elles entreprennent la construction de l'enceinte intérieure qui doit embrasser tout le nid; la cire seule en fait les frais. Un premier côté est abordé : elles appliquent le ciment contre plusieurs coques et en garnissent leurs interstices; la ligne de circonvallation tracée, le mur s'élève rapidement. Lorsqu'il dépasse la hauteur des coques, on entame l'autre côté; tous les maçons sont à l'œuvre, la construction se poursuit sur toutes les faces; les intervalles qui séparaient tout à l'heure les pans du mur disparaissent à vue d'œil, l'enceinte continue n'attend plus que son couronnement. Dans ce travail capital, les Bourdons font preuve d'une singulière intelligence : l'édifice vient-il à pencher trop d'un côté, plusieurs ouvriers se portent à l'instant dans le sens contraire, s'arc-boutent sur leurs pattes contre la muraille, et restent dans cette position jusqu'à ce que le bâtiment ait repris son équilibre au moyen des piliers de cire dont on l'étaye.

Tandis qu'ils construisent verticalement, les Bourdons ont la tête et les premières pattes sur le bord du mur, et leurs jambes postérieures s'appuient sur les coques les plus proches. Pour voûter le nid, ils prennent une autre position : ils enjambent la muraille, se campent à califourchon sur la crête, l'entaillent en différents endroits, maçonnent de côté et étendent ainsi une toiture plate au-dessus du nid; des piliers partant des coques supérieures et aboutissant à la voûte soutiennent le dôme en cire; le gros mur extérieur, fabriqué de mousse et de brins d'herbe, renferme la véritable cité; il est enduit intérieurement, comme le reste, d'une couche de cire.

Les ouvrières ne sont pas seulement d'habiles maçonnes, elles prennent encore une part active à l'éducation des petits. Au début de la société, la mère Bourdon privée d'auxiliaires ne pourrait pas mener de front la construction et l'alimentation de la progéniture : voilà pourquoi elle dépose au fond des cellules la pâtée que les nouveau-nés prennent instinctivement tout seuls ; mais, chose étrange, ou pour mieux dire, artifice providentiel des plus curieux ! à peine la population est-elle en force, les jeunes larves ne savent plus se nourrir elles-mêmes, il faut leur donner la becquée, les ouvrières arrivent juste à point pour remplir les fonctions de nourrices ; elles savent l'instant précis où leur intervention est nécessaire, pratiquent une petite ouverture au couvercle des cellules, distribuent à chacun sa ration et referment aussitôt les alvéoles. Plus tard, quand les larves se sont filé des coques, ce sont elles qui enlèvent la cire dont les prisons temporaires sont couvertes, elles aident encore les jeunes à se débarrasser de leur tunique au temps de leur deuxième métamorphose : grâce à leur concours, la mère Bourdon, puissamment soulagée dans sa tâche multiple, n'a bientôt plus à remplir que sa fonction de pondeuse. Elle y vaque à différentes reprises. La ponte commence au printemps, mais ne produit que des ouvrières ; les jeunes femelles paraissent vers la fin de juillet, les mâles se montrent peu de temps après. Les plus fortes éclosions ont lieu en août et en septembre ; aussi, à l'entrée de l'automne, les peuplades sont-elles au grand complet. Chaque fois que la population s'accroît, cellules et magasins deviennent plus nombreux, car le Bourdon est prévoyant, il fait des approvisionnements, ses entrepôts occupent ordinairement le gâteau supérieur. Au retour de ses excursions champêtres, il dégorge dans des pots le miel qu'il a butiné, et se débarrasse, à l'aide de ses pattes, du pollen récolté sur les fleurs : il le fait tomber dans un vase où il le dépose couche par couche, et l'arrose de miel.

Les femelles nées vers la fin de l'été ne pondent qu'au printemps suivant et dans un autre logis. Il n'en est pas de même des ouvrières, dont les pontes jettent la mère dans des accès de jalousie furieuse ; dès qu'elles font mine de vouloir se débarrasser de leurs œufs, elle les chasse à coups de mandibules, s'empare de leurs œufs et n'en fait qu'une bouchée. La race, du reste, semble avoir une affection toute particulière pour ce genre de mets ; la mère Bourdon en sait quelque chose : ses propres pontes ne s'effectuent pas sans qu'elle ait maille à partir avec d'effrontées gourmandes.

Nul danger lorsque la mère monte la garde auprès de ses œufs ; mais pour peu qu'elle s'éloigne, qu'elle passe d'une cellule à une autre, les friponnes la harcèlent, et pendant qu'elle fait tête aux voleuses ou qu'elle les poursuit, les plus malicieuses se glissent dans le berceau, en tirent plusieurs œufs et se mettent à les gober. Quelle désolation pour la malheureuse mère! Au retour de cette expédition, elle trouve la cellule vide ; éperdue, courroucée, elle se jette sur les pillardes, les houspille d'importance, et ne laisse plus une seule ouvrière approcher de son cantonnement ; elle est d'une si bonne nature cependant, que, malgré son désespoir, l'idée de tirer son poignard, ne fût-ce que pour faire un exemple, ne lui vient pas à l'esprit.

Ces incidents sont les seuls qui troublent momentanément le calme habituel des sociétés de Bourdons ; leur caste ne connaît pas l'horreur des guerres civiles, ni les prises d'armes contre un ennemi étranger ; leurs légers orages n'éclatent qu'entre la mère et les ouvrières : les jeunes femelles, nées pendant la belle saison, ne prennent aucune part à ces contestations. Elles ont plus d'un privilége. Si elles vont au dehors, comme les simples travailleurs, récolter le miel et le pollen, elles sont dispensées de construire ; elles ne bâtissent de cellules que pour leur propre compte, lorsqu'elles jettent personnellement les bases d'une autre cité, et qu'elles sont sur le point de pondre ; elles vivent toujours plus longtemps que les autres. Elles résistent à l'hiver, se creusent, au delà du nid, une retraite profonde où elles s'engourdissent et résistent aux froids les plus durs ; le printemps venu, elles se réveillent, quittent le toit natal et chacune d'elles, isolée, sans autre auxiliaire que son courage maternel, va fonder une nouvelle colonie.

LES GUÊPES.

Les Guêpes, chez les insectes, représentent ces gens mal élevés, familiers à l'excès, parasites de profession, qui d'emblée s'introduisent chez vous, s'invitent d'eux-mêmes à votre table, et s'érigeraient bientôt en tyrans domestiques si on les laissait faire. Les pillardes n'ont pas volé leur mauvaise réputation. Le poignard qu'elles portent toujours avec elles les rend féroces ; leurs mœurs sont celles de spadassins toujours prêts à dégainer : elles font la guerre aux Abeilles, ravagent les fruits, et viennent, à notre barbe, goûter les plus mûrs et les plus savoureux ; à peine les a-t-on mises à la porte, qu'elles rentrent par la fenêtre, la menace et l'injure à la bouche. Et cependant, tout n'est pas absolument mauvais dans la race ; son architecture est un chef-d'œuvre; les habitudes de famille ne lui sont pas étrangères, elle entoure ses petits de soins et de tendresse, met en commun son butin, et présente l'image d'une république en paix avec elle-même et bien administrée.

Les Guêpes ont une tournure qui les fait aisément reconnaître : taille des plus coquettes et passée en proverbe; yeux effrontés;

Fig. 229. Nid de Guêpe des arbustes.

antennes coudées et toujours en mouvement; robe chamarrée d'or, avec couleurs tranchantes (fig. 229).

Leurs sociétés, comme celles des Abeilles, comprennent trois sortes d'individus : les femelles propagent l'espèce, bâtissent, chassent et pourvoient, à une certaine époque, aux besoins des petits. Les mâles, simples reproducteurs, sont chargés des menus emplois, tiennent la cité propre, ils la balayent, la débarrassent des immondices et font l'office de croque-morts toutes les fois qu'il y a un cadavre à enlever : dans cette catégorie, ni maçons, ni chasseurs, aucun ne porte l'épée. Les ouvrières représentent le tiers état, elles forment l'immense majorité de la population et constituent la grande armée des travailleurs. C'est à elles, comme aux plus valeureuses, que sont dévolues les principales attributions : elles ont le département des travaux publics, elles veillent au salut commun, remplissent à l'intérieur le rôle de nourrices, et font au dehors le métier de corsaires. Constamment en guerre avec tout ce qui peut leur servir de proie, elles sont pourvues d'un arsenal formidable; leurs mandibules sont de véritables emporte-pièce, également propres à déchirer, écraser, broyer; leur dard envenimé tue rapidement les insectes et cause aux autres bêtes des piqûres très-douloureuses. Qui ne sait combien leur nature atrabilaire prend feu au moindre prétexte, et s'acharne à la vengeance? Jambes et mains, tête et visage, tout leur est bon pour assouvir leur fureur; elle est d'autant plus ardente, qu'il fait plus chaud; par une température basse, à la pointe du jour et à l'entrée de la nuit, leur tempérament est moins bouillant, quoique toujours à craindre : la pluie et le froid les plongent dans l'engourdissement.

Bien qu'omnivores, les Guêpes adoptent cependant un régime spécial suivant les saisons. Au printemps, tant que les fleurs abondent, elles déposent à peu près tout appétit sanguinaire, vivent innocemment de miel, et le puisent avec leur langue dans les corolles peu profondes; à la fin de l'été, quand cette ressource vient à faire défaut, elles se rabattent sur les fruits, se délectent de toute liqueur sucrée et banquettent sur les pêches, les prunes, les poires, le raisin; fruit entamé, fruit dévoré; elles s'y jettent en bandes, en absorbent rapidement les parties succulentes et n'en laissent que l'enveloppe. A l'époque où dans le guêpier les naissances se multiplient, l'instinct carnassier s'éveille chez les Guêpes, en même temps que les affections de famille, elles se font franchement meurtrières, relancent, du matin au soir, Abeilles, Mouches et Papillons, les roulent en boulettes et les emportent au logis; si la pièce est forte, la Guêpe, en trois temps, la décapite, coupe ailes et pattes, triture le reste entre ses mandibules, en charge ses jambes et gagne son nid à plein vol; arrivée au guêpier, elle partage son butin avec les camarades qui n'ont pu faire campagne : l'égoïsme du moins n'est pas son défaut.

La plupart des Guêpes vivent en société et construisent des nids de forme et de grandeur variables; toutes choisissent comme matières premières les mêmes substances ligneuses. Elles s'attaquent de préférence aux bois vermoulus, vieux châssis, vieilles portes, vieux treillages en voie de destruction; elles les divisent avec leurs mandibules, les mettent en charpie, et, après les avoir réduits en pâte, elles en composent une espèce de papier de couleur généralement grisâtre. L'emplacement du nid n'est pas le même chez toutes les Guêpes. Les unes le suspendent aux poutres des greniers ou dans le creux des arbres cariés; d'autres l'appliquent contre la tige ou les rameaux des plantes (fig. 229); quelques-unes enfin, telles que la Guêpe commune, le cachent sous terre : décrire le nid de cette dernière espèce, c'est donner une idée de la plupart des autres nids de Guêpes; tous sont construits sur un moule à peu près semblable.

Sa configuration la plus ordinaire est celle d'une boule, dont la régularité dépend du trou qu'il occupe. La Guêpe rencontre-t-elle un obstacle dans les pierres ou les racines du sol, elle le contourne; la forme extérieure du nid présente alors, suivant les circonstances, tantôt une sphère parfaite, tantôt un ballon plus ou moins anguleux dans sa circonférence. Sa surface moutonnée est percée de deux trous ronds: l'un sert de porte d'entrée, l'autre de porte de sortie; tous deux ne laissent passer qu'une seule Guêpe à la fois. Au delà de cette enveloppe se trouve le nid proprement dit, composé d'une quinzaine de gâteaux papyracés, parallèles les uns aux autres et à peu près horizontaux; ce sont autant de planchers distribués par étages, soutenus, dans l'intervalle qui les sépare, par de nombreux piliers et chargés d'un grand nombre de cellules où il n'y a jamais ni miel ni cire, ni pollen; elles servent uniquement de berceau : la hauteur de chaque étage répond à la profondeur des cellules et à l'espace vide qui sépare les gâteaux les uns des autres.

A l'opposé des principes qui dirigent nos architectes, la Guêpe commence toujours sa construction par la toiture, en d'autres termes, c'est en haut qu'elle pose les fondements de son édifice. Le gâteau supérieur, le plus petit de tous, est attaché au sommet de l'enveloppe du nid; le second se trouve suspendu par les liens qui le rattachent au rayon supérieur; les pilastres qui soutiennent le troisième gâteau s'appuient sur le second étage, et ainsi de suite jusqu'au dernier rayon. Le premier gâteau forme donc la pierre angulaire de l'édifice; il soutient tous les étages, grâce à une infinité de colonnes qui servent à la fois de piliers et de contre-forts; pour plus de solidité, les gâteaux, en certains endroits, sont encore soudés aux parois de l'enveloppe; il ne faut rien moins que toutes ces précautions pour que l'édifice résiste au poids des vingt mille habitants qui composent un guêpier bien peuplé.

Trois ouvrages principaux caractérisent donc le logis de la Guêpe commune : une enveloppe générale, des gâteaux à cellules hexagones, et des liens sous forme de colonnettes évasées à leurs extrémités. L'enveloppe du nid n'est pas d'un seul bloc, elle est formée de plusieurs pièces ; les feuillets qui la composent se soudent de distance en distance, et, en se recouvrant les uns les autres, enferment des espaces vides. Les points de suture alternent entre eux ; ceux de deux couches juxtaposées ne

Fig. 230. Nid de Guêpe commune (vue extérieure).

tombent jamais l'un sur l'autre, mais sur les sacs à air : aussi la surface extérieure du guêpier peut-elle être trempée sans que l'intérieur se mouille ; cette espèce de papier ne boit pas et sèche promptement. La construction de l'enveloppe dont chaque pièce est plus mince qu'une feuille de papier brouillard, marche à la fois dans tous les sens : à mesure que des ouvrières sont occupées à la prolonger, d'autres la fortifient en ajoutant couches sur couches à son épaisseur ; il n'est pas rare d'en compter jusqu'à quinze (fig. 230).

« Rien n'est plus amusant, dit Réaumur, que de voir les Guêpes travailler à étendre et à épaissir la voûte de leur nid, il n'est pas d'ouvrage qu'elles conduisent plus vite; un grand nombre y sont occupées, mais tout se fait sans confusion. Une seule Guêpe entreprend une bande d'un cintre et mène plus d'un pouce d'ouvrage à la fois. Elles vont chercher à la campagne les matières premières nécessaires; la Guêpe qui les a ramassées les met elle-même en œuvre. Elle ne se contente pas de les détacher et de les hacher; avant de les couper en morceaux, elle presse leurs fibres entre ses mandibules, elle les divise, les réduit en charpie et en fait ensuite une boule qu'elle emporte entre ses jambes à l'endroit où elle veut étendre son mortier. Supposons une voûte commencée que la Guêpe se propose de prolonger. Elle se place à l'un des bouts de cette voûte contre lequel elle applique et presse sa petite boule; celle-ci, qui est faite d'une espèce de pâte molle, s'attache à la partie contre laquelle elle est pressée; aussitôt on voit la Guêpe marcher à reculons; à mesure qu'elle marche, elle laisse devant elle une portion de sa boule; cette portion est aplatie et n'est pourtant pas détachée du reste; la Guêpe tient ce reste entre ses deux premières jambes, tandis que ses mandibules allongent, étendent et aplatissent ce qu'elle en veut laisser et coller à chaque pas contre le bord de la bande ou du cintre qu'il s'agit d'élargir.

« Cette bande que vient d'appliquer la Guêpe est trop épaisse, mal unie; l'ouvrage n'est encore que dégrossi, il reste à l'amincir et à l'aplanir; elle va le reprendre où elle l'a commencé, et cela sans perdre un instant; elle met l'épaisseur de la nouvelle bande entre ses deux dents, et répète un manége assez semblable au premier, c'est-à-dire qu'elle s'en retourne à reculons avec vitesse, en donnant, sans discontinuer, des coups à la nouvelle bande avec ses deux mandibules, entre lesquelles elle la tient, mais sans y rien ajouter. Ordinairement, toute la matière a été employée dès la première fois. Les mandibules font les fonctions des palettes de potier à creusets; en frappant la matière molle, elles l'étendent. L'effet de leurs coups est sensible. La Guêpe retourne de la sorte quatre et cinq fois à son entreprise; après quoi, l'ouvrage est fini, la nouvelle bande n'a plus que l'épaisseur voulue; sa couleur est plus brune, parce qu'elle est encore mouillée. »

Tel est le nid de la Guêpe commune; son intérieur, comme celui de toutes les autres espèces, rappelle la science géométrique des Abeilles; chaque cellule se compose d'un fond pyramidal sur lequel s'élève un tube prismatique hexagone, disposition qui concilie admirablement l'économie de place et l'économie de matériaux, en ne laissant aucun vide entre les cellules et en donnant la même paroi à deux cellules (fig. 231).

Le guêpier, vers le milieu de l'été, renferme des femelles et des ouvrières; la ponte commence au printemps et continue pendant toute la belle saison; les œufs d'ouvrières occupent des cellules distinctes. Huit jours après qu'ils ont été pondus, éclôt une larve sans pattes, munie de deux fortes mandibules, à qui on donne

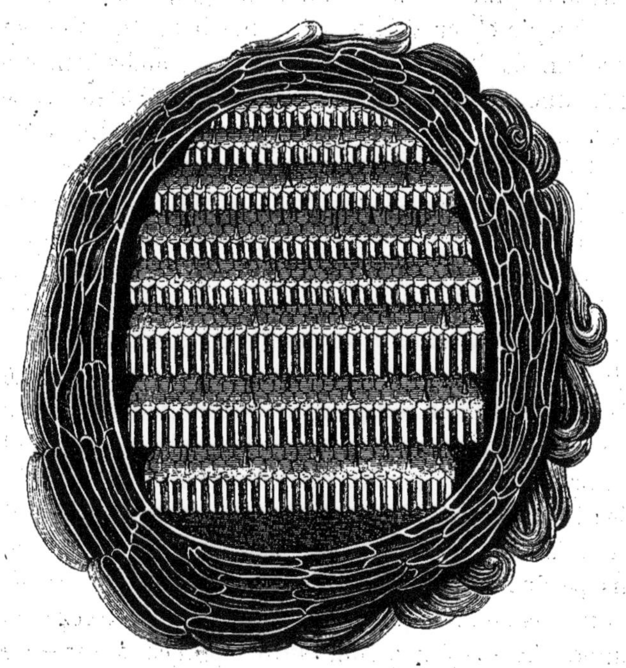

Fig. 231. Nid de Guêpe commune (vue intérieure).

la pâtée de la même manière que les oiseaux abecquent leurs petits; au bout de trois semaines, elle devient nymphe, ne prend plus de nourriture, et s'enveloppe d'une membrane soyeuse avec laquelle elle ferme en même temps sa cellule. Le neuvième jour après qu'elle s'est clôturée, elle dépose sa tunique au fond de l'alvéole, ronge les barreaux de sa prison et se métamorphose en insecte parfait, qui, au bout de quelques jours, est assez fort pour partager les travaux de la société.

Les berceaux ne restent pas longtemps vides. A peine les locataires en sont-ils sortis, que les ouvrières y font une descente, les nettoient de fond en comble et les approprient pour recevoir une nouvelle génération. Pendant la plus grande partie de l'été, les Guêpes femelles ne quittent pas le nid; quoique recluses, elles vivent en bonne intelligence entre elles; on ne les voit au dehors que dans les mois de septembre et d'octobre. La ponte et l'éducation des larves sont leur grande affaire, mais les ouvrières leur viennent puissamment en aide pour la nourriture des petits. Il le faut bien, vraiment! car il s'agit de faire vivre des milliers d'affamés, réclamant à toute force leur pitance journalière; c'est alors qu'ont lieu les chasses les plus effrénées; les ouvrières s'y livrent avec passion, ce qui ne les empêche pas de se montrer, en même temps, nourrices dévouées.

A mesure que la cité s'élève, elle se remplit d'habitants, et, bien que la plupart aient l'humeur violente, l'ordre le plus parfait et l'entente la plus cordiale règnent dans l'intérieur du guêpier; chacun s'y livre sans relâche au travail, parce qu'il n'a pas une minute à perdre; il lui faut, en quatre mois, parcourir tout le cercle de la vie individuelle, naître, manger, mourir et, de plus, satisfaire aux exigences de la vie sociale, jeter les fondements de la cité, la remplir de nombreux édifices, l'entourer de remparts, et veiller à sa défense. Un peuple si fortement constitué semblerait pouvoir compter sur une longue destinée, il n'en est rien; à peine est-il parvenu à l'apogée de sa puissance, qu'on le voit décliner, perdre rapidement ses milices guerrières et finir misérablement. Les premiers froids de l'automne arrêtent subitement ses courses. Au dehors, plus de fleurs, adieu les fruits, quelques rares insectes; au dedans, ni provisions, ni magasins de réserve; la nation des Guêpes vit au jour le jour, sans souci du lendemain, elle en portera la peine, déjà la faim est à ses portes. Les Guêpes ne pouvant plus nourrir leurs larves de proie vivante, seule nourriture qui leur convienne, prennent le parti de s'en défaire. Tous les petits tardivement éclos sont condamnés à mourir de mort violente : ni le sexe ni l'âge ne sont épargnés; on arrache de leurs berceaux jusqu'aux nymphes elles-mêmes, toute la jeunesse est immolée. Ces exécutions ne sauveront pas le reste du peuple, il doit périr de froid et de faim. La première gelée emporte du même coup la plupart des Guêpes; quelques-unes plus robustes résistent seules à l'hiver et le traversent dans un état de léthargie. A la fin de la saison rigoureuse, de tous ces édifices somptueux, de toute cette population si pressée, si active, si vaillante, il ne reste plus qu'une habitation désolée où quelques rares survivants respirent encore : la mort en a fait une solitude silencieuse. Le guêpier n'a donc vécu qu'une année. Les Guêpes échappées au désastre général abandonnent la funèbre nécropole ; elles s'en vont, isolées, fonder ailleurs d'autres colonies, qui passeront à leur tour par les mêmes vicissitudes : prospérité, décadence et ruine entière.

LES FOURMIS.

Nous allons souvent chercher bien loin des spectacles qui ne valent pas ceux qui s'offrent d'eux-mêmes, à chaque instant, sous nos pas. Autour de nous, il est un peuple actif, industrieux, à la fois artiste, pasteur et guerrier, chez qui l'autorité du commandement ne se fait sentir que pour assurer l'ordre, la paix et la sécurité ; ce peuple modèle est celui des Fourmis. Qui ne connaît cet humble insecte ? petit corps porté sur de longues jambes ; taille svelte ; point d'ornements de luxe dans son costume, les bons ouvriers s'en passent ; pour outils, deux fortes pinces ; sur la tête, des antennes coudées qui lui servent à palper les objets et l'avertissent de ce qui se passe autour de lui : à l'œuvre on l'a bientôt jugé.

Toute fourmilière se compose de trois catégories d'individus : des mâles, des femelles et des neutres ou ouvrières auxquelles incombent *la bâtisse, les expéditions au dehors,* l'éducation des petits, la défense de la cité, en un mot tout ce qui *constitue* la vie active.

Le premier établissement d'une fourmilière est curieux à étudier ; c'est un vaste atelier de travail où chacun déploie toutes ses ressources. Ici, des éclaireurs sondent le terrain ; là, de hardis pionniers escaladent les hautes herbes et s'aventurent jusque sur les arbres ; ceux-ci parcourent les chemins ; ceux-là explorent les broussailles ; les uns sont attelés à des poutrelles, tandis que d'autres charrient des brins de chaume ; tous sont à la besogne avec ardeur ; des files entières forment une longue procession sur le sol ; on dirait une immense cohue d'allants et de venants ; néanmoins tout se passe avec ordre et harmonie, toutes les forces sont dirigées vers le même but, chaque travailleur apporte son tribut à l'édifice commun.

Toutes les Fourmis n'ont pas le même mode d'architecture.

La Fourmi fauve, une des plus répandues dans nos bois, ramasse toutes les brindilles, tous les fétus d'un facile transport : fragments ligneux, débris foliacés, débris de coquillages et d'insectes, etc., pour former le dôme de sa métropole ; à force de

Fig. 231. Fourmis [illegible].

voiturer des matériaux de toutes sortes, elle finit par élever un monticule qui prend l'aspect d'une coupole arrondie. Cette voûte extérieure n'est qu'une enveloppe protectrice ; la cité est au dessous, elle plonge sous terre et est coupée de rues, de passages, d'avenues conduisant de la base au sommet de l'édifice. Pendant le jour, s'il fait beau, la plus grande partie des ouvrières se répand au dehors; vers le soir, les Fourmis regagnent leurs cantonnements intérieurs; à mesure que le jour décline, on commence par fermer quelques issues; le soleil baissant de plus en plus, on bouche un plus grand nombre d'ouvertures; à la nuit tombante, tous les passages sont obstrués et barricadés; des sentinelles placées aux portes sont chargées de veiller à la sûreté générale; ces précautions prises, tout s'endort.

Au point du jour, autre scène. Tandis que la garde fait sa ronde, quelques Fourmis matineuses commencent à se montrer; le soleil est près de luire, elles sonnent aussitôt la diane: tout le peuple noir de s'éveiller et de se mettre à l'œuvre; les barricades sont enlevées, on accourt en foule à la surface du nid pour jouir des premiers rayons et boire la rosée; chacun ensuite se disperse et vaque à ses occupations privées: même manége, chaque jour, quand le temps est serein; mais si la pluie menace, les portes restent closes; le ciel n'est-il que légèrement voilé, on ouvre en partie l'entrée des avenues.

L'habitation souterraine exige de longs et rudes travaux; il s'agit, en effet, de creuser le sol souvent à trente et quarante centimètres de profondeur, et de préparer dans cette caverne des logements pour une immense population; des bataillons entiers s'y emploient: les uns attaquent les parties les plus dures à coups de mandibules; les autres enlèvent les déblais; ceux-ci élèvent des murs; les matériaux apportés du dehors sont mis en place; à mesure qu'on pratique des excavations, on construit, on élève étages sur étages, et quand toute la bâtisse est achevée, on dirait un vaste labyrinthe suspendu sur de minces appuis et protégé par des toitures sans fin qui le mettent à l'abri des injures de l'air: le ciment terreux qui relie toutes ses parties le rend complétement imperméable.

Les Fourmis maçonnes bâtissent autrement leurs demeures; toutes emploient la terre comme élément principal de construction. L'une des plus petites de cette catégorie, la Fourmi brune, se distingue par son industrie; sa fourmilière, de forme arrondie, est ordinairement logée au milieu des prés, des gazons ou sur le bord d'un sentier. Comme elle craint la lumière et la chaleur, elle se tient confinée sous terre pendant le jour, et ne sort de son antre qu'après le soleil couché ou par la rosée. De longues galeries partant du fond l'amènent à la surface de son nid. Ennemie de tout système absolu en architecture, elle se règle sur la configuration du terrain, et partage sa maison en plusieurs étages concentriques, se recouvrant les uns les autres, portés par des cloisons d'un millimètre d'épaisseur, et d'un grain si fin, qu'elles semblent lisses; on compte parfois jusqu'à vingt de ces étages dans un seul nid : il renferme des cases, des corridors, des places et des galeries de communication. Les cases les plus spacieuses sont occupées par les adultes; les jeunes habitent les loges les plus voisines de la surface. Quand un soleil ardent échauffe trop les étages supérieurs, les Fourmis brunes retirent leurs larves dans la partie basse; au contraire, si le rez-de-chaussée devient humide à la suite de pluies très-prolongées, on déménage et l'on se transporte dans la partie haute, toujours au sec.

Le procédé qu'emploie cette espèce de Fourmi dans ses constructions a son caractère spécial; il lui faut nécessairement de l'eau pour lier les particules terreuses qui entrent exclusivement dans sa bâtisse; une forte rosée, la fraîcheur de la nuit, une pluie fine, toute humidité, en un mot, quelle qu'en soit l'origine, est le grand secret de son art. La pluie tombe, voyons les Fourmis brunes à l'œuvre. Averties par leur instinct qui vaut le meilleur baromètre, elles sortent de leur souterrain chargées, chacune, de parcelles de terre roulées entre leurs mandibules; des ouvrières s'en emparent, y mêlent le mortier qu'apportent d'autres travailleuses; les maçons achèvent de préparer les matériaux pour jeter les fondements des piliers et des cloisons; de petits murs s'élèvent en face les uns des autres; ils reçoivent un plafond cintré d'un millimètre d'épaisseur; sur cette première assise sont construites les loges, et l'on ménage, à chaque étage, un certain nombre de salles, de places et de carrefours. Jusqu'ici l'édifice est dressé, mais il ne tient encore que par juxtaposition. Les Fourmis brunes sont sans inquiétude sur sa solidité; elles n'ignorent pas que la première averse unira toutes les différentes pièces de l'habitation, et que l'action combinée de l'air et du soleil achèvera de les consolider. En effet, c'est en mettant la pluie à contribution pour faire leur mortier, et en profitant du soleil pour fortifier leur bâtisse, que ces insectes construisent; ils savent à la fois miner et bâtir, et font marcher de front cette double opération qu'ils mènent avec une prodigieuse activité : il le faut bien; l'humidité est une faveur du ciel, elle doit être saisie au passage, car sans elle point de travaux possibles.

Autant d'espèces de Fourmis, autant de modes différents de construire.

La Fourmi noire, qui fait son nid sur le bord des chemins, dans les champs et les jardins, se creuse, à fleur de terre, de petites galeries aboutissant toutes à son domicile, comme les branches épanouies d'un éventail.

La Fourmi sanguine fabrique avec de la terre et d'autres matériaux un tissu serré, extrêmement solide et imperméable à l'eau.

Les noires-cendrées construisent tout différemment que les autres espèces; leur industrie, fort simple, rappelle l'enfance de l'art architectural, mais les combinaisons auxquelles elles ont recours ne laissent pas de présenter une certaine originalité.

Indépendamment des Fourmis qui bâtissent avec toutes sortes de matériaux, et des espèces qui n'emploient que du ciment dans leurs constructions, il en est qui sculptent les bois dont elles font leur habitation : telles sont particulièrement les Fourmis hercule, fuligineuse et éthiopienne; leurs sociétés se logent dans l'intérieur des arbres, et, sans autre outil que leurs mandibules, elles viennent à bout du bois le plus dur. Le tronc travaillé par ces insectes est entièrement sculpté, criblé d'étages sans nombre dont les planchers et les cloisons, à quelques millimètres les uns des autres, sont aussi minces qu'une carte à jouer; le nid se divise en une infinité de cases séparées tantôt par des murailles, tantôt par de petites colonnes; les communications y sont tellement multipliées, que l'édifice, dans son ensemble, paraît entièrement percé à jour (fig. 232).

L'architecture des Fourmis n'est pas le seul côté remarquable de leur histoire, leurs mœurs ont aussi un cachet particulier d'originalité. Et d'abord, peu d'insectes prodiguent autant de soins et d'affection à leurs petits. L'œuf de la Fourmi, presque microscopique, éclôt quinze jours après avoir été pondu; la larve qui en sort est transparente et ressemble à un petit ver sans pattes dont la bouche est armée de deux crochets. En général, la arde des petits est confiée à des ouvrières qui, dressées sur leurs pattes, veillent à leur sûreté et sont toujours prêtes à lancer leur venin contre le premier ennemi venu. Aussitôt que le soleil se montre, les Fourmis portent leurs larves à la surface du nid, afin qu'elles jouissent de la chaleur; quand elles en sont suffisamment pénétrées, elles les mettent à l'abri; plusieurs fois par jour elles leur donnent la becquée (fig. 231), elles les lèchent et les nettoient. Leur sollicitude n'est pas moins empressée quand la progéniture est sur le point de se filer une coque, un peu avant de se changer en nymphes ; sous cet état, la larve est complétement immobile ; elle se trouve emprisonnée dans son fourreau de soie, et y périrait infailliblement, si les ouvrières ne venaient à son secours lorsqu'elle se dispose à prendre sa dernière livrée. Ce moment arrivé, elles coupent et déchirent les coques qui emmaillottent leurs nourrissons, elles en tirent les jeunes Fourmis et leur apportent aussitôt des vivres. Ce dévouement plein de

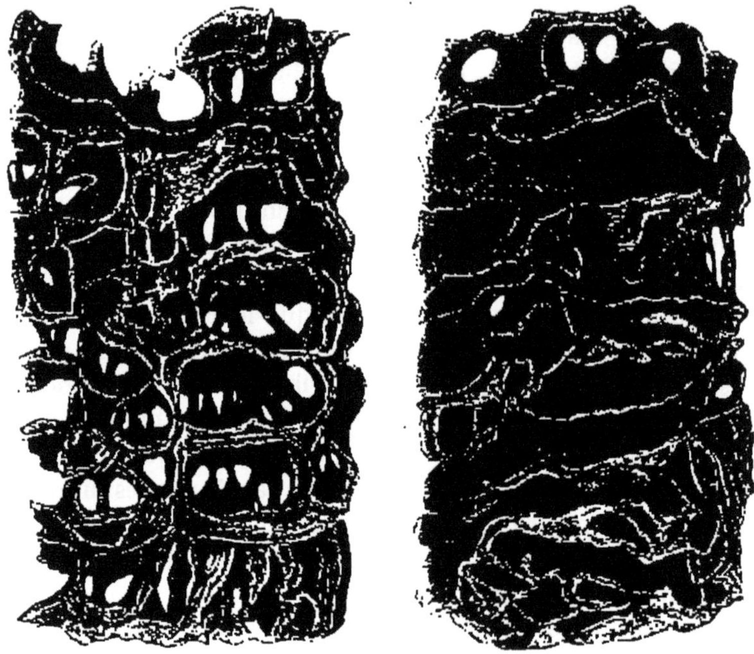

Fig. 232. Nid de Fourmis [illegible].

tendresse qu'elles leur témoignent dure encore plusieurs jours après qu'elles les ont mises en liberté ; elles les accompagnent dans leurs promenades, elles les guident à travers leur labyrinthe, et ne les abandonnent finalement à elles-mêmes que lorsqu'elles sont en état de se passer de tutelle.

Les Fourmis vivent du suc des végétaux et aussi de matières animales. Elles ne font pas de provisions de bouche, comme le prétendait la Fontaine ; qu'en feraient-elles? Dans la belle saison, elles trouvent, en butinant, de quoi subsister largement : en hiver, elles sont engourdies ; elles s'entassent par milliers au fond de leurs souterrains, accrochées les unes aux autres, et passent ainsi des mois entiers sans que la moindre nourriture leur soit nécessaire. On connaît leurs relations amicales avec les Pucerons ; ces petits animaux sont pour elles des vaches à lait ; chaque fois qu'elles en rencontrent un, elles vont au-devant de lui, le caressent avec leurs antennes ; et quand ce léger chatouillement amène une gouttelette à l'extrémité du corps du Puceron, la Fourmi s'en empare avec avidité ; d'un premier Puceron, elle passe de la sorte, chemin faisant, à un second, puis à un troisième et ainsi de suite, jusqu'à ce qu'elle soit complétement rassasiée. Néglige-t-elle de recueillir la fine liqueur, les Pucerons s'en débarrassent, par une sorte de ruade, sur les feuilles des plantes qu'ils visitent ; d'autres Fourmis s'en délectent en butinant. Huber n'aurait donc rien dit de trop en avançant que les Fourmis *étaient des peuples pasteurs*, s'il est réellement parmi elles des espèces qui enferment les Pucerons dans des enceintes, comme nous parquons nous-mêmes nos troupeaux, et qui les visitent chaque fois qu'elles veulent puiser à la source sucrée.

En général, les Fourmis sont de nature pacifique ; ménagères, laborieuses, elles sont toujours affairées, toujours en course, du matin au soir, occupées de la prospérité de leurs sociétés ; parfois cependant elles ont des combats à soutenir, et, chose étrange ! la guerre leur est déclarée par certaines espèces de leur propre race : Huber en a été maintes fois témoin. L'humeur batailleuse existe au plus haut degré chez les Fourmis rousses, et c'est aux noires-cendrées *qu'elles déclarent* surtout la guerre. L'armée d'invasion, forte de ses gros bataillons, *emploie la stratégie* dans ses expéditions ; elle commence par cerner les monticules habités par les noires-cendrées. Quand elle les a complétement investis, elle s'avance en lignes serrées et bientôt elle leur donne l'assaut. En quelques secondes, la mêlée devient furieuse ; de part et d'autre on se bat avec acharnement ; les assiégés résistent tant qu'ils peuvent, mais, nullement belliqueux, et incapables de lutter longtemps contre de farouches adversaires, ils ne tardent pas à prendre la fuite : leur cité, à l'instant même, est livrée au pillage. Les Fourmis rousses enlèvent tous les petits des noires-cendrées ; c'était pour s'en emparer qu'elles ont violé le droit des gens et qu'elles leur ont fait une guerre injuste ; à peine se voient-elles maîtresses du champ de bataille, elles se jettent sur les larves, les saisissent avec leurs mandibules et les transportent dans leur propre demeure : la dévastation ne cesse que lorsque la fourmilière envahie est absolument dépouillée de ses habitants.

Dans leur nouvelle demeure, les transportés subissent une étrange condition; ils deviennent les esclaves des vainqueurs, mais esclaves affectionnés, qui bientôt se chargeront avec zèle et dévouement de l'éducation des petits de la race guerrière; ils ne prendront jamais part, il est vrai, à leurs pirateries, mais ils recevront en dépôt de nombreux captifs, leur donneront la becquée et les soigneront comme si c'était leur propre lignée. Les Fourmis rousses pratiquent donc l'esclavage, mais elles n'y condamnent que leurs prisonniers de guerre. Ceux-ci semblent accepter leur position sans le moindre regret; comment en auraient-ils? Enlevés au berceau, ils n'ont connu ni père ni mère, ni foyer natal; la nouvelle cité devient pour eux une patrie adoptive, ils y sont chargés de tous les travaux de la société des rousses : on le comprend sans peine, ce peuple belliqueux se bat fort et ferme, mais ne travaille jamais que le moins possible.

Tels sont les traits les plus saillants de la vie des Fourmis. Leurs mariages ont lieu à travers l'atmosphère; aussitôt après, les femelles s'abattent sur une fourmilière, se dépouillent elles-mêmes de leurs ailes, et se mettent bientôt à pondre. Quand rien ne les trouble, elles gardent longtemps le même domicile; mais si on les inquiète souvent dans leur habitation, si elles sont plusieurs fois en butte aux envahissements des hordes batailleuses, de guerre lasse elles se décident à abandonner leur cité pour aller fonder ailleurs une autre colonie : la société persécutée émigre alors en corps.

Dès que le départ est résolu, un certain nombre d'ouvrières partent pour aller à la découverte. Ont-elles trouvé un emplacement convenable, elles en portent la nouvelle à leurs compagnes. Des recruteuses s'organisent; quiconque est curieux de voir la nouvelle localité, est voituré entre leurs mandibules et transporté ainsi à la future cité. Le bruit s'en répand bientôt de tous côtés, l'émigration est à l'ordre du jour. Au commencement, on aperçoit à peine quelques fugitives dans le sentier qui mène de la fourmilière à l'habitation projetée; mais dès qu'il se trouve assez d'ouvrières dans le nouvel emplacement pour suffire aux premiers travaux d'établissement, une partie des émigrantes se rend à l'ancien nid, et l'on en tire, comme d'une pépinière, les habitants jeunes et vieux destinés à former la colonie.

Généralement l'émigration a lieu de gré à gré; les recruteuses procèdent par la douceur pour se faire suivre; elles s'approchent des Fourmis sédentaires, les caressent avec leurs antennes et semblent les inviter à la désertion. Le consentement est-il obtenu, les voyageuses se roulent autour du cou des Fourmis chargées des enrôlements, et l'on chemine ainsi sans plus de difficulté. Parfois cependant les recruteuses s'emparent par surprise de leurs compagnes récalcitrantes ou indifférentes et, sans leur laisser le temps de résister ou de réfléchir, elles les entraînent par une course précipitée et les déposent, sans plus de cérémonie, dans la nouvelle demeure : aucune ne cherche à la quitter. Le recrutement dure plusieurs jours; lorsque la colonie commence à être suffisamment peuplée, les ouvrières renoncent à leur rôle de porteuses et se mettent avec ardeur à construire des logements. Piliers, cloisons et voûtes s'improvisent à vue d'œil; on s'assure *tout d'abord du gîte des larves, puis on s'occupe des cases pour les adultes; le déménagement de l'ancienne* fourmilière est à peine achevé, que la nouvelle est déjà en pleine activité; ses habitants, grâce à leurs communs efforts, en font bientôt une grande cité prospère.

LES ABEILLES.

L'hiver s'est enfui, les premières fleurs du printemps commencent à paraître, les Abeilles ont repris leurs travaux; que se passe-t-il dans cette ruche qui bourdonne? Nous allons l'apprendre par les admirables recherches de Réaumur et les belles expériences d'Huber qui, privé de la vue, voyait par les yeux de son sagace serviteur, François Burnens.

Fig. 233. Abeille ouvrière.

Fig. 234. Mère Abeille.

Fig. 235. Abeille mâle.

Et d'abord, un mot sur la constitution de leur république et sur leur structure. Les Abeilles vivent en sociétés, espèces de grandes familles où chacun, d'après son organisation, s'occupe de fonctions spéciales. Trois sortes d'Abeilles se rencontrent dans la ruche au grand complet : une femelle unique ou mère Abeille improprement appelée reine; des mâles en nombre restreint, et une quantité considérable d'ouvrières. La mère Abeille, un peu plus allongée que les autres, est exclusivement chargée de propager la race et, par suite, dispensée de tout travail : elle porte l'épée. Les mâles aident à la conservation de l'espèce et ne font pas autre chose; aussi, dès qu'ils ne sont plus nécessaires, disparaissent-ils : leur gros corps tout velu, privé d'aiguillon, et leur voix de basse-taille les caractérisent nettement. Les ouvrières, plus petites et plus nombreuses que les deux catégories pré-

Fig. 236. Trompe de l'Abeille.

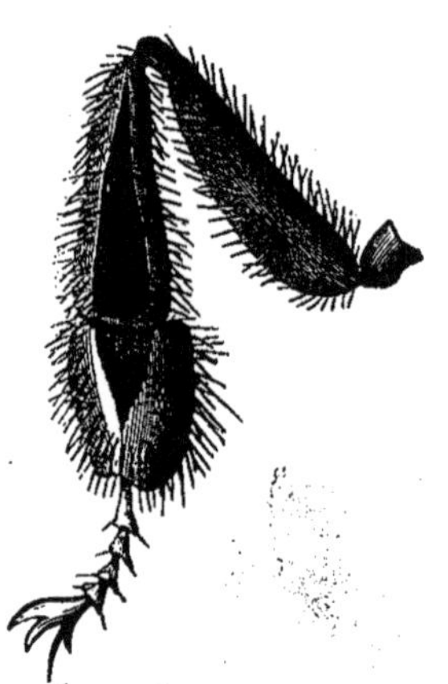

Fig. 237. Palette ou corbeille.

cédentes, représentent le tiers état de la nation et ses forces vives (fig. 233 à 235). Constituées essentiellement pour le travail et ne connaissant pas les douceurs de la maternité, elles sont chargées des approvisionnements, de l'éducation des petits et de la défense de la cité. Leur principal outil consiste dans une paire de mandibules garnies de dents, faisant office de pince angulaire; au-dessous de cet appareil de préhension s'étend une trompe qui, dans le repos, se replie et se cache dans un étui, et qui, mise en mouvement, se dilate, s'étend et remplit le rôle d'une langue flexible (fig. 236); leurs pattes postérieures présentent un enfoncement triangulaire, une sorte de corbeille (fig. 237) où l'insecte dépose la poussière fécondante des fleurs qu'il a recueillie; il la détache des poils de son corps à l'aide d'une brosse dont ses jambes sont munies (fig. 238) : son dard est son principal moyen de défense (fig. 239).

La trompe est l'organe dont l'Abeille se sert pour recueillir le suc des plantes. Appliquée sur une fleur épanouie, elle s'agite de mouvements rapides, s'allonge, se raccourcit, se tourne et se contourne suivant que les parties de la corolle qu'elle explore sont superficielles ou profondes, convexes ou concaves. Après s'être chargée de leur nectar, elle le fait couler dans son gosier, d'où il glisse dans l'estomac. S'il s'agit d'une récolte de pollen, l'ouvrière commence par descendre dans la fleur, et s'y enfarine en se roulant contre les étamines; ne sont-elles pas assez ouvertes, elle les déchire avec ses dents. Les brosses alors d'agir; elles

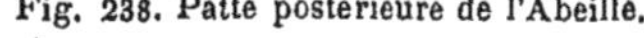

Fig. 238. Patte postérieure de l'Abeille.

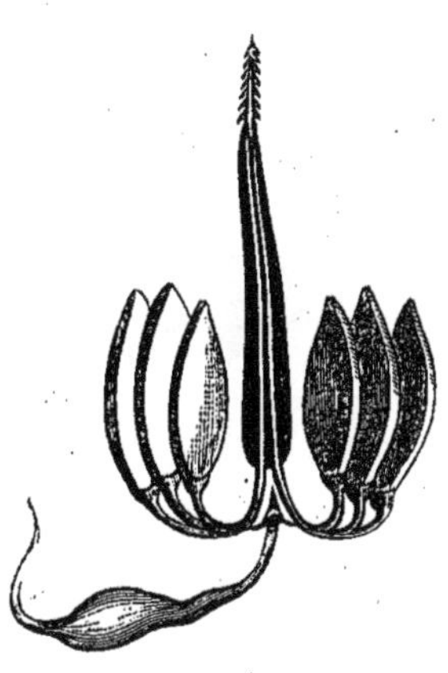

Fig. 239. Dard de l'Abeille.

passent et repassent sur tout le corps, détachent les poussières qui s'y sont arrêtées et les rassemblent en boule. Une seconde manœuvre fait passer le butin d'une patte à l'autre, jusqu'à ce qu'il soit déposé dans la corbeille de la troisième paire de pattes : de petits coups répétés l'y assujettissent. A ce moment de la récolte, les brosses, une seconde fois, sont mises en jeu; elles achèvent de réunir toutes les poussières végétales; les pattes, derechef, font la chaîne, elles se transmettent leur charge et l'empilent sur les corbeilles où elle s'accumule en pelote arrondie, débordant la jambe quand la picorée a été bonne; ainsi lestée, l'Abeille se rend à la ruche : celle-ci est curieuse à examiner.

Au dehors, tout est bourdonnement et mouvement. Des Abeilles arrivent des champs, chargées de matériaux et de provisions;

d'autres partent en expédition. Ici, des sentinelles vigilantes contrôlent tout ce qui entre; là, des pourvoyeuses pressées de retourner au travail s'arrêtent à l'entrée de la ruche, déposent leur tribut et repartent; ailleurs, les agents de la salubrité publique renouvellent l'air de la ruche par le battement précipité de leurs ailes, tandis que d'autres débarrassent le logis des débris et des immondices nuisibles; de toutes parts, entrants et sortants se pressent aux portes, l'activité est générale, chacun concourt avec ardeur à la prospérité commune : au dedans, même empressement à la besogne, mais travaux d'un autre genre.

Le premier soin des Abeilles nouvellement installées est de passer une revue générale de leur domicile, d'en boucher toutes les fentes et de n'y laisser que les ouvertures indispensables

Fig. 240. Organes sécréteurs de la cire.

pour l'entrée et la sortie. Pendant ce temps, des éclaireurs vont à la recherche d'une matière résineuse, ductile, odorante, de couleur rougeâtre, nommée *propolis;* dès qu'ils l'ont trouvée, ils en chargent leurs pattes et gagnent tout droit la ruche. A peine y sont-ils arrivés, qu'une escouade d'ouvrières leur enlève ces parcelles visqueuses; elles les ramollissent entre leurs mandibules et les étendent ensuite sur les parois de la ruche : tout l'intérieur en est enduit. Lorsqu'il ne reste plus ni crevasses, ni fentes à fermer, souvent même pendant que des ouvrières se livrent à cette première opération, d'autres, spécialement préposées à la maçonnerie, commencent à construire l'édifice destiné à recevoir les œufs de la mère Abeille et à loger les provisions communes : la cire extraite du suc même des végétaux est leur unique ciment. Elle se forme dans le corps de l'insecte par voie de transsudation, se montre sous l'aspect de petites lames pentagones, entre les anneaux de l'abdomen (fig. 240), et ne peut être employée qu'après avoir été rendue ductile par une préparation particulière. Lorsqu'une ouvrière a fini sa récolte de miel, elle retourne à la ruche, prend place à la suite des autres Abeilles maçonnes et se tient immobile jusqu'à ce que le miel qu'elle a recueilli se soit changé en cire dans son estomac; quand la matière est suffisamment élaborée, la construction commence.

C'est toujours dans la partie la plus élevée de l'habitation que les Abeilles jettent les fondements de leur édifice; une partie des ouvrières se suspend à la voûte; d'autres se cramponnent à elles et s'échelonnent ainsi en *guirlandes* (fig. 241). Après être restée quelques instants en repos, une d'elles se détache du groupe, tire de ses anneaux une lamelle de cire et la porte à sa bouche, où elle est hachée et triturée pour s'allonger en ruban étroit; elle s'y imprègne d'une liqueur écumeuse, repasse entre les mandibules qui la broient une seconde fois et achèvent de la rendre ductile. Dans cet état, l'Abeille l'applique à l'endroit saillant de la voûte; elle y ajoute une seconde, puis une troisième et une quatrième lamelle de cire, et, sa provision épuisée, elle s'envole pour chercher d'autres matériaux. Sa place est bien vite occupée par une seconde ouvrière qui opère de la même façon; une autre lui succède à son tour, et ainsi de suite : les fondations sont posées.

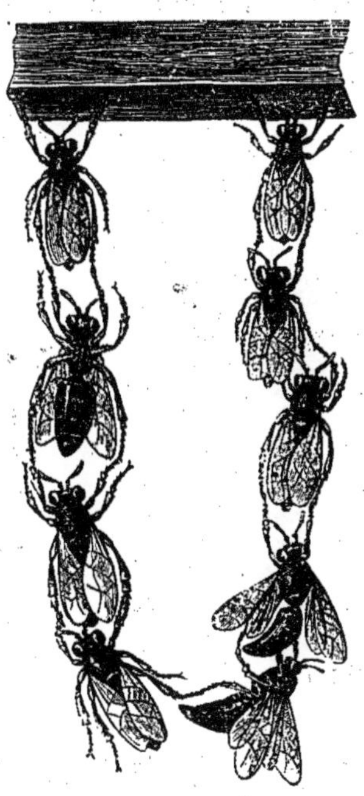

Fig. 241. Grappe d'Abeilles.

La première assise n'est qu'un noyau assez informe, un simple bloc, mais qui tout à l'heure, façonné par d'habiles ouvrières, se transformera en un chef-d'œuvre d'architecture. Dans ces travaux préliminaires, les Abeilles déploient tant d'énergie et d'activité, qu'il semble tout d'abord que le trouble et la confusion se sont emparés de la cité. Il n'en est rien cependant; avec un peu d'attention on voit que tout marche avec ensemble et régularité; les ciseleurs et les sculpteurs sont à l'œuvre, l'ébauche ne tardera pas à prendre figure.

Des blocs primitifs il s'agit de faire des cellules ou alvéoles d'égale dimension et disposées de telle sorte que la place et les matériaux soient le mieux possible ménagés : problème difficile, mais dont les Abeilles viendront facilement à bout. Les fonds des premières cellules sont creusés dans les blocs; l'insecte les lime, les rabote et les sculpte avec ses mandibules; il saisit des parcelles de cire, les bat de chaque côté et les aplanit en lames qui, élevées sur une base rhomboïdale et complétées ensuite par

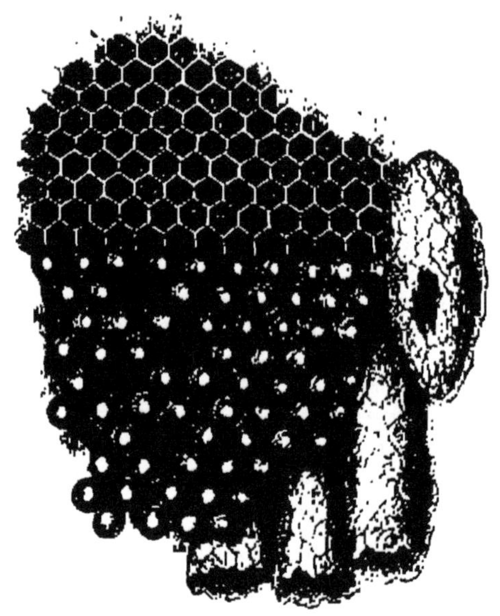

Fig. [illegible]. Portion de gâteau d'Abeilles.

d'autres lames, finiront par former un tuyau hexagone. La cellule n'est pas plutôt modelée, que l'œuvre se poursuit d'après la figure géométrique esquissée: des artistes dégrossissent et polissent le travail commencé par les simples maçonnes; leur savoir infaillible lui donne finalement la forme de cellules à six côtés parfaitement réguliers. Les cellules s'adossent les unes aux autres; le point central de chacune d'elles est toujours le point de réunion d'un des côtés des trois cellules opposées, de sorte que toutes ont leurs parties de même épaisseur; deux rangées de cellules se touchant par leurs fonds constituent ce qu'on appelle un *gâteau* ou *rayon* à deux faces, composé d'un nombre considérable et à peu près égal d'alvéoles (fig. 242).

Les gâteaux commencés au sommet descendent verticalement, et sont, en général, parallèles les uns aux autres; ils embrassent toute la largeur de la ruche, sont fixés à la voûte par une espèce de pied en cire et attachés aux parois à l'aide d'épatements à rayons, formés de cire et de propolis; ils ne se touchent pas; l'Abeille a soin de se ménager des issues de distance en distance: l'intervalle qui sépare les gâteaux représente les rues de la cité.

Les cellules, d'abord blanches quand elles viennent d'être construites, prennent en peu de temps une teinte dorée, et finissent par devenir brun-noirâtre en vieillissant. Elles ne sont pas toutes semblables; on en distingue trois sortes : les plus petites et les plus nombreuses logent les larves d'ouvrières, la plupart occupent le milieu de la ruche; les alvéoles moyens, toujours séparés de ceux des ouvrières, renferment les larves des mâles; les cellules royales, attachées par un pédicule au bord des gâteaux et semblables à une cupule de gland, sont exclusivement réservées pour les jeunes femelles; elles exigent une grande quantité de cire pour leur construction; le poids de chacune d'elles équivaut à celui de cent cinquante cellules d'ouvrières.

Indépendamment de leur usage comme berceaux, les cellules ont une autre destination : elles servent de magasins pour serrer les provisions, encore qu'il y en ait toujours un certain nombre qui soient spécialement affectées à cet emploi : les Abeilles y mettent en dépôt leur miel et leur pollen. L'ouvrière qui arrive à la ruche les pattes garnies de pelotes, s'accroche avec ses deux jambes antérieures sur le bord d'une cellule; elle y enfonce ses deux pattes de derrière chargées de butin et fait tomber le pollen au fond en s'aidant de ses pattes mitoyennes; son fardeau déposé, elle part; sa place aussitôt est occupée par une Abeille qui entre la tête la première dans la cellule, pétrit la poussière pollinique, l'imbibe de liquide et la presse de manière qu'elle vienne, à la fin, affleurer l'ouverture. Pour emplir les cellules de miel, il faut le concours de plusieurs ouvrières; chacune, tour à tour, y dégorge sa récolte sucrée et l'y dépose couche par couche; la dernière gorgée est contournée et forme une plaque qui retient le liquide et l'empêche de couler.

Le miel contenu dans les magasins fournit à la consommation journalière des Abeilles; elles le puisent à discrétion dans des cellules toujours ouvertes pour les besoins ordinaires, mais l'insecte ne touche jamais à la réserve que lorsqu'il ne peut plus butiner au dehors; une lame aplatie, formée de l'enroulement successif de petits cordons de cire, clôt ces greniers d'abondance, conserve au miel sa fluidité et l'empêche de s'évaporer.

Aussitôt que les cellules sont bâties, quelquefois même avant qu'elles ne soient achevées, la mère Abeille dépose un œuf dans chaque alvéole. Avant de pondre, elle examine avec soin les berceaux en y enfonçant sa tête et en les inspectant en tout sens; cette précaution prise, elle introduit l'extrémité de son ventre dans la cellule, et y laisse tomber un œuf qui se fixe dans le fond par la matière visqueuse qui l'enveloppe. La ponte se fait avec une extrême célérité; des centaines d'œufs sont pondus dans une seule journée de printemps, un ordre régulier y préside. Les œufs d'ouvrières sont les premiers pondus, la mère Abeille n'en pond pas d'autres pendant les onze premiers mois de son existence comme femelle ailée; viennent ensuite des œufs de mâles, dont le nombre s'élève de quinze cents à deux mille; les ouvrières alors construisent des cellules royales; le tour des œufs d'ouvrières revient derechef, et dix jours après cette ponte, qui comprend aussi un certain nombre d'œufs de mâles, commence la ponte dans les alvéoles royaux; la mère Abeille glisse un œuf dans chacun d'eux, en laissant un ou deux jours d'intervalle entre ces dernières pontes, afin que les jeunes reines n'éclosent pas toutes dans le même temps.

La ponte est surtout active au printemps; elle éprouve quelque temps d'arrêt, même dans la saison favorable, et cesse aussitôt que les premiers froids se font sentir. Cette opération n'interrompt pas le travail des ouvrières, loin de là : pourvoyeuses et cirières redoublent d'ardeur; seulement un certain nombre d'Abeilles ont pour mission spéciale de s'attacher à la mère, elles la lèchent et la brossent, tandis que d'autres lui offrent du miel au bout de leur trompe.

L'ordre des pontes ne souffre jamais d'irrégularité lorsque la fécondation de la mère Abeille a suivi de près sa dernière métamorphose; mais si elle a éprouvé un retard considérable, les pontes ont d'étranges conséquences. S'est-il écoulé plus de seize jours et moins de vingt et un depuis que la femelle a pris des ailes, elle pond encore des œufs d'ouvrières, de mâles et de jeunes reines, mais le nombre des œufs de mâles égale presque celui des œufs d'ouvrières; si la fécondation n'a eu lieu que plus tard encore, la femelle ne pond plus que des œufs de mâles pendant toute sa vie.

De l'œuf sort, au bout de huit jours, quel que soit le sexe de l'individu, une larve blanchâtre qui se tient roulée au fond de la cellule. Des ouvrières, véritables nourrices, sont chargées de veiller à ses besoins ; elles la visitent à différentes heures du jour, examinent si elle a tout ce qui lui est nécessaire et dégorgent dans la cellule où elle gît la bouillie destinée à son alimentation. Cette bouillie se compose d'un mélange de miel, d'eau et de pollen qui se forme dans l'estomac de la nourrice; les larves de mâles et d'ouvrières n'en reçoivent pas d'autre, on la leur distribue par égales portions. Il n'en est pas de même à l'égard des larves destinées à devenir mères; leur bouillie toute spéciale est plus sucrée et plus abondante, elle ressemble à une épaisse gelée. C'est à cette *bouillie particulière, ainsi qu'à la dimension* des cellules, que les larves *femelles doivent leur fécondité*; c'est aussi ce qui explique comment des Abeilles qui ont perdu leur reine peuvent la remplacer à volonté, lorsque la ruche renferme des larves âgées de moins de trois jours; elles choisissent alors une larve d'ouvrière, agrandissent son alvéole en démolissant les cellules environnantes, et lui préparent de la gelée royale : cette nourriture en fait une femelle. Telle est encore son influence, que, s'il vient à tomber quelque parcelle de gelée sur les œufs d'ouvrières placés autour des cellules royales, les larves qui s'en nourrissent deviennent aptes à propager leur espèce, mais elles ne pondent jamais que des œufs de mâles.

Les larves ne vivent que peu de temps sous leur premier état; au bout de cinq à six jours, l'ouvrière a pris assez de développement pour se filer une coque et se changer en nymphe; les Abeilles aussitôt ferment la cellule avec un petit couvercle de cire de forme bombée. Le jeune insecte reste sept jours et demi sous le masque de nymphe; le vingtième jour, à partir du moment où l'œuf a été pondu, il ronge le couvercle de sa cellule, déchire l'enveloppe qui l'emprisonne et sort pourvu d'ailes. Dans cet état, il est encore humide et se tient sur le bord du gâteau; mais les ouvrières l'entourent, le lèchent, absorbent son humidité et lui présentent du miel qu'elles dégorgent sur sa trompe : vingt-quatre heures après avoir quitté sa cellule, la nouvelle ouvrière va butiner dans la campagne.

La durée des transformations varie suivant les différents sexes. Les mâles restent six jours et demi sous la forme de larves, et ne sont métamorphosés en insectes parfaits que le vingt-quatrième jour, à compter du moment où l'œuf a été pondu; comme les ouvrières, lorsqu'ils sont sur le point de subir leur second changement, ils sont enfermés dans leurs cellules par un couvercle bombé. Les jeunes femelles passent cinq jours à l'état de larves dans les cellules qu'on a eu soin d'agrandir, et elles se filent une coque qui n'enveloppe qu'une partie de leur corps, laissant à nu l'extrémité de l'abdomen; le seizième jour à compter de la ponte elles deviennent insectes ailés; mais si la mère Abeille habite encore la ruche, elles restent prisonnières et sont gardées à vue. Déjà les ouvrières ont rétréci leurs cellules, elles en fortifient le couvercle par un cordon de cire, et n'y laissent qu'un petit trou par lequel elles dégorgent du miel sur la trompe des jeunes femelles captives; aucune d'elles n'est rendue à la liberté avant le départ de la mère Abeille.

Dès que plusieurs larves sont sorties de l'œuf, l'éclosion n'est plus interrompue que par les variations de l'atmosphère : un temps chaud l'accélère, un temps froid la retarde. Chaque jour des Abeilles s'échappent des berceaux, la population s'accroît à vue d'œil, beaucoup de mâles ont pris des ailes; de jeunes reines n'attendent plus que le moment de leur délivrance; vient enfin une époque où le nombre des Abeilles est devenu si considérable, qu'une partie d'entre elles est obligée de se tenir en dehors de la ruche : l'essaimage est prochain, il s'annonce par des signes particuliers. D'abord un bourdonnement se fait entendre par intervalles, le soir et pendant la nuit; les mâles se montrent avec leurs ailes; une partie des Abeilles passe la nuit hors de la ruche et s'entasse à l'entrée; celles qui reviennent chargées conservent leur pollen et se réunissent aux divers groupes; peu d'ouvrières vont butiner, la plupart volent devant la ruche; à l'intérieur, tout est agitation; les Abeilles semblent frappées de vertige.

Au bruissement des jeunes femelles, la mère Abeille est prise d'une espèce de fureur, elle parcourt avec inquiétude les gâteaux, visite les alvéoles et cherche à se jeter sur les cellules royales pour y tuer ses rivales. Arrêtée dans ce projet par les Abeilles, elle entre en délire et le communique au reste de la ruche. Plus de soin des larves, plus d'approvisionnement; les butineuses, à peine revenues des champs, partagent l'effervescence générale et courent à travers la ruche, sans chercher à se débarrasser de leur butin; tout à coup la température de la ruche s'élève à 32°: le tumulte est à son comble, la mère Abeille se précipite vers les portes, elle s'envole au dehors, la foule des Abeilles la suit.

Au sortir de la ruche, l'essaim s'élève en tourbillonnant, se balance pendant quelques instants dans l'air, et va se fixer sur une branche d'arbre ou sur tout autre objet préféré. Un certain nombre d'Abeilles ne tardent pas à le rejoindre; elles se posent les unes au-dessus des autres, cramponnées par leurs jambes à crochets; de minute en minute le peloton se grossit des retardataires qui n'avaient pas quitté la ruche au départ. Quand presque tous ont rejoint, le calme se fait dans cette masse tout à l'heure si bourdonnante; elle pend en grappe immobile (fig. 243), escor-

Fig. 243. Grappe d'Abeilles après l'essaimage.

tée seulement de quelques éclaireurs qui voltigent à l'entour: c'est le moment de recueillir l'essaim; si on le laisse trop longtemps à lui-même, il finit par prendre sa volée, et va s'établir dans le creux d'un arbre ou dans le trou de quelque vieil édifice; il est alors rendu à sa condition première d'Abeilles libres ou sauvages.

Pendant cette émigration, qu'est devenue la ruche d'où l'essaim est parti? Un grand vide s'y est fait, mais elle n'est pas absolument déserte; d'une part, les Abeilles en expédition n'ont pas accompagné la mère dans sa fuite; en rentrant au gîte, souvent elles y restent et forment déjà un noyau de population; de l'autre, les éclosions se succèdent d'instant en instant : nouvelle source de citoyens pour la ruche, qui sera bientôt reconstituée. On se rappelle qu'au moment du jet les cellules royales renfermaient des jeunes femelles autour desquelles des ouvrières faisaient sentinelle. La mère Abeille partie, elles n'ont plus intérêt à retenir leurs prisonnières; elles rendent donc la liberté à la jeune reine éclose la première, et, dès qu'elle est en état de pondre, elles lui abandonnent les femelles contenues dans les alvéoles royaux : la nouvelle mère les tue toutes sans pitié, les unes après les autres. En cela elle ne fait qu'obéir à son instinct. Deux reines ne peuvent exister à la fois dans la même ruche; déjà les ouvrières, malgré leur activité, ont peine à suffire à tous leurs travaux : que deviendraient-elles si elles avaient affaire à deux reines douées toutes deux d'une prodigieuse fécondité? A coup sûr, elles succomberaient à la peine. Une seule mère Abeille doit donc présider aux destinées de la ruche, voilà pourquoi toutes ses rivales sont sacrifiées. Sa prééminence, du reste, ne s'établit pas toujours sans difficulté. Il arrive parfois que, dans le trouble occasionné par le départ de l'essaim, deux jeunes femelles imparfaitement surveillées forcent au même instant leur prison : un combat devient inévitable. Dès qu'elles s'aperçoivent, elles fondent l'une sur l'autre et cherchent toutes deux à se poignarder; les Abeilles témoins de leur lutte, loin de vouloir les séparer, font cercle autour d'elles et les empêchent de fuir; ainsi ramenées l'une vers l'autre, les deux reines s'attaquent de plus belle et se prennent par la tête, les antennes, les ailes, les pattes; leur duel est un duel à mort, il continue jusqu'à ce que la plus habile ou la plus heureuse triomphe de son adversaire par un coup d'aiguillon.

La nouvelle reine maîtresse du terrain commence aussitôt sa ponte d'ouvrières; elle imitera en tout la reine qui l'a précédée, et, comme elle, jouira des priviléges attachés à sa dignité : on lui fera cortége, on l'accompagnera partout, et partout on lui offrira sa nourriture miellée, sans qu'elle ait besoin de l'aller chercher sur les fleurs ou de la prendre à l'entrepôt : elle a bien droit à ces faveurs, n'est-elle pas l'âme de tout un peuple?

La saison de l'essaimage passée, vient pour les Abeilles le temps des travaux d'approvisionnement; il s'agit de faire face à l'hiver qui approche; toute la population en état de butiner se met avec ardeur en campagne; on part dès le lever du soleil, et l'on ne cesse de picorer qu'avec le jour. L'activité, à cette époque, égale au moins celle déployée au printemps. On peut s'en faire une idée par le calcul suivant : au plus fort des travaux, dans les grands jours, une ruche bien peuplée donne entrée à cent Abeilles par minute; de cinq heures du matin à sept heures du soir, si l'affluence est la même pendant quatorze heures d'excursions répétées, il se fait quatre-vingt mille rentrées, ce qui, pour une ruche garnie seulement de vingt mille Abeilles, produit un peu plus de quatre sorties pour chaque ouvrière en quête de miel et de pollen; à voir l'ardeur avec laquelle elle dépouille les plantes, on comprend que les magasins soient bien vite remplis : cette opération se poursuit jusqu'à la fin de l'été, mais pendant ce temps les Abeilles ont une grande exécution à faire. Aussi économes que laborieuses, elles n'admettent pas de gaspillage dans leur gouvernement, elles n'y souffrent pas non plus de bouches inutiles. Les mâles, à cette époque de l'année, ne sont plus bons à rien : comme ils ne contribuent pas aux approvisionnements, on ne juge pas à propos de les nourrir éternellement aux frais de la république; ils ont rempli les fonctions pour lesquelles ils étaient nés, cela suffit; ils n'ont plus aucun droit à vivre dans une cité où chacun doit se dévouer au bien général; un beau matin, leur extermination est décrétée : les Abeilles y procèdent rapidement. La sortie du dernier essaim donne le signal de cette autre Saint-Barthélemy. Les ouvrières commencent par faire main basse sur les larves et les nymphes des mâles; elles les arrachent de leurs cellules, les sucent jusqu'à extinction, et jettent ensuite leurs restes hors de la ruche. Les adultes, eux, sont condamnés à périr de faim. Ils sont privés de leur nourriture habituelle, l'accès des magasins de miel leur est interdit; s'ils font mine de résister, les ouvrières les appréhendent au corps, les saisissent par les ailes et par les pattes, et les expulsent des gâteaux. Inquiétés, traqués, harcelés de toutes parts, les malheureux se précipitent hors de la ruche, ils n'y rentreront plus; leur bannissement est sans appel; leur mort ne tardera guère. Sans feu ni lieu, ils se réfugient à l'entrée de la ruche et s'y agglomèrent en masse compacte; réduits enfin à la dernière extrémité, ils expirent au seuil de la ruche ou ils vont périr également de faim dans la campagne, car ils ne savent ni ne peuvent butiner.

Il est cependant une circonstance où les mâles sont épargnés :

c'est lorsque la fécondation de la reine, par une cause quelconque, a été retardée jusqu'au vingt et unième jour; les ouvrières, dans ce cas, leur font grâce : on les retrouve jusqu'au cœur de l'hiver, quand la ruche existe encore. La plupart du temps, le découragement s'empare des Abeilles réduites à cet état de détresse; elles abandonnent, après l'avoir pillée, une cité où les ouvrières en petit nombre ne peuvent plus se renouveler par de nouvelles naissances; la ruche est également dévastée et désertée quand les Abeilles ont perdu leur reine et qu'elles n'ont pas de jeunes larves de femelles pour la remplacer.

Après la destruction des mâles, la ruche ne contient plus que des ouvrières et une seule femelle. Celle-ci pond jusqu'à l'automne dans les cellules d'ouvrières; pendant ce temps, une partie des Abeilles est occupée à nourrir les larves; les autres se répandent dans la campagne pour butiner; d'autres enfin veillent au salut général, prêtes à repousser toute attaque étrangère.

Entre elles les Abeilles d'une même ruche vivent pacifiquement, mais elles ont parfois à se défendre contre les voleurs du dehors, surtout quand une ruche voisine n'a pu remplacer sa reine ou que les vivres y font défaut. La misère, on le sait, est souvent mauvaise conseillère; une ruche qui meurt de faim à l'arrière-saison et qui, ayant perdu sa mère, a perdu tout courage et toute idée générale de travail, songe alors à vivre aux dépens d'autrui. Le coup monté, toute la population se précipite sur une ruche prospère, la bataille s'engage aussitôt. Les assaillantes jouent leur vie en désespérées, les autres combattent pour la défense du foyer; de part et d'autre l'acharnement est extrême; le plus souvent le bon droit l'emporte, l'attaque est repoussée; les vainqueurs alors se tournent contre les vaincus, et par voie de représailles se jettent sur la cité coupable; ils n'ont pas de peine à l'envahir : elle était déjà à demi ruinée par la famine, une partie de ses habitants vient de rester sur le champ de bataille.

Ces pillages et ces combats de ruche à ruche n'ont jamais lieu entre peuplades bien pourvues de citoyens et largement approvisionnées; c'est un simple accident qu'il faut mettre sur le compte de circonstances désespérées; quand toutes choses marchent régulièrement, la nation des Abeilles vit en bonne harmonie avec tout ce qui l'entoure.

Tant que dure la belle saison, les Abeilles poursuivent sans relâche leurs courses sur les fleurs et les fruits; elles récoltent aussi le miellat, espèce de gomme sucrée qui se produit, en certain temps, à la surface des végétaux, et elles continuent leurs approvisionnements jusqu'à ce qu'elles n'aient plus rien à emmagasiner. Lorsque le règne des fleurs est passé, qu'il n'y a plus ni miel ni poussières végétales à recueillir, la ponte de la mère Abeille s'arrête, et les Abeilles achèvent d'élever le couvain avec le pollen déposé dans les alvéoles. L'hiver enfin arrive avec son cortége de brumes et de frimas; les Abeilles ne sortent plus qu'à de rares intervalles, et seulement lorsqu'il fait doux et que luit le soleil; bientôt le froid les confine au fond de leur ruche, elles y vivent des provisions amassées, et attendent ainsi sans trop de souffrances, blotties entre leurs gâteaux, que la chaleur du printemps les ramène à leur vie active.

ORDRE DES LÉPIDOPTÈRES.

CHENILLES, CHRYSALIDES ET PAPILLONS.

Agriculteurs, horticulteurs, gens de la ville, gens de la campagne, tous poursuivent les Chenilles d'une haine commune pour leurs délits de chasse; les femmes elles-mêmes, sans trop savoir pourquoi, les ont aussi en aversion. En dépit de préjugés plus ou moins fondés, les Chenilles cependant sont bonnes à voir de près; leur structure et leurs mœurs ne sont pas celles de tout le monde des insectes. Leur tête est protégée par une double cuirasse et leurs vigoureuses mandibules sont façonnées pour tailler et couper dans le vif. Auprès de ces armes puissantes se déploie tout un atelier industriel, les filières, d'où sortent à chaque instant des fils de soie qui, selon les circonstances, vont devenir câbles, toiles, réseaux, tentes de campement, appartements cloisonnés et railways destinés à assurer la marche de l'insecte. Son corps, entrecoupé d'anneaux élastiques, et percé de dix-huit stigmates, ne porte jamais moins de huit pattes, souvent dix, douze et jusqu'à quatorze et seize. Les six premières sont écailleuses, fixes et invariables dans leurs dimensions ; toutes les autres, de nature membraneuse, s'allongent, se raccourcissent, se gonflent, se dépriment à la volonté de l'animal : ce sont de simples mamelons, généralement garnis de crochets, s'évasant en couronnes, et dont on ne trouve plus trace à l'âge adulte, tandis que les trois premières paires de pattes, toujours attachées aux premiers anneaux, survivent à la dernière métamorphose, et renferment, comme dans un étui, les six pattes du Papillon.

Suivant que les pattes mamelonnées sont plus ou moins sé-

Fig. 244. Chenille de l'abricotier.

parées entre elles, et s'éloignent davantage des véritables pattes, la progression s'effectue d'une manière spéciale. Les Chenilles à quatorze et à seize pattes cheminent par une sorte de mouvement vermiculaire. Celles à douze pattes commencent à se fixer à l'aide de leurs pattes écailleuses, elles tirent ensuite à elles les pattes intermédiaires et les pattes postérieures, qui, une fois déplacées, se cramponnent fortement à leur tour; pendant ce manége, les anneaux privés de mamelons se dressent en cercle (fig. 244); dans la marche, ils reprennent leur position horizontale lorsque le corps se déploie et que sa partie antérieure s'allonge en avant d'une distance égale à la longueur totale des anneaux : le premier pas exécuté de la sorte, tous suivent de la même manière. Il n'en va pas ainsi pour les Chenilles à dix pattes. Immédiatement après leurs pattes écailleuses, se trouvent cinq anneaux sans pattes, puis deux pattes intermédiaires s'implantent sur le neuvième anneau, et deux pattes postérieures sur le douzième. Par suite de cette disposition, un intervalle considérable sépare les pattes antérieures des pattes intermédiaires; le pas sera donc très-grand chez ces *Arpenteuses*. Cet avantage n'est pas le seul qu'elles possèdent; elles ont encore un talent remarquable d'équilibristes : sans balancier, elles peuvent se tenir fermes dans une position soit verticale, soit oblique, n'ayant pour tout support que leurs deux pattes postérieures solidement fixées à un corps quelconque, et rester assez longtemps immobiles dans cette attitude, pour être confondues avec une branche morte (fig. 246).

La livrée des Chenilles n'est point aussi monotone qu'on le suppose communément. Chez les unes, la peau est tout à fait nue, tantôt lisse, tantôt chagrinée, égayée parfois de bandes et de raies brillantes ou chargées de turquoises et d'améthystes sur un fond obscur. Certaines d'entre elles sont, en outre, ornées

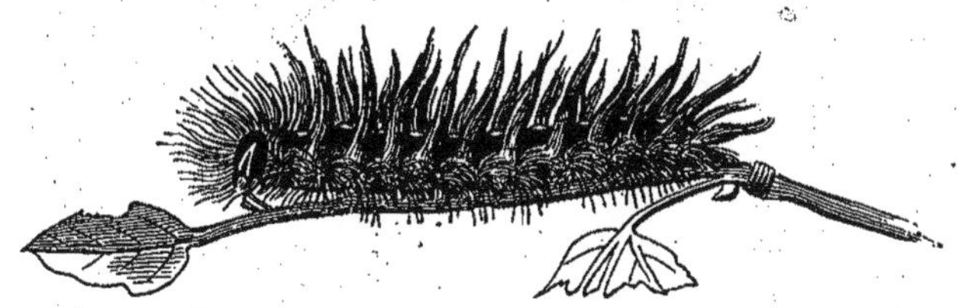

Fig. 245. Chenille du marronnier.

d'appendices charnus qu'elles exhibent ou dissimulent à leur gré. Chez d'autres, le corps est couvert de poils diversement groupés, affectant la forme de houppes, ou d'aigrettes de coloration variée (fig. 245) : quelques-uns de ces poils, dans plusieurs espèces, piquent comme des orties.

Le régime des Chenilles est exclusivement végétal : les feuilles en font la base; quelques petites Chenilles cependant se nourrissent de fruits : elles s'introduisent dans l'ovaire à peine formé et passent toute leur période de larves dans un banquet continuel. La race, du reste, est renommée pour son vaste appétit : dans l'espace de vingt-quatre heures, les Chenilles absorbent une quantité d'aliments supérieure à leur poids; quand elles sont attablées sur une feuille, son parenchyme a bien vite disparu, tout est rongé à outrance : la charpente seule demeure quelquefois, probablement parce qu'elle est trop dure à attaquer ou d'une digestion difficile.

S'il est des Chenilles assez sobres pour se contenter de manger seulement le matin et le soir, d'autres font bombance tout le jour, à l'exemple de celles qui passent toute la nuit à table; chacune, en fin de compte, ne reconnaît d'autre loi de tempérance que les besoins de son estomac.

D'après leur genre de vie, toutes les Chenilles peuvent être rangées en deux grandes catégories : les *solitaires* et les *sociales*. A la première appartiennent les *rouleuses* et les *fileuses*, ainsi nommées parce qu'elles enveloppent les feuilles de leurs fils pour leur donner une courbure qui leur permette d'y trouver à la fois le vivre et le couvert. La seconde catégorie se subdivise

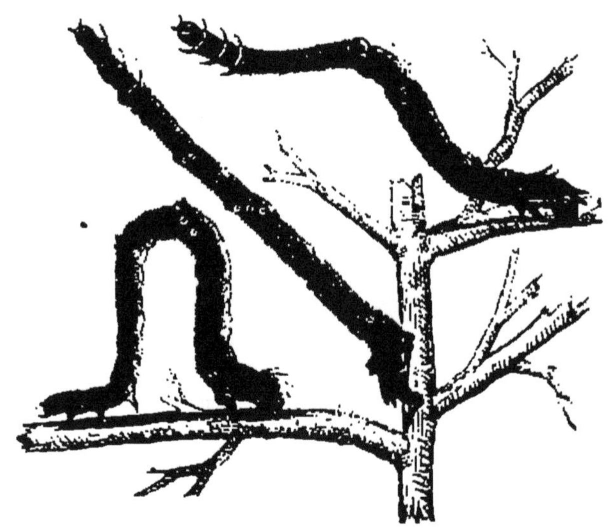

Fig. 256. Chenille arpenteuse de l'orme.

en deux tribus principales : les Chenilles qui ne vivent en société que pendant un temps limité, et celles dont la vie entière se passe dans la même société ; leurs habitudes sont curieuses à étudier.

Les Chenilles temporairement réunies se trouvent en communauté d'existence dès leur naissance ; elles forment des colonies qui comptent ordinairement deux ou trois cents individus, et parfois jusqu'à sept cents frères et sœurs ; elles demeurent ensemble jusqu'à ce qu'elles aient atteint un certain développement ; arrivées à ce point, elles se séparent ; chacune va de son côté gagner sa vie comme elle l'entend. Trois de leurs espèces méritent d'être particulièrement connues; ce sont : la Chenille commune, la Livrée et la Chenille du pin.

La Chenille commune a pour auteur le *Bombyx chrysorrhea*. Ce Papillon dépose ses œufs sur une feuille; quinze jours après, la première larve qui paraît à la lumière gagne une feuille et se met aussitôt à manger; celle qui naît la seconde, va prendre place auprès d'elle, une troisième en fait autant, les autres les imitent. Un premier rang se forme donc ainsi de Chenilles placées côte à côte, la tête sur une même ligne presque droite; dès qu'il est au complet, un second rang s'établit de la même manière. La Chenille dont le temps d'éclore est venu, s'installe à la queue de son aînée; celles qui naissent ensuite, prennent place successivement les unes à côté des autres, au-dessous de leurs devancières; ainsi des autres rangs, jusqu'à ce que la feuille soit chargée d'autant de débarquées qu'elle peut en contenir. Quand tous les rangs

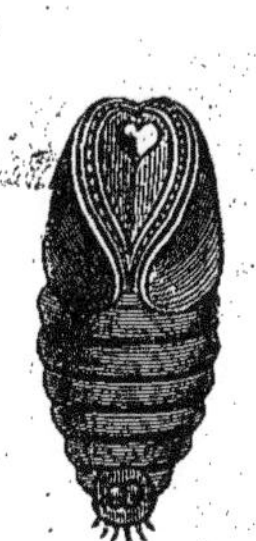

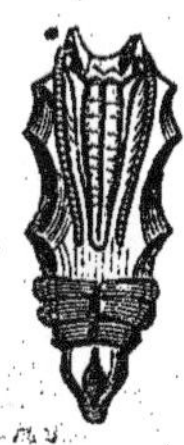

Fig. 247. Chrysalides.

sont occupés, les derniers nés passent sur une autre feuille et s'y établissent de la même façon. A peine le premier repas est-il fini, toutes filent de concert; leur tissu n'est d'abord qu'un simple voile jeté sur la face supérieure de la feuille; mais, à force de se multiplier, les fils prennent bientôt l'épaisseur et la consistance d'une toile : les *bourses* où les Chenilles se confinent n'ont pas d'autre origine.

On comprend sans peine qu'à mesure que les Chenilles se développent le nid ait besoin d'être agrandi; elles augmentent le nombre de leurs appartements en reliant avec leurs fils de nouvelles feuilles. Au dehors, la demeure commune présente l'aspect d'un gros paquet soyeux, amarré entre les branches et les ramilles, sans figure régulière; mais, à l'intérieur, tout est parfaitement ordonné : plusieurs couches de toile composent autant de logis distincts ayant chacun leur ouverture particulière, et tellement chargés de fils, que les vents et la pluie n'y peuvent pénétrer. Toutes les issues s'ouvrent en bas. L'épanouissement ultérieur de feuilles nouvelles pourrait seul faire brèche dans cette citadelle, mais les Chenilles savent prévenir cet inconvénient : elles rongent tous les bourgeons à l'endroit où le nid est fixé ; les rameaux ainsi *aveuglés* restent inertes, comme des branches mortes, et la maison commune se trouve à l'abri de toute injure.

Fig. 258. Papillon sphinx tête de mort.

Cette maison est le berceau de famille, le gîte où elles passent la nuit, et la retraite où elles s'abritent contre le mauvais temps ou contre un soleil trop vif. Elles ne s'en écartent guère pendant le jour ; elles circulent autour de la branche à laquelle le nid est suspendu, s'entre-baisent comme les Fourmis, chaque fois qu'elles se rencontrent, fourragent ensemble et regagnent leur manoir vers la nuit tombante. Dès que les premiers froids se font sentir, elles se mettent en clôture dans leur nid et y passent l'hiver complètement immobiles, courbées sur elles-mêmes. Les premières chaleurs du printemps activent leur croissance ; devenues plus fortes, elles agrandissent derechef leur domicile en y ajoutant de nouveaux compartiments, et changent de peau dans leurs nouvelles tentes ; bientôt après, la société se dissout, chacun de ses membres déloge et prend la clef des champs pour vivre le reste de ses jours en ermite solitaire.

Les bourses de la Chenille du pin ont à peu près la même structure que le nid de la Chenille commune, mais elles sont bien plus volumineuses. Les habitants des Landes ne les connaissent que trop : dans certaines années, leurs forêts de pins maritimes en sont couvertes de manière à faire craindre quelquefois qu'elles n'en périssent. Les Chenilles de cette espèce néfaste ont leurs mœurs à elles. Elles voyagent de jour comme de nuit, s'écartent à une assez grande distance du nid et y reviennent néanmoins à plusieurs reprises dans la journée, pour se reposer et y séjourner. Un de leurs caractères distinctifs est de s'avancer d'un pas régulier à la file les unes des autres, tantôt en lignes droites, tantôt en festons ou guirlandes, gardant toujours le même ordre, sans jamais se dépasser ni laisser de traînards. Un chef ordonne la marche, et chaque Chenille se dirige d'après celle qui la précède : quand les têtes de colonne font halte, les Chenilles se rassemblent les unes auprès des autres et quelquefois s'entassent en monceaux ; en revenant à leur nid, elles prennent toujours la même route qu'elles avaient suivie à leur départ, et ne s'égarent jamais, grâce aux fils qu'elles sèment sur leur passage. La trace soyeuse, par une cause quelconque, vient-elle à être interrompue, les Chenilles s'arrêtent à l'instant, on dirait qu'un abîme s'est ouvert tout à coup sous leurs pas ; elles explorent le sol de droite, de gauche ; l'inquiétude alors les gagne, elles se heurtent, se pressent les unes contre les autres, incertaines du parti qu'elles doivent prendre, jusqu'à ce que la plus hardie d'entre elles se risque à passer le Rubicon : dès qu'elle l'a franchi, elle jette un câble sur son passage, la troupe profite de ce pont improvisé pour se remettre en route.

Fig. 249. Vanesse Gamma.

Les Chenilles du pin font ménage commun tant qu'elles ont à se développer ; lorsqu'elles sont sur le point de subir leur second changement d'état, la société tout entière se disperse à l'aventure, et la maison de famille est à jamais abandonnée.

La Livrée, ainsi désignée à cause de son vêtement chamarré de bandes bleues et jaunes, fait ordinairement élection de domicile dans nos jardins ; sa mère, le *Bombyx neustria*, dépose ses œufs, en forme d'anneaux, sur les jeunes branches des arbres fruitiers ; ils sommeillent pendant l'hiver, mais deux belles journées de printemps suffisent pour livrer passage à des hordes voraces disposées à mettre toute végétation au pillage. Dès leur naissance, elles se filent en commun une toile au-dessus de la

Fig. 250. Flambé.

feuille qui doit leur servir de pâture ; quand elles ont fait table rase sur un point, elles passent à d'autres feuilles, dressent une nouvelle tente, exécutent successivement chaque arbre, et n'épargnent pas même les fleurs, pour peu que les bourgeons foliacés soient en retard.

Après chaque repas, nouvelle fabrication de toiles, qui, de cette manière, s'étendent rapidement. Le jour, les Chenilles se tiennent à la surface du nid comme sur une terrasse, entassées les unes sur les autres ; la nuit, elles s'enferment dans leurs appartements ; par la pluie, elles s'abritent sous les feuilles.

Leur progression s'effectue comme celle des Chenilles du pin, à la file les unes des autres, mais avec cette différence essentielle, qu'elles n'obéissent point à un chef et qu'elles se gouvernent à leur fantaisie. Lorsqu'on vient à heurter celles qui marchent en tête, elles se mettent à balancer leur tête et rebroussent chemin; les autres n'en poursuivent pas moins leur route du même pas. Leurs sociétés durent moins longtemps que celles des Chenilles du pin; après la deuxième mue, elles s'essayent par petits groupes à l'indépendance; bientôt elles repoussent toute agglomération ainsi que toute discipline; cette émancipation les conduit peu à peu à la vie d'isolement.

Dans le groupe des sociétés à vie se placent les *Processionnaires*, ainsi appelées par suite de la régularité parfaite avec laquelle elles cheminent. Ces Chenilles suivent ponctuellement les évolutions de leur chef, rangées tantôt deux à deux, tantôt trois ou quatre de front, et s'avançant toutes d'un pas uniforme. Le général s'arrête-t-il, toutes aussitôt deviennent immobiles; se remet-il en marche, on continue de faire route; s'il vient à obliquer, toute sa suite s'engage dans le même détour, sans qu'aucune Chenille cherche à couper au plus court par la voie la plus directe; leurs mouvements sont tellement précis, qu'on les croirait automatiques, et cependant il n'y a pas moins de sept à huit cents piétons dans une seule nichée.

Dans la première phase de leur existence de larves, les Processionnaires n'ont pas d'habitation fixe; elles campent tour à tour sur les diverses branches du chêne qui les a vues naître, filent en commun la tente qui leur sert d'abri, et, à chaque changement de peau, déménagent pour aller se loger sur quelque autre point; mais, arrivées aux deux tiers de leur croissance, elles se cantonnent définitivement dans un domicile qu'elles gardent jusqu'à leur dernière métamorphose en Papillon. Leur nid consiste en une vaste poche, garnie de plusieurs couches de toiles souvent appliquées contre le tronc de l'arbre; un seul trou, percé dans le haut, représente la porte d'entrée et de sortie. Elles ne prennent ordinairement l'air que le soir, au coucher du soleil; à ce moment, c'est chose curieuse que d'assister à leur défilé; voici comment il a lieu : Une Chenille ouvre la marche, les autres s'échelonnent deux par deux, trois par trois, dans un alignement si parfait, que pas une tête ne dépasse le front de bandière. Pendant ce temps, le nid continue de vomir d'interminables légions; pour que les dernières Chenilles puissent rejoindre le corps d'armée, le chef fait une pose, les nouvelles recrues prennent rang, les bataillons se forment; à un signal donné, toutes les troupes s'ébranlent, sans dévier de la direction qui leur est imprimée.

« C'est dans cet ordre, dit Latreille, qu'on voit souvent les Processionnaires traverser les chemins ou émigrer d'un arbre à l'autre, quand elles ne trouvent plus de quoi vivre sur celui qu'elles abandonnent. Ont-elles rencontré une branche de chêne couverte de feuilles fraîches, alors les rangs se forment autrement et se fortifient, les Chenilles se distribuent sur les feuilles et y sont si rapprochées les unes des autres, que leur corps se touche dans toute sa longueur. Ont-elles fini de ronger les nouvelles feuilles et terminé leur repas, elles regagnent le nid dans le même ordre; une d'entre elles se met en mouvement, une seconde la suit en queue, et ainsi du reste; elles commencent à défiler si près les unes des autres, qu'il n'y a pas plus d'intervalle entre les diverses rangées qu'entre les Chenilles de chaque rang : on compte quelquefois des rangs de quinze et de vingt Chenilles. »

Les promenades nocturnes des Processionnaires ont surtout pour but d'aller en quête de vivres; pendant le jour, et principalement quand il fait très-chaud, elles se tiennent dans leur nid; quelques-unes cependant aiment à se reposer au dehors : on les trouve alors plaquées contre le tronc des chênes, immobiles, serrées les unes contre les autres ou bien entrelacées.

Tant qu'elles sont à l'état de larves, elles ne se quittent pas, elles mangent ensemble, filent ensemble, se promènent et reposent ensemble ; elles ont tellement l'esprit de communauté, qu'elles subissent leurs mues et accomplissent toutes leurs métamorphoses sous le même toit; ce n'est que parvenues à l'état de Papillon que cette existence une et indivisible est rompue; à peine débarrassé de son enveloppe, le nouvel affranchi prend sa volée, sans plus de souci de ses camarades de chambrée.

Chacun sait que la forme de Chenille est le noviciat obligé de tout Lépidoptère. Les larves changent plusieurs fois de peau pendant cette première période. Quand elles se sont dépouillées des trois ou quatre tuniques dont elles sont doublées, elles deviennent chrysalides. Les procédés qu'elles emploient pour cette transformation sont très-variés. Les unes, comme le Ver à soie, se filent des coques soyeuses; d'autres s'en construisent uniquement avec de la terre; plusieurs y mêlent une certaine quantité de fils de soie; un certain nombre, laissant de côté toute espèce d'enveloppes, vont cacher leurs chrysalides nues dans le creux des arbres, dans les fentes des rochers, ou les suspendent aux murailles ainsi qu'aux branches des végétaux (fig. 247).

Les Chenilles, avant de prendre le masque de chrysalides, ont à se débarrasser de leur vieux vêtement; leur peau se fend sur le dos, la larve gonfle alors la partie de son corps correspondant à cette brèche, la tunique tombe quand elle s'est tout à fait dégagée : cette opération s'accomplit en moins d'une minute.

Les chrysalides qui ne sont pas enveloppées d'une coque s'attachent le plus souvent par leur extrémité postérieure et demeurent suspendues verticalement la tête en bas; quelquefois aussi c'est par le milieu du corps qu'elles se fixent à une branche ou à une saillie de mur formant voûte au-dessus d'elles; dans ce cas, outre le paquet de fils qui les retient par la queue, elles sont encore soutenues par une ceinture qui les prend au-dessous du corselet; cette seconde amarre les assujettit horizontalement contre le plan auquel elles sont fixées.

Sous sa forme de chrysalide, l'insecte paraît sans vie; aucune apparence d'organes libres, nul mouvement, à peine quelques signes de sensibilité : tout en lui semble inerte; ses parties cependant s'élaborent et se fortifient pendant le sommeil qui le prépare à son complet développement; il se nourrit aux dépens du tissu graisseux dont la Chenille était largement pourvue dans ce but providentiel. Tout son être subit une modification profonde; les organes qui ne doivent plus servir disparaissent comme une ébauche, et sont remplacés par d'autres organes plus en rapport avec un nouveau genre de vie plus simple; lorsque toutes ces évolutions sont achevées, le moment suprême de la liberté est venu : le Papillon brise ses entraves, déploie ses ailes, les sèche rapidement au soleil et s'envole : sous la brillante parure de cet être aérien, comment deviner qu'il a passé, par le corps d'une Chenille rampante (fig. 248, 249 et 250), sa première étape dans la vie?

ORDRE DES DIPTÈRES.

LES COUSINS.

Les Cousins (*Culex*) semblent avoir été créés et mis au monde pour nous dresser à la patience. Ils pullulent à outrance dans les pays chauds et dans les climats humides; au printemps, en été et à l'automne, on ne peut faire un pas, le matin et le soir, sans en faire lever d'effroyables légions qui vous poursuivent avec acharnement: c'est bien pis encore la nuit. Avez-vous laissé vos fenêtres ouvertes, après le soleil couché, pour tâcher de respirer un peu d'air frais, des bandes entières envahissent vos appartements : adieu le repos; toute chair fraîche est criblée de cuisantes piqûres et ne sort de ce supplice que meurtrie, gonflée, défigurée; pour être condamné à l'insomnie, il n'est pas nécessaire que la troupe assassine soit nombreuse, il suffit que trois ou quatre Cousins se soient faufilés dans votre chambre, pour vous faire passer une nuit blanche; les maudits garnements vous harcèlent sans relâche de leur irritante musique, se rient de vos fureurs, boivent votre sang, et, pour comble d'injure,

Ayant sonné la charge, ils sonnent la victoire.

A part ces méfaits, ils ne sont point indignes d'attention; leurs mœurs ont un cachet d'originalité qui contre-balance leurs importunités; après tout, ils usent de leur droit à la vie : à nous de nous défendre contre leurs attaques. Le Cousin, observé à l'œil nu, n'offre rien qui le distingue des insectes les plus vulgaires. Son aspect est chétif et presque difforme; son corselet n'est qu'une grosse bosse et son ventre s'étend entre de grêles échasses d'une longueur démesurée. Ce portrait, à coup sûr, n'est pas flatteur; mais prenez un microscope, vous aurez une tout autre idée du personnage. Voyez quels jolis panaches décorent sa tête, et comme ses yeux étincellent tour à tour du vert de l'émeraude, de la pourpre du rubis ! Ses ailes sont encore plus ornées ; friables et transparentes comme du talc, elles sont fortifiées par des nervures ramifiées, se recouvrent l'une l'autre et sont parsemées d'écailles nombreuses qui simulent de pittoresques arborisations : on dirait une série de feuillages brodés

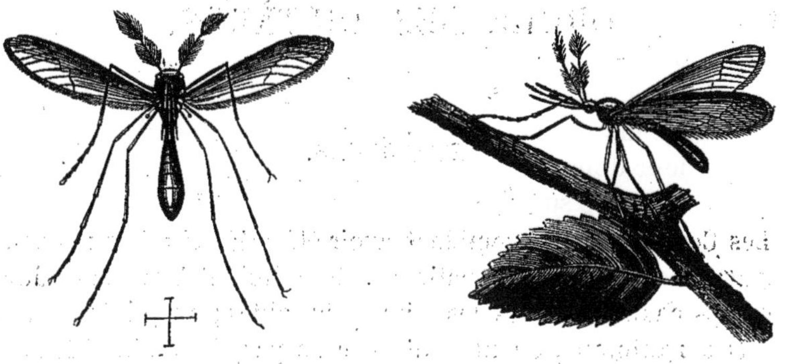

Fig. 251. Cousin vu de face. Fig. 252. Cousin vu de profil.

sur un fond tout pointillé, que borde une frange élégante ; une cuirasse de même nature, hérissée de longs poils, protége le corps du Cousin comme la cotte de mailles des chevaliers du moyen âge. Mais c'est surtout dans son aiguillon, véritable arsenal de guerre, qu'il est admirable : ses armes éclipsent nos

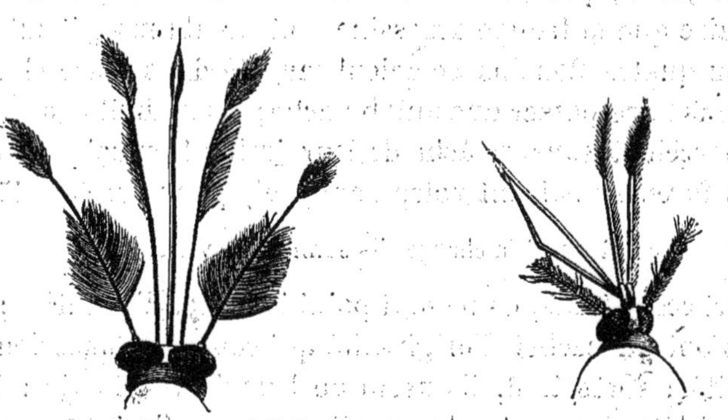

Fig. 253. Tête du Cousin. Fig. 254. Trompe du Cousin.

appareils de chirurgie les plus ingénieux ; Réaumur les a parfaitement décrites. Elles sont renfermées dans un fourreau ; ce qu'on en voit au dehors n'est que l'étui des pièces destinées à percer notre peau et à sucer notre sang. « Cherchant, dit cet habile observateur, à me rendre compte de ce qui se passe pendant que le Cousin nous pique, bien loin de vouloir le chasser ou le tuer, je n'avais d'autre crainte que de le troubler dans son opération. Plus d'une fois j'ai invité ces insectes à venir sur ma main; plus d'une fois je l'ai offerte à ceux qui volaient, la mettant tout doucement à leur portée; pendant ce temps, je tenais une loupe de l'autre main, pour m'aider à mieux voir le jeu de leur trompe. On croira sans peine que j'ai réussi à me faire piquer; je n'ai pourtant pas été piqué toujours, ni aussi souvent que je l'aurais voulu. Il y a plaisir, je vous assure, à voir le Cousin à l'œuvre, on oublie bien vite la légère blessure qu'il vous a faite sur la main, elle n'est ni très-douloureuse ni de longue durée. Un jour donc qu'un Cousin m'avait fait la grâce de se poser sur ma main, je suivis attentivement son manége; il faisait sortir de sa trompe une pointe très-fine et, avec son extrémité, il tâtait successivement quatre ou cinq endroits de ma peau. Il sait apparemment choisir le point le plus aisé à percer et celui au-dessous duquel se trouve un vaisseau sanguin où l'on peut puiser à souhait; une petite douleur vous avertit que son choix est fait; l'aiguillon s'introduit dans la peau par l'extrémité du bouton qui termine l'étui. Celui-ci, quoique solide, a une sorte de flexibilité, il se courbe à mesure que l'aiguillon pénètre dans la chair et s'y enfonce presque jusqu'à la garde. Il doit toujours rester tendu et droit, et être soutenu immédiatement au-dessus du bord du trou qui a été pratiqué : aussi l'étui ne fait-il que se courber; il devient d'abord un arc dont l'aiguillon est la corde; son bouton reste constamment sur le bord du trou pour y maintenir un instrument très-délicat et l'empêcher de vaciller. A mesure que l'aiguillon pénètre, l'étui se courbe de plus en plus; il finit par prendre la figure d'un angle tellement aigu qu'il est plié en deux quand l'aiguillon s'est enfoncé aussi avant que possible, c'est-à-dire lorsque la tête du Cousin est près de toucher la peau (fig. 254). »

On n'est pas toujours averti de la présence du Cousin au moment même où il pique; sa lancette est si fine, qu'elle est incapable par elle-même d'occasionner la plus petite sensation, et cependant elle ne laisse pas d'être cuisante; d'où vient donc l'impression désagréable qu'on ne tarde pas à éprouver? D'une cause bien simple, du liquide empoisonné que l'insecte dépose au fond de la plaie, à l'exemple des Guêpes et des Abeilles; ce venin irrite les chairs et produit, selon la docte formule, rougeur, tumeur, douleur; peut-être aussi, comme le pense Réaumur, a-t-il pour effet de rendre notre sang plus fluide et plus appétissant : on sait que quelques gouttes d'alcali, ou tout bonnement un peu d'eau fraîche, calme promptement la douleur résultant de cette légère blessure, quand on a eu soin de l'agrandir et de la laver immédiatement après qu'elle a été infligée.

Ta n que le Cousin n'est pas troublé, il banquette à son aise, et reste à l'endroit où il s'est abattu. Au préalable, il a eu bien soin de vider son sac, afin de le mieux remplir; il charge, sans désemparer, son estomac et ses intestins de tout le sang qui peut s'y loger et gonfle à vue d'œil; de flasque et terne qu'il était en se mettant à table, son ventre s'arrondit, se tend comme un ballon et prend une couleur rougeâtre parfaitement visible : une fois repu, il abandonne la place et s'envole.

Les Cousins sont des animaux à la fois nocturnes et crépusculaires; s'ils passent toute la nuit à voyager, ils gardent un repos à peu près absolu pendant la plus grande partie du jour, et se mettent à l'abri du soleil sur le revers des feuilles qui leur tiennent lieu de parasols; ils conservent la même place pendant plusieurs heures de suite, cependant ils n'y sont pas toujours immobiles. Cramponnés par l'extrémité de leurs pattes, le reste de leur corps oscille tantôt de la proue à la poupe, tantôt de bâbord à tribord; les jambes, à un moment donné, se plient et se redressent successivement, comme si elles éprouvaient des inquiétudes; quelquefois elles se contournent dans un sens, pour revenir presque aussitôt dans le sens contraire; l'animal a l'air de jouer à la balançoire.

Avant d'être citoyens de l'air, les Cousins sont habitants des eaux; les mares, les étangs, toutes les eaux dormantes en fourmillent; jamais on ne les trouve dans les rivières ni dans les ruisseaux tant soit peu fluents; sous leur premier état, ils sont exclusivement aquatiques.

Les femelles près de pondre gagnent le bord des étangs, la première flaque d'eau venue, ou bien se posent sur quelques plantes flottant à la surface; elles s'y amarrent dressées sur leurs quatre pattes antérieures, les deux dernières restent libres. Le ventre touche à l'eau vers son extrémité, mais le dernier anneau émerge et se recourbe en crochet du côté du dos. Pour se délivrer, l'insecte a un problème délicat à résoudre; il faut que les œufs, en venant au dehors, soient perpendiculaires à la surface de l'eau et gardent leur équilibre, sous peine de naufrager : le Cousin croise ses deux dernières jambes; le premier œuf est appliqué dans l'angle intérieur qu'elles forment; un second, un troisième prennent place à la suite et ainsi des autres; comme ils sont enduits d'une substance visqueuse, ils s'accolent les uns aux autres, se maintiennent debout et présentent la figure d'un petit esquif, quand tout le paquet est déposé; une grande partie de la besogne est faite, mais ce n'est pas tout : il faut maintenant lancer le radeau; le Cousin en vient aisément à bout. Ses jambes postérieures jusqu'ici étaient repliées en X à leur base, elles plongeaient légèrement dans l'eau, alourdies par la charge qu'elles avaient à soutenir; au fur et à mesure que les œufs défilent, leur support s'écarte de plus en plus; lorsque l'accouchement est tout à fait terminé, les deux pattes de derrière se rangent sur deux lignes parallèles, les œufs s'en séparent, et, maintenant, vogue la nacelle!

Pondre un œuf, le mettre en place avec l'extrémité de son ventre, est pour le Cousin l'affaire d'un instant; en moins de deux minutes, une trentaine d'œufs est casée; chaque nichée se compose de trois cents œufs. Les pontes ont lieu ordinairement le matin; elles commencent avec le printemps et se renouvellent jusqu'à sept fois dans la même année; elles sont d'autant plus actives, que les saisons sont plus chaudes et plus mouilleuses; les légions formidables qui en proviennent prennent rapidement des proportions à faire fuir tous les habitants du globe; par bonheur, elles ont pour ennemis un certain nombre d'insectes et d'oiseaux; les Hirondelles et les Martinets, entre autres, en font chaque année d'immenses curées : et dire que nous sommes assez ingrats pour exercer notre fatale adresse contre ces précieux auxiliaires!

Les larves de Cousins éclosent au bout de deux jours; leur organisation est appropriée au milieu dans lequel elles doivent passer leur première existence. Leur corps est allongé, leur tête, très-grosse (d'où leur surnom populaire de *Cabochons*), est munie de deux mâchoires ciliées, presque toujours en mouvement pour agiter l'eau et attirer vers la bouche les animalcules aquatiques; elles respirent au moyen d'un stigmate placé à l'extrémité d'un long tube implanté au bout du corps dans une direction un peu oblique; il transmet aux trachées l'air atmosphérique puisé à la surface : aussi la larve vit-elle dans une position renversée, la tête en bas; elle n'en possède pas moins la faculté de nager et même de plonger pendant un certain temps; elle est pourvue, à cette fin, d'un appareil lamelleux situé au côté opposé du tube aérifère, mais elle use fort peu de cette espèce de nageoire : au plus petit souffle qui d'aventure fait rider la surface de l'eau, elle se précipite au fond et remonte bientôt après, en vertu de sa pesanteur spécifique, bien inférieure à celle du liquide.

Quinze jours suffisent aux larves pour arriver à leur seconde période, celle de nymphes; pendant ce temps elles subissent trois mues. Le moment venu de changer un vêtement trop étriqué, l'animal se place à la surface de l'eau, non plus pour mettre son tube respiratoire en contact avec l'air, mais bien pour exécuter une singulière évolution : il se recourbe, replie sa tête et sa queue, et présente son dos à l'atmosphère; la peau, à l'instant, se dessèche et se fend sur toute la longueur du corps, la larve n'a plus qu'un effort à faire pour se débarrasser de sa tunique et l'abandonner aux vents; sa forme aussitôt devient extraordinaire, son corps est tellement contourné, qu'il vient s'appliquer au-dessous de sa tête; sous ce travestissement, le Cousin ressemble à une lentille dont les bords auraient une épaisseur inégale, et, au lieu du tube aérifère qui a disparu, son dos est surmonté de deux rames destinées à remplacer le premier organe dans ses relations avec l'air extérieur; toujours elles dépassent le niveau de l'eau quand la nymphe se tient en repos à la surface; elle peut toutefois se mouvoir avec rapidité et elle en profite; veut-elle nager, elle se débande tout à coup et s'allonge; l'extrémité de son corps, garni de palettes, fait office de nageoire; elle avance à coups de queue; lorsqu'elle cesse d'agir, son extrême légèreté la ramène à l'instant à la surface, sans qu'elle ait à faire aucun effort.

Le Cousin ne reste guère qu'une dizaine de jours sous le masque de nymphe; sa dernière métamorphose s'opère rapidement, elle a lieu à toute heure du jour, mais principalement vers midi; les circonstances qui l'accompagnent sont pleines d'émotions. Sa grosse affaire est de se délivrer des enveloppes qui désormais ne lui sont plus nécessaires. Immobile à la surface de l'eau, il déroule la partie postérieure de son corps, jusqu'alors contournée sur elle-même, en dessous, et l'expose à l'action de l'air; à l'instant, la peau se boursoufle entre les deux cornes et met à découvert le corselet. A mesure que la brèche s'agrandit, la tête se montre au-dessus de ses bords; la vie ou la mort de l'insecte va dépendre de ce moment suprême. Aquatique jusqu'à cette heure, il ne pouvait exister hors de l'eau; tout à coup il devient un être aérien qui n'a rien à redouter autant que son premier milieu; s'il venait à être couché sur le côté, si l'eau touchait seulement son corps, c'en serait fait de lui : en général, il se tire avec bonheur de cette situation

Fig. 255. Métamorphoses du Cousin.

critique. A peine le corselet et la tête se sont-ils fait jour, le Cousin les élève autant qu'il peut au-dessus de l'ouverture qui leur a livré passage; par une série de contractions et d'allongements combinés, la partie postérieure de son corps se dégage de l'enveloppe. Ses rugosités lui servent de point d'appui. En même temps que la tête se dirige en avant, elle s'élève de plus en plus, les deux extrémités du fourreau se vident pour se transformer en bateau; le Cousin s'y tient dans une position verticale, semblable au grand mât d'un navire; il s'allonge à vue d'œil; à un moment donné, il n'est plus retenu que par l'extrémité postérieure de son abdomen; sa délivrance approche, mais tout péril n'est pas encore conjuré: loin de là, il est devenu plus imminent. En effet, dans sa situation perpendiculaire, le Cousin ne peut s'aider ni de ses pattes ni de ses ailes; les unes sont trop molles, les autres sont couchées le long du ventre, toutes sont comme emmaillottées, ses anneaux seuls ont la liberté de leurs mouvements; de son côté, le bateau, plus chargé à l'avant qu'à l'arrière, se trouve bord à bord avec le perfide élément. Dans cette extrémité, que va devenir le pauvre passager? Ses efforts sont à demi paralysés par ses entraves, et la traversée est bien dangereuse; le vent souffle-t-il avec force, les flots soulevés menacent de faire sombrer l'embarcation; heureusement, le vent ne déchaîne pas toujours la tempête; en ce moment, la chance est favorable, tout va bien; sous l'impulsion du zéphir, la barque glisse légèrement sur le miroir de l'eau, elle aborde dans une anse tranquille; sans perdre de temps, le Cousin quitte sa position verticale, se penche sur l'eau, se dégage, quatre à quatre, de ses derniers liens, pose ses pattes sur le liquide plancher comme s'il était en terre ferme, ses ailes achèvent de se sécher au grand air, elles se déploient, il est sauvé! Ce drame s'accomplit dans l'espace d'une minute (fig. 255).

QUATRIÈME CLASSE.

LES ANNÉLIDES.

LOMBRICS OU VERS DE TERRE.

Les Lombrics sont les seuls annélides qui ne vivent pas dans l'eau ; ils ont le sang rouge, le corps allongé, cylindrique, très-extensible et muni de cils ou d'épines à peine visibles et distribués par séries longitudinales. Les nombreuses articulations qu'on observe chez ces animaux ne sont autres que des muscles circulaires destinés à exécuter le mouvement vermiculaire qui leur est propre ; elles sont grosses et plus prononcées depuis la tête jusqu'au bourrelet ou renflement qui se trouve vers le tiers de la partie antérieure, et vont ensuite en diminuant jusqu'à l'extrémité postérieure, plus obtuse que l'autre (fig. 256). La peau, douée d'irisation, est mince et molle dans l'intervalle des anneaux ; ceux-ci, au contraire, sont renflés et résistants ; les épines dont ils sont garnis sont tournées en arrière et aident à la marche en servant de point d'appui pour porter l'animal en avant, par suite du jeu alternatif des anneaux ; l'enveloppe générale est continuellement lubrifiée par la substance visqueuse qui suinte des pores.

Les Lombrics mènent une vie cachée et solitaire ; leur apparition à la surface du sol est toujours l'indice d'un temps chaud et humide. Ils redoutent également le froid, la grande chaleur et l'air vif ; aussi vont-ils chercher, plus ou moins profondément en terre un refuge contre les variations atmosphériques. Leur terrier présente toujours deux issues, l'une pour l'entrée, l'autre pour la sortie; la première se reconnaît aux amas terreux qui encombrent son orifice. Quoique chez eux les sens paraissent bornés au sens unique du toucher, ils n'en sont pas moins prestes à se soustraire au danger; la moindre commotion du sol les fait rentrer aussitôt dans leurs trous; on les force d'en sortir en comprimant la terre autour d'eux. Ils cheminent avec assez de vitesse à la surface du sol en s'y cramponnant par leurs

Fig. 256. Lombric.

petites épines et en faisant mouvoir en même temps leurs articulations l'une sur l'autre; quand ils veulent s'enfoncer en terre, ils contractent leur lèvre supérieure et lui donnent la forme d'une tarière; celle-ci toutefois n'agit efficacement qu'autant que le sol est mouillé et frais. Les matières animales et végétales en décomposition absolue constituent leur nourriture; ils les prennent sous forme de terreau et en rejettent le résidu dépouillé de tout suc, sous l'aspect d'une terre finement blutée et vermiculaire. Nuisent-ils par là à la végétation? Certaines personnes le croient; mais bien qu'ils appauvrissent le terrain de la fertilité qu'ils lui enlèvent, s'ils lui font du tort, c'est plutôt en y multipliant leurs galeries et en le rendant ainsi plus poreux et plus accessible à l'action desséchante de l'atmosphère.

Leurs traces ne sont jamais plus nombreuses qu'à la sortie de l'hiver; par des temps doux et humides, on voit les Lombrics se montrer de tous côtés à la surface, la tête au bord de leur trou, mais prêts à disparaître au moindre ébranlement du sol. Ils s'accouplent au printemps, hors de leurs terriers et sont généralement regardés comme ovovivipares; Léon Dufour cependant assure qu'ils produisent des œufs analogues à ceux des Sangsues.

L'espèce la plus répandue en France est le *Lombric commun* (*Lombricus terrestris*), couleur de chair, quelquefois de trente centimètres de long, et composé de plus de cent anneaux; son renflement annulaire abdominal est situé vers le tiers antérieur du corps. On le trouve dans tous les terrains gras et humides.

LA SANGSUE MÉDICINALE.

La Sangsue médicinale (*Hirudo officinalis*, fig. 257), type des espèces qui composent la famille des Hirudinées, appartient à l'ordre des Annélides. Son corps toujours nu, mou, visqueux, est caractérisé par le grand nombre d'anneaux extensibles et coriaces qui lui constituent une sorte de squelette cutané. Garni en avant d'un disque musculaire à deux lèvres, il se termine en arrière par un disque dilatable, remplissant les fonctions de ventouse, sauf qu'il ne fait pas le vide, pas plus que le disque antérieur; ce sont de simples organes d'adhérence, se collant aux surfaces par toute leur périphérie. En vertu de son extrême contractilité, la Sangsue, tantôt s'allonge en ondoyant, tantôt se ramasse en olive; les tubercules crypteux dont elle est flanquée de chaque côté surgissent ou disparaissent à son gré; une peau mince et transparente, figurant une espèce de vernis, l'enveloppe de toutes parts; la Sangsue la renouvelle tous les cinq jours et s'en dépouille comme d'un fourreau, à la manière des Serpents. De l'épaisseur de la couche musculaire s'échappe une humeur destinée à lubrifier la surface de la peau; l'animal ne peut s'en passer; aussi se reproduit-elle aisément : si on l'efface, elle reparaît bientôt; continue-t-on à l'enlever à mesure qu'elle se régénère, la Sangsue devient de plus en plus languissante; sa santé, à la fin, s'en trouve sérieusement compromise.

Son organisation présente d'autres singularités.

La vision, chez elle, n'existe qu'à l'état rudimentaire; les yeux sont remplacés par des ocelles disposés symétriquement sur la partie antérieure du corps, ils lui permettent de sentir plus vivement l'action de la lumière et peut-être de percevoir vaguement les objets peu éloignés. Malgré cette quasi-cécité cependant, l'obscurité complète ne lui plaît pas, et elle se trouve offusquée en même temps par l'éclat d'un trop grand jour : ne laisse-t-on arriver qu'un seul point de lumière sur le bocal qui contient des Sangsues, toutes se dirigent vers cet endroit; si le rayon lumineux est trop vif, elles se hâtent de s'y soustraire.

L'ouïe paraît nulle dans la Sangsue; l'odorat existe, mais peu développé; la sensation du goût ne lui fait pas défaut, car, indépendamment de sa prédilection pour le sang, elle n'est insen-

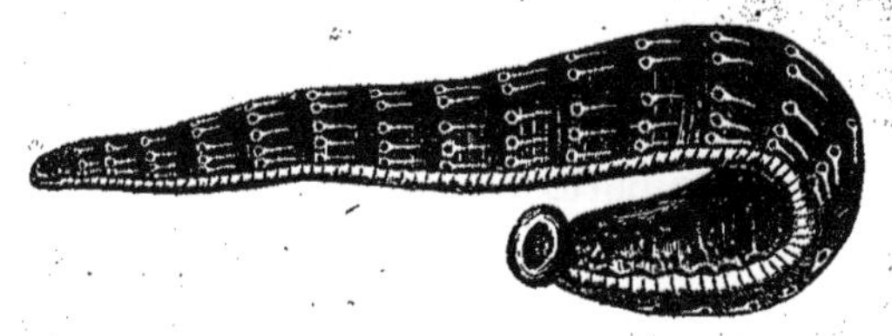

Fig. 257. Sangsue.

sible ni au lait, ni à l'eau sucrée; sa préférence pour certaines carnations est bien connue; appliquée sur le corps d'une personne récemment expirée, la Sangsue ne mord pas ou se détache aussitôt après avoir entamé la peau.

Mais si la plupart des sens sont nuls ou obtus chez la Sangsue, celui du toucher, en revanche, est très-développé; les ventouses des deux extrémités du corps en sont les principaux organes, la sensibilité s'y trouve en quelque sorte concentrée. Toute Sangsue, avant de mordre, allonge sa ventouse buccale et s'en sert pour explorer la partie qu'elle veut attaquer; quand on réunit plusieurs de ces animaux dans un bocal, leur premier soin est de chercher à se reconnaître; ils se palpent et se caressent avec leur ventouse supérieure. Leur peau jouit aussi d'une grande sensibilité. Au moindre attouchement, ils se contractent; quelques atomes de nitrate d'argent dissous dans une certaine quantité d'eau suffisent pour les jeter dans une vive agitation; le plus léger frottement des barbes d'une plume détermine la rigidité de leurs cryptes et fait paraître leur peau toute tuberculeuse; enfin, le plus faible mouvement imprimé à l'eau les met aussitôt en danse, comme par un choc électrique.

On ne connaît chez les Sangsues aucun organe qui puisse être assimilé à des poumons ou à des branchies; l'enveloppe générale de leur corps paraît en remplir les fonctions. Ces animaux, du reste, semblent ne pas avoir besoin d'une respiration très-active; ils peuvent séjourner impunément deux jours entiers dans l'huile, absolument privés d'air; ils supportent pendant plusieurs jours d'être plongés dans l'acide carbonique, et résistent plus de vingt-quatre heures à l'asphyxie sous la machine pneumatique; néanmoins ils souffrent quand on les tient renfermés dans un bocal dont l'eau n'est pas fréquemment renouvelée : leur malaise se trahit par les mouvements ondulatoires de leur corps, dont l'une des extrémités est fixée au vase par la ventouse postérieure; c'est pour cela qu'ils se portent souvent à la surface du liquide, afin d'y chercher un air plus pur.

La bouche des Sangsues, creusée au fond d'une capsule dans la ventouse supérieure, est armée de mâchoires triangulaires dont le bord tranchant ne porte pas moins de soixante petites dents d'inégale grosseur; deux lèvres de grandeur différente la forment; ses parois internes distillent un liquide onctueux et diaphane, toujours gluant.

Le mode de locomotion des Sangsues sur un plan solide rappelle celui des Chenilles arpenteuses. Comme ces dernières, elles s'avancent par enjambées, et il n'y a jamais que les deux extrémités du corps qui touchent le sol l'une après l'autre. Mais, tandis que les Chenilles se cramponnent par leurs pattes et par leurs tubercules postérieurs, les Sangsues procèdent d'une façon spéciale : dans la marche, leurs disques terminaux jouent un rôle important. Elles commencent par fixer la ventouse anale, contractent tout ou partie de leur corps dans une certaine direction, et l'allongent en même temps par la contraction transversale des anneaux. Parvenues à l'endroit qu'elles veulent occuper, elles fixent la ventouse buccale, détachent ensuite le disque postérieur et se contractent sur la nouvelle base, rapprochant la ventouse postérieure de la ventouse antérieure. Veulent-elles faire un nouveau pas, elles emploient le même manége; la ventouse buccale se détache la première du plan auquel elle est fixée, le corps s'allonge derechef; la ventouse anale abandonne à son tour sa position et va rejoindre la tête : la marche en avant est dessinée. Quand elle doit être rétrograde, l'animal se meut en sens inverse ; il prend son point d'appui sur la ventouse buccale, étend son corps d'avant en arrière, fixe la ventouse anale, puis détache le disque antérieur et le rapproche de l'autre extrémité : ainsi de suite jusqu'à ce que toute la distance à parcourir soit franchie. Ces mouvements ne laissent pas que d'être rapides ; ils s'effectuent par le jeu des fibres musculaires transversales et longitudinales, alternativement contractées et dilatées. C'est encore par le même mécanisme que la Sangsue se glisse entre deux obstacles. Dans ce cas particulier, non-seulement les anneaux sur lesquels porte la pression viennent en aide aux deux ventouses, mais la Sangsue trouve encore une précieuse ressource dans la mucosité dont son corps est baigné ; les anneaux se contractent avec force et transversalement ; le corps, ainsi devenu plus mince, s'allonge entre l'étroit passage et s'y insinue avec d'autant plus de facilité, qu'il laisse échapper une plus grande abondance de mucosité : la ventouse postérieure se détache une dernière fois, quand il n'y a plus qu'une seule enjambée à faire pour sortir du défilé.

Dans l'eau, les Sangsues exécutent des mouvements variés, elles y nagent fort bien. Pour soutenir cet exercice, leur corps se déprime, s'allonge et se projette verticalement au moyen de courbures et de redressements alternatifs ; en même temps, il frappe liquide à droite et à gauche par des inclinaisons obliques, le disque postérieur fait office de rame et de gouvernail : c'est de cette manière que les Sangsues se dirigent transversalement et qu'elles s'élèvent du fond de l'eau à la surface ; quand elles veulent descendre rapidement, elles se contractent avec force, se ramassent en olive et se laissent tomber comme une masse inerte.

Les Sangsues, animaux essentiellement aquatiques, vivent dans les eaux douces des étangs et des mares ; on ne les rencontre jamais dans les torrents ni dans les cascades. Pendant le jour, elles se montrent généralement très-actives : leur agilité est alors en raison directe de l'élévation de la température ; la nuit, elles se tiennent immobiles sur les plantes immergées ; quand il doit faire grand vent, il n'est pas rare de les voir fort agitées et parcourir rapidement leur demeure ; lorsque le ciel est nuageux, elles s'enfoncent dans la vase ; à l'approche de l'orage, au contraire, elles s'élèvent à la surface. Dans la saison rigoureuse, elles sont dans un état voisin de l'engourdissement et se cachent dans la vase ou sous les pierres; celles qui vivent dans des bocaux n'en résistent pas moins à tous les changements de température; aux approches de l'hiver, elles s'entassent, se pressent les unes contre les autres. Le froid, même intense, les fait rarement mourir; on en a vu qui, gelées à fond, sont parfaitement revenues à la vie lorsqu'on avait eu la précaution de les dégeler graduellement. En revanche, la sécheresse prolongée leur est fatale; l'eau, en se retirant ou en s'évaporant, les a-t-elle laissées à sec, elles commencent par s'enfoncer dans la vase; si celle-ci vient elle-même à se dessécher, les Sangsues résistent quelque temps encore, grâce à leur mucosité; mais, après avoir épuisé cette ressource, l'animal se contracte de plus en plus et ne tarde pas à périr, ramassé sur lui-même.

Toutes les Sangsues sont carnassières. A l'état de nature, elles vivent du sang des vertébrés et se nourrissent surtout de celui des Grenouilles, des Tritons et des petits Poissons; elles s'attachent aussi fréquemment aux jambes des bestiaux qui vont s'abreuver dans les étangs. Une diète rigoureuse les éprouve, mais ne les tue qu'à la longue; on en a conservé pendant plus de deux ans dans l'eau pure, sans la moindre alimentation; mais, à ce régime sévère, elles diminuent peu à peu de volume; au bout d'un an de jeûne, elles ont perdu le tiers de leur poids. Quelle que soit la faim qui les presse, jamais elles ne se fixent que sur des bêtes vivantes et jamais elles ne s'attaquent entre elles; seulement, après avoir pâti longtemps, leur voracité est extrême et elles se précipitent ardemment sur leur proie.

La Sangsue pompe le sang et le recherche avec avidité. Moquin-Tandon a parfaitement décrit tout ce qui accompagne et suit le mécanisme de la succion. « Avant de mordre, dit-il, l'Hirudinée allonge sa ventouse orale et contracte les deux lèvres qui se replient un peu en dehors, les mâchoires sont portées en dedans. La Sangsue fait entrer dans sa bouche une portion de la peau de l'animal, en forme de manchon, elle la presse avec ses mâchoires, puis, contractant et resserrant alternativement l'anneau musculaire, elle déchire le manchon en trois endroits. Les denticules du bord intérieur commencent l'incision; le point d'appui a lieu sur les anneaux de la ventouse, qui sont alors très-rapprochés et solidement fixés à la peau de l'animal; les mâchoires agissent comme trois petites roues dentées ou trois scies très-fines, fortement courbées en arc. »

La personne mordue par une Sangsue éprouve d'abord un sentiment de pression ou mieux d'aspiration à l'endroit où la bête s'est fixée; le tiraillement devient bientôt un peu plus fort; enfin, on ressent une douleur vive, pénétrante, qui ressemble à celle des piqûres ou des déchirures; la plaie se présente sous l'aspect de trois cicatrices linéaires qui s'unissent dans un centre commun, formant trois angles convergents, à peu près égaux entre eux.

Dès que la peau a été percée, la succion commence. Le sang est chassé dans l'œsophage, la déglutition s'opère et se continue dans toute l'étendue de l'estomac, représenté par onze paires de poches; on voit alors ces dernières se gonfler; les anneaux deviennent lisses, brillants, et sont bientôt couverts par la viscosité de l'animal; ils exécutent des mouvements ondulatoires alternatifs et réguliers depuis la ventouse orale jusqu'à l'autre extrémité; quand la Sangsue est gorgée de sang, elle reste immobile, dans une sorte de stupeur; elle cesse d'adhérer et tombe, incapable de mouvement; parfois même elle meurt de réplétion : elle a souvent absorbé une quantité de sang égale à sept fois son poids.

La digestion se fait avec une extrême lenteur, elle dure de six mois à un an, selon la somme de sang absorbée et suivant l'âge et l'état de santé de la Sangsue. Pendant tout ce temps, le sang reste liquide et conserve à peu près sa coloration normale; mais dès que l'Hirudinée est morte, il cesse d'être fluide, se prend en masse solide et passe au brun rouge.

L'accroissement des Sangsues exige plusieurs années pour arriver à son point le plus élevé. D'après certains auteurs, elles n'atteignent leur taille moyenne qu'à l'âge de cinq ans et ne sont aptes à se reproduire que vers la huitième année; leur vie ne s'étend pas au delà de douze ans.

Toutes les Sangsues réunissent les deux sexes sur elles-mêmes. Dans nos climats, l'accouplement de la Sangsue médicinale a lieu vers le printemps, lorsque la chaleur est bien établie.

La gestation dure de vingt à trente jours, selon l'état de la température; on reconnaît que la Sangsue est sur le point de se reproduire au gonflement de la ceinture qui se forme alors sur la partie antérieure de son corps; sa couleur, plus pâle que le reste de sa peau, tire sur le jaune. Les œufs, multiples, varient de quatorze à dix-huit, mais toujours en nombre pair. Au commencement de la ponte, ils se présentent sous la forme d'une masse ovalaire, semblable au cocon du Ver à soie : aussi leur ensemble porte-t-il le nom de cocon. Ordinairement, chaque Sangsue en produit deux; elle les dépose sur le rivage, hors de l'eau, soit à la surface du sol, soit à une certaine profondeur, dans la vase, l'argile ou la tourbe. L'enveloppe commune qui les réunit est double; la plus antérieure ressemble à une éponge fine par sa couleur, sa texture et son élasticité; l'air et l'eau la pénètrent facilement; la plus centrale a l'aspect d'une capsule mince, cornée, roussâtre, presque transparente; elle adhère fortement à la substance spongieuse et est très-vernissée à sa face interne. Lorsque la Sangsue est près de former son cocon, elle sort de l'eau et se met en quête, en terre humide, d'un trou conique, qu'elle sait creuser au besoin, ou d'une galerie formée par quelque Musaraigne ou par un Rat d'eau. Ce gîte trouvé, elle se contracte à demi, fait sortir de sa bouche une bave mousseuse, analogue à l'écume de savon, et s'en enveloppe complétement. La ceinture alors se gonfle et sécrète une mucosité qui ne tarde pas à se consolider; l'Hirudinée sort aussitôt de la capsule annulaire dont les deux bouts se rapprochent immédiatement, en vertu de leur élasticité; ils se trouvent fermés par un petit opercule caduc. La capsule n'a plus maintenant qu'à se couvrir de son enveloppe protectrice, la Sangsue y travaille au milieu de la bave qui l'entoure; elle laisse échapper une écume blanche et mousseuse qui, en se desséchant, prend une teinte de plus en plus roussâtre et constitue finalement le réseau spongieux : le cocon est alors complet.

Les cocons de la Sangsue médicinale sont longs de vingt à trente millimètres sur une largeur de douze à dix-huit; leur enveloppe spongieuse mesure seulement deux millimètres d'épaisseur. Pour se développer, ils n'exigent qu'une humidité très-modérée; si, par un accident quelconque, ils venaient à être submergés pendant un certain temps, ils pourriraient infailliblement. A l'intérieur du cocon, les germes lenticulaires et jaunâtres, plongent dans un liquide gélatineux; ils ne se développent que par une chaleur de vingt-trois degrés. A mesure qu'ils croissent, la membrane qui les défend prend une teinte noirâtre; le moment de l'éclosion venu, les jeunes Sangsues font sauter l'opercule de leur prison, traversent les mailles du réseau spongieux et surgissent au dehors par différents points: elles se réfugient dans cette enveloppe pendant les premiers jours de leur apparition à la vie.

La Sangsue, à sa naissance, n'a pas plus de deux centimètres de longueur, elle ressemble à un petit fil cendré; on distingue déjà ses ocelles sur la ventouse antérieure; au bout de quelques jours se montrent les bandes colorées de la région dorsale, et peu à peu la livrée définitive apparaît: corps déprimé, dos généralement gris olivâtre, relevé de bandes plus ou moins accusées, bord olivâtre clair, bandes marginales du ventre droites.

La Sangsue médicinale se développe d'autant mieux, qu'elle se trouve dans de meilleures conditions d'habitat et d'alimentation; elle ne se reproduit abondamment que lorsqu'elle a sucé le sang d'un vertébré, c'est donc à tort qu'on jette ces animaux après qu'on en a fait l'application sur l'homme. Il suffirait de les laisser dégorger pendant tout le temps nécessaire à la digestion, pour en tirer de nouveau parti; la crainte qu'ils ne communiquent quelque affection contagieuse prise sur des malades, même après s'être entièrement vidés de sang, repose sur un pur préjugé; dans l'intérêt de leur multiplication, il importe de les conserver après qu'on en a fait usage, et de les rendre à leurs marais. On sait que la plupart des étangs d'Europe sont épuisés de Sangsues; la rareté des Hirudinées médicinales est telle aujourd'hui, que leur prix, depuis cinquante ans, s'est élevé dans d'étranges proportions; en 1806, le millier de Sangsues coûtait de dix à douze francs; il se paye aujourd'hui deux cents, deux cent cinquante et trois cents francs, selon que les Sangsues sont à l'état de *filets*, de *petites moyennes*, de *moyennes*, de *grosses* ou *mères*: ces dernières portent aussi le nom de *vaches* quand elles sont très-volumineuses.

L'emploi des Sangsues en médecine remonte à une date difficile à préciser; comme toutes les choses de ce monde, il a eu ses jours de vogue et ses temps de décadence. De 1825 à 1830, la seule ville de Paris a consommé trois millions de Sangsues; le système Broussais était alors en plein épanouissement. Dans certaines années, les hôpitaux de Paris ont employé près d'un million de Sangsues; à plusieurs époques, leur dépense annuelle en Sangsues, par toute la France, a dépassé dix millions. Longtemps nos propres marais ont suffi à notre consommation indigène; mais lorsqu'on s'est mis à faire abus des Sangsues, la spéculation leur a fait une chasse effrénée, on les a pêchées à outrance, sans songer à repeupler les marais qu'on ravageait d'une manière si déplorable; aujourd'hui nous sommes tributaires de l'étranger. Dans notre pénurie, nous nous sommes, tour à tour, adressés à l'Allemagne, à l'Autriche, à la Hongrie; leurs étangs, à la fin, se sont trouvés si appauvris, que la Russie et la Pologne n'ont plus été qu'une dernière ressource. Si celle-ci venait à manquer, c'en serait fait du commerce des Sangsues. Déjà elles constituent un remède de luxe, tant leur prix d'achat est élevé; pour peu que cet état de choses continue, les riches seuls pourront en faire usage : il est vrai, les docteurs Sangrados, forcés dans leurs retranchements, trouveront à coup sûr d'autres panacées universelles.

Dans ces derniers temps, la rareté des Sangsues a provoqué, sur divers points de la France, des élevages dont plusieurs ont parfaitement réussi. Le procédé est simple: il consiste à disposer des pièces d'eau de telle sorte que la Sangsue médicinale se trouve dans les mêmes conditions que lui offrent les marais où elle se reproduit naturellement. Il faut, avant tout, que l'eau soit de bonne qualité, ni salée, ni ferrugineuse, ni acide; elle ne doit être, en outre, ni trop froide, ni trop chaude. Il faut qu'elle forme, dans les marais artificiels, une couche de vingt à trente centimètres de hauteur, sur un fond d'argile, de limon ou de tourbe, très-inégal dans son étendue, afin que certaines parties émergent au-dessus de la surface, que plusieurs l'affleurent, tandis que d'autres s'enfoncent plus bas. L'orientation des viviers n'est pas chose indifférente. Dans les climats froids, il convient de les tourner vers le midi; dans les pays chauds, au contraire, l'exposition du nord est préférable. Autres précautions: ils doivent être à l'abri des inondations, car si un certain degré d'humidité favorise le développement des germes, toute immersion prolongée leur est fatale. L'eau doit être renouvelée de temps à autre; il est bon, de plus, de la peupler de plantes aquatiques; elles ont la propriété de prévenir son altération, et elles servent encore de retraite et de points d'appui aux Sangsues.

Un étang de cinq cents mètres de superficie peut recevoir vingt-cinq mille Sangsues. Dans le département de la Gironde, on les nourrit deux fois par an aux dépens de vieux chevaux, de vieux ânes, de vieux mulets qu'on fait entrer, à cette intention, dans les marais; quand on n'épuise pas tout d'un coup ces pauvres vieux serviteurs usés par l'âge et le travail, ils peuvent servir une seconde fois de pâture aux Sangsues, mais c'est leur dernier coup de grâce : ils tombent exténués, pour ne plus se relever, sous ces morsures répétées. Dans d'autres contrées, quelques éducateurs alimentent leurs Sangsues avec du sang de boucherie; ce procédé moins sauvage réussit; malheureusement, il ne convient qu'à de petites entreprises.

L'hirudiculture bien conduite peut être la source de grands bénéfices. Certains marais ont rendu leurs propriétaires riches à million; le filon vaut donc la peine d'être exploité. Plus d'un mécompte toutefois dérange souvent les plus beaux calculs de la spéculation. Sans compter la part légitime qu'il faut faire aux poissons, aux oiseaux d'eau, aux Canards surtout, grands amateurs de Sangsues, on ne doit pas oublier que l'élévation subite de la température et les inondations à l'époque de la ponte font périr des milliers de Sangsues; que de gens, en outre, ont tué la poule aux œufs d'or pour avoir voulu jouir trop vite et trop largement de cette fructueuse industrie!

Rien de plus simple et de plus facile que la capture des Sangsues; des hommes ou des enfants entrent, nu-jambes, dans les marais; ils battent l'eau, les Sangsues accourent de toutes parts, en nageant; quand elles sont à portée, on les prend avec un filet, ou bien on les détache avec la main lorsqu'elles se sont fixées aux jambes. Toute Sangsue touchée se contracte aussitôt en boule et tombe au fond de l'eau; on y traîne alors un râteau, elles remontent aussitôt à la surface, où il est toujours facile de les saisir.

La pêche des Sangsues a lieu depuis la fin de mai jusqu'à la fin de juin; on doit se l'interdire dans les mois de juillet et d'août, époque à laquelle la Sangsue médicinale se retire dans des cavités pour déposer ses cocons : lorsqu'on les dérange dans cette occupation, leur multiplication en souffre beaucoup.

Dans l'économie domestique, on conserve généralement les Sangsues dans des vases et des bocaux pleins d'eau et recouverts d'un linge. Il faut avoir soin de les placer à l'abri de la gelée et des rayons du soleil. L'eau de pluie ou de source est la meilleure pour les Sangsues, à la condition d'être renouvelée de temps en temps et d'autant plus souvent que chaque bocal renferme un plus grand nombre de ces animaux; l'eau nouvelle doit avoir la même température que celle qu'on remplace; on prévient ou, pour mieux dire, on retarde son altération en mettant au fond du vase de la terre glaise avec une certaine quantité de noir animal.

Les Sangsues grises ou vertes sont celles dont la médecine fait le plus usage; les Sangsues de moyenne grandeur, vives, bien portantes, passent pour les meilleures; celles provenant d'eaux courantes mordent plus vite et tirent plus de sang que les Sangsues pêchées dans une eau dormante.

RAYONNÉS OU ZOOPHYTES

RAYONNÉS

Les animaux compris dans cette quatrième et dernière division principale ont une organisation plus simple que celle des êtres rangés dans les trois embranchements précédents. Les divers organes du mouvement et des sens, au lieu d'être disposés symétriquement aux deux côtés de la ligne médiane et longitudinale du corps, sont groupés, en général, comme des rayons autour d'un centre.

Le *système nerveux*, *quand il existe* chez ces animaux, est toujours réduit à l'état rudimentaire. Ils n'offrent pas de véritable système de circulation.

La respiration s'effectue, tantôt par des organes spéciaux, tantôt par toute la surface du corps. Les uns sont pourvus d'une bouche, d'un anus et d'un canal intestinal distincts: tels sont les Rotifères des toits, les Ascarides, les Strongles, etc.; les autres, comme le Polype, ne présentent qu'un seul orifice tenant lieu de bouche et d'anus; la plupart n'ont qu'une cavité creusée dans la substance même du corps; un grand nombre manquent de bouche.

LES POLYPES D'EAU DOUCE (*Hydra viridis*).

Les Polypes peuvent être considérés comme des êtres intermédiaires entre les animaux et les plantes. S'ils appartiennent véritablement aux premiers par leur irritabilité, leur genre de nourriture et leur locomotion volontaire, leur mode de reproduction par divisions les assimile aux végétaux qui se propagent par bulbes et par boutures. Leur organisation est des plus simples. Leur corps gélatineux, chagriné, couronné de tentacules, n'offre d'autre viscère qu'une cavité tenant lieu d'estomac; une seule ouverture, en forme de sac, remplit indistinctement le rôle de bouche et d'anus, car, si elle donne entrée aux aliments, elle leur sert également de canal de sortie. Chez eux, point d'organe respiratoire, nul appareil de circulation, aucune trace de sexe; la multiplication s'effectue par bourgeons, tantôt extérieurs, tantôt internes et communiquant ensemble, de sorte que, sous l'apparence d'un être unique, ils forment, en réalité, des individus composés, sans dehors ni dedans, puisqu'ils peuvent être indifféremment retournés comme un gant, et qu'ils remplissent, sous les deux faces, leurs fonctions vitales.

Les Polypes d'eau douce habitent les fossés, les mares, les étangs et les bassins riches en plantes aquatiques, notamment en lentilles d'eau; on les rencontre surtout aux endroits où le vent a accumulé cette végétation flottante. Dans la saison rigoureuse, ils se tiennent au fond de l'eau, sur les prêles, les roseaux et les joncs submergés; tant que le froid se fait sentir, ils sont immobiles dans cette retraite et comme frappés de léthargie; mais, à mesure que la température devient plus douce, et que les lentilles d'eau remontent à la surface, les Polypes les suivent dans leur ascension, remontent avec elles, et, sous ce tapis verdoyant, s'abritent et pourvoient à leur nourriture.

Leur genre de vie est en rapport avec leur organisation toute spéciale; l'animal n'est qu'un vaste estomac; ses mœurs ne seront donc pas bien variées. Avant tout, il lui faut satisfaire son appétit; changer, de temps en temps, de place pour mieux s'assurer de sa nourriture, guetter la proie au passage, l'appréhender, l'engloutir, la digérer, puis, à un moment donné, se reproduire par gemmes, tels sont les actes principaux de la vie individuelle ou collective des Polypes : cette existence si peu compliquée mérite toutefois attention; Trembley, le premier, en 1750, en a fait connaître les détails; le savant Leuwenhoek l'avait découverte dès 1703.

Dans leur forme la plus générale, les Polypes d'eau douce se présentent sous la forme d'un petit sac conique, gélatineux, complétement fermé à la partie postérieure et garni, à la partie supérieure, de bras ou tentacules filiformes, creux à l'intérieur et faisant office d'organes de locomotion et de préhension. Le nombre des bras n'est pas le même dans toutes les espèces. Chez quelques-unes, il augmente après une année révolue et s'élève jusqu'à dix-huit ou vingt; d'autres fois il diminue; les bras semblent aussi parfois pousser au hasard sur diverses parties du corps, pour disparaître plus tard; quel que soit cependant leur nombre, toujours ils sont placés à égale distance les uns des autres et décrivent un cercle autour de l'ouverture buccale, leur siége normal. D'après Baker, les Polypes, armés de huit bras, quand ils sont complétement développés, commencent par en émettre deux à l'opposite l'un de l'autre; au bout de quelque temps, il en pousse deux autres, placés exactement au milieu des deux premiers; peu après, il en surgit quatre autres plus petits, situés dans les intervalles des premiers; leur longueur ne devient uniforme qu'après une huitaine de jours. Toute la portion convexe et les parties latérales des tentacules portent une foule de mamelons qui donnent chacun insertion à deux ou trois poils urticants, espèce d'hameçons dont le Polype se sert pour saisir et retenir sa proie.

Les Polypes jouissent à un haut degré de la faculté d'étendre, de contracter, en tout ou en partie, leurs tentacules, de les courber en divers sens et d'en accroître ou restreindre le diamètre. Leur corps, dans toute son étendue, est également susceptible d'inflexions partielles ou totales; il change de couleur selon son degré d'extension ou de contraction, et passe ainsi du brun clair au brun foncé.

La vision fait complétement défaut chez les Polypes; néanmoins, malgré l'absence d'yeux, ils éprouvent l'influence de la lumière, ils la recherchent et en reçoivent la sensation sur toute leur surface; celle-ci leur transmet également le son, l'air vital dont nul être ne peut se passer, et les matières muqueuses qui entrent dans leur alimentation : ils vivent alors par absorption externe.

La force remarquable de contractilité que possèdent les Polypes les aide singulièrement dans la progression qui rappelle celle des Chenilles arpenteuses : l'animal veut-il s'avancer en ligne directe, il fixe son extrémité postérieure contre un corps résistant; puis, en se courbant, il rapproche son bout antérieur du point vers lequel il tend ; lorsqu'il l'a fixé, il détache l'extrémité postérieure, la rapproche du bout opposé et la fixe derechef; ce manége continue jusqu'à ce que le but soit atteint. Pour aller à reculons, le Polype se cramponne d'abord par son bout

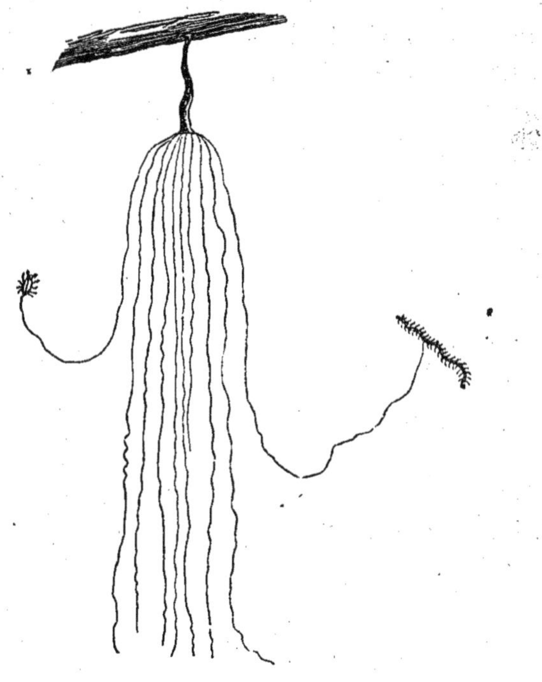

Fig. 258. Polype d'eau douce.

antérieur ; il allonge ensuite l'extrémité postérieure en sens inverse de celui qu'il a suivi dans la marche en avant. Quand il doit se mouvoir de côté, il se dresse verticalement et laisse aller son corps à la dérive vers l'endroit où il veut cheminer. Dans ces divers exercices, ses tentacules, tantôt restent inertes, tantôt sont autant d'auxiliaires puissants. Du reste, les Polypes parcourent le fond de l'eau avec une extrême lenteur ; ils n'emploient pas moins de vingt-quatre heures pour franchir une distance de douze à quinze centimètres. Ils se tiennent ordinairement suspendus à la surface de l'eau par leur extrémité postérieure, toujours à sec dans ce cas. Lorsqu'il s'agit de se fixer fortement, ils dirigent trois ou quatre bras de différents côtés; ce sont autant de câbles qui les retiennent et empêchent l'eau de les ballotter ou de les entraîner.

La manière dont les Polypes se pourvoient de gibier ne laisse pas d'être curieuse; c'est tout un drame en miniature. Non-seulement ils peuvent se passer de proie, mais les matières que l'eau tient en dissolution suffisent à leur strict entretien; toutefois, réduits à cette maigre pitance, ils languiraient et ne se développeraient guère; leur accroissement, au contraire, est rapide quand ils peuvent se nourrir d'animalcules vivants : il est proportionné à la quantité d'aliments qu'ils absorbent; en été, leurs repas sont fréquents et abondants.

Leur proie ordinaire se compose de petits vers aquatiques, de Daphnies, de Naïs et autres Entomostracés. Ils ne se trompent jamais sur le choix de leurs aliments et ne s'attaquent pas aux animaux d'une force supérieure qui pourraient se débarrasser de leurs lacs et les rompre. Éminemment carnivores, ils dédaignent toute proie morte; un tact d'une finesse exquise supplée, chez eux, à l'absence totale d'yeux; pour peu qu'un animalcule touche l'extrémité de leurs bras, à l'instant il est happé; ils savent, du reste, tendre des embuches et diriger leurs tentacules du côté où l'agitation de l'eau leur fait soupçonner la présence du gibier. L'Araignée, au milieu de sa toile, n'est pas plus vigilante que le Polype à l'affût, suspendu verticalement à quelque paroi et les bras allongés; tout ver qui s'engage entre ces fils perfides est infailliblement voué à la mort (fig. 258). Plus il s'agite pour s'échapper, plus il multiplie ses chances de perte. Si un seul bras ne suffit pas pour le retenir, le Polype en met plusieurs en mouvement; ceux-ci se contractent, se recourbent, enlacent la victime et l'amènent à la bouche qui ne tarde pas à l'engloutir. Souvent le ver se débat avec violence; il entraîne alors, de droite, de gauche, le bras qui l'a arrêté, comme un Poisson pris à l'hameçon entraîne la ligne du pêcheur; le Polype sait bientôt à qui il a affaire; il soupèse en quelque sorte sa proie, puis, retirant peu à peu à lui le bras préhenseur, il le roule en tire-bourre, serre et garrotte étroitement l'animal dont les mouvements sont promptement paralysés; l'issue de la lutte lui est toujours fatale. Quelquefois le ver use d'adresse pour se soustraire à son ennemi. A peine a-t-il touché un des bras du Polype, qu'il devient tout à coup immobile, il fait le mort. Tant qu'il ne bouge, le Polype ne cherche pas à s'emparer de lui; mais, au moindre mouvement, la feinte est éventée, les bras de se mettre en jeu et d'entortiller la victime : il est bien rare que le ver échappe.

Les tortures que subit le ver, les mouvements convulsifs qu'il éprouve dès qu'il est saisi par la bouche du Polype et la mort rapide qui en est la conséquence, portent à croire que la morsure du Polype, ainsi que celle de la Vipère, renferme un venin; celui-ci s'injecte aussitôt dans la plaie et termine instantanément la lutte.

La bouche du Polype, souvent béante, s'ouvre graduellement et toujours en raison de la grosseur de l'animal destiné à lui servir de nourriture. Lorsque le ver se présente par une de ses extrémités, le Polype l'attire avec ses lèvres par une espèce de succion; mais se présente-t-il en travers de la bouche, les lèvres, après l'avoir saisi par le milieu du corps, se dilatent à droite et à gauche, et, s'appliquant avec force contre le ver, l'obligent à se plier en deux : dans cette position, il est bientôt avalé. Les bras n'aident en rien à la déglutition, ils ne servent qu'à saisir la proie et à la porter à la bouche contre laquelle ils se tiennent assujettis; si l'animal capturé oppose une vive résistance, le bras qui le détient se renfle considérablement au point de préhension.

Il arrive parfois que deux Polypes arrêtent le même ver et se le disputent en le tirant avec force, chacun de son côté; il se peut alors que tous deux commencent à l'avaler par les bouts opposés; aucun ne lâchera prise, ils continueront de l'engloutir simultanément, jusqu'à ce que leurs bouches entrent en contact l'une avec l'autre. Tantôt elles restent appliquées pendant un certain temps; à la fin, la rupture du ver sépare les deux convives; tantôt la lutte ne s'arrête pas en si beau chemin : les voraces, gorgés mais non repus, s'acharnent de plus en plus après leur prise; quand ils sont bouche à bouche, le plus rusé s'avise d'un singulier stratagème : il ouvre démesurément son orifice et avale plus ou moins complétement son rival; ce dernier toutefois se tire de ce gouffre plus heureusement qu'on ne le supposerait; il lui en coûte, il est vrai, son butin que l'autre va saisir jusqu'au fond de son estomac; mais c'est là toute sa mésaventure. Après avoir fait vingt-quatre heures d'arrêt forcé au fond de son vainqueur, il en sort sain et sauf : nous n'en serions pas quittes à si bon marché si l'un de nos semblables, par impossible, nous avalait. Telle est, au surplus, la voracité des Polypes, que souvent, avec leur proie, ils engloutissent une portion de leurs propres bras; mais cet accident ne les inquiète guère : leurs tentacules, enroulés autour de l'animal dévoré, se dégagent d'eux-mêmes dans l'intérieur de l'estomac; ils reparaissent vingt-quatre heures après, et sans la moindre lésion.

Tout animal avalé par le Polype est mort après un quart d'heure de déglutition. Chose digne de remarque, malgré leur furieux appétit et quelque affamés qu'ils soient, les Polypes jamais ne se mangent entre eux; ils se bornent à s'avaler pour mieux s'assurer leur prise, et se restituent toujours consciensement leur individualité quand ils en sont venus à leurs fins : réunis plusieurs dans le même bocal, ils vivent en bonne harmonie et prennent plaisir à voisiner.

Leur digestion s'opère très-lentement. A mesure que l'estomac se remplit, sa capacité augmente par suite de l'extension de la peau; le corps, en même temps, se concentre sur lui-même et devient plus ramassé. Durant cette grave fonction, le Polype est pendant, inerte et dans une espèce d'engourdissement : sans nul doute il se recueille. S'il a fait sa pitance d'une Planaire, d'un Ver ou d'un tout petit Gardon, son corps prend une teinte rose, grise, noire ou brune, et ses tentacules se retirent; quand le Polype a rejeté tout ce qui ne pouvait servir à sa nutrition, son sac se rétrécit et s'allonge; mais peu à peu il reprend sa forme première; la digestion tout à fait terminée, il s'étend de nouveau et se remet à l'affût pour reprendre sa vie de chasseur et de gastronome.

L'appétit n'est jamais plus actif chez les Polypes que lorsque la chaleur est bien développée; en été, ils avalent souvent des proies beaucoup plus volumineuses qu'eux-mêmes, et ils les digèrent au bout de douze heures; dans la saison froide, au contraire, bien que leur nourriture soit moindre, la digestion exige près de trois jours d'un travail pénible; comme la plupart des animaux voraces, s'ils peuvent absorber à la fois une grande quantité de nourriture, ils sont aussi capables de supporter de longs jeûnes, seulement ils maigrissent en conséquence : plus ils ont jeûné, plus leur corps est transparent.

L'énergie stomachique des Polypes n'est pas leur seul caractère distinctif; leur vitalité, sous toutes les faces, en fait des animaux vraiment exceptionnels. On sait déjà qu'ils peuvent être retournés comme un gant et que leur face interne peut être convertie en face externe, et *vice versa*. A la vérité, l'animal ainsi travesti fait tous ses efforts pour se *déretourner* : quelquefois il y parvient, d'autres fois il y échoue; mais il n'en perd pas pour cela l'appétit; sous quelque forme qu'il se trouve, il n'en poursuit pas moins sa proie sous l'une ou l'autre face, et il s'en nourrit sans la moindre difficulté; une fois qu'il s'est mis à digérer, à l'endroit ou à l'envers, il prend bientôt son parti et ne songe plus à revenir à ses premières habitudes : on a vu des Polypes retournés, *déretournés*, et retournés encore, s'accommoder promptement de tous ces changements, sans que leur existence en fût le moins du monde troublée.

Et ce n'est pas le seul côté merveilleux de l'histoire des Polypes d'eau douce. Trembley a fait à leurs dépens ou, pour mieux dire, à leur profit, une singulière expérience. S'étant avisé un jour de couper un Polype en plusieurs morceaux, quelle ne fut pas sa stupeur de voir bientôt chaque tronçon prendre la forme d'un animal complet! Là où le sac vivant avait été coupé en deux, une bouche se forma au-dessus de la partie postérieure et se garnit de tentacules; le tronçon antérieur qui avait gardé ses bras n'en refit pas de nouveaux, mais il ne tarda pas à s'allonger inférieurement; le corps proprement dit se reconstitua et redevint en tout semblable à celui qui avait été séparé. Cette épreuve, répétée plusieurs fois, donna le même résultat. Encouragé par ce succès, le savant naturaliste voulut en avoir le cœur net, et s'assurer du degré de division que pouvaient supporter les Polypes. Il en prit un, le coupa dans tous les sens, en long, en large, obliquement; il le hacha, en quelque sorte, comme chair à pâté, le résultat fut encore plus étrange : chaque parcelle se reforma promptement en autant de Polypes. Cette fois la fable de l'Hydre de Lerne devenait une réalité; ce qui semblait devoir anéantir l'animal, n'avait fait que multiplier son principe de vie. Roësel, quelques années plus tard, poussa plus loin ses recherches et parvint à saisir la constitution du Polype jusque dans son essence. D'après cet habile observateur, elle gît dans une molécule globuleuse enfouie dans une simple mucosité. Que celle-ci se maintienne dans ses conditions normales, le germe vital persiste avec son animation; qu'elle disparaisse par une cause ou une autre, il s'évanouit : ainsi arrive la mort individuelle ou collective du Polype; il y est sujet comme toute chose terrestre créée.

L'étonnante faculté de reproduction des Polypes s'explique encore par les bourgeons dont leur corps en tout temps est chargé; quand on les étudie au microscope, on y trouve une organisation tout à fait semblable à celle de l'animal complétement développé. Edwards les a très-bien décrits : d'abord presque imperceptibles, ils ont l'aspect de petites pustules communiquant par un vide intérieur avec celui du Polype, espèce de sac vivant dont la tubulosité s'étend jusque dans les tentacules. Si le froid surprend les bourgeons dans leur développement, celui-ci s'arrête, les bourgeons s'étranglent à leur base, ils prennent la figure d'une petite verrue, se détachent et tombent au fond des eaux où ils sont à l'abri de la gelée; ils y demeurent en réserve comme des semences pour le printemps prochain, alors que la température échauffera la vase des marais. Si la saison favorise la multiplication des Polypes, les bourgeons développés à la surface de leur corps ne s'en détacheront pas pour tomber au fond de l'eau; sous l'œil de l'observateur, ils s'allongent et deviennent parfaitement semblables à l'individu qui les émet, et peuvent rapidement se suffire à eux-mêmes; arrivés à un certain point de développement, ils se détachent sous la figure de Polypes complets, et s'en vont vivre d'une vie individuelle d'où résulteront d'autres bourgeons et d'autres animaux de même espèce, d'une parfaite conformité entre eux. Un Polype vigoureux peut produire jusqu'à vingt Polypes semblables à lui dans l'espace d'un mois. Il arrive souvent qu'il porte, sur toute sa surface, de six à dix bourgeons qui, venus les uns après les autres, acquièrent, à l'état de Polypes, des tailles diverses sur la souche qu'on ne peut qualifier de père ni de mère; et, chose merveilleuse, le groupe vit d'une vie commune, puisque ce que mange chaque Polype tourne au profit de tous, tandis que chacun des Polypes manifeste une volonté personnelle, indépendante, en pêchant pour son propre compte, et en disputant une proie à l'un de ceux qu'on peut indifféremment nommer ses frères ou ses morceaux.

L'âge met fin à cette vie en société. La séparation a lieu quand chaque rameau vivant, assez fort pour n'avoir plus besoin de l'appui protecteur, se rétrécit par le point d'attache; alors le tube interne qui communiquait avec celui du tronc, qui en recevait des sucs vivifères, ou lui en envoyait, selon que la souche ou le rameau avait mangé séparément, ce tube se ferme, et l'indépendance est faite. Le jeune Polype ne communiquant plus par son sac alimentaire avec l'estomac du Polype-souche, tout rapport est rompu, les membres de la famille se déjoignent : c'en est fait; désormais chacun agira, mangera, digérera pour son propre compte, jusqu'à ce que, en vertu de la force végétative, il émette, à son tour, de nouveaux bourgeons.

FIN.

TABLE DES MATIÈRES

FIN DE LA TABLE

15819. — TYPOGRAPHIE LAHURE
Rue de Fleurus, 9, à Paris

www.ingramcontent.com/pod-product-compliance
Ingram Content Group UK Ltd.
Pitfield, Milton Keynes, MK11 3LW, UK
UKHW012138240726
13966UKWH00001B/39